建设工程质量检测人员能力考核辅导用书

（第二册）

《建设工程质量检测人员能力考核辅导用书》编写组　编

主体结构及装饰装修

钢结构

地基基础

合肥工业大学出版社

图书在版编目(CIP)数据

建设工程质量检测人员能力考核辅导用书. 第二册/《建设工程质量检测人员能力考核辅导用书》编写组编. —合肥:合肥工业大学出版社,2024

ISBN 978-7-5650-6776-1

Ⅰ.①建… Ⅱ.①建… Ⅲ.①建筑工程—工程质量—质量检验—资格考试—自学参考资料 Ⅳ.①TU712

中国国家版本馆CIP数据核字(2024)第096031号

建设工程质量检测人员能力考核辅导用书

(第二册)

JIANSHE GONGCHENG ZHILIANG JIANCE RENYUAN NENGLI KAOHE FUDAO YONGSHU(DI-ER CE)

《建设工程质量检测人员能力考核辅导用书》编写组 编　　　责任编辑 郭 敬

出　版	合肥工业大学出版社	**版　次**	2024年7月第1版
地　址	合肥市屯溪路193号	**印　次**	2024年7月第1次印刷
邮　编	230009	**开　本**	787毫米×1092毫米 1/16
电　话	理工图书出版中心:0551-62903004	**印　张**	31.5
	营销与储运管理中心:0551-62903198	**字　数**	766千字
网　址	press.hfut.edu.cn	**印　刷**	安徽联众印刷有限公司
E-mail	hfutpress@163.com	**发　行**	全国新华书店

ISBN 978-7-5650-6776-1　　　　定价:95.00元

《建设工程质量检测人员能力考核辅导用书(第二册)》编写组

主　　编　赵贵生

副 主 编　罗居刚　贾贤安　孙爱民

　　　　　李　峰

参编人员　侯高峰　陈东生　姚运昌

　　　　　骆　伟　崔　伟　姜　巍

　　　　　袁少伟　苏艳艳　丁培培

　　　　　林晓辉　张　蕊　夏风顺

　　　　　束　兵　蒋洪伟　王凌胜

　　　　　洪　涛　黄从斌　柯宅邦

　　　　　高程东　张　玲　蔡晓东

　　　　　李　平

序

建筑工程质量事关人民群众生命财产安全，事关城市未来和传承，事关新型城镇化发展水平。党的十八大以来，以习近平同志为核心的党中央高度重视建筑工程质量工作，始终坚持以人民为中心，部署建设质量强国，特别是党的二十大提出“增进民生福祉，提高人民生活品质”的任务要求，要不断增强人民群众的获得感、幸福感和安全感。

近年来，随着建筑业快速发展，建筑市场和检测行业不断发展，人民群众对建筑品质的要求逐步提升，工程建设中涉及结构安全、使用功能、新型材料等内容的检测项目日益丰富，相应的行业发展及监管要求亟待加强完善。为进一步加强建设工程质量检测管理，保障建设工程质量，2022 年 12 月住房和城乡建设部发布《建设工程质量检测管理办法》（住房和城乡建设部令第 57 号）。为保证新版《建设工程质量检测管理办法》的顺利实施，各省针对其自身情况编制了实施细则。按照住房和城乡建设部的要求，省级住房和城乡建设主管部门应负责指导和监督检测机构加强检测人员培训，并提出检测人员培训的要求和内容，因此编制能指导检测人员进行系统学习的辅导用书至关重要，以便为检测机构提升人员业务能力提供必要的理论依据和学习内容。在属地建设主管部门和工程质量监督机构的高度重视和大力支持下，安徽省建筑工程质量监督检测站有限公司会同国内相关高校、科研单位和检测机构，成立编写组组织编写了《建设工程质量检测人员能力考核辅导用书》，本套用书的问世，为广大建设工程技术人员提供了一份珍贵的学习资料和实践指导书，本人非常荣幸能够为本套用书写序。

本套用书是根据《建设工程质量检测机构资质标准》对检测能力要求及现行相关标准和规范，结合建设工程质量检测实际编写的。它以提高建设工程质量检测人员的专业能力和技术水平为目标，涵盖了建筑材料及构配件、建筑节能、建筑幕墙、主体结构及装饰装修、钢结构、地基基础、市政工程材料、道路工程、桥梁及地下工程，以及公共基础知识等方面的内容。

本套用书荟萃了检测实践经验和专业知识，不仅是建设工程质量检测人员业务知识培训和能力考核的重要参考资料，更是广大建设工程技术人员学习和提高专业技能的实用工具书,同时也为住房和城乡建设主管部门实施监督管理提供参考。本套用书设有不同类型的试题,涵盖建设工程质量检测九大专项的知识点和技能要求。读者可以通过学习了解到实际检测中可能遇到的各种情况和解决方法,加深对相关理论基础知识的理解,快速掌握检测技能,最终达到提升试验检测能力和提高工程质量评价水平的目的。

希望本套用书能够成为建设工程技术人员学习、实践的得力助手,引领他们在建设工程质量检测领域内到达更高的境界,为我国建设工程的质量和安全保驾护航。

感谢所有为本套用书编写和出版付出辛勤劳动的人员,正是他们的专业知识和敬业精神,使得本套用书得以顺利面世。愿此套书助力建设工程质量检测人员在工作中取得更大的发展和成就,为行业的繁荣与进步贡献力量。

国家建筑工程质量检验检测中心

前 言

建设工程质量事关人民群众生命财产安全，事关人民群众美好居住要求，事关建筑业高质量发展。工程质量检测是建设工程质量管理的重要手段，公正、客观、准确、及时的检测数据是指导、控制和评判建设工程质量的科学依据。

《建设工程质量检测管理办法》（住房和城乡建设部令第57号）规定，在新建、扩建、改建房屋建筑和市政基础设施工程活动中，建设工程质量检测机构应依据国家有关法律、法规和标准，对建设工程涉及结构安全、主要使用功能的检测项目，进入施工现场的建筑材料、建筑构配件、设备以及工程实体质量等进行检测。承担建设工程质量检测的机构应具有相应检测资质，从事检测活动的相关人员应具备相应的检测知识和专业能力。检测机构应加强检测人员培训，确保其检测技术能力持续满足所开展建设工程质量检测活动的要求。

为适应建设工程质量检测行业的发展需求，安徽省建筑工程质量监督检测站有限公司会同国内相关高校、科研单位和检测机构，召集60余名行业专家组成编写组，深入研究相关政策，依据《建设工程质量检测机构资质标准》（住房和城乡建设部建质规〔2023〕1号），对照相关技术标准对9个检测专项资质涉及的检测参数、对应的检测方法、仪器设备配置等进行充分的研究和分析，并对检测相关的专业基础知识进行系统梳理，组织编写本套《建设工程质量检测人员能力考核辅导用书》。编写组遵循先进性、实用性原则，注重理论与实践应用相结合，将建设工程质量检测技术和管理方面的相关知识进行凝练，全篇以考核试题作为本辅导用书的主要内容，书中每类题型均涵盖相应检测专项资质的必备检测参数和常用的可选检测参数。本辅导用书内容丰富、系统性强、涵盖面广，共分三册，每册独立成书，可作为建设工程质量检测人员专业知识学习和能力提升用书，也可供建设工程质量责任主体单位、行业主管部门和其他组织开展业务知识培训或人员能力考核参考使用。

《建设工程质量检测人员能力考核辅导用书》（第二册）共分四篇，第一篇为主体结构及装饰装修，第二篇为钢结构，第三篇为地基基础，第四篇为公共基础知识。内容包括检测参数及检测方法、填空题、单项选择题、多项选择题、判断题、简答题、综合题、参考答案等。

本辅导用书以国家和行业发布的有关现行法律法规、规范性文件及技术标准规范为依据,涉及范围广、内容多,虽经多次校改和全面审查,但难免仍存在不足之处,诚请读者在学习使用过程中多提宝贵意见,及时将发现的问题以电子邮件方式告知我们,以便进一步修订。联系方式:JCZAH@vip.163.com。

本辅导用书在编写过程中,得到了安徽省住房和城乡建设厅、合肥市城乡建设局、安徽省建设工程质量与安全协会和有关领导、行业专家的关心与大力支持,在此一并致谢。

《建设工程质量检测人员能力考核辅导用书》编写组

二〇二四年六月

目　　录

第一篇　主体结构及装饰装修

第二篇　钢结构

第三篇　地基基础

第四篇　公共基础知识

第一篇

主体结构及装饰装修

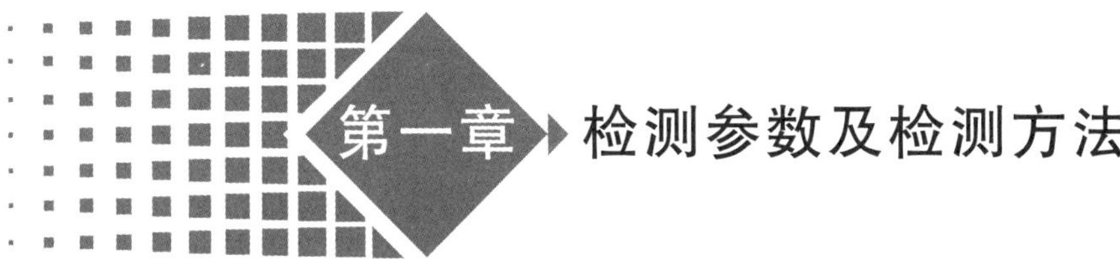

第一章 检测参数及检测方法

依据《建设工程质量检测管理办法》(住房和城乡建设部令第 57 号)、《建设工程质量检测机构资质标准》(住房和城乡建设部建质规〔2023〕1 号)等法律法规、规范性文件及标准规范要求,主体结构及装饰装修检测涉及的常见检测参数、依据标准及主要仪器设备见表 1-1-1 所列。表 1-1-1 中所引用标准规范以最新版本为准。

表 1-1-1 主体结构及装饰装修检测涉及的常见检测参数、依据标准及主要仪器设备

<table>
<tr><th colspan="2">检测项目</th><th>检测参数</th><th>依据标准</th><th>主要仪器设备</th></tr>
<tr><td colspan="5">必备参数</td></tr>
<tr><td rowspan="18">混凝土结构构件、砌体结构构件强度</td><td rowspan="8">混凝土结构构件强度</td><td rowspan="8">混凝土强度</td><td>《回弹法检测混凝土抗压强度技术规程》(JGJ/T 23)</td><td rowspan="2">混凝土回弹仪、钢砧</td></tr>
<tr><td>《回弹法检测泵送混凝土抗压强度技术规程》(DB34/T 5012)</td></tr>
<tr><td>《高强混凝土强度检测技术规程》(JGJ/T 294)</td><td>混凝土回弹仪、钢砧、混凝土超声波检测仪</td></tr>
<tr><td>《钻芯法检测混凝土强度技术规程》(JGJ/T 384)</td><td rowspan="2">钻芯机、钢筋探测仪、压力试验机</td></tr>
<tr><td>《钻芯检测离心高强混凝土抗压强度试验方法》(GB/T 19496)</td></tr>
<tr><td>《混凝土结构工程施工质量验收规范》(GB 50204)</td><td>混凝土回弹仪、钢砧、碳化深度测量仪、取芯机、压力试验机</td></tr>
<tr><td>《超声回弹综合法检测混凝土抗压强度技术规程》(T/CECS 02)</td><td rowspan="2">混凝土回弹仪、钢砧、超声波仪</td></tr>
<tr><td>《混凝土结构现场检测技术标准》(GB/T 50784)</td></tr>
<tr><td rowspan="10">砌体结构构件强度</td><td rowspan="10">砂浆强度</td><td>《贯入法检测砌筑砂浆抗压强度技术规程》(JGJ/T 136)</td><td>贯入仪、贯入深度测量仪</td></tr>
<tr><td rowspan="5">《砌体工程现场检测技术标准》(GB/T 50315)</td><td>砂浆测强仪(砂浆片剪切法)</td></tr>
<tr><td>推出仪(推出法)</td></tr>
<tr><td>承压筒、压力试验机、砂石筛(筒压法)</td></tr>
<tr><td>砂浆回弹仪(回弹法)</td></tr>
<tr><td>压力试验机、钢质加荷头(点荷法)</td></tr>
<tr><td rowspan="4">《非烧结砖砌体现场检测技术规程》(JGJ/T 371)</td><td>推出仪(推出法)</td></tr>
<tr><td>承压筒、压力试验机、砂石筛(筒压法)</td></tr>
<tr><td>砂浆回弹仪(回弹法)</td></tr>
<tr><td>压力试验机、钢质加荷头(点荷法)</td></tr>
</table>

(续表)

检测项目		检测参数	依据标准	主要仪器设备
必备参数				
		砖强度	《砌体工程现场检测技术标准》(GB/T 50315)	砖回弹仪
			《建筑结构检测技术标准》(GB/T 50344)	
			《非烧结砖砌体现场检测技术规程》(JGJ/T 371)	回弹仪
钢筋及保护层厚度		保护层厚度	《混凝土结构工程施工质量验收规范》(GB 50204)	游标卡尺、电磁感应法钢筋探测仪
			《混凝土结构现场检测技术标准》(GB/T 50784)	
			《混凝土中钢筋检测技术标准》(JGJ/T 152)	
植筋锚固力		锚固承载力	《混凝土结构后锚固技术规程》(JGJ 145)	拉拔仪
			《砌体结构工程施工质量验收规范》(GB 50203)	
			《混凝土结构工程无机材料后锚固技术规程》(JGJ/T 271)	
可选参数				
混凝土结构构件、砌体结构构件强度	砌体结构构件强度	砌体抗压强度	《砌体工程现场检测技术标准》(GB/T 50315)	原位压力机(原位轴压法)
				扁顶、手持式应变仪和千分表(扁顶法)
			《非烧结砖砌体现场检测技术规程》(JGJ/T 371)	原位压力机(原位轴压法)
		砌体抗剪强度	《砌体工程现场检测技术标准》(GB/T 50315)	千斤顶、数字荷载表(原位单剪法)
				原位剪切仪(原位双剪法)
			《非烧结砖砌体现场检测技术规程》(JGJ/T 371)	原位剪切仪(原位双剪法)
钢筋及保护层厚度	钢筋	钢筋数量	《混凝土中钢筋检测技术标准》(JGJ/T 152)	电磁感应法钢筋探测仪
			《混凝土结构现场检测技术标准》(GB/T 50784)	
		钢筋间距	《混凝土中钢筋检测技术标准》(JGJ/T 152)	电磁感应法钢筋探测仪
			《混凝土结构现场检测技术标准》(GB/T 50784)	
		钢筋直径	《混凝土中钢筋检测技术标准》(JGJ/T 152) 《混凝土结构现场检测技术标准》(GB/T 50784)	游标卡尺、天平
		钢筋锈蚀状况	《混凝土中钢筋检测技术标准》(JGJ/T 152)	游标卡尺、钢筋锈蚀检测仪
			《混凝土结构现场检测技术标准》(GB/T 50784)	
			《建筑结构检测技术标准》(GB/T 50344)	
构件位置和尺寸(涵盖砌体、混凝土和木结构)		轴线位置	《砌体结构工程施工质量验收规范》(GB 50203)	钢尺
			《混凝土结构工程施工质量验收规范》(GB 50204)	
			《木结构工程施工质量验收规范》(GB 50206)	
			《装配式混凝土结构技术规程》(JGJ 1)	

（续表）

检测项目	检测参数	依据标准	主要仪器设备
可选参数			
构件位置和尺寸（涵盖砌体、混凝土和木结构）	标高	《砌体结构工程施工质量验收规范》(GB 50203)	水准仪、钢尺
		《混凝土结构工程施工质量验收规范》(GB 50204)	
		《装配式混凝土结构技术规程》(JGJ 1)	
		《木结构工程施工质量验收规范》(GB 50206)	
	截面尺寸	《砌体结构工程施工质量验收规范》(GB 50203)	钢尺
		《混凝土结构工程施工质量验收规范》(GB 50204)	
		《建筑结构检测技术标准》(GB/T 50344)	
		《混凝土结构现场检测技术标准》(GB/T 50784)	
		《木结构现场检测技术标准》(JGJ/T 488)	
	预埋件位置	《混凝土结构工程施工质量验收规范》(GB 50204)	钢尺
	预留插筋位置及外露长度	《砌体结构工程施工质量验收规范》(GB 50203)	钢尺
		《混凝土结构工程施工质量验收规范》(GB 50204)	
		《装配式混凝土结构技术规程》(JGJ 1)	
	垂直度	《混凝土结构现场检测技术标准》(GB/T 50784)	全站仪、经纬仪、线锤、钢尺
		《木结构现场检测技术标准》(JGJ/T 488)	
		《砌体结构工程施工质量验收规范》(GB 50203)	
		《混凝土结构工程施工质量验收规范》(GB 50204)	
		《木结构工程施工质量验收规范》(GB 50206)	
		《装配式混凝土结构技术规程》(JGJ 1)	
	平整度	《砌体结构工程施工质量验收规范》(GB 50203)	靠尺、塞尺
		《混凝土结构工程施工质量验收规范》(GB 50204)	
	构件挠度	《混凝土结构现场检测技术标准》(GB/T 50784)	全站仪、水准仪、钢尺
		《木结构工程施工质量验收规范》(GB 50206)	拉线、钢尺
	平面外变形	《建筑结构检测技术标准》(GB/T 50344)	激光垂直仪、吊锤、钢尺
		《建筑变形测量规范》(JGJ 8)	

(续表)

<table>
<tr><th>检测项目</th><th>检测参数</th><th>依据标准</th><th>主要仪器设备</th></tr>
<tr><td colspan="4">可选参数</td></tr>
<tr><td rowspan="8">外观质量
及内部缺陷</td><td rowspan="5">外观质量</td><td>《混凝土结构现场检测技术标准》(GB/T 50784)</td><td rowspan="4">钢尺、游标卡尺</td></tr>
<tr><td>《混凝土结构工程施工质量验收规范》(GB 50204)</td></tr>
<tr><td>《建筑结构检测技术标准》(GB/T 50344)</td></tr>
<tr><td>《木结构现场检测技术标准》(JGJ/T 488)</td></tr>
<tr><td>《混凝土结构试验方法标准》(GB/T 50152)</td><td>刻度放大镜、电子裂缝观测仪、裂缝宽度检验卡</td></tr>
<tr><td rowspan="3">内部缺陷</td><td>《超声法检测混凝土缺陷技术规程》(CECS 21)</td><td rowspan="3">混凝土超声波检测仪、冲击回波仪</td></tr>
<tr><td>《混凝土结构现场检测技术标准》(GB/T 50784)</td></tr>
<tr><td>《冲击回波法检测混凝土缺陷技术规程》(JGJ/T 411)</td></tr>
<tr><td rowspan="9">装配式混凝土
结构节点</td><td rowspan="4">钢筋套筒灌浆连接灌浆饱满性</td><td>《装配式混凝土结构套筒灌浆质量检测技术规程》(T/CECS 683)</td><td rowspan="3">内窥镜</td></tr>
<tr><td>《装配式混凝土结构检测标准》(T/CECS 1189)</td></tr>
<tr><td>《钢筋套筒灌浆连接应用技术规程》(JGJ 355)</td></tr>
<tr><td>《装配式混凝土结构检测技术规程》(DB34/T 5072)</td><td>灌浆饱满度检测仪</td></tr>
<tr><td rowspan="3">钢筋浆锚搭接连接灌浆饱满性</td><td>《装配式混凝土结构检测标准》(T/CECS 1189)</td><td>阵列超声波检测仪、内窥镜</td></tr>
<tr><td>《建筑结构检测技术标准》(GB/T 50344)</td><td rowspan="2">冲击回波仪</td></tr>
<tr><td>《冲击回波法检测混凝土缺陷技术规程》(JGJ/T 411)</td></tr>
<tr><td rowspan="2">外墙板接缝防水性能</td><td>《装配式混凝土结构检测标准》(T/CECS 1189)</td><td rowspan="2">淋水试验装置、红外热成像仪</td></tr>
<tr><td>《装配式混凝土结构检测技术规程》(DB34/T 5072)</td></tr>
</table>

（续表）

<table>
<tr><th>检测项目</th><th>检测参数</th><th>依据标准</th><th>主要仪器设备</th></tr>
<tr><td colspan="4">可选参数</td></tr>
<tr><td rowspan="10">结构构件性能（涵盖砌体、混凝土和木结构）</td><td rowspan="8">静载试验</td><td>《混凝土结构试验方法标准》(GB/T 50152)</td><td rowspan="4">加载设备、位移计/百分表、应变仪、裂缝测宽仪</td></tr>
<tr><td>《混凝土结构工程施工质量验收规范》(GB 50204)</td></tr>
<tr><td>《建筑结构检测技术标准》(GB/T 50344)</td></tr>
<tr><td>《混凝土结构现场检测技术标准》(GB/T 50784)</td></tr>
<tr><td>《砌体基本力学性能试验方法标准》(GB/T 50129)</td><td rowspan="4">加载设备、位移计/百分表、应变仪</td></tr>
<tr><td>《木结构试验方法标准》(GB/T 50329)</td></tr>
<tr><td>《木结构工程施工质量验收规范》(GB 50206)</td></tr>
<tr><td>《木结构现场检测技术标准》(JGJ/T 488)</td></tr>
<tr><td rowspan="2">动力测试</td><td>《建筑结构检测技术标准》(GB/T 50344)</td><td rowspan="2">振动传感器、放大器、动态测试分析系统</td></tr>
<tr><td>《混凝土结构现场检测技术标准》(GB/T 50784)</td></tr>
<tr><td rowspan="4">装饰装修工程</td><td rowspan="2">后置埋件现场拉拔力</td><td>《建筑装饰装修工程质量验收标准》(GB 50210)</td><td rowspan="2">拉拔仪</td></tr>
<tr><td>《混凝土结构后锚固技术规程》(JGJ 145)</td></tr>
<tr><td>饰面砖粘结强度</td><td>《建筑工程饰面砖粘结强度检验标准》(JGJ/T 110)</td><td>粘结强度检测仪</td></tr>
<tr><td>抹灰砂浆的拉伸粘结强度</td><td>《抹灰砂浆技术规程》(JGJ/T 220)</td><td>粘结强度检测仪</td></tr>
<tr><td rowspan="6">室内环境污染物</td><td rowspan="3">甲醛</td><td>《民用建筑工程室内环境污染控制标准》(GB 50325)</td><td rowspan="3">恒流采样器、分光光度计、皂膜流量计、温湿度计、空盒气压表、5mL 刻度线气泡吸收管</td></tr>
<tr><td>《公共场所卫生检验方法　第 2 部分:化学污染物》(GB/T 18204.2)</td></tr>
<tr><td>《居住区大气中甲醛卫生检验标准方法分光光度法》(GB/T 16129)</td></tr>
<tr><td rowspan="2">氨</td><td>《民用建筑工程室内环境污染控制标准》(GB 50325)</td><td rowspan="2">一级皂膜流量计、10mL 刻度线大型气泡吸收管、分光光度计、恒流采样器、温湿度计、空盒气压表</td></tr>
<tr><td>《公共场所卫生检验方法　第 2 部分:化学污染物》(GB/T 18204.2)</td></tr>
<tr><td>TVOC</td><td>《民用建筑工程室内环境污染控制标准》(GB 50325)</td><td>恒流采样器、热解吸装置、气相色谱仪(FID 或 MS 检测器)、流量计、温湿度计、空盒气压表</td></tr>
</table>

(续表)

检测项目	检测参数	依据标准	主要仪器设备
可选参数			
	苯	《民用建筑工程室内环境污染控制标准》(GB 50325)	恒流采样器、热解吸装置、气相色谱仪(FID)、皂膜流量计、温湿度计、空盒气压表
	氡	《民用建筑工程室内环境污染控制标准》(GB 50325)	测氡仪或活性炭盒-低本底多道 γ 谱仪、温湿度计、空盒气压表
		《建筑室内空气中氡检测方法标准》(T/CECS 569)	
	甲苯	《民用建筑工程室内环境污染控制标准》(GB 50325)	恒流采样器、热解吸装置、气相色谱仪(FID)、皂膜流量计、温湿度计、空盒气压表
	二甲苯	《民用建筑工程室内环境污染控制标准》(GB 50325)	恒流采样器、热解吸装置、气相色谱仪(FID)、皂膜流量计、温湿度计、空盒气压表
	土壤中的氡	《民用建筑工程室内环境污染控制标准》(GB 50325)	测氡仪、打孔装置、温湿度计、空盒气压表、埋置测量装置

第二章 填空题

第一节 混凝土结构及砌体结构构件强度

1. 依据 JGJ/T 23—2011，当检测条件与现行回弹法测强曲线的适用条件有差异，对同一强度等级混凝土采用芯样修正时，芯样数量不应少于_____个，公称直径宜为______ mm，高径比应为________。

2. 依据 JGJ/T 23—2011，利用回弹法检测某构造柱混凝土抗压强度时，共布置 6 个回弹测区，测区抗压强度换算值分别为 25.1MPa、26.3MPa、24.2MPa、23.1MPa、21.6MPa、23.8MPa，则该构造柱的混凝土抗压强度推定值为________ MPa。

3. 依据 JGJ/T 23—2011，对于按批量检测的构件，当该批构件混凝土抗压强度平均值小于 25MPa，且标准差大于________时，或者当该批构件混凝土抗压强度平均值为 25～60MPa，且标准差大于________时，该批构件应全部按单个构件检测。

4. 依据 JGJ/T 23—2011，利用回弹法检测混凝土抗压强度时，在构件的________部位应布置测区，并应避开________。

5. 依据 JGJ/T 23—2011，回弹仪率定试验应分________个方向进行，每个方向的回弹平均值均应为________。

6. 依据 JGJ/T 23—2011，测量回弹值时，回弹仪的轴线应始终垂直于混凝土检测面，并应________、准确读数、________。

7. 依据 JGJ/T 23—2011，每一测区应读取________个回弹值，每一测点的回弹值读数应精确至________，测点宜在测区范围内________。

8. 依据 JGJ/T 23—2011，当回弹仪为非水平方向且测试面为混凝土的非浇筑侧面时，应先对回弹值进行________，然后再进行________。

9. 依据 JGJ/T 23—2011，布置回弹测区时，相邻两回弹测区的间距不应大于______ m，测区离构件端部或施工缝边缘的距离不宜大于________ m，且不宜小于________ m。

10. 依据 JGJ/T 23—2011，数字式回弹仪数字显示的回弹值与指针直读示值相差大于________时应进行检定，回弹仪率定试验所用的钢砧应每________年送授权计量检定机构检定或校准。

11. 依据 JGJ/T 23—2011，该规程适用于普通混凝土抗压强度的检测，不适用于表层与内部质量有________或________的混凝土强度检测。

12. 依据 JGJ/T 23—2011，利用回弹法检测混凝土抗压强度就是通过检测构件混凝土的________和________来推定结构或构件混凝土抗压强度。

13. 依据 JGJ/T 23—2011,在混凝土回弹仪弹击锤与弹击杆碰撞的瞬间,弹击拉簧应处于________,且弹击锤起跳点应位于指针指示刻度尺上的________处。

14. 依据 JGJ/T 23—2011,混凝土回弹仪使用时的环境温度应为________℃,回弹仪率定试验应在室温为________℃的条件下进行。

15. 依据 JGJ/T 23—2011,新回弹仪启用前应送________机构进行检定,回弹仪检定周期为________。

16. 依据 JGJ/T 23—2011,混凝土回弹仪率定试验应分四个方向进行,回弹仪弹击杆应分________次旋转,每次旋转________度。率定值应取连续向下弹击________次的稳定回弹值的平均值。

17. 依据 JGJ/T 23—2011,混凝土回弹仪弹击超过________次应进行保养。

18. 依据 JGJ/T 23—2011,利用回弹法检测时,混凝土生产工艺、设计强度等级相同,________、________、________基本一致且龄期相近的一批同类结构或构件的检测可采用批量检测方法。

19. 依据 JGJ/T 23—2011,利用回弹法检测单个构件混凝土抗压强度时,应在构件上________布置测区。对于一般构件,每个构件的测区数不少于________个。

20. 依据 JGJ/T 23—2011,测点宜在测区范围内均匀分布,同一测点应只弹击________次;相邻两测点的净距离不宜小于________ mm,测点距外露钢筋、预埋件的距离不宜小于________ mm。

21. 依据 JGJ/T 23—2011,碳化深度测点数不应少于测区数的________,当碳化深度值极差大于________ mm 时,应在每一测区内分别测量碳化深度值。

22. 依据 JGJ/T 23—2011,在计算测区混凝土抗压强度平均回弹值时,应从该测区的 16 个回弹值中剔除________个最大值和________个最小值,用其余的回弹值计算平均值。

23. 依据 JGJ/T 23—2011,非泵送混凝土粗骨料最大公称粒径大于________ mm 或泵送混凝土粗骨料最大公称粒径大于________ mm 的混凝土不得按 JGJ/T 23—2011 进行测区强度换算。

24. 依据 JGJ/T 23—2011,在用回弹法检测混凝土抗压强度的计算过程中,当测区数为 10 个及以上时,应计算构件测区混凝土抗压强度换算值的平均值和________。

25. 依据 JGJ/T 23—2011,检验回弹仪的率定值是否符合 80±2 的作用:检验回弹仪的标称能量是否为________,回弹仪的________,机芯的滑动部分________等。

26. 依据 JGJ/T 23—2011,检测构件混凝土抗压强度的回弹法,是利用混凝土________与强度之间的相关关系,同时考虑碳化深度的影响,来推定混凝土抗压强度的一种方法。

27. 依据 JGJ/T 384—2016,芯样试件应在________状态下进行抗压试验,当需要确定潮湿状态下混凝土的强度时,芯样试件宜在________的清水中浸泡________,从水中取出并去除表面水渍后立即进行试验。

28. 依据 JGJ/T 384—2016,利用钻芯法确定检测批的混凝土抗压强度推定值时,直径为 100mm 的芯样试件的最小样本量不宜少于________个,小直径芯样试件的最小样本量不宜少于________个。

29. 依据 JGJ/T 384—2016,抗压芯样试件内最多只允许有________根直径不大于________ mm 的钢筋,钢筋应与试件的轴线基本垂直并离开端面________ mm 以上。

30. 依据 JGJ/T 384—2016，抗压芯样试件的实际高径比（H/d）宜为________；小于要求高径比的________或大于________时，不宜进行试验。

31. 依据 JGJ/T 384—2016，抗压强度为 35MPa 的芯样试件，可采用________或________补平，补平层厚度不宜大于________。

32. 依据 JGJ/T 384—2016，抗压芯样试件端面的不平整度在每________长度内超过________时不宜进行试验。

33. 依据 DB34/T 5012—2015，在洛氏硬度 HRC 为 60±2 的钢砧上，中型回弹仪的率定值应为________，重型回弹仪的率定值应为________。

34.《回弹法检测泵送混凝土抗压强度技术规程》（DB34/T 5012—2015）适用于________混凝土抗压强度的检测，不适用于表层与内部质量________或________的混凝土强度检测。

35. 依据 DB34/T 5012—2015，中型回弹仪用于检测抗压强度为________ MPa 的混凝土；重型回弹仪用于检测抗压强度为________ MPa 的混凝土。

36. 依据 DB34/T 5012—2015，测区尺寸宜为________ mm×________ mm，测区的面积不宜大于________ m^2。

37. 依据 DB34/T 5012—2015，检测混凝土抗压强度时，被测混凝土应为自然养护且龄期为________ d。

38. 依据 JGJ/T 294—2013，规程测强曲线适用于配制强度等级为________的混凝土，适用龄期不宜超过________ d。

39. 依据 JGJ/T 294—2013，对按批量检测的结构或构件，该批构件的混凝土抗压强度换算值的平均值大于________ MPa，且标准差大于________ MPa 时，该批构件应全部按单个构件检测。

40. 依据 T/CECS 02—2020，超声回弹综合法采用带波形显示器的低频超声检测仪，并配置频率为 50～100kHz 的换能器，测量混凝土中的________，以及采用弹击锤冲击能量为________的混凝土回弹仪的测试回弹值。

41. 依据 T/CECS 02—2020，利用超声回弹综合法检测混凝土抗压强度，同批构件按抽样检测时，随机抽样的最小样本容量应依据________和________确定。

42. 依据 T/CECS 02—2020，该规程规定的混凝土抗压强度推定方法适用于龄期为________ d、抗压强度为________ MPa 的混凝土。

43. 依据 T/CECS 02—2020，超声________时，回弹测试应在测区内超声波的发射面和接收面上各测读 5 个回弹值；超声________时，回弹测试应在测区内超声波的发射测点和接收测点之间测读 10 个回弹值。

44. 依据 GB 50204—2015，对结构实体混凝土用回弹-取芯法进行强度检验时，不宜抽取截面高度小于________的梁和边长小于________的柱。

45. 依据 GB 50204—2015，对混凝土用回弹-取芯法进行强度检验时，对同一强度等级的混凝土，应将每个构件的最小测区平均回弹值进行排序，并在其最小的________个测区内各钻取 1 个芯样。

46. 依据 GB 50204—2015，用回弹-取芯法进行混凝土强度检验时，对每个构件应选取不少于________个测区进行回弹检测，楼板构件的回弹宜在________进行。

47. 依据 GB 50204—2015,对混凝土用回弹-取芯法进行强度检验时,芯样应采用带水冷却装置的薄壁空心钻钻取,其直径宜为________,且不宜小于混凝土骨料最大粒径的________。

48. 依据 GB 50204—2015,对混凝土用回弹-取芯法进行强度检验时,对同一强度等级的混凝土,若三个芯样的抗压强度算术平均值不小于设计要求的混凝土强度等级值的________,三个芯样抗压强度的最小值不小于设计要求的混凝土强度等级值的________,则结构实体混凝土强度可判为合格。

49. 依据 GB 50204—2015,混凝土结构实体检验的内容应包括________、________、________以及工程合同约定的项目,必要时可检验其他项目。

50. GB/T 50344—2019 标准中,均值反映随机变量的平均水平,也称之为________分位值;标准值是与随机变量分布函数 0.05 概率(具有 95%保证率)相应的值,也称之为________分位值。

51. 依据 JGJ/T 136—2017,采用贯入法检测的砌筑砂浆应符合自然养护、龄期为 28d 或 28d 以上、风干状态、抗压强度为________ MPa 的规定。

52. 依据 JGJ/T 136—2017,用贯入法按批量检测砌筑砂浆强度时,砂浆抗压强度换算平均值为 7.6MPa,同批构件砂浆抗压强度换算最小值为 6.0MPa,且该批构件砂浆抗压强度换算值的变异系数小于 0.30,该批构件砂浆抗压强度推定值为________。

53. 依据 JGJ/T 136—2017,用贯入法检测砂浆抗压强度时被测灰缝应饱满,其厚度不应小于________ mm,并应避开________、门窗洞口、后砌洞口和预埋件边缘。

54. 依据 JGJ/T 136—2017,用贯入法检测砂浆抗压强度时,某构件的 16 个贯入深度值分别为 8.51mm、6.27mm、6.78mm、4.95mm、8.12mm、7.32mm、6.49mm、5.63mm、5.26mm、7.50mm、6.61mm、5.89mm、4.85mm、7.92mm、5.85mm、6.40mm,其砂浆贯入深度代表值为________ mm。

55. 依据 JGJ/T 136—2017,用贯入法按批量检测时,抽检数量不应少于砌体总构件数的________%,且不应少于________个构件。

56. 依据 GB/T 50315—2011,采用筒压法检测砂浆强度时,砂浆强度范围应为________。

57. 依据 GB/T 50315—2011,推出法适用于推定________厚的烧结普通砖、烧结多孔砖、蒸压灰砂砖或蒸压粉煤灰砖墙体中的砌筑砂浆强度,所测砂浆的强度宜为________。

58. 依据 GB/T 50315—2011,用砂浆回弹法检测砌筑砂浆强度时,应根据________和________两项指标换算为砂浆强度。

59. 依据 GB/T 50315—2011,砂浆回弹仪在钢砧上的率定值应为________。

60. 依据 GB/T 50315—2011,用回弹法检测砂浆抗压强度时,应在每个测位内均匀布置________个弹击点。

61. 依据 GB/T 50315—2011,砂浆回弹法不适用于砂浆强度小于________的墙体。

62. 依据 GB/T 50315—2011,砂浆片剪切法适用于推定________或________砌体中的砌筑砂浆强度。

63. 依据 GB/T 50315—2011,用点荷法检测砂浆强度时,加工或选取的砂浆试件厚度宜为________。

64. 依据 GB/T 50315—2011，砖回弹仪在钢砧上的率定值应为________。

65. 依据 GB/T 50315—2011，采用原位轴压法检测砌体抗压强度时，测试部位应具有代表性，同一墙体上测点不宜多于________个，宜选在沿墙体长度的________部位。

66. 依据 GB/T 50315—2011，原位双剪法包括________和________。

67. 依据 GB/T 50315—2011，对于砌体强度检测，当检测对象为整栋建筑物或建筑物的一部分时，应将其划分为一个或若干个可以独立进行分析的结构单元，将每个单元划分为若干个检测单元。每个检测单元内，随机选择的测区不宜少于________个，应将单个构件（单片墙体、柱）作为一个测区，当一个检测单元内不足________个构件时，应将每个构件作为一个测区。

68. 依据 GB/T 50315—2011，用回弹法检测砌体中普通黏土砖抗压强度时，在每块砖的测面上应均匀布置________个弹击点。

69. 依据 GB/T 50315—2011，烧结砖回弹法不适用于推定________或________、________的烧结普通砖砌体或烧结多孔砖砌体中砖的抗压强度。

70. 依据 GB/T 50315—2011，各种检测强度的最终计算或推定结果中，砌体的抗压强度和抗剪强度均应精确至________，砌筑砂浆强度应精确至________。

第二节　钢筋及保护层厚度

1. 依据 GB 50204—2015，预应力筋进场时，应按国家相关标准规定抽取试件做________、________检验。

2. 依据 GB 50204—2015，对按三级抗震等级设计的框架，纵向受力普通钢筋总延伸率不应小于________。

3. 依据 GB 50204—2015，对结构实体钢筋保护层厚度进行检验，当悬挑板构件数量少于________个时，应全数检测。

4. 依据 GB/T 50344—2019，对砌体中的钢筋，可按对混凝土中钢筋检测提出的方法进行检测；对砌体中拉结筋的间距，应取________个连续间距的平均间距作为代表值。

5. JGJ/T 152—2019 标准适用于混凝土结构及构件中________、________、________、________、力学性能、基桩钢筋笼长度的现场检测。

6. 依据 JGJ/T 152—2019，混凝土剔凿后，截取部分钢筋，通过称量钢筋重量得出钢筋直径的方法称为________。

7. JGJ/T 152—2019 所规定的检测方法（电磁感应法和雷达法）不适用于含有________的混凝土检测。

8. 依据 JGJ/T 152—2019，混凝土结构中，进行钢筋间距检测时，检测部位宜选择________或________影响较小的部位；进行钢筋保护层厚度检测时，检测部位应选择________部位。

9. 依据 JGJ/T 152—2019，混凝土保护层厚度检测中，钻孔、剔凿时，不得损坏钢筋，实测时采用游标卡尺，直接量测精度不应低于________。

10. 依据 JGJ/T 152—2019，混凝土保护层检测位置宜选择保护层要求较高的部位，具体指________、________及________。

11. 依据 JGJ/T 152—2019,对钢筋探测仪采用标准试件进行校准,当混凝土保护层厚度为 10～50mm 时,混凝土保护层厚度检测的允许误差应为________,钢筋间距检测的允许误差为________。

12. 依据 JGJ/T 152—2019,采用电磁感应法检测钢筋时,确定________于所检钢筋轴线方向为探测方向,检测部位应平整光洁。

13. 依据 JGJ/T 152—2019,采用电磁感应法检测钢筋时,如果在某根钢筋相同位置检测的钢筋混凝土保护层厚度值分别为 21mm、22mm,那么此根钢筋的混凝土保护层厚度应为________。

14. 依据 JGJ/T 152—2019,对钢筋混凝土保护层厚度进行检测,当实际保护层厚度值小于仪器最小示值时,应采用________的方法进行检测。

15. 依据 JGJ/T 152—2019,电磁感应法钢筋探测仪基本原理是依据钢筋对仪器探头所发出的________来判定钢筋的大小和距离。

16. 依据 JGJ/T 152—2019,采用直接法检测钢筋直径时,同一部位应重复检测________次。

17. 依据 JGJ/T 152—2019,采用直接法检测混凝土保护层厚度时,用空心钻头钻孔或剔凿去除钢筋外层混凝土,直至被测钢筋直径方向完全暴露,且沿钢筋长度方向不宜小于________倍钢筋直径。

18. 依据 JGJ/T 152—2019,当采用直接法验证电磁感应法检测时,应选取不少于________的已测钢筋,且不应少于________根,当实际检测数量小于________根时应全部抽取。

19. 依据 JGJ/T 152—2019,采用取样称量法检测钢筋公称直径时,截取长度不宜小于________ mm。

20. 依据 JGJ/T 152—2019,半电池电位检测结果可采用________表示被测结构及构件中钢筋的锈蚀性状。

第三节　植筋锚固力

1. 依据 JGJ 145—2013,当锚栓采用连续加载方式进行非破损检验时,应以均匀速率在________的时间内加载至设定检验荷载,并持荷________。

2. 依据 JGJ 145—2013,检验锚固拉拔承载力的加载方式可为________或________,可依据实际条件选用。

3. 依据 JGJ 145—2013,现场破坏性检验宜选择锚固区以外的同条件位置,应取每一检验批锚固件总数的________,且不少于________件进行检验。若锚固件为植筋且数量不超过________件时,可取________件进行检验。

4. 依据 JGJ 145—2013,对于重要结构构件及生命线工程的非结构构件,植筋检验批锚栓数量为 5000 件时,非破损检验批抽检样品数量应为________件。

5. 依据 JGJ 145—2013,植筋破坏性检验结果满足 $N_{Rm}^{c} \geqslant$________$f_y A_s$且 $N_{Rm}^{c} \geqslant$________$f_y A_s$时,其锚固质量应评定为合格。

6. 依据 JGJ 145—2013,锚固质量现场检验抽样时,应以________、________、________

的锚固件安装于锚固部位基本相同的同类构件为一个检验批，并应从每个检验批所含的锚固件中进行抽样。

7. 依据 JGJ 145—2013，非破损检验的评定应按下列规定进行：试样在持荷期间，锚固件无滑移、基材混凝土无裂纹或其他局部损坏迹象出现，且加载装置的荷载示值在________内无下降或下降幅度不超过________的检验荷载时，应评定为合格。

8. 依据 JGJ 145—2013，后锚固连接破坏类型总体上可分为________、________以及________三大类。

9. 依据 JGJ 145—2013，某工程委托检测单位对后锚固工程进行锚固承载力现场检测，荷载检验值取 $0.9f_{yk}A_s$，后锚固类型为植筋，植筋钢筋规格为 ϕ12 HRB400，在进行非破损检验时，荷载检验值应为________ kN。

10. 依据 JGJ 145—2013，后锚固件应进行抗拔承载力现场非破损检验，安全等级为________的后锚固构件，还应进行破坏性检验。

11. 依据 JGJ 145—2013，胶粘的锚固件，其检验宜在锚固胶达到其产品说明书标示的固化时间________进行。若因故需推迟抽样与检验日期，应征得监理单位同意，且推迟不应超过________ d。

12. 依据 JGJ 145—2013，评定后锚固件非破损检验结果时，若一个检验批中不合格的试样不超过________，应另抽________根试样进行破坏性检验，若检验结果全部合格，该检验批仍可评定为合格检验批。

13. 依据 JGJ 145—2013，锚栓锚固基材混凝土强度等级不应低于________，且不得高于________；对于安全等级为一级的后锚固连接，其基材混凝土强度等级不应低于________。

14. 依据 JGJ 145—2013，对于承重结构用的锚栓，其公称直径不应小于________ mm，锚固深度 h_{ef}不应小于________ mm。

15. 依据 JGJ 145—2013，对于采用化学锚栓的混凝土结构，其锚固区基材的长期使用温度不应高于________。

16. 锚栓选用应按照锚栓________、________、锚固连接的受力性质、________、抗震设防等要求选用。

17. 对于后锚固件，应进行抗拔承载力现场非破损检验；对于悬挑结构和构件，还应进行________。

18. 依据 JGJ 145—2013，性能等级为 5.8 的碳素钢锚栓屈服强度标准值为________ N/mm^2。

19. 化学锚栓的承载性能取决于________和________的共同作用，没有经过系统测试而任意搭配无法保证整个系统的性能。

20. 锚栓锚固性能及适用范围存在较大差异，按其工作原理及构造的不同，将锚栓分为________、________、________及________四大类。

第四节　构件位置和尺寸

1. 依据 GB 50204—2015，现浇结构层高的允许偏差为________ mm。

2. 依据 GB 50204—2015，现场检测某块现浇板厚度，已知设计厚度为 150mm，符合标准要求的检测值范围为________ mm。

3. 依据 GB 50204—2015，检验预制构件尺寸时，同一类型的构件不超过 100 件为一批，每批应抽查构件数量的________，且不应少于________件。

4. 依据 GB 50204—2015，预制构件中预埋板中心线位置的允许偏差为________ mm。

5. 依据 GB 50203—2011，砖砌体允许留直槎时应加设拉结钢筋，其间距沿墙高不应超过________ mm，且竖向间距偏差不应超过________ mm。

6. 依据 GB 50203—2011，配筋砌体工程中构造柱与墙体连接时，应沿墙高每隔________ mm 设两根 $\phi6$ 拉结钢筋，伸入墙内不宜小于________ mm。

7. 依据 GB 50203—2011，配筋砌体工程构造柱中心线位置的允许偏差为________ mm。

8. 依据 GB 50206—2012，胶合木受弯构件应进行荷载效应标准组合作用下的抗弯性能见证检验。3m 长檩条的最大挠度限值为________。

9. 依据 GB 50206—2012，方木结构中柱构件高度为 4m，其垂直度允许偏差为________。

10. 依据 GB 50206—2012，轻型木结构中楼盖主梁截面宽度、高度的允许偏差为________，间距的允许偏差为________。

11. 依据 GB/T 50344—2019，木结构屋架出平面变形可用________或________进行测量。

12. 依据 JGJ/T 488—2020，木结构或构件变形检测可分为________、构件垂直度、________、跨中挠度等项目。

第五节　外观质量及内部缺陷

1. 依据 GB/T 50344—2019，结构构件外观缺陷检测的抽样方案，宜选用________方案。

2. 依据 CECS 21:2000，常用换能器有________振动方式和________振动方式两种类型，可根据不同测试需要选用。

3. 依据 CECS 21:2000，用超声法检测混凝土缺陷时应避免超声传播路径与附近钢筋轴线________。如无法避免，应使两个换能器连线与该钢筋的最短距离不小于超声测距的________。

4. 依据 CECS 21:2000，使用钻孔对测法检测裂缝深度时，以换能器所处深度与对应的________绘制坐标图来判断裂缝深度。

5. 依据 CECS 21:2000，使用对测法检测混凝土不密实区和空洞时，普通工业与民用建筑布点网格间距一般设置为________ mm，其他大型结构物可适当放宽。

6. 依据 CECS 21:2000，厚度振动式换能器的频率宜采用________ kHz；径向振动式换能器的频率宜采用________ kHz，直径不宜大于________ mm。

7. 依据 CECS 21:2000，换能器的实测主频与标称频率相差应不大于________。对用于水中的换能器，其水密性应在________ MPa 水压下不渗漏。

8. 依据 CECS 21:2000，超声测距的测量误差应不大于________。

9. 依据 GB/T 50784—2013，混凝土构件内部缺陷宜采用超声法进行________，当仅有一个可测面时可采用________和电磁波反射法检测。

10. 依据 GB/T 50784—2013，用超声法检测混凝土结合面质量时，测点布置要求换能器连线________结合面，测量每个测点的声时、波幅、主频和测距。

第六节　装配式混凝土结构节点

1. 依据 T/CECS 1189—2022，钢筋套筒灌浆连接的检测项目宜包括________、________和________。

2. 依据 T/CECS 1189—2022，套筒灌浆饱满性检测常用方法有________、________、________、________。

3. 依据 T/CECS 1189—2022，检测套筒灌浆不饱满的缺陷长度时，采用________、________进行检测。

4. 依据 GB 50204—2015，预制墙板宽度及高(厚)度的允许偏差为________。

5. 依据 T/CECS 1189—2022，采用超声法检测竖向构件底部接缝内部缺陷时，所用换能器的辐射端直径不应大于________，工作频率宜为________。

6. 依据 T/CECS 1189—2022，对钢筋连接用套筒灌浆料实体强度可采用________、________进行检测。

7. 依据 T/CECS 1189—2022，采用回弹法检测灌浆料实体强度时，抗压强度的检测范围为________。

8. 依据 T/CECS 1189—2022，钻孔内窥法的内窥镜应具有________功能，允许误差应为量程的________。

9. 依据 T/CECS 1189—2022，钻孔内窥法的内窥镜镜头测量的有效量程不宜小于________，测量精度不应低于________。

10. 依据 T/CECS 1189—2022，采用冲击回波法检测浆锚搭接灌浆饱满性时，浆锚搭接需满足孔道直径不小于________的要求且孔道直径与混凝土保护层厚度的比值为________。

11. 依据 T/CECS 1189—2022，采用回弹法检测套筒灌浆料抗压强度时，应在里氏硬度范围为________ HLDL 的标准块上进行率定，回弹仪的率定值与标准块基准值的允许偏差应为________。

12. 依据 JGJ 355—2015(2023 年版)，钢筋套筒低温型灌浆料在龄期为－1d 时抗压强度不低于________，龄期为(－7＋21)d 时抗压强度不低于________。

13. 依据 JGJ 355—2015(2023 年版)，灌浆套筒的套筒设计锚固长度不宜小于插入钢筋公称直径的________倍。

14. 依据 T/CECS 1189—2022，现场淋水试验应在墙体的________选定拼缝，淋水覆盖的拼缝长度应为________。

15. 依据 T/CECS 1189—2022，采用现场淋水试验进行检测时，在同一检测批的每个外立面上应选取不少于________条拼缝，且应包括________和________。

16. 依据 T/CECS 1189—2022,当钻取直径为 50mm 的芯样用于检测混凝土抗压强度时,检测批的芯样数量不宜少于________个。

17. 依据 T/CECS 1189—2022,对预制构件的预埋保温拉结件锚固承载力进行检测,预制构件混凝土养护的等效龄期宜达到________。

18. 依据 T/CECS 1189—2022,采用现场淋水试验进行检测时,喷嘴处的水压力值应控制为________。

19. 依据 T/CECS 1189—2022,直径为 50mm 的芯样试件直径范围应为________,且不应小于粗骨料最大粒径的________倍。

20. 依据 JGJ 355—2015(2023 年版),对灌浆饱满性进行实体抽检,对于现浇与预制转换层,应抽取预制构件数不少于________件且不少于________个灌浆套筒,对每个灌浆套筒检查________个点。

第七节　结构构件性能

1. 依据 GB/T 50152—2012,混凝土结构构件使用状态试验结果的判断应包括的检验项目有________、________、________以及试验方案要求检验的其他变形。

2. 依据 GB/T 50152—2012,简支梁预制构件采用三分点集中力加载模拟均布荷载时,挠度修正系数为________。

3. 依据 GB/T 50784—2013,结构动力特性测试宜选用________法,在满足测试要求的前提下也可选用________等其他激振方法。

4. 依据 GB/T 50784—2013,采用有限差分法确定的受弯构件的弹性挠度曲线的测点数目不应少于________个。

5. 依据 GB/T 50784—2013,在构件安全性检验荷载作用下,当受检构件无明显破坏迹象,实测构件残余挠度不大于最大挠度值的________时,可评定受检构件安全性满足要求。

6. 依据 GB/T 50152—2012,对于批量生产的预制混凝土构件,应按产品检验批抽样进行合格性检验,其中钢筋混凝土构件和允许出现裂缝的预应力混凝土构件应进行________、________及________检验;要求不允许出现裂缝的预应力混凝土构件应进行________、________和________检验。

7. 依据 GB 50204—2015,对受弯预制构件裂缝宽度进行观测时,对裂缝宽度,宜采用精度为 0.05mm 的刻度放大镜或裂缝检验卡量测;对斜截面裂缝,应量测________的最大裂缝宽度。

8. 依据 GB/T 50010—2010,钢筋混凝土受弯构件的最大挠度应该按荷载的________进行计算,预应力混凝土受弯构件的最大挠度应按荷载的________进行计算,并均应考虑荷载长期作用的影响。

9. 依据 GB/T 50784—2013,混凝土结构静载检验可分为结构构件的________、________、________。

10. 依据 GB/T 50784—2013,结构构件承载力检验荷载应根据结构构件________荷载效应组合的设计值、加载图式和承载力检验标志经换算确定。

11. 依据 GB 50204—2015,进行预制混凝土构件承载能力极限状态检验时,受弯情况下受力主筋拉断对应承载力检验系数允许值是________。

12. 依据 GB 50204—2015，对受弯预制构件进行结构性能试验，当确定构件受拉主筋处的裂缝宽度时，应在构件________量测。

13. 依据 GB/T 50152—2012，对需在多处加载的试验，可采用分配梁系统进行多点加载，加载点不应多于________点。

14. 依据 GB/T 50784—2013，动力测试可适用于结构动力特性测试和________的检测。其中结构动力测试包括________、________和阻尼系数。

15. 依据 JGJ/T 488—2020，木结构静力性能检测应根据材料力学性能、________、________、________等情况确定木结构静力计算参数。

16. 依据 GB/T 50344—2019，采用结构动力测试方法评估结构的抗震性能时，可选用________或________测试方法。

17. 依据 GB/T 50152—2012，验证性试验中，当加载到承载能力极限状态的试验阶段时，每级加载值不应大于承载力状态荷载设计值的________。

18. 依据 GB/T 50152—2012，抗裂检验系数为________与________的比值。

19. 依据 GB/T 50784—2013，进行动力测试前，应对测试系统的________、________、相频特性线性度等进行标定，标定宜采用________标定。

20. 依据 GB/T 50152—2012，屋架、桁架量测挠度曲线的测点应沿跨度方向在________处布置。

21. 依据 GB/T 50129—2011，砌体试验按照试验用途可分为________和检验性试验两类。检验性试验的试件组数及每组试件的数量，可由检测单位规定。轴心和偏心抗压试验在同等条件下，每组试件的数量不宜少于________件。

22. 依据 GB/T 50129—2011，当测量轴心抗压砌体试件的横向变形值时，应在宽侧面的水平中线上安装仪表，测点与试件边缘之间的距离不应小于________，标距不小于宽度的________，且跨 1 条竖缝。

23. 依据 GB 50068—2018，结构的极限状态分为承载能力极限状态、________极限状态和________极限状态。

24. 结构的可靠性包括________、________和________。

25. 在截面尺寸和材料强度等级一定的条件下，在施工质量得到保证的前提下，影响无筋砌体受压承载力的主要因素是构件的________和________。

26. 预应力混凝土按施工方式分预制预应力混凝土、________和________等。

27. ________是概率极限状态设计方法所确定的分项系数之一，反映材料离散程度对承载能力的影响。

第八节　装饰装修工程

1. 依据 JGJ 145—2013，将被连接件锚固到基材上的锚固组件产品，按照锚固作用机理分为________和________。

2. 依据 JGJ 145—2013，机械锚栓按照其工作原理分为两类：________、________。

3. 依据 JGJ 145—2013，化学锚栓按照其金属螺杆的情况分为两类：

________、________。

4. 依据 JGJ 145—2013,锚栓应按照________、________、________、被连接结构类型、抗震设防等要求选用。

5. 依据 JGJ 145—2013,后锚固连接设计所采用的设计使用年限应与被连接结构的设计使用年限一致,并不宜________。对化学锚栓和植筋,应定期检查其工作状态,检查的时间间隔可由设计单位确定,但第一次检查时间不应________。

6. 依据 JGJ 145—2013,处在室外的被连接钢构件,其锚板的锚固方式应使锚栓不出现过大交变温度应力,在使用条件下,锚栓的温度应力变幅不应大于________。

7. 依据 JGJ 145—2013,未经技术鉴定或设计许可,不得改变后锚固连接的________。

8. 依据 GB 50210—2018,验收幕墙工程时,应检查________和________的现场拉拔力检验报告。

9. 依据 JGJ 145—2013,锚板厚度应按现行标准 GB 50017 进行设计,且不宜小于锚栓直径的________;受拉和受弯锚板的厚度宜大于锚栓间距的________;外围锚栓孔至锚板边缘的距离不应小于________。

10. 依据 JGJ/T 220—2010,抹灰砂浆拉伸粘结强度试验应在抹灰层施工完成________后进行。

11. 依据 JGJ/T 220—2010,抹灰砂浆拉伸粘结强度试验主要用到的仪器设备有________、________、手持切割锯、胶粘剂、________。

12. 依据 JGJ/T 220—2010,抹灰砂浆拉伸粘结强度试验所用的顶部拉拔板用 45 号钢或铬钢材料制作,其规格尺寸为________(长×宽),可用厚度为 6～8mm 的方形板,或________的圆形板。

13. 依据 JGJ/T 220—2010,抹灰砂浆拉伸粘结强度试验应在抹灰层达到规定龄期后进行拉伸粘结强度试验取样,且取样面积不应小于________,取样数量应为________。

14. 依据 JGJ/T 220—2010,按顶部拉拔板的尺寸切割试样,________应与拉拔板的尺寸相同。切割应深入基层,且切入基层的深度不应________。损坏的试样应废弃。

15. 依据 JGJ/T 220—2010,当对抹灰砂浆现场拉伸粘结强度试验结果有争议时,应以采用________测定的测试结果为准。

16. 依据 JGJ/T 220—2010,当水泥砂浆抹灰层厚度大于 35mm 时,应采取 ________加强措施。不同材料的基体交接处应设加强网,加强网与各基体的搭接宽度不应小于________。

17. 依据 JGJ/T 110—2017,用于饰面砖拉伸粘结强度的检测仪器,其最大试验拉力宜为________,最小分辨率应为________。

18. 依据 JGJ/T 110—2017,进行饰面砖粘结强度试验时,所用标准块有两种,其一是________×________、厚 6～8mm 的长方形标准块,其二是________×________、厚 6～8mm 的正方形标准块。

19. 依据 JGJ/T 110—2017,粘结强度检测仪每年校准不应________。发现异常时应维修、校准。

20. 依据 JGJ/T 110—2017,现场粘贴饰面砖粘结强度检验应以每________同类基体饰面砖为一个检验批,不足________的应为一个检验批。每批应取不少于一组________试样,每连续 3 个楼层应取不少于一组试样，取样宜均匀分布。

第九节　室内环境污染物

1. 依据 GB 50325—2020，对室内空气中 TVOC 进行采样时，应记录采样时间及采样流量、采样温度、________和大气压。

2. 民用建筑室内空气中氨检测方法应符合 GB/T 18204.2—2014 中________的规定。

3. 依据 GB 50325—2020，民用建筑工程验收时，凡进行了样板间室内环境污染物浓度检测且检测结果合格的，其同一装饰装修设计样板间类型的房间抽检量可减半，并不得少于________。

4. 依据 GB 50325—2020，对城市区域性土壤氡水平进行调查时，每一测点应重复测量 3 次，且以________作为该点氡浓度，或每一测点在 $3m^2$ 范围内打 3 个孔，对每孔测一次求平均值。

5. 依据 GB 50325—2020，对民用建筑工程室内空气中苯、甲苯、二甲苯进行采样前，活性炭管应通氮气进行活化，活化时间不应少于________，活化至无杂质峰为止。

6. 依据 GB 50325—2020，测定民用建筑工程室内空气中 TVOC 浓度时，初始温度应为 50℃，且保持 10min，升温速率应为________，温度应升至 250℃，保持 2min。

7. 依据 GB/T 18204.2—2014，使用靛酚蓝分光光度法测定室内空气中氨时，氨吸收液配制过程中所用的水应为________。

8. 依据 GB/T 16129—1995，使用 AHMT(4-氨基-3-联氮-5-巯基-1,2,4-三氮杂茂)分光光度法测定室内空气中甲醛时，标准曲线的直线回归后的斜率为________吸光度。

9. 依据 GB/T 18204.2—2014，使用靛酚蓝分光光度法测定室内空气中氨，其方法灵敏度为________ μgNH_3/吸光度。

10. 依据 GB/T 18204.2—2014，使用靛酚蓝分光光度法测定室内空气中氨，当采气体积为 5L 时，方法最低检出质量浓度为________。

11. GB 50325—2020 是为了预防和控制民用建筑工程中主体材料和________产生的室内环境污染而制定的。

12. 依据 GB 50325—2020，土壤表面氡析出率测定仪器设备应包括取样设备和________。

13. 依据 GB 50325—2020，检测室内空气中苯浓度，对用活性炭吸附管和 2,6-对苯基二苯醚多孔聚合物-石墨化炭黑-X 复合吸附管采样的检测结果有争议时，以________________的检测结果为准。

14. 依据 GB 50325—2020，用活性炭吸附管采集室内空气中甲苯时，空气湿度应小于________。

15. 依据 GB 50325—2020，对采样后的活性炭吸附管做好两端密封和标识后，放入密封的玻璃容器中，样品保存期限为________。

16. 依据 GB 50325—2020，室内环境污染物 TVOC 的图谱中，对未识别的峰，应以________计。

17. 依据 GB/T 16129—1995，将 0.5% AHMT 溶液置于棕色瓶中，保存期限

为________。

18. 依据 GB 50325—2020，如遇雨天，土壤中氡浓度检测应在雨后________后进行，相对湿度不应大于 90%。

19. 依据 GB/T 16129—1995，使用 AHMT 分光光度法测定室内空气中甲醛时，若采样流量为 1L/min，采样体积为 20L，则测定浓度范围为________。

20. 依据 GB/T 18204.2—2014，水杨酸溶液(50g/L)稍有黄色，在室温下可保持稳定状态的时间为________。

21. 依据 GB/T 18204.2—2014，使用靛酚蓝分光光度法测定室内空气中氨时，应选用规格为________的比色皿，在波长________下，以水作参比，测定各管溶液的吸光度。

22. 依据 GB 50325—2020，污染物浓度测量值(除氡外)均指室内污染物浓度测量值扣除________空气中污染物浓度测量值(本底值)后的测量值。

23. 依据 GB/T 16129—1995，使用 AHMT 分光光度法测定空气中甲醛浓度时，采样体积为________ L。

24. 依据 GB 50325—2020，使用少量抽气-静电收集-射线探测器法测量土壤中氡浓度时，在每个测试点，应采用专用工具打孔，孔的深度宜为________。

25. 依据 GB 50325—2020，民用建筑工程及室内装饰装修工程的室内环境质量验收，应在工程完工不少于________后、工程交付使用前进行。

26. 依据 GB 50325—2020，室内环境污染物浓度测量值的极限值判定，采用________比较法。

27. 依据 GB 50325—2020，当对民用建筑室内环境中的甲醛、氨、苯、甲苯、二甲苯、TVOC 浓度检测时，采用自然通风的民用建筑工程检测应在对外门窗关闭________后进行。

28. 依据 GB 50325—2020，进行民用建筑室内环境中氡浓度检测时，针对无架空层或地下车库结构的 I 类建筑，一层、二层房间抽检比例不宜低于总抽检房间数的________。

29. 标准溶液配制方法有________和________两种。

30. 依据 GB 50325—2020，夏热冬冷地区、严寒及寒冷地区等采用自然通风的 I 类民用建筑最小通风换气次数不应低于________次/h，必要时应采取机械通风换气措施。

31. 二甲苯的 3 个同分异构体是邻二甲苯、间二甲苯和________。

第三章 单项选择题

第一节 混凝土结构及砌体结构构件强度

1. 依据 JGJ/T 23—2011,对某批混凝土构件按回弹法进行批量检测,测得该批构件混凝土抗压强度平均值为 39.2MPa,标准差为 6.13MPa,则该批构件应________。(　　)

A. 全部判为不合格　　B. 增加检测构件的数量后再进行批量推定

C. 钻取芯样进行修正　　D. 全部按单个构件进行检测

2. 依据 JGJ/T 23—2011,测量回弹值时,回弹仪的轴线应始终垂直于结构或构件的混凝土检测面,________,准确读数,________。(　　)

A. 用力施压,快速复位　　B. 缓慢施压,缓慢复位

C. 缓慢施压,快速复位　　D. 用力施压,缓慢复位

3. 依据 JGJ/T 384—2016,采用钻芯法推定检测批混凝土抗压强度时,芯样试件数量应依据检测批的容量确定,标准芯样试件数量不宜小于________。(　　)

A. 10 个　　B. 15 个　　C. 20 个　　D. 构件总数的 30%

4. 依据 JGJ/T 23—2011,在测量某一个测区的碳化深度值时,应取________次测量的________值作为检测结果,并精确至 0.5mm。(　　)

A. 两次,平均　　B. 两次,较小　　C. 三次,平均　　D. 三次,最大

5. 依据 DB34/T 5012—2015,采用回弹法检测混凝土强度,测区数少于 10 个或测区混凝土强度换算值出现部分大于 90.0MPa 的情况时,构件混凝土强度推定值等于________。(　　)

A. 最小的测区混凝土强度换算值

B. 测区混凝土强度换算值的平均值

C. 1.645 测区混凝土强度换算值的平均值

D. 测区混凝土强度换算值的平均值减去 1.645 测区混凝土强度换算值的平均值

6. 依据 GB/T 50784—2013,在进行混凝土内部缺陷的检测时,对于判别困难的区域应进行________验证或剔凿验证。(　　)

A. 冲击回波法　　B. 超声法　　C. 钻芯　　D. 电磁波反射法

7. 依据 JGJ/T 23—2011,在进行单个构件的检测时,相邻两测区的间距不应大于________ m,测区离构件端部或施工缝边缘的距离不宜大于________ m,且不宜小于________ m。(　　)

A. 2,0.5,0.2　　B. 3,0.5,0.2

C. 2,0.2,0.5　　　　D. 3,0.2,0.5

8. 依据 DB34/T 5012—2015，下列________项情况应对回弹仪拆开保养。（　　）

A. 新回弹仪　　　　B. 数显式示值相差大于 1

C. 率定值不合格　　　　D. 检测过程中回弹值异常

9. 依据 JGJ/T 294—2013，回弹仪弹击锤脱钩时，指针滑块示值刻线应对应于仪器外壳上刻线处，且示值误差不应超过________ mm。（　　）

A. ±0.1　　B. ±0.2　　C. ±0.4　　D. ±0.5

10. 依据 JGJ/T 384—2016，每个抗压芯样试件内最多只允许含有 1 根直径不大于________的钢筋。（　　）

A. 6mm　　B. 8mm　　C. 10mm　　D. 12mm

11. 依据 T/CECS 02—2020，回弹两测点之间的间距不宜小于________，测点距构件边缘或外露钢筋、铁件的距离不应小于________。（　　）

A. 20mm,30mm　　　　B. 20mm,50mm

C. 30mm,50mm　　　　D. 30mm,30mm

12. 依据 JGJ/T 23—2011，________应进行检定。（　　）

A. 回弹仪使用前

B. 弹击次数超 6000 次后

C. 数字式回弹仪显示的回弹值与指针直读示值相差为 2 时

D. 回弹仪检定后连续使用了 3 个月时

13. 依据 JGJ/T 384—2016，当采用修正量的方法对间接测强方法进行钻芯修正时，标准芯样试件的数量不应小于________个。小直径芯样的数量个数宜适当增加。（　　）

A. 5　　B. 3　　C. 6　　D. 9

14. 依据 JGJ/T 23—2011，制定地区和专用测强曲线的试块应与欲测构件在原材料、________、养护方法等方面条件相同。（　　）

A. 振捣方式　　B. 使用环境　　C. 成型工艺　　D. 使用功能

15. 依据 JGJ/T 23—2011，用回弹法检测构件混凝土抗压强度时，关于测区布置描述错误的是________。（　　）

A. 测区离构件端部或施工缝边缘的距离不宜大于 0.5m，且不宜小于 0.2m

B. 测区宜选在构件的各侧面上，也可选在一个可测面上，且应均匀分布

C. 在构件的重要部位及薄弱部位必须布置测区，并应避开预埋件

D. 测区的面积不宜大于 $0.04m^2$

16. 依据 JGJ/T 23—2011，采用回弹法检测混凝土构件，条件允许可以自由选择测试面时，应优先选择________。（　　）

A. 水平弹击浇筑侧面　　　　B. 向下弹击浇筑表面

C. 向上弹击浇筑底面　　　　D. 都无影响

17. 依据 JGJ/T 23—2011，采用回弹法检测构件混凝土抗压强度的一个检测单元称为________。（　　）

A. 测区　　B. 测位　　C. 测点　　D. 以上都不对

18. 依据 JGJ/T 23—2011，测区强度换算值是指由测区的________通过测强曲线或测

区强度换算表得到的测区现龄期混凝土强度值。(　　)

A. 最小回弹值和最大碳化深度　　B. 平均回弹值和最小碳化深度

C. 平均回弹值和平均碳化深度　　D. 平均回弹值和最大碳化深度

19. 依据 JGJ/T 23—2011,混凝土抗压强度按批检测时,应________抽取构件,抽检数量不宜少于同批构件总数的________且不宜少于________件。(　　)

A. 随机,20%,5　　B. 随机,30%,10

C. 均匀,30%,5　　D. 均匀,20%,10

20. 依据 JGJ/T 23—2011,检测构件混凝土抗压强度的回弹法,是一种利用混凝土表面________同时考虑碳化深度对表面________的影响及与混凝土抗压强度之间的相关关系来推定混凝土抗压强度的方法。(　　)

A. 硬度,硬度　　B. 硬度,强度

C. 强度,硬度　　D. 弹性,强度

21. 依据 JGJ/T 23—2011,用回弹法检测构件混凝土抗压强度时,其回弹仪使用时的环境温度应为________。(　　)

A. 10～40℃　　B. －4～40℃　　C. －10～40℃　　D. 0～40℃

22. 钻芯法是指从结构或构件上钻取混凝土芯样,进行锯切、磨平等加工,使之成为符合规定的芯样试件,通过对芯样试件进行________试验,以此确定被测结构或构件的混凝土强度的一种方法。(　　)

A. 弹性模量　　B. 抗压强度　　C. 抗剪强度　　D. 抗扭强度

23. 依据 T/CECS 02—2020,用超声回弹综合法测试混凝土抗压强度时,结构或构件上的每一测区,宜先进行________,后进行________。(　　)

A. 回弹测试,超声测试　　B. 超声测试,回弹测试

C. 超声回弹综合测试,钻芯测试　　D. 钻芯测试,回弹测试

24. 依据 JGJ/T 23—2011,计算测区平均回弹值时,应从该测区两个相对测试面的________个回弹值中剔除________个较大值和________个较小值,然后将余下的________个有效回弹值按规程中公式计算。(　　)

A. 14,2,2,10　　B. 16,3,3,10

C. 18,4,4,10　　D. 20,5,5,10

25. 依据 JGJ/T 23—2011,当回弹仪为非水平方向且测试面为混凝土的非浇筑侧面时,应先对回弹值进行________修正,并对修正后的回弹值进行________修正。(　　)

A. 角度,浇筑面　　B. 浇筑面,角度

C. 碳化,浇筑面　　D. 碳化,角度

26. 依据 T/CECS 02—2020,超声测点应布置在回弹测试的同一个测区内,在每个测区内布置 3 个测点。超声测试宜优先采用________方式,当构件不具备该条件时,可采用________方式。(　　)

A. 对测或角测,单面平测　　B. 单面平测,对测或角测

C. 对测,角测或平测　　D. 双面平测,对测或角测

27. 依据 JGJ/T 384—2016,用钻芯法确定检测批的混凝土抗压强度推定值时,芯样试件的数量应依据检测批的容量确定,标准芯样试件的最小样本量不宜少于________个,小直

径芯样试件的最小样本量应适当________。( )

A. 18,减少 B. 16,减少 C. 15,增加 D. 14,增加

28. 依据 GB/T 50784—2013,在混凝土抗压强度的检测方法分类中,不属于间接法的为________。( )

A. 后装拔出法 B. 超声-回弹综合法

C. 回弹法 D. 钻芯法

29. 依据 JGJ/T 384—2016,现场取样测定混凝土劈裂抗拉强度时,在混凝土构件上宜钻取公称直径不小于________且大于骨料最大粒径 3 倍的芯样。( )

A. 125mm B. 100mm C. 75mm D. 60mm

30. 依据 JGJ/T 23—2011,回弹法检测规程适用于________混凝土抗压强度的检测。( )

A. 泵送 B. 普通 C. 特殊工艺 D. 潮湿

31. 依据 JGJ/T 23—2011,数字式回弹仪应带有指针直读示值系统,数字显示的回弹值与指针直读示值相差不应超过________。( )

A. 0.5 B. 1 C. 2 D. 以上都不对

32. 依据 DB34/T 5012—2015,在检测项目执行的前后或检测过程中,回弹值异常时回弹仪应进行________。( )

A. 检定 B. 保养 C. 率定 D. 以上都不对

33. 依据 JGJ/T 23—2011,混凝土回弹仪的率定试验应分四个方向进行,回弹仪弹击杆每次旋转________。率定值应取连续向下弹击________的稳定回弹值的平均值。( )

A. 90°,3 次 B. 120°,3 次

C. 90°,2 次 D. 以上都不对

34. 依据 JGJ/T 23—2011,用回弹法检测构件混凝土抗压强度时,测区应选在构件混凝土浇筑方向的________,且能使回弹仪处于________方向进行检测。( )

A. 侧面,垂直 B. 底面,垂直 C. 侧面,水平 D. 底面,水平

35. 依据 JGJ/T 23—2011,用回弹法检测混凝土抗压强度时,关于碳化深度检测描述正确的是________。( )

A. 测点数不应少于构件测区数的 30%

B. 测点读数精确至 0.05mm,应取其平均值作为该构件每个测区的碳化深度值,精确至 0.25mm

C. 当碳化深度值极差大于 5mm 时,应在每个测区内分别测量碳化深度值

D. 构件中每个测区都应进行碳化深度检测,每个测点应测量 2 次

36. 依据 JGJ/T 23—2011,对于抗压强度________的普通混凝土,测区强度可按技术规程进行强度换算。( )

A. 为 10.0～60.0MPa B. 小于 10.0MPa

C. 大于 60.0MPa D. 以上都对

37. 依据 DB34/T 5012—2015,下列关于混凝土碳化深度值测量的表述,不符合用回弹法检测泵送混凝土抗压强度技术规程的是________。( )

A. 采用工具在测区表面形成直径约为 15mm 的孔洞,其深度应大于混凝土的碳化深度

B. 清除孔洞中的粉末和碎屑，且不得用水擦洗

C. 将浓度为1%～2%的酚酞酒精溶液滴在孔洞内壁的边缘处，当已碳化与未碳化界线清晰时，采用碳化深度测量设备测量已碳化与未碳化混凝土交界面到混凝土表面的垂直距离，应测量3次且测试点宜在交界面上均匀分布，每次读数应精确至0.5 mm

D. 取3次测量的平均值作为检测结果，并应精确至0.5 mm

38. 依据JGJ/T 23—2011，当单个构件10个测区强度换算值出现________情况时，构件推定值以$f_{cu,e}$<10.0MPa形式给出。(　　)

A. 全部测区强度换算值均小于10.0MPa

B. 只要出现测区强度换算值小于10.0MPa

C. 全部测区强度换算值平均值小于10.0MPa

D. 以上都不对

39. 依据JGJ/T 384—2016，混凝土抗压芯样试件中不宜含有钢筋，也可有一根直径不大于________的钢筋，且钢筋应与芯样试件的轴线________，并离开端面________以上。(　　)

A. 8mm，平行，10mm　　B. 10mm，平行，10mm

C. 8mm，垂直，10mm　　D. 10mm，垂直，10mm

40. 依据T/CECS 02—2020，用超声-回弹综合法检测混凝土强度时，碳化深度对回弹值的影响按以下________情况处理。(　　)

A. 可以不予考虑　　B. 应对回弹值进行修正

C. 应对超声波波速进行修正　　D. 应对强度值进行修正

41. 依据JGJ/T 384—2016，对抗压强度为70MPa的混凝土芯样，在实验室内加工过程中宜采用________方式进行处理。(　　)

A. 磨平　　B. 硫黄补平　　C. 环氧胶泥补平　　D. 水泥净浆补平

42. 依据JGJ/T 23—2011与DB34/T 5012—2015，回弹测区尺寸要求分别为________。(　　)

A. 不宜大于0.04m^2，不宜大于0.06m^2

B. 不宜大于0.06m^2，不宜大于0.06m^2

C. 不宜大于0.04m^2，不宜大于0.05m^2

D. 不宜大于0.05m^2，不宜大于0.06m^2

43. 依据DB34/T 5012—2015，关于各类回弹仪的标称能量及率定值表述正确的是________。(　　)

A. 标称能量为2.207J，率定值为74±2；标称能量为5.5J，率定值为88±2

B. 标称能量为2.207J，率定值为74±2；标称能量为5.5J，率定值为83±2

C. 标称能量为2.207J，率定值为80±2；标称能量为5.5J，率定值为83±2

D. 标称能量为2.207J，率定值为80±2；标称能量为5.5J，率定值为88±2

44. 依据JGJ/T 384—2016，钻取小直径芯样进行检测批混凝土抗压强度推定时，推定区间宜满足的条件有________。(　　)

A. 抗压强度推定上下限差值不宜大于5.0MPa和0.15$f_{cu,cor,m}$两者中的较大值

B. 抗压强度推定上下限差值不宜大于5.5MPa和0.15$f_{cu,cor,m}$两者中的较大值

C. 抗压强度推定上下限差值不宜大于 5.0MPa 和 0.10$f_{cu,cor,m}$两者中的较大值

D. 抗压强度推定上下限差值不宜大于 5.5MPa 和 0.10$f_{cu,cor,m}$两者中的较大值

45. 依据 JGJ/T 384—2016，单个构件可取芯样试件________作为推定值。（　　）

A. 芯样抗压强度值平均值

B. 芯样强度最小值

C. 混凝土强度换算值中的平均值

D. 混凝土强度换算值中的最小值

46. 依据 JGJ/T 384—2016，芯样宜在结构或构件________的部位钻取。（　　）

A. 受力较小　　B. 任意

C. 混凝土质量较差　　D. 混凝土外观较差

47. 依据 JGJ/T 294—2013，强度换算公式适用于配制强度等级为________的混凝土。（　　）

A. C60～C100　　B. C60～C90

C. C50～C90　　D. C50～C100

48. 依据 DB34/T 5012—2015，回弹完毕后，碳化深度测点数不应少于构件测面区数的________。（　　）

A. 10%　　B. 15%　　C. 20%　　D. 30%

49. 依据 DB34/T 5012—2015，当混凝土试块不合格或试块不能代表构件的混凝土质量或工程出现混凝土质量事故时，批量检测混凝土抗压强度，抽检数量不得少于同批构件总数的________且不得少于 10 件。（　　）

A. 10%　　B. 15%　　C. 20%　　D. 30%

50. 依据 DB34/T 5012—2015，用回弹法检测混凝土抗压强度时，对某一方向尺寸不大于 4.5m 并且另一方向尺寸不大于 0.3m 的构件，其测区数量可适当减少，但不应少于________。（　　）

A. 2 个　　B. 3 个　　C. 5 个　　D. 6 个

51. 依据 T/CECS 02—2020，规定的强度换算方法不适用于________的普通混凝土。（　　）

A. 自然养护　　B. 龄期为 7～2000d

C. 表面潮湿　　D. 混凝土强度为 10～70MPa

52. 依据 JGJ/T 384—2016，批量检测混凝土抗压强度，推定上限值与下限值构成的推定区间时，标准芯样置信度宜为________，小直径芯样置信度宜为________。（　　）

A. 0.90，0.85　　B. 0.95，0.85

C. 0.90，0.95　　D. 0.95，0.90

53. 依据 JGJ/T 384—2016，抗压芯样试件宜使用直径为________mm 的芯样，且直径不宜小于骨料最大粒径的________倍；也可采用小直径芯样，但其直径不应小于________mm且直径不得小于骨料最大粒径的________倍。（　　）

A. 100，5，75，3　　B. 100，3，70，2

C. 100，5，70，3　　D. 100，3，75，2

54. 依据 GB 50204—2015，在检测现场对新建建筑物进行回弹-取芯强度检测。现场抽

取30个构件，每个构件不少于5个回弹测区。后期对30个构件的最小测区平均值回弹进行排序，抽取3个最小测区进行取芯检测，3个芯样抗压强度值满足下列________条件时可判定结构实体混凝土强度合格。(　　)

A. 平均值不小于设计强度等级的90%，最小值不小于设计强度等级的85%

B. 平均值不小于设计强度等级的85%，最小值不小于设计强度等级的80%

C. 平均值不小于设计强度等级的88%，最小值不小于设计强度等级的80%

D. 平均值不小于设计强度等级的80%，最小值不小于设计强度等级的75%

55. 依据JGJ/T 23—2011和DB34/T 5012—2015，某工程同楼层同批浇筑同等强度等级构件共计26根，按批量抽检时，抽检数量不得少于________。(　　)

A. 8根　　B. 9根　　C. 10根　　D. 11根

56. 依据JGJ/T 23—2011，碳化深度测点数不应少于回弹测区数的________，当碳化深度值极差________时，应在每一测区分别测量碳化深度值。(　　)

A. 30%，大于2.5mm　　B. 20%，不大于2.5mm

C. 30%，大于2mm　　D. 20%，大于2mm

57. 用回弹法检测构件混凝土强度时，测区数少于10个，构件混凝土强度推定值等于________。(　　)

A. 测区混凝土强度换算值的最小值

B. 测区混凝土强度换算值的平均值

C. 测区混凝土强度换算值的平均值减去1.645测区混凝土强度换算值的平均值

D. 以上都不对

58. 依据JGJ/T 384—2016，采用小直径芯样检测构件混凝土强度时，推定区间的置信度可为________。(　　)

A. 0.95　　B. 0.90　　C. 0.85　　D. 0.80

59. 依据JGJ/T 23—2011，有30根高4000mm、正方形截面边长为300mm的混凝土柱，对其按批推定混凝土强度，最少应布置________个测区。(　　)

A. 100　　B. 50　　C. 45　　D. 30

60. 依据JGJ/T 384—2016，对于单个构件或单个构件的局部区域，可取芯样试件混凝土强度值中的________作为其推定值。(　　)

A. 平均值　　B. 最小值　　C. 最大值　　D. 都不对

61. 依据JGJ/T 384—2016，采用钻芯法检测时，抗压试验的芯样试件宜使用直径为100mm的芯样，且其直径________小于骨料最大粒径的3倍；也可采用小直径芯样试件，但其直径不应小于70mm，且不得小于骨料最大粒径的________倍。(　　)

A. 不宜　3　　B. 不宜　2　　C. 不应　3　　D. 不应　2

62. 依据T/CECS 02—2020，用超声波回弹综合法检测混凝土强度时，超声测点应布置在回弹测试的同一测区内，每一测区布置3个测点。超声测试宜优先采用________方式。(　　)

A. 平测　　B. 角测　　C. 对测　　D. 斜测

63. 依据T/CECS 02—2020，回弹测试时，若仪器处于非水平状态，同时构件测区为非混凝土的浇筑侧面，则应对测得的回弹值先进行________修正，然后进行________修

正。(　　)

A. 表面或底面,角度　　B. 角度,表面或底面

C. 碳化,角度　　D. 碳化,表面或底面

64. 依据 GB/T 50784—2013,对混凝土换算抗压强度进行钻芯修正时,宜优先采用________的修正方法。(　　)

A. 对应样本修正量　　B. 对应样本修正系数

C. 总体修正量　　D. 一一对应修正系数

65. 依据 DB34/T 5012—2015,关于回弹值测量,下列表述不符合用回弹法检测泵送混凝土抗压强度技术规程的是________。(　　)

A. 测量回弹值时,回弹仪的轴线应始终垂直于混凝土检测面,并应缓慢施压、准确读数、快速复位

B. 测点宜在测区范围内均匀分布,不得分布在气孔或外露石子上

C. 同一测点应只弹击一次,相邻两测点的净距离不宜小于 50mm,测点距外露钢筋、预埋件的距离不宜小于 100mm

D. 每一测点的回弹值应估读至 1

66. 依据 DB34/T 5012—2015,用回弹法检测泵送混凝土抗压强度技术规程,下列表述不妥的是________。(　　)

A. 回弹仪率定试验所用的钢砧应每年送授权计量检定机构检定或校准

B. 数字式回弹仪长期不用时,应取出电池

C. 回弹仪使用时的环境温度应为(−4～40)℃

D. 率定试验应在室温为 5～35℃的条件下进行

67. 依据 JGJ/T 23—2011,下列关于构件测区布置不符合规范要求的是________。(　　)

A. 在条件允许时,测区宜优先布置在构件混凝土浇筑方向的侧面

B. 测区可在构件的两个对应面、相邻面或同一面上布置

C. 测区宜均匀布置,相邻两测区的间距不宜大于 1m

D. 测区应避开钢筋密集区和预埋件

68. GB/T 50784—2013 规定芯样混凝土抗压强度在样本中检出异常值的个数的上限不应超过________个。当超过时,对此样本的代表性,应进行慎重的研究和处理。(　　)

A. 1 个　　B. 2 个　　C. 3 个　　D. 4 个

69. 依据 DB34/T 5012—2015,测强曲线适用于抗压强度为________的泵送混凝土。(　　)

A. 10～50MPa　　B. 10～60MPa　　C. 10～70MPa　　D. 10～90MPa

70. 依据 T/CECS 02—2020,超声回弹综合法采用的超声波检测设备中换能器的实测主频与标称频率相差不应超过________。(　　)

A. ±5%　　B. ±10%　　C. ±15%　　D. ±20%

71. 依据 T/CECS 02—2020,用超声回弹综合法检测混凝土强度时,测量混凝土中的________声速值,以及采用冲击能量为 2.207J 的混凝土回弹仪测量________。(　　)

A. 超声波,回弹值　　B. 高频,回弹值

C. 低频，强度值　　D. 超声波，强度值

72. 依据 DB34/T 5012—2015，用回弹法检测混凝土抗压强度时，测区不少于 10 个，构件混凝土强度推定值等于________。(　　)

A. 最小的测区混凝土强度换算值

B. 测区混凝土强度换算值的平均值

C. 1.645 测区混凝土强度换算值的平均值

D. 测区混凝土强度换算值的平均值减去 1.645 倍的标准差

73. 依据 GB/T 50315—2011，用于测试砂浆抗压强度的回弹仪在钢砧上率定平均回弹值为________。(　　)

A. 80±2　　B. 75±2　　C. 74±2　　D. 83±2

74. 依据 JGJ/T 136—2017，用贯入法检测的砌筑砂浆，其强度适用范围为________ MPa。(　　)

A. 0.4～16.0　　B. 0.5～15.0　　C. 1.0～20.0　　D. 1.0～16.0

75. 依据 JGJ/T 136—2017，用贯入法检测时，测点均匀分布在构件的________灰缝上。(　　)

A. 水平　　B. 竖直　　C. 水平或竖直　　D. 随机选择

76. 依据 GB/T 50315—2011，用筒压法检测砂浆强度的范围应为________ MPa。(　　)

A. 1～15　　B. 2.5～20　　C. 0.4～16　　D. 0.5～20

77. 依据 JGJ/T 136—2017，用贯入法检测砌筑砂浆强度，以下贯入深度取值正确的选项为________。(　　)

A. 将 12 个贯入深度值中的 1 个较大值和 1 个较小值剔除，取余下的 10 个贯入深度值的平均值

B. 将 14 个贯入深度值中的 2 个较大值和 2 个较小值剔除，取余下的 10 个贯入深度值的平均值

C. 将 16 个贯入深度值中的 3 个较大值和 3 个较小值剔除，取余下的 10 个贯入深度值的平均值

D. 取 10 个贯入深度值的平均值

78. 依据 JGJ/T 136—2017，被测砌体灰缝应饱满，其厚度不应小于________ mm。(　　)

A. 5　　B. 6　　C. 7　　D. 10

79. 依据 GB/T 50315—2011，原位单剪法适用于推定砌体的________强度。(　　)

A. 沿齿缝面抗剪　　B. 抗压

C. 沿通缝截面抗剪　　D. 沿齿缝截面抗弯

80. 进行砌体工程现场检测时，砌体用块材(砖)主要进行________强度的检测。(　　)

A. 抗拉　　B. 抗弯　　C. 抗压　　D. 抗扭

81. 依据 GB 50203—2011，砖砌体组砌方法应正确，内外搭砌，上下错缝。混水墙中不得有长度大于 300mm 的通缝，长度为 200～300mm 的通缝每间不超过________处，且不得位于同一面墙体上。(　　)

A. 3　　B. 4　　C. 5　　D. 6

82. 依据 GB/T 50315—2011,用回弹法检测砂浆强度,每个测位应布置________个测点,每个测点连续弹击 3 次,读取最后一次的回弹值作为该点的回弹值。(　　)

A. 12　　B. 10　　C. 8　　D. 16

83. 依据 GB/T 50315—2011,原位轴压法仅用于________厚的砖墙。(　　)

A. 200mm　　B. 220mm　　C. 240mm　　D. 280mm

84. 依据 GB/T 50315—2011,检测普通砖和烧结多孔砖强度的回弹法适用范围为________。(　　)。

A. 5～25MPa　　B. 6～30MPa　　C. 10～30MPa　　D. 15～30MPa

85. 依据 GB/T 50315—2011,砖柱和宽度小于________的承重墙,不应选用有较大局部破损的检测方法。(　　)

A. 2.4m　　B. 3.0m　　C. 3.4m　　D. 3.6m

86. 依据 GB/T 50315—2011,原位轴压法中,在槽内应均匀铺设湿细砂作为垫层,垫层厚度可取________。(　　)。

A. 10mm　　B. 15mm　　C. 20mm　　D. 25mm

87. 依据 GB/T 50315—2011,推出法适用于推定________厚烧结普通砖、烧结多孔砖墙体中的砌筑砂浆强度。(　　)

A. 200mm　　B. 220mm　　C. 240mm　　D. 280mm

88. 依据 GB/T 50315—2011,用筒压法检测时,在每一个测区内,应在距墙表面________以里的水平灰缝中凿取砂浆约 4000g。(　　)

A. 10mm　　B. 15mm　　C. 20mm　　D. 25mm

89. 依据 GB/T 50315—2011,用筒压法取样后使用手锤击碎样品时,应筛取 5～15mm 的砂浆颗粒约________,烘干后冷却至室温备用。(　　)

A. 3000g　　B. 2500g　　C. 2000g　　D. 1500g

90. 依据 GB/T 50315—2011,砂浆回弹法要求在每个弹击点上,应使用回弹仪连续弹击________,记录最后一次回弹值。(　　)

A. 2 次　　B. 3 次　　C. 4 次　　D. 5 次

91. 砌体结构的检测内容主要有强度和施工质量,其中强度不包括________。(　　)

A. 块材强度　　B. 砂浆强度　　C. 抹灰强度　　D. 砌体强度

92. 依据 GB/T 50315—2011,原位轴压法的特点不包括(　　)。

A. 属原位检测,直接在墙体上测试,测试结果综合反映了材料质量和施工质量

B. 检测部位局部破损

C. 直观性、可比性强

D. 设备较轻

93. 依据 GB 50203—2011,在砌体工程中宽度超过________的洞口上部,应设置钢筋混凝土过梁。(　　)

A. 200mm　　B. 250mm　　C. 300mm　　D. 350mm

94. 依据 GB 50203—2011,在抗震设防烈度为 8 度及 8 度以上地区,应将不能同时砌筑而又必须留置的临时间断处砌成斜槎,普通砖砌体斜槎水平投影长度不应小于高度的

________。(　　)

A. 1/3　　B. 2/3　　C. 1/2　　D. 1/4

95. 依据 GB 50203—2011,砌体结构是指将由块体和砂浆砌筑而成的________作为建筑物主要受力构件的结构体系。(　　)

A. 桩基　　B. 墙、柱　　C. 梁、板　　D. 垫层

96. 依据 GB/T 50315—2011,砌体结构每一个检测单元内,不宜少于________个测区,应将单个构件(单片墙、柱)作为一个测区。(　　)

A. 5　　B. 6　　C. 8　　D. 10

97. 依据 GB/T 50315—2011,扁顶法不适用于测试墙体破坏荷载大于________ kN 的墙体。(　　)

A. 300　　B. 350　　C. 400　　D. 450

98. 依据 GB/T 50315—2011,切制抗压试件法要求取样部位每侧的墙体宽度不应小于________,且应为墙体长度方向的中部或受力较小处。(　　)

A. 1m　　B. 1.5m　　C. 1.8m　　D. 2m

99. 依据 GB/T 50315—2011,砂浆回弹法不适用于砂浆强度小于________的墙体,水平灰缝表面粗糙且难以磨平时,不得采用此法。(　　)

A. 2MPa　　B. 2.5MPa　　C. 3MPa　　D. 4MPa

100. 依据 GB/T 50315—2011,用砂浆片局压法检测水泥石灰砂浆强度时,砂浆强度范围为________。(　　)。

A. 1～5MPa　　B. 1～10MPa　　C. 1～15MPa　　D. 1～20MPa

101. 依据 GB/T 50315—2011,在墙体上选定测点,在________中测点可以位于门窗洞口处。(　　)

A. 烧结砖回弹法　　B. 原位轴压法

C. 原位单剪法　　D. 原位双剪法

102. 依据 GB/T 50315—2011,对于各类砖的取样检测,每一检测单元不应少于________;应按相应的产品标准,进行砖的抗压强度试验和强度等级评定。(　　)

A. 1 组　　B. 3 组　　C. 5 组　　D. 6 组

103. 依据 GB/T 50315—2011,在原位轴压法中,测试部位在同一墙体上,当测点多于1 个时,其水平净距不得少于________。(　　)

A. 1.0m　　B. 1.2m　　C. 1.5m　　D. 2.0m

104. 依据 GB/T 50315—2011,用原位轴压法开凿水平槽孔时,普通砖砌体槽间砌体高度应为________皮砖。(　　)

A. 4　　B. 5　　C. 6　　D. 7

105. 依据 GB/T 50315—2011,用原位轴压法正式测试前,应取预估破坏荷载的________进行加荷载测试。(　　)

A. 5%　　B. 10%　　C. 15%　　D. 20%

106. 依据 GB/T 50315—2011,用扁顶法在选定墙体上开槽时,普通砖砌体脚标之间的距离应相隔________条水平灰缝,宜取 250mm。(　　)

A. 3　　B. 4　　C. 5　　D. 6

107. 依据 GB/T 50315—2011,用扁顶法正式测试前,应取预估破坏荷载的________进行加荷载测试。(　　)

A. 5%　　B. 10%　　C. 15%　　D. 20%

108. 依据 GB/T 50315—2011,用扁顶法测试砌体受压弹性模量时,累计加荷的应力上限不应大于槽间砌体极限抗压强度的________。(　　)。

A. 30%　　B. 50%　　C. 60%　　D. 80%

109. 依据 GB/T 50315—2011,关于切割墙体竖向通缝的切割机的说法,不符合要求的是________。(　　)。

A. 切割机的锯切深度不应小于 240mm

B. 机架应有足够的强度、刚度、稳定性

C. 切割机的锯切深度不应小于 370mm

D. 切割机宜配备水冷却系统

110. 依据 GB/T 50315—2011,所选用的长柱压力试验机精度(示值的相对误差)不应大于________。(　　)。

A. 1%　　B. 2%　　C. 3%　　D. 4%

第二节　钢筋及保护层厚度

1. 依据 JGJ/T 384—2016,用钻芯法检测现场混凝土抗压强度时,探测钢筋位置的定位仪,其最大探测深度不应小于________ mm。(　　)

A. 50　　B. 60　　C. 70　　D. 80

2. 依据 JGJ/T 152—2019 校准钢筋探测仪,当混凝土保护层厚度为 10～50mm 时,混凝土保护层厚度检测的允许误差为________。(　　)

A. ±1mm　　B. ±2mm　　C. ±3mm　　D. ±4mm

3. 依据 JGJ/T 152—2019,对混凝土中钢筋采用钻孔、剔凿验证检测时,不得损坏钢筋,实测时应采用游标卡尺,量测精度为________。(　　)

A. 0.02mm　　B. 0.2mm　　C. 0.1mm　　D. 0.05mm

4. 依据 JGJ/T 152—2019,用直接法检测钢筋公称直径时,在同一部位应重复测量________次,取其算术平均值作为该测点钢筋直径检测值。(　　)

A. 6　　B. 3　　C. 4　　D. 2

5. 依据 JGJ/T 152—2019,利用钢筋探测仪对某个测点的混凝土保护层厚度进行检测,测得的两次厚度值分别为 39mm、40mm,已知混凝土保护层厚度修正值为－1.0mm,探头垫块厚度为 10.0mm,则该测点的混凝土保护层厚度值为________。(　　)

A. 28　　B. 29　　C. 38　　D. 39

6. 依据 JGJ/T 152—2019,下列关于钢筋探测仪使用方法的描述,错误的是________。(　　)

A. 检测前应预热和调零

B. 当相邻钢筋对检测有影响时应验证

C. 保护层厚度测试应重复一次

D. 同一处两个保护层厚度检测值不应大于 2mm

7. 依据 GB/T 50784—2013，关于混凝土中钢筋直径检测的表述错误的是________。(　　)

A. 宜采用原位实测法检测

B. 取样称量法须进行酸洗、中和和干燥

C. 检测检验批时应随机抽检 5 个构件，每个构件中有 1 根钢筋试件

D. 钢筋实际直径精确至 0.01mm

8. 依据 GB 50204—2015，安装钢筋时，纵向受力钢筋间距允许偏差为________ mm，箍筋间距允许偏差为________ mm。(　　)

A. ±10，±10　　B. ±10，±20　　C. ±5，±10　　D. ±5，±20

9. 依据 GB/T 50784—2013，检测墙、板类构件钢筋数量和间距时应在每个测试部位连续检测出________根钢筋，少于________根钢筋时应全部检出。(　　)

A. 6，6　　B. 8，8　　C. 7，7　　D. 5，5

10. 依据 JGJ/T 152—2019，采用钢筋探测仪检测混凝土保护层厚度时，当同一处读取的 2 个混凝土保护层厚度检测值相差大于________时，该组检测数据应无效。(　　)

A. 1mm　　B. 2mm　　C. 3mm　　D. 5mm

11. 依据 GB/T 50344—2019，关于原材料性能检验，需要检测结构中的钢筋时，可在构件中截取钢筋进行力学性能检验，同一规格主筋的抽检数量不宜少于________个。(　　)

A. 1　　B. 2　　C. 3　　D. 6

12. 依据 JGJ/T 152—2019，下列关于钢筋公称直径检测的说法错误的是________。(　　)

A. 采用取样称量法检测钢筋公称直径时，截取长度不宜小于 500mm

B. 采用直接法检测时，应用游标卡尺测量钢筋直径，测量时精确到 0.1mm

C. 采用直接法检测时，对光圆钢筋，应测量不同方向的直径

D. 采用直接法检测时，对带肋钢筋，宜测量钢筋带肋高的直径

13. 依据 JGJ/T 152—2019，当实际混凝土保护层厚度小于钢筋探测仪最小示值时，应采取以下________方法对保护层厚度进行检测。(　　)

A. 在探头下方附加垫块

B. 采用剔凿、钻孔结合游标卡尺测量

C. 调整钢筋探测仪的深度测量范围

D. 调整钢筋探测仪的钢筋直径测量值

14. 依据 GB 50204—2015，进行现浇结构钢筋保护层厚度检验时，梁类构件纵向受力钢筋保护层厚度的允许偏差为________ mm。(　　)

A. (＋10，－7)　　B. (＋10，－5)　　C. (＋5，－5)　　D. (＋8，－5)

15. 依据 JGJ/T 152—2019，钢筋混凝土保护层厚度检测中，需钻孔、剔凿时，不得损坏钢筋，实测时应采用游标卡尺，量测精度应为________。(　　)

A. 0.05mm　　B. 0.1mm　　C. 0.15mm　　D. 0.2mm

16. 依据 GB 50204—2015，进行板类构件钢筋保护层厚度检验时，纵向受力钢筋保护层厚度的允许偏差为________。(　　)

A. 5mm,－3mm　B. ＋10mm,－5mm

C. ＋8mm,－5mm　D. ＋10mm,－7mm

17. 依据 GB 50204—2015,在结构实体钢筋保护层厚度验收中,当全部钢筋保护层厚度检验的合格点率为 90%及以上,且不合格点的钢筋保护层厚度的偏差未超出允许偏差的 1.5 倍时,钢筋保护层厚度的检验结果应判为________。(　　)

A. 合格　B. 优良　C. 不合格　D. 优秀

18. 依据 JGJ/T 152—2019,钢筋位置和保护层厚度的检测宜用以下________方法检测。(　　)

A. 冲击波反射法　B. 红外热谱法　C. 超声法　D. 电磁感应法

19. 依据 JGJ/T 152—2019,用半电池电位法测试时,每个测区的测点数不宜少于________个。(　　)

A. 5 个　B. 10 个　C. 15 个　D. 30 个

20. 依据 GB 50204—2015,墙体拉结筋的合格标准为留槎正确,钢筋设置数量、直径正确,竖向间距偏差不超过________ mm,留置长度基本符合规定。(　　)

A. 50　B. 100　C. 150　D. 200

21. 依据 GB/T 50784—2013,现场对钢筋(未锈蚀)进行结构性能检测时,对于带肋钢筋宜以内径为检测参数,将内径检测值乘以________的系数作为钢筋直径的检测值。(　　)

A. 1.03　B. 1.05　C. 1.08　D. 1.10

第三节　植筋锚固力

1. 依据 JGJ 145—2013,后锚固连接设计所采用的设计使用年限应与被连接结构的设计使用年限一致,并不宜小于________年;对化学锚栓和植筋,工程竣工后应定期检查其工作状态,第一次检查时间不应迟于________年。(　　)

A. 30,10　B. 30,5　C. 20,10　D. 20,5

2. 依据 JGJ 145—2013,现场破坏性检验宜选择锚固区以外的同条件位置,锚固件为植筋且数量不超过 100 件时,可取________件进行检验。(　　)

A. 1　B. 3　C. 5　D. 10

3. 依据 JGJ 145—2013,在非破损检验的评定中,一个检验批中不合格的试样不超过 5%时,应另抽________根试样进行破坏性检验。(　　)

A. 1　B. 3　C. 5　D. 10

4. 依据 JGJ 145—2013,承重结构用的锚栓,其公称直径不应小于________,锚固深度不应小于________。(　　)

A. 10mm,60mm　B. 10mm,90mm

C. 12mm,60mm　D. 12mm,90mm

5. 依据 JGJ 145—2013,在后置埋件锚固质量检测中,对悬挑结构构件,应采用________检验。(　　)

A. 非破损和破坏性　B. 非破损

C. 抗压承载力　　D. 抗剪切力

6. 依据 JGJ 145—2013，在锚栓抗拔承载力现场检验中，对于一般结构及非结构构件，可采用________检验。( )

A. 压坏型　　B. 破坏性　　C. 非破损　　D. 剪坏型

7. 依据 JGJ 145—2013，在锚栓抗拔承载力现场检验中，对于重要结构构件及生命线工程非结构构件，可采用________检验，抽样数量应符合规范要求。( )

A. 拉坏型　　B. 破坏性　　C. 非破损　　D. 压坏型

8. 依据 JGJ 145—2013，锚栓应按照锚栓性能、基材性状选用，同时还需考虑________。( )

A. 锚固连接的受力性质　　B. 被连接结构类型

C. 抗震设防等级要求　　D. 以上都是

9. 依据 GB 50203—2011，一般填充墙与承重墙、柱、梁的连接钢筋，当采用化学植筋的连接方式时，其锚固钢筋拉拔试验的轴向受拉非破坏承载力检验值应为________kN。( )

A. 5.0　　B. 6.0　　C. 9.0　　D. 10.0

10. 依据 JGJ 145—2013，对于化学锚栓和植筋，应定期检查其工作状态，检查的时间间隔可由设计单位确定，但第一次检查时间不应迟于________。( )

A. 5 年　　B. 10 年　　C. 15 年　　D. 20 年

11. 依据 GB 50367—2013，结构加固用的混凝土，其强度等级应比原结构、构件提高一级，且不得低于________。( )

A. C15　　B. C20　　C. C25　　D. C30

12. 依据 JGJ 145—2013，混凝土采用后锚固方式时，基材混凝土强度等级不应低于________，且不得高于________；安全等级为一级的后锚固连接，其基材混凝土强度等级不应低于________。( )

A. C20，C50，C40　　B. C20，C50，C30

C. C20，C60，C30　　D. C30，C60，C40

第四节 构件位置和尺寸

1. 依据 GB 50204—2015，现浇板厚度的允许偏差为________mm。( )

A.(+8，−5)　　B.(+10，−7)　　C.(+10，−5)　　D.(+15，−10)

2. 依据 GB 50204—2015，对现浇结构的构件截面尺寸实体进行检验时，对梁、柱构件，应抽查构件数量的________，且不应少于________。( )

A. 5%，3 件　　B. 1%，3 件　　C. 10%，5 件　　D. 10%，10 件

3. 依据 GB 50204—2015，关于混凝土结构的尺寸允许偏差，下列说法正确的是________。( )

A. 现浇混凝土基础截面尺寸的允许偏差为±10mm

B. 现浇混凝土梁截面尺寸的允许偏差为(+10，−7)mm

C. 预制混凝土墙板长度的允许偏差为±5mm

D. 预制混凝土楼板厚度的允许偏差为±5mm

4. 依据 GB 50203—2011,砖砌体拉结钢筋埋入长度从留搓处算起,每边均不应小于________,抗震设防烈度为6度、7度的地区不应小于________。(　　)

A. 500mm,600mm　　B. 500mm,700mm

C. 500mm,800mm　　D. 500mm,1000mm

5. 依据 GB 50203—2011,在填充墙砌体轴线位移检验中,对每检验批,抽查不应少于________处。(　　)

A. 3　　B. 4　　C. 5　　D. 10

6. 依据 GB 50206—2012,原木结构中梁构件结构中心线间距的允许偏差为________mm。(　　)

A. ±10　　B. ±15　　C. ±20　　D. ±30

7. 依据 GB/T 50784—2013,对于等截面构件,应在构件的________量取截面尺寸。(　　)

A. 中部　　B. 两端　　C. 中部和两端　　D. 以上都不对

8. 依据 GB 50204—2015,进行结构实体层高检验时,应按有代表性自然间抽查________,且不应少于________间。(　　)

A. 1%,3　　B. 1%,5　　C. 10%,5　　D. 10%,10

9. 依据 GB 50204—2015,下列关于结构位置与尺寸偏差检验的表述不正确的是________。(　　)

A. 结构实体检验应包括结构位置与尺寸偏差项目

B. 结构位置与尺寸偏差可由监理单位完成

C. 结构实体检验专项方案由监理单位审核批准

D. 结构位置与尺寸偏差检验构件选取应均匀分布

10. 依据 GB/T 50344—2019,异形构件截面尺寸可使用________方法进行检测。(　　)

A. 经纬仪　　B. 尺量

C. 自动安平水准仪　　D. 地面三维激光扫描

第五节　外观质量及内部缺陷

1. 依据 CECS 21:2000,数字式超声波检测仪自动测读时,应满足在同一测试条件下,1h内每隔5min测读一次声时的差异应不大于________个采样点的技术要求。(　　)

A. ±1　　B. ±2　　C. ±3　　D. ±5

2. 依据 GB 50206—2012,木结构工程外观质量按________验收时:结构构件外露,外表要求用机具刨光油漆,表面允许有偶尔的漏刨、细小的缺陷和空隙,但不允许有松软节的孔洞。(　　)

A. A级　　B. B级　　C. C级　　D. D级

3. 依据 GB 50206—2012,木结构工程外观质量按________验收时:结构构件不外露,构件表面无须加工刨光。(　　)

A. A 级　　B. B 级　　C. C 级　　D. D 级

4. 依据 GB/T 50784—2013，在进行混凝土内部缺陷检测时，对于判别困难的区域应进行________验证或剔凿验证。(　　)

A. 冲击回波法　　B. 超声法　　C. 钻芯　　D. 电磁波反射法

5. 依据 GB/T 50784—2013，用超声法检测混凝土内部缺陷时，同条件正常混凝土的对比用测点数不应少于总测点数的________，且不少于________个。(　　)

A. 60%，30　　B. 60%，20　　C. 50%，30　　D. 50%，20

6. 依据 GB/T 50784—2013，下列关于用超声法检测混凝土内部缺陷时测点布置的说法中，不正确的是________。(　　)

A. 当构件具有两对相互平行的测试面时，宜采用对测法

B. 当构件具有一对相互平行的测试面时，宜采用对测和斜测相结合的方法

C. 当构件只具有一个测试面时，宜采用钻孔方法

D. 当测距较大时，可采用钻孔或预埋声测管法，也可采用钻孔与构件表面对测相结合的方法

7. 依据 GB/T 50152—2012，裂缝宽度检验宜选用最小分度不大于________ mm 的刻度放大镜。(　　)

A. 0.01　　B. 0.02　　C. 0.05　　D. 0.10

8. 依据 CECS 21:2000，关于超声波检测仪的计量检验要求正确的是________。(　　)

A. 计量检验项目应包括声时和波幅

B. 声时检验时，空气声速实测值与标准值的相对误差应不大于±1%

C. 波幅检验时，仪器衰减系统的衰减量减少或增加 6dB，屏幕波幅高度应降低一半或升高一倍

D. 以上都对

9. 依据 CECS 21:2000，使用钻孔对测法检测裂缝深度时，应选用________换能器。(　　)

A. 频率为 20～60kHz 的径向振动式　　B. 频率为 20～250kHz 的径向振动式

C. 频率为 20～60kHz 的厚度振动式　　D. 频率为 20～250kHz 的厚度振动式

10. 依据 CECS 21:2000，表面损伤层检测宜选用________换能器。(　　)

A. 频率较高的径向振动式　　B. 频率较高的厚度振动式

C. 频率较低的径向振动式　　D. 频率较低的厚度振动式

11. 依据 CECS 21:2000，用超声法检测灌注桩混凝土缺陷时，对于桩长小于________ m的短桩，声测管可用硬质 PVC 塑料管。(　　)

A. 6　　B. 9　　C. 12　　D. 15

12. 依据 JGJ/T 488—2020，以下不属于木构件裂缝宽度常用检测方法的是________。(　　)

A. 刻度放大镜法　　B. 塞尺或直尺直接测量法

C. 阻力仪检测法　　D. X 射线检测法

13. 依据 JGJ/T 488—2020，以下属于木构件裂缝深度常用检测方法的是________。(　　)

A. 电磁波反射法　　　　B. 振弦式测缝计法

C. 超声波法　　　　D. 钻芯法

14. 依据 JGJ/T 488—2020,采用 X 射线检测法检测木构件裂缝深度时,射线透照方向宜与________方向垂直。(　　)

A. 裂缝长度　　B. 裂缝深度　　C. 裂缝宽度　　D. 构件长度

第六节　装配式混凝土结构节点

1. 依据 T/CECS 1189—2022,检测单个拉结件的抗拔承载力时,对每块墙板,宜抽取不少于________个拉结件,且同一检测批的拉结件抽检总数不应少于________个。(　　)

A. 2,5　　B. 3,5　　C. 2,3　　D. 3,3

2. 依据 T/CECS 1189—2022,当 X 射线在混凝土中透射路径的长度不大于________mm 且在透射路径上只有一个套筒时,可采用 X 射线成像法。(　　)

A. 200　　B. 250　　C. 300　　D. 150

3. 依据 T/CECS 1189—2022,混凝土外墙拼缝密封胶粘结质量检测结果的判定中,当粘结破坏面积百分比不大于________时,应判定其粘结质量符合要求。(　　)

A. 15%　　B. 20%　　C. 25%　　D. 30%

4. 依据 T/CECS 1189—2022,检测套筒灌浆饱满性时,对于竖向构件装配式施工的首层,构件抽检最小样本容量不宜低于检测类别中的________类要求;当检测批的构件数量少于________个时,构件应全数抽检。(　　)

A. A,3　　B. B,5　　C. C,3　　D. C,5

5. 依据 T/CECS 1189—2022,用钻芯法检测小尺寸构件,取 3 个 50mm 芯样进行混凝土抗压强度检测时,其芯样抗压强度值分别为 35.2MPa、33.7MPa、44.3MPa,该构件混凝土抗压强度推定值为________。(　　)

A. 44.3MPa　　B. 33.7MPa　　C. 35.2MPa　　D. 37.7MPa

6. 依据 T/CECS 1189—2022,用阵列超声法检测浆锚搭接灌浆饱满性,因混凝土收缩而形成内部缺陷时,混凝土龄期不宜小于________d;其他情况下,混凝土龄期不宜小于________d。(　　)

A. 28,7　　B. 14,14　　C. 14,7　　D. 28,28

7. 依据 T/CECS 1189—2022,用回弹法检测套筒灌浆料抗压强度时,应采用专用的灌浆料回弹仪,下列说法中不正确的是________。(　　)

A. 水平弹击的冲击能量标称值应为 0.011J

B. 冲击体质量标称值应为 7.2g

C. 球头标称直径应为 4mm

D. 冲击装置直径不宜大于 6mm

8. 依据 T/CECS 683—2020,采用预埋传感器法检测套筒灌浆饱满性的判定准则,当传感器振动能量值为________时,应判定灌浆饱满。(　　)

A. 100　　B. 155　　C. 180　　D. 200

9. 依据 T/CECS 683—2020,用预埋钢丝拉拔法检测套筒灌浆饱满性,关于拉拔仪说法

正确的是________。(　　)

A. 拉拔仪量程不宜小于 5kN,且不宜大于 15kN,最小分辨率不应高于 0.1kN

B. 拉拔仪每年应至少校准一次

C. 钢丝应采用光圆高强不锈钢钢丝,抗拉强度不应低于 500MPa

D. 钢丝直径应为(5.0±0.01)mm

10. 依据 DB34/T 5072—2017,钢筋连接用套筒灌浆料 3d 抗压强度不小于________MPa。(　　)

A. 60　　B. 65　　C. 80　　D. 85

11. 依据 DB34/T 5072—2017,当套筒灌浆过程质量控制采用预埋传感器的阻尼振动法检测时,对内外墙板套筒检测数量的相关规定正确的是________。(　　)

A. 对采用套筒连接的外墙板以及梁、柱构件的套筒灌浆质量进行检测时,每个灌浆仓应选取不少于其套筒总数的 30%且不少于 3 个套筒进行检测,且被测套筒应包含注浆口处套筒、距离注浆口最远处的套筒以及二者之间任意一个套筒

B. 对采用套筒连接的外墙板以及梁、柱构件的套筒灌浆质量进行检测时,每个灌浆仓应选取不少于其套筒总数的 10%且不少于 2 个套筒进行检测,且被测套筒应包含注浆口处套筒、距离注浆口最远处的套筒

C. 对采用套筒连接的内墙板的套筒灌浆质量进行检测时,每个灌浆仓应选取不少于其套筒总数的 30%且不少于 3 个套筒进行检测,且被测套筒应包含注浆口处套筒、距离注浆口最远处的套筒以及二者之间任意一个套筒

D. 对采用套筒连接的内墙板的套筒灌浆质量进行检测时,每个灌浆仓应选取不少于其套筒总数的 10%且不少于 3 个套筒进行检测,且被测套筒应包含注浆口处套筒、距离注浆口最远处的套筒

12. 依据 DB34/T 5072—2017,当采用直径为 50mm 的芯样试件检测混凝土抗压强度时,抗压强度换算系数取________。(　　)

A. 1.05　　B. 1.07　　C. 1.03　　D. 1.10

13. 依据 DB34/T 5072—2017,进行结构实体验收检测时,在浆锚孔道灌浆密实性检测中,每一层应抽检该层构件总数量的________,且不少于________个构件,抽检构件的浆锚孔道应全数检测。(　　)

A. 10%,3　　B. 5%,3　　C. 10%,2　　D. 5%,2

14. 依据 T/CECS 1189—2022,采用回弹法检测灌浆料实体强度,下列说法不正确的是________。(　　)

A. 灌浆料龄期不应小于 7d

B. 检测面不应有明显缺陷,且应处于自然风干状态

C. 抗压强度的检测范围应为 40～120MPa

D. 回弹仪使用的环境温度宜为 0～40℃

15. DB34/T 5072—2017 中,钢筋连接用套筒灌浆料 28d 抗压强度不满足要求的是________。(　　)

A. 80MPa　　B. 85MPa　　C. 90MPa　　D. 95MPa

16. DB34/T 5072—2017 中,灌浆料进场时,下列检测项目________可不进行检

验。(　　)

A. 30min 流动度　　B. 泌水率

C. 3d 抗压强度　　D. 7d 抗压强度

17. 依据 DB34/T 5072—2017,钢筋浆锚搭接连接接头用套筒灌浆料 28d 抗压强度不应小于________MPa。(　　)

A. 60　　B. 65　　C. 80　　D. 85

18. 依据 DB34/T 5072—2017,夹心外墙板中的保温材料的导热系数不宜大于________W/(m·K),体积比吸水率不宜大于________%。(　　)

A. 0.030,0.3　　B. 0.040,0.3　　C. 0.030,0.4　　D. 0.040,0.4

19. 依据 T/CECS 1189—2022,按检测批推定结合面混凝土正拉粘结强度时,测点数量不宜少于________个。(　　)

A. 3　　B. 5　　C. 15　　D. 20

20. 依据 T/CECS 1189—2022,进行结合面混凝土正拉粘结强度检测时,芯样直径宜为________mm。(　　)

A. 50　　B. 70　　C. 100　　D. 150

21. 依据 T/CECS 1189—2022,对混凝土外墙拼缝的隐形渗漏部位,可采用________进行检查。(　　)

A. 红外热成像仪　　B. 冲击回波仪　　C. 雷达仪　　D. 内窥镜

第七节　结构构件性能

1. 依据 GB/T 50152—2012,下列关于试验装置的叙述,错误的是________。(　　)

A. 试验结构构件的支撑方式、支撑条件和受力状态应符合设计计算简图,且在整个试验过程中保持不变

B. 试验装置可以分担试件承受的试验荷载,但不应阻碍试件变形的自由发展

C. 试验装置应有足够的刚度、承载力和稳定性

D. 试验装置不应参与结构试件的工作,以免改变试件受力状态

2. 依据 GB/T 50152—2012,下列关于验证性试验的分级加载原则的叙述,正确的是________。(　　)

A. 在达到使用状态短期试验荷载值以前,每级加载不宜大于使用状态短期试验荷载值的 10%

B. 超过使用状态短期试验荷载值后,每级加载不宜大于使用状态短期试验荷载值的 5%

C. 在接近抗裂检验荷载计算值时,每级加载不宜大于抗裂检验荷载的 10%

D. 加载到承载能力极限状态的试验阶段时,每级加载值不应大于承载力状态荷载设计值的 5%

3. 依据 GB/T 50152—2012,下列关于混凝土结构试验破坏(达到或超过承载能力极限状态)的标志,错误的是________。(　　)

A. 受压构件的混凝土受压破碎、压溃

B. 受弯构件受拉主筋处裂缝宽度达到 1.5mm

C. 悬臂受弯构件挠度达到 1/50 跨度

D. 受剪构件腹部斜裂缝宽度达到 1.5mm

4. 依据 GB/T 50010—2010，使用对挠度要求不高的钢筋混凝土梁计算跨度 $L_0<7.0$m 时，在荷载作用下，其控制挠度为________。(　　)

A. $L_0/200$　　B. $L_0/350$　　C. $L_0/400$　　D. $L_0/500$

5. 依据 GB/T 50010—2010，使用对挠度要求不高的普通钢筋混凝土梁计算跨度为 $L_0=9.0$m 时，在荷载(含自重)作用下，其最大允许挠度值为________。(　　)

A. 45mm　　B. 36mm　　C. 30mm　　D. 22.5mm

6. 依据 GB/T 50010—2010 和 GB 50204—2015，试验简支预制楼板，使用上对挠度要求不高，板双层双向配筋相同，计算长度为 7000mm，按荷载准永久组合值计算挠度检验允许值$[a_s]$=________。(　　)

A. 21.9　　B. 35　　C. 28　　D. 17.5

7. 依据 GB/T 50152—2012，进行受压试件荷载试验时，试件端部应________。(　　)

A. 不能自由转动、无约束弯矩　　B. 能自由转动、无约束弯矩

C. 能自由转动、有约束弯矩　　D. 不能自由转动、有约束弯矩

8. 依据 GB/T 50784—2013，结构动力特性测试宜选用脉动试验法。下列关于脉动试验法的表述中，错误的是________。(　　)

A. 利用结构的脉动响应来确定其动力特性，称为脉动试验

B. 脉动试验需要利用激振设备，可能会对结构造成轻微的损伤

C. 脉动测试分析法是自然随机干扰力作用下振动模态参数测试法

D. 桥梁检测中利用跳车试验进行激振属于脉动试验

9. 依据 GB/T 50152—2012，在非实验室条件下进行预制构件试验、原位加载试验等受场地等条件限制时，可采用满足试验要求的其他加载方式，加载量值的允许误差为________。(　　)

A. ±1%　　B. ±5%　　C. ±10%　　D. ±15%

10. 依据 GB/T 50784—2013，下列关于结构动力测试的表述，错误的是________。(　　)

A. 混凝土结构动力反应宜选用可稳定再现的动荷载作为检验荷载

B. 动力测试测点布置应结合混凝土结构形式综合确定，其测点宜布置在振型的节点处

C. 结构振型测试中，当传感器的数量不足时，可将结构分成若干段进行测试

D. 结构动力反应不仅与结构自身状况有关，还与外加动力荷载有关

11. 依据 GB/T 50152—2012，对预制构件进行挠度检验时，应在________持荷结束时测量试件的变形。(　　)

A. 使用状态试验荷载值下　　B. 承载力状态荷载设计值下

C. 承载力状态荷载计算值下　　D. 临界试验荷载值下

12. 依据 GB/T 50152—2012，结构原位试验的试验结果应能反映被检结构的基本性能。受检构件应具代表性，且________。(　　)

A. 处于荷载较大、抗力较弱的部位

B. 处于荷载较大、抗力较强的部位

C. 处于荷载较小、抗力较强的部位

D. 处于荷载较小、抗力较弱的部位

13. 对装配式结构中的预制梁、板来说,若不考虑后浇面层的共同工作,板缝、板端或梁端的后浇面层应________,按________构件进行加载试验。(　　)

A. 断开,单个　　B. 断开,连续　　C. 不断开,连续　　D. 不断开,单个

14. 依据 GB 50204—2015,专业企业生产的预制构件进场时,对大型梁板类简支受弯构件及有可靠应用经验的构件,可只检验________项目。(　　)

A. 裂缝宽度、挠度、承载力　　B. 抗裂、挠度、承载力

C. 裂缝宽度、抗裂、挠度、承载力　　D. 裂缝宽度、抗裂、挠度

15. 依据 GB/T 50152—2012,采用集中力模拟均布荷载对简支受弯试件进行等效加载时,对于四分点集中力加载方式,简支受弯试件荷载图如图 1-3-1 所示(图中 q 为均布荷载值),此时挠度修正系数应为________。(　　)

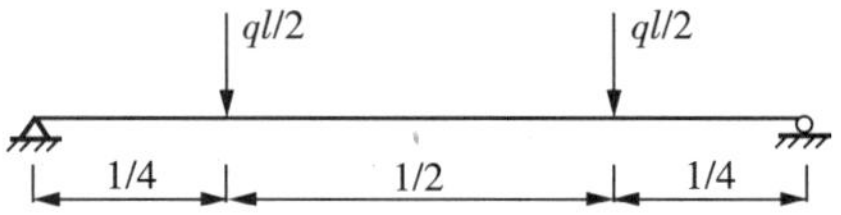

图 1-3-1　简支受弯试件荷载图

A. 1.00　　B. 0.91　　C. 0.97　　D. 0.98

16. 依据 GB 50204—2015,某受弯预制构件采用有屈服点的热轧钢筋,在进行承载力检验时,其受拉主筋处的最大裂缝宽度达到 1.5mm,该构件的承载力检验系数允许值为________。(　　)

A. 1.20　　B. 1.30　　C. 1.35　　D. 1.50

17. 依据 GB 50204—2015,对四角简支或四边简支的预制双向板进行结构性能检验时,其支承方式应保证支承处构件________,支承面________。(　　)

A. 能自由转动,可以相对水平移动　　B. 不能自由转动,可以相对水平移动

C. 能自由转动,不可以相对水平移动　　D. 不能自由转动,不可以相对水平移动

18. 依据 GB/T 50152—2012,在工程现场荷载试验中,采用流体(水)进行均布加载时,荷载可以通过________进行控制。(　　)

A. 直尺测量　　B. 水平仪测量　　C. 流量计　　D. 称重测量

19. 依据 GB/T 50152—2012,在工程现场荷载试验中,采用重物分堆码放方式进行加载时,堆与堆之间宜预留不小于________的间隙,避免试件变形后形成拱作用。(　　)

A. 30mm　　B. 50mm　　C. 80mm　　D. 100mm

20. 依据 GB/T 50152—2012,叠合构件底部的预制构件,应在________进行结构性能检验。(　　)

A. 上部后浇层浇筑前

B. 上部后浇层强度达到设计强度的 50%时

C. 上部后浇层强度达到设计强度的 75%时

D. 上部后浇层强度达到设计强度的 100%时

21. 依据 GB/T 50129—2011，当需要将砌体强度试验值与理论计算值进行比较时，应以材料(砂浆、块体)强度________确定其理论计算值。(　　)

A. 实测最小值　　B. 实测平均值　　C. 推定等级　　D. 设计值

22. 依据 GB/T 50152—2012，当所在结构的安全等级为一级时，构件的重要性系数为________。(　　)。

A. 0.9　　B. 1.0　　C. 1.1　　D. 1.2

23. 对于矩形截面对称配筋小偏心受压混凝土构件，若截面一侧钢筋受压，另一侧钢筋受拉，则该柱破坏时________。(　　)

A. 受压、受拉钢筋均屈服　　B. 受压、受拉钢筋不屈服

C. 受拉钢筋屈服，受压钢筋不屈服　　D. 受压钢筋屈服，受拉钢筋不屈服

24. 关于框架结构、剪力墙结构在水平荷载作用下的受力和变形特点，下列说法正确的是________。(　　)

A. 框架结构的侧向变形曲线是弯曲型　　B. 框架柱不会出现反弯点

C. 剪力墙的侧向变形曲线是剪切型　　D. 剪力墙的连梁可能出现反弯点

25. 无腹筋梁斜截面的破坏形态主要有斜压破坏、剪压破坏和斜拉破坏三种，关于这三种破坏的性质的表述，正确的是________。(　　)

A. 都属于脆性破坏

B. 都属于延性破坏

C. 斜压破坏和斜拉破坏属于脆性破坏，剪压破坏属于延性破坏

D. 斜拉破坏属于脆性破坏，斜压破坏和剪压破坏属于延性破坏

26. 提高构件抗弯刚度最有效的方法是________。(　　)

A. 增加截面高度　　B. 增加截面宽度

C. 提高混凝土强度　　D. 提高钢筋的级别

27. 图 1-3-2 中梁 C 点的弯矩是________。(　　)

A. 12kN·m(下拉)　　B. 3kN·m(上拉)

C. 8kN·m(下拉)　　D. 11kN·m(下拉)

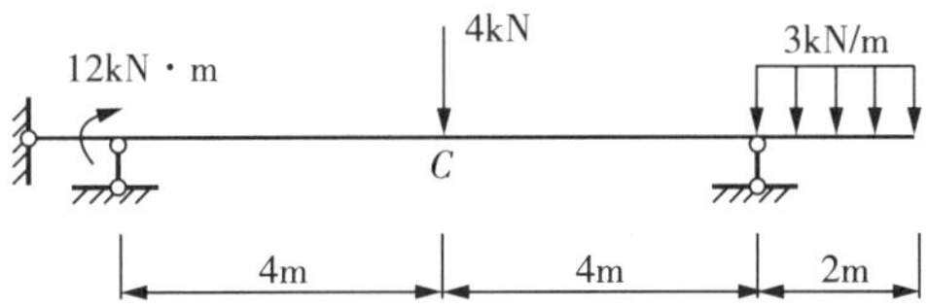

图 1-3-2　梁荷载图

28. 通过测量混凝土棱柱体试件的应力应变曲线，计算所用试件的刚度。已知混凝土棱柱体试件的尺寸为$(100\times100\times300)mm^3$，浇筑试件完毕并养护，且实测同批次立方体$[(150\times150\times150)mm^3]$破坏荷载值为 300kN，则下列完成上述试件的加载试验最合适的试验机是________。(　　)

A. 最大加载能力为 300kN 的拉压试验机

B. 最大加载能力为 500kN 的拉压试验机

C. 最大加载能力为 1000kN 的拉压试验机

D. 最大加载能力为 2000kN 的拉压试验机

第八节 装饰装修工程

1. 依据 JGJ 145—2013,当后置埋件现场拉拔力检测用的加荷设备拉拔仪的液压加荷系统持荷时间不超过 5min 时,其降荷值不应大于________。( )

A. 2% B. 3% C. 5% D. 10%

2. 依据 JGJ 145—2013,在后置埋件现场非破损检验的评定中,当一个检验批中不合格的试样不超过 5%时,应另抽________根试样进行破坏性检验。( )

A. 1 B. 3 C. 5 D. 10

3. 依据 JGJ 145—2013,现场破坏性检验宜选择锚固区以外的同条件位置,锚固件为植筋且数量不超过 100 件时,可取________件进行检验。( )

A. 1 B. 3 C. 5 D. 10

4. 依据 JGJ 145—2013,进行后置埋件现场非破损检验时,荷载检验值应取________和 $0.8N_{Rk,*}$(非钢材破坏承载力标准值)的较小值。( )

A. $0.9f_yA_s$ B. f_yA_s C. $0.9f_{yk}A_s$ D. $f_{yk}A_s$

5. 依据 JGJ 145—2013,在锚栓锚固质量的非破损检验中,对非生命线工程的非结构构件,应取每一检验批锚固件总数的________,且不少于________件进行检验。( )

A. 1%,3 B. 0.1%,5 C. 0.1%,3 D. 1%,5

6. 依据 JGJ 145—2013,非破损检验连续加载时,应以均匀速率在________时间内加载至设定的检验荷载,并持荷________。( )

A. 1~2min,2min B. 1~2min,1min

C. 2~3min,1min D. 2~3min,2min

7. 依据 JGJ/T 220—2010,下列关于抹灰砂浆强度的说法中错误的是________。( )

A. 抹灰砂浆强度宜比基体材料强度高出两个及两个以上强度等级

B. 对于无粘贴饰面砖的外墙,底层抹灰砂浆宜比基体材料高一个强度等级或等于基体材料强度

C. 对于无粘贴饰面砖的内墙,底层抹灰砂浆宜比基体材料低一个强度等级

D. 对于有粘贴饰面砖的内墙和外墙,中层抹灰砂浆宜比基体材料高一个强度等级且不宜低于 M15,并宜选用水泥抹灰砂浆

8. 依据 JGJ/T 220—2010,下列关于抹灰层的平均厚度的说法中错误的是________。( )

A. 内墙:普通抹灰的平均厚度不宜大于 20mm,高级抹灰的平均厚度不宜大于 25mm

B. 外墙:墙面抹灰的平均厚度不宜大于 20mm,勒脚抹灰的平均厚度不宜大于 25mm

C. 顶棚:现浇混凝土抹灰的平均厚度不宜大于 10mm,条板、预制混凝土抹灰的平均厚度不宜大于 10mm

D. 蒸压加气混凝土砌块基层抹灰平均厚度宜控制在 15mm 以内;当采用聚合物水泥砂浆抹灰时,平均厚度宜控制在 5mm 以内;当采用石膏砂浆抹灰时,平均厚度宜控制在 10mm

以内

9. 依据 JGJ/T 220—2010，下列关于抹灰层拉伸粘结强度检测检验批划分的说法中，正确的是________。（　　）

A. 每 $5000m^2$ 应为一个检验批，每个检验批应取一组试件进行检测，不足 $5000m^2$ 的也应取一组

B. 每 $500m^2$ 应为一个检验批，每个检验批应取一组试件进行检测，不足 $500m^2$ 的也应取一组

C. 每 $2000m^2$ 应为一个检验批，每个检验批应取一组试件进行检测，不足 $2000m^2$ 的也应取一组

D. 每 $1000m^2$ 应为一个检验批，每个检验批应取一组试件进行检测，不足 $1000m^2$ 的也应取一组

10. 依据 JGJ/T 220—2010，下列关于抹灰层拉伸粘结强度检测拉伸粘结强度合格判定标准的说法中，错误的是________。（　　）

A. 水泥抹灰砂浆，拉伸粘结强度平均值不小于 0.20MPa

B. 水泥粉煤灰抹灰砂浆，拉伸粘结强度平均值不小于 0.15MPa

C. 水泥石灰抹灰砂浆，拉伸粘结强度平均值不小于 0.15MPa

D. 聚合物水泥抹灰砂浆，拉伸粘结强度平均值不小于 0.25MPa

11. 依据 JGJ/T 220—2010，抹灰砂浆现场拉伸粘结强度试验顶部拉拔板用 45 号钢或铬钢材料制作，长×宽为________，可采用厚度为 6～8mm 的方形板，或直径为________的圆形板。（　　）

A. 100mm×100mm，50mm　　B. 45mm×45mm，50mm

C. 100mm×100mm，40mm　　D. 45mm×45mm，40mm

12. 依据 JGJ/T 220—2010，抹灰砂浆现场拉伸粘结强度试验胶粘剂强度宜大于________。（　　）

A. 2.0MPa　　B. 2.5MPa　　C. 3.0MPa　　D. 4.0MPa

13. 依据 JGJ/T 220—2010，当抹灰层达到规定龄期时进行拉伸粘结强度试验取样，且取样面积不应小于________，取样数量应为________。（　　）

A. $1m^2$，3 个　　B. $2m^2$，7 个　　C. $3m^2$，7 个　　D. $2m^2$，3 个

14. 依据 JGJ/T 220—2010，应取 7 个抹灰砂浆试样拉伸粘结强度的平均值作为试验结果。当 7 个测定值中有________超出平均值的________时，应去掉最大值和最小值，并取剩余 5 个试样粘结强度的平均值作为试验结果。（　　）

A. 1 个，20%　　B. 2 个，30%　　C. 1 个，30%　　D. 2 个，20%

15. 依据 JGJ/T 110—2017，关于粘结强度检测仪说法正确的是________。（　　）

A. 粘结强度检测仪至少每两年校准一次

B. 粘结强度检测仪发现异常后才需要维修、检定，维护好的情况下不需要定期定检

C. 粘结强度检测仪至少每半年校准一次

D. 粘结强度检测仪每年校准不应少于一次

16. 依据 JGJ/T 110—2017，粘结饰面砖断缝不符合要求的是________。（　　）

A. 断缝应从饰面砖表面切割至基体表面，深度应一致

B. 对外墙外保温系统上粘贴的外墙面砖，当保温系统符合要求时，可切割至加强抹面层里层

C. 试样切割长度和宽度宜与标准块相同

D. 有两道相邻切割线时应沿饰面砖边缝切割

17. 依据 JGJ/T 110—2017，在每种类型的外墙饰面砖基体上应粘贴不小于________饰面砖样板件，每个样板应各制取一组________饰面砖粘结强度试样。(　　)

A. $3m^2$，1 个　　B. $1m^2$，1 个　　C. $1m^2$，3 个　　D. $3m^2$，3 个

18. 依据 JGJ/T 110—2017，粘结强度检测仪的安装和检测程序不符合要求的是________。(　　)

A. 应安装专用穿心式千斤顶，使拉力杆通过穿心式千斤顶中心并与饰面砖表面垂直

B. 调整千斤顶活塞时，应使活塞升出 5mm

C. 调整千斤顶活塞时，将数字显示器调零

D. 检测前在标准块上应安装带有万向接头的拉力杆

19. 依据 JGJ/T 110—2017，有一组现场粘贴的外墙饰面砖，其 3 个试样粘结强度检验结果分别为 0.6MPa、0.2MPa、0.7MPa，则该组饰面砖粘结强度检验结论为________。(　　)

A. 重新抽取 2 组试样检验　　B. 不合格

C. 合格　　D. 重新抽取 1 组试样检验

第九节　室内环境污染物

1. 依据 GB 50325—2020，进行民用建筑室内环境中氡浓度检测时，针对无架空层或地下车库结构的 I 类建筑，一层、二层房间抽检比例不宜低于总抽检房间数的________。(　　)

A. 5%　　B. 10%　　C. 40%　　D. 50%

2. 依据 GB 50325—2020，室内空气中 TVOC 的分析方法是________。(　　)

A. 分光光度法　　B. 气相色谱法　　C. 液相色谱法　　D. 火焰分光光度法

3. 依据 GB 50325—2020，室内空气中氡浓度是指单位________空气中氡的放射性活度。(　　)

A. 质量　　B. 体积　　C. 面积　　D. 长度

4. 依据 GB/T 18204.2—2014，用靛酚蓝分光光度法测定空气中氨浓度，采用的大型气泡吸收管有 10mL 刻度线，出气口内径为 1mm，与管底距离应为________。(　　)

A. 1～3mm　　B. 2～4mm　　C. 2～5mm　　D. 3～5mm

5. 当抽检的________房间室内环境污染物浓度的检测结果符合标准 GB 50325—2020 要求时，判定该工程室内环境质量合格。(　　)

A. 所有　　B. 一半　　C. 90%　　D. 大部分

6. 依据 GB 50325—2020，对室内环境质量验收不合格的民用建筑工程，________。(　　)

A. 严禁投入使用　　B. 合格房间可以投入使用

C. 全部房间可以投入使用　　D. 不合格房间可以投入使用

7. 依据 GB 50325—2020，民用建筑工程验收时，应抽检每个建筑单体有代表性的房间室内环境污染物浓度，当建筑单体的房间总数小于 3 间时，应________。(　　)

A. 抽取 1 间进行检测　　B. 不必检测

C. 抽取 2 间进行检测　　D. 全数检测

8. 依据 GB 50325—2020，民用建筑工程室内环境检测使用的恒流采样器在采样过程中流量应稳定，用皂膜流量计校准系统流量，相对偏差应不大于________。(　　)

A. ±2%　　B. ±5%　　C. ±10%　　D. ±25%

9. 依据 GB 50325—2020，关于Ⅰ类民用建筑工程室内环境污染物浓度限量错误的是________。(　　)

A. 氡不大于 $150Bq/m^3$　　B. 甲苯不大于 $0.15mg/m^3$

C. 二甲苯不大于 $0.15mg/m^3$　　D. TVOC 不大于 $0.45mg/m^3$

10. 依据 GB 50325—2020，对民用建筑工程室内空气中 TVOC 进行采样时，流量应调节为________ L/min，采集约________ L 空气。(　　)

A. 0.6，10　　B. 0.6，15　　C. 0.5，10　　D. 0.5，15

11. 依据 GB 50325—2020，检测 TVOC 时柱温箱操作条件应为程序升温，升温速率为________。(　　)

A. 1℃/min　　B. 10℃/min　　C. 0.5℃/min　　D. 5℃/min

12. 下列关于 GB 50325—2020 中的 TVOC 浓度测定计算公式中 m_0 的说法，正确的是________。(　　)

A. m_0 为室外上风向本底值　　B. m_0 为未采样管中 TVOC 的质量

C. m_0 为新购活性炭中 TVOC 的质量　　D. m_0 为实验室空气中 TVOC 的质量

13. 个别测定值与平均值之差指的是________。(　　)

A. 偏差　　B. 绝对偏差　　C. 相对偏差　　D. 平均偏差

14. 依据 GB 50325—2020，活性炭吸附管使用前应通氮气加热活化，活化温度应为________℃，活化时间不应少于 10min。(　　)

A. 280～300　　B. 300～350　　C. 350～380　　D. 380～400

15. 依据 GB 50325—2020，使用 2,6-对苯基二苯醚多孔聚合物-石墨化炭黑-X 复合吸附管对空气中苯、甲苯、二甲苯进行采样，采样前应加热活化，以下活化温度及时间正确的是________。(　　)

A. 280～300℃，不少于 30min　　B. 300～350℃，不少于 10min

C. 280～300℃，不少于 10min　　D. 300～350℃，不少于 30min

16. 依据 GB 50325—2020，对民用建筑室内环境污染物现场采样时，检测点的位置要求是________。(　　)

A. 距房间内墙面不小于 0.5m，距房间地面高度为 0.8～1.5m

B. 距房间内墙面不小于 0.8m，距房间地面高度为 0.8～1.5m

C. 距房间内墙面不小于 0.5m，距楼地面高度为 0.5～1.5m

D. 距房间内墙面不小于 0.8m，距楼地面高度为 0.8～1.5m

17. 依据 GB/T 18204.2—2014，靛酚蓝分光光度法对空气中氨浓度的测量范围是

________ mg/m^3。(　　)

A. 0.01～2　　B. 0.01～1　　C. 0.01～3　　D. 0.01～0.5

18. 依据 GB/T 18204.2—2014,采用靛酚蓝分光光度法测定室内空气中氨浓度,符合氨标准曲线要求的斜率是________吸光度/μg 氨。(　　)

A. 0.077　　B. 0.083　　C. 0.085　　D. 0.075

19. 依据 GB/T 18204.2—2014,采用靛酚蓝分光光度法分析民用建筑室内环境中氨浓度时,使用的比色波长为________。(　　)

A. 630nm　　B. 697.5nm　　C. 550nm　　D. 650.5nm

20. 依据 GB 50325—2020,进行土壤中氡浓度检测时,取样测试时间宜为________。(　　)

A. 6:00—18:00　　B. 7:00—18:00　　C. 8:00—18:00　　D. 8:00—20:00

21. 依据 GB 50325—2020,对于采用集中通风和自然通风的民用建筑工程,室内环境中氡浓度检测应分别在________、________条件下进行。(　　)

A. 通风系统正常运转,对外门窗关闭 1h

B. 对外门窗关闭 24h,对外门窗关闭 24h

C. 通风系统正常运转,对外门窗关闭 24h

D. 对外门窗关闭 1h,对外门窗关闭 1h

22. 依据 GB/T 16129—1995,采用 AHMT 分光光度法测定室内空气中甲醛浓度时,以甲醛含量为横坐标,以吸光度为纵坐标,绘制标准曲线,得回归线方程 $y=0.2005x-0.0007$,则甲醛的计算因子 B_s 为________。(　　)

A. 4.988　　B. 4.987　　C. 0.200　　D. 0.201

23. 当采样流量为 1L/min,采样体积为 20L 时,依据 GB/T 16129—1995 测定的甲醛浓度范围为________ mg/m^3。(　　)

A. 0.01～0.16　　B. 0.02～0.15　　C. 0.01～0.15　　D. 0.02～0.16

24. 依据 GB/T 16129—1995,AHMT 溶液需存储在________中,可保存________。(　　)

A. 棕色瓶,3 个月　　B. 塑料瓶,3 个月

C. 棕色瓶,半年　　D. 塑料瓶,半年

25. 依据 GB/T 18204.2—2014,用靛酚蓝分光光度法测定空气中的氨时,使用的吸收液是________。(　　)

A. 稀盐酸溶液　　B. 稀硫酸溶液　　C. 酚试剂　　D. AHMT

26. 请将 0.7510 进行修约,修约后其值为________(保留一位有效数字)。(　　)

A. 0.8　　B. 1　　C. 0.9　　D. 1.0

27. 依据 GB 50325—2020,进行室内环境污染物苯测定时,气相色谱仪所使用载气为氮气,纯度不应小于________。(　　)

A. 99%　　B. 99.9%　　C. 99.99%　　D. 99.999%

28. 依据 GB 50325—2020,进行室内环境污染物氡检测时,________采集室外环境空气样品。(　　)

A. 在室外空地上,远离被测建筑物　　B. 在室外上风向处

C. 在室外下风向处　　D. 不需要

29. 依据 GB 50325—2020，采用少量抽气-静电收集-射线探测器法测量土壤中氡浓度时，方法规定连续抽气 3～5 次，第一次抽气测量数据应舍弃，以________作为该测试点的氡浓度。（　　）

A. 最小值　　B. 最后一次测量值

C. 最大值　　D. 后几次测量平均值

30. 依据 GB 50325—2020 进行室内空气污染物检测时，在某被测房间内布置了 5 个检测点，该房间室内空气污染物的检测点布置方式及检测结果应为________。（　　）

A. 梅花状，各点检测结果最大值　　B. 梅花状，各点检测结果最小值

C. 对角线，各点检测结果平均值　　D. 对角线，任意一个

31. 依据 GB 50325—2020 测定土壤中氡浓度时，应在工程地质勘查范围内以________网格布点，各网格点即测试点。当遇较大石块时，可偏离________ m。（　　）

A. 20m×20m，±2　　B. 10m×10m，±2

C. 10m×10m，±1　　D. 20m×20m，±1

32. 依据 GB/T 18204.2—2014，采用靛酚蓝分光光度法测定空气中氨浓度时，配置氨标准贮备液，需称取 0.3142g 经________℃干燥 1h 的分析纯氯化铵。（　　）

A. 105　　B. 100　　C. 95　　D. 65

33. 依据 GB 50325—2020，室内环境污染物浓度检测结果不符合规定时，应对不合格项进行再次检测，抽检数量应增加________倍，并应包含原不合格同类型房间及原不合格房间。（　　）

A. 1　　B. 2　　C. 3　　D. 4

34. 针对新建、扩建的民用建筑工程，________应对建筑工程所在城市区域土壤中氡浓度或土壤氡表面析出率进行调查，并提交相应的调查报告。（　　）

A. 桩基施工前　　B. 土方开挖前　　C. 设计前　　D. 完工后

35. 依据 GB 50325—2020，进行民用建筑工程室内空气中苯、甲苯、二甲苯浓度测定时，活性炭样品管的热解吸温度是________℃。（　　）

A. 280　　B. 300　　C. 320　　D. 350

36. 依据 GB 50325—2020，在进行民用建筑工程室内空气中 TVOC 浓度检测时，FID 检测器应以________定量。（　　）

A. 保留时间　　B. 峰面积　　C. 特征离子　　D. 定量离子

37. 依据 GB/T 18204.2—2014，采用靛酚蓝分光光度法测定建筑工程室内空气中氨浓度时，次氯酸钠原液经标定后，浓度为 0.505mol/L。现用 100mL 容量瓶配置 0.05mol/L 浓度的次氯酸钠溶液，理论上需移取原液________ mL。（　　）

A. 9.90　　B. 9.91　　C. 9.92　　D. 9.93

38. 依据 GB 50325—2020，如果房间使用面积不小于 500m^2 且小于 1000m^2，那么室内环境污染物浓度检测点数不少于________个。（　　）

A. 3　　B. 4　　C. 5　　D. 7

39. 下列建筑不属于 GB 50325—2020 中规定的Ⅱ类民用建筑的是________。（　　）

A. 旅馆　　B. 商店　　C. 医院病房　　D. 图书馆

40. 依据 GB 50325—2020,民用建筑工程及室内装饰装修工程的室内环境质量验收,应在工程完工不少于________后,工程交付使用________进行。(　　)

A. 5d,前　　B. 7d,后　　C. 5d,后　　D. 7d,前

41. 依据 GB 50325—2020,对于采用自然通风的民用建筑工程,室内环境污染物浓度检测应在对外门窗关闭________后进行。(　　)

A. 1h　　B. 2h　　C. 3h　　D. 12h

42. 依据 GB/T 18204.2—2014,靛酚蓝分光光度法要求样品采集后,应在室温下保存,于________内分析。(　　)

A. 24h　　B. 2h　　C. 7d　　D. 14d

43. 依据 GB 50325—2020,室内空气 TVOC 的测定中,气相色谱仪应配置 FID 或________检测器。(　　)

A. MS　　B. ECD　　C. TCD　　D. FPD

44. 依据 GB 50325—2020,室内空气 TVOC 的测定中,使用的有证标准溶液或标准气体不包含________。(　　)

A. 苯　　B. 甲苯　　C. 乙酸乙酯　　D. 十四烷

45. 依据 GB 50325—2020,对室内空气污染物浓度测量值的极限值采用________法判定。(　　)

A. 极限数值修约　　B. 极限数值　　C. 全数值修约　　D. 全数值比较

46. 一栋写字楼,自然间数为 135 间,房间面积均小于 $50m^2$,未做样板间室内环境污染物检测。现依据 GB 50325—2020 的规定进行抽样,最少的抽样房间数是________。(　　)

A. 5 间　　B. 4 间　　C. 6 间　　D. 7 间

47. 依据 GB 50325—2020,对采集 TVOC 样品的恒流采样器,要求在采样过程中流量稳定,当流量为 0.5L/min 时,应能克服________的阻力。此时用流量计校准采样系统流量,相对偏差不应大于±5%。(　　)

A. 1～5kPa　　B. 5～10kPa　　C. 10～15kPa　　D. 15～20kPa

48. 依据 GB 50325—2020,当用活性炭吸附管采集室内空气中苯浓度样品时,空气湿度应小于________。(　　)

A. 50%　　B. 80%　　C. 90%　　D. 95%

49. 某检测人员用量筒量取 5.0mL 水时仰视读数,则所量水的体积________。(　　)

A. 等于 5.0mL　　B. 大于 5.0mL

C. 小于 5.0mL　　D. 不能确定

50. 依据 GB 50325—2020 进行民用建筑室内空气中氡浓度检测时,测量结果不确定度不应大于________($k=2$),方法的探测下限不应大于 $10Bq/m^3$。(　　)

A. 10%　　B. 15%　　C. 20%　　D. 25%

51. 依据 GB 50325—2020,民用建筑工程验收时,凡进行了样板间室内环境污染物浓度检测且检测结果合格的,其同一装饰装修设计样板间类型的房间抽检量可减半,并不得________间。(　　)

A. 少于 3　　B. 少于 5　　C. 多于 3　　D. 多于 5

52. 依据 GB 50325—2020,采集室内空气中苯、甲苯、二甲苯后,样品应密封放置,可保

存________。(　　)

A. 3d　　B. 7d　　C. 14d　　D. 21d

53. 依据 GB 50325—2020,测定室内空气中 TVOC 时,对未识别的峰,应以________计。(　　)

A. 苯　　B. 甲苯　　C. 二甲苯　　D. 乙苯

54. 依据 GB/T 16129—1995,使用 AHMT 分光光度法测定室内空气中甲醛时,采样后,补充吸收液到采样前的体积。准确吸取________ mL 样品溶液于 10mL 比色管中,按制作标准曲线的操作步骤测定吸光度。(　　)

A. 0.5　　B. 1　　C. 2　　D. 5

55. 依据 GB/T 18204.2—2014,使用靛酚蓝分光光度法测定室内空气中氨时,空气中的氨被稀硫酸吸收,在实验条件下,与水杨酸生成________的靛酚蓝染料。(　　)

A. 蓝绿色　　B. 黄绿色　　C. 蓝色　　D. 橙色

56. 依据 GB 50325—2020,采集苯、甲苯、二甲苯使用的活性炭吸附管中吸附剂的质量是________。(　　)

A. 100mg　　B. 150mg　　C. 200mg　　D. 250mg

57. 依据 GB/T 16129—1995,AHMT 分光光度法的标准曲线直线回归后的斜率为________吸光度。(　　)

A. 12.3　　B. 0.081　　C. 0.175　　D. 0.36

58. GB 50325—2020 中,Ⅱ类民用建筑工程室内环境污染物氨浓度限量应不大于________ mg/m^3。(　　)

A. 0.15　　B. 0.2　　C. 0.20　　D. 0.4

59. 依据 GB 50325—2020,城市区域性土壤氡水平调查方法要求,每个城市测点数量不应少于________个。(　　)

A. 100　　B. 200　　C. 500　　D. 1000

60. 依据 GB 50325—2020,幼儿园室内装饰装修验收时,应抽检有代表性的房间室内环境污染物浓度,抽检数量不得少于房间总数的________,并不得少于 20 间。(　　)

A. 5%　　B. 10%　　C. 20%　　D. 50%

第四章 多项选择题

第一节 混凝土结构及砌体结构构件强度

1. 依据 JGJ/T 294—2013，不适宜进行混凝土强度检测的情况有________。（　　）

A. 因遭受严重冻伤、化学侵蚀、火灾而导致表里质量不一致的混凝土和表面不平整的混凝土

B. 潮湿的和特种工艺成型的混凝土

C. 厚度小于 150mm 的混凝土构件

D. 所处环境温度低于 0℃或高于 40℃的混凝土

2. 依据 T/CECS 02—2020 进行检测时，以下描述正确的是________。（　　）

A. 超声测点应布置在回弹测试的同一测区内

B. 每一测区布置 6 个测点

C. 超声测试宜优先采用对测

D. 超声测试可采用单面平测或角测

3. 依据 T/CECS 02—2020，________，应进行声速修正。（　　）

A. 当在混凝土浇筑方向的侧面对测时

B. 当在混凝土浇筑的表面平测时

C. 当在混凝土浇筑的底面平测时

D. 当在混凝土浇筑的表面或底面对测时

4. 依据 JGJ/T 294—2013，当按批量检测的结构或构件混凝土强度标准差出现________情况时，该批构件应全部按单个构件检测。（　　）。

A. 该批构件的混凝土抗压强度换算值的平均值不大于 50.0MPa，且标准差大于 5.50MPa

B. 该批构件的混凝土抗压强度换算值的平均值大于 50.0MPa，且标准差大于 6.50MPa

C. 该批构件的混凝土抗压强度换算值的平均值不大于 50.0MPa，且标准差大于 4.50MPa

D. 该批构件的混凝土抗压强度换算值的平均值大于 50.0MPa，且标准差大于 5.50MPa

5. 依据 JGJ/T 23—2011，采用回弹法检测构件混凝土抗压强度，当满足下列________条件时，该构件的混凝土抗压强度推定值可以这样计算：构件测区混凝土抗压强度换算值的

平均值减去 1.645 倍的强度换算值的均方差。( )

A. 被测结构上布置的测区数不少于 10 个

B. 测区强度值均超过 10MPa

C. 碳化深度值均小于 6mm

D. 测区强度值均未超过 60MPa

6. 依据 JGJ/T 23—2011,进行回弹值测量时,回弹仪的轴线应始终垂直于结构或构件的混凝土检测面,________。( )

A. 用力施压 B. 缓慢施压 C. 快速复位 D. 准确读数

7. 一台中型回弹仪处于标准状态,则该回弹仪应达到下列________条件。( )

A. 水平弹击时,弹击锤脱钩的瞬间,回弹仪的标准能量应为 2.207J

B. 弹击锤与弹击杆碰撞的瞬间,弹击拉簧处于自由状态

C. 弹击拉簧处于自由状态时,弹击锤起跳点应位于指针指示刻度尺上“0”处

D. 在洛氏硬度 HRC 为 60±2 的钢砧上,回弹仪的率定值应为 80±2

8. 依据 JGJ/T 23—2011,当回弹仪具有下列________情况时,应由法定计量检定机构按现行行业标准 JJG 817 进行检定。( )

A. 新回弹仪启用前

B. 回弹仪弹击超过 2000 次

C. 遭受严重撞击或其他损害

D. 数字式回弹仪显示的回弹值与指针直读示值相差大于 1

9. 目前我国常用的测试结构混凝土抗压强度的方法有________。( )

A. 超声回弹综合法 B. 回弹法 C. 筒压法 D. 后装拔出法

10. 用回弹法检测混凝土抗压强度时可采用 JGJ/T 23—2011 中推荐的全国统一测强曲线,但下列________情况除外。( )

A. 用特种成型工艺制作的混凝土

B. 用木模板浇筑的混凝土

C. 表面潮湿的混凝土

D. 泵送混凝土粗骨料最大公称粒径不大于 31.5mm

11. 依据 DB34/T 5012—2015,采用规程中地区测强曲线进行测区混凝土抗压强度换算时,混凝土应________。( )

A. 由普通成型工艺制成

B. 符合国家标准规定的模板

C. 自然养护且龄期为(14－1000)d

D. 蒸汽养护后经自然养护 7d 以上且混凝土表层干燥

12. 依据 JGJ/T 384—2016,用于抗压试验的芯样直径________。( )

A. 宜为 100mm,且不宜小于骨料最大粒径的 3 倍

B. 宜为 90mm,且不宜小于骨料最大粒径的 3 倍

C. 不应小于 70mm,且不得小于骨料最大粒径的 2 倍

D. 不应小于 75mm,且不得小于骨料最大粒径的 2 倍

13. 依据 JGJ/T 384—2016,抗压强度低于 30MPa 的标准芯样试件,可采用________补

平。( )

A. 磨平端面 B. 水泥净浆 C. 硫黄胶泥 D. 环氧胶泥

14. 依据 JGJ/T 384—2016,下列标准芯样试件中芯样试件测试数据无效的有________。( )

A. 实际高径比为 0.95 B. 芯样有一处直径比平均直径小 2.5mm

C. 端面不平整度为 0.15mm/100mm D. 端面与轴线的不垂直度超过 1°

15. 依据 DB34/T 5012—2015,回弹仪出现下列________情况时应拆开保养。( )

A. 遭受严重撞击或损害 B. 弹击超过 2000 次

C. 率定值不合格 D. 对回弹值有异议

16. JGJ/T 294—2013 中给出的换算公式适用的混凝土应符合下列________规定。( )

A. 水泥、砂、石符合国家现行标准的相应规定

B. 自然养护

C. 蒸汽养护 7d 后自然养护

D. 龄期不宜超过 900d

17. 依据 T/CECS 02—2020,下列关于用超声回弹综合法检测混凝土抗压强度的表述错误的有________。( )

A. 适用混凝土强度为 10～70MPa

B. 当混凝土与规程规定有差异时,宜钻取不少于 4 个公称直径为 100mm 的芯样进行修正

C. 适用自然养护且龄期为(14－1000)d

D. 混凝土表层为干燥状态

18. 依据 JGJ/T 384—2016,关于用于试验的混凝土芯样试件的尺寸偏差及外观质量的说法,以下正确的是________。( )

A. 抗压芯样试件端面的不平整度在 100mm 长度内不得大于 0.1cm

B. 芯样试件端面与轴线的不垂直度不得大于 0.5°

C. 芯样不得有裂缝或其他较大缺陷

D. 沿芯样试件高度的任一直径与平均直径相差不大于 1.5mm

19. 依据 T/CECS 02—2020,下列说法正确的有________。( )

A. 混凝土龄期为(7－1000)d

B. 混凝土强度为 10～70MPa

C. 超声波检测仪的声时计量检验应按“时—距”法测量空气中声速实测值

D. 换能器的实测主频与标称频率相差不应超过±20%

20. 用回弹法检测混凝土抗压强度时,________的混凝土不能采用规程 JGJ/T 23—2011 附录 A 进行测区混凝土抗压强度换算。( )

A. 强度等级为 C80 B. 龄期为两年半

C. 采用特殊成型工艺浇筑 D. 表面潮湿

21. 依据 JGJ/T 384—2016,关于用于抗压强度试验的芯样试件的说法正确的有________。( )

A. 芯样试件内不宜含有钢筋

B. 对于标准芯样试件，每个试件内最多只允许有 2 根直径小于 12mm 的钢筋

C. 每个试件内最多只允许有一根直径不大于 10mm 的钢筋

D. 芯样内的钢筋应与芯样试件的轴线基本垂直并离开端面 15mm 以上

22. 依据 DB34/T 5012—2015，重型回弹仪应符合下列________规定。(　　)

A. 水平弹击时，弹击锤脱钩瞬间，回弹仪的标称动能应为 4.5J

B. 在配套的洛氏硬度为 HRC60±2 的钢砧上，回弹仪的率定值应为 83±1

C. 在配套的洛氏硬度为 HRC60±2 的钢砧上，回弹仪的率定值应为 83±2

D. 水平弹击时，弹击锤脱钩瞬间，回弹仪的标称动能应为 5.5J

23. 依据 JGJ/T 23—2011，回弹仪在以下________情况下需要进行检定。(　　)

A. 回弹仪弹击超过 5000 次

B. 新回弹仪启用前

C. 经保养后，在钢砧上的率定值不合格

D. 数字式回弹仪的回弹值与指针直读示值相差超过 1

24. 依据 GB 50204—2015，用于检查结构构件混凝土抗压强度的试件，应在混凝土的浇筑地点随机抽取。关于取样与试件留置的说法，正确的是________。(　　)

A. 每拌制 100 盘且不超过 $100m^3$ 的同配合比的混凝土，取样不得少于一次

B. 每工作班拌制的同一配合比的混凝土不足 100 盘时，取样不得少于一次

C. 当一次连续浇筑超过 $1000m^3$ 时，对同一配合比的混凝土，每 $500m^3$ 取样不得少于一次

D. 对每一楼层、同一配合比的混凝土，取样不得少于一次

25. 依据 JGJ/T 23—2011，结构或构件的混凝土抗压强度可按单个构件检测或同批构件按批抽样检测。符合下列________条件的构件可作为同批构件。(　　)

A. 混凝土强度等级相同

B. 混凝土强度等级相差不超过 5MPa

C. 混凝土原材料、配合比、施工工艺、养护条件及龄期基本相同

D. 构件种类及构件所处环境相同

26. 依据 JGJ/T 23—2011，用回弹法检测混凝土抗压强度时，测量碳化深度值时以下________项操作满足规范要求。(　　)

A. 采用工具在测区表面打凿出直径约为 15mm 的孔洞

B. 凿出的孔洞深度大于混凝土的碳化深度

C. 用水清洗孔洞中的粉末和碎屑

D. 采用碳化深度测量仪测量碳化深度

27. 当有下列________情况时，测区混凝土抗压强度不得按 DB34/T 5012—2015 进行强度换算。(　　)

A. 混凝土的入泵坍落度小于 100mm

B. 混凝土采用特种成型工艺制作

C. 混凝土潮湿

D. 检测部位曲率半径小于 250mm

28. 依据 DB34/T 5012—2015,以下对混凝土抗压强度推定值计算描述正确的为________。( )

A. 当构件测区数为 10 个及以上时,应计算强度的标准差

B. 当构件测区数少于 10 个时,强度推定值为构件测区混凝土抗压强度换算值中的最小值

C. 当构件的测区强度值中出现小于 10.0MPa 的值时,强度推定值小于 10.0MPa

D. 当构件的测区强度值均大于 90.0MPa 时,强度推定值为 90.0MPa

29. 依据 JGJ/T 23—2011,当按批量检测的构件混凝土抗压强度标准差出现下列________情况时,应全部按单个构件检测。( )

A. 该批构件混凝土抗压强度平均值小于 25MPa,标准差大于 4.50MPa

B. 该批构件混凝土抗压强度平均值不小于 25MPa 且不大于 60MPa,标准差大于 5.50MPa

C. 该批构件混凝土抗压强度平均值小于 25MPa,标准差不大于 4.50MPa

D. 该批构件混凝土抗压强度平均值不小于 25MPa 且不大于 60MPa,标准差不大于 5.50MPa

30. 依据 JGJ/T 23—2011 检测混凝土抗压强度,当检测条件与测强曲线有较大差异时可用取芯法进行修正,应________。( )

A. 在有原浆面的部位取 6 个芯样

B. 在构件上随机抽取 6 个部位钻取 6 个芯样

C. 在回弹测区的部位取 6 个芯样

D. 每个芯样只加工 1 个试件

31. 依据 CECS 69:2011 检测混凝土强度,当拔出仪有________情况时,应重新校准。( )

A. 更换了液压油　　B. 更换了测力装置

C. 经过了维修　　D. 连续使用超过 1000 次以上

32. 依据 JGJ /T 23—2011,用回弹法检测某剪力墙混凝土抗压强度,该墙长度为 5m,高度为 3.5m,厚度为 0.35m,则测区布置可为________。( )

A. 6 个　　B. 8 个　　C. 10 个　　D. 大于 10 个

33. 关于量测芯样试件的测量工具,正确的选择是________。( )

A. 芯样试件的高度测量工具首选钢卷尺

B. 平均直径应用游标卡尺测量

C. 垂直度可用游标量角器测量

D. 不平整度宜用塞尺或千分表测量

34. 编制规程 DB34/T 5012—2015 的原因有________。( )

A. 依据行业标准换算泵送混凝土强度,其结果与结构实际混凝土强度差异较大

B. 依据行业标准要求,制定本地区的测强曲线

C. 统一省内回弹检测方法,保证检测精度

D. 为了提高回弹法检测保证率

35. 依据 JGJ/T 136—2017,贯入仪及深度量测表的技术要求有________。( )

A. 贯入力为(800±8)N　　B. 工作行程为(20±0.02)mm

C. 最大量程不应小于 20.00mm　　D. 分度值为 0.01mm

36. 依据 JGJ/T 136—2017，用贯入法检测砌筑砂浆时应符合下列________要求。(　　)

A. 自然风干状态　　B. 强度为 0.5～16MPa

C. 自然养护　　D. 龄期为 28d 及以上

37. 依据 JGJ/T 136—2017，下列关于砂浆强度批量检测及计算的表述，正确的是________。(　　)

A. 贯入深度应精确至 0.01mm　　B. 应优先采用专用测强曲线

C. 砂浆强度应精确至 0.1MPa　　D. 变异系数应精确至 0.01MPa

38. 依据 JGJ/T 136—2017，遇到下列________情况时，应将贯入仪送至计量部门进行校准。(　　)

A. 新仪器启用前　　B. 检测数据异常

C. 更换主要零件　　D. 累计贯入次数超过 6000 次

39. 依据 GB/T 50315—2011，下列________可用回弹法检测砌筑砂浆抗压强度。(　　)

A. 烧结普通砖墙体　　B. 烧结多孔砖墙体

C. 蒸压灰砂砖墙体　　D. 蒸压粉煤灰砖墙体

40. 依据 GB/T 50315—2011，检测砌体抗压强度时可采用________。(　　)

A. 原位轴压法　　B. 扁顶法　　C. 切制抗压试件法　D. 点荷法

41. 依据 GB/T 50315—2011，关于砌体检测方法和墙体上测点选定的表述正确的是________。(　　)

A. 原位单剪法测试部位不应位于门窗洞口

B. 对于应力集中部位的墙体，不应选择原位轴压法

C. 对于墙梁计算高度范围内墙体，不应选择扁顶法

D. 切制试件抗压法测试部位不应位于临时施工洞口附近

42. 依据 GB/T 50315—2011，用回弹法检测砌筑砂浆强度过程中，下列操作步骤中正确的有________。(　　)

A. 磨掉表面砂浆的深度为 3～5mm

B. 相邻弹击点的间距不应小于 20mm

C. 每个弹击点应连续弹击 3 次，第 1 次、第 2 次不应读数，应仅记录第 3 次回弹值

D. 回弹仪始终处于水平状态，其轴线应垂直于砂浆表面

43. 依据 JGJ/T 136—2017，用贯入法检测砌筑砂浆时，应符合下列________要求。(　　)

A. 自然养护　　B. 龄期为 14d 或 14d 以上

C. 自然风干状态　　D. 强度为 2.0～15.0MPa

44. 依据 GB 50203—2011，验收过程中出现________情况时，可采用现场检验方法对砂浆进行实体检测，并判定其强度。(　　)

A. 砂浆试块缺乏代表性或试块数量不足

B. 对砂浆试块的试验结果有怀疑或有争议

C. 砂浆试块的试验结果不能满足设计要求

D. 发生工程事故,需要进一步分析事故原因

45. 依据 GB/T 50315—2011,下列________不适合用砂浆回弹法检测砌筑砂浆强度。(　　)

A. 墙体水平灰缝砌筑不饱满　　B. 灰缝表面粗糙且无法磨平

C. 经受高温、火灾等的砖砌体　　D. 经长期浸水的砖砌体

46. 依据 GB/T 50315—2011,检测砌筑砂浆强度可采用________。(　　)

A. 砂浆回弹法　　B. 点荷法　　C. 扁顶法　　D. 筒压法

47. 依据 GB/T 50315—2011,用扁顶法测试墙体的受压工作应力,在正式测试时,应分级加荷,以下说法正确的是________。(　　)

A. 每级荷载应为预估破坏荷载值的 5%

B. 应在 1.5～2min 内均匀加完,恒载 2min 后应测读变形值

C. 当变形值接近开槽前的读数时,应适当减小加荷级差,直至实测变形值达到开槽前的读数,然后卸荷

D. 每级荷载应为预估破坏荷载值的 10%

48. 砌体力学性能现场检测的方法很多,对于砌体本身的强度检测,常用的方法有________及原位单剪法等。(　　)

A. 切制抗压试件法　B. 原位轴压法　　C. 扁顶法　　D. 超声波法

49. 依据 GB/T 50315—2011,检测砌体砂浆强度的方法包括________等。(　　)

A. 筒压法　　B. 回弹法　　C. 原位轴压法　　D. 射钉法

50. 进行砌体工程现场检测时,砌体的主要强度指标包括砌体的________强度检测。(　　)

A. 抗拉　　B. 抗弯　　C. 抗压　　D. 抗剪

51. 依据 GB/T 50315—2011,砌体工程的现场检测中,原位双剪法是指采用原位剪切仪在墙体上对________顺砖进行双面抗剪测试,检测砌体抗剪强度的方法。(　　)

A. 半块　　B. 整块　　C. 单块　　D. 双块

52. 依据 GB/T 50315—2011,采用原位轴压法的砌体工程现场检测中,在槽孔间安放原位压力机,以下表述正确的是________。(　　)

A. 在上槽内的下表面和扁式千斤顶的顶面上,应分别均匀铺设湿细砂或石膏等材料的垫层,垫层厚度可取 10mm

B. 应将反力板置于上槽孔处,将扁式千斤顶置于下槽孔处,应安放 4 根钢拉杆,并使两个承压板上下对齐后,沿对角两两均匀拧紧螺母并调整其平行度

C. 4 根钢拉杆的上下螺母间的净距误差不应大于 2mm

D. 正式测试前,应进行试加荷载测试,试加荷载值可取预估破坏荷载的 15%

53. 依据 GB/T 50315—2011,砌体工程的现场检测中原位单剪法有________限制条件。(　　)

A. 槽间砌体每侧的墙体宽度应不小于 1.5m

B. 测点数量不宜太多

C. 测点宜选在窗下部位，且承受反作用力的墙体应有足够长度

D. 原位单剪法应与其他砌筑砂浆强度检测方法或砌体抗剪强度检测方法一同使用

54. 依据 GB/T 50315—2011，进行砌体工程现场检测时，原位轴压法试验中正式测试时应分级加荷，以下说法正确的是________。(　　)

A. 每级荷载可取预估破坏荷载的 10%

B. 应在 1～1.5min 内均匀加完，然后恒载 2min

C. 加荷至预估破坏荷载的 90%后，应按原定加荷速度连续加荷，直至槽间砌体破坏

D. 加荷至预估破坏荷载的 80%后，应按原定加荷速度连续加荷，直至槽间砌体破坏

55. 依据 GB/T 50315—2011，切割墙体竖向通缝的切割机应符合以下________要求。(　　)

A. 机架应有足够的强度、刚度、稳定性

B. 切割机应操作灵活，且固定和移动方便

C. 切割机的锯切深度不应小于 240mm

D. 切割机宜配备水冷却系统

56. 依据 GB/T 50315—2011，用扁顶法测试墙体的受压工作应力，下列要求中正确的是________。(　　)

A. 在选定的墙体上，应标出水平槽的位置，并应牢固粘贴两对变形的脚标，脚标应位于水平槽正中并跨越该槽

B. 普通砖砌体脚标之间应相隔 4 条水平灰缝，其距离宜取 250mm

C. 普通砖砌体脚标之间应相隔 3 条水平灰缝，其距离宜取 250mm

D. 多孔砖砌体脚标之间应相隔 3 条水平灰缝，其距离宜取 270～300mm

57. 依据 GB/T 50315—2011，用原位单剪法进行检测时，以下________测试步骤符合规范要求。(　　)

A. 在选定的墙体上，应采用振动较小的工具加工切口，现浇钢筋混凝土传力件的混凝土强度等级不应低于 C20

B. 测量被测灰缝的受剪面尺寸时，应精确至 1mm

C. 安装千斤顶及测试仪表时，千斤顶的加力轴线与被测灰缝顶面应对齐

D. 加荷测试结束后，应翻转已破坏的试件，检查剪切面破坏特征及砌体砌筑质量，并应详细记录

58. 依据 GB/T 50315—2011，砌体工程现场检测中，下列________方法能检测砌体抗剪强度。(　　)

A. 原位轴压法　　B. 原位单剪法　　C. 扁顶法　　D. 双剪法

59. 依据 GB/T 50315—2011，砌体工程现场检测中，下列________方法能检测砌体抗压强度。(　　)

A. 原位轴压法　　B. 原位单剪法　　C. 扁顶法　　D. 双剪法

60. 依据 GB/T 50315—2011，标准对砌体工程现场检测方法的特点、用途、限制条件做了明确规定，以下表述正确的有________。(　　)

A. 明确原位轴压法、扁顶法、切制抗压试件法、原位单剪法适用于普通砖砌体和多孔砖砌体

B. 原位轴压法、扁顶法的限制条件增加了“测点宜选在墙体长度方向的中部”

C. 将原位单砖双剪法改为原位双剪法

D. 明确各种砂浆检测方法可用于烧结多孔砖砌体

61. 依据 GB/T 50315—2011,砌体工程的现场检测可按测试内容采用相应检测方法,以下表述正确的是________。( )

A. 检测砌体工作应力、弹性模量时可采用原位轴压法

B. 检测砌体抗剪强度时可采用原位单剪法、原位双剪法

C. 检测砌体抗压强度时可采用原位轴压法、扁顶法、切制抗压试件法

D. 检测砌筑块体抗压强度时可采用烧结砖回弹法、取样法

62. 依据 GB/T 50315—2011,用扁顶法实测墙体的砌体抗压强度或受压弹性模量时,应符合下列________要求。( )

A. 在完成墙体的受压工作应力测试后,应开凿第二条水平槽,上下槽应互相平行、对齐

B. 在上下槽内安装扁顶

C. 当槽间砌体上部压力小于 0.2MPa 时,应加设反力平衡架后再进行测试

D. 当槽间砌体上部压力不小于 0.2MPa 时,测试前不加设反力平衡架

63. 依据 GB/T 50315—2011,用原位单剪法检测时,测试设备包括________。( )

A. 手动油压千斤顶　　B. 荷载传感器

C. 螺旋千斤顶　　D. 数字荷载表

第二节　钢筋及保护层厚度

1. 依据 GB 50204—2015,进行钢筋保护层厚度检验时,关于纵向受力钢筋保护层厚度的允许偏差的规定为________。( )

A. 梁类构件为(+10mm,−7mm)　　B. 梁类构件为(+8mm,−5mm)

C. 板类构件为(+10mm,−7mm)　　D. 板类构件为(+8mm,−5mm)

2. 依据 GB 50204—2015,梁类构件主筋保护层厚度设计值为 35mm,下列________组别各测点均满足施工验收规范要求(单位:mm)。( )

A. 35,45,42,39,40　　B. 30,31,35,43,32

C. 27,36,40,35,34　　D. 29,29,30,31,46

3. 对于钢筋的混凝土保护层厚度的检测,常用的无损检测方法有________。( )

A. 雷达法　　B. 电磁感应法　　C. 冲击回波法　　D. 红外热成像法

4. 规程 JGJ/T 152—2019 中,钢筋探测仪检测遇到下列________情况时应进行钻孔、剔凿验证。( )

A. 相邻钢筋有影响　　B. 钢筋直径未知

C. 混凝土含水率较高　　D. 材质与标准试件有显著差异

5. 依据 GB 50204—2015,结构实体混凝土保护层厚度检验构件选取应符合________。( )

A. 对于非悬挑梁板类,抽取 2%且不少于 5 个构件

B. 对于悬挑梁,抽取 5%且不少于 10 个构件,不足 10 个时全检

C. 对于悬挑板，抽取5%且不少于10个构件，不足10个时全检

D. 对选定的板类构件，抽取不少于6根纵向受力钢筋进行检验

6. 以下________方法可以用来测量钢筋的混凝土保护层厚度。（　　）

A. 电磁感应法　　B. 雷达法

C. 半电池电位法　　D. 采用游标卡尺检测钻孔

7. 依据JGJ/T 152—2019，采用钢筋扫描仪检测钢筋间距时，检测面应当________。（　　）

A. 清洁　　B. 平整　　C. 干燥　　D. 无饰面层

8. 依据JGJ/T 152—2019，采用半电池电位法检测钢筋的锈蚀性状时，电位等值线间的间隔可为________。（　　）

A. 100mV　　B. 50mV　　C. 150mV　　D. 75mV

9. 依据JGJ/T 152—2019，采用半电池电位法检测钢筋的锈蚀性状。当检测环境温度为________时，不需要按规范公式对测点的电位值进行温度修正。（　　）

A. 20℃　　B. 27℃　　C. 15℃　　D. 18℃

10. 依据JGJ/T 152—2019，当遇到下列________情况时，应对钢筋探测仪和雷达仪进行校准。（　　）

A. 新仪器启用前　　B. 使用时间超过3个月

C. 检测数据异常，无法进行调整　　D. 仪器经过维修或更换主要零配件

11. 依据JGJ/T 152—2019，关于雷达仪检测技术的表述，正确的有________。（　　）

A. 雷达仪宜用于结构及构件中钢筋间距的大面积扫描检测

B. 当检测精度满足要求时，雷达仪可用于钢筋的混凝土保护层厚度检测

C. 雷达仪探头或天线应平行于选定的被测钢筋轴线扫描

D. 雷达仪利用雷达波在混凝土中的传播速度来推算其传播距离，因此无须对雷达仪进行介电常数的校正

12. 依据JGJ/T 152—2019，对混凝土中的钢筋数量和间距进行检测。当遇到下列________情况时应采取剔凿验证的措施。（　　）

A. 认为相邻钢筋过密，不满足钢筋最小净间距大于混凝土保护层厚度的条件

B. 混凝土表面不清洁、不平整

C. 混凝土（包括饰面层）含有或存在可能对钢筋检测造成误判的金属件

D. 钢筋位置、数量或间距的测试结果与设计有较大偏差

13. 依据JGJ/T 152—2019，混凝土中钢筋的公称直径可采用直接法测定，其测定应符合下列________规定。（　　）

A. 应剔除混凝土保护层露出钢筋，钢筋表面残留的混凝土无须清除，防止干扰检测结果

B. 同一部位应重复测量2次，取2次测量结果的算术平均值作为该测点钢筋直径的检测值

C. 对光圆钢筋，应测量不同方向的直径

D. 对带肋钢筋，宜测量钢筋内径

14. 依据GB 50204—2015，板类构件主筋保护层厚度设计值为15mm，下列________组

别各测点均满足规范允许偏差要求(单位:mm)。(　　)

A. 15,24,21,12,16,18　　B. 20,11,17,16,23,9

C. 10,15,22,13,19,21　　D. 16,23,18,12,17,20

15. 依据 JGJ/T 152—2019,对钢筋锈蚀检测仪进行维护,当室温为(22±1)℃时,铜-硫酸铜电极与甘汞电极之间的电位差可为________mV。(　　)

A. 78　　B. 64　　C. 56　　D. 59

第三节　植筋锚固力

1. 依据 JGJ 145—2013,后锚固件应进行抗拔承载力现场非破损检验,满足下列________条件之一时,还应进行破坏性检验。(　　)

A. 安全等级为一级的后锚固构件　　B. 悬挑结构和构件

C. 对后锚固设计参数有疑问　　D. 对该工程锚固质量有怀疑

2. 依据 JGJ 145—2013,植筋锚固质量的现场非破损检验的抽样数量应符合下列________规定。(　　)

A. 对重要结构构件及生命线工程的非结构构件,应取每一检验批植筋总数的 3%且不少于 5 件进行检验

B. 对一般结构构件,应取每一检验批植筋总数的 1%且不少于 3 件进行检验

C. 对非生命线工程的非结构构件,应取每一检验批锚固件总数的 0.1%且不少于 5 件进行检验

D. 对非生命线工程的非结构构件,应取每一检验批锚固件总数的 0.1%且不少于 3 件进行检验

3. 下列关于 JGJ 145—2013 中对非破损检验的评定,说法正确的是________。(　　)

A. 试样在持荷期间,锚固件无滑移,基材混凝土无裂纹或其他局部损坏迹象出现,且加载装置的荷载示值在 2min 内无下降或下降幅度不超过 5%的检验荷载时,应评定为合格

B. 当从一个检验批中所抽取的试样全部合格时,该检验批应被评定为合格检验批

C. 一个检验批中不合格的试样不超过 5%时,应另抽 3 根试样进行破坏性检验。若检验结果全部合格,该检验批仍可被评定为合格检验批

D. 一个检验批中不合格的试样超过 5%时,该检验批应被评定为不合格,且不应重做检验

4. 依据 JGJ 145—2013,后置埋件工作的可靠性主要取决于两个方面:一是________;二是________。(　　)

A. 锚固件本身的质量　　B. 基材的强度

C. 技术人员的水平　　D. 后埋置技术

5. 依据 JGJ 145—2013,锚栓抗拔承载力现场检验可分为________检验和________检验。(　　)

A. 拉坏型　　B. 压坏型　　C. 非破损　　D. 破坏性

6. 依据 JGJ 145—2013,用于植筋的钢筋不得使用________。(　　)

A. 全螺纹螺杆　　B. 无螺纹螺杆　　C. 光圆钢筋　　D. 热轧带肋钢筋

7. 依据规程 JGJ 145—2013 对锚固内力进行计算，下列表述正确的是________。(　　)

A. 被连接件与基材结合面受力变形后仍保持为平面，锚板平面外弯曲变形可忽略不计

B. 锚栓本身不传递压力，锚固连接的压力应通过被连接件的锚板直接传递给基材混凝土

C. 锚板厚度不宜大于直径的 60%，受拉和受弯锚板的厚度不宜大于锚栓间距的 1/8

D. 群锚锚栓内力按弹性理论计算；当锚栓钢材的性能等级不大于 5.8 级且锚固破坏为锚栓钢材破坏时，可考虑塑性应力重分布计算

8. 依据 JGJ 145—2013，后锚固连接设计应考虑________等因素。(　　)

A. 被连接结构的类型　　B. 受力状况

C. 荷载类型　　D. 锚固连接的安全等级

9. 依据 JGJ 145—2013，对于后锚固抗震设计，以下表述正确的是________。(　　)

A. 抗震设计的锚栓宜布置在构件的受压区或不开裂区内

B. 后锚固连接处不应位于基材混凝土结构塑性铰区

C. 后锚固连接破坏应控制为锚栓钢材受拉延性破坏或连接构件延性破坏

D. 进行后锚固连接抗震验算时，混凝土基材应按不开裂混凝土计算

10. 依据 JGJ 145—2013，机械锚栓按照其工作原理可分为________。(　　)

A. 膨胀型锚栓　　B. 摩擦型锚栓　　C. 扩底型锚栓　　D. 端承型锚栓

11. 依据 JGJ 145—2013，下列关于锚板厚度设计的说法中错误的是________。(　　)

A. 锚板厚度不宜小于锚栓直径的 0.8 倍

B. 受拉和受弯锚板的厚度宜大于锚栓间距的 1/4

C. 外围锚栓孔至锚板边缘的距离不应小于 1.5 倍锚栓孔直径

D. 外围锚栓孔至锚板边缘的距离不应小于 25mm

12. 进行锚固承载力非破损检验时，符合 JGJ 145—2013 中规定的施加荷载方式的有________。(　　)

A. 连续加载时，应以均匀速率在 2～3min 内加载至设定的检验荷载，并持荷 2min

B. 连续加载时，应以均匀速率在 2～3min 内加载至设定的检验荷载，并持荷 5min

C. 分级加载时，应将设定的检验荷载均分为 5 级，每级持荷 1min，直至设定的检验荷载，并持荷 2min

D. 分级加载时，应将设定的检验荷载均分为 10 级，每级持荷 1min，直至设定的检验荷载，并持荷 2min

13. 依据 JGJ 145—2013，后锚固质量检查包括________。(　　)

A. 文件资料　　B. 锚栓、胶粘剂的类别和规格

C. 基材混凝土　　D. 锚孔或植筋孔质量和数量

14. 依据 JGJ 145—2013，膨胀型锚栓应依据设计选型和后锚固连接构造的不同，采用________方式。(　　)

A. 预插式安装　　B. 填充式安装

C. 贯穿式安装　　D. 离开基面的安装

15. 依据 JGJ 145—2013，扩底型锚栓应依据设计选型和后锚固连接构造的不同，采用

________方式。(　　)

A. 预插式安装　　B. 填充式安装

C. 贯穿式安装　　D. 离开基面的安装

16. 依据 JGJ 145—2013，下列关于后锚固施工与验收的说法中正确的是________。(　　)

A. 后锚固产品进场时，应按合同核对其型号、规格、数量等。锚栓或钢筋及胶粘剂的类别和规格应符合设计要求。锚栓和胶粘剂应有产品制造商提供的产品合格证书、使用说明书、检测报告或认证报告

B. 后锚固产品进场后，应进行外观检查及力学性能试验

C. 锚栓的安装工艺及工具应符合产品说明书的要求，操作人员应经过专门的技能培训和安全技术交底

D. 施工单位应对锚固材料的运输、储存与使用进行专门管理

17. 依据 JGJ 145—2013，下列关于植筋的最小锚固长度的表述正确的是________。(　　)

A. 对受拉钢筋，应取 $0.3L_s$、10d 和 100mm 三者之间的最大值

B. 对受压钢筋，应取 $0.3L_s$、10d 和 100mm 三者之间的最大值

C. 对受压钢筋，应取 $0.6L_s$、10d 和 100mm 三者之间的最大值

D. 对悬挑构件，应乘以 1.5 的修正系数

18. 依据 JGJ 145—2013，检验锚固拉拔承载力的加载方式有________。(　　)

A. 连续加载　　B. 分级加载　　C. 持荷加载　　D. 极限加载

第四节　构件位置和尺寸

1. 依据 GB 50204—2015，混凝土现浇结构柱、墙构件在层高范围内的垂直度检验可采用的方法有________。(　　)

A. 水准仪测量　　B. 吊线、钢尺检查

C. GPS 测量　　D. 经纬仪、钢尺检查

2. 依据 GB 50204—2015，现浇结构的下列尺寸偏差中，不符合验收规范要求的有________。(　　)

A. 设计层高为 3200mm，实测结果为 3215mm

B. 框架梁设计截面尺寸为 200mm×500mm，实测结果为 195mm×505mm

C. 框架柱设计截面尺寸为 600mm×600mm，实测结果为 610mm×590mm

D. 楼板厚度设计值为 120mm，实测结果为 116mm

3. 依据 GB 50204—2015，现浇结构的下列尺寸偏差中，不符合验收规范要求的有________。(　　)

A. 设计层高为 3200mm，实测结果为 3209mm

B. 剪力墙厚度设计值为 300mm，实测结果为 312mm

C. 设计层高为 4500mm，框架柱层高范围内的垂直度实测偏差为 9mm

D. 楼板厚度设计值为 120mm，实测结果为 114mm

4. 依据 GB 50204—2015，下列现浇结构预埋件中心位置检验结果，不符合验收规范要求的有________。(　　)

A. 预埋板中心位置的实测偏差为 10mm

B. 预埋螺栓中心位置的实测偏差为 8mm

C. 预埋管中心位置的实测偏差为 8mm

D. 检验时沿纵、横两个方向测量，并取其中偏差的较大值

5. 依据 GB 50203—2011，下列关于填充墙砌体尺寸、位置允许偏差的说法中正确的有________。(　　)

A. 轴线位移允许偏差为 10mm

B. 表面平整度允许偏差为 6mm

C. 门窗洞口高度和宽度允许偏差为±10mm

D. 外墙上窗口、下窗口偏移允许偏差为 20mm

6. 依据 GB 50206—2012，下列关于木结构制作允许偏差的说法中正确的有________。(　　)

A. 板材厚度的允许偏差为－3mm

B. 板材宽度的允许偏差为－2mm

C. 设计长度为 15m 的原木构件，长度允许偏差为±15mm

D. 设计长度为 10m 的原木构件，长度允许偏差为±10mm

7. 依据 GB/T 50784—2013，构件尺寸偏差与变形检测包括的检测项目有________。(　　)

A. 截面尺寸及偏差　　B. 倾斜、挠度

C. 裂缝　　D. 地基沉降

8. 依据 JGJ/T 488—2020，关于木构件截面尺寸及其偏差检测，下列说法正确的有________。(　　)

A. 对于等截面构件和截面尺寸均匀变化的变截面构件，应分别在构件的中部和两端量取截面尺寸，将实测值作为构件截面尺寸的代表值

B. 对于不均匀变化的变截面构件，应选取构件端部、截面突变的位置量取截面尺寸，取构件尺寸实测最小值作为该构件截面尺寸的代表值

C. 应将每个测点的尺寸实测值与设计图纸规定的尺寸进行比较，计算每个测点尺寸偏差值

D. 对于难以直接测量截面尺寸的木构件，检测其尺寸及其偏差时，可采用三维激光扫描仪或全站仪等仪器测量

9. 依据 GB 50204—2015，采用经纬仪测量某建筑物的全高垂直度，其房屋高度为 36m，下列测点满足规范要求的有________。(　　)

A. 20mm　　B. 21mm　　C. 22mm　　D. 23mm

10. 依据 GB 50204—2015 对某预制墙板的长度、宽度进行检验，设计尺寸为 6000mm×3000mm，满足规范要求的测点有________。(　　)

A. 6003mm×3004mm　　B. 6004mm×3005mm

C. 6004mm×3004mm　　D. 6005mm×3005mm

第五节　外观质量及内部缺陷

1. 依据 GB 50204—2015，现浇结构外观质量缺陷中属于严重缺陷的有________。(　　)

A. 框架梁主筋有部分露筋

B. 框架柱距梁底500mm范围内的混凝土表面有蜂窝麻面

C. 剪力墙墙肢中有孔洞

D. 现浇板支座处板底有一条微裂缝

2. 依据 GB 50204—2015，现浇结构外观质量缺陷中属于严重缺陷的有________。(　　)

A. 框架梁纵向钢筋有部分露筋

B. 构造柱表面有少量蜂窝麻面

C. 框架梁跨中部位有孔洞

D. 现浇板支座板面有一条裂缝,裂缝最大宽度为0.4mm

3. 依据 GB 50204—2015,现浇结构的下列外观质量缺陷中属于严重缺陷的有________。(　　)

A. 框架梁梁底箍筋有少量露筋　　B. 板底保护层混凝土表面有少量蜂窝麻面

C. 梁柱节点区域有部分孔洞　　D. 框架柱主筋有部分露筋

4. 依据 GB 50206—2012,木结构中方木的木材等级为Ⅰ$_a$级时,绝对不允许存在的缺陷有________。(　　)

A. 腐朽　　B. 木节　　C. 裂缝　　D. 虫眼

5. 依据 GB 50206—2012,木结构中原木的木材等级为Ⅱ$_a$级时,绝对不允许存在的缺陷有________。(　　)

A. 腐朽　　B. 死节　　C. 裂缝　　D. 虫眼

6. 依据 GB 50206—2012,木结构中板材的木材等级为Ⅲ$_a$级时,绝对不允许存在的缺陷有________。(　　)

A. 腐朽　　B. 死节　　C. 斜纹　　D. 髓心

7. 依据 GB/T 50784—2013,进行裂缝检测时,宜对受检范围内存在裂缝的构件进行全数检测。当不具备全数检测条件时,可根据约定抽样原则选择下列________构件进行检测。(　　)

A. 重要的构件　　B. 裂缝较多或裂缝宽度较大的构件

C. 存在变形的构件　　D. 外观质量较差的构件

8. 依据 CECS 21：2000，采用超声法检测混凝土缺陷，以下说法正确的有________。(　　)

A. 测位混凝土表面应清洁、平整

B. 为满足首波幅度测读精度的要求,应选用较高频率的换能器

C. 换能器应通过耦合剂与混凝土测试表面保持紧密结合状态

D. 检测时超声传播路径不得与附近钢筋轴线平行

9. 依据 CECS 21：2000，采用超声法检测混凝土裂缝深度，以下说法正确的有________。(　　)

A. 被测裂缝中不得有积水或泥浆等

B. 当结构的裂缝部位只有一个可测表面时，可采用单面平测法

C. 当结构的裂缝部位具有两个相互平行的测试表面时，可采用双面穿透斜测法

D. 钻孔对测法适用于大体积混凝土中的预计深度在 500mm 以上的裂缝检测

10. 依据 CECS 21：2000，采用超声法检测混凝土结合面质量，以下说法正确的有________。(　　)

A. 测试前应查明结合面的位置及走向，明确被测部位及范围

B. 构件的被测部位应具有使声波垂直穿过结合面的测试条件

C. 测试范围应覆盖全部结合面或有怀疑的部位

D. 若结合面上的某些测点的数据被判为异常，则可判定混凝土结合面在该部位结合不良

11. 依据 CECS 21：2000，采用超声法检测钢管混凝土缺陷，以下说法正确的有________。(　　)

A. 检测过程中应注意防止首波信号经由钢管壁传播

B. 所用钢管的外表面应光洁，不得有锈蚀

C. 应采用径向对测的方法

D. 应在钢管与混凝土胶结良好的部位布置测点

12. 依据 JGJ/T 488—2020，下列关于木构件缺陷程度分级的说法中正确的有________。(　　)

A. 缺陷程度共分为 4 级　　　B. 轻微腐朽或虫蛀判为 1 级

C. 明显腐朽或虫蛀判为 3 级　　　D. 腐朽或虫蛀至损毁程度判为 4 级

第六节　装配式混凝土结构节点

1. 依据 T/CECS 1189—2022，下列对内窥镜仪器设备要求正确的有________。(　　)

A. 内窥镜镜头及导线最大外径不宜大于 8mm

B. 镜头测量精度不应低于 0.01mm

C. 镜头测量的有效量程不宜小于 60mm

D. 钻孔所形成的检测孔道最小内径与内窥镜镜头及导线的最大外径之差不宜小于 2mm，且检测孔道的直径不应大于套筒出浆孔和灌浆孔的直径

2. 依据 T/CECS 1189—2022，钢筋浆锚搭接连接的检测项目宜包括________。(　　)

A. 灌浆料实体强度　　　B. 灌浆饱满性

C. 钢筋插入长度　　　D. 套筒接头试验

3. 依据 T/CECS 1189—2022，X 射线成像法的检测系统应符合的规定有________。(　　)

A. 便携式 X 射线机的最大管电压不宜低于 200kV

B. 当无远程启动装置时，中央控制器可设置的最长延迟开启时间不应低于 150s

C. 宜采用数字成像系统,并应符合现行国家标准

D. 当采用胶片成像时,曝光后胶片上检测部位本体的黑度值应为 2.0~3.0

4. 依据 T/CECS 683—2020,采用预埋传感器法检测套筒灌浆饱满性的判定准则中,当传感器振动能量值为________时,可判定为灌浆饱满。(　　)

A. 4　　　　B. 10　　　　C. 140　　　　D. 155

5. 依据 T/CECS 683—2020,采用预埋钢丝拉拔法检测套筒灌浆饱满性,下列表述正确的有________。(　　)

A. 将钢丝沿套筒出浆孔插入时,应在橡胶塞和出浆孔之间留有一定空隙,待灌浆料浆体流出时再用橡胶塞封堵出浆孔,封堵后应确保钢丝锚固长度符合要求

B. 灌浆结束后在自然养护期间应做好现场防护工作,钢丝不应受到扰动

C. 拉拔时,拉拔仪应与预埋钢丝对中连接,加载方向应与钢丝轴线方向重合,加载速度应控制为 0.15~0.50kN/s

D. 拉拔时,应连续均匀施加荷载,直至钢丝被完全拔出,并记录极限拉拔荷载值,精确至 0.5kN

6. 依据 T/CECS 1189—2022,套筒灌浆饱满性的检测应符合下列________规定。(　　)

A. 沿检测通道伸入内窥镜头,观察内部饱满情况。若灌浆不饱满,则应测量不饱满的缺陷长度,并应精确至 0.01mm

B. 当灌浆料顶部界面不低于套筒出浆孔时,应判定为灌浆饱满

C. 当灌浆料顶部界面低于套筒出浆孔时,应判定为灌浆不饱满

D. 当判定为灌浆不饱满时,应给出灌浆不饱满的缺陷长度

7. 依据 T/CECS 1189—2022,关于现场淋水试验,下列说法正确的是________。(　　)

A. 喷嘴的出水口直径应为(6.0±0.2)mm,在 250kPa 水压力下的喷水角度不应大于 80°

B. 喷嘴处的水压力值应控制为 200~235kPa

C. 喷水结束后,应在喷水部位的室内侧检查拼缝处有无渗漏。若存在渗漏现象,应记录渗漏的位置和特征,对怀疑有渗漏的部位,可延长喷水时间

D. 与喷嘴相连的水管公称直径应为 20mm,且应配置控制阀和压力计

8. 依据 T/CECS 1189—2022,当对套筒饱满性进行检测时,下列说法正确的是________。(　　)

A. 对于外墙板、柱,每个被抽检构件的套筒抽检比例不应少于 30%,且每个灌浆仓抽检套筒数不应少于 3 个

B. 对于外墙板、柱,每个被抽检构件的套筒抽检比例不应少于 15%,且每个灌浆仓抽检套筒数不应少于 3 个

C. 对于内墙板,每个被抽检构件的套筒抽检比例不应少于 15%,且每个灌浆仓抽检套筒数不应少于 3 个

D. 对于内墙板,每个被抽检构件的套筒抽检比例不应少于 15%,且每个灌浆仓抽检套筒数不应少于 2 个

9. 依据 T/CECS 1189— 2022，预制构件的检测项目可包括外观质量、尺寸偏差、钢筋配置、________。(　　)

A. 混凝土抗压强度、保护层厚度　　B. 粗糙面质量

C. 预埋保温拉结件锚固承载力　　D. 预埋吊件锚固承载力

10. 依据 T/CECS 1189—2022，预制构件混凝土粗糙面质量的检测项目宜包括________等。(　　)

A. 外观成型质量　　B. 凹凸深度变异系数

C. 粗糙面与结合面的面积比　　D. 粗糙面凹凸深度

11. 依据 T/CECS 1189—2022，下列关于钢筋连接用套筒灌浆料实体强度检测的说法中正确有________。(　　)

A. 当采用外接延长管施工工艺时，宜采用外接延长管取样法

B. 对采用聚氯乙烯(PVC)等硬质材料的灌浆管和出浆管且直管段长度大于 50mm 的钢筋套筒灌浆连接的结构实体，可采用钻芯取样法

C. 当构件的灌浆口、出浆口外露，有已硬化的灌浆料原浆面且表面平整、光滑时，可采用回弹法

D. 采用回弹法检测灌浆料实体强度时，灌浆料龄期不应小于 3d

12. 依据 T/CECS 1189—2022，关于灌浆饱满性、钢筋插入长度检测，说法正确的有________。(　　)

A. 在竖向构件装配式施工的首层，构件抽检最小样本容量不宜低于本标准表 3.3.5 中的 C 类要求，当检测批的构件数量少于 3 个时，构件应全数抽检

B. 当对灌浆饱满性进行检测时，若存在外墙板，抽检的外墙板数量不应低于其抽检总数的 30％

C. 对于外墙板、柱，每个被抽检构件的浆锚孔道抽检比例不应少于 20％，且每个灌浆仓抽检浆锚孔道数不应少于 2 个

D. 当对钢筋插入长度进行检测时，每个被抽检构件中抽检浆锚孔道数不宜少于 3 个

13. 依据 T/CECS 1189—2022，采用现场剥离法对混凝土外墙拼缝密封胶粘结质量进行检测时，应符合的规定有________。(　　)

A. 应沿平行于拼缝方向切断密封胶

B. 应在密封胶切断面的同一侧沿密封胶与两侧混凝土的粘结界面切割密封胶，沿缝切割长度不宜小于 75mm，切割深度不应小于注胶深度

C. 应夹持密封胶的一端进行 180°剥离，剥离速率应为(50±10)mm/min，沿缝剥离长度不应小于 150mm

D. 可采用网格纸测量密封胶与两侧混凝土之间粘结破坏的面积，并计算粘结破坏面积百分比，并应精确至 0.1％

14. 依据 T/CECS 1189—2022，钻取直径为 50mm 的芯样检测混凝土抗压强度，除符合 JGJ/T 384 的有关规定外，尚应符合下列________规定。(　　)

A. 钻取芯样时，钻芯机应平稳运行，应避免芯样缩颈。当钻透构件取样时，应有防止芯样坠落的措施

B. 芯样不应有裂缝或其他缺陷，试件内不应含有钢筋

C. 芯样试件的端面可进行磨平处理，也可采用硫黄胶泥补平处理，补平层厚度不宜大于 2mm

D. 混凝土设计强度等级宜为 C30～C60

15. 依据 T/CECS 1189—2022，当钻取直径为 50mm 的芯样检测混凝土抗压强度时，宜按检测批推定抗压强度，检测批的芯样数量满足要求的是________。(　　)

A. 15 个　　B. 18 个　　C. 21 个　　D. 25 个

16. 依据 T/CECS 1189—2022，采用阵列超声法检测混凝土内部缺陷，下列说法正确的有________。(　　)

A. 当检测因混凝土收缩而形成的内部缺陷时，混凝土龄期不宜小于 28d；其他情况下，混凝土龄期不宜小于 3d

B. 不应在机械振动和高振幅电噪声干扰环境下测试；检测前应对所测试的混凝土进行波速标定，调试仪器的工作频率、增益等参数

C. 检测时，应将仪器探头区中心对准测点，各探头应紧贴混凝土表面，启动仪器进行扫描，应记录测点位置并保存超声测试数据

D. 当对检测结果有怀疑时，宜进行复测或采用破损方法进行验证

17. 依据 T/CECS 1189—2022，灌浆料回弹仪率定试验中，下列说法正确的有________。(　　)

A. 率定试验应在 0～35℃的室温条件下进行

B. 标准块表面应干燥、清洁，并应稳固地放置在水平支承面上

C. 率定时，回弹仪应竖直向下弹击，测点应在标准块表面均匀分布

D. 率定时，应取 5 次回弹的平均值作为率定值

18. 依据 T/CECS 1189—2022，用回弹法检测灌浆料抗压强度时，下列说法正确的有________。(　　)

A. 检测面应为灌浆饱满、平整、光洁、干燥的原浆面

B. 测点应在检测面内均匀分布，同一测点不应重复回弹，任意两压痕中心之间的距离以及任一压痕中心距检测面边缘的距离均不宜小于 2mm

C. 对每个检测面宜读取 3 个或 4 个回弹值，每一测点的回弹值应精确至 1，每个预制构件应读取 16 个回弹值

D. 在每个构件 16 个回弹值中，应剔除 3 个最大值和 3 个最小值后计算剩余 10 个回弹值的平均值

19. 依据 JGJ 355—2015(2023 年版)，常温型封浆料进场时，下列说法正确有________。(　　)

A. 对于同一成分、同一批号的封浆料，不超过 50t 为一批。每批随机抽取量不少于 30kg，并按现行国家标准的有关规定制作试件

B. 常温型封浆料试件养护室温度应为(20±1)℃，相对湿度不应低于 90%

C. 养护水的温度应为(20±2)℃

D. 应对常温型封浆料的 3d 抗压强度、28d 抗压强度进行检验

20. 依据 JGJ/T 485—2019，对于构件安装施工后的挠度检测，当不具备全数检测条件时，可根据约定抽样原则选择________进行检测。(　　)

A. 重要的构件　　B. 跨度较大的构件

C. 外观质量差或损伤严重的构件　　D. 变形较大的构件

21. 依据 GB 50204—2015,对装配式结构连接部位及叠合构件浇筑混凝土之前,应进行隐蔽工程验收。隐蔽工程验收应包括下列________主要内容。(　　)

A. 混凝土粗糙面的质量,键槽的尺寸、数量、位置

B. 钢筋的牌号、规格、数量、位置、间距,箍筋弯钩的弯折角度及平直段长度

C. 钢筋的连接方式、接头位置、接头数量、接头面积百分率、搭接长度、锚固方式及锚固长度

D. 预埋件、预留管线的规格、数量、位置

22. 依据 T/CECS 1189—2022,钢筋浆锚搭接的灌浆饱满性现场检测应符合________规定。(　　)

A. 应在构件无浆锚孔道且已知厚度处对表观波速进行标定

B. 采用扫描式冲击回波仪时,扫描器应紧贴混凝土表面匀速移动,移动速率不宜大于 0.1m/s

C. 采用单点式冲击回波仪时,传感器应与构件表面耦合良好,冲击点位置与传感器的间距应小于构件厚度的 30%

D. 当检测面有表面裂纹时,传感器和冲击器应位于表面裂纹同侧,测点间距宜为 30～60mm

23. 依据 GB/T 50344—2019,对装配式结构节点局部现浇混凝土内部缺陷应进行检查,对混凝土外墙拼缝的隐形渗漏部位,可采用________进行检查。(　　)

A. 超声波综合因子判定法　　B. 电磁波反射法

C. 超声波法　　D. 冲击回波结合局部打孔开凿方法

第七节　结构构件性能

1. 依据 GB/T 50152—2012,对使用状态试验结果的判断应包括下列________检验项目。(　　)

A. 挠度　　B. 开裂荷载

C. 裂缝形态和最大裂缝宽度　　D. 试验方案要求检验的其他变形

2. 依据 GB/T 50152—2012,对简支预制混凝土楼板采用重物进行加载,以下符合规范规定的有________。(　　)

A. 加载物应重量均匀一致,形状规则

B. 不宜采用有吸水性的加载物

C. 铁块、混凝土块、砖块等加载物重量应满足加载分级的要求,单块重量不宜大于 500N

D. 试验前应对加载物称重,求得其平均重量

3. 依据 GB/T 50152—2012,对某混凝土框架梁进行使用状态检验时,裂缝宽度测量仪表选用和精度选择应满足________要求。(　　)

A. 刻度放大镜最小分度不宜大于 0.05mm

B. 电子裂缝观察仪的测量精度不应低于 0.02

C. 振弦式测缝计的量程不应大于 50mm,分辨率不应大于量程的 0.05%

D. 裂缝宽度检验卡最小分度值不应大于 0.10mm

4. 下列________试验,可采用 GB/T 50152—2012 规定的方法进行。( )

A. 实验室　　B. 预制构件　　C. 结构原位加载　　D. 结构监测

5. 按荷载在试验结构上的试验持续时间的不同,构件的结构性能载荷试验可分为________。( )

A. 静荷载试验　　B. 短期荷载试验

C. 动荷载试验　　D. 长期荷载试验

6. 进行结构原位加载试验及结构监测时,宜根据现行国家标准 GB/T 50344—2019 等规定的方法,对结构中的钢筋、混凝土材料性能进行检测、评估取值,并符合下列规定________。( )

A. 当有条件时宜根据施工资料或已有的材料性能的试验资料,确定其性能参数

B. 对于处于施工阶段且留有同条件养护试块的结构,混凝土实体强度可由同条件养护试块确定

C. 应严格避免对结构构件的损伤,不得采用破损法检测

D. 混凝土材料实体强度宜根据用不少于两种检测方法得到的结果,综合分析确定

7. 依据 GB/T 50344—2019,结构性能的静力荷载检验可分为________。( )

A. 适用性检验　　B. 安全性检验

C. 荷载系数或构件系数检验　　D. 综合系数或可靠指标检验

8. 依据 GB/T 50344—2019,进行结构构件荷载系数或构件系数实荷检验时,满足下列________要求,检验目标可评价为在荷载下有足够的承载力。( )

A. 实测应变和变形等与达到正常使用极限状态的预估值有明显的差距

B. 混凝土构件未见由加荷造成的裂缝或裂缝宽度小于检验荷载作用下的预估值

C. 卸荷后无明显的残余变形

D. 构件没有出现材料破坏的迹象

9. 依据 JGJ/T 488—2020,符合下列________情况的木结构,宜进行结构动力性能检测。( )

A. 古建筑及灾后的木结构

B. 拟进行加固改造的木结构

C. 结构局部动力响应过大

D. 需要进行抗震、抗风或其他激励的动力响应计算

10. 依据 GB/T 50152—2012,钢筋混凝土构件和允许出现裂缝的预应力混凝土构件的合格性检验应进行下列________检验。( )

A. 承载力检验　　B. 抗裂检验　　C. 挠度检验　　D. 裂缝宽度检验

11. 依据 GB 50204—2015,关于受弯预制构件进行结构性能试验时的试验条件,表述正确的有________。( )

A. 试验场地的温度应在 0℃以上

B. 蒸汽养护后的构件应在冷却至常温后进行试验

C. 预制构件的混凝土强度应达到设计强度的75%以上

D. 构件在试验前应量测其实际尺寸,并检查构件表面,所有的缺陷和裂缝应在构件上标出

12. 下列关于预制构件结构性能检验的观点,正确的是________。(　　)

A. 构件在试验前应量测其实际尺寸,并检查其外观质量

B. 当荷载布置不能完全与设计要求相符时,应按荷载等效的原则换算

C. 预制柱及预制桩可按受弯构件作相应检验,以间接试验检验的方式反映构件的结构性能

D. 在一般梁、板类叠合构件的结构性能检验中,后浇层混凝土厚度宜取底部预制构件厚度的1.0倍

13. 依据GB 50204—2015,试验预制构件的支承方式应符合________。(　　)

A. 对于板、梁和桁架等简支构件,试验时应一端采用铰支承,另一端采用滚动支承

B. 当试验的构件承受较大集中力或支座反力时,应对支承部分进行局部受压承载力验算

C. 构件与支承面应紧密接触;钢垫板与构件、钢垫板与支墩间,宜铺砂浆垫平

D. 构件支承的中心线位置应符合设计的要求

14. 依据GB/T 50784—2013进行结构构件适用性检验时,尚应根据委托方的要求选择下列________参数进行观测。(　　)

A. 装饰装修层的应变　　B. 管线位移和变形

C. 承载力状态　　D. 设备的相对位移和运行情况

15. 依据GB 50204—2015,预制构件的结构性能检验主要检查项为________。(　　)

A. 构件承载力　　B. 构件挠度　　C. 构件裂缝宽度　　D. 构件外观

16. 依据GB 50204—2015,结构试验中对裂缝的观测应符合下列________规定。(　　)

A. 观察裂缝宽度时,可采用精度为0.05mm的裂缝观测仪等仪器进行观测

B. 对于正截面裂缝,应量测受拉主筋处的最大裂缝宽度

C. 确定受弯构件受拉主筋处的裂缝宽度时,应在构件侧面量测

D. 确定构件受拉主筋处的裂缝宽度时,应在构件底面量测

17. 依据GB/T 50784—2013,在选择结构动力测试系统时,应注意选择测振仪器的技术指标,使由传感器、放大器、记录装置组成的测试系统的________等技术指标满足被测结构动力特性范围的要求。(　　)

A. 灵敏度　　B. 动态范围　　C. 幅频特性　　D. 幅值范围。

18. 依据GB/T 50784—2013,对现浇结构进行静载试验时,下列________指标可作为停止加载工作的标志。(　　)

A. 控制测点变形达到或超过规范允许值

B. 控制测点应变达到或超过计算理论值

C. 出现裂缝或裂缝宽度超过规范允许值

D. 出现检验标志或检验荷载超过计算值

19. 依据GB/T 50784—2013,静载检验检测报告应包括下列________内容。(　　)

A. 检验过程描述及测点布置、荷载简图

B. 主要测点相对残余变形

C. 主要测点实测变形与荷载的关系曲线

D. 主要测点实测变形与相应的理论计算值的对照表及关系曲线

20. 依据 GB/T 50129—2011,下列________属于标准砌体抗压试件。(　　)

A. 370mm×490mm(厚度×宽度)普通砖砌体抗压试件

B. 240mm×490mm(厚度×宽度)烧结多孔砖砌体抗压试件

C. 190mm×570mm(厚度×宽度)混凝土小型空心砌块砌体抗压试件

D. 400mm×750mm(厚度×宽度)毛石砌体抗压试件

21. 以下________属于 GB/T 50329—2012 的适用范围。(　　)

A. 胶合矩形截面木构件轴心受压失稳破坏时临界荷载的测定

B. 普通木桁架的动力特性试验

C. 木栈桥的静力性能试验

D. 单齿连接木结构构件的抗剪强度

22. 相较于先张法,下列________不属于后张法的优点。(　　)

A. 不需要台座　　B. 工序少　　C. 工艺简单　　D. 锚具可重复利用

23. 砌体结构中挑梁的破坏形式有________。(　　)

A. 倾覆破坏　　B. 挑梁自身破坏

C. 砌体受剪破坏　　D. 砌体局部受压破坏

24. 下列________不属于图示荷载下悬臂梁产生的弯剪裂缝。(　　)

A.　　B.

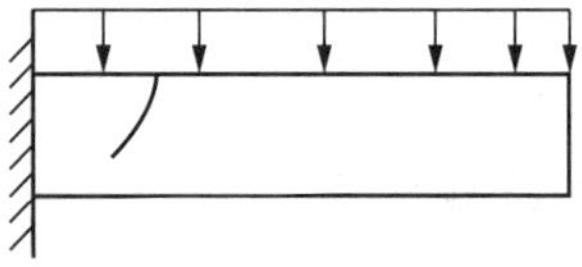

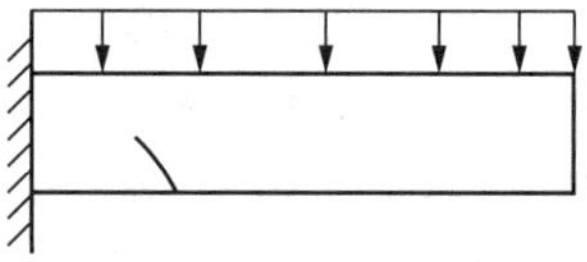

C. 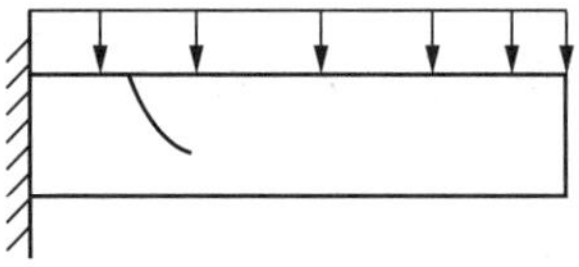　　D.

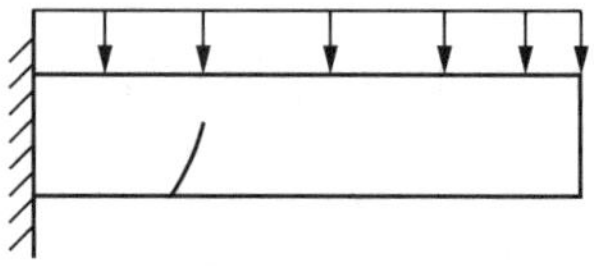

25. 进行结构动力特性量测的激振方法包括________。(　　)

A. 自由振动法　　B. 强迫振动法

C. 环境随机振动法　　D. 荷载-位移混合控制加载法

26. 对于钢筋混凝土受压构件,当相对受压区高度大于 1 时,下列说法不正确的是________。(　　)

A. 钢筋混凝土受压构件属于大偏心受压构件

B. 受拉钢筋受压但一定达不到屈服

C. 受压钢筋侧混凝土一定先被压溃

D. 受拉钢筋一定处于受压状态且可能先于受压钢筋达到屈服状态

27. 下列关于结构试验测量技术发展趋势的表述,正确的是________。(　　)

A. 从传统的静态、准静态试验逐步向拟动力、动力试验发展

B. 在空间尺度上,从常规尺度试验向微观材料性能试验和大型足尺结构试验拓展

C. 传统的结构试验测量技术与虚拟仪器技术、联网实验技术、分布式应变测试技术、数字图像测量技术等新兴技术不断结合

D. 代表性的大型结构试验装备有大型结构试验机、地震模拟振动台试验系统、风洞试验系统、火灾试验系统、大型结构碰撞试验系统等

第八节　装饰装修工程

1. 依据 JGJ 145—2013，后锚固件抗拔承载力试验用拉拔仪应定期进行检定，遇到下列________情况时，还应重新检定。(　　)

A. 设备保养后　　　　B. 使用频率过高

C. 读数出现异常　　　　D. 拆卸检查或更换零部件后

2. 依据 JGJ 145—2013，后锚固产品进场后应进行进场检验，下列说法错误的是________。(　　)

A. 应从每批锚栓中抽取 3%且不应少于 10 套样品进行外观检查

B. 胶粘剂应抽取 3%且不少于 10 件进行外观检查

C. 锚栓应进行螺杆的受拉性能试验。试验时，同种规格每 5000 个为一个检验批，不足 5000 个按一个检验批计算，每批抽检 5 根

D. 胶粘剂应进行 C30 混凝土的约束拉拔条件下带肋钢筋与混凝土的粘结强度试验

3. 依据 GB 50210—2018，关于建筑装饰装修工程所采用的材料、构配件的进场检验，说法错误的是________。(　　)

A. 属于同期施工的多个单位，对同一厂家生产的同批材料、构配件、器具及半成品，可统一划分检验批对品种、规格、外观和尺寸等进行验收

B. 对进场后同一厂家生产的同一品种、同一类型的进场材料，应至少抽取一组样品进行复验

C. 抽样样本应随机抽取，满足分布均匀、具有代表性的要求，且检验批的容量不得扩大

D. 材料质量发生争议时，应进行见证检验

4. 依据 GB 50210—2018，饰面砖工程中应复验的材料及其性能指标包含______。(　　)

A. 花岗石和瓷质饰面砖的放射性

B. 水泥基粘结材料与所用外墙饰面砖的拉伸粘结强度

C. 陶瓷饰面砖的吸收率

D. 寒冷地区外墙陶瓷面砖的抗冻性

5. 依据 JGJ/T 220—2010，抹灰层与基体拉伸粘结强度检测结果的有效性判定应符合________。(　　)

A. 当破坏发生在抹灰砂浆与基层连接界面处时，检测结果可认定为有效

B. 当破坏发生在基层内，检测数据不小于粘结强度规定值时，检测结果可认定为有效；当试验数据小于粘结强度规定值时，检测结果应认定为无效

C. 当破坏发生在抹灰砂浆层内时，检测结果可认定为无效

D. 当破坏发生在粘结层，检测数据不小于粘结强度规定值时，检测结果可认定为有效；

当检测数据小于粘结强度规定值时,检测结果应认定为无效

6. 依据 JGJ/T 220—2010,关于抹灰砂浆现场拉伸粘结强度试验评定正确的为________。(　　)

A. 应取 7 个试样拉伸粘结强度的平均值作为试验结果。当 7 个测定值中有一个超出平均值的 20%时,应去掉最大值和最小值,并取剩余 5 个试样粘结强度的平均值作为试验结果

B. 当剩余 5 个测定值中有一个超出平均值的 20%时,应再次去掉其中的最大值和最小值,取剩余 3 个试样粘结强度的平均值作为试验结果

C. 当剩余 5 个测定值中有 2 个超出平均值的 20%时,应再次去掉其中的最大值和最小值,取剩余 3 个试样粘结强度的平均值作为试验结果

D. 当剩余 5 个测定值中有 2 个超出平均值的 20%时,该组试验结果应判定为无效

7. 依据 JGJ/T 220—2010,下列说法中错误的是________。(　　)

A. 当内墙抹灰工程中抗压强度检验不合格时,应在现场对内墙抹灰层进行拉伸粘结强度检测,并应以其检测结果为准

B. 当内墙抹灰工程中抗压强度检验不合格时,应在现场对内墙抹灰层加倍取样并进行拉伸粘结强度检测,并应以其检测结果为准

C. 当外墙或顶棚抹灰施工中抗压强度检验不合格时,应对外墙或顶棚抹灰砂浆进行抹灰层拉伸粘结强度检测,并应以其检测结果为准

D. 当外墙或顶棚抹灰施工中抗压强度检验不合格时,应对外墙或顶棚抹灰砂浆加倍取样并进行抹灰层拉伸粘结强度检测,并应以其检测结果为准

8. 依据 JGJ/T 220—2010,下列关于抹灰砂浆强度的说法中正确的是________。(　　)

A. 抹灰砂浆强度不宜比基体材料强度高出两个及两个以上强度等级

B. 对于无粘贴饰面砖的外墙,底层抹灰砂浆宜比基体材料高一个强度等级或等于基体材料强度

C. 对于无粘贴饰面砖的内墙,底层抹灰砂浆宜比基体材料低一个强度等级

D. 孔洞填补和窗台、阳台抹面等宜采用 M15 或 M20 水泥抹灰砂浆

9. 依据 JGJ/T 220—2010,下列关于抹灰分层施工的说法中,错误的是________。(　　)

A. 抹灰应分层施工,水泥抹灰砂浆每层厚度宜为 5～7mm

B. 抹灰应分层施工,水泥抹灰砂浆每层厚度宜为 5～10mm

C. 抹灰应分层施工,水泥、石灰抹灰砂浆每层厚度宜为 7～9mm

D. 抹灰应分层施工,水泥、石灰抹灰砂浆每层厚度宜为 10～15mm

10. 依据 JGJ/T 220—2010,下列关于抹灰砂浆配制强度等级的描述中,错误的是________。(　　)

A. 配制强度等级不大于 M20 的抹灰砂浆,宜用 32.5 级通用硅酸盐水泥或砌筑水泥

B. 配制强度等级大于 M20 的抹灰砂浆,宜用强度等级不低于 42.5 级的通用硅酸盐水泥

C. 配制强度等级不大于 M20 的抹灰砂浆,宜用 42.5 级通用硅酸盐水泥或砌筑水泥

D. 配制强度等级大于 M20 的抹灰砂浆，宜用强度等级不低于 32.5 级的通用硅酸盐水泥

11. 依据 JGJ/T 220—2010，在抹灰砂浆现场拉伸粘结强度试验中，粘贴顶部拉拔板应符合下列________规定。(　　)

A. 在粘贴前，应清除顶部拉拔板及抹灰层表面污渍并保持干燥，当现场温度低于 5℃时，宜先对顶部拉拔板预热。

B. 粘贴顶部拉拔板后应及时用胶带等进行固定。

C. 安装专用穿心式千斤顶时，拉力杆应通过穿心千斤顶中心，并应与顶部拉拔板垂直。

D. 调整千斤顶活塞，使活塞升出 2mm，并将数字式显示器调零，再拧紧拉力杆螺母。

12. 依据 JGJ/T 110—2017，对于现场粘贴的同类饰面砖，当一组试样均符合下列________指标要求时，其粘结强度应定为合格。(　　)

A. 每组试样平均粘结强度不应小于 0.4MPa

B. 每组允许有一个试样的粘结强度小于 0.4MPa，但不应小于 0.3MPa

C. 每组试样平均粘结强度不应小于 0.6MPa

D. 每组允许有一个试样的粘结强度小于 0.6MPa，但不应小于 0.4MPa

13. 依据 JGJ/T 110—2017，对于带饰面砖的预制构件，当一组试样均符合下列________指标要求时，其粘结强度应定为合格。(　　)

A. 每组试样平均粘结强度不应小于 0.4MPa

B. 每组允许有一个试样的粘结强度小于 0.4MPa，但不应小于 0.3MPa

C. 每组试样平均粘结强度不应小于 0.6MPa

D. 每组允许有一个试样的粘结强度小于 0.6MPa，但不应小于 0.4MPa

14. 依据 JGJ/T 110—2017，下列________状态不是带保温系统的饰面砖粘结强度试件断开状态。(　　)

A. 基体为主断开　　B. 饰面砖为主断开

C. 加强抹面层为主断开　　D. 粘结层与找平层界面为主断开

第九节　室内环境污染物

1. 依据 GB 50325—2020，下列Ⅱ类民用建筑工程室内空气中甲苯浓度检测结果中合格的是________。(　　)

A. 0.159mg/m^3　　B. 0.142mg/m^3　　C. 0.153mg/m^3　　D. 0.145mg/m^3

2. 依据 GB/T 18204.2—2014，采用靛酚蓝分光光度法检测民用建筑工程室内空气中氨浓度时，使用的试剂有________。(　　)

A. 柠檬酸钠　　B. 氢氧化钠

C. 酒石酸钾钠　　D. 亚硝基铁氰化钠

3. 依据 GB 50325—2020，以下关于城市区域性土壤氡水平调查方法的表述中正确的是________。(　　)

A. 每个城市测点数量不应少于 100 个

B. 调查打孔深度应统一定为 500～800mm，孔径应为 30～50mm

C. 使用2台以上仪器工作时应检查仪器的一致性,2台仪器测量结果的相对标准偏差应小于10%

D. 工作温度应为－10～40℃

4. 依据GB 50325—2020,室内空气中苯、甲苯、二甲苯检测中,热解吸仪主要有________部分。(　　)

A. 控温器　　B. 加热器　　C. 测温装置　　D. 气体流量控制器

5. 依据GB 50325—2020,测定民用建筑工程土壤中氡浓度时,所选用的测试仪器性能指标应符合________。(　　)

A. 不确定度不应大于20%($k=2$)　　B. 不确定度不应大于25%($k=2$)

C. 探测下限不应大于500Bq/m^3　　D. 探测下限不应大于400Bq/m^3

6. 依据GB 50325—2020,以下关于民用建筑工程土壤表面氡析出率测定的描述正确的是________。(　　)

A. 建筑场地布点数不应少于16个

B. 测量应在无风或微风条件下进行

C. 测量过程中应记录测量经历的时间,一般为1～2h

D. 现场测量设备探测下限不应大于0.05Bq/(m^2·s)

7. 依据GB 50325—2020,将采样体积转换成标准状态下采样体积与________有关系。(　　)

A. 采样时长　　B. 采样点温度　　C. 采样流量　　D. 采样点大气压力

8. 关于GB 50325—2020标准修订的主要技术内容表述正确的是________。(　　)

A. 完善了建筑物综合防氡措施

B. 对自然通风的Ⅰ类民用建筑的最低通风换气次数提出了具体要求

C. 明确了室内空气氡浓度检测方法

D. 只保留了人造木板甲醛释放量测定的环境测试舱法

9.《民用建筑工程室内环境污染控制标准》(GB 50325—2020)修订后对________室内装饰装修提出了更加严格的污染控制要求。(　　)

A. 幼儿园　　B. 有特殊净化卫生要求的房间

C. 学生宿舍　　D. 老年人照料房屋设施

10. 依据GB 50325—2020,现场采样时,采样点与房间内墙面间的距离可以是____________m。(　　)

A. 0.4　　B. 0.6　　C. 0.7　　D. 1.0

11. 依据GB 50325—2020,以下符合活性炭采样管活化时间要求的是________。(　　)

A. 1h　　B. 5min　　C. 10min　　D. 20min

12. 依据GB 50325—2020,Ⅰ类民用建筑工程和Ⅱ类民用建筑工程室内环境污染物限量不相同的参数是________。(　　)

A. 甲醛　　B. 甲苯　　C. 氨　　D. 二甲苯

13. 依据GB 50325—2020、GB/T 18204.2—2014和GB/T 16129—1995,室内环境检测现场采样流量相同的参数是________。(　　)

A. 甲醛　B. 氨　C. 甲苯　D. TVOC

14. 依据 GB 50325—2020，下列关于室内空气中苯、甲苯、二甲苯的测定说法中正确的是________。(　　)

A. 样品采集可用 2,6 -对苯基二苯醚多孔聚合物-石墨化炭黑- X 复合吸附管或活性炭吸附管

B. 2,6 -对苯基二苯醚多孔聚合物-石墨化炭黑- X 复合吸附管或活性炭吸附管使用前都应通氮气活化，活化温度相同

C. 热解吸时解吸气流方向与标准吸附管制样气流方向相反

D. 采样时采样气流方向与吸附管标识方向一致

15. 实验分析中，系统误差的原因可归纳为________。(　　)

A. 仪器误差　B. 方法误差　C. 试剂误差　D. 操作误差

16. 依据 GB 50325—2020 进行室内空气污染物 TVOC 测定时，某机构配置 MS 检测器的气相色谱仪所使用载气及纯度为________。(　　)

A. 氮气　B. 氦气　C. 99.99%　D. 99.999%

17. 依据 GB 50325—2020，城市区域性土壤氡水平调查方法中，测量深度的要求是________。(　　)

A. 孔的直径应为 20～40mm　B. 孔的直径应为 40～50mm

C. 孔的深度应为 300～500mm　D. 孔的深度应为 500～800mm

18. 依据 GB 50325—2020 进行室内装饰装修验收时，以下________项目中，室内空气污染物的抽检量不得少于房间总数的 50%，且不得少于 20 间。(　　)

A. 幼儿园　B. 大学多功能教学楼

C. 某高中宿舍楼　D. 敬老院老年人宿舍

19. 依据 GB 50325—2020，以下关于土壤中氡浓度的测定，表述正确的有________。(　　)

A. 土壤氡浓度检测时若遇到下雨，应在雨停后 24h 后进行

B. 土壤氡浓度的取样测试时间宜在 8:00—18:00

C. 土壤氡浓度测试报告的内容应包括取样测试过程描述、测试方法、土壤氡浓度测试结果等

D. 进行土壤氡浓度检测时以间距 20m 作网格，各网格点应为测试点

20. 依据 GB 50325—2020，以下说法不正确的是________。(　　)

A. 室内环境污染物浓度现场检测点距房间地面高度应为 0.5～1.8m

B. 室内环境污染物浓度现场检测点距地面高度应为 0.8m

C. 同一房间内检测点较多时，个别检测点可以设在距内墙面 0.3m 处

D. 检测点应避开通风口

21. 依据 GB 50325—2020，以下关于采样的说法中正确的是________。(　　)

A. 空气中甲苯应采用恒流采样器进行采样

B. 采样后的活性炭吸附管，两端密封后可在实验室内保存 14 天

C. 使用 Tenax - TA 吸附管采样时，应采集约 10L 空气

D. 采样后的吸附管可保存在密封的玻璃干燥器中

22. 依据 GB/T 16129—1995 和 GB/T 18204.2—2014,室内空气中甲醛、氨的检测,要求需在冰箱中保存的溶液有________。( )

A. AHMT 溶液　　B. 水杨酸溶液

C. 亚硝基铁氰化钠溶液　　D. 次氯酸钠溶液

23. 依据 GB 50325—2020,某检测机构的气相色谱仪配置了 MS 检测器,在进行室内空气中 TVOC 测定时,应根据________定性。( )

A. 保留时间　　B. 各组分的特征离子

C. 峰面积　　D. 峰高

24. 依据 GB/T 18204.2—2014,采用靛酚蓝分光光度法测定室内空气中氨浓度时,以下操作不正确的是________。( )

A. 采用内装 5mL 吸收液的大型气泡吸收管采样 5L

B. 测定样品时,用 10mL 未采样的水作为试剂空白测定

C. 在波长 550nm 下测定吸光度

D. 样品吸光度超过标准曲线范围时,用水稀释样品后再次进行分析

25. 依据 GB 50325—2020,进行民用建筑工程室内空气中 TVOC 浓度检测时,存放样品管的可密封容器应采用________材质。( )

A. 金属　　B. 玻璃　　C. 普通塑料　　D. 原木

26. 依据 GB 50325—2020,民用建筑工程室内环境检测中,关于 Tenax-TA 吸附管的技术要求,以下正确的是________。( )

A. 可为玻璃管　　B. 可为内壁光滑的不锈钢管

C. 吸附剂粒径为 0.18～0.25mm　　D. 吸附剂粒径为 60～80 目

27. 依据 GB 50325—2020,进行民用建筑工程土壤中氡浓度测定,布点的要求有________。( )

A. 以间距 10m 作网格,各网格点应为测试点

B. 当遇到较大石块时,可偏离±2m

C. 布点数不应少于 16 个

D. 布点位置应覆盖单体建筑基础工程范围

28. 依据 GB/T 16129—1995,下列 AHMT 溶液配置步骤符合标准的是________。( )

A. 称取 0.25gAHMT　　B. 溶于 0.05mol/L 盐酸

C. 稀释至 50mL　　D. 溶液在棕色瓶中可保存一年

29. 依据 GB 50325—2020,民用建筑工程室内环境污染物浓度检测中,关于室外空白样品采样要求的说法正确的是________。( )

A. 室外上风向　　B. 室外风力不大于 5 级

C. 适当距离、地点的可操作适当高度

D. 轻度以上雾霾污染天气不能进行现场检测

30. 依据 GB 50325—2020,民用建筑工程室内环境检测中,关于活性炭吸附管的技术要求,以下正确的是________。( )

A. 可为玻璃管

B. 可为内壁光滑的不锈钢管

C. 使用前应活化至无杂质峰为止

D. 当流量为 0.5L/min 时,阻力应在 5kPa 以下

31. 依据 GB 50325—2020,采用靛酚蓝分光光度法检测室内环境中氨浓度,采样后吸收管应做好标识,标识的内容可包括________。( )

A. 采样日期　　B. 参数/项目

C. 唯一性标识　　D. 体系文件规定的其他内容

32. 依据 GB 50325—2020,进行民用建筑工程室内空气中 TVOC 浓度测定时,色谱柱操作条件有________。( )

A. 应为程序升温　　B. 初始温度为 50℃,保持 10min

C. 升温速率为 5℃/min　　D. 最终温度为 270℃,保持 2min

33. 依据 GB/T 18204.2—2014,采用靛酚蓝分光光度法检测民用建筑工程室内空气中氨浓度,以下关于用 NH_4Cl 配制标准溶液的说法中正确的是________。( )

A. 经 105℃干燥　　B. 干燥时间为 1h

C. 试剂纯度可为化学纯　　D. 试剂纯度为分析纯

34. 依据 GB 50325—2020,在民用建筑工程土壤中氡浓度测定中,现场测试应有记录,记录内容应包括________。( )

A. 测试点布设图　　B. 成孔点土壤类别

C. 现场地表状况描述　　D. 测试前 24h 内工程地点的气象状况

35. 依据 GB 50325—2020,进行 TVOC 色谱分析时,应抽取标准溶液,将之在有氮气通过吸附管的情况下注入 Tenax - TA 吸附管,标准规定吸附管中各组分含量可以是________。( )

A. 0.01 μg　　B. 0.05μg　　C. 0.25μg　　D. 2.0μg

36. 依据 GB/T 18204.2—2014,采用靛酚蓝分光光度法检测民用建筑工程室内空气中氨浓度,以下关于次氯酸钠溶液的说法中正确的是________。( )

A. 冰箱中可保存 2 个月

B. 冰箱中可保存 3 个月

C. 次氯酸钠原液应用硫代硫酸钠标准溶液标定

D. 硫代硫酸钠标准溶液应临用现配

37. 依据 GB/T 18204.2—2014,用靛酚蓝分光光度法检测民用建筑工程室内空气中氨浓度,下列大型气泡吸收管出气口与管底之间的距离符合要求的是________。( )

A. 3mm　　B. 4mm　　C. 5mm　　D. 6mm

38. 依据 GB/T 16129—1995,采用 AHMT 分光光度法检测民用建筑工程室内空气中甲醛浓度时,使用的试剂有________。( )

A. 1.0mL 氢氧化钾溶液　　B. 1.0mL AHMT 溶液

C. 0.3mL 高碘酸钾溶液　　D. 0.5mL 亚硝基铁氰化钠溶液

39. 依据 GB/T 18204.2—2014,采用靛酚蓝分光光度法检测民用建筑工程室内空气中氨浓度,下列标准曲线斜率(吸光度/μg 氨)符合方法要求的有________。( )

A. 0.077　　B. 0.079　　C. 0.081　　D. 0.083

第五章 判断题

第一节 混凝土结构及砌体结构构件强度

1. 依据 JGJ/T 23—2011，当回弹仪为非水平方向且测试面为混凝土的非浇筑侧面时，应先对回弹值进行浇筑面修正，并对修正后的回弹值进行角度修正。 （　）

2. 依据 JGJ/T 23—2011，回弹仪的率定试验应在室温为 5～35℃的条件下进行。 （　）

3. 水平方向检测混凝土浇筑表面或浇筑底面时，应对回弹值进行修正。依据 JGJ/T 23—2011 中的规定，混凝土浇筑底面的修正系数是指构件底面与侧面采用同一类模板时，在正常浇筑情况下的修正值。 （　）

4. 检测泵送混凝土抗压强度时，依据 JGJ/T 23—2011，测区宜选在混凝土浇筑底面上。 （　）

5. 保养回弹仪时，依据 JGJ/T 23—2011，清洁机芯各零部件后，应在中心导杆上和弹击杆内孔中薄薄涂抹钟表油，不得在其他零部件上抹油。 （　）

6. 对于潮湿或浸水混凝土构件，不得按 JGJ/T 23—2011 进行强度换算。 （　）

7. 依据 JGJ/T 23—2011，仪器管理员在进行回弹仪的常规保养时，可以通过旋转尾盖上的调零螺丝来调整弹击锤起跳位置。 （　）

8. 用回弹法检测混凝土抗压强度布置测区时，依据 JGJ/T 23—2011，测区的面积不宜大于 0.06m^2。 （　）

9. 依据 JGJ/T 23—2011，建立地区测强曲线时，平均相对误差(δ)不应大于±17.0%，相对标准差(e_r)不应大于 14.0%。 （　）

10. 依据 JGJ/T 23—2011，测点宜在测区范围内均匀分布，同一测点应只弹击 1 次；相邻两测点间的净距离不宜小于 20mm，测点与外露钢筋、预埋件之间的距离不宜小于 30mm。 （　）

11. 抗压强度为 10.0～60.0MPa 的普通混凝土，测区强度可按 JGJ/T 23—2011 进行强度换算。 （　）

12. 依据 JGJ/T 23—2011，测区平均回弹值计算方法和建立测强曲线时的取舍方法一致，不会引进新的误差。 （　）

13. 当构件混凝土抗压强度大于 60MPa 时，可采用重型回弹仪，并按照 JGJ/T 23—2011 规程附录 A 进行计算。 （　）

14. 依据 DB34/T 5012—2015，重型回弹仪用于检测抗压强度为 60.2～90.0MPa 的混

凝土。（　　）

15. 依据 DB34/T 5012—2015，重型回弹仪的率定值为 80±2。（　　）

16. 批量检测时，依据 DB34/T 5012—2015，当构件的测区强度值中出现小于 10.0MPa 或者大于 90.0MPa 的值时，应按单个构件检测或者重新划分检验批。（　　）

17. 现场没有同条件混凝土试块强度或同条件混凝土试块强度结果没有代表性时，依据 DB34/T 5012—2015，可使用中型回弹仪、重型回弹仪进行部分构件的试测。若两种回弹仪检测混凝土强度换算值都小于 60MPa，则用标称能量为 2.207J 的混凝土回弹仪。

（　　）

18. 依据 DB34/T 5012—2015，测量回弹值时，相邻两测点间的净距离不宜小于 30mm。

（　　）

19. 依据 DB34/T 5012—2015，在检测过程中回弹值异常时回弹仪应进行率定。

（　　）

20. 依据 DB34/T 5012—2015，检测混凝土抗压强度时，被测混凝土应为自然养护且龄期为 14～600d。（　　）

21. 混凝土的入泵坍落度小于 100mm 时，测区强度可按 DB34/T 5012—2015 进行强度换算。（　　）

22. 依据 DB34/T 5012—2015，利用回弹法检测结构混凝土抗压强度，在进行碳化深度值测量时，当所测得的碳化深度极差大于 2.0mm 时，应在每一测区内测量碳化深度值。

（　　）

23. 依据 DB34/T 5012—2015，现场进行回弹法检测时，测区尺寸宜为 200 mm×200mm。（　　）

24. JGJ/T 294—2013 适用于工程结构中强度等级为 C40～C100 的混凝土抗压强度检测。（　　）

25. 布置测区时，依据 JGJ/T 294—2013，相邻两测区的间距不宜大于 2m，测区离构件边缘的距离不宜小于 0.2m。（　　）

26. 按批量检测时，依据 JGJ/T 294—2013，当该批构件的混凝土抗压强度换算值的平均值不大于 50.0MPa，且标准差大于 5.50MPa 时，该批构件应全部按单个构件检测。

（　　）

27. 依据 JGJ/T 294—2013，回弹仪标称动能为 5.5J，在洛氏硬度为 HRC60±2 的钢砧上，回弹仪的率定值应为 88±2。（　　）

28. 依据 JGJ/T 294—2013，可直接采用规程附录中全国高强混凝土测强曲线进行强度换算。（　　）

29. 依据 JGJ/T 294—2013，验证测强曲线时，当相对标准差不大于 12%时才可使用附录中的测强曲线。（　　）

30. 依据 JGJ/T 294—2013，测点在测区范围内宜均匀分布，不得分布在气孔或外露石子上。同一测点应只弹击一次，相邻两测点的间距不宜小于 20mm；测点距外露钢筋、铁件的距离不宜小于 100mm。（　　）

31. 依据 JGJ/T 294—2013，超声波检测仪应至少每年保养一次。（　　）

32. 依据 T/CECS 02—2020，强度换算方法适用于龄期为 7～1000d 的混凝土。 （ ）

33. 依据 T/CECS 02—2020，测区尺寸宜为 200mm×200mm。采用平测时，测区尺寸宜为 400mm×400mm。 （ ）

34. 依据 T/CECS 02—2020，用超声回弹综合法检测混凝土抗压强度时，环境温度应为−4～40℃。 （ ）

35. 依据 T/CECS 02—2020，超声仪声时显示是否正确，可用空气声速标定值与实测空气声速比较的方法进行校验。 （ ）

36. 依据 T/CECS 02—2020，强度换算适用于抗压强度值为 10～70MPa 的混凝土。 （ ）

37. 依据 T/CECS 02—2020，采用超声回弹综合法检测混凝土抗压强度，平测时两个换能器的连线应与附近钢筋的轴线保持 40°～50°的夹角。 （ ）

38. 依据 T/CECS 02—2020，采用超声回弹综合法检测混凝土抗压强度时，宜优先采用对测法。 （ ）

39. 依据 JGJ/T 384—2016，利用钻芯法确定批量混凝土抗压强度推定值时，可依据经验和均方差的大小剔除芯样试件抗压强度样本中的异常值。 （ ）

40. 依据 JGJ/T 384—2016，芯样试件的含水量对芯样试件抗压强度有一定的影响。含水量越高，芯样试件抗压强度越低。 （ ）

41. 依据 JGJ/T 384—2016，宜以芯样混凝土抗压强度推定下限值，作为检测批混凝土抗压强度的推定值。 （ ）

42. 依据 JGJ/T 384—2016，当使用钻芯法对回弹法进行钻芯修正时，芯样的公称直径宜为 150mm。 （ ）

43. 用钻芯法检测混凝土强度时，依据 JGJ/T 384—2016，单个构件混凝土抗压强度的推定值不再进行数据的舍弃，而应按有效芯样试件混凝土抗压强度值中的最小值确定。 （ ）

44. 依据 JGJ/T 384—2016，沿芯样试件高度的任一直径与平均直径相差不应超过 1.0mm。 （ ）

45. 依据 JGJ/T 384—2016，抗压芯样试件的实际高径比不应小于要求高径比的0.95或大于 1.05。 （ ）

46. 钻取芯样时，依据 JGJ/T 384—2016，宜采用人造金刚石薄壁钻头。 （ ）

47. 依据 JGJ/T 384—2016，对于抗压强度低于 30MPa 的芯样试件，不宜采用硫黄胶泥补平端面的处理方法。 （ ）

48. 对芯样进行劈裂抗拉强度检测时，依据 JGJ/T 384—2016，宜使用直径为 150mm 的芯样。 （ ）

49. 依据 JGJ/T 384—2016，在一定条件下，公称直径为 70～75mm 的芯样试件抗压强度值的平均值与标准试件抗压强度值的平均值基本相当。 （ ）

50. 依据 GB 50204—2015，当混凝土结构施工质量不符合要求时，经有资质的检测机构按国家现行有关标准检测鉴定达不到设计要求，但经原设计单位核算并确认仍可满足结构安全和使用功能要求的，可予以验收。 （ ）

51. 依据 GB 50204—2015，当未取得同条件养护试件强度或同条件养护试件强度不符合要求时，可采用回弹-取芯法进行检验。（　　）

52. 依据 GB 50204—2015，计算混凝土强度检验时的等效养护龄期，日平均温度为 0℃及以下的龄期可计入。（　　）

53. 依据 GB 50204—2015，对结构实体混凝土进行回弹-取芯法强度检验时，回弹构件不可以选取边长小于 400mm 的柱和截面高度小于 300mm 的梁。（　　）

54. 依据 GB 50204—2015 中回弹-取芯法规定，3 个芯样抗压强度最小值不小于设计要求的混凝土强度等级值的 85％时，可判定结构实体混凝土强度为合格。（　　）

55. 依据 GB 50204—2015，用于检验混凝土强度的试件应在浇筑地点随机抽取。

（　　）

56. 依据 GB 50204—2015，混凝土强度应按现行国家标准规定进行分批检验评定，划入同一检验批的混凝土，其施工持续时间不宜超过 3 个月。（　　）

57. 依据 GB 50204—2015，同一强度等级的同条件养护试件不宜少于 10 组，且不应少于 3 组，每连续 2 层楼取样不应少于 3 组。（　　）

58. 依据 GB 50204—2015，对同一强度等级的同条件养护试件，其强度值应除以 0.88 后按现行国家标准进行评定。（　　）

59. 依据 GB 50204—2015，采用回弹-取芯法对同一强度等级的混凝土检验时，应将每个构件 5 个测区中的最小测区平均回弹值进行排序，并随机选取 3 个测区，每个钻取 1 个芯样。（　　）

60. 依据 GB 50204—2015，检验评定混凝土强度时，应采用 28d 或设计规定龄期的标准养护试件。（　　）

61. 依据 GB/T 50315—2011，烧结砖回弹法适用于表面已风化的砖检测。（　　）

62. 依据 GB/T 50315—2011，采用烧结砖回弹法检测时，被测砖的条面应干燥、清洁、平整，不应有饰面层、粉刷层。（　　）

63. 按 JGJ/T 136—2017 用贯入法检测砂浆抗压强度，其用砌体建立测强曲线时，应采用同盘砂浆砌筑砌体，同时制作试块进行同条件养护，在砌体灰缝上进行贯入试验，用同条件养护砂浆试块进行抗压强度试验。（　　）

64. 依据 GB/T 50315—2011，原位轴压法可以用来检测砌体的抗压强度和抗剪强度。

（　　）

65. 依据 GB/T 50315—2011，采用烧结砖回弹法检测时，在工程检测前后，均应在钢砧上进行率定测试。（　　）

66. 依据 JGJ/T 136—2017，贯入式砂浆强度检测仪和贯入深度测量表可以在－5℃的环境温度下使用。（　　）

67. 依据 GB/T 50315—2011，采用原位轴压法检测时，检测部位有较小的局部破损。

（　　）

68. 依据 GB/T 50315—2011，点荷法可以用来检测砂浆强度为 1MPa 的墙体。

（　　）

69. 依据 JGJ/T 136—2017，贯入仪应由校准机构进行校准，校准周期不宜超过半年。

（　　）

70. 现场采用 GB/T 50315—2011 中的回弹法检测砂浆强度时,不需要测砂浆的碳化深度值。 ( )

71. 采用 GB/T 50315—2011 中的回弹法检测砂浆强度,当砌筑砂浆强度检测结果大于15MPa 时,不宜给出具体检测值。 ( )

72. 依据 GB/T 50315—2011,采用砂浆片剪切法检测砂浆强度时,砂浆测强标定仪示值相对误差为±1.5%。 ( )

73. 依据 GB/T 50315—2011,采用筒压法检测砂浆强度时,砂浆强度范围应为 2.5~20MPa。 ( )

74. 依据 JGJ/T 136—2017,按批抽样检测时,每一楼层且总量不大于 250m^3 的材料品种和设计强度等级均相同的砌体可作为一个检测单元。 ( )

75. 依据 JGJ/T 136—2017,砂浆贯入仪工作行程应为(20±0.10)mm。 ( )

76. 依据 JGJ/T 136—2017,对于按批抽检的砌体,当砌筑砂浆抗压强度换算值变异系数为 0.3 时,可按批检验,并进行强度推定值计算。 ( )

77. 依据 GB/T 50315—2011,推出法适用于推定蒸压灰砂砖墙体中的砌筑砂浆强度。 ( )

78. 依据 GB/T 50315—2011,原位轴压法只适用于推定 240mm 厚普通砖砌体或多孔砖砌体的抗压强度。 ( )

79. 依据 GB/T 50315—2011,采用原位双剪法检测抗剪强度时,在测区内选择测点,试件两个受剪面的水平灰缝厚度应为 6~10mm。 ( )

80. 依据 GB/T 50315—2011,墙体水平灰缝砌筑不饱满或表面粗糙且无法磨平时,不得采用砂浆回弹法检测砂浆强度。 ( )

81. 依据 GB/T 50315—2011,用点荷法检测砌筑砂浆强度时,宜在每个测点处取出一个砂浆大片。 ( )

82. 依据 GB/T 50315—2011,烧结砖回弹法用于检测烧结普通砖和烧结多孔砖墙体中的砖强度,适用范围限于 6~30MPa。 ( )

83. 依据 GB/T 50315—2011,点荷法的特点是取样检测,测试工作较简便,取样部位局部有损伤。 ( )

84. 依据 GB/T 50315—2011,砂浆片剪切法、砂浆回弹法、点荷法、砂浆片局压法、烧结砖回弹法,其测点数均不应少于 3 个。 ( )

85. 依据 JGJ/T 136—2017,贯入法适用于检测以水泥为主要胶凝材料的抹灰砂浆及自然养护、龄期为 28d 或 28d 以上、呈风干状态、强度为 0.4~16.0MPa 的砂浆。 ( )

第二节 钢筋及保护层厚度

1. 依据 GB 50204—2015,进行结构实体钢筋保护层厚度检验时,应选择对构件承载力或耐久性有显著影响的部位。 ( )

2. 依据 GB 50204—2015,结构实体钢筋保护层厚度检验中,梁构件主筋的保护层厚度检验的合格率为 80%及以上时,可判为合格。 ( )

3. 依据 GB 50204—2015,选取结构实体钢筋保护层厚度检验构件时,对于非悬挑梁板

类构件，应各抽取构件数量的 2%且不少于 10 个构件进行检验。（　）

4. 依据 JGJ/T 152—2019，对于钢筋公称直径的检测，可采用电磁感应法、直接法或取样称量法。（　）

5. 依据 JGJ/T 152—2019，选择钢筋间距检测面时，应便于仪器操作并应避开金属预埋件，检测面应清洁平整。（　）

6. 依据 JGJ/T 152—2019，电磁感应法中用到的钢筋探测仪的校准有效期可为 1 年，检测数据异常且无法进行调整时，应进行校准。（　）

7. 依据 JGJ/T 152—2019，采用电磁感应法开始检测前，应对钢筋探测仪预热和调零，调零时探头应远离金属物体。（　）

8. 依据 JGJ/T 152—2019，用钢筋探测仪检测出同一钢筋相同位置的保护层厚度值分别为 35mm、37mm。经计算，该测点钢筋保护层厚度为 36mm。（　）

9. 依据 JGJ/T 152—2019，采用电磁感应法或雷达法检测钢筋间距及保护层厚度，当需采用直接法验证时，应选取不少于 30%的已测钢筋，且不应少于 7 根，当实际检测数量小于 7 根时应全部抽取。（　）

10. 依据 JGJ/T 152—2019，采用电磁感应法检测钢筋间距，当对同一构件检测的钢筋数量较多时，应对钢筋间距进行连续量测，且不宜少于 7 个。（　）

11. 依据 JGJ/T 152—2019，对于钢筋间距的检测，可采用钢卷尺逐个量测钢筋的间距，直接量测精度不应低于 1mm。（　）

12. 依据 JGJ/T 152—2019，用取样称量法检测钢筋公称直径时，应调直钢筋，并将端部打磨平整，测量钢筋长度，精确至 0.1mm。（　）

13. 依据 JGJ/T 152—2019，用直接法检测混凝土中钢筋直径时，同一部位应重复测量 2 次，将 2 次测量结果的算术平均值作为该测点钢筋直径检测值。（　）

14. 依据 JGJ/T 152—2019，采用钢筋半电池电位检测方法，当测区混凝土有绝缘涂层介质隔离时，绝缘涂层介质无须清除。（　）

15. 依据 JGJ/T 152—2019，在对硫酸铜溶液进行校准时，在室温(22±1)℃下铜-硫酸铜电极与甘汞电极之间的电位差应为(68±10)mV。（　）

16. 依据 JGJ/T 152—2019，采用电磁感应法检测钢筋间距，一般情况下，需要检测 7 根钢筋的位置，得到 6 个间距。（　）

17. 依据 JGJ/T 152—2019，钢筋探测仪和雷达仪的校准项目为钢筋间距、保护层厚度、钢筋公称直径。（　）

18. 进行钢筋保护层厚度检验时，纵向受力钢筋保护层厚度的允许偏差，对梁类构件为(+10，−7)mm，对板类构件为(+8，−5)mm。（　）

19. 电磁感应法是通过发射和接收到的毫微秒级电磁波来检测混凝土结构及构件中的钢筋间距、混凝土保护层厚度的方法。（　）

第三节　植筋锚固力

1. 依据 JGJ 145—2013 进行植筋拉拔检测时，现场检验用的仪器设备应定期由法定计量检定机构进行检定。（　）

2. 依据 JGJ 145—2013,用于植筋的钢筋可以使用光圆钢筋。 ( )

3. 依据 JGJ 145—2013 的描述,拔出破坏是指拉力作用下锚栓整体从锚孔中被拉出的破坏形式。 ( )

4. 依据 JGJ 145—2013,悬挑结构和构件在植筋拉拔检测中只需进行非破损检验。 ( )

5. 依据 JGJ 145—2013,现场进行植筋非破损拉拔检测时,只需观察记录检验荷载示值在持荷期间的荷载降低值。 ( )

6. 依据 JGJ 145—2013 进行锚固件抗拔承载力检测,受现场条件无法进行原位破坏性检验时,应事先征得设计和监理书面同意,并在现场见证试验,可在工程施工的同时,现场浇筑同条件的混凝土块体作为基材,安装锚固件进行破坏性检验。 ( )

7. 依据 JGJ 145—2013,素混凝土基材构件不可以作为锚栓锚固基材。 ( )

8. 依据 JGJ 145—2013 进行锚固件抗拔承载力检测,检验使用的检测设备读数出现异常时,维修后可以直接使用。 ( )

9. 依据 JGJ 145—2013,混凝土构件作为后锚固连接的主体必须坚固可靠,当存在严重缺陷和混凝土强度等级较低的构件作为基材时,锚固承载力较低,且很不靠谱。 ( )

10. JGJ 145—2013 中规定的后锚固基材可以是特种混凝土构件。 ( )

11. 依据 JGJ 145—2013,设备的加荷能力应比预计的检验荷载值至少大 20%,且不大于检验荷载的 1.5 倍,应能连续、平稳、速度可控地运行。 ( )

12. 依据 JGJ 145—2013,锚栓现场承载力检验中,进行非破损检验分级加载时,应将设定的检验荷载均分为 10 级,每级持荷 1min,直至设定的检验荷载,并持荷 5min。 ( )

13. 依据 JGJ 145—2013,在锚栓现场承载力检验中,进行非破损检验时,荷载检验值应取 $0.9f_{yk}A_s$。 ( )

14. 依据 JGJ 145—2013,在锚栓现场承载力检验中,进行非破损检验时,荷载检验值应取 $0.9f_{yk}A_s$ 和 $0.8N_{rk}$ 的较大值。 ( )

15. 采用 JGJ 145—2013 进行植筋拉拔现场检测,非破损检验和破坏性检验的加载速率是一样的。 ( )

16. 采用 JGJ 145—2013 进行植筋拉拔检测,检验荷载检验值为 45kN,现场加荷载设备可选用 10t 钢筋拉拔仪。 ( )

17. 依据 JGJ 145—2013,处于特殊环境(如高温、高湿、动荷载、介质浸蚀、放射等)中的混凝土结构采用化学锚栓时,应进行适应性试验。 ( )

18. 依据 JGJ 145—2013,进行锚固件抗拔承载力检测时,使用的加载设备应能够保证所施加的拉伸荷载始终与后锚固构件的轴线一致。 ( )

19. 依据 JGJ 145—2013,进行锚固件抗拔承载力检测时,胶粘锚固件检验宜在锚固胶达到产品说明标示的固化时间的当天进行。若因故需推迟抽样与检验日期,应征得监理单位同意,且推迟时间不应超过 5d。 ( )

第四节 构件位置和尺寸

1. 依据 GB 50204—2015,现浇结构柱、墙、梁构件轴线位置的允许偏差均为 8mm。 ( )

2. 依据 GB 50204—2015，预制构件预留插筋中心线位置的允许偏差为 3mm。（　）

3. 依据 GB 50204—2015，预制构件预留插筋外露长度的允许偏差为(+10，−5)mm。（　）

4. 依据 GB 50204—2015，装配式结构柱、墙、梁构件轴线位置的允许偏差均为 8mm。（　）

5. 依据 GB 50204—2015，装配式结构梁、柱、墙板、楼板构件标高的允许偏差均为±5mm。（　）

6. 依据 GB 50203—2011，进行砖砌体轴线位移检验时，承重墙、柱应全数检查。（　）

7. 依据 GB 50203—2011，配筋砌体工程中构造柱与墙体连接时，拉结钢筋的竖向移位不应超过 100mm，且每一构造柱竖向移位不得超过 1 处。（　）

8. 依据 GB 50203—2011，当配筋砌体工程全高为 9m 时，构造柱在全高范围内的垂直度允许偏差为 15mm。（　）

9. 依据 GB 50203—2011，当填充墙砌体工程层高为 3m 时，填充墙在层高范围内的垂直度允许偏差为 10mm。（　）

10. 依据 GB 50206—2012，方木结构的构件尺寸应全数检查。（　）

11. 依据 JGJ/T 488—2020，用于木构件制作偏差检测的量具精度不应小于 0.1mm。（　）

12. 依据 JGJ/T 488—2020，在对木结构或构件变形检测前，应清除局部饰面层，确保不影响评定结果。（　）

13. 依据 JGJ/T 488—2020，用于木结构或构件变形的测量仪器精度不应低于二级。（　）

第五节　外观质量及内部缺陷

1. 依据 GB 50204—2015，现浇结构的外观质量应全数检查，且不应有严重缺陷，允许存在不影响结构性能和使用功能的少量一般缺陷。（　）

2. 依据 GB 50204—2015，预制构件的外观质量应按检验批抽检构件数量的 10%，且不应少于 3 件。（　）

3. 依据 GB 50204—2015，装配式结构施工后，其外观质量应全数检查，且不应有严重缺陷和一般缺陷。（　）

4. 依据 CECS 21:2000，混凝土表面损伤层厚度主要与波幅有关。（　）

5. 依据 CECS 21:2000，采用超声法检测混凝土裂缝深度时，被测裂缝中不得有积水或泥浆等。（　）

6. 依据 CECS 21:2000，采用超声法检测混凝土不密实区时，应首选测点波幅值作为统计法的判据。（　）

7. 依据 JGJ/T 488—2020，采用 X 射线检测法检测木构件裂缝深度时，射线透照方向宜与裂缝深度方向垂直。（　）

8. 依据 GB/T 50784—2013,采用超声法检测混凝土内部缺陷时,在满足首波幅度测读精度的条件下,应选择较低频率的换能器。 ( )

9. 依据 GB 50204—2015,缺棱掉角、翘曲不平、棱角不直属于外形缺陷,露筋、蜂窝、孔洞、夹渣属于外表缺陷。 ( )

10. 依据 GB/T 50784—2013,采用单面平测法检测混凝土裂缝深度时,检测面的宽度均不宜小于估计的缝深。 ( )

第六节 装配式混凝土结构节点

1. 依据 T/CECS 1189—2022,现场实体取样检测钢筋套筒内钢筋插入深度时,应测量 3 次取平均值。 ( )

2. 依据 T/CECS 1189—2022,预制构件混凝土粗糙面以及结合面的长度和宽度可采用直尺或钢卷尺测量,宜精确至 0.1mm。 ( )

3. 依据 T/CECS 1189—2022,对预埋吊件锚固极限承载力检测时,检测批容量不宜大于 1000 个,每一检测批应抽取不少于 3 个吊件。 ( )

4. 依据 T/CECS 1189—2022,采用钻孔内窥法检测时,出浆孔道为直线形且孔道长度不大于 150mm 时,应沿出浆孔道钻孔。 ( )

5. 依据 T/CECS 1189—2022,现场检测密封胶时,切割工具的有效切割深度应不大于密封胶的注胶深度。 ( )

6. 依据 T/CECS 1189—2022,现场淋水试验中,对于设计、材料、工艺和施工条件相同的混凝土外墙,同一检测批内的混凝土外墙不应超过 3 个楼层。 ( )

7. 依据 T/CECS 1189—2022,阵列式多探头超声设备探头主频范围宜为 10～100kHz,且换能器的实测主频与标称频率之差不应大于 15%。 ( )

8. 依据 T/CECS 1189—2022,阵列式多探头超声设备接收放大器频率响应范围应为 10～500kH,增益不宜小于 30dB。 ( )

9. 依据 T/CECS 1189—2022,现场实体取样检测钢筋套筒灌浆连接质量时,取样位置应由检测单位根据构件重要程度和接头受力情况等因素综合确定。 ( )

10. 依据 T/CECS 1189—2022,钻孔内窥法中用到的内窥镜镜头测量的有效量程不宜小于 60mm,测量精度不应低于 0.01mm。 ( )

11. 依据 T/CECS 1189—2022,采用扫描式冲击回波仪时,扫描器应紧贴混凝土表面匀速移动,移动速率不宜大于 0.1m/s。 ( )

12. 依据 T/CECS 683—2020,灌浆饱满性检测仪幅值线性度的偏差为每 10.0dB 应不超过±1.0dB,频带宽度应为 10～100kHz。 ( )

13. 依据 T/CECS 683—2020,钢丝应采用光圆高强不锈钢钢丝,抗拉强度不应低于 600MPa,直径应为(5.0±0.01)mm,钢丝应包括锚固段、隔离段和拉拔段。 ( )

14. 依据 T/CECS 683—2020,使用 X 射线法进行检测,采用连通腔灌浆时,单个构件上的测点宜选择灌浆机连接套筒或距离灌浆机连接套筒较远的套筒;采用单独套筒灌浆或不能确定灌浆方式时,单个构件上的测点可随机选择。 ( )

15. 依据 T/CECS 683—2020,便携式 X 射线探伤仪的中央控制器可设置的最长延迟开

启时间不应低于 150s。（　）

16. 依据 T/CECS 683—2020，采用 X 射线数字成像法检测套筒灌浆饱满性，当套筒灌浆区归一化灰度值为 0.50 时，应判定灌浆饱满性符合要求。（　）

17. 依据 DB34/T 5072—2017，当采用 50mm 直径芯样检测混凝土强度时，可按附录 A 的要求执行，芯样试件抗压强度换算系数取 1.08。（　）

18. 依据 DB34/T 5072—2017，灌浆饱满性的施工质量验收检测应在被测套筒的灌浆料终凝前进行。（　）

19. 依据 JGJ 355—2015(2023 年版)，灌浆套筒的套筒设计锚固长度不宜小于插入钢筋公称直径的 7 倍。（　）

20. 依据 T/CECS 1189—2022，灌浆饱满性应采用计量抽样的方式进行抽样。

（　）

第七节　结构构件性能

1. 依据 GB/T 50152—2012，进行结构性能试验时，对梁、柱、墙等构件的受弯、受剪裂缝应在构件侧面受拉主筋处量测最大裂缝宽度。（　）

2. 依据 GB/T 50152—2012，对平面外稳定性较差的屋架、桁架、薄腹梁等结构构件进行性能检验时，应按结构的实际工作条件设置平面外支撑。（　）

3. GB/T 50152—2012 不适用于构筑物结构性能试验。（　）

4. 依据 GB/T 50784—2013，结构构件承载力检验荷载应根据结构构件承载能力极限状态荷载效应组合的设计值和加载图式经换算确定。（　）

5. 依据 GB 50204—2015，某梁板类简支受弯预制构件，由于现场使用数量较少，相关方提供了可靠的依据，因此该批构件进场时可不进行结构性能检验。（　）

6. 某受弯预制构件在检验中，在荷载标准组合值或荷载准永久组合值作用下，受拉主筋处的最大裂缝宽度实测值为 0.17mm，设计要求的最大裂缝宽度限值为 0.20mm，则依据 GB 50204—2015，可判定该构件裂缝宽度检验满足要求。（　）

7. 依据 GB 50204—2015，对受弯预制构件进行承载力检验，当在规定的荷载持续时间内出现承载能力极限状态的检验标志之一时，应取本级荷载值作为其承载力检验荷载实测值。（　）

8. 依据 JGJ/T 488—2020，木结构动力性能测试中，应通过对采集的速度或加速度的信号进行处理，获得结构的振型、自振频率、阻尼比等结构模态参数。（　）

9. 依据 GB/T 50344—2019，通过作用综合系数对应的检验荷载和构件承载力分项系数对应的检验荷载的检验后，且构件满足标准规定的要求时，可评价结构构件静力性能和抗震性能符合国家现行标准规定的可靠指标的要求。（　）

10. 混凝土的预应力可以抵消荷载引起的拉应力，从而提高结构的承载能力。

（　）

11. 砌体墙、柱的计算高度与规定厚度的比值称为砌体墙、柱的高厚比；规定厚度对墙取墙厚，对柱取对应的边长，对带壁柱墙取截面的折算厚度。（　）

12. 混凝土结构工程应确定其结构设计工作年限、结构安全等级、抗震设防类别、结构上的作用和作用组合;应进行结构承载能力极限状态、正常使用极限状态和耐久性设计,并应符合工程的功能和结构性能要求。 ( )

13. 结构混凝土强度设计值应按其强度标准值除以材料分项系数确定,且材料分项系数取值不应小于1.2。 ( )

14. 涉及人身安全及结构安全的极限状态应作为承载能力极限状态。当结构或结构构件出现使人员不舒适或结构使用功能受限的振动时,可认为超过了承载能力极限状态。 ( )

15. 现代测试技术高速发展,新型光纤传感器可以在上千米范围内以毫米级的精度确定混凝土结构裂缝的位置。AI图像识别传感器经深度学习和大规模图像训练后,能准确识别图片中工程结构类别、位置及置信度等综合信息。 ( )

第八节 装饰装修工程

1. 依据JGJ 145—2013,化学锚栓现场破坏性检验宜选择锚固区以外的同条件位置,应取每一检验批锚固件总数的0.1%且不少于5件进行检验。 ( )

2. 依据JGJ 145—2013,锚栓现场承载力检验中,进行非破损检验分级加载时,应将设定的检验荷载均分为8级,每级持荷2min,直至设定的检验荷载,并持荷5min。 ( )

3. 依据JGJ 145—2013,锚栓现场承载力检验中,进行非破损检验时,荷载检验值应取$0.8N_{Rk,*}$。 ( )

4. 依据JGJ 145—2013,锚栓现场承载力检验中,进行破坏性检验且连续加载时,对锚栓应以均匀速率在2～3min内加载至锚固破坏。 ( )

5. 依据JGJ/T 110—2017,对带饰面砖的预制构件复验时,应以每500m²同类带饰面砖的预制构件为一个检验批,不足500m²应为一个检验批。 ( )

6. 依据JGJ/T 110—2017,粘结强度检测仪最大试验拉力宜为10kN,最小分辨单位应为0.1kN。 ( )

7. 依据JGJ/T 110—2017,在胶粘标准块时,当现场温度低于5℃时,宜预热后再进行胶粘。 ( )

8. 依据JGJ/T 220—2010,抹灰砂浆拉伸粘结强度试验应在抹灰层施工完成14d后进行。 ( )

9. 依据JGJ/T 220—2010,进行抹灰砂浆拉伸粘结强度试验时,测量断面边长,在各边中部分别测量2个数值或相互垂直测量2个直径,取其平均值作为边长值或直径。 ( )

10. 依据JGJ/T 220—2010,对现场拉伸粘结强度试验结果有争议时,应以采用圆形顶部拉拔板测定得到的测试结果为准。 ( )

第九节 室内环境污染物

1. 依据GB 50325—2020,民用建筑工程验收时,各项室内环境污染物浓度测量值的极限值判定采用全数值比较法。 ( )

2. 依据 GB 50325—2020，民用建筑工程验收时，当建筑单体房间总数少于 3 间时，应全数检测。（　）

3. 依据 GB 50325—2020，民用建筑工程验收时，凡进行了样板间室内环境污染物浓度检测且检测结果合格的，抽检量减半，并不得少于 3 间。（　）

4. 依据 GB 50325—2020，室内空气 TVOC 检测中，当对用 Tenax－TA 吸附管和 T－C 复合吸附管采样得到的结果有争议时，以 T－C 复合吸附管的检测结果为准。（　）

5. GB 50325—2020 要求恒流采样器在室内空气 TVOC 采样过程中流量应稳定，当流量为 0.5L/min 时，应能克服 1～5kPa 的阻力。（　）

6. 民用建筑工程室内环境污染物浓度检测结果不符合 GB 50325—2020 标准规定时，该工程严禁交付投入使用。（　）

7. 依据 GB/T 16129—1995，用 AHMT 分光光度法检测室内空气中甲醛浓度时使用的波长是 630nm。（　）

8. 依据 GB 50325—2020，民用建筑工程室内环境污染物检测中，氨、甲醛、苯、甲苯、二甲苯、TVOC 的检测在对外门窗关闭 1h 后进行，氡的检测在对外门窗关闭 24h 后进行。

（　）

9. 依据 GB 50325—2020，学校展览馆和医院都属于Ⅰ类民用建筑工程。（　）

10. GB 50325—2020 不适用于工业生产建筑工程、仓储性建筑工程、构筑物和有特殊净化卫生要求的室内环境污染物控制。（　）

11. GB 50325—2020 中Ⅰ类民用建筑工程的污染物限量值和Ⅱ类民用建筑工程的污染物限量值完全不同。（　）

12. 依据 GB 50325—2020，当房间内有 2 个及 2 个以上检测点时，应采用对角线、斜线、梅花状形式均衡布点，并取各点检测结果的最大值作为该房间的检测值。（　）

13. 标准溶液在容量瓶中配制完成后，可以直接放在冰箱中长期储存。（　）

14. 依据 GB 50325—2020，对某住宅楼进行室内环境污染物浓度检测时，对于装饰装修工程中完成的固定式有门书柜，采样时应保持书柜门打开状态。（　）

15. 依据 GB 50325—2020，对某无架空层和地下车库的展览馆进行室内环境中氡浓度检测时，应增加低层抽检数量。（　）

16. 依据 GB 50325—2020，对某采用集中通风方式的办公楼进行室内空气中甲醛现场采样，应在通风系统关闭 1h 后进行。（　）

17. 依据 GB 50325—2020，民用建筑工程竣工验收时，室外空气中的污染物浓度空白值有可能会比室内检测点的浓度高。雾霾重度污染及以上情况下不宜进行现场采样。

（　）

18. 依据 GB 50325—2020，计算某毛坯住宅抽检房间数量时，“自然间”包含厨房、客厅、卫生间、卧室、办公室、书房、阳台。（　）

19. 依据 GB/T 16129—1995，民用建筑工程室内空气中甲醛浓度检测采用 AHMT 分光光度法，其最低检出质量为 0.10μg。（　）

20. 依据 GB/T 18204.2—2014，民用建筑工程室内空气中氨浓度检测采用的靛酚蓝分光光度法中，水杨酸溶液应避光保存，在每个样品中加入 0.4mL。（　）

21. 依据 GB 50325—2020，民用建筑工程室内环境检测中，对室内空气污染物 TVOC

进行色谱测定,热解吸气流方向与采样气流方向相反。　(　)

22. 依据 GB/T 16129—1995,进行民用建筑工程室内空气中甲醛浓度检测时,试样加入 NaOH、AHMT 溶液后,轻轻颠倒混匀 3 次,放置 20min。　(　)

23. 依据 GB 50325—2020,对民用建筑工程土壤中氡浓度采用少量抽气-静电收集-射线探测器法测定时,将取样器插入打好的孔中,在靠近地表处应进行密闭,避免大气渗入孔中。　(　)

24. 依据 GB 50325—2020,进行民用建筑工程室内空气中苯、甲苯、二甲苯采样时,活性炭吸附管与空气采样器入气口水平连接,采集约 10L 空气。　(　)

25. 依据 GB/T 18204.2—2014,使用靛酚蓝分光光度法测定室内空气中氨时,用一个内装 10mL 吸收液的小型气泡吸收管进行采样,并以 0.5L/min 流量采样 5L。　(　)

26. 依据 GB 50325—2020,Ⅰ类民用建筑工程包括住宅、医院、老年建筑、幼儿园、学校教室、体育馆等建筑。　(　)

27. 依据 GB 50325—2020,当Ⅰ类民用建筑工程场地土壤中氡浓度平均值不小于 50000Bq/m^{3}时,应进行工程场地土壤中的镭-226、钍-232、钾-40 比活度测定。　(　)

28. 依据 GB 50325—2020,新建、扩建和改建的民用建筑结构工程和装饰装修工程统称为民用建筑工程。　(　)

29. 依据 GB 50325—2020,检测苯、甲苯和二甲苯浓度时使用的毛细管柱,内径应为 0.32mm,内涂覆聚二甲基聚硅氧烷或其他非极性材料。　(　)

30. 依据 GB/T 18204.2—2014,采用靛酚蓝分光光度法测定室内空气中氨时,应以 0.5L/min 流量采样 10L。　(　)

31. 依据 GB 50325—2020,民用建筑工程室内环境检测中,当房间使用面积大于 1000m^{2}时,每增加 1000m^{2}增设 1 个检测点。　(　)

32. 依据 GB 50325—2020,使用配置 FID 检测器的气相色谱仪检测苯系物和 TVOC 时,柱箱温度都是恒定的。　(　)

第六章 简答题

第一节　混凝土结构及砌体结构构件强度

1. 依据 DB34/T 5012—2015，中型回弹仪除应符合国家标准《回弹仪》(GB/T 9138)的规定外，还应符合哪些规定？

2. 依据 JGJ/T 384—2016，在试验前应测量混凝土芯样试件的哪些尺寸？如何测量？

3. 依据 GB/T 50784—2013，钻芯修正的常用修正方法有哪些？相互间的差异有哪些？

4. 依据 JGJ/T 23—2011，简述中型混凝土回弹仪保养程序和要点。

5. JGJ/T 23—2011 中统一测强曲线适合何种条件的混凝土抗压强度检测？

6. 依据 JGJ/T 384—2016,用钻芯法检测混凝土抗压强度时,芯样宜在结构或构件的哪些部位钻取?

7. 依据 GB/T 50784—2013,混凝土力学性能检测包括哪些检测项目?

8. 检验中型回弹仪的率定值是否符合 80±2 的目的是什么?

9. 依据 JGJ/T 23—2011,进行混凝土抗压强度检测时,测区布置有哪些要求?

10. 依据 DB34/T 5012—2015 批量检测构件混凝土抗压强度,当出现哪些情况时该批构件应全部按单个构件检测?

11. 依据 JGJ/T 23—2011,简述用回弹法检测混凝土抗压强度时的两种检测方式及适用条件。

12. 依据 DB34/T 5012—2015,回弹值测量应符合哪些要求?

13. 混凝土在哪些情况下，测区强度不得按 DB34/T 5012—2015 进行强度换算？

14. 依据 JGJ/T 384—2016，芯样出现哪些情况时，不宜进行试验？

15. 依据 JGJ/T 384—2016，用钻芯法确定检测批的混凝土抗压强度推定值时，取样规定应符合哪些要求？取芯位置应符合哪些要求？

16. 依据 JGJ/T 384—2016，当采用修正量的方法时，芯样试件的数量和取芯位置应符合哪些要求？

17. 依据 JGJ/T 23—2011，回弹仪在哪些情况下应送检定单位检定？哪些情况下应进行保养？

18. 依据 JGJ/T 23—2011，混凝土强度换算值可根据哪些测强曲线计算？检测单位如何选用测强曲线？

19. JGJ/T 294—2013 不适用于何种条件的混凝土抗压强度检测？

20. GB/T 50784—2013 中混凝土抗压强度现场检测方法有哪些？采用不同方法时应符合哪些规定？

21. 依据 GB 50292—2015，请简述老龄期混凝土回弹值龄期修正的适用范围及适用条件。

22. 依据 JGJ/T 136—2017，用贯入法检测的砌筑砂浆应符合哪些要求？

23. 依据 GB/T 50315—2011，砌体工程的现场检测方法按测试内容分为哪几类？

24. 依据 GB 50203—2011，当施工中或验收时出现哪些情况时，可采用现场检验方法对砂浆或砌体强度进行实体检测，并判定其强度？

25. 依据 GB/T 50315—2011，请简述砂浆回弹法中每个测位内的测试步骤及要求。

26. 依据 JGJ/T 136—2017，用贯入法检测砌筑砂浆抗压强度时测点布置要求有哪些？

27. 依据 JGJ/T 136—2017,简述贯入深度测量的操作步骤。

28. 依据 GB/T 50315—2011,请简述用回弹法检测烧结普通砖或烧结多孔砖砌体中砖抗压强度测区布置及测试步骤。

第二节　钢筋及保护层厚度

1. 依据 GB 50204—2015,简述结构实体钢筋保护层厚度验收合格标准。

2. 依据 JGJ/T 152—2019,简述准备工作完成后,用钢筋探测仪检测保护层厚度的基本步骤。

3. 依据 JGJ/T 152—2019,当采用钢筋探测仪对混凝土结构中钢筋间距和混凝土保护层厚度进行检测时,在哪些情况下,应采用直接法验证?

4. 依据 GB/T 50784—2013,检测梁、柱类构件主筋数量和间距时应符合哪些要求?

5. 依据 JGJ/T 152—2019,在哪些情况下应对钢筋探测仪和雷达仪进行校准?

6. 依据 JGJ/T 152—2019,使用雷达仪检测钢筋混凝土保护层过程中,遇到哪些情况应选取不少于 30%的已测钢筋,且不少于 7 根(当实际数量不到 7 根时应全部抽取),采用直接法验证?

7. 依据 JGJ/T 152—2019,进行钢筋力学性能检测时,对构件内钢筋进行截取有哪些相关规定?

8. 依据 GB 50204—2015,简述对结构实体钢筋保护层检验中构件选取的要求。

9. 依据 JGJ/T 152—2019,简述用直接法检测混凝土中钢筋直径的相关规定。

10. 依据 GB/T 50784—2013,进行结构性能检测时,检验批混凝土保护层厚度检测应符合哪些规定?

第三节　植筋锚固力

1. JGJ 145—2013 中后锚固连接破坏模式有哪些？

2. 依据 JGJ 145—2013，混凝土结构后锚固承载力现场检验中，非破坏性检验结果如何评定？

3. JGJ 145—2013 中后锚固件应进行抗拔承载力现场非破损检验，满足哪些条件时还应进行破坏性检验？

第四节　构件位置和尺寸

1. 依据 GB 50204—2015，简述结构实体位置检验项目进行验收的合格判定标准。

2. 依据 GB 50203—2011，简述砖砌体、石砌体、填充墙砌体表面平整度的检验方法和抽检数量。

3. 依据 JGJ/T 488—2020，采用全站仪或拉线法检测木构件挠度时，应符合哪些规定？

第五节　外观质量及内部缺陷

1. 依据 GB 50204—2015,简述现浇结构外观质量缺陷中露筋、孔洞和裂缝的定义及严重缺陷的判别方法。

2. 依据 CECS 21:2000,简述不密实区和空洞检测时构件的被测部位应满足的要求。

第六节　装配式混凝土结构节点

1. 依据 JGJ/T 485—2019,对预制混凝土构件结合面粗糙度进行检测时应符合哪些规定?

2. 依据 T/CECS 1189—2022,对预埋吊件进行锚固承载力的非破损性检测,满足哪些条件时,应判定为合格?

3. 依据 T/CECS 1189—2022,混凝土内部结合面连接缺陷检测方法的选择应符合哪些规定?

4. 依据 T/CECS 1189—2022，混凝土外墙拼缝密封胶粘结质量可采用什么方法检测？并应符合哪些规定？

5. 依据 T/CECS 1189—2022，需要确定灌浆不饱满的缺陷长度，检测时应符合哪些规定？

第七节　结构构件性能

1. 依据 GB/T 50784—2013 对混凝土结构现场进行检测，一般出现哪几种情况应考虑进行荷载试验？

2. 简述 GB 50204—2015 中预制构件的加载、卸载过程及相应的规定。

3. 依据 GB/T 50784—2013，结构构件进行静载检验时，应选择哪些基本观测项目进行观测？

4. 依据 GB/T 50152—2012，混凝土结构试验中进行分级加载时，简述试验荷载实测值的确定原则。

5. 依据 GB/T 50784—2013,静载检验时,可选择哪些指标作为停止加载工作的标志?

6. 依据 GB 50204—2015,简述预制混凝土构件性能检验的合格判定标准。

7. 依据 GB/T 50344—2019 对建筑结构的动力特性进行测试,如何根据结构的特点选择测试方法?

第八节 装饰装修工程

1. 依据 JGJ/T 110—2017,饰面砖粘结强度试验中,对于带饰面砖的预制构件应如何进行结果判定?

2. 依据 JGJ/T 110—2017,饰面砖粘结强度试验中,对于现场粘贴的同一类饰面砖应如何进行结果判定?

3. 依据 JGJ/T 110—2017,进行饰面砖拉伸粘结强度试验时,粘结强度检测仪的安装和检测程序应符合哪些规定?

4. 依据 JGJ/T 110—2017，进行饰面砖拉伸粘结强度试验时，胶粘标准块应符合哪些规定？

5. 依据 JGJ/T 220—2010，抹灰层与基体拉伸粘结强度检测结果的有效性判定应符合哪些规定？

6. 依据 JGJ/T 220—2010，一组抹灰层与基体拉伸粘结强度试验中共有 7 个试样，如何对该组检测结果进行计算？

第九节　室内环境污染物

1. 依据 GB 50325—2020，如何判定某一个工程室内环境质量合格？

2. 依据 GB 50325—2020，进行室内环境污染物采样时，采样点与墙面、地面之间的距离有何要求？注意事项有哪些？

3. 依据 GB 50325—2020，对通风形式不同的民用建筑工程进行室内环境污染物采样时，对外门窗关闭时间分别有什么要求？

4. 采用自然通风的房屋室内环境污染物超标的主要原因有哪些?

5. 依据 GB 50325—2020,采集室外上风向空气中污染物时应注意哪些事项?

6. 依据 GB 50325—2020,针对进行了样板间室内环境污染物浓度检测且检测结果合格的民用建筑工程,在其验收时,现场应如何抽检室内环境污染物?

7. 简述 GB 50325—2020 标准修订的主要技术内容(至少列出 3 项)。

8. 依据 GB 50325—2020,简述空气中氡浓度检测方法及要求。

9. 对于容量瓶,如何试漏?

10. 依据 GB/T 16129—1995,简述用 AHMT 分光光度法测定空气中甲醛时的采样过程。

11. 依据 GB 50325—2020，简述室内空气中 TVOC 采样的过程与要求。

12. 依据 GB 50325—2020，对室内空气中苯、甲苯、二甲苯进行采样后，吸附管如何保存？对保存时间有什么要求？

13. 依据 GB 50325—2020 进行室内环境污染物浓度检测，当某抽检房间面积为 120m^2 时，该房间内应设置多少个检测点？应如何布点？该房间检测结果如何确定？

14. 依据 GB/T 16129—1995，简述采用 AHMT 分光光度法测定甲醛时标准曲线的分析步骤。

15. 依据 GB 50325—2020，民用建筑工程验收时，室内空气污染物抽检量有何规定？

16. 依据 GB 50325—2020，若民用建筑工程场地土壤中氡浓度测定结果为(1)不大于 20000Bq/m^3；(2)大于 20000Bq/m^3 且小于 30000Bq/m^3；(3)不小于 30000Bq/m^3 且小于 50000Bq/m^3；(4)不小于 50000Bq/m^3，则应分别采取什么防氡措施？

17. 依据 GB 50325—2020,当室内环境污染物浓度检测结果不符合标准规定时该如何处理?

18. 依据 GB 50325—2020,进行室内空气中苯、甲苯、二甲苯采样时,对恒流采样器的要求是什么?

19. 依据 GB 50325—2020,简述测定室内空气中 TVOC 时采用的升温程序。

20. 依据 GB 50325—2020,在工程地质勘察范围内检测土壤中氡浓度时,布点要求是什么?

第七章 综合题

第一节　混凝土结构及砌体结构构件强度

1. 某装配式预制构件混凝土设计强度等级为 C40，泵送混凝土，浇筑侧面经安装后为构件的底面。依据 DB34/T 5012—2015 对该构件混凝土强度进行检测，布置 10 个测区，采用中型回弹仪进行检测，检测面为浇筑侧面。相应测区回弹值数据见表 1－7－1 所列，非水平方向回弹值修正值见表 1－7－2 所列。依据 DB34/T 5012—2015 计算相应测区的回弹平均值。

表 1－7－1　相应测区回弹值数据表

测区	16 个测点回弹值															
2	41	43	40	38	37	44	39	46	43	45	43	41	38	38	36	47
5	45	42	44	39	36	43	46	47	43	47	38	39	43	49	42	44
8	43	45	48	42	45	50	44	42	48	39	43	47	44	46	41	40

表 1－7－2　非水平方向回弹值修正值

回弹平均值	向上 90°	向上 45°	向下 90°	向下 45°
40	－4.0	－3.0	＋2.0	＋3.0
41	－4.0	－3.0	＋2.0	＋3.0
42	－3.9	－2.9	＋1.9	＋2.9
43	－3.9	－2.9	＋1.9	＋2.9
44	－3.8	－2.8	＋1.8	＋2.8
45	－3.8	－2.8	＋1.8	＋2.8

2. 某工程为 7 层框架结构，现浇泵送混凝土，混凝土设计强度等级为 C30，采用回弹法检测 4 层梁 3—4/A 混凝土抗压强度，检测浇筑侧面，水平弹击。布置 10 个测区，随机选取第 2、6、9 测区进行碳化深度测量。第 2 测区测试结果：3.25mm、4.25mm、3.75mm。第 6

测区测试结果：4.25mm、4.00mm、4.50mm。第9测区测试结果：2.25mm、2.50mm、2.00mm。依据JGJ/ T 23—2011，计算该构件的碳化深度值。

3. 某工程为框架结构，4层框架柱混凝土强度设计等级为C30。采用钻芯修正法对4层框架柱进行批量检测。回弹测试10根构件，随机选取6个构件中的6个测区钻取混凝土芯样，芯样不垂直度、不平整度、直径均满足JGJ/T 384—2016相应的技术要求。试验数据汇总见表1-7-3所列。依据JGJ/T 384—2016计算各芯样试件抗压强度值、修正量。

表1-7-3 试验数据汇总表

检测部位	测区	回弹法测区换算强度值/MPa	芯样平均直径/mm	芯样平均高度/mm	试验破坏荷载/kN
1/A	6	34.6	100.0	101	295.6
2/B	4	35.9	100.0	103	310.5
3/C	8	33.5	100.0	102	305.7
8/D	3	32.6	100.0	105	293.1
13/C	2	36.7	100.0	102	307.8
15/B	7	38.0	100.0	104	341.3

4. 某工程为5层混凝土框架结构，地下1层，地上5层，建筑面积为6749.61m²。泵送混凝土设计强度等级为C30，3层结构于2020年2月浇筑。2020年5月，检测机构按照DB34/T 5012—2015对该工程3层框架柱、4层梁的混凝土抗压强度进行批量检测，测试面为构件浇筑侧面。3层框架柱测区混凝土抗压强度换算值汇总见表1-7-4所列，4层梁测区混凝土抗压强度换算值汇总见表1-7-5所列。

依据DB 34/T 5012—2015计算3层框架柱、4层梁的混凝土抗压强度推定值并进行符合性评定。

表1-7-4 3层框架柱测区混凝土抗压强度换算值汇总表

构件名称	测区抗压强度换算值/MPa									
	1	2	3	4	5	6	7	8	9	10
3层柱1/C	33.8	33.6	35.5	34.7	35.8	34.0	34.7	35.3	35.8	34.2
3层柱1/E	35.1	34.0	33.3	34.4	35.8	33.6	34.5	35.3	35.6	34.0

（续表）

构件名称	测区抗压强度换算值/MPa									
	1	2	3	4	5	6	7	8	9	10
3 层柱 2/B	32.2	34.0	34.0	32.6	34.0	32.7	32.2	31.7	34.5	32.2
3 层柱 2/D	33.4	35.5	34.7	35.3	33.3	34.0	34.0	34.4	35.6	34.7
3 层柱 2/E	39.7	38.9	39.3	39.3	38.9	39.3	39.1	39.7	39.8	39.5
3 层柱 2/F	39.3	38.5	37.0	37.7	39.7	37.7	39.7	39.1	39.3	37.9
3 层柱 3/C	39.3	39.7	38.9	38.9	38.5	39.5	39.1	39.3	38.1	38.3
3 层柱 3/D	38.1	37.7	38.3	39.1	37.9	39.7	40.0	37.7	36.0	37.9
3 层柱 3/F	39.3	39.3	38.5	39.7	37.0	39.5	38.1	37.9	39.7	40.2
3 层柱 4/C	38.9	40.4	40.0	40.4	40.0	39.8	39.7	39.8	39.7	39.1
3 层柱 5/D	37.3	37.7	38.9	38.9	38.5	37.9	39.7	38.3	39.1	37.7
3 层柱 6/E	37.9	39.1	38.1	37.7	39.3	39.7	37.9	37.7	39.1	39.3
$n=120$　$mf^{c}_{cu}=37.3$MPa　$Sf^{c}_{cu}=2.41$MPa										

表 1-7-5　4 层梁测区混凝土抗压强度换算值汇总表

构件名称	测区混凝土抗压强度换算值/MPa					备注
	1	2	3	4	5	
4 层梁 2—3/B	34.0	34.4	36.6	34.0	34.4	$n=60$ $mf^{c}_{cu}=35.3$MPa $Sf^{c}_{cu}=2.32$MPa
4 层梁 2—3/C	32.2	33.3	33.6	31.5	33.6	
4 层梁 2—3/D	35.3	32.2	35.5	34.7	32.6	
4 层梁 2—3/E	34.0	35.8	34.0	33.6	37.0	
4 层梁 3—4/B	37.7	38.9	38.1	38.9	36.2	
4 层梁 3—4/C	36.2	37.3	38.9	38.5	36.2	
4 层梁 3—4/E	38.7	39.3	38.1	38.1	36.6	
4 层梁 2/C—D	35.8	37.3	38.9	38.5	37.7	
4 层梁 2/E—F	34.4	34.7	32.9	34.4	33.3	
4 层梁 3/E—F	32.6	32.6	33.3	33.3	32.2	
4 层梁 3/B—C	32.4	37.0	34.4	33.3	37.3	
4 层梁 4/B—C	31.5	35.1	33.3	32.2	38.5	

5. 某工程为5层混凝土框架结构,地下1层,地上5层,建筑面积为6749.61m²。泵送混凝土设计强度等级为C30,3层结构于2020年2月浇筑。2020年5月,检测机构依据DB 34/T 5012—2015对该工程3层框架柱、4层梁的混凝土抗压强度进行批量检测,检测数据见表1-7-4和表1-7-5。依据JGJ/T 384—2016的有关规定,采用钻芯法进行修正,随机选取12个测区并分别钻取芯样,芯样试件的规格和破坏荷载汇总见表1-7-6所列。

表1-7-6 芯样试件的规格和破坏荷载汇总表

芯样编号	构件编号	测区	样品规格(直径×高度)/mm	破坏荷载/kN
1#	3层柱3/D	9区	94.0×98	223.4
2#	3层柱1/C	6区	94.0×94	224.7
3#	3层柱2/E	5区	94.0×97	221.0
4#	3层柱3/C	9区	94.0×94	234.0
5#	3层柱4/C	3区	94.0×95	270.5
6#	3层柱2/F	4区	94.0×92	234.6
7#	4层梁2—3/B	3区	94.0×94	234.0
8#	4层梁2—3/ C	5区	94.0×95	230.1
9#	4层梁2—3/D	2区	94.0×92	210.0
10#	4层梁2/E—F	2区	94.0×94	201.5
11#	4层梁3—4/C	4区	94.0×96	251.7
12#	4层梁2/C—D	1区	94.0×97	246.1

依据JGJ/T 384—2016,采用修正量法计算3层框架柱、4层梁的混凝土抗压强度推定值并进行符合性评定。

6. 某工程为5层混凝土框架结构,地下1层,地上5层,建筑面积为6749.61m²。泵送混凝土设计强度等级为C30,3层结构于2020年2月浇筑。2020年5月,检测机构依据DB 34/T 5012—2015对该工程3层框架柱、4层梁的混凝土抗压强度进行批量检测,检测数据见表1-7-4和表1-7-5。依据JGJ/T 384—2016的有关规定,采用钻芯法进行修正,随机选取6个测区并分别钻取芯样,芯样试件的规格和破坏荷载汇总见表1-7-6所列。

依据GB/T 50784—2013,(1)采用总体修正量法计算3层框架柱的混凝土抗压强度推定值;(2)采用对应样本修正系数法计算4层梁的混凝土抗压强度推定值。

7. 某工程为7层框架结构，现浇泵送混凝土，混凝土设计强度等级为C30，采用回弹法检测4层梁3—4/A混凝土抗压强度，检测浇筑侧面并水平弹击。4层梁3—4/A回弹法检测数据汇总见表1-7-7所列。依据JGJ/T 23—2011计算该构件强度平均值、标准差及该构件混凝土抗压强度推定值。

该地区回弹法检测混凝土抗压强度测强曲线：$f^{c}_{cu,i}=0.034488R_i^{1.9400}10^{-0.0173d_m}$。

表1-7-7　4层梁3—4/A回弹法检测数据汇总表

测区编号	1	2	3	4	5	6	7	8	9	10
测区回弹平均值	36.0	35.8	37.2	37.4	38.0	36.7	36.4	36.7	37.0	36.2
碳化深度值/mm	2.0	2.0	2.0	2.0	2.0	2.0	2.0	2.0	2.0	2.0

8. 某检测技术人员采用回弹法，依据JGJ/T 294—2013，对混凝土设计强度等级为C60的框架柱3/A(构件截面尺寸为500mm×500mm)进行检测，使用标称动能为5.5J的高强回弹仪进行测试。具体检测、计算步骤如下：

(1)检测开始前先对回弹仪进行率定，在配套的洛氏硬度为HRC60±2的钢砧上，回弹仪的率定值为80，满足测试要求；

(2)在构件上均匀布置10个300mm×300mm的测区；

(3)进行回弹测试时回弹仪纵轴线与混凝土成型侧面保持垂直，缓慢施压，准确读数，快速复位；

(4)测点均匀分布，对同一测点只弹击一次，相邻测点间距约为20mm；

(5)计算测区回弹值时，在每一测区16个回弹值中剔除3个最大值和3个最小值，用剩余的10个回弹值的平均值作为该测区回弹值的代表值R，精确至0.01；

(6)选3处有代表性的测区，在其表面打凿孔洞，并用酚酞酒精溶液测试其碳化深度，取其平均值作为该构件每个测区的碳化深度值，利用该碳化深度值，依据JGJ/T 294—2013附录B中表B.0.2，直接查得第i个测区混凝土抗压强度换算值；

(7)依据JGJ/T 294—2013中第5.0.6条和第5.0.8条，计算得出构件的混凝土抗压强度推定值，精确至0.1MPa。

请指出上述检测、计算过程中的不当之处并改正。

9. 某厂房预制混凝土梁，截面为 400mm×600mm，混凝土设计强度等级为 C30。混凝土所用的粗骨料为卵石，采用超声回弹综合法检测 1# 预制梁混凝土抗压强度。各测区回弹代表值和声速代表值见表 1-7-8 所列。依据 T/CECS 02—2020 计算该构件的现龄期混凝土抗压强度推定值。超声回弹综合法统一测强曲线为 $f^{c}_{cu,i}=0.0286V_{ai}^{1.999}R_{ai}^{1.155}$。

表 1-7-8 各测区回弹代表值和声速代表值

检测数据	测区									
	1	2	3	4	5	6	7	8	9	10
回弹代表值	40.6	40.4	43.0	42.8	44.0	44.0	44.4	42.0	43.0	42.0
声速代表值(km/s)	4.42	4.48	4.16	4.06	4.26	4.30	4.40	4.28	4.12	4.22

10. 对某层混凝土梁构件采用钻芯法进行批量检测，共随机钻取 15 个标准芯样。芯样试件抗压强度值见表 1-7-9 所列。依据 JGJ/T 384—2016，试求该批梁构件混凝土抗压强度平均值，标准差和推定区间下限值、上限值，并确定该批构件抗压强度推定值。

推定区间置信度为 0.90，$k_1(0.05)=1.114$，$k_2(0.05)=2.566$，$k_2(0.10)=2.329$。

表 1-7-9 芯样试件抗压强度值

芯样试件	1	2	3	4	5	6	7	8	9	10	11	12	13	14	15
抗压强度/MPa	30.2	26.5	28.3	33.4	34.2	31.6	30.8	29.9	32.2	31.3	34.5	33.0	29.2	28.6	32.0

11. 某工程混凝土的设计强度等级为 C25，某检测技术人员采用钻芯法对 3 层框架柱进行批量检测。依据 JGJ/T 384—2016 检测该批的混凝土抗压强度，具体采样、试验、计算步骤如下：

(1)从该检测批的构件中随机抽取 13 个，在每个构件受力较小的部位钻取一个直径为 100mm 的芯样试件，且避开主筋、预埋件和管线；

(2)采用在磨平机上磨平芯样端面的方法对芯样进行端面处理；

(3)用游标卡尺在芯样试件上部、中部和下部共测量 3 次，取测量的算术平均值作为芯样试件的直径，并精确至 0.5mm；

(4)用钢卷尺测量芯样试件高度，并精确至 0.5mm；

(5)采用游标量角器测量芯样试件 2 个端面与母线的夹角，取最大值作为芯样试件的垂直度，并精确至 0.1°；

(6)将钢板尺紧靠在芯样试件承压面上，一面转动钢板尺，一面用塞尺测量钢板尺与芯样试件承压面之间的缝隙，取最大缝隙作为芯样试件的平整度；

(7)经测量，端面处理后的芯样均满足尺寸偏差要求后，在自然干燥状态下进行抗压试验，得出各芯样的抗压强度值；

(8)依据 JGJ/T 384—2016 中第 6.3.2 条计算方法，算出由混凝土抗压强度推定值上限值 $f_{cu,e1}$ 和混凝土抗压强度推定值下限值 $f_{cu,e2}$ 构成的置信度为 0.90 的推定区间，且 $f_{cu,e1}$ 与 $f_{cu,e2}$ 之间差值小于 $\max\{5.0, 0.10f_{cu,cor,m}\}$，并以 $f_{cu,e2}$ 作为检测批混凝土抗压强度的推定值。

请指出上述采样、试验、计算过程中的不当之处并改正。

12. 某 2 层钢筋混凝土框架结构，采用泵送混凝土施工。监理单位在质量检测中发现 3 层梁 5—6/B 存在异常，怀疑其混凝土强度达不到设计要求。该构件跨度为 7.8m，截面为 300mm×700mm，板厚为 120mm。建设单位委托有资质的检测机构对该构件的混凝土强度进行检测。检测过程如下：

(1)检测单位委派 2 名检测员进行现场检测(其中 1 人持证上岗)；

(2)公司新购置的回弹仪，现场启封即使用；

(3)在大梁侧面布置 12 个测区，每个测区面积约为 $0.06m^2$；

(4)选取 3 个测区测量碳化深度值，依次测得 2.5mm、2.5mm、3.0mm。

请分析上述事件，哪些地方不符合 JGJ/T 23—2011 标准规定？并说明原因。

13. 某大楼总建筑面积约为 $14000m^2$，其长度约为 48m，宽度约为 26m，为钢筋混凝土剪力墙结构，设计强度等级为 C30。现对 6 层剪力墙混凝土强度进行批量检测，检测测区总数量有 120 个，采用回弹法检测混凝土抗压强度，采用钻芯修正量法进行修正。随机选取 6 个测区钻取 6 个标准芯样。经计算得出其中 10 个测区强度换算值(表 1-7-10)，相对应的测区混凝土芯样抗压强度值见表 1-7-11 所列。

表 1-7-10　10 个测区强度换算值

测区	5	12	26	33	45	57	66	79	93	105
强度换算值/MPa	38.5	34.5	33.6	36.7	38.5	40.3	42.6	38.5	42.6	39.6

表 1-7-11 相对应的测区混凝土芯样抗压强度值

芯样对应测区	5	12	33	57	79	105
芯样抗压强度值/MPa	40.4	35.2	38.1	40.3	40.7	41.6

依据 JGJ/T 384—2016,采用修正量法计算 10 个测区的强度换算值。

14. 某工程 10 层 1/A—B 轴剪力墙采用泵送混凝土进行浇筑,设计强度等级为 C30,自然养护龄期为 60d。某检测公司采用回弹法对该剪力墙构件进行混凝土抗压强度检测,构件的实际检测尺寸为 3m×3m,共布置 10 个测区,依据 JGJ/T 23—2011 进行检测。该剪力墙构件测区混凝土抗压强度换算值见表 1-7-12 所列。

表 1-7-12 剪力墙构件测区混凝土抗压强度换算值

测区	1	2	3	4	5	6	7	8	9	10
强度换算值/MPa	31.4	35.1	33.4	33.2	34.6	35.9	32.3	31.9	34.4	33.8

(1)依据该剪力墙构件的实际检测尺寸,简要画出检测时的测区布置示意图。

(2)计算该剪力墙构件的混凝土抗压强度推定值。

15. 某检测单位对某工程 A 楼进行结构实体检测,发现 3 层柱强度未达到设计强度等级 C30 的要求。该楼结构形式为框架结构,框架柱为 400mm×400mm,层高为 3.3m,泵送混凝土浇筑,共 30 根柱。应建设单位要求,依据 JGJ/T 23—2011 对该层柱进行批量检测,检测步骤如下。

(1)抽检比例为 30%,共抽检 9 根框架柱采用回弹法检测。

(2)在每个抽检的柱侧面,布置 5 个测区,回弹检测完毕后,在 3 个测区内进行碳化深度检测。

(3)在检测的 9 根柱中选取 6 根柱,各钻取一个混凝土芯样,直径为 70mm,位置位于回弹测区以外。

(4)将回弹法检测结果按 JGJ/T 23—2011 附录 A 中测区混凝土强度换算表进行计算

后，再按 JGJ/T 23—2011 的规定，进行钻芯修正。

(5)批量检测结果：45 个测区换算强度的平均值为 40.5MPa，最小值为 28.5MPa，推定值为 31.2MPa，变异系数为 0.14。据此评定该批混凝土强度为合格。

请指出上述采样、试验、计算过程中的不当之处并改正。

16. 某住宅楼为 6 层砖混结构，为在建工程，对±0.000 以上墙体采用 MU10 承重多孔黏土砖，设计强度等级为 M7.5，现场拌制水泥混合砂浆砌筑。依据要求，第 3 层墙体作为一个检测单元，抽取 6 片墙体。砌筑砂浆抗压强度换算表见表 1-7-13 所列。依据 JGJ/T 136—2017 计算 3 层墙体砌筑砂浆抗压强度推定值并进行符合性评定。

表 1-7-13　砌筑砂浆抗压强度换算表

检测部位	测区	贯入深度平均值 m_{d_i}/mm	抗压强度换算值/MPa
3 层墙体 1/B——C	1	3.70	9.4
3 层墙体 3—4/B	2	4.20	7.2
3 层墙体 5/B—C	3	3.60	10.0
3 层墙体 6—7/C	4	4.50	6.2
3 层墙体 8/B—C	5	4.10	7.6
3 层墙体 8—9/A	6	4.45	6.4

17. 某既有建筑为砌体结构，建于 2020 年，对±0.000 以上墙体采用 MU10 烧结普通砖，设计强度等级为 M5，现场拌制水泥混合砂浆。需对砌筑砂浆强度进行检测，为减少对结构的损伤，采用贯入法检测。对一层墙体进行批量检测，共抽检 6 个墙体构件。每个构件贯入深度平均值见表 1-7-14 所列，用贯入法检测砌筑砂浆换算表见表 1-7-15 所列。依据 JGJ/T 136—2017 计算该批砌体砌筑砂浆强度平均值、标准差和推定值。

表 1-7-14　每个构件贯入深度平均值　　单位：mm

构件编号	1	2	3	4	5	6
贯入深度平均值	5.60	5.35	6.10	5.74	5.70	5.13

表 1-7-15 贯入法检测砌筑砂浆强度换算表

贯入深度 d_i/mm	抗压强度换算值 $f^c_{2,j}$/MPa			贯入深度 d_i/mm	抗压强度换算值 $f^c_{2,j}$/MPa		
	预拌砂浆	现场拌制水泥混合砂浆	现场拌制水泥砂浆		预拌砂浆	现场拌制水泥混合砂浆	现场拌制水泥砂浆
4.50	8.5	6.2	7.3	5.50	5.2	4.1	4.7
4.60	8.1	5.9	6.9	5.60	5.0	3.9	4.6
4.70	7.6	5.7	6.6	5.70	4.8	3.8	4.4
4.80	7.3	5.4	6.3	5.80	4.6	3.6	4.2
4.90	6.9	5.2	6.1	5.90	4.4	3.5	4.1
5.00	6.6	5.0	5.8	6.00	4.3	3.4	3.9
5.10	6.3	4.8	5.6	6.10	4.1	3.3	3.8
5.20	6.0	4.6	5.3	6.20	3.9	3.1	3.7
5.30	5.7	4.4	5.1	6.30	3.8	3.0	3.5
5.40	5.5	4.2	4.9	6.40	3.6	2.9	3.4

18. 某检测技术人员采用贯入法，按照 JGJ/T 136—2017 对一面用烧结普通砖砌筑的承重墙体中的砌筑砂浆进行检测，现场拌制水泥砂浆。经现场检查，水平灰缝内部的砂浆与其表面的砂浆质量基本一致。具体检测、计算步骤如下：

(1)现场选择的灰缝饱满，灰缝厚度为 5mm；

(2)检测开始前先对贯入仪测钉进行核查，发现使用的测钉均能顺利通过测钉量规槽，满足测试要求；

(3)将检测范围内的浮浆及粉刷层等清除干净，并将测点均匀分布在竖缝和水平缝位置；

(4)采用贯入仪对构件进行检测，相邻测点水平间距大于 240mm，每条灰缝上测点为 4 个；

(5)将贯入仪扁头对准灰缝中间，并垂直于被测墙体的灰缝砂浆的表面，将测钉贯入被测砂浆中；将测钉拔出后，将贯入深度测量表侧头插入测孔中，使扁头紧贴灰缝砂浆，并垂直于被测砌体灰缝表面，量取测量深度。当灰缝表面经打磨难以达到平整时，贯入前用贯入深度表测量不平整度并记录；

(6)对每个构件测试 12 个点，将 1 个较大值和 1 个较小值剔除，对余下的 10 个贯入深度取平均值；

(7)查 JGJ/T 136—2017 附录 D 砌筑砂浆抗压强度换算表，即得到该面墙体砌筑砂浆的抗压强度推定值。

请指出上述检测、计算过程中的不当之处并改正。

19. 某检测技术人员采用回弹法，依据 GB/T 50315—2011 对由烧结普通砖砌筑的承重墙体中的砌筑砂浆进行检测。经检查，水平灰缝内部的砂浆与其表面的砂浆质量基本一致。具体检测、计算步骤如下：

(1)现场选择的测位避开门窗洞口及预埋件，每个测位面积约为 0.2m^2；

(2)检测开始前先对回弹仪进行率定，在配套的钢砧上，回弹仪的率定值为 71，满足测试要求；

(3)将测位处清理干净，将弹击点处砂浆表面打磨平整，磨掉约 3mm 厚的表面砂浆，并除去浮灰；

(4)在每个测位内均匀布置 12 个弹击点，选定弹击点时避开砖的边缘、气孔或松动的砂浆，且相邻两弹击点的间距不小于 10mm；

(5)在每个弹击点上连续弹击 3 次，读取 3 次回弹值中的最大值，回弹值读数估读至 1，测试时回弹仪始终保持水平状态，其轴线垂直于砂浆表面，不得移位；

(6)在每一测位内选 3 处灰缝，在其表面打凿孔洞，并用酚酞酒精溶液测试其碳化深度值；该测位平均碳化深度值为各次测量值的算术平均值，精确至 1mm；

(7)依据 GB/T 50315—2011 中第 12.4 条，计算得出测区的砂浆抗压强度平均值。

请依据 GB/T 50315—2011 指出上述检测、计算过程中的不当之处并改正。

20. 某检测技术人员采用点荷法，依据 GB/T 50315—2011 对由烧结普通砖砌筑的承重墙体中的砌筑砂浆进行检测，具体采样、试验、计算步骤如下：

(1)测试设备为读数精度较高的大吨位压力试验机，最小读数盘为 100kN；

(2)在每个测点处取出一个砂浆大片，大片的厚度约为 10mm，大面平整，边缘基本规则；

(3)在所取的砂浆试件上画出作用点，测其厚度，精确至 1mm；

(4)将砂浆试件水平放置在压力试验机上、下加荷头之间，将加荷头对准预先画好的作用点且轻轻压紧试件，然后缓慢匀速施压至试件破坏。加载至试件破坏约耗时 0.5min，记录荷载值，精确至 0.1kN；

(5)将破坏后的试件拼接成原样,测量荷载实际作用点中心到试件边缘的最短距离,将其作为荷载作用半径,精确至 0.1mm;

(6)依据 GB/T 50315—2011 中第 13.4 条,计算得出测区的砂浆抗压强度平均值。

请依据 GB/T 50315—2011 指出上述采样、试验、计算过程中的不当之处并改正。

21. 某既有建筑为 2 层砖混结构,为烧结普通砖砌体,墙体厚度为 240mm,层高为 3m,圈梁高度为 250mm,单层墙体折算长度为 200m。采用回弹法并依据 GB/T 50315—2011 对承重墙体中的砖的抗压强度进行检测。具体检测、计算步骤如下:

(1)将两层砌体作为一个检测单元;

(2)在检测单元中随机选择 10 个测区,测区面积为 0.8m^2;在每个测区中随机选择 10 块条面向外的砖作为 10 个测位;

(3)检测开始前先对回弹仪进行率定,在配套的钢砧上,回弹仪的率定值为 71,满足测试要求,各测位的砖是外观质量合格的完整砖,条面干燥、清洁、平整;

(4)在每个测位内均匀布置 10 个弹击点,选定弹击点时避开砖表面缺陷,且相邻两弹击点的间距为 20～30mm;

(5)在每个弹击点上连续弹击 3 次,读取 3 次回弹值中的最大值,回弹值读数估读至 1;测试时回弹仪始终保持水平状态,其轴线垂直于砖的测面;

(6)单个测位的回弹值取弹击点回弹值的平均值,各测位的抗压强度换算值根据烧结普通砖的测强曲线进行换算。

(7)测区的抗压强度平均值为 10 个测位的抗压强度平均值,检测单元的砖抗压强度等级依据检测单元的砖抗压强度平均值、抗压强度标准值或最小值和变异系数进行推定。

请依据 GB/T 50315—2011 指出上述检测、计算过程中的不当之处并改正。

22. 某住宅小区均为 6 层砖混结构,其中 1＃楼建于 2010 年,±0.000 以上墙体采用 MU10 普通烧结黏土砖,设计强度等级为 M7.5,现场拌制水泥混合砂浆砌筑。依据要求,将 1＃楼 3 层墙体作为一个检测单元,抽取 6 片墙体,采用推出法对砌筑砂浆进行检测。1＃楼砌筑砂浆抗压强度试验数据见表 1-7-16 所列。依据 GB/T 50315—2011 计算 1＃楼 3 层墙体砌筑砂浆抗压强度推定值并进行符合性评定。

表 1-7-16　1#楼砌筑砂浆抗压强度试验数据

检测部位	测区	各测点推出力峰值 N_{ij}/kN			各测点砂浆饱满度/%			测区强度平均值/MPa
		1	2	3	1	2	3	
3 层墙体 2/B—C	1	14.53	16.78	15.55	70	75	77	—
3 层墙体 3—4/C	2	12.51	13.72	15.68	80	76	83	6.9
3 层墙体 5/A—B	3	16.35	18.51	14.78	85	81	90	—
3 层墙体 6—7/B	4	16.14	15.50	17.18	68	82	75	9.1
3 层墙体 7/B—C	5	16.33	14.45	14.64	75	65	83	8.4
3 层墙体 8—9/A	6	15.85	14.40	15.66	79	83	68	8.2

23. 某住宅小区均为 6 层砖混结构，其中 2# 楼建于 2013 年，±0.000 以上墙体采用 MU10 普通烧结黏土砖，设计强度等级为 M7.5，现场拌制水泥混合砂浆砌筑。依据要求，将 2# 楼 3 层墙体作为一个检测单元，抽取 6 片墙体，采用砂浆片剪切法对砌筑砂浆进行检测。2# 楼砌筑砂浆抗压强度试验数据见表 1-7-17 所列。依据 GB/T 50315—2011 计算 2# 楼 3 层墙体砌筑砂浆抗压强度推定值并进行符合性评定。

表 1-7-17　2#楼砌筑砂浆抗压强度试验数据

检测部位	测区	各试件破坏截面面积/mm^2					各试件抗剪荷载值 V_{ij}/N				
		1	2	3	4	5	1	2	3	4	5
3 层墙体 2/B—C	1	258	338	310	269	358	320	385	300	290	410
3 层墙体 3—4/C	2	299	342	375	287	366	335	380	420	335	390
3 层墙体 5/A—B	3	344	363	345	350	370	375	390	360	370	410
3 层墙体 6—7/B	4	371	288	373	335	350	420	315	435	360	385
3 层墙体 7/B—C	5	275	351	322	366	351	310	395	360	385	370
3 层墙体 8—9/A	6	356	364	369	289	340	390	375	385	300	365

其中，2、4、5、6 测区的砂浆抗压强度平均值分别为 7.6MPa、7.6MPa、7.5MPa、7.2MPa。

24. 某工程为 6 层砖混结构,用原位轴压法在 2 层 240mm 厚普通砖砌体的墙体上进行砌体抗压强度试验,原位压力机为 600 型,上下水平槽尺寸为 250mm,槽间砌体高度为 7 皮砖。原位轴压法试验数据见表 1-7-18 所列。依据 GB/T 50315—2011,对 2 层墙体检测单元标准砌体抗压强度标准值进行推定。

表 1-7-18　原位轴压法试验数据表

检测部位	测区	槽间砌体破坏荷载/kN	测点上部墙体的压应力/MPa
2 层墙体 1/B—C	1	254	0.55
2 层墙体 3—4/B	2	312	0.60
2 层墙体 5/B—C	3	299	0.57
2 层墙体 6—7/C	4	240	0.48
2 层墙体 8/B—C	5	287	0.54
2 层墙体 8—9/A	6	352	0.66

25. 某工程为 6 层砖混结构,其砖为烧结普通砖,墙体厚度为 240mm。抗震鉴定过程中为了解一层墙体沿通缝截面的抗剪强度,采用原位单剪法对 2 层墙体抗剪强度进行检测。随机抽取 6 面墙体,原位单剪法试验数据见表 1-7-19 所列。依据 GB/T 50315—2011 对一层墙体沿通缝截面抗剪强度标准值进行推定。

表 1-7-19　原位单剪法试验数据表

检测部位	测区	剪切面长度/mm	抗剪破坏荷载/N
2 层墙体 2/B—D	1	490	35880
2 层墙体 3—4/C	2	490	29750
2 层墙体 4/B—C	3	490	33260
2 层墙体 5—7/B	4	490	34640
2 层墙体 7/B—D	5	490	28160
2 层墙体 7—8/A	6	490	42550

第二节　钢筋及保护层厚度

1. 某剪力墙结构，地上有 28 层 地下有 2 层，每层有 30 块现浇板，无悬挑板，有 35 根框架梁，地上每层有 4 根悬挑梁。某检测单位对该工程进行实体检测，检测报告作为工程验收依据之一。其提供的抽检方案如下：

(1)抽检项目为混凝土强度、梁受力钢筋保护层、板厚、板钢筋保护层；

(2)在混凝土强度项目中，将剪力墙、梁作为同一个检测批进行抽检；

(3)在板厚项目中，按规范抽检，共抽检 11 块板，每隔 3 层抽检 1 层；

(4)在板钢筋保护层项目中，共抽检 11 块板，每隔 3 层抽检 1 层，楼板位置均位于电梯口；

(5)在梁受力钢筋保护层项目中，共抽检 15 根梁(其中抽检 4 根悬挑梁)，每隔 3 层抽检 1 层(抽检悬挑梁位于 1 层、9 层、18 层、30 层)，检测梁底箍筋保护层厚度。

请依据 GB 50204—2015 指出上述检测方案中的不当之处。

2. 利用钢筋探测仪对某框架梁的混凝土保护层厚度进行检测，梁底有 3 根纵向受力钢筋，两侧为直径是 22mm 的钢筋，中间为直径是 18mm 的钢筋。因检测条件的限制需加设附设垫块，探头垫块厚度为 10.0mm，每根钢筋用探测仪测得的厚度数据依次为 39/38mm、39/40mm、33/34mm。已知该公称直径为 22mm 的混凝土保护层厚度实测验证值为 38.8mm，对应检测值为 40.8mm；公称直径为 18mm 的混凝土保护层厚度实测验证值为 40.6mm，对应检测值为 41.6mm。计算该梁底钢筋混凝土保护层厚度检测值。

3. 某检测技术人员采用电磁感应法，依据 JGJ/T 152—2019，对一块现浇钢筋混凝土现浇板的板面钢筋间距进行检测。具体检测及记录步骤如下：

(1)检测人员到现场后，查看图纸资料，了解钢筋的直径和间距等信息。在现场发现现浇板上存在较多颗粒状建筑垃圾，检测人员用脚把建筑垃圾踢开后开始实施检测；

(2)检测人员打开仪器，设置好钢筋直径信息，对现浇板上的板面钢筋开始扫描；

(3)检测人员对钢筋位置逐一进行扫描，每根钢筋扫描 1 次；

(4)检测人员共计检测 6 根钢筋，并用粉笔标记钢筋位置；

(5)检测人员依据标记位置，采用钢卷尺量测钢筋间距，每次钢筋间距精确至 5mm；

(6)记录人员记录数据时,发现记录错误,涂改后改成新的检测记录值。

请指出上述检测、记录过程中的不当之处并改正。

4. 某公司厂房为单层框架结构,为了解既有建筑结构中钢筋锈蚀状态,对框架梁中的钢筋采取现场取样法检测钢筋截面损失率。现场对直径为20mm的带肋钢筋进行检测,随机选取5根构件并在受弯较小部位截取,长度为300~350mm,经清理表面混凝土、酸洗、清水漂净、石灰水中和、清水冲洗、干燥4h后称重。采用现场取样法检测钢筋试件试验数据见表1-7-20所列。依据GB/T 50784—2013计算钢筋的截面损失率。

表1-7-20　采用现场取样法检测钢筋试件试验数据表

检测部位	编号	钢筋试件长度/mm	钢筋试件重量/g
框架梁 2/B—C	1	305.4	658.03
框架梁 2—3/C	2	315.2	712.44
框架梁 4/B—C	3	312.7	755.67
框架梁 5—6/B	4	308.6	733.52
框架梁 6/A—B	5	311.3	728.56

第三节　植筋锚固力

1. 某混凝土工程的植筋数量为84根,直径为25mm。现随机抽检锚固区以外同条件位置的3根锚固件做破坏性检验,受检验锚固件极限抗拔力实测值分别为310kN、260kN、225kN,其中植筋用钢筋的屈服强度标准值为400MPa,抗拉强度设计值为360MPa,钢筋截面面积为491mm^2。试评定其锚固质量是否合格?

2. 某工程为11层框架结构,填充墙为蒸压加气混凝土砌块,检验批的容量为250根,与框架柱之间的连接钢筋采用直径为10mm的带肋钢筋,采用化学植筋方式,埋置深度为100mm,混凝土设计强度等级为C30。检验批验收时,采用正常二次性抽样方法,随机抽检13根植筋进行非破坏承载力检验。墙体拉结筋非破坏承载力检验结果见表1-7-21所列。

当设计无要求时，确定拉拔试验的轴向受拉非破坏承载力检验值，并对该检验批进行合格性判定。

表 1-7-21　墙体拉结筋非破坏承载力检验结果

检测部位	编号	非破坏承载力检验荷载/kN	完好	持荷 2min 期间荷载值降低/%
1 层框架柱 2/B	1	N_{tj}	基材无裂缝、钢筋无滑移、无宏观裂损现象	4.3
3 层框架柱 3/C	2	N_{tj}		9.2
5 层框架柱 4/C	3	N_{tj}		3.6
9 层框架柱 5/B	4	N_{tj}		5.3
其余 9 处框架柱	5～13	N_{tj}		1.0～3.0

第四节　构件位置和尺寸

1. 某 6 层现浇框架结构综合楼，为独立基础，每层有 66 根梁、35 根柱、24 块现浇板。工程验收前，某检测单位拟对该工程±0.000 以上（不含±0.000）结构进行构件尺寸偏差检验。请依据 GB 50204—2015 作答。

（1）对梁、柱、现浇板构件，应至少分别抽取多少待测构件（现浇板构件数量视同自然间数量）？

（2）柱截面尺寸的检验要求有哪些？

（3）若梁高检验共抽取了 8 根梁，其梁高设计值及实测平均值见表 1-7-22 所列。试对其进行评定。

表 1-7-22　梁高设计值及实测平均值　　单位：mm

梁构件编号	1	2	3	4	5	6	7	8
梁高设计值	300	300	300	400	400	400	480	480
实测平均值	308	306	295	393	404	408	492	476

2. 某住宅楼为剪力墙结构,地上有 24 层,地下有 1 层,为筏板基础,上部结构中每层有 33 块现浇板(其中悬挑板有 6 块)。工程验收前,某检测单位拟对该工程±0.000 以上结构进行层高检验。请依据 GB 50204—2015 作答:

(1)至少应抽取多少间自然间(现浇板构件数量视同自然间数量)?

(2)层高的检验要求有哪些?

(3)如层高检验共抽取了 8 间自然间,其层高设计值及实测平均值见表 1-7-23 所列。试对其进行评定。

表 1-7-23 层高设计值及实测平均值 单位:mm

自然间编号	1	2	3	4	5	6	7	8
层高设计值	2900	2900	2900	2900	2900	2900	2900	2900
实测平均值	2905	2908	2896	2888	2910	2906	2892	2898

3. 某剪力墙结构住宅楼地上有 24 层,地下有 1 层,为筏板基础,上部结构层高为3.1m,每层有 24 片填充墙。请依据 GB 50203—2011 作答:

(1)若将上部结构(±0.000 以上)每层填充墙划分为一个检验批,进行垂直度检验时至少应抽取多少片填充墙?

(2)填充墙轴线位移、垂直度(每层)、表面平整度的检验方法及允许偏差要求有哪些?

第五节 外观质量及内部缺陷

1. 某检测机构对某学校教学楼门厅灾后混凝土进行表面损伤层厚度检测。采用单面平测法进行检测,有 A、B 两测位,每测位测点数有 6 个。由用平测法绘制的"时-距"曲线查得 A 测位的损伤混凝土回归直线斜率 $b_{1A}=2.30$km/s,截距 $a_{1A}=-13.0$mm,未损伤混凝土回归直线斜率 $b_{2A}=4.0$km/s,截距 $a_{2A}=-30.0$mm;B 测位的损伤混凝土回归直线斜率 $b_{1B}=2.90$km/s,截距 $a_{1B}=-18.0$mm,未损伤混凝土回归直线斜率 $b_{2B}=4.17$km/s,截距 $a_{2B}=-35.0$mm。依据 CECS 21:2000 计算 A、B 测位的损伤层厚度。

2. 某工程地下室采用筏板基础，混凝土强度等级为 C40，底板厚度为 700mm，有一条纵向裂缝，预估裂缝深度不超过 500mm，采用单面平测法检测其裂缝深度。T、R 换能器内边缘间距等于 100、150、200、250、300mm，分别读取其声时 $t_1 \sim t_4$。其中 $t_4 = 112.6\mu s$，裂缝区混凝土声速 $v = 4200m/s$，$h_{c1} = 188mm$，$h_{c2} = 205mm$，$h_{c3} = 190mm$，$h_{c5} = 212mm$。声时与测距之间的回归方程常数项为 $-10mm$。依据 GB/T 50784—2013 计算受检裂缝深度。

第六节　装配式混凝土结构节点

1. 某工程设计为装配式混凝土结构，根据要求采用数显测深尺法，对预制叠合板楼板的结合面粗糙度进行检测。根据 JGJ/T 485—2019 规范要求进行检测，各测区所测有效凹凸深度数据见表 1-7-24 所列。试计算该预制叠合板楼板的结合面粗糙度，并进行合格性评定。

表 1-7-24　各测区所测有效凹凸深度数据　　单位：mm

测区编号	1	2	3	4	5	6	7	8
有效凹凸深度	7.05	6.29	6.55	4.41	6.51	5.30	4.48	4.24

2. 某工程 1＃楼为 18 层装配式剪力墙结构，竖向构件采用半灌浆套筒连接。每层有预制墙板 18 个，其中外墙有 10 个，每面墙体有 5 个套筒；内墙板有 8 个，每面墙体有 4 个套筒。某检测单位受建设单位委托对竖向构件首层进行套筒灌浆饱满性检测，依据 T/CECS 1189—2022、T/CECS 683—2020 采用钻孔内窥法进行检测。检测数量按 JGJ 355—2015 (2023 年版)执行，具体过程步骤如下。

(1)套筒灌浆施工完成 1d 后，检测单位进行现场检测。

(2)现场抽检了 5 个构件，其中外墙 3 个，内墙 2 个。

(3)对于每个外墙,按照30%随机抽取2个套筒;对于内墙,按照15%随机抽取1个套筒进行检测。

(4)钻孔前应确认出浆管或灌浆管的走向,钻孔方向应与出浆管或灌浆管的走向一致。钻孔过程中,用金刚石钻头沿着出浆孔对套筒壁进行钻孔,一次性将套筒壁钻通并进行清孔。

(5)检测过程中沿着检测通道伸入内窥镜头,观察内部饱满情况。发现套筒内灌浆料顶部界面低于套筒出浆孔时,应判定为灌浆不饱满,换上侧视镜头进行缺陷深度检测,并精确至1mm。

请指出上述抽样、检测等过程中的不当之处并改正。

第七节　结构构件性能

1. 依据GB/T 50152—2012,现采用四分点集中力模拟均布荷载,对一简支受弯构件进行等效加载。在一次加载试验中,实测得到该构件跨中竖向挠度的一组数据:15.0mm、14.0mm、17.0mm、16.5mm、16.0mm、17.2mm。试计算该组数据的变异系数。

2. 某住宅楼是2021年设计的,结构重要性系数 $\gamma_0=1.0$,为地上11层现浇剪力墙结构,其中一客厅现浇板平面净尺寸为4.0m×8.0m,现浇板厚度实测平均值为120mm,设计装修恒载为1.5kN/m^2,使用活荷载为2.0kN/m^2,板底、板面均为结构面。受建设单位委托,现对该现浇板依据GB/T 50784—2013进行安全性静载检验,本次荷载试验拟采用粗砂材料分级加载,在现浇板表面加载区域设置侧向围挡,逐级称量加载并均匀摊平;加载共分为7级,卸载共分为5级。

(1)计算本次安全性静载检验最低外加荷载值。(现浇板容重按25kN/m^{3}考虑)

(2)在现浇板板底安装5只机械百分表。其中,在四边支座中间位置各安装一只,在板跨中位置安装一只。采用机械百分表对被测现浇板各级加(卸)载后支座及跨中挠度变化情况进行测量,现浇板安全性静载检验结果汇总见表1-7-25所列。检验过程中受检构件未见明显破坏迹象,试分析外加荷载作用下现浇板构件的最大挠度值、构件残余变形值及荷载

-变形线性关系，并评定该现浇板结构安全性是否满足要求（已知该现浇板在该试验外加荷载下相应的挠度理论计算值为 3.2mm）。

表 1-7-25　现浇板安全性静载检验结果汇总表

加载及卸载工况		百分表读数值/mm				
每级加(卸)荷/kN		X 方向		Y 方向		跨中挠度实测值
		支座 1	支座 2	支座 3	支座 4	
初始值	0	0	0	0	0	0
加载第一级	38.0	0.03	0.05	0.02	0.04	0.26
加载第二级	38.0	0.05	0.09	0.05	0.07	0.68
加载第三级	36.0	0.08	0.12	0.08	0.09	0.98
加载第四级	18.8	0.10	0.14	0.09	0.11	1.24
加载第五级	18.8	0.12	0.16	0.10	0.11	1.49
加载第六级	18.8	0.13	0.18	0.11	0.14	1.72
加载第七级	18.8	0.15	0.19	0.12	0.16	1.96
卸载第一级	−37.6	0.12	0.16	0.10	0.13	1.56
卸载第二级	−37.6	0.10	0.14	0.08	0.10	1.28
卸载第三级	−38.0	0.07	0.11	0.06	0.08	0.86
卸载第四级	−38.0	0.04	0.07	0.04	0.04	0.48
卸载第五级	−36.0	0.01	0.03	0.02	0.02	0.26

3. 已知跨度为 5.0m、截面尺寸为 200mm×500mm 的简支梁构件，设计使用活荷载为 10.0kN/m，设计使用恒荷载为 2.0kN/m（不含自重），混凝土容重按 25.0kN/m³ 计算。现按 GB/T 50784—2013 开展适用性静载检验，采用模拟均布、分级加载方式，在两端支座和跨中位置布置 3 个百分表测量沉降位移值。当加载至正常使用极限状态短期效应组合时，两端支座的沉降位移以及包括支座沉降在内的跨中挠度实测值分别为 $u_l^0=0.08$mm，$u_r^0=0.12$mm，$u_m^0=5.10$mm，加载过程中挠度实测值无突变，呈线弹性状态。

（1）试计算该适用性检验最小加载值；

（2）评定挠度检验结果是否满足 GB/T 50010—2010 规定的挠度允许值（活荷载准永久组合系数取 0.4，荷载长期作用对挠度增大的影响系数取 2.0）。

4. 某工程结构重要性系数为 1.0,需对普通钢筋混凝土预制梁进行结构性能检验。其中,承载力按设计规范检验,允许出现裂缝,设计要求最大裂缝宽度限值为 0.20mm。截面为 300mm×800mm,净跨 7m,荷载准永久组合值的效应设计值(包括自重)为 700kN,荷载基本组合的效应设计值为 900kN,梁自重为 42kN。分 10 级加载,设备自重及构件自重作为第一级加载的一部分。因该构件需依据 GB 50204—2015 做承载力检验,加载至主筋拉断,构件破坏。试验观测结果如下:

(1)加载至 700kN,持荷时间结束后受拉主筋处最大裂缝宽度为 0.05mm;

(2)加载至 900 kN,持荷时间结束后受拉主筋处最大裂缝宽度为 0.15mm,腹部斜裂缝为 0.35mm;

(3)加载至 1100 kN,持荷时间结束后受拉主筋处最大裂缝宽度为 0.40mm,腹部斜裂缝为 0.70mm;

(4)加载至 1250 kN,持荷时间结束后受拉主筋处最大裂缝宽度为 1.05mm,腹部斜裂缝为 1.50mm;

(5)加载至 1350 kN,持荷时间结束后受拉主筋处最大裂缝宽度为 1.50mm;

(6)加载至 1800 kN,持荷时间结束后受拉主筋被拉断,构件被破坏。

试分析评判该构件的承载力、裂缝宽度检验是否合格。

第八节　装饰装修工程

1. 某外墙抹灰工程采用水泥抹灰砂浆,将之划分为一个检验批。检测单位派人前往现场按照 JGJ/T 220—2010 进行抹灰砂浆拉伸粘结强度检测,采用 100mm×100mm 正方形标准块,检测数量为一组。抹灰砂浆拉伸粘结强度检测结果见表 1-7-26 所列。试分析该工程抹灰砂浆拉伸粘结强度试验结果是否满足要求。

表 1-7-26　抹灰砂浆拉伸粘结强度检测结果

编号	1	2	3	4	5	6	7	8
粘结力/N	2510	2623	2435	1805	2073	2064	2095	2358
破坏位置	抹灰砂浆层内	基层内	粘结层	粘结层	粘结层	粘结层	抹灰砂浆层内	粘结层

2. 某幕墙工程拟新增一跨钢结构，采用化学锚栓将新增加的钢梁与原混凝土柱相连接。设计采用 M20 碳素钢锚栓，锚栓性能等级为 8.8 级，基材混凝土等级为 C35。验收时，某检测单位依据 JGJ 145—2013 对该工程锚栓进行非破损检验，已知非钢材破坏承载力标准值为 240kN。按规范共抽检了 5 根锚栓进行试验，锚栓承载力检测结果见表 1-7-27 所列。试判断该工程化学锚栓非破损检验结果是否合格。

表 1-7-27　锚栓承载力检测结果

锚栓编号	1	2	3	4	5
实际检验荷载/kN	201	186	195	223	203
持荷 2min 荷载下降幅度/%	2.1	2.3	2.5	2.4	1.1
持荷期间破坏情况	锚固件无滑移，基材混凝土无裂纹或其他损坏迹象				

3. 某装配式工程外墙使用同一类带饰面砖的预制墙板。生产厂家提供面积为 2200m^2 带饰面砖的预制墙板。检测单位依据 JGJ/T 110—2017 对其开展饰面砖粘结强度检验。

(1)检测单位按照 JGJ/T 110—2017 的规定，将预制墙板按每 1000 m^2 划分为一个检验批，不足 1000 m^2 为一个检验批，共划分为 3 个检验批。每检验批取 1 块板，每块板应制取 3 个试样对饰面砖粘结强度进行检验。请指出检测单位在检验批的划分及取样环节中不符合标准要求的做法，并指出正确的做法。

(2)对某组试样计算出的粘结强度分别为 0.8MPa、0.8MPa、0.5MPa，请判断该组试样粘结强度是否合格。

(3)如果工程需现场粘贴外墙饰面砖，按照标准要求应在现场粘贴施工前对饰面砖样板粘结强度进行检验，请指出样板粘结强度取样规定。

第九节　室内环境污染物

1. 现需要对某学校教学楼教室和图书馆进行竣工验收。教学楼教室采用自然通风方式，图书馆采用集中通风系统，检测时集中通风系统正常开启。按照《民用建筑工程室内环境污染控制标准》(GB 50325—2020)要求进行室内空气质量检测，教室样品采集前用电子皂膜流量计对大气采样器进行流量校准，测得的 5 次采样流量为 0.483L/min、0.516L/min、

0.507L/min、0.510L/min、0.498L/min。通过采集空气，测得教学楼教室空气中 TVOC 的含量为 2.547μg，图书馆空气中 TVOC 的含量为 4.665μg，室外空白 TVOC 含量为 0.038μg，未采样的空白吸附管中 TVOC 未检出，现场采样时温度为 20℃，大气压为 100.6kPa。(1)请问用于教学楼教室空气采样的空气采样器是否符合标准要求？并说明原因。(2)假设所有空气采样器采样流量均为 0.50L/min，采集时间为 20min，请问标准状态下此教学楼教室和图书馆空气样品中 TVOC 是否超标？(精确到 0.001)

2. 某实验员用 AHMT 分光光度法对从学校教室采集的空气中甲醛样品进行分析，测得样品吸光度为 0.140，空白吸光度为 0.024，室外上风向样品吸光度为 0.035。已知甲醛标准曲线为 $Y=0.1806X+0.115$，采样温度为 21.7℃，采样点大气压为 100.5kPa，室外采样点温度为 22.4℃，室外采样点大气压为 100.8kPa，采样仪器流量为 1.015L/min，采样时间为 20min。请计算甲醛浓度并判断甲醛浓度是否符合 GB 50325—2020 标准限量要求。

3. 某实验员用 AHMT 分光光度法对从某房间采集的甲醛样品进行分析，具体分析步骤如下。

步骤①：打开分光光度计，将分光光度计波长调整为 650nm，预热半小时。

步骤②：将样品溶液全部转入 10mL 比色管中，并对比色管进行编号，用少量吸收液洗吸收管，合并使总体积为 5mL。

步骤③：加入 0.3mL 1.5%高碘酸钾溶液。

步骤④：充分震摇，放置 5min。

步骤⑤：在各管中加入 1.0mL 5mol/L 氢氧化钾溶液和 0.5mL 0.5%AHMT 溶液，盖上管塞。

步骤⑥：轻轻颠倒混匀 3 次，放置 10min。

步骤⑦：用 10mm 比色皿，以水作参比，测定各管吸光度并记录。

步骤⑧：用蒸馏水作空白对照，测定空白样品吸光度。

请依据 GB/T 16129—1995 完成以下问题：

(1)上述分析步骤顺序是否正确？如有误请给出正确的操作顺序(用数字编号排序)；

(2)指出以上操作步骤中的错误之处；

(3)已知该房间检测点样品的吸光度 A 为 0.195，试剂溶液空白的吸光度 A_0 为 0.083，

标准曲线 B_s 为 4.68μg/吸光度，标准状态下采样体积为 19.6L，其他步骤与标准一致，请计算该测点甲醛浓度。(精确到 0.001)

4. 检测员对某酒店室内空气中 TVOC 含量进行检测。将样品管置于热解吸直接进样装置中，解吸气流方向与吸附管制样气流方向相同，经 250℃充分解吸后，使解吸气体直接由进样阀快速通入气相色谱仪进行色谱定性、定量分析。谱图总面积为 445176，其中苯质量 $M_{苯}$ 为 0.0382μg，峰面积为 12350，计算因子为 0.000005742；甲苯质量 $M_{甲苯}$ 为 0.2345μg，峰面积为 44392，计算因子为 0.000005941；乙酸丁酯质量 $M_{乙酸丁酯}$ 为 0.1235μg，峰面积为 16042；乙苯质量 $M_{乙苯}$ 为 0.0471μg，峰面积为 12244；对、间二甲苯质量 $M_{对、间二甲苯}$ 为 0.0837μg，峰面积为 25499，计算因子为 0.000005848；苯乙烯质量 $M_{苯乙烯}$ 为 0.0040μg，峰面积为 830；异辛醇质量 $M_{异辛醇}$ 为 0.1487μg，峰面积为 11272。

请依据 GB 50325—2020 回答以下问题：

(1)请指出上述分析步骤存在的错误并给出正确做法；

(2)请简述测定 TVOC 的程序升温过程；

(3)请根据已有数据计算该样品管中 TVOC 质量。

5. 某检测机构对一栋办公楼室内空气污染物进行检测，其中一间会议室(使用面积为 $47m^2$)的二甲苯检测相关数据如下：检测点采样流量为 0.498L/min，采样时间为 20min，采样温度为 23.9℃，大气压力为 100.8kPa，活性炭吸附管中对、间二甲苯质量为 0.7124μg，邻二甲苯质量为 0.3142μg。在室外测点处，采样流量为 0.494L/min，采样时间为 20min，采样温度为 26.7℃，大气压力为 100.4kPa，活性炭吸附管中对、间二甲苯质量为 0.0712 μg，无邻二甲苯。未采样的空白吸附管中二甲苯质量为 0.0415μg。试计算该会议室室内空气中二甲苯浓度，其值是否符合标准 GB 50325—2020 的要求？(结果保留 3 位小数)

6. 采用 AHMT 分光光度法对民用建筑工程室内空气中甲醛浓度进行检测时，甲醛标准储备溶液标定的浓度是 0.006mol/L，现有 1L 容量瓶，用 AHMT 吸收液将其浓度稀释为 2.00μg/mL，应取甲醛标准储备液多少毫升?(已知甲醛摩尔质量为 30g/mol，结果保留1 位小数)

7. 某恒流采样器采样流量为 0.504L/min，采集空气 10min，测得未经稀释的氨样品吸光度为 0.136，室外空白样品吸光度为 0.044，那么测得的空气中氨浓度为多少?(已知采样时温度为 19.8℃，大气压为 100.9kPa，计算因子为 12.19μg 氨/吸光度，结果精确至小数点后 2 位有效数字。)

第八章 参考答案

第一节 填空题部分

(一)混凝土结构及砌体结构构件强度

1. 6,100,1.0 2. 21.6 3. 4.5MPa,5.5MPa 4. 重要及薄弱,预埋件 5. 4,80±2 6. 缓慢施压,快速复位 7. 16,1,均匀分布 8. 角度修正,浇筑面修正 9. 2,0.5,0.2 10. 1,2 11. 明显差异,内部存在缺陷 12. 回弹值,碳化深度值 13. 自由状态,0 14. −4~40,5~35 15. 法定计量检定,半年 16. 3,90,3 17. 2000 18. 原材料,配合比,养护条件 19. 均匀,10 20. 1,20,30 21. 30%,2.0 22. 3,3 23. 60,31.5 24. 标准差 25. 2.207J,测试性能是否稳定,是否有污垢 26. 表面硬度 27. 自然干燥,(20±5)℃,40~48h 28. 15,20 29. 1,10,10 30. 1,0.95,1.05 31. 硫黄胶泥,环氧胶泥,2mm 32. 100mm,0.1mm 33. 80±2,83±2 34. 泵送,有明显差异,内部存在缺陷 35. 10.0~60.0,60.2~90.0 36. 240,240,0.06 37. 14~600 38. C50~C100,900 39. 50.0,6.50 40. 超声波声速值,2.207J 41. 检测批的容量,检测类别 42. 7~2000d,10~70 43. 对测或角测,平测 44. 300mm,300mm 45. 3 46. 5,板底 47. 100mm,3倍 48. 88%,80% 49. 混凝土强度,钢筋保护层厚度,结构位置与尺寸偏差 50. 0.5,0.05 51. 0.4~16.0 52. 6.9 MPa 53. 7,竖缝位置 54. 6.47 55. 30,6 56. 2.5~20MPa 57. 240mm,1~15MPa 58. 回弹值,碳化深度 59. 74±2 60. 12 61. 2MPa 62. 烧结普通砖,烧结多孔砖 63. 5~12mm 64. 74±2 65. 1,中间 66. 原位单砖双剪法,原位双砖双剪法 67. 6,6 68. 5 69. 表面已风化,遭受冻害,环境侵蚀 70. 0.01MPa,0.1MPa

(二)钢筋及保护层厚度

1. 抗拉强度,伸长率 2. 9% 3. 20 4. 2~3 5. 钢筋的保护层厚度,间距,公称直径,锈蚀性状 6. 取样称量法 7. 铁磁性物质 8. 无饰面层,饰面层,无饰面层 9. 0.1mm 10. 受力较大部位,施工中容易出现保护层厚度偏差的部位,耐久性要求较高的部位 11. ±1mm,±2mm 12. 垂直 13. 22mm 14. 在探头下附加垫块 15. 电磁场感应强度 16. 3 17. 2 18. 30%,7,7 19. 500 20. 电位等值线图

(三)植筋锚固力

1. 2~3min,2min 2. 连续加载,分级加载 3. 0.1%,5,100,3 4. 150 5. 1.45,1.25 6. 同品种,同规格,同强度等级 7. 2min,5% 8. 锚栓或植筋钢材破坏,基材混凝

土破坏,锚栓或植筋拔出破坏 9. 40.7 10. 一级 11. 当天,3 12. 5%,3 13. C20,C60,C30 14. 12,60 15. 50℃ 16. 性能,基材性状,被连接结构类型 17. 破坏性检验 18. 400 19. 螺杆,锚固胶 20. 膨胀型锚栓,扩底型锚栓,化学锚栓,植筋

(四)构件位置和尺寸

1. ±10 2. 145～160 3. 5%,3 4. 5 5. 500,100 6. 500,600 7. 10 8. 15mm 9. 15mm 10. ±6mm,±6mm 11. 激光垂直仪,吊线法 12. 结构整体垂直度,弯曲变形

(五)外观质量及内部缺陷

1. 全数检测 2. 厚度,径向 3. 平行,1/6 4. 波幅值 5. 100～300 6. 20～250,20～60,32 7. ±10%,1 8. ±1% 9. 双面对测,冲击回波法 10. 垂直或斜穿过

(六)装配式混凝土结构节点

1. 灌浆料实体强度,灌浆饱满性,钢筋插入长度 2. 预埋钢丝拉拔法,预埋传感器法,钻孔内窥法,X射线成像法 3. 钻孔内窥法,X射线成像法 4. ±4mm 5. 20mm,250～750kHz 6. 取样法,回弹法 7. 40～120MPa 8. 尺寸测量,±5% 9. 60mm,0.1mm 10. 80mm,1/3～3/2 11.(895±20),±12 12. 35MPa,85MPa 13. 8 14. 室外侧,1.5m 15. 3,竖向缝,水平缝 16. 21 17. 600℃·d 18. 200～235 kPa 19. 45～55mm,2 20. 5,15,1

(七)结构构件性能

1. 挠度,开裂荷载,裂缝形态和最大裂缝宽度 2. 0.98 3. 脉动试验,初位移 4. 5 5. 20% 6. 承载力,挠度,裂缝宽度,承载力,挠度,抗裂 7. 腹部斜裂缝 8. 准永久组合,标准组合 9. 适用性检验,安全性检验,承载力检验 10. 承载能力极限状态 11. 1.5 12. 侧面 13. 8 14. 结构动力反应,自振频率,振型 15. 尺寸偏差,变形,损伤及内部缺陷 16. 随机激振法,人工爆破模拟地震法 17. 5% 18. 开裂荷载实测值,使用状态试验荷载值 19. 灵敏度,幅频特性,系统 20. 各下弦节点 21. 研究性试验,3 22. 50mm,1/2 23. 正常使用,耐久性 24. 安全性,适用性/使用性,耐久性 25. 高厚比,相对偏心距 26. 现浇预应力混凝土,叠合预应力混凝土 27. 材料分项系数

(八)装饰装修工程

1. 机械锚栓,化学锚栓 2. 扩底型锚栓,膨胀型锚栓 3. 普通化学锚栓,特殊倒锥形化学锚栓 4. 锚栓性能,基材性状,锚固连接的受力性质 5. 小于30年,迟于10年 6. 100N/mm^2 7. 用途和使用环境 8. 后置埋件,槽式预埋件 9. 60%,1/8,2倍锚栓孔直径和20mm 10. 28d 11. 拉伸粘结强度检测仪,钢直尺,顶部拉拔板 12. 100mm×100mm,直径为50mm 13. 2m^2,7个 14. 试样尺寸,大于2mm 15. 方形顶部拉拔板 16. 与基体粘结的,100mm 17. 10kN,0.01kN 18. 95mm,45mm,40mm,40mm 19. 少于一次 20. 500m^2,500m^2,3个

(九)室内环境污染物

1. 相对湿度 2. 靛酚蓝分光光度法 3. 3间 4. 算术平均值 5. 10min 6. 5℃/min 7. 无氨蒸馏水 8. 0.175 9. 12.3 10. 0.01mg/m^3 11. 装饰装修材料 12. 测量设备 13. 活性炭吸附管 14. 90% 15. 14d 16. 甲苯 17. 半年 18. 24h 19. 0.01～

0.16mg/m³　20. 1个月　21. 1cm，697.5nm　22. 室外上风向　23. 20　24. 500～800mm　25. 7d　26. 全数值　27. 1h　28. 40%　29. 直接配制法，标定法　30. 0.5　31. 对二甲苯

第二节　单项选择题部分

（一）混凝土结构及砌体结构构件强度

1	D	2	C	3	B	4	C	5	A
6	C	7	A	8	C	9	C	10	C
11	A	12	C	13	C	14	C	15	B
16	A	17	A	18	C	19	B	20	A
21	B	22	B	23	A	24	B	25	A
26	C	27	C	28	D	29	B	30	B
31	B	32	C	33	A	34	C	35	A
36	A	37	C	38	B	39	D	40	A
41	A	42	A	43	C	44	C	45	B
46	A	47	D	48	D	49	D	50	C
51	C	52	A	53	B	54	C	55	C
56	C	57	A	58	C	59	B	60	B
61	B	62	C	63	B	64	C	65	C
66	A	67	C	68	B	69	D	70	B
71	A	72	D	73	C	74	A	75	A
76	B	77	C	78	C	79	C	80	C
81	A	82	A	83	C	84	B	85	D
86	A	87	C	88	C	89	A	90	B
91	C	92	D	93	C	94	B	95	B
96	B	97	C	98	B	99	A	100	B
101	C	102	A	103	D	104	D	105	B
106	B	107	B	108	B	109	C	110	B

(二)钢筋及保护层厚度

1	B	2	A	3	C	4	B	5	A
6	D	7	D	8	B	9	C	10	A
11	B	12	D	13	A	14	A	15	B
16	C	17	A	18	D	19	D	20	B
21	A								

(三)植筋锚固力

1	A	2	B	3	B	4	C	5	A
6	C	7	C	8	D	9	B	10	B
11	B	12	C						

(四)构件位置和尺寸

1	C	2	B	3	D	4	D	5	C
6	C	7	C	8	A	9	B	10	D

(五)外观质量及内部缺陷

1	B	2	B	3	C	4	C	5	B
6	C	7	C	8	A	9	A	10	D
11	D	12	A	13	C	14	B		

(六)装配式混凝土结构节点

1	B	2	B	3	B	4	C	5	B
6	A	7	C	8	A	9	B	10	A
11	A	12	A	13	A	14	D	15	A
16	D	17	C	18	B	19	C	20	C
21	A								

(七)结构构件性能

1	B	2	D	3	C	4	A	5	B
6	D	7	B	8	B	9	B	10	B
11	A	12	A	13	A	14	D	15	B
16	A	17	A	18	C	19	B	20	D
21	B	22	C	23	D	24	D	25	A
26	A	27	D	28	B				

(八)装饰装修工程

1	C	2	B	3	B	4	C	5	B
6	D	7	A	8	C	9	A	10	D
11	A	12	C	13	B	14	A	15	D
16	B	17	C	18	B	19	A		

(九)室内环境污染物

1	C	2	B	3	B	4	D	5	A
6	A	7	D	8	B	9	C	10	C
11	D	12	B	13	B	14	B	15	C
16	A	17	A	18	B	19	B	20	C
21	C	22	A	23	A	24	C	25	B
26	A	27	C	28	D	29	D	30	C
31	B	32	A	33	A	34	C	35	D
36	B	37	A	38	C	39	C	40	D
41	A	42	A	43	A	44	C	45	D
46	D	47	B	48	C	49	B	50	D
51	A	52	C	53	B	54	C	55	A
56	A	57	C	58	C	59	A	60	D

第三节　多项选择题部分

(一)混凝土结构及砌体结构构件强度

1	ABCD	2	ACD	3	BCD	4	AB	5	ABD
6	BCD	7	ABCD	8	ACD	9	ABD	10	AC
11	ABD	12	AC	13	CD	14	BCD	15	BCD
16	ABD	17	BC	18	CD	19	BC	20	ACD
21	AC	22	CD	23	BCD	24	ABD	25	ACD
26	ABD	27	ABCD	28	ABC	29	AB	30	CD
31	ABC	32	CD	33	BC	34	ABC	35	ACD
36	ACD	37	ABC	38	ABC	39	AB	40	ABC
41	BCD	42	BCD	43	AC	44	ABCD	45	ABCD
46	ABD	47	ABC	48	ABC	49	ABD	50	CD
51	CD	52	ABC	53	BC	54	ABD	55	ABCD
56	ABD	57	BCD	58	BD	59	AC	60	ABCD
61	BCD	62	ABC	63	BCD				

(二)钢筋及保护层厚度

1	AD	2	AB	3	AB	4	ABD	5	ABD
6	ABD	7	ABD	8	ABD	9	ABD	10	ACD
11	AB	12	ACD	13	CD	14	CD	15	ABD

(三)植筋锚固力

1	ABCD	2	ABD	3	ABCD	4	AD	5	CD
6	BC	7	ABD	8	ABCD	9	ABC	10	AC
11	ABCD	12	AD	13	ABCD	14	ACD	15	ACD
16	ABCD	17	ACD	18	AB				

(四)构件位置和尺寸

1	BD	2	AC	3	BD	4	BC	5	ACD
6	BD	7	ABCD	8	ABCD	9	AB	10	AC

(五)外观质量及内部缺陷

1	ABC	2	ACD	3	CD	4	AD	5	AB
6	AD	7	ABC	8	AC	9	ACD	10	AC
11	ACD	12	BD						

(六)装配式混凝土结构节点

1	CD	2	ABC	3	CD	4	ABC	5	ABC
6	BCD	7	BCD	8	AD	9	ABCD	10	ACD
11	ABC	12	AB	13	BC	14	ABC	15	CD
16	BCD	17	BCD	18	ACD	19	AD	20	ABCD
21	ABCD	22	AB	23	ABCD				

(七)结构构件性能

1	ABCD	2	ABD	3	ABC	4	ABCD	5	BD
6	ABD	7	ACD	8	BCD	9	ACD	10	ACD
11	ABD	12	ABC	13	ABCD	14	ABD	15	ABC
16	ABC	17	ABCD	18	ABCD	19	ABCD	20	BD
21	ACD	22	BCD	23	ABD	24	BCD	25	ABC
26	ABC	27	ABCD						

(八)装饰装修工程

1	CD	2	ABC	3	AC	4	BD	5	ABD
6	ABD	7	BC	8	ABCD	9	BD	10	CD
11	ABCD	12	AB	13	CD	14	AD		

(九)室内环境污染物

1	ABCD	2	ABD	3	AD	4	ABCD	5	AD
6	ABC	7	ABCD	8	ABC	9	ACD	10	BCD
11	ACD	12	ABC	13	BCD	14	ACD	15	ABCD

(续表)

16	BD	17	AD	18	ABCD	19	ABC	20	ABC
21	ACD	22	CD	23	AB	24	ABCD	25	AB
26	ABCD	27	ABCD	28	AC	29	ABC	30	ABC
31	ABCD	32	ABC	33	ABD	34	ABCD	35	BD
36	AC	37	ABC	38	ABC	39	BCD		

第四节　判断题部分

(一)混凝土结构及砌体结构构件强度

1	×	2	√	3	√	4	×	5	×
6	√	7	×	8	×	9	×	10	√
11	√	12	√	13	×	14	√	15	×
16	√	17	√	18	√	19	√	20	√
21	×	22	√	23	×	24	×	25	×
26	√	27	×	28	×	29	×	30	×
31	√	32	×	33	√	34	×	35	√
36	√	37	√	38	√	39	×	40	√
41	×	42	×	43	√	44	×	45	√
46	√	47	×	48	×	49	√	50	√
51	√	52	×	53	×	54	×	55	√
56	√	57	×	58	√	59	×	60	√
61	×	62	√	63	√	64	×	65	√
66	×	67	×	68	×	69	×	70	×
71	√	72	×	73	√	74	×	75	√
76	×	77	√	78	√	79	×	80	√
81	×	82	√	83	√	84	×	85	√

(二)钢筋及保护层厚度

1	√	2	×	3	×	4	×	5	√
6	√	7	√	8	×	9	√	10	×
11	√	12	×	13	×	14	×	15	√
16	√	17	×	18	√	19	×		

(三)植筋锚固力

1	√	2	×	3	√	4	×	5	×
6	√	7	×	8	×	9	√	10	×
11	×	12	×	13	×	14	×	15	×
16	√	17	√	18	√	19	×		

(四)构件位置和尺寸

1	√	2	×	3	√	4	×	5	√
6	√	7	×	8	√	9	×	10	√
11	×	12	×	13	×				

(五)外观质量及内部缺陷

1	×	2	×	3	√	4	×	5	√
6	×	7	√	8	×	9	×	10	√

(六)装配式混凝土结构节点

1	×	2	×	3	×	4	√	5	×
6	×	7	×	8	×	9	×	10	×
11	√	12	√	13	×	14	√	15	×
16	√	17	×	18	×	19	×	20	×

(七)结构构件性能

1	×	2	√	3	×	4	×	5	√
6	×	7	×	8	√	9	×	10	×
11	√	12	√	13	×	14	×	15	√

(八)装饰装修工程

1	√	2	×	3	×	4	√	5	√
6	×	7	√	8	×	9	×	10	×

(九)室内环境污染物

1	√	2	√	3	×	4	×	5	×
6	√	7	×	8	×	9	×	10	√
11	×	12	×	13	×	14	×	15	×
16	×	17	√	18	×	19	×	20	×
21	√	22	×	23	√	24	×	25	×
26	×	27	√	28	√	29	√	30	×
31	√	32	×						

第五节　简答题部分

(一)混凝土结构及砌体结构构件强度

1.(1)水平弹击时,在弹击锤脱钩瞬间,回弹仪的标称能量应为 2.207J;

(2)在弹击锤与弹击杆碰撞的瞬间,弹击拉簧应处于自由状态,且弹击锤起跳点应位于指针指示刻度尺上的“0”处;

(3)在洛氏硬度 HRC 为 60±2 的钢砧上,回弹仪的率定值应为 80±2;

(4)数字式回弹仪应带有指针直读示值系统,数字显示的回弹值与指针直读示值相差不应超过 1。

2.(1)平均直径。应用游标卡尺在芯样试件上部、中部和下部相互垂直的 2 个位置上共测量 6 次,取测量的算术平均值作为芯样试件的直径,精确至 0.5mm;

(2)芯样试件高度。可用钢卷尺或钢板尺测量芯样试件高度,精确至 1.0mm;

(3)垂直度。应用游标量角器测量芯样试件 2 个端面与母线的夹角,取最大值作为芯样试件的垂直度,精确至 0.1°;

(4)平整度。可用钢板尺或角尺紧靠在芯样试件承压面(线)上,一面转动钢板尺,一面用塞尺测量钢板尺与芯样试件承压面(线)之间的缝隙,取最大缝隙为芯样试件的平整度;也可采用其他专用设备测量平整度。

3.(1)钻芯修正可采用总体修正量、对应样本修正量、对应样本修正系数或一一对应修正系数等修正方法,并宜优先采用总体修正量方法;

(2)修正量法是在非破损检测方法推定值的基础上加修正量,修正系数法是在非破损检测方法推定值的基础上乘以修正系数。两者差别在于修正量法对被修正样本的标准差没有影响,修正系数法不仅对被修正样本均值予以修正,还对样本的标准差予以修正。

4. 回弹仪每次使用完毕后,应及时进行保养。先把仪器外壳和伸出机壳的弹击杆及前端球面和刻度尺表面擦拭干净,然后将弹击杆压入仪器内,待弹击后用按钮锁住机芯,装入套筒,置于干燥阴凉处。回弹仪常规保养,应符合下列要求:

(1)使弹击锤脱钩后取出机芯,然后卸下弹击杆、缓冲压簧、弹击锤(连同弹击拉簧和拉簧座)、中心导杆(连同导向法兰)、刻度尺、指针轴和指针;

(2)清洗机芯各零部件,特别是中心导杆、弹击锤和弹击杆的内孔和冲击面;清洗后在中心导杆上薄薄地涂抹钟表油,其他零件均不得抹油;

(3)清理机壳内壁,卸下刻度尺,检查指针,其摩擦力应为 0.5～0.8N;

(4)不得旋转尾盖上已定位紧固的调零螺丝;

(5)不得自制或更换零部件;

(6)保养后应按规程要求进行率定试验。

5. (1)混凝土中采用的水泥、砂石、外加剂、掺合料、拌合用水符合国家现行有关标准;

(2)采用普通成型工艺;

(3)采用符合国家标准规定的模板;

(4)蒸汽养护出池经自然养护 7d 以上,且混凝土表层为干燥状态;

(5)自然养护且龄期为 14～1000d;

(6)抗压强度为 10.0～60.0MPa。

6. (1)结构或构件受力较小的部位;

(2)混凝土强度具有代表性的部位;

(3)便于钻芯机安放与操作的部位;

(4)避开主筋、预埋件和管线的位置。

7. (1)混凝土抗压强度;

(2)混凝土劈裂抗拉强度;

(3)混凝土抗折强度;

(4)混凝土静力受压弹性模量。

8. (1)检验回弹仪的标称能量是否为 2.207J;

(2)检验回弹仪的测试性能是否稳定;

(3)检验机芯的滑动部分是否有污垢等。

9. 相邻两测区的间距不应大于 2m,测区离构件端部或施工缝边缘的距离不宜大于 0.5m,且不宜小于 0.2m;测区宜选在使回弹仪处于水平方向的混凝土浇筑侧面。当不能满足这一要求时,也可使回弹仪处于非水平方向的混凝土浇筑表面或底面;测区宜选在构件的两个对称可测面上,当不能布置在对称的可测面上时,也可布置在同一可测面上,且应均匀分布。在构件的重要部位及薄弱部位必须布置测区,并应避开预埋件;测区的面积不宜大于 $0.04m^2$;测区表面应为混凝土原浆面,并应清洁、平整,不应有疏松层、浮浆、油垢、涂层及蜂窝麻面;测区应有清晰的编号。

10. (1)当该批构件混凝土抗压强度平均值小于 25.0MPa 时,$S_{f_{cu}^c} > 4.50$MPa;

(2)当该批构件混凝土抗压强度平均值为25.0～60.0MPa时，$S_{f_{cu}^{c}}>5.50$MPa

(3)当该批构件混凝土抗压强度平均值大于60.0MPa时，$S_{f_{cu}^{c}}>6.50$MPa。

11.(1)按单个构件检测：适用于单个构件强度检测。

(2)按批量检测：适用于混凝土生产工艺、设计强度等级相同，原材料、配合比、养护条件基本一致且龄期相近的一批同类结构或构件。

12.(1)测量回弹值时，回弹仪的轴线应始终垂直于混凝土检测面，并应缓慢施压、准确读数、快速复位；

(2)将测区布置在构件2个对称可测面上时，在每一测区的2个对称面上分别读取8个回弹值；将测区布置在同一个可测面上时，在每一测区内读取16个回弹值；

(3)测点宜在测区范围内均匀分布，不得分布在气孔或外露石子上。同一测点只应弹击一次；相邻两测点间的净距离不宜小于30mm；测点距外露钢筋、预埋件的距离不宜小于100mm；每一测点的回弹值应估读至1。

13.(1)混凝土的入泵坍落度小于100mm；

(2)用特种成型工艺制作的混凝土；

(3)检测部位曲率半径小于250mm；

(4)潮湿混凝土；

(5)粗集料采用卵石或最大公称粒径大于31.5mm的碎石；

(6)遭受严重冻伤、化学侵蚀、火灾的混凝土。

14.(1)抗压芯样试件的实际高径比(H/d)小于要求高径比的0.95或大于1.05；

(2)抗压芯样试件端面与轴线的不垂直度超过1°；

(3)抗压芯样试件端面的不平整度在每100mm长度内超过0.1mm，劈裂抗拉和抗折芯样试件承压线的不平整度在每100mm长度内超过0.25mm；

(4)沿芯样试件高度的任一直径与平均直径相差超过1.5mm；

(5)芯样有较大缺陷。

15.(1)芯样试件的数量应依据检测批的容量确定。直径为100mm的芯样试件的最小样本量不宜少于15个，小直径芯样试件的最小样本量不宜少于20个。

(2)芯样应从检测批的结构构件中随机抽取，每个芯样宜取自一个构件或结构的局部部位。

(3)芯样宜在结构或构件的下列部位钻取：

1)结构或构件受力较小的部位；

2)混凝土强度具有代表性的部位；

3)便于钻芯机安放及操作的部位；

4)宜采用钢筋探测仪测试或局部剔槽的方法避开主筋、预埋件和管线。

16. 当采用修正量法时，芯样试件的数量和取芯位置应符合下列规定：

(1)直径为100mm芯样试件的数量不应少于6个，小直径芯样试件的数量不应少于9个；

(2)当采用的间接检测方法为无损检测方法时，钻芯位置应与间接检测方法相应的测区重合；

(3)当采用的间接检测方法对结构构件有损伤时，钻芯位置应布置在相应测区的附近。

17. 回弹仪具有下列情况之一时，应进行检定：

(1)新回弹仪启用前；

(2)超过检定有效期(回弹仪检定有效期为半年)；

(3)数字式回弹仪数字显示的回弹值与指针直读示值相差大于1；

(4)经保养后，在钢砧上的率定值不合格；

(5)遭受严重撞击或其他损害。

回弹仪存在下列情况之一时，应进行保养：

(1)回弹仪弹击超过2000次；

(2)在钢砧上的率定值不合格；

(3)对检测值有怀疑。

18. (1)混凝土强度换算值可根据统一测强曲线、地区测强曲线、专用测强曲线计算。

(2)检测单位宜按专用测强曲线、地区测强曲线、统一测强曲线的顺序选用测强曲线。

19. (1)遭受严重冻伤、化学侵蚀、火灾而表里质量不一致的混凝土和表面不平整的混凝土；

(2)潮湿的和采用特种成型工艺浇筑的混凝土；

(3)厚度小于150mm的混凝土构件；

(4)所处环境温度低于0℃或高于40℃的混凝土。

20. (1)混凝土抗压强度现场检测可采用回弹法、超声回弹综合法、后装拔出法、后锚固法等间接法，也可采用直接检测抗压强度的钻芯法。

(2)采用回弹法检测时，被检测混凝土的表层质量应具有代表性，且混凝土的抗压强度和龄期不应超过相应技术标准的限定范围；

采用超声回弹综合法时，被检测混凝土的内外质量应无明显差异，并宜具有超声对测面；

采用后装拔出法和后锚固法时，被检测混凝土的表层质量应具有代表性；

当被检测混凝土的表层质量不具有代表性时，应采用钻芯法；

针对回弹法、超声回弹综合法或后装拔出法的检测结果，宜进行钻芯修正或利用同条件养护立方体试块的抗压强度进行修正。

21. (1)老龄期混凝土回弹值龄期修正的适用范围：适用于龄期超过1000d且由于结构构造等原因无法采用钻芯法对回弹检测结果进行修正的混凝土结构构件。不适用于仲裁性检验。

(2)采用龄期修正系数对用回弹法检测得到的测区混凝土抗压强度换算值进行修正时，应符合下列条件：

1)使用龄期已超过1000d，但处于干燥状态的普通混凝土；

2)混凝土外观质量正常，未受环境介质作用的侵蚀；

3)超声波或其他探测法检测结果表明，混凝土内部无明显的不密实区和蜂窝状缺陷；

4)混凝土抗压强度等级为C20～C50，且实测的碳化深度已大于6mm。

22. (1)自然养护；

(2)龄期为28d或28d以上；

(3)自然风干状态；

(4)强度为0.4～16.0MPa。

23.(1)检测砌体抗压强度时,可采用原位轴压法、扁顶法、切制抗压试件法;

(2)检测砌体工作应力、弹性模量时,可采用扁顶法;

(3)检测砌体抗剪强度时,可采用原位单剪法、原位双剪法;

(4)检测砌筑砂浆强度时,可采用推出法、筒压法、砂浆片剪切法、砂浆回弹法、点荷法、砂浆片局压法;

(5)检测砌筑块体抗压强度时,可采用烧结砖回弹法、取样法。

24.(1)砂浆试块缺乏代表性或试块数量不足;

(2)对砂浆试块的试验结果有怀疑或有争议;

(3)砂浆试块的试验结果不能满足设计要求;

(4)发生工程事故,需要进一步分析事故原因。

25.(1)每个测位内应均匀布置12个弹击点,弹击点应避开砖的边缘、灰缝中的气孔或松动的砂浆。相邻弹击点的间距不应小于20mm;

(2)在每个弹击点上,应使用回弹仪连续弹击3次,仅读第3次回弹数值,回弹读数估读至1。测试中回弹仪应始终处于水平状态,其轴线应垂直于砂浆表面,且不得有位移;

(3)在每一测位内,应选择3处灰缝,并用工具在测区表面打凿出直径约为10mm的孔洞,深度应大于砌筑砂浆的碳化深度,清除孔洞中的粉末和碎屑,且不得用水擦洗,然后用浓度为1%～2%的酚酞酒精溶液滴在孔洞边缘处。当已碳化与未碳化界限清晰时,应采用碳化深度测定仪或游标卡尺测量已碳化与未碳化交界面到灰缝表面的垂直距离。

26.(1)检测砌筑砂浆抗压强度时,应以面积不大于25m^2的砌体构件或构筑物为一个构件。

(2)被检测灰缝应饱满,其厚度不应小于7mm,并应避开竖缝位置、门窗洞口、后砌洞口和预埋件的边缘。检测加气混凝土砌块砌体时,其灰缝厚度应大于测钉直径。

(3)检测范围内的饰面层、粉刷层、勾缝砂浆、浮浆以及表面损伤等,应清除干净;应使待测灰缝砂浆暴露并打磨平整后再进行检测。

(4)对每一构件应测试16点。测点应均匀分布在构件的水平灰缝上,相邻测点水平间距不宜小于240mm,每条灰缝测点不宜多于2点。

27.(1)开启贯入深度测量表,将其置于钢制平整量块上,直至扁头端面和量块表面重合,使贯入深度测量表的读数为零。

(2)将测钉从灰缝中拔出,用橡皮吹风器将测孔中的粉尘吹干净。

(3)将贯入深度测量表的测头插入测孔中,使扁头紧贴灰缝砂浆,并垂直于被测灰缝砂浆的表面,从测量表中直接读取贯入深度并记录。

(4)直接读数不方便时,可按一下贯入深度测量表中的“保持”键,显示屏会记录当时显示的值,然后取下贯入深度测量表并读数。

(5)当砌体的灰缝经打磨后仍难以达到平整时,可在测点处标记。贯入检测前用贯入深度测量表测读测点处的砂浆表面不平整度读数,然后再在测点处进行贯入检测,读取贯入深度。

28.(1)在每个检测单元中随机选择10个测区。每个测区的面积不宜小于1.0m^2,应在其中随机选择10块条面向外的砖作为10个测位供回弹测试。

(2)被检测砖应为外观质量合格的完整砖。砖的条面应干燥、清洁、平整,不应有饰面层、粉刷层,必要时可用砂轮清除表面的杂物,并磨平测面,同时用毛刷刷去粉尘。

(3)应在每块砖的测面上均匀布置5个弹击点。选定弹击点时应避开砖表面的缺陷。相邻两弹击点的间距不应小于20mm,弹击点离砖边缘不应小于20mm,每一弹击点只能弹击1次,回弹值读数应估读至1。测试时,回弹仪应处于水平状态,其轴线应垂直于砖的测面。

(二)钢筋及保护层厚度

1.(1)当全部钢筋保护层厚度检测的合格点率为90%及以上时,可判为合格;

(2)当全部钢筋保护层厚度检测的合格点率小于90%但不小于80%时,可再抽取相同数量的构件进行检验,当按两次抽样总和计算的合格点率为90%及以上时,仍可判为合格;

(3)每次抽样检验结果中不合格点的最大偏差均不应大于规定允许偏差的1.5倍。

2.(1)检测前应进行预扫描,在相应位置做好标记,并初步了解钢筋埋设深度。

(2)应依据预扫描结果设定仪器量程范围,依据原位实测结果或设计资料设定仪器的钢筋直径参数。沿被测钢筋轴线选择相邻钢筋影响较小的位置,在预扫描的基础上进行扫描探测,确定钢筋的准确位置。

(3)应对同一根钢筋同一处检测2次,读取的2个保护层厚度值相差不大于1mm时,取2次检测数据的平均值为保护层厚度值,并精确至1mm;相差大于1mm时,该次检测数据无效,并应查明原因,在该处重新进行2次检测,仍不符合规定时,应该更换钢筋探测仪进行检测或采用直接法检测。

3.(1)认为相邻钢筋对检测结果有影响;

(2)钢筋公称直径未知或有异议;

(3)钢筋实测根数、位置与设计有较大偏差;

(4)钢筋及混凝土材质与校准试件有显著差异。

4.(1)测试部位应避开其他金属材料和较强的铁磁性材料,表面应清洁、平整;

(2)应将构件测试面一侧所有主筋逐一检出,并在构件表面上标注出每个检出钢筋的相应位置;

(3)应测量和记录每个检出钢筋的相对位置。

5.(1)新仪器启用前;

(2)检测数据异常,无法进行调整;

(3)经过维修或更换过主要配件。

6.(1)认为相邻钢筋对检测结果有影响;

(2)无设计图纸时,需要确定钢筋根数和位置;

(3)当有设计图纸时,钢筋检测数量与设计不符或钢筋间距检测值超过相关标准允许的偏差;

(4)混凝土未达到表面风干状态;

(5)饰面层电磁性能与混凝土有较大差异。

7.(1)应选择受力较小的构件进行随机抽样,并应在抽样构件中受力较小的部位截取钢筋;

(2)在每个梁、柱构件上截取1根钢筋,在墙、板构件每个受力方向上截取1根钢筋;

(3)所选择的钢筋应表面完好,无明显锈蚀现象;

(4)钢筋的截断宜采用机械切割方式;

(5)截取的钢筋试件长度应符合钢筋力学性能试验的规定。

8. 选取的结构实体钢筋保护层检验构件应均匀分布,并应符合下列规定:

(1)对悬挑构件之外的梁板类构件,应各抽取构件数量的2%且不少于5个构件进行检验;

(2)对悬挑梁,应抽取构件数量的5%且不少于10个构件进行检验;当悬挑梁数量少于10个时,应全数检验;

(3)对悬挑板,应抽取构件数量的10%且不少于20个构件进行检验;当悬挑板数量少于20个时,应全数检验。

9.(1)直接法适用于光圆钢筋和带肋钢筋。对于环氧涂层钢筋,应清除环氧涂层。

(2)用直接法检测混凝土中钢筋直径时,应剔除混凝土保护层,露出钢筋,并将钢筋表面的残留混凝土清除干净;用游标卡尺测量钢筋直径时,精确到0.1mm;在同一部位重复测量3次,将3次测量结果的平均值作为该测点钢筋直径检测值。

(3)对光圆钢筋,应测量不同方向的直径;对带肋钢筋,宜测量钢筋内径。

10.(1)应将满足设计要求的混凝土保护层厚度相同的同类构件作为一个检测批,按GB/T 50784—2013表3.4.4中的A类确定受检构件的数量;

(2)随机抽取构件,对于梁、柱类,应对全部纵向受力钢筋混凝土保护层厚度进行检测;对于墙、板类,抽取不少于6根钢筋(少于6根钢筋时应全检),进行混凝土保护层厚度检测;

(3)将各受检钢筋混凝土保护层厚度检测值按GB/T 50784—2013第3.4.7条计算均值推定区间;

(4)当均值推定区间上限值与下限值的差值不大于其均值的10%时,该批钢筋混凝土保护层厚度检测值可按推定区间上限值或下限值确定;

(5)当均值推定区间上限值与下限值的差值大于其均值的10%时,宜补充检测或重新划分检测批进行检测。当不具备补充检测或重新检测条件时,应以最不利检测值作为该检验批混凝土保护层检测值。

(三)植筋锚固力

1.(1)锚栓钢材破坏;(2)混凝土锥体破坏;(3)混合型破坏;(4)混凝土边缘破坏;(5)剪撬破坏;(6)劈裂破坏;(7)拔出破坏;(8)穿出破坏;(9)胶筋界面破坏;(10)胶混界面破坏。

2. 非破坏性检验结果的评定,应依据所抽取的后置埋件试样在持荷期间的宏观状态,按下列规定进行:

(1)当试样在持荷期间,后置埋件无滑移、基材混凝土无裂纹或其他局部损坏迹象出现,且施荷装置的荷载示值在2min内无下降或下降幅度不超过5%的检测荷载时,应评定为合格;

(2)当在一个检测批内所抽取的试样全数合格时,应评定该批为合格批;

(3)当在一个检测批内所抽取的试样中仅有5%或5%以下不合格时,应另抽3根试样进行破坏性检测,若检测结果全数合格,该检测批仍可被评为合格批;

(4)当在一个检测批内抽取的试样中超过5%不合格时,应评定该批为不合格批,且不应重做检测。

3.(1)安全等级为一级的后锚固构件;(2)悬挑结构和构件;(3)对后锚固设计参数有疑问;(4)对该工程锚固质量有怀疑。

(四)构件位置和尺寸

1.(1)当结构实体位置检验的合格率为80%及以上时,可判为合格;

(2)当结构实体位置检验的合格率小于80%但不小于70%时,可再抽取相同数量的构件进行检验;当按两次抽样总和计算的合格率为80%及以上时,仍可判为合格。

2.(1)砖砌体:用2m靠尺和楔形塞尺检查,每检验批抽检数不应少于5处。

(2)石砌体:细料石砌体用2m靠尺和楔形塞尺检查,其他石砌体用2把直尺垂直于灰缝拉2m线和尺检查,每检验批抽检数不应少于5处。

(3)填充墙砌体:用2m靠尺和楔形塞尺检查,每检验批抽检数不应少于5处。

3.(1)木构件挠度观测点应沿构件的轴线或边线布设,分别在支座及跨中位置布置测点,每一构件不得少于3个测点;

(2)当使用全站仪检测时,应在现场光线具备观测条件下进行;

(3)应避免在测试结构或测试场地存在振动时进行全站仪检测。

(五)外观质量及内部缺陷

1.(1)露筋——构件内钢筋未被混凝土包裹而外露;严重缺陷——纵向受力钢筋有露筋。

(2)孔洞——混凝土中孔穴深度和长度均超过保护层厚度;严重缺陷——构件主要受力部位有孔洞。

(3)裂缝——裂缝从混凝土表面延伸至混凝土内部;严重缺陷——构件主要受力部位有影响结构性能或使用功能的裂缝。

2.(1)被测部位应具有一对(或两对)相互平行的测试面;

(2)测试范围除应包含有怀疑的区域外,还应有同条件的正常混凝土进行对比,且对比测点数不应少于20个。

(六)装配式混凝土结构节点

1.(1)透明多孔基准板应紧贴测区内预制混凝土构件粗糙面,测深尺的测量面应紧贴透明多孔基准板表面,测深尺与透明多孔基准板应保持垂直;

(2)测深尺的探针应穿过透明多孔基准板的孔洞测量凹面最低点深度,凹凸深度应为测深尺的读数与透明多孔基准板厚度的差值;

(3)在对每个测区进行测量时,透明多孔基准板应设置于凹面较为集中区域内;

(4)在每个测区内测得的不同位置的凹凸深度数据不应少于16个,剔除3个最大值和3个最小值后的数据可视为有效凹凸深度数据。

2.(1)在持荷期间,试件无滑移、基材混凝土无裂缝或其他局部损坏迹象出现;

(2)加载装置的荷载示值在2min内无下降或下降幅度不超过5%。

3.(1)当具有2个相互平行的测试面时,可采用阵列超声法、超声对测法、冲击回波法或雷达法进行检测;

(2)当仅具有1个可测面时,可采用阵列超声法、冲击回波法或雷达法进行单面检测;

(3)当结构内部钢筋分布较密或存在电磁环境干扰时,可采用超声对测法、阵列超声法

或冲击回波法进行检测;

(4)对有夹心保温、外保温或外饰面的部位,不应采用超声对测法;

(5)对重要的工程或部位,宜采用2种或2种以上检测方法,当检测结果存在争议时,可采用破损方法进行验证。

4.(1)可采用现场剥离法进行检测。

(2)应符合下列规定:①检测应在密封胶完全固化后进行;②同一外立面累计长度为500m拼缝时应作为一个检测批,不足500m时也应作为一个检测批,每个检测批应选取3处拼缝进行检测,且应至少包含1处水平缝;③检测应在5~35℃的气温环境下进行;④检测过程中应采取安全防护措施。

5.(1)宜采用钻孔内窥法;

(2)当X射线在混凝土中透射路径的长度不大于250mm且在透射路径上只有一个套筒时,可采用X射线成像法;

(3)当具备预埋的条件时,可采用预埋钢丝拉拔法或预埋传感器法;

(4)当对X射线成像法、预埋钢丝拉拔法、预埋传感器法检测结果有怀疑时,应采用钻孔内窥法进行验证。

(七)结构构件性能

1.(1)对于采用新结构体系、新材料、新工艺建造的混凝土结构,需验证或评估结构的设计和施工质量的可靠程度;

(2)外观质量较差的结构,需鉴定外观缺陷对其结构性能的实际影响程度;

(3)既有混凝土结构出现损伤后,需鉴定损伤对其结构性能的实际影响程度;

(4)缺少设计图纸、施工资料或结构体系复杂、受力不明确,难以通过计算确定结构性能;

(5)现行设计规范和施工验收规范要求进行验证检测。

2.(1)预制构件应分级加载。当荷载小于标准荷载时,每级荷载不应大于标准荷载值的20%;当荷载大于标准荷载时,每级荷载不应大于标准荷载值的10%;当荷载接近抗裂检验荷载值时,每级荷载不应大于标准荷载值的5%;当荷载接近承载力检验荷载值时,每级荷载不应大于荷载设计值的5%。

(2)试验设备重量及预制构件自重应作为第一次加载的一部分。

(3)试验前宜对预制构件进行预压,以检查试验装置的工作是否正常,但应防止构件因预压而开裂。

(4)对仅作挠度、抗裂或裂缝宽度检验的构件应分级卸载。

3.(1)构件的最大挠度;

(2)支座处的位移;

(3)控制截面的应变;

(4)裂缝的出现与扩展情况。

4.(1)在持荷时间完成后出现试验标志时,取该级荷载值;

(2)在加载过程中出现试验标志时,取前一级荷载值;

(3)在持荷过程中出现试验标志时,取该级荷载和前一级荷载的平均值。

5.(1)控制测点变形达到或超过规范允许值;

(2)控制测点应变达到或超过计算理论值；

(3)出现裂缝或裂缝宽度超过规范允许值；

(4)出现检验标志；

(5)检验荷载超过计算值。

6.(1)当预制构件的全部结构性能满足规范要求时，该批构件可判为合格。

(2)当检验结果不满足第一款的要求，但满足第二次检验指标要求时，可再抽两个预制构件进行二次检验。对于第二次检验指标，对承载力及抗裂检验系数的允许值取规定的允许值减 0.05；对挠度的允许值取规定允许值的 1.10 倍。

(3)当进行二次检验时，若第一个检验的预制构件的全部检验结果均满足规范要求，则该批次可判为合格；若两个预制构件的全部检验结果均满足第二次检验指标要求，则该批次构件也可判为合格。

7.(1)针对结构的基本振型，宜选用环境振动法、初位移法等方法测试；

(2)结构平面内有多个振型时，宜选用稳态正弦波激振法进行测试；

(3)针对结构空间振型或扭转振型，宜选用多振源相位控制同步的稳态正弦波激振法或初速度法进行测试；

(4)评估结构的抗震性能时，可选用随机激振法或人工爆破模拟地震法。

(八)装饰装修工程

1. 针对带饰面砖的预制构件，当一组试样均符合判定指标要求时，判定其粘结强度合格；当一组试样均不符合判定指标要求时，判定其粘结强度不合格；当一组试样仅符合判定指标中的一项要求时，应在该组试样原取样检验批内重新抽取两组试样检验，若检验结果仍有一项不符合判定指标要求，则判定其粘结强度不合格。判定指标应符合下列规定：

(1)每组试样平均粘结强度不应小于 0.6MPa；

(2)每组允许有一个试样的粘结强度小于 0.6MPa，但不应小于 0.4MPa。

2. 针对现场粘结的同一类饰面砖，当一组试样均符合判定指标要求时，判定其粘结强度合格；当一组试样均不符合判定指标要求时，判定其粘结强度不合格；当一组试样仅符合判定指标中的一项要求时，应在该组试样原取样检验批内重新抽取两组试样检验，若检验结果仍有一项不符合判定指标要求，判定其粘结强度不合格。判定指标应符合下列规定：

(1)每组试样平均粘结强度不应小于 0.4MPa；

(2)每组允许有一个试样的粘结强度小于 0.4MPa，但不应小于 0.3MPa。

3.(1)检测前在标准块上应安装带有万向接头的拉力杆；

(2)应安装专用穿心式千斤顶，使拉力杆通过穿心千斤顶中心并与饰面砖表面垂直；

(3)当调整千斤顶活塞时，应使活塞升出 2mm，并将数字显示器调零，再拧紧拉力杆螺母；

(4)当检测饰面砖粘结力时，应匀速摇转手柄升压，直至饰面砖试样断开，并应按 JGJ/T 110—2017 标准中附录 A 的格式记录粘结强度检测仪的数字显示器峰值，该值应为粘结力值；

(5)检测后应降压至千斤顶复位，取下拉力杆螺母及拉杆。

4.(1)在胶粘标准块前，应清除试样饰面砖表面和标准块胶粘面污渍、锈渍并保持干燥；

(2)现场温度低于 5℃时，标准块宜预热后再进行胶粘；

(3)胶粘剂应按使用说明书的规定随用随配,在标准块和试样饰面砖表面应均匀涂胶,胶粘标准块时不应粘连断缝,并应及时用胶带固定;

(4)在饰面砖上胶粘标准块应分为基体不带加强或保温现场粘贴饰面砖试样胶粘标准块、基体带加强或保温现场粘贴饰面砖试样胶粘标准块和预制构件饰面砖试样胶粘标准块。

5.(1)当破坏发生在抹灰砂浆与基层连接界面时,检测结果可认定为有效;

(2)当破坏发生在抹灰砂浆层内时,检测结果可认定为有效;

(3)当破坏发生在基层内,检测数据不小于粘结强度规定值时,检测结果可认定为有效;检测数据小于粘结强度规定值时,检测结果应认定为无效;

(4)当破坏发生在粘结层,检测数据不小于粘结强度规定值时,检测结果可认定为有效;检测数据小于粘结强度规定值时,检测结果应认定为无效。

6.(1)应取 7 个试样拉伸粘结强度的平均值作为试验结果。

(2)当 7 个测定值中有一个超出平均值的 20%时,应去掉最大值和最小值,并取剩余 5 个试样粘结强度的平均值作为试验结果。

(3)当剩余 5 个测定值中有一个超出平均值的 20%时,应再次去掉其中的最大值和最小值,取剩余 3 个试样粘结强度的平均值作为试验结果。

(4)当 5 个测定值中有 2 个超出平均值的 20%时,该组试验结果应判定为无效。

(九)室内环境污染物

1. 各种污染物检测项目结果全部符合 GB 50325—2020 标准规定,各房间各项目检测点检测值的平均值也全部符合上述标准的规定,否则不能判定该工程室内环境质量合格。

2. 现场检测点与房间内墙面之间的距离不应小于 0.5m,与房间地面之间的距离为 0.8～1.5m;检测点应均匀分布,避开通风道和通风口。

3.(1)针对采用集中通风方式的民用建筑工程,氡、甲醛、苯、甲苯、二甲苯、氨、TVOC 浓度检测应在通风系统正常运行的条件下进行;

(2)针对采用自然通风方式的民用建筑工程,甲醛、苯、甲苯、二甲苯、氨、TVOC 浓度检测应在对外门窗关闭 1h 后进行,氡浓度检测应在房间对外门窗关闭 24h 以后进行。

4. 装饰装修材料使用量负荷比高,材料污染物释放量大,通风换气次数少。

5.(1)检测现场及其周围应无影响空气质量检测的因素;

(2)检测时室外风力不大于 5 级;

(3)选取上风向距离、地点适当的可操作适当高度进行采集(注意避免地面附近污染源,如窨井等);

(4)在室内样品采集过程中同步采样,雾霾重度污染及以上情况下不宜进行现场检测。

6. 针对进行了样板间室内环境污染物浓度检测且检测结果合格的民用建筑工程,装饰装修设计样板间类型相同的房间抽检量可减半,并不得少于 3 间。

7. 修订的主要技术内容包括:

(1)室内空气中污染物增加了甲苯和二甲苯;

(2)细化了装饰装修材料分类,并对部分材料的污染物含量(释放量)限量及测定方法进行了调整;

(3)保留了人造木板甲醛释放量的测定方法——环境测试舱法和干燥器法;

(4)对室内装饰装修设计提出了污染控制预评估要求及材料选用具体要求;

(5)对自然通风的Ⅰ类民用建筑的最低通风换气次数提出了具体要求；

(6)完善了建筑物综合防氡措施；

(7)对幼儿园、学校教室、学生宿舍等装饰装修提出了更加严格的污染控制要求；

(8)明确了室内空气氡浓度检测方法；

(9)重新确定了室内空气中污染物浓度限量值；

(10)增加了苯系物及总挥发性有机化合物的T－C复合吸附管取样检测方法，进一步完善并细化了室内空气污染物取样测量要求。

8. 在民用建筑工程室内空气氡浓度检测中，宜采用泵吸静电收集能谱分析法、泵吸闪烁室法、泵吸脉冲电离室法、活性炭盒-低本底多道 γ 谱仪法。

测量结果不确定度不应大于25%($k=2$)，方法的探测下限不应大于10Bq/m^3。

9. 使用前，应先检查容量瓶瓶塞是否密合，可在瓶内装入自来水到标线附近，盖上塞，用手按住塞，倒立容量瓶，观察瓶口是否有水渗出。如果不漏，把瓶直立后，转动瓶塞约180°后再倒立试一次。

10. 用一个内装5mL吸收液的气泡吸收管，以1.0L/min流量，采气20L，并记录采样时的温度和大气压力。

11. (1)在采样地点打开吸附管，吸附管与空气采样器入气口垂直连接(气流方向与吸附管标识方向一致)，调节流量为0.5L/min，用皂膜流量计校准采样系统的流量，采集约10L空气；

(2)记录采样时间、采样流量、采样温度、相对湿度和大气压；

(3)采样后取下吸附管，密封两端做好标识，放入可密封的金属或玻璃容器内，在14d内进行分析；

(4)在室外上风向处同步采集室外空气空白样品。

12. 采样后，应取下吸附管，密封吸附管的两端，做好标识，放入可密封的金属或玻璃容器中。样品可保存14d。

13. 该房间检测点应不少于3个；可按对角线、斜线、梅花状均衡布点；应以各点检测结果的平均值作为该房间检测值。

14. 用标准溶液绘制标准曲线，取7支10mL具塞比色管，分别加入一定量的甲醛标准溶液和吸收液；向各管中加入1.0mL的5mol/L氢氧化钾溶液和1.0mL的0.5%AHMT溶液，盖上管塞，轻轻颠倒混匀3次，放置20min；加入0.3mL的1.5%高碘酸钾溶液，充分振摇，放置5min。用10mm比色皿，在波长550nm下，以水作参比，测定各管吸光度。

以甲醛含量为横坐标，吸光度为纵坐标，绘制标准曲线，并计算回归线的斜率，以斜率的倒数作为样品测定计算因子 B_s(微克/吸光度)。

15. 民用建筑工程验收时，应抽检每个建筑单体中有代表性的房间室内环境污染物浓度，氡、甲醛、氨、苯、甲苯、二甲苯、TVOC的房间抽检数量不得少于房间总数的5%，每个建筑单体不得少于3间；当房间总数少于3间时，应全数检测。

验收幼儿园、学校教室、学生宿舍、老年人照料房屋设施室内装饰装修时，室内空气中氡、甲醛、氨、苯、甲苯、二甲苯、TVOC的抽检量不得少于房间总数的50%，且不得少于20间。当房间总数不大于20间时，应全数检测。

16. (1)可不采取防氡工程措施；(2)应采取建筑物底层地面抗开裂措施；(3)除采取建筑

物底层地面抗开裂措施外,还必须按现行国家标准 GB 50108 中的一级防水要求,对基础进行处理;(4)应采取建筑物综合防氡措施。

17. 当室内环境污染物浓度检测结果不符合标准规定时,应对不符合项目再次加倍抽样检测,并应包括原不合格的同类型房间及原不合格房间。当再次加倍抽样检测的结果符合标准规定时,应判定该工程室内环境质量合格;当再次加倍抽样检测的结果不符合标准规定时,应查找原因并采取措施进行处理,直至检测合格。

18. 测定室内空气中苯、甲苯、二甲苯时对恒流采样器的要求:在采样过程中流量应稳定,流量范围应包含 0.5L/min,且当流量为 0.5L/min 时,应能克服 5～10kPa 的阻力,此时用流量计校准采样系统流量,相对偏差不应大于±5%。

19. 测定室内空气中 TVOC 时采用的升温程序:初始温度应为 50℃,且保持 10min,升温速率应为 5℃/min,温度应升至 250℃,并保持 2min。

20. 在工程地质勘察范围内布点时,应以间距 10m 作网格,各网格点应为测试点,当遇较大石块时,可偏离±2m,但布点数不应少于 16 个。测量布点应覆盖单体建筑基础工程范围。

第六节　综合题部分

(一)混凝土结构及砌体结构构件强度

1.(1)将每个测区内 16 个测点的值剔除 3 个最大值、3 个最小值后计算 10 个测区的平均值,计算结果如下:

2 测区 $R_m=41.0$,5 测区 $R_m=43.1$,8 测区 $R_m=44.1$。

(2)在非水平方向上检测混凝土浇筑侧面时,平均回弹值修正公式:

$$R_m=R_{ma}-R_{\alpha a}$$

按向上 90°对回弹值进行修正,其回弹平均值如下。

2 测区:$R_m=41.0-4.0=37.0$。

5 测区:$R_m=43.1-3.9=39.2$。

8 测区:$R_m=44.1-3.8=40.3$。

2.(1)在每测区内取测点的平均值,计算结果如下。

2 测区:$d_2=(3.25+4.25+3.75)/3=3.75$(mm),修约后为 4.0mm。

6 测区:$d_6=(4.25+4.00+4.50)/3=4.25$(mm),修约后为 4.0mm。

9 测区:$d_9=(2.25+2.50+2.00)/3=2.25$(mm),修约后为 2.0mm。

(2)3 个测区的极差为 2.0mm,可取 3 个测区的平均值作为该构件的每个测区的碳化深度值,即 $d_m=(4.0+4.0+2.0)/3=3.33$(mm),修约后为 3.5mm。

3.(1)芯样高径比为 1.01～1.05,符合要求。

(2)依据公式 $f_{cu,cor}=\beta_c F_c/A_c$ 计算得到各芯样试件抗压强度值,其值依次为 37.7MPa、39.6MPa、38.9MPa、37.3MPa、39.2MPa、43.5MPa。则芯样试件抗压强度平均值为 $f_{cu,cor,m}=39.4$MPa。对应于钻芯部位测区混凝土抗压强度换算值的算术平均值为 $f^c_{cu,mj}=35.2$MPa。

(3)$\Delta f=f_{cu,cor,m}-f_{cu,mj}^{c}=39.4-35.2=4.2$(MPa)，故修正量为 4.2MPa。

4.(1)对于 3 层框架柱，该批测区混凝土抗压强度换算值的平均值和标准差为 $m_{f_{cu}^{c}}=37.3$MPa，$s_{f_{cu}^{c}}=2.41$MPa。标准差小于 5.5MPa，该批混凝土抗压强度的推定值为

$$f_{cu,e}=m_{f_{cu}^{c}}-1.645\times s_{f_{cu}^{c}}=37.3-1.645\times 2.41=33.3(\text{MPa})$$

即 3 层框架柱检测批混凝土抗压强度的推定值为 33.3MPa，符合设计强度等级 C30 的要求。

(2)对于 4 层梁，该批测区混凝土抗压强度换算值的平均值和标准差为 $m_{f_{cu}^{c}}=35.3$MPa，$s_{f_{cu}^{c}}=2.32$MPa。

标准差小于 5.5MPa，该批混凝土抗压强度的推定值为

$$f_{cu,e}=m_{f_{cu}^{c}}-1.645\times s_{f_{cu}^{c}}=35.3-1.645\times 2.32=31.5(\text{MPa})$$

即 4 层梁检测批混凝土抗压强度的推定值为 31.5MPa，符合设计强度等级 C30 的要求。

5.(1)对 3 层框架柱，1＃～6＃芯样高径比为 0.98～1.04，符合要求。

依据公式 $f_{cu,cor}=\beta_c F_c/A_c$，$\beta_c=1.0$ 计算得到 1＃～6＃芯样试件抗压强度值，其值依次为 32.2MPa、32.4MPa、31.9MPa、33.7MPa、39.0MPa、33.8MPa。

1＃～6＃芯样试件抗压强度平均值为 $f_{cu,cor,m}=33.8$MPa。

对应于钻芯部位测区混凝土抗压强度换算值的算术平均值为

$$f_{cu,mj}^{c}=(36.0+34.0+38.9+38.1+40.0+37.7)/6=37.4(\text{MPa})$$

$$\Delta f=f_{cu,cor,m}-f_{cu,mj}^{c}=33.8-37.4=-3.6(\text{MPa})$$

按修正量法修正后该批测区混凝土抗压强度换算值的平均值和标准差为 $m_{f_{cu}^{c}}=37.3-3.6=33.7$(MPa)，$s_{f_{cu}^{c}}=2.41$MPa。标准差小于 5.5MPa，该批混凝土抗压强度的推定值为

$$f_{cu,e}=m_{f_{cu}^{c}}-1.645\times s_{f_{cu}^{c}}=33.7-1.645\times 2.41=29.7(\text{MPa})$$

即 3 层框架柱检测批混凝土抗压强度的推定值为 29.7MPa，不符合设计强度等级 C30 的要求。

(2)对 4 层梁，7＃～12＃芯样高径比为 0.98～1.03，符合要求。

依据公式 $f_{cu,cor}=\beta_c \mathrm{F}_c/A_c$，$\beta_c=1.0$ 计算得到 7＃－12＃芯样试件抗压强度值，其值依次为 33.7MPa、33.2MPa、30.3MPa、29.1MPa、36.3MPa、35.5MPa。

7＃～12＃芯样试件抗压强度平均值为 $f_{cu,cor,m}=33.0$MPa。对应于钻芯部位测区混凝土抗压强度换算值的算术平均值为

$$f_{cu,mj}^{c}=(36.6+33.6+32.3+34.7+38.5+35.8)/6=35.2(\text{MPa})$$

$$\Delta f=f_{cu,cor,m}-f_{cu,mj}^{c}=33.0-35.2=-2.2(\text{MPa})$$

按修正量法修正后该批测区混凝土抗压强度换算值的平均值和标准差为 $m_{f_{cu}^{c}}=35.3-2.2=33.1$(MPa)，$s_{f_{cu}^{c}}=2.32$MPa。标准差小于 5.5MPa，该批混凝土抗压强度的推定值为

$$f_{cu,e}=m_{f_{cu}^{c}}-1.645\times s_{f_{cu}^{c}}=33.1-1.645\times 2.32=29.3(\text{MPa})$$

即 4 层梁检测批混凝土抗压强度的推定值为 29.3MPa，不符合设计强度等级 C30 的要求。

6.(1)对 3 层框架柱，计算得到 1＃～6＃芯样试件抗压强度平均值为

$$f_{cu,cor,m}=33.8\text{MPa}$$

采用总体修正量法时，测区混凝土抗压强度换算值的算术平均值为

$$f_{cu,m}^{c}=37.3\text{MPa}$$

$$\Delta f=f_{cu,cor,m}-f_{cu,mj}^{c}=33.8-37.3=-3.5(\text{MPa})$$

按总体修正量法修正后，该批测区混凝土抗压强度换算值的平均值和标准差为

$$m_{f_{cu}^{c}}=37.3-3.5=33.8(\text{MPa})$$

$$s_{f_{cu}^{c}}=2.41\text{MPa}$$

标准差小于 5.5MPa，该批混凝土抗压强度的推定值为

$$f_{cu,e}=m_{f_{cu}^{c}}-1.645\times s_{f_{cu}^{c}}=33.8-1.645\times 2.41=29.8(\text{MPa})$$

即 3 层框架柱检测批混凝土抗压强度的推定值为 29.8MPa，不符合设计强度等级 C30 的要求。

(2)对 4 层梁，计算得到 7＃～12＃芯样试件抗压强度平均值为

$$f_{cu,cor,m}=33.0\text{MPa}$$

对应于钻芯部位测区混凝土抗压强度换算值的算术平均值为

$$f_{cu,mj}^{c}=35.2\text{MPa}$$

$$\eta_{loc}=f_{cu,cor,m}/f_{cu,mj}^{c}=33.0/35.2=0.938$$

按对应样本修正系数法修正后，该批测区混凝土抗压强度换算值的平均值和标准差为

$$m_{f_{cu}^{c}}=35.3\times 0.938=33.1(\text{MPa})$$

$$s_{f_{cu}^{c}}=2.32\times 0.938=2.18(\text{MPa})$$

标准差小于 5.5MPa，该批混凝土抗压强度的推定值为

$$f_{cu,e}=m_{f_{cu}^{c}}-1.645\times s_{f_{cu}^{c}}=33.1-1.645\times 2.18=29.5(\text{MPa})$$

即 4 层梁检测批混凝土抗压强度的推定值为 29.5MPa，不符合设计强度等级 C30 的要求。

7. 依据地区测强曲线计算各测区强度换算值(表 1－8－1)。

表 1-8-1　各测区强度换算值

测区编号	1	2	3	4	5	6	7	8	9	10
测区回弹平均值	36.0	35.8	37.2	37.4	38.0	36.7	36.4	36.7	37.0	36.2
碳化深度值/mm	2.0	2.0	2.0	2.0	2.0	2.0	2.0	2.0	2.0	2.0
测区强度换算值/MPa	33.3	32.9	35.5	35.8	37.0	34.6	34.0	34.6	35.1	33.6

依据 JGJ/T 23—2011，

$$m_{f_{cu}^c} = \sum_{i=1}^{10} f_{cu,i}^c/10 = 34.6(\text{MPa})$$

$$s_{f_{cu}^c} = \sqrt{\frac{\sum_{i-1}^{10}(f_{cu,i}^c)^2 - 10\times(m_{f_{cu}^c})^2}{9}} = 1.26(\text{MPa})$$

$$f_{cu,e} = m_{f_{cu}^c} - 1.645\times s_{f_{cu}^c} = 34.6 - 1.645\times 1.26 = 32.5(\text{MPa})$$

8. 按照 JGJ/T 294—2013，上述检测、计算过程中的不当之处如下：

(1)按照规程附录 B 中 B.0.1.2，在配套的洛氏硬度为 HRC60±2 的钢砧上，回弹仪的率定值应为 83±1；

(2)按照规程 4.1.6.3，测区尺寸宜为 200mm×200mm；

(3)按照规程 4.2.3，相邻两测点的间距不宜小于 30mm；

(4)按照规程 4.2.4，测区回弹值的代表值 R 应精确至 0.1；

(5)按照规程，采用回弹法检测高强混凝土抗压强度时，无须检测混凝土碳化深度值。

9. 依据 T/CECS 02—2020 计算各测区强度换算值(表 1-8-2)。

表 1-8-2　各测区强度换算值

测区		1	2	3	4	5	6	7	8	9	10
检测数据	回弹代表值	40.6	40.4	43.0	42.8	44.0	44.0	44.4	42.0	43.0	42.0
	声速代表值	4.42	4.48	4.16	4.06	4.26	4.30	4.40	4.28	4.12	4.22
测区强度换算值		40.2	41.1	38.1	36.1	41.0	41.8	44.2	39.2	37.3	38.1

$$m_{f_{cu}^c} = \sum_{i=1}^{10} f_{cu}^i/10 = 39.7(\text{MPa})$$

$$s_{f_{cu}^c} = \sqrt{\frac{\sum_{i-1}^{10}(f_{cu,i}^c)^2 - 10\times(m_{f_{cu}^c})^2}{9}} = 2.42(\text{MPa})$$

$$f_{cu,e} = m_{f_{cu}^c} - 1.645\times s_{f_{cu}^c} = 39.7 - 1.645\times 2.42 = 35.7(\text{MPa})$$

10. 平均值为

$$f_{cu,cor,m}=\sum_{i=1}^{15} f_{cu,cor,i}=31.0(\text{MPa})$$

标准差为

$$S_{f_{cor}}=\sqrt{\frac{\sum_{i=1}^{n}(f_{cu,cor,i}-f_{cu,cor,m})^2}{n-1}}=2.29(\text{MPa})$$

下限值为

$$f_{cu,e2}=f_{cu,cor,m}-k_2 S_{f_{cor}}=31.0-2.566\times 2.29=25.1(\text{MPa})$$

上限值为

$$f_{cu,e1}=f_{cu,cor,m}-k_1 S_{f_{cor}}=31.0-1.114\times 2.29=28.4(\text{MPa})$$

上限值和下限值之间的差值为 28.4 − 25.1 = 3.3MPa，小于 max{5.0, $0.10f_{cu,cor,m}$} MPa。

取推定区间上限值作为该批混凝土抗压强度推定值，即 28.4MPa。

11. 按照 JGJ/T 384—2016，上述采样、试验、计算过程中的不当之处如下：

(1)按照规程 6.3.1.1，直径为 100mm 的芯样试件的最小样本量不宜小于 15 个；

(2)按照规程 5.0.4.1，对抗压强度低于 30MPa 的芯样试件，不宜采用磨平端面的处理方法，应用硫黄胶泥或环氧胶泥找平，找平层厚度不宜大于 2mm；

(3)按照规程 5.0.5.1，试件平均直径应用游标卡尺在芯样试件上部、中部和下部相互垂直的 2 个位置上共测量 6 次，取测量的算术平均值作为芯样试件的直径，并精确至 0.5mm；

(4)按照规程 5.0.5.2，芯样试件高度可用钢卷尺或钢板尺进行测量，并精确至 1.0mm；

(5)按照规程 6.3.2.5，宜以 $f_{cu,e1}$ 作为检测批混凝土抗压强度的推定值。

12. (1)依据规范要求，现场检测人员必须是 2 人或 2 人以上持证人员，1 人持证不符合规范要求；

(2)JGJ/T 23—2011 标准规定不能采用新启封的仪器，必须对新启用的仪器设备进行检定，检定后的回弹仪在使用前后都要再进行率定；

(3)JGJ/T 23—2011 标准规定每个测区不宜大于 0.04mm^2；

(4)碳化深度值测点数应取构件测区数的 30%，应至少选取 4 个测区，取其平均值作为每个测区的碳化深度值。当碳化深度值极差大于 2.0mm 时，应在每一测区内分别测量碳化深度值。

13. (1)芯样抗压强度平均值 $f_{cu,cor,m}=39.4$MPa。

(2)对应测区抗压强度平均值为

$$f^{c}_{cu,mj}=(38.5+34.5+36.7+40.3+38.5+39.6)/6=38.0(\text{MPa})$$

(3)$\Delta f=f_{cu,cor,m}-f^{c}_{cu,mj}=39.4-38.0=1.4(\text{MPa})$。

(4)修正后 10 个测区混凝土抗压强度见表 1-8-3 所列。

表 1-8-3　修正后 10 个测区混凝土抗压强度

测区	5	12	26	33	45	57	66	79	93	105
强度换算值/MPa	39.9	35.9	35.0	38.1	39.9	41.7	44.0	39.9	44.0	41.0

14.(1)检测时的测区布置示意图如图 1-8-1 所示(只要按规范要求布置测区均为正确)。规范要求:相邻两测区的间距不应大于 2m,测区离构件端部或施工缝边缘的距离不宜大于 0.5m,且不宜小于 0.2m,且应均匀分布;测区面积应符合要求,不宜大于 $0.04m^2$。

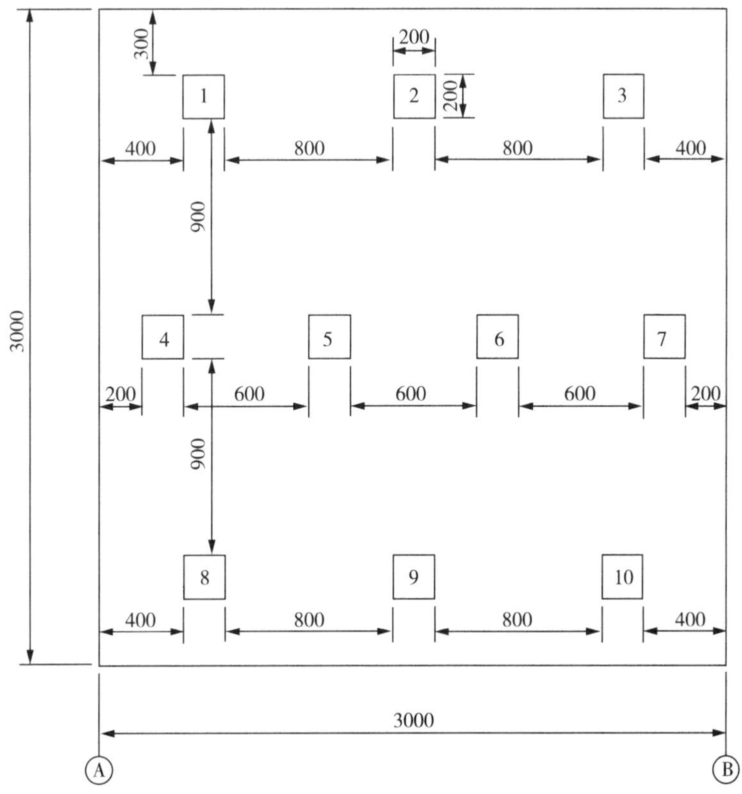

图 1-8-1　检测时的测区布置示意图

(2)测区混凝土抗压强度换算值的平均值和标准差为

$$m_{f_{cu}^c}=\frac{\sum_{i=1}^{n} f_{cu,i}^c}{n}=\frac{336}{10}=33.6(\text{MPa})$$

$$S_{f_{cu}^c}=\sqrt{\frac{\sum_{i=1}^{n}(f_{cu,i}^c)^2-n(m_{f_{cu}^c})^2}{n-1}}=1.45(\text{MPa})$$

构件混凝土抗压强度推定值 $f_{cu,e}=m_{f_{cu}^c}-1.645S_{f_{cu}^c}=31.2(\text{MPa})$。

故该剪力墙构件的混凝土抗压强度推定值 $f_{cu,e}=31.2\text{MPa}$。

15. 依据 JGJ/T 23—2011,上述采样、试验、计算过程中的不当之处如下:

(1)依据规程 4.1.3 条,按批量进行检测时,应随机抽取构件,抽检数量不宜少于同批构件总数的30%且不宜少于10件。第(1)项中抽检9根柱有误,应抽检不少于10根柱。

(2)依据规程4.1.4条,对于一般构件,测区数不宜少于10个。本例中构件也不符合测区数适当减少的条件。第(2)项中,对每根柱布置5个测区有误,应布置不少于10个测区。

(3)依据规程4.1.6条,对同一强度等级混凝土修正时,芯样数量不应少于6个,公称直径宜为100mm,高径比应为1。芯样应在测区内钻取。第(3)项中,芯样直径为70mm有误,钻取芯样位置位于回弹测区以外有误,应改为在选取的回弹测区内钻取直径为100mm的芯样。

(4)依据规程6.2.2条,符合规程第6.2.1条的泵送混凝土,其测区强度可按该规程附录B的曲线方程计算或按该规程附录B的规定进行强度换算。第(4)项中,按附录A计算强度有误,应改为按附录B计算。

(5)批量的标准差=平均值×变异系数=40.5×0.14=5.67(MPa)>5.5MPa,依据规程第7.0.4条,该批构件应全部按单个构件检测,不能批量推定。故不能评定该批混凝土强度为合格。

16. 由题可计算得到该批构件砂浆抗压强度换算值的平均值为

$$m_{f_2^c}=(9.4+7.2+10.0+6.2+7.6+6.4)/6=7.8(\text{MPa})$$

标准差 $S_{f_2^c}=1.57\text{MPa}$,变异系数 $\eta_{f_2^c}=0.20<0.30$,可以按检测单元批量推定。

该批构件中砂浆抗压强度换算值的最小值 $f_{2,\min}^c$ 为6.2MPa,由规范可知:

$$f_{2,e1}^c=0.91m_{f_2^c}=0.91\times7.8=7.1(\text{MPa})$$

$$f_{2,e2}^c=1.18f_{2,\min}^c=1.18\times6.2=7.3(\text{MPa})$$

取 $f_{2,e1}^c$ 和 $f_{2,e2}^c$ 中较小值作为该批构件的砌筑砂浆的抗压强度推定值,故该批墙体砌筑砂浆抗压强度推定值为7.1MPa,不符合砌筑砂浆设计强度等级M7.5要求。

17. 依据JGJ/T 136—2017,计算各构件的强度换算值(表1-8-4):

表1-8-4 各构件的强度换算值

构件编号	1	2	3	4	5	6
贯入深度平均值/mm	5.60	5.35	6.10	5.74	5.70	5.13
构件强度换算值/MPa	3.9	4.3	3.3	3.7	3.8	4.7

该批构件砂浆抗压强度换算值的平均值为

$$m_{f_2^c}=(3.9+4.3+3.3+3.7+3.8+4.7)/6=4.0(\text{MPa})$$

标准差 $S_{f_2^c}=0.49\text{MPa}$,变异系数 $\eta_{f_2^c}=0.12<0.30$,可以按检测单元批量推定。

该批构件中砂浆抗压强度换算值的最小值 $f_{2,\min}^c$ 为3.3MPa,由规范可知:

$$f_{2,e1}^c=0.91m_{f_2^c}=0.91\times4.0=3.6(\text{MPa})$$

$$f_{2,e2}^c=1.18f_{2,\min}^c=1.18\times3.3=3.9(\text{MPa})$$

取 $f_{2,e1}^c$ 和 $f_{2,e2}^c$ 中较小值作为该批构件的砌筑砂浆的抗压强度推定值,故该批墙体砌筑砂浆抗压强度推定值为3.6MPa,不符合砌筑砂浆设计强度等级M5要求。

18. 依据 JGJ/T 136—2017，上述检测、计算过程中的不当之处如下：

(1)依据规程 4.2.3，灰缝厚度不应小于 7mm；

(2)依据规程 4.3.2，测钉长度小于测钉量规槽时应重新选用新的测钉，测钉不满足测试要求；

(3)依据规程 4.2.3，被测位置应避开竖缝位置，不能将测点布置在竖缝位置；

(4)依据规程 4.2.6，每条灰缝上测点不宜多于 2 个；

(5)依据规程 4.3.4，测钉从灰缝中拔出后，用橡皮吹风器将测孔中的粉尘吹干净；

(6)依据规程 4.2.6 及 5.0.1，应对每个构件测试 16 个点，去掉 3 个较大值和 3 个较小值；

(7)查规程 5.0.5 及附表 D 后得到强度换算值，检测单个构件时推定值为强度换算值的 91%。

19. 按照 GB/T 50315—2011，上述检测、计算过程中的不当之处如下：

(1)按照规程 12.1.3，墙面上每个测位的面积宜大于 $0.3m^2$；

(2)按照规程表 12.2.1，钢砧率定值应为 74±2；

(3)按照规程 12.3.1.3，磨掉表面砂浆的深度应为 5～10mm，且不应小于 5mm；

(4)按照规程 12.3.2，相邻两弹击点的间距不应小于 20mm；

(5)按照规程 12.3.3，在每个弹击点上，应使用回弹仪连续弹击 3 次，第 1 次、第 2 次不应读数，应仅读记第 3 次回弹值，回弹值读数应估读至 1；

(6)按照规程 12.4.2，每个测位的平均碳化深度值，应取该测位各次测量值的算术平均值，并应精确至 0.5mm。

20. 按照 GB/T 50315—2011，上述采样、试验、计算过程中的不当之处如下：

(1)按照规程和条文说明 13.2.1，测试设备应采用额定压力较小的压力试验机(读数精度较高的小吨位压力试验机)，最小读数盘宜为 50kN 以内；

(2)按照规程 13.1.2，从每个测点处，宜取出 2 个砂浆大片，应一片用于检测，另一片备用；

(3)按照规程 13.3.1.3，应在砂浆试件上画出作用点，并应量测其厚度，应精确至 0.1mm；

(4)按照规程 13.3.3，加载至试件破坏约耗时 1min，应记录荷载值，并应精确至 0.1kN；

(5)按照规程 13.3.4，应将破坏后的试件拼接成原样，测量荷载实际作用点中心到试件破坏线边缘的最短距离，即荷载作用半径，应精确至 0.1mm。

21. 按照 GB/T 50315—2011，上述采样、试验、计算过程中的不当之处如下：

(1)层高为 3m，圈梁高度为 250mm，单层墙体折算长度为 200m，单层砌体体积为

$$V_1 = 200 \times 0.24 \times (3 - 0.25) = 132(m^3)$$

两层砌体总体积为 $264m^3$，超过 $250m^3$，应将 1 层、2 层墙体分别作为一个检测单元，将两层作为一个检测单元不符合要求；

(2)测区面积 $0.8m^2$ 偏小，要求测区面积不宜小于 $1.0m^2$；

(3)回弹仪的率定值为 71，要求为 74±2，不满足仪器性能要求；

(4)在每个测位内均匀布置 10 个弹击点不符合标准要求，标准要求应均匀布置 5 个弹

击点；

(5)在每个弹击点上连续弹击 3 次，读取 3 次回弹值中的最大值不符合要求，在每个弹击点上只能弹击 1 次。

22.(1)对烧结普通砖，测区的推力平均值为

$$N_i = \xi_{2i} \sum_{j=1}^{n_1} N_{ij} / n_1$$

$$\xi_{2i} = 1.0$$

$$N_1 = \xi_{21} \sum_{j=1}^{3} N_{1j} / 3 = 1.0 \times (14.53 + 16.78 + 15.55)/3 = 15.62(\mathrm{kN})$$

$$N_3 = 16.55\mathrm{kN}$$

(2) 测区砂浆饱满度平均值为

$$B_i = \sum_{j=1}^{n_1} B_{ij} / n_1$$

$$B_1 = \sum_{j=1}^{3} B_{1j} / 3 = (0.70 + 0.75 + 0.77)/3 = 0.74$$

$$B_3 = 0.85$$

(3) 测区砂浆饱满度修正系数为

$$\xi_{3j} = 0.45 B_i^{\,2} + 0.90 B_i$$

$$\xi_{31} = 0.45 B_1^{\,2} + 0.90 B_1 = 0.45 \times 0.74^2 + 0.90 \times 0.74 = 0.91$$

$$\xi_{33} = 1.10$$

(4) 测区砂浆强度平均值为

$$f_{2i} = 0.30 \left(\frac{N_i}{\xi_{3i}} \right)^{1.19}$$

$$f_{21} = 0.30 \left(\frac{N_1}{\xi_{31}} \right)^{1.19} = 0.30 \times \left(\frac{15.62}{0.91} \right)^{1.19} = 8.8\ (\mathrm{MPa})$$

$$f_{23} = 7.6\mathrm{MPa}$$

(5)3 层墙体砌筑砂浆抗压强度的平均值和最小值为

$$f_{2,\mathrm{m}} = (8.8 + 6.9 + 7.6 + 9.1 + 8.4 + 8.2)/6 = 8.2(\mathrm{MPa})$$

$$f_{2.\min} = 6.9\mathrm{MPa}$$

1＃楼建于 2010 年，按 GB 50203—2011 的有关规定修建，强度推定值为下列较小值：$f_2' = f_{2,\mathrm{m}} = 8.2\mathrm{MPa}$，$f_2' = 1.33 f_{2,\min} = 1.33 \times 6.9 = 9.2(\mathrm{MPa})$。

砌筑砂浆抗压强度的推定值为 8.2MPa，符合设计强度等级 M7.5 的要求。

23.(1)砂浆片试件的抗剪强度及测区的砂浆片抗剪强度平均值为

$$\tau_{ij}=0.95V_{ij}/A_{ij}$$

$$\tau_{11}=0.95V_{11}/A_{11}=0.95\times 320/258=1.178(\text{MPa})$$

$$\tau_{12}=0.95V_{12}/A_{12}=0.95\times 385/338=1.082(\text{MPa})$$

$$\tau_{13}=0.919\text{MPa}$$

$$\tau_{14}=1.024\text{MPa}$$

$$\tau_{15}=1.088\text{MPa}$$

同理，$\tau_{31}=1.036\text{MPa}$，$\tau_{32}=1.021\text{MPa}$，$\tau_{33}=0.991\text{MPa}$，$\tau_{34}=1.004\text{MPa}$，$\tau_{35}=1.053\text{MPa}$。$\tau_1=(1.178+1.082+0.919+1.024+1.088)/5=1.058(\text{MPa})$，$\tau_3=1.021\text{MPa}$。

(2)测区砂浆抗压强度平均值为

$$f_{2i}=7.17\tau_i$$

$$f_{21}=7.17\tau_1=7.17\times 1.058=7.6(\text{MPa})$$

$$f_{23}=7.17\times 1.021=7.3(\text{MPa})$$

(3)3 层墙体砌筑砂浆抗压强度的平均值和最小值为

$$f_{2,\text{m}}=(7.6+7.6+7.3+7.6+7.5+7.2)/6=7.5(\text{MPa})$$

$$f_{2.\min}=7.2\text{MPa}$$

2＃楼建于 2013 年，按 GB 50203—2011 的有关规定修建，强度推定值为下列较小值；

$$f_2'=0.91f_{2,\text{m}}=0.91\times 7.5=6.8(\text{MPa})$$

$$f_2'=1.18f_{2,\min}=1.18\times 7.2=8.5(\text{MPa})$$

砌筑砂浆抗压强度的推定值为 6.8MPa，不符合设计强度等级 M7.5 的要求。

24. 各测点槽间砌体的抗压强度(表 1-8-5)应按公式 $f_{\text{u}ij}=\dfrac{N_{\text{u}ij}}{A_{ij}}$ 计算，$A_{ij}=240\times 250=60000(\text{mm}^2)$。

将槽间砌体抗压强度换算为标准砌体的抗压强度为

$$f_{\text{m}ij}=\frac{f_{\text{u}ij}}{\xi_{1ij}}$$

$$\xi_{1ij}=1.25+0.60\sigma_{0ij}$$

表 1-8-5　各测点槽间砌体的抗压强度

测区	砌体抗压强度/MPa	原位轴压法的无量纲的强度换算系数	标准砌体抗压强度换算值/MPa
1	4.2	1.58	2.7
2	5.2	1.61	3.2
3	5.0	1.59	3.1
4	4.0	1.54	2.6

(续表)

测区	砌体抗压强度/MPa	原位轴压法的无量纲的强度换算系数	标准砌体抗压强度换算值/MPa
5	4.8	1.57	3.1
6	5.9	1.65	3.6

由上可知检测单元标准砌体抗压强度平均值 $f_m=3.0$MPa,强度标准差 $s_m=0.36$MPa,变异系数 $\delta=0.12<0.20$,可以按检测单元推定。

$$f_k=f_m-k\cdot s=3.0-1.947\times0.36=2.3(\text{MPa})$$

25.(1)各测区砌体沿通缝截面抗剪强度为

$$f_{Vij}=N_{Vij}/A_{Vij}$$

$$f_{V11}=N_{V11}/A_{11}=35880/(490\times240)=0.31(\text{MPa})$$

$$f_{V21}=29750/(490\times240)=0.25(\text{MPa})$$

依次得到 $f_{V31}=0.28$MPa,$f_{V41}=0.29$MPa,$f_{V51}=0.24$MPa,$f_{V61}=0.36$MPa。

(2)砌体沿通缝截面抗剪强度标准值为

$$f_{Vm}=(0.31+0.25+0.28+0.29+0.24+0.36)/6=0.29(\text{MPa})$$

$$s_{21}=0.044\text{MPa}$$

$$\delta=0.044/0.29=0.15$$

变异系数小于 0.25,检测单元可按批量检测要求推定,$n=6$,$k=1.947$。

$$f_{V,k}=f_{V,m}-ks=0.29-1.947\times0.044=0.20(\text{MPa})$$

一层墙体沿通缝截面抗剪强度标准值为 0.20MPa。

(二)钢筋及保护层厚度

1.(1)依据 GB 50204—2015 第 10.1.2 条“结构实体混凝土强度应按不同强度等级分别检验”,剪力墙混凝土强度等级可能与梁不一致,且为不同类型构件,应分别检验;

(2)依据 GB 50204—2015 附录 E,进行非悬挑板钢筋保护层厚度检测时,抽检数量应为 2%且不少于 5 个,抽检 11 块板,其数量少于规范规定,应至少抽检 18 块板;

(3)楼板位置应随机选取,不能都选取在电梯口;

(4)依据 GB 50204—2015 附录 E,进行悬挑梁钢筋保护层检测时,应抽取构件总数的 5%且不少于 10 个,抽检数量 4 根偏少,应至少抽检 10 根;

(5)依据 GB 50204—2015 附录 E,进行非悬挑梁钢筋保护层检测时,应抽取构件总数的 2%且不少于 5 个,抽检数量 11 根偏少,应至少抽检 21 根。

(6)检测梁底箍筋保护层厚度错误,应检测梁全部纵向受力钢筋的保护层厚度。

2. 在每根钢筋同一处测得的 2 次保护层厚度数值相差均不大于 1mm,检测数据有效,取 2 次检测数据的平均值为保护层厚度值。钢筋的混凝土保护层厚度平均检测值为

$$c_{m,i}^{t}=(c_1^t+c_2^t+2c_c-2c_0)/2$$

则该梁第1点混凝土保护层厚度检测值为

$$c_{m,1}^{t}=[39+38+2\times(38.8-40.8)-2\times10.0]/2=26(mm)$$

该梁第2点混凝土保护层厚度检测值为

$$c_{m,2}^{t}=[39+40+2\times(40.6-41.6)-2\times10.0]/2=28(mm)$$

该梁第3点混凝土保护层厚度检测值为

$$c_{m,3}^{t}=[33+34+2\times(38.8-40.8)-2\times10.0]/2=22(mm)$$

3. 依据JGJ/T 152—2019，上述检测、记录过程中的不当之处如下：

(1)依据标准第4.4.2条，检测部位应平整光洁，建筑垃圾应清扫干净方可进行检测；

(2)依据标准第4.4.3条，检测前应对仪器进行预热和调零，调零时探头应远离金属物体；

(3)依据标准第4.4.4条第2款，应对同一根钢筋同一处检测2次；

(4)依据标准第4.4.5条，当对同一构件检测的钢筋数量较多时，应对钢筋间距进行连续量测，且钢筋间距不宜小于6个，因此钢筋数量为7根及以上；

(5)依据标准第4.7.3条，钢筋间距精确至1mm；

(6)书面记录形成过程中如有错误，应采用杠改方式，实施记录改动的人员应在更改处签名或等效标识。

4. (1)钢筋实际直径为

$$d=12.74\sqrt{\omega/l}$$

$$d_1=12.74\times\sqrt{658.03/305.4}=18.70(mm)$$

依次得到 $d_2=19.15mm$，$d_3=19.80mm$，$d_4=19.64mm$，$d_5=19.49mm$。

(2)钢筋的截面损失率为

$$l_{is,a}=(1-(d_i/d_s)^2)\times100\%$$

$$l_{1s,a}=(1-(d_1/d_s)^2)\times100\%=(1-(18.70/20)^2)\times100\%=12.6\%$$

依次得到 $l_{2s,a}=8.3\%$，$l_{3s,a}=2.0\%$，$l_{4s,a}=3.6\%$，$l_{5s,a}=5.0\%$。

(三)植筋锚固力

1. (1)进行植筋现场破坏性检验且数量不超过100件时，可取3件进行检验，符合要求；

(2)$N_{Rm}^{c}=\dfrac{310+260+225}{3}=265(kN)$，$N_{Rmin}^{c}=225kN$。

(3)$N_{Rm}^{c}\geqslant1.45f_yA_s=1.45\times360\times491=256\times10^3=256(kN)$；

$N_{Rmin}^{c}\geqslant1.25f_yA_s=1.25\times360\times491=221\times10^3=221(kN)$；

植筋破坏性检验结果满足要求，其锚固质量应评定为合格。

2. 该工程所检对象为填充墙与框架柱之间的连接钢筋，即墙体拉结筋。依据GB 50203—2011第9.2.3条，锚固钢筋拉拔试验的轴向受拉非破坏承载力检验值应为6.0kN，因此非破坏承载力检验值取 6.0kN。

检验批的容量为 250 根,采用正常二次性抽样方法,随机抽检 13 根植筋进行非破坏承载力检验,符合样本最小容量要求。

依据 GB 50203—2011 第 9.2.3 条,编号 2 和 4 出现持荷 2min 期间荷载值下降大于 5% 的现象,不满足规范要求,判定编号 2 和 4 的拉结筋非破坏承载力检验不满足要求。

采用正常二次性抽样方法,样本容量为 13 根,合格判定数为 0,不合格判定数为 3,本次检验不合格数为 2,应进行二次抽样,二次抽样数量为 13。一次、二次抽样的样本容量为 26,根据二次抽样结果,对此样本进行合格性判定,合格判定数为 3,不合格判定数为 4。

(四)构件位置和尺寸

1. (1)梁、柱、现浇板构件总数分别为 396 根、210 根、144 块。

依据 GB 50204—2015,进行构件尺寸偏差检验时,对梁、柱,应抽取构件数量的 1%,且不应少于 3 个构件;对现浇板,应按有代表性的自然间抽取 1%,且不应少于 3 间。

故对梁、柱、现浇板构件,应至少分别抽取 4 根、3 根、3 块待测构件(现浇板构件数量视同自然间数量)。

(2)依据 GB 50204—2015,检验柱截面尺寸时应用尺量,选取柱的一边量测柱中部、下部及其他部位,取 3 点平均值,精确至 1mm。

(3)依据 GB 50204—2015,梁高的允许偏差为(+10,−5)mm。故上述梁构件中有 4#、7# 构件梁高超差,合格率为 6/8×100%=75%。

因合格率小于 80%但不小于 70%,可再抽取 8 根梁构件进行梁高检验。当按二次抽样总和计算的合格率为 80%及以上时,仍可判为合格。否则,判为不合格。

2. (1)现浇板构件数量视同自然间数量,故上部结构自然间总数为 33×24=792(间)。

依据 GB 50204—2015,进行层高检验时应按有代表性的自然间抽查 1%,且不应少于 3 间。故至少应抽取 8 间自然间。

(2)依据 GB 50204—2015,进行层高检验时应采用水准仪或拉线、尺量方法。对悬挑板,在距离支座 0.1m 处,沿宽度方向取包括中心位置在内的随机 3 点;对其他楼板,在同一对角线上量测中间及距离两端各 0.1m 处 3 点。层高与板厚测点位置相同,量测板顶至上层楼板板底净高,层高量测值为净高与板厚之和,取 3 点平均值,精确至 1mm。

(3)依据 GB 50204—2015,层高的允许偏差为±10mm。故上述自然间中有 4# 自然间层高超差,合格率为 7/8×100%=87.5%>80%,故判为合格。

3. (1)依据 GB 50203—2011,对填充墙砌体进行垂直度检验时,对每检验批抽查不应少于 5 处。由题意,将上部结构中每层填充墙划分为一个检验批,故至少应抽取 24×5=120 片填充墙。

(2)依据 GB 50203—2011,轴线位移检验:用尺检查,允许偏差为 10mm。垂直度(每层)检验:用 2m 托线板或吊线、尺检查,层高为 3.1m 时允许偏差为 10mm。表面平整度检验:用 2m 靠尺和楔形尺检查,允许偏差为 8mm。

(五)外观质量及内部缺陷

1. 依据 CECS 21:2000,损伤层厚度由以下公式计算:

$$l_0=(a_1b_2-a_2b_1)/(b_2-b_1)$$

$$h_f=\frac{l_0}{2}\sqrt{\frac{b_2-b_1}{b_2+b_1}}$$

A 测位：$b_{1A}=2.30$km/s，$a_{1A}=-13.0$mm，$b_{2A}=4.0$km/s，$a_{2A}=-30.0$mm，代入计算得到 A 测位的 $l_{0A}=10.0$mm，损伤层厚度 $h_{fA}=2.6$mm。

B 测位：$b_{1B}=2.90$km/s，$a_{1B}=-18.0$mm，$b_{2B}=4.17$km/s，$a_{2B}=-35.0$mm，代入计算得到 B 测位的 $l_{0B}=20.8$mm，损伤层厚度 $h_{fB}=4.4$mm。

2. 依据 GB/T 50784—2013 及题意，底板厚度为 700mm，预估裂缝深度不超过 500mm 且比底板厚度至少小 100mm 以上，可采用单面平测法检测其裂缝深度。

依据公式，第 4 点的裂缝深度计算值 h_{c4} 为

$$h_{c4}=\frac{l_4}{2}\sqrt{\left(\frac{t_4^0 v}{l_4}\right)^2-1}=\frac{260}{2}\sqrt{(\frac{112.6\times 4.2}{260})^2-1}=198(\text{mm})$$

则各测点裂缝深度计算值的平均值 $m_{h,c}$ 为

$$m_{h,c}=(188+205+190+198+212)/5=199(\text{mm})$$

裂缝深度计算值的绝对极差为 $\Delta h=212-188=24$mm，相对极差为$\delta_{\Delta h}=24/199=12.1\%$。

因 30mm ＜（$m_{h,c}=199$mm）＜ 300mm，且 12.1% ＜ 30%，故受检裂缝的深度取 $m_{h,c}=199$mm。

（六）装配式混凝土结构节点

1. 根据规范 JGJ/T 485—2019 中附录 A.0.5 要求，可知：

凹凸深度平均值 $\mu=\frac{\sum_{i=1}^{N}x_i}{N}=5.6$mm；该构件的标准差为 $\sigma=\sqrt{\frac{1}{N-1}\sum_{i=1}^{N}(x_i-\mu)^2}=1.13$mm；凹凸深度变异系数 $CV=\frac{\sigma}{\mu}=0.2$。

根据附录 A.0.6 条规定，凹凸深度平均值 $\mu\geqslant 4.0$，凹凸深度变异系数 $CV\leqslant 0.4$，则评定该预制构件结合面粗糙度合格。

2. 依据 T/CECS 1189—2022、T/CECS 683—2020、JGJ 355—2015(2023 年版)，上述采样、试验过程中的不当之处如下。

(1)应保证龄期不低于 3d。

(2)对于竖向构件现浇与预制转换层墙体，应抽取不少于 5 个构件且不少于 15 个套筒，抽检选择 3 个墙体，抽检数量不满足要求。

(3)对于外墙，每个灌浆仓抽检不应少于 30%且不少于 3 个套筒，应不少于 3 个；对于内墙板，每个灌浆仓抽检不应少于 15%且不少于 2 个套筒，应不少于 2 个。

(4)在钻孔过程中，应至少中断 2 次并进行清孔。

(5)测量的不饱满的缺陷长度应精确至 0.1mm。

（七）结构构件性能

1. 依据 GB/T 50152—2012 第 5.2.16 条的规定，采用四分点集中力模拟均布荷载，对

简支受弯构件进行等效加载时，挠度实测值的修正系数取 0.91，故该组数据经修正后分别为 13.6mm、12.7mm、15.5mm、15.0mm、14.6mm、15.7mm。

依据 GB/T 50152—2012 第 6.6.2 条的规定，依次计算该组数据的平均值和标准差。

平均值为

$$m_x=\frac{13.6+12.7+15.5+15.0+14.6+15.7}{6}=14.5(\text{mm})$$

标准差为

$$s_x=\sqrt{[(13.6-14.5)^2+(12.7-14.5)^2+(15.5-14.5)^2+(15.0-14.5)^2+(14.6-14.5)^2+(15.7-14.5)^2]/5}$$

$$=1.16(\text{mm})$$

变异系数为

$$\delta_x=\frac{s_x}{m_x}=1.16/14.5=0.08$$

2.（1）已知该现浇板自重恒载 $q_1=0.12\times25=3.0(\text{kN/m}^2)$，附加恒载 $q_2=1.5\ \text{kN/m}^2$，活载 $q_3=2.0\ \text{kN/m}^2$，依据 GB/T 50784—2013 第 12.2.5 条，构件安全性检验荷载的效应不应小于可变作用设计值的效应与永久作用设计值的效应之和，即基本组合：

$$s_d=[(3.0+1.5)\times1.3+2.0\times1.5]\times4.0\times8.0=283.20(\text{kN})$$

$$\text{外加荷载值 } P=283.2-3.0\times4.0\times8.0=187.20(\text{kN})$$

（2）消除支座影响后跨中挠度实测值见表 1－8－6 所列。

表 1－8－6　消除支座影响后跨中挠度实测值

加载级别	加载 1	加载 2	加载 3	加载 4	加载 5	加载 6	加载 7
板面持荷/kN	38.0	76.0	112.0	130.8	149.6	168.4	187.2
跨中挠度/mm	0.22	0.62	0.89	1.13	1.37	1.58	1.80

卸载级别	卸载 1	卸载 2	卸载 3	卸载 4	卸载 5
板面持荷/kN	149.6	112.0	74.0	36.0	0
跨中挠度/mm	1.43	1.18	0.78	0.43	0.24

外加荷载与跨中实测挠度关系图如图 1－8－2 所示。

由图、表和已知条件知：

（1）在外加荷载作用下该现浇板跨中实测挠度值为 1.80mm，小于已知理论计算值 3.2mm；

（2）现浇板跨中残余挠度为 0.24mm，为最大挠度值 1.80 的 13.3%，小于 20%；

（3）实测挠度值与荷载基本保持线性关系。

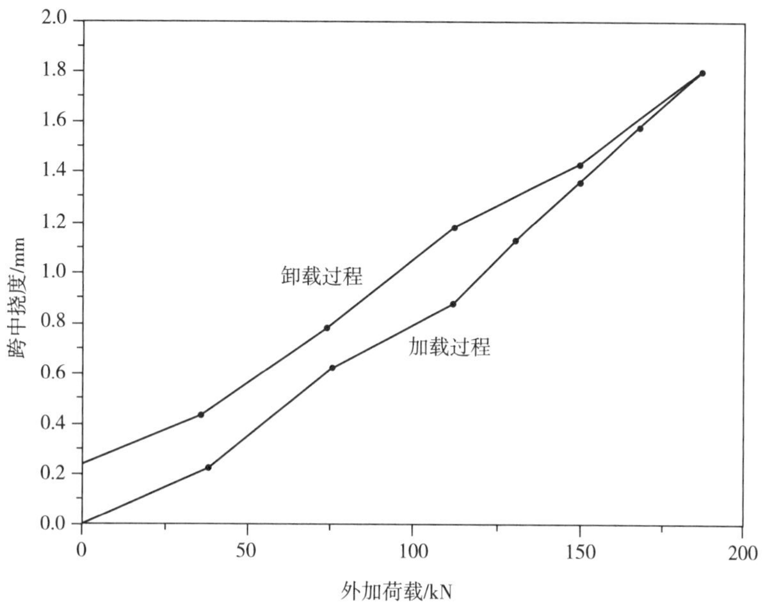

图 1-8-2　外加荷载与跨中实测挠度关系图

根据 GB/T 50784—2013 第 12.2.14 条，在构件安全性检验荷载作用下，受检构件无明显破坏迹象，实测挠度值满足上述条件之一时，可评定该现浇板构件安全性满足要求。

3.(1)已知：梁自重 $q_1=0.2\times0.5\times25=2.5$kN/m，使用恒荷载 $q_2=2.0$kN/m，使用活荷载 $q_3=10.0$kN/m。

依据 GB/T 50784—2013 第 12.2.5 条，构件适用性检验荷载的效应不应小于可变作用标准值的效应与永久作用标准值的效应之和，即标准组合。

检验总荷载为

$$S_d=(2.5+2.0+10.0)\times5.0=72.5(\text{kN})$$

最小加载值为

$$S_d-2.5\times5.0=60.0(\text{kN})$$

(2)①消除支座影响后实测的跨中挠度为

$$a_q^0=u_m^0-\frac{(u_l^0+u_r^0)}{2}=5.10-(0.08+0.12)/2=5.00(\text{mm})$$

② 考虑自重修正后的跨中最大挠度 a_s^0，构件自重产生的弯矩值为

$$M_g=\frac{1}{8}ql^2=1/8\times2.5\times5.0\times5.0=7.81(\text{kN}\cdot\text{m})$$

加载值产生的跨中弯矩值为

$$M_b=\frac{1}{8}ql^2=1/8\times12.0\times5.0\times5.0=37.5(\text{kN}\cdot\text{m})$$

$$a_g^c=\frac{M_g}{M_q}a_b^0=7.81/37.5\times5.00=1.04(\text{mm})$$

③ 考虑自重等修正后的跨中最大挠度为

$a_s^0=(a_q^0+a_g^c)\psi=(5.00+1.04)\times1.0=6.04(\text{mm})$(试验荷载为均布荷载 $\psi=1.0$)

④ 构件长期挠度 a_l^0 计算如下。

荷载按长期效应组合计算的弯矩值为

$$M_l=\frac{1}{8}ql^2=1/8\times(4.5+10.0\times0.4)\times5.0\times5.0=26.56(\text{kN}\cdot\text{m})$$

荷载按短期效应组合计算的弯矩值为

$$M_s=\frac{1}{8}ql^2=1/8\times(4.5+10.0)\times5.0\times5.0=45.31(\text{kN}\cdot\text{m})$$

$$a_l^0=\frac{M_l(\theta-1)+M_s}{M_s}a_s^0=[25.56\times(2.0-1)+45.31]/45.31\times6.04=9.45(\text{mm})$$

⑤ 依据 GB/T 50010—2010 表 3.4.3,该构件挠度限值为

$$l_0/200=5000/200=25(\text{mm})$$

综上,构件长期挠度 9.45mm 小于规范允许限值 25mm。因此,该挠度检验结果满足 GB/T 50010—2010 规定的挠度允许值要求。

4.(1)依据 GB 50204—2015 附录 B,预制钢筋混凝土构件的承载力检验应符合以下规定:$\gamma_u^0\geqslant\gamma_0[\gamma_u]$。根据题意可知结构重要性系数 γ_0 取 1.0。关于承载力的测定,在规定的荷载持续时间结束后出现承载能力极限状态的检验标志之一时,应取本级荷载值作为其承载力检验荷载实测值。

对于受弯构件的受剪,当腹部斜裂缝达到 1.5mm 时,构件的承载力检验系数允许值 $[\gamma_u]$ 取 1.40,此时的构件承载力检验系数实测值 $\gamma_u^0=1250/900=1.39$,与 $\gamma_u^0\geqslant\gamma_0[\gamma_u]$ 不相符,比 $[\gamma_u]$ 低 0.01,可进行二次检验。

当受拉主筋处的最大裂缝宽度达到 1.5mm 时,构件的承载力检验系数允许值 $[\gamma_u]$ 取 1.20,此时的构件承载力检验系数实测值 $\gamma_u^0=1350/900=1.5$,符合 $\gamma_u^0\geqslant\gamma_0[\gamma_u]$;

当受拉主筋被拉断时,构件的承载力检验系数允许值 $[\gamma_u]$ 取 1.50,此时的构件承载力检验系数实测值 $\gamma_u^0=1800/900=2.0$,符合 $\gamma_u^0\geqslant\gamma_0[\gamma_u]$;

将该预制梁承载力检验受弯构件的受剪裂缝达到限值作为其检验标志,应再抽取 2 个构件进行二次检验。

(2)依据 GB 50204—2015 附录 B,预制构件的裂缝宽度检验应符合以下规定:

$$\omega_{s,\max}^0\leqslant[\omega_{\max}]$$

根据题意,构件检验的最大裂缝宽度允许值 $[\omega_{\max}]$ 应为 0.15mm,在检验用荷载准永久组合值作用下,受拉主筋处的最大裂缝宽度实测值 $\omega_{s,\max}^0=0.05\text{mm}$,符合 $\omega_{s,\max}^0\leqslant[\omega_{\max}]$。故该预制梁的裂缝宽度检验为合格。

(八)装饰装修工程

1.(1)断面面积 $X_i=100\times100=10000(mm^2)$。

(2)计算试样粘结强度,$R_1=2510/10000=0.25(MPa)$,同理可得 $R_2=0.26MPa$,$R_3=0.24MPa$,$R_4=0.18MPa$,$R_5=0.21MPa$,$R_6=0.21MPa$,$R_7=0.21MPa$,$R_8=0.24MPa$。

(3)查 JGJ/T 220—2010 中表 7.0.10,水泥抹灰砂浆粘结强度规定值为 0.2MPa。

(4)根据 JGJ/T 220—2010 中附录 A.0.4 关于判断有效性的规则,第 4 个试样应为无效,其余 7 个试样有效。

(5)根据 JGJ/T 220—2010 中附录 A.0.5,计算 7 个有效试样粘结强度平均值:$(0.25+0.26+0.24+0.21+0.21+0.21+0.24)/7=0.23(MPa)$。$0.23\times0.8=0.18$,$0.23\times1.2=0.28$,可知 7 个值均在 0.18~0.28MPa 范围内。

(6)拉伸粘结强度取 7 个试样的平均值,即 0.23MPa,其值大于 0.20MPa,评定为合格。

2.(1)依据 JGJ 145—2013 中表 3.2.3,8.8 级锚栓 $f_{yk}=640\ N/mm^2$。

(2)依据 JGJ 145—2013 中附录 C.4.2,非破损荷载检验值为 $0.9f_{yk}A_s$ 和 $0.8N_{Rk,*}$ 中的较小值。

$$0.9f_{yk}A_s=0.9\times640\times3.14\times20\times20/(4\times1000)=181(kN)$$

$$0.8N_{Rk,*}=0.8\times240=192(kN)>181kN$$

非破损检验值取 181kN。

(3)锚栓 1 至锚栓 5 的实际检验荷载均达到非破损检验荷载 181kN,且在持荷 2min 期间,锚固件无滑移,基材混凝土无裂纹或其他损坏迹象,荷载下降幅度不超过 5%,可以判定检测的化学锚栓非破损检验结果合格。

(4)该检验批试样全部合格,该检验批应评定为合格。

3.(1)检验批划分不符合标准要求,按照 JGJ/T 110—2017 第 3.0.3 条,复验应以每 500 m^2 同类带饰面砖的预制构件为检验批,不足 500 m^2 应为一个检验批。本项目应划分为 5 个检验批。

每个检验批取样不符合标准要求,按照 JGJ/T 110—2017 第 3.0.3 条,对每批应取一组 3 块墙板,对每块板应制取 1 个试样对饰面砖粘结强度进行检验。

(2)按照 JGJ/T 110—2017 第 5.0.2 条,平均粘结强度 $R_m=0.7MPa$,最小粘结强度 $R_{min}=0.5MPa$,按照标准第 6.0.1 条,本组试样符合判定指标的两项要求,可判定为合格。

(3)按照 JGJ/T 110—2017 第 3.0.4 条,应在每种类型的基体上粘贴不小于 1m^2 饰面砖样板,对每个样板应各制取一组 3 个饰面砖粘结强度试样,取样间距不得小于 500mm。

(九)室内环境污染物

1.(1)采样流量$=\dfrac{0.483+0.516+0.507+0.510+0.498}{5}=0.503(L/min)$。

GB 50325—2020 标准规定用皂膜流量计校准采样系统流量,相对偏差不应大于±5%,即流量为 0.475~0.525 L/min,所以该大气采样器符合检测要求。

(2)标准状况下的采样体积:

$$V_0=V_t\times\frac{T_0}{273+t}\times\frac{p}{p_0}=0.50\times20\times\frac{273}{273+20}\times\frac{100.6}{101.3}=9.25(L)$$

室外采样点在标准状态下的 TVOC 浓度为

$$C_0=\frac{m}{V_0}=\frac{0.038}{9.25}=0.004(\mathrm{mg/m^3})$$

教学楼教室标准状态下 TVOC 浓度为

$$C_1=\frac{m_1}{V_0}=\frac{2.547}{9.25}=0.275(\mathrm{mg/m^3})$$

扣除室外测量值后的教学楼教室测点结果为 0.275－0.004＝0.271($\mathrm{mg/m^3}$)。

依据 GB 50325—2020,对采用集中通风方式的民用建筑工程,应在通风系统正常运行的情况下进行现场检测,不必扣除室外空气空白值。

图书馆标准状态下 TVOC 浓度为

$$C_2=\frac{m_2}{V_0}=\frac{4.665}{9.25}=0.504(\mathrm{mg/m^3})$$

依据Ⅰ类和Ⅱ类民用建筑标准,教学楼教室和图书馆空气中 TVOC 的限值分别为 0.45$\mathrm{mg/m^3}$ 和 0.50$\mathrm{mg/m^3}$。

所以,标准状态下此教学楼教室空气样品中 TVOC 不超标,图书馆空气样品中 TVOC 超标。

2. 计算因子为

$$B_s=\frac{1}{0.1806}=5.54$$

采样点采样体积为

$$V_t=20\times1.015=20.3(\mathrm{L})$$

采样点标态体积为

$$V_0=V_t\times\frac{T_0}{273+t}\times\frac{p}{p_0}=20.3\times\frac{273}{273+21.7}\times\frac{100.5}{101.3}=18.66(\mathrm{L})$$

采样点甲醛质量浓度为

$$C_1=\frac{(0.140-0.024)\times5.54}{18.66}\times\frac{5}{2}=0.086(\mathrm{mg/m^3})$$

室外采样点标态体积为

$$V=20.3\times\frac{273}{273+22.4}\times\frac{100.8}{101.3}=18.67(\mathrm{L})$$

室外甲醛质量浓度为

$$C_0=\frac{(0.035-0.024)\times5.54}{18.67}\times\frac{5}{2}=0.008(\mathrm{mg/m^3})$$

实际甲醛质量浓度为

$$C=C_1-C_0=0.086-0.008=0.078(\mathrm{mg/m^3})$$

学校教室属于Ⅰ类民用建筑，甲醛限量值应不大于 0.07mg/m^3，故该学校教室室内空气中甲醛浓度检测结果不符合 GB 50325—2020 的标准限量要求。

3.(1)不正确，正确的顺序为①②⑤⑥③④⑦⑧。

(2)上述操作步骤中有以下 5 处错误：

步骤①中分光光度计波长应为 550nm；

步骤②中先补充吸收液到采样前的体积，准确吸取 2mL 样品溶液于 10mL 比色管中；

步骤⑤中加入的 0.5mL 0.5%AHMT 溶液的体积应为 1.0mL；

步骤⑥中放置 10min 应为放置 20min；

步骤⑧中应将 2mL 未采样的吸收液作空白对照，测定空白样品吸光度。

(3)$C=\frac{(A-A_0)\times B_s}{V_0}\times\frac{V_1}{V_2}=\frac{(0.195-0.083)\times 4.68}{19.6}\times\frac{5}{2}=0.067(\text{mg/m}^3)$。

4.(1)分析步骤存在的错误及正确做法：

1)将样品管置于热解吸直接进样装置中，解吸气流方向与吸附管制样气流方向应相反；

2)样品解析温度应是 300℃。

(2)初始温度为 50℃，保持 10min，升温速率为 5℃/min，温度升至 250℃，并保持 2min。

(3)对未识别的峰，以甲苯计，

$$\begin{aligned}M_{\text{以甲苯计}}&=\text{峰面积}\times\text{计算因子}\\&=(445176-12350-44392-16042-12244-25499-830-11272)\\&\quad\times 0.000005941\\&=1.9163(\mu\text{g})\end{aligned}$$

$$\begin{aligned}M_{\text{TVOC}}&=M_{\text{苯}}+M_{\text{甲苯}}+M_{\text{乙酸丁酯}}+M_{\text{乙苯}}+M_{\text{对间二甲苯}}+M_{\text{苯乙烯}}+M_{\text{异辛醇}}+M_{\text{以甲苯计}}\\&=0.0382+0.2345+0.1235+0.0471+0.0837+0.0040+0.1487+1.9163\\&=2.5960(\mu\text{g})\end{aligned}$$

5. 根据以上信息计算可得：采样体积 $V_1=20\times 0.498=9.96(\text{L})$，二甲苯总质量 $M_1=0.7124+0.3142=1.0266(\mu\text{g})$。

空气中二甲苯质量浓度 C 为

$$C=\frac{M_1-0.0415}{V_1}=\frac{1.0266-0.0415}{9.96}=0.0989(\text{mg/m}^3)$$

标准状态下的二甲苯质量浓度 C_1 为

$$C_1=C\times\frac{101.3}{p}\times\frac{t+273}{273}=0.0989\times\frac{101.3}{100.8}\times\frac{23.9+273}{273}=0.1081(\text{mg/m}^3)$$

在室外测点外：

采样体积 $V_{\text{外}}=20\times 0.494=9.88(\text{L})$，空气中的二甲苯总质量 $M_{\text{外}}=0.0712\mu\text{g}$。

空气中二甲苯质量浓度 $C_{\text{外}}$ 为

$$C_{\text{外}}=\frac{M_{\text{外}}-0.0415}{V_{\text{外}}}=\frac{0.0712-0.0415}{9.88}=0.0030(\text{mg/m}^3)$$

标准状态下的二甲苯质量浓度 C_2 为

$$C_2=C_{外}\times\frac{101.3}{p}\times\frac{t+273}{273}=0.0030\times\frac{101.3}{100.4}\times\frac{26.7+273}{273}=0.0033(mg/m^3)$$

该会议室二甲苯质量浓度 C 为

$$C=C_1-C_2=0.1081-0.0033=0.105(mg/m^3)$$

办公楼属于Ⅱ类民用建筑,二甲苯限量值应不大于 0.20mg/m³。

故该会议室室内空气中二甲苯浓度检测结果符合 GB 50325—2020 的标准限量要求。

6.

$$m=c\times V=2.00\times 1000=2000(\mu g)$$

$$n=\frac{m}{M}=\frac{2000\times 10^{-6}}{30}=6.7\times 10^{-5}(mol)$$

$$V_{标}=\frac{n}{c_{标}}=\frac{6.7\times 10^{-5}}{0.006}\times 1000=11.2(mL)$$

应取甲醛标准储备液 11.2mL。

7. 采样体积为

$$V_t=10\times 0.504=5.04(L)$$

标准体积为

$$V_0=V_t\times\frac{T_0}{273+t}\times\frac{p}{p_0}=5.04\times\frac{273}{273+19.8}\times\frac{100.9}{101.3}=4.68(L)$$

氨浓度为

$$C=\frac{(A-A_0)\times B_s}{V_0}\times k=\frac{(0.136-0.044)\times 12.19}{4.68}\times 1=0.24(mg/m^3)$$

则测得的空气中氨浓度为 0.24 mg/m³。

第二篇

钢结构

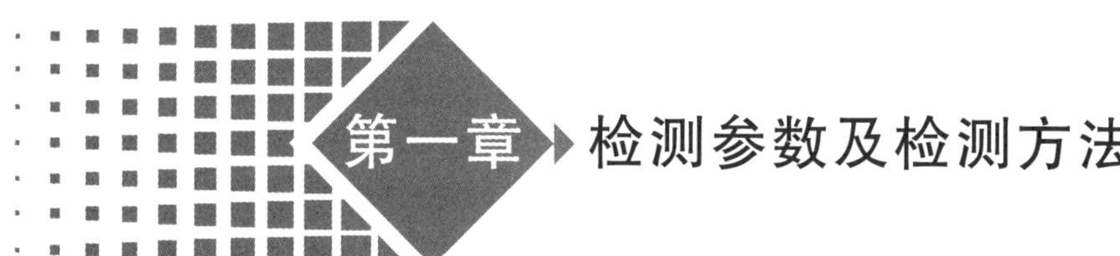

第一章 检测参数及检测方法

依据《建设工程质量检测管理办法》(住房和城乡建设部令第 57 号)、《建设工程质量检测机构资质标准》(住房和城乡建设部建质规〔2023〕1 号)等法律法规、规范性文件及标准规范要求,钢结构检测涉及的常见检测参数、依据标准及主要仪器设备见表 2-1-1 所列。表 2-1-1 中所引用标准规范以最新版本为准。

表 2-1-1　钢结构检测涉及的常见检测参数、依据标准及主要仪器设备

检测项目		检测参数	依据标准	主要仪器设备
必备参数				
钢材及焊接材料	钢材	屈服强度	《金属材料　拉伸试验　第 1 部分:室温试验方法》(GB/T 228.1)	拉力试验机
		抗拉强度	《金属材料　拉伸试验　第 1 部分:室温试验方法》(GB/T 228.1)	拉力试验机
		伸长率	《金属材料　拉伸试验　第 1 部分:室温试验方法》(GB/T 228.1)	拉力试验机
		厚度偏差	《钢结构现场检测技术标准》(GB/T 50621)	超声测厚仪
			《钢结构工程施工质量验收标准》(GB 50205)	超声测厚仪、游标卡尺
	焊接材料	屈服强度	《金属材料焊缝破坏性试验熔化焊接头焊缝金属纵向拉伸试验》(GB/T 2652)	拉力试验机
		抗拉强度	《金属材料焊缝破坏性试验熔化焊接头焊缝金属纵向拉伸试验》(GB/T 2652)	拉力试验机
			《金属材料焊缝破坏性试验 横向拉伸试验》(GB/T 2651)	
		伸长率	《金属材料焊缝破坏性试验熔化焊接头焊缝金属纵向拉伸试验》(GB/T 2652)	拉力试验机
焊缝		外观质量	《钢结构工程施工质量验收标准》(GB 50205)	放大镜、焊缝量规、钢尺
			《钢结构焊接规范》(GB 50661)	
			《钢结构现场检测技术标准》(GB/T 50621)	
			《焊缝无损检测 磁粉检测》(GB/T 26951)	磁粉探伤仪及相关设备(提升力试块、检测介质、灵敏度试片、黑光灯)
			《焊缝无损检测 焊缝磁粉检测 验收等级》(GB/T 26952)	
			《焊缝无损检测 焊缝磁粉检测 验收等级》(GB/T 26952)	
			《无损检测 渗透检测 第 1 部分:总则》(GB/T 18851.1)	渗透检测设备(渗透剂、去除剂和显像剂、灵敏度试块、放大镜、照度计等)
			《焊缝无损检测 焊缝渗透检测 验收等级》(GB/T 26953)	

(续表)

<table>
<tr><th colspan="2">检测项目</th><th>检测参数</th><th>依据标准</th><th>主要仪器设备</th></tr>
<tr><td colspan="2" rowspan="8">焊缝</td><td rowspan="6">内部缺陷探伤(超声法)</td><td>《焊缝无损检测　超声检测　技术、检测等级和评定》(GB/T 11345)</td><td rowspan="5">超声波探伤仪及相应试块、探头</td></tr>
<tr><td>《焊缝无损检测　超声检测　焊缝内部不连续的特征》(GB/T 29711)</td></tr>
<tr><td>《焊缝无损检测　超声检测　验收等级》(GB/T 29712)</td></tr>
<tr><td>《钢结构超声波探伤及质量分级法》(JG/T 203)</td></tr>
<tr><td>《钢结构现场检测技术标准》(GB/T 50621)</td></tr>
<tr><td>《钢结构焊接规范》(GB 50661)</td><td rowspan="3">射线探伤机、暗室、评片设施及安全设备</td></tr>
<tr><td rowspan="2">内部缺陷探伤(射线法)</td><td>《焊缝无损检测　射线检测　第1部分:X和伽玛射线的胶片技术》(GB/T 3323.1)</td></tr>
<tr><td>《焊缝无损检测 射线检测验收等级 第1部分:钢、镍、钛及其合金》(GB/T 37910.1)</td></tr>
<tr><td rowspan="8">钢结构防腐及防火涂装</td><td rowspan="4">钢结构防腐涂装</td><td rowspan="4">涂层厚度</td><td>《钢结构现场检测技术标准》(GB/T 50621)</td><td rowspan="4">涂层测厚仪</td></tr>
<tr><td>《磁性基体上非磁性覆盖层　覆盖层厚度测量　磁性法》(GB/T 4956)</td></tr>
<tr><td>《热喷涂涂层厚度的无损测量方法》(GB/T 11374)</td></tr>
<tr><td>《钢结构工程施工质量验收标准》(GB 50205)</td></tr>
<tr><td rowspan="4">钢结构防火涂装</td><td rowspan="4">涂层厚度</td><td>《钢结构工程施工质量验收标准》(GB 50205)</td><td rowspan="2">涂层测厚仪</td></tr>
<tr><td>《钢结构现场检测技术标准》(GB/T 50621)</td></tr>
<tr><td>《钢结构工程施工质量验收标准》(GB 50205)</td><td rowspan="2">测针</td></tr>
<tr><td>《钢结构现场检测技术标准》(GB/T 50621)</td></tr>
<tr><td rowspan="4">高强度螺栓及普通紧固件</td><td rowspan="2">高强度螺栓</td><td rowspan="2">抗滑移系数</td><td>《钢结构工程施工质量验收标准》(GB 50205)</td><td>拉力试验机、压力传感器或贴有应变片的高强度螺栓、电阻应变仪</td></tr>
<tr><td>《钢板栓接面抗滑移系数的测定》(GB/T 34478)</td><td>拉力试验机、力传感器</td></tr>
<tr><td rowspan="2">螺栓紧固件</td><td rowspan="2">硬度</td><td>《金属材料　洛氏硬度试验　第1部分:试验方法》(GB/T 230.1)</td><td>洛氏硬度计</td></tr>
<tr><td>《金属材料 维氏硬度试验 第1部分:试验方法》(GB/T 4340.1)</td><td>维氏硬度计</td></tr>
</table>

（续表）

检测项目		检测参数	依据标准	主要仪器设备
可选参数				
钢材及焊接材料	钢材	断面收缩率	《金属材料　拉伸试验　第1部分：室温试验方法》(GB/T 228.1)	拉力试验机
			《厚度方向性能钢板》(GB/T 5313)	
		硬度	《金属材料　布氏硬度试验　第1部分：试验方法》(GB/T 231.1)	布氏硬度计
			《金属材料　维氏硬度试验　第1部分：试验方法》(GB/T 4340.1)	维氏硬度计
		冲击韧性	《金属材料　夏比摆锤冲击试验方法》(GB/T 229)	冲击试验机
		冷弯性能	《金属材料　弯曲试验方法》(GB/T 232)	弯曲试验机
			《金属材料　管弯曲试验方法》(GB/T 244)	弯管机
		钢材元素C含量	《碳素钢和中低合金钢　多元素含量的测定　火花放电原子发射光谱法(常规法)》(GB/T 4336)	光谱分析仪
		钢材元素S含量	《碳素钢和中低合金钢　多元素含量的测定　火花放电原子发射光谱法(常规法)》(GB/T 4336)	光谱分析仪
		钢材元素P含量	《碳素钢和中低合金钢　多元素含量的测定　火花放电原子发射光谱法(常规法)》(GB/T 4336)	光谱分析仪
		钢材元素Mn含量	《碳素钢和中低合金钢　多元素含量的测定　火花放电原子发射光谱法(常规法)》(GB/T 4336)	光谱分析仪
		钢材元素Si含量	《碳素钢和中低合金钢　多元素含量的测定　火花放电原子发射光谱法(常规法)》(GB/T 4336)	光谱分析仪
		钢材元素Cr含量	《碳素钢和中低合金钢　多元素含量的测定　火花放电原子发射光谱法(常规法)》(GB/T 4336)	光谱分析仪
		钢材元素Ni含量	《碳素钢和中低合金钢　多元素含量的测定　火花放电原子发射光谱法(常规法)》(GB/T 4336)	光谱分析仪
		钢材元素Cu含量	《碳素钢和中低合金钢　多元素含量的测定　火花放电原子发射光谱法(常规法)》(GB/T 4336))	光谱分析仪
		钢材元素Al含量	《碳素钢和中低合金钢　多元素含量的测定　火花放电原子发射光谱法(常规法)》(GB/T 4336)	光谱分析仪
		钢材元素Cu含量	《碳素钢和中低合金钢　多元素含量的测定　火花放电原子发射光谱法(常规法)》(GB/T 4336)	光谱分析仪
		钢材元素Al含量	《碳素钢和中低合金钢　多元素含量的测定　火花放电原子发射光谱法(常规法)》(GB/T 4336)	光谱分析仪
	焊接材料	抗拉强度	《金属材料焊缝破坏性试验 横向拉伸试验》(GB/T 2651)	拉力试验机
		冷弯性能	《焊接接头弯曲试验方法》(GB/T 2653)	弯曲试验机
		冲击韧性	《金属材料焊缝破坏性试验 冲击试验》(GB/T 2650)	冲击试验机
		硬度	《焊接接头硬度试验方法》(GB/T 2654)	布氏硬度计、维氏硬度计
焊缝		尺寸	《钢结构工程施工质量验收标准》(GB 50205)	焊缝量规

(续表)

检测项目		检测参数	依据标准	主要仪器设备
钢结构防腐及防火涂装	钢结构防腐涂装	涂层附着力	《色漆和清漆 拉开法附着力试验》(GB/T 5210)	拉力试验仪
			《色漆和清漆 划格试验》(GB/T 9286)	划格器
	钢结构防火涂装	涂料粘结强度	《钢结构防火涂料》(GB 14907)	粘结强度拉力试验机
		涂料抗压强度	《钢结构防火涂料》(GB 14907)	烘箱、压力试验机
高强度螺栓及普通紧固件	高强度螺栓	紧固轴力	《钢结构用扭剪型高强度螺栓连接副》(GB/T 3632)	轴力计
		扭矩系数	《钢结构用高强度大六角头螺栓、大六角螺母、垫圈技术条件》(GB/T 1231)	扭矩扳手、轴力计
	普通紧固件	最小拉力荷载	《紧固件机械性能　螺栓、螺钉和螺柱》(GB/T 3098.1)	拉力试验机
构件位置与尺寸		垂直度	《钢结构工程施工质量验收标准》(GB 50205)	全站仪、经纬仪、吊线、钢尺
			《钢结构现场检测技术标准》(GB/T 50621)	
		弯曲矢高	《钢结构工程施工质量验收标准》(GB 50205)	全站仪、经纬仪、吊线、钢尺
			《钢结构现场检测技术标准》(GB/T 50621)	
		侧向弯曲	《钢结构工程施工质量验收标准》(GB 50205)	全站仪、经纬仪、吊线、钢尺
			《钢结构现场检测技术标准》(GB/T 50621)	
		结构挠度	《钢结构工程施工质量验收标准》(GB 50205)	全站仪、经纬仪、吊线、钢尺
			《钢结构现场检测技术标准》(GB/T 50621)	
		轴线位置	《钢结构工程施工质量验收标准》(GB 50205)	全站仪、经纬仪、水准仪、钢尺
			《工程测量标准》(GB 50026)	
		标高	《钢结构工程施工质量验收标准》(GB 50205)	水准仪、全站仪、水平尺、钢尺
			《工程测量标准》(GB 50026)	
		截面尺寸	《钢结构工程施工质量验收标准》(GB 50205)	游标卡尺、钢尺
			《建筑结构检测技术标准》(GB/T 50344)	
结构构件性能		静载试验	《建筑结构检测技术标准》(GB/T 50344)	加载装置、百分表或全站仪、静态应变仪
			《高耸与复杂钢结构检测与鉴定标准》(GB 51008)	加载装置、百分表或全站仪、静态应变仪
		动力测试	《建筑结构检测技术标准》(GB/T 50344)	位移计、速度计、加速度计、应变计、动态信号测试仪
			《高耸与复杂钢结构检测与鉴定标准》(GB 51008)	位移计、速度计、加速度计、应变计、动态信号测试仪
			《钢结构现场检测技术标准》(GB/T 50621)	位移计、速度计、加速度计、应变计、动态信号测试仪

（续表）

检测项目	检测参数	依据标准	主要仪器设备
金属屋面	静态压力抗风掀	《钢结构工程施工质量验收标准》(GB 50205)	抗风揭性能检测装置
		《金属屋面抗风掀性能检测方法　第 1 部分:静态压力法》(GB/T 39794.1)	静态压力抗风掀检测装置
	动态压力抗风掀	《钢结构工程施工质量验收标准》(GB 50205)	动态风荷载检测装置
		《金属屋面抗风掀性能检测方法　第 2 部分:动态压力法》(GB/T 39794.2)	动态风荷载检测装置

第二章 填空题

第一节 钢材及焊接材料

1. 依据 GB/T 228.1—2021，除非另有规定，拉伸试验应在________的室温下进行。

2. 依据 GB/T 228.1—2021，________是指室温下施力前的试样标距。

3. 依据 GB/T 228.1—2021，原始标距与横截面积有 $L_0=K\sqrt{S_0}$ 关系的拉伸试样称为比例试样，其中的比例系数(K 值)一般为________。

4. 依据 GB/T 228.1—2021，拉伸试样截面可为圆形、矩形、多边形、环形，特殊情况下可为某些________形状。

5. 依据 GB/T 228.1—2021，在测量金属材料拉伸试样横截面积时，建议在试样平行区域内最少________不同位置进行测量。

6. 依据 GB/T 228.1—2021，拉伸试样的原始标距不应小于________ mm。

7. 依据 GB/T 228.1—2021，拉力试验机测力系统的准确度应为________。

8. 依据 GB/T 228.1—2021，在金属材料拉伸试验中，屈服点延伸率测定结果应修约至________。

9. 依据 GB/T 228.1—2021，已知某个材料 $E<150$GPa，采用方法 B 测定其上屈服强度，应力速率应控制在________范围内。

10. 依据 GB/T 228.1—2021，厚度在 0.1～3mm 的薄板或薄带试样的头部与平行长度之间应有过渡半径至少为________的过渡弧相连接。

11. 依据 GB/T 228.1—2021，管材试样可为全壁厚纵向弧形试样、管段试样、全壁厚横向试样或________。

12. 依据 GB/T 228.1—2021，管段试样的原始管壁厚度为 a_0，原始外径为 D_0，其原始横截面积计算公式为________。

13. 依据 GB/T 228.1—2021，采用机加工方法制作拉伸试样时，试样的平行长度和夹持头部之间应以________连接。

14. 依据 GB/T 229—2020，夏比摆锤冲击试验的冲击试样类型有 V 型缺口试样、U 型缺口试样和________。

15. 依据 GB/T 229—2020，冲击试样的标准尺寸为________。

16. 依据 GB/T 229—2020，如试料不够制备冲击试验标准尺寸试样，且无特殊规定，可使用厚度为 7.5mm、5mm 或________的小尺寸试样。

17. 依据 GB/T 229—2020，V 型缺口冲击试样的缺口夹角应为________。

18. 依据 GB/T 229—2020,U 型缺口冲击试样的缺口根部半径为________。

19. 依据 GB/T 229—2020,冲击试样标记可以标在不与支座、砧座及________接触的试样表面上。

20. 依据 GB/T 229—2020,除非另有规定,冲击试验应在________的室温下进行。

21. 依据 GB/T 229—2020,当使用液体介质加热或冷却冲击试样时,试样应放置在容器中的________上。

22. 依据 GB/T 229—2020,当使用气体介质加热或冷却冲击试样时,试样应与最近表面保持 50mm 距离,试样间隔________。

23. 依据 GB/T 229—2020,当冲击试验不在室温下进行时,试样从高温或低温介质中移出至打断的时间应不大于________。

24. 依据 GB/T 229—2020,冲击试验前应检查试验机砧座,应保证其跨距在________mm 以内。

25. 依据 GB/T 229—2020,在冲击试验过程中,如果试样卡在试验机上,试验结果________,应彻底检查试验机有无影响其校准状态的损伤。

26. 依据 GB/T 229—2020,读取试样的冲击吸收能量时,应至少估读到________或 0.5 个分度单位(取两者之间较小值)。

27. 依据 GB/T 232—2024,对于板材、带材和型材,弯曲试样厚度应为________。

28. 依据 GB/T 232—2024,在金属材料弯曲试验中,厚度小于 10mm 矩形截面试样棱边倒圆半径不能超过________。

29. 依据 GB/T 2975—2018,从型钢宽度方向位置取样时,对于翼缘无斜度且宽度大于________的产品,应从翼缘取拉伸试样。

30. 依据 GB/T 2975—2018,钢板力学性能试样的取样方向和取样位置应在________中规定。

31. 依据 GB/T 2975—2018,用烧割法切取样坯时,从样坯切割线至试样边缘宜留有足够的加工余量,一般应不小于钢产品的厚度或直径,且不得小于________。

32. 一般碳素钢的拉伸曲线可以分为 4 个阶段,即弹性变形阶段、屈服阶段、均匀塑性变形阶段和________。

33. 金属材料的硬度测试方法很多,最常用的有 3 种方法,即布氏硬度测试、维氏硬度测试和________。

34. 依据 GB/T 228.1—2021,金属材料拉伸试验速率可分为基于应变速率的试验速率和________。

35. 依据 GB/T 230.1—2018,洛氏硬度计所使用的金刚石圆锥压头锥角应为 120°,顶部曲率半径应为________。

36. 依据 GB/T 230.1—2018,在洛氏硬度试验中,从初试验力 F_0 施加至总试验力 F 的加载时间应为________。

37. 依据 GB/T 4340.1—2009,在维氏硬度试验中,从加力开始至全部试验力施加完毕的时间应为________。

38. 依据 GB/T 230.1—2018,在洛氏硬度试验中,总试验力 F 的保持时间为________。

39. 依据 GB/T 230.1—2018,在洛氏硬度试验中,两相邻压痕中心之间的距离至少应为压痕直径的________倍。

40. 依据 GB/T 230.1—2018,在洛氏硬度试验过程中,任一压痕中心至试样边缘的距离至少应为压痕直径的________倍。

41. 依据 GB/T 231.1—2018,150HBW10/1000/30 表示的布氏硬度值为________。

42. 依据 GB/T 231.1—2018,布氏硬度试样厚度至少应为压痕深度的________倍。

43. 依据 GB/T 231.1—2018,布氏硬度试验力的选择应保证压痕直径在________之间。

44. 依据 GB/T 4340.1—2009,在维氏硬度试验中,应测量压痕两对角线的长度,平面上两条对角线长度差应不超过对角线长度平均值的________。

45. 如图 2-2-1 所示的低碳钢拉伸 $\sigma-\varepsilon$ 曲线。与 a 点对应的应力称为比例极限,与屈服阶段 b 点对应的应力称为________,与最高点 c 对应的应力称为抗拉强度。

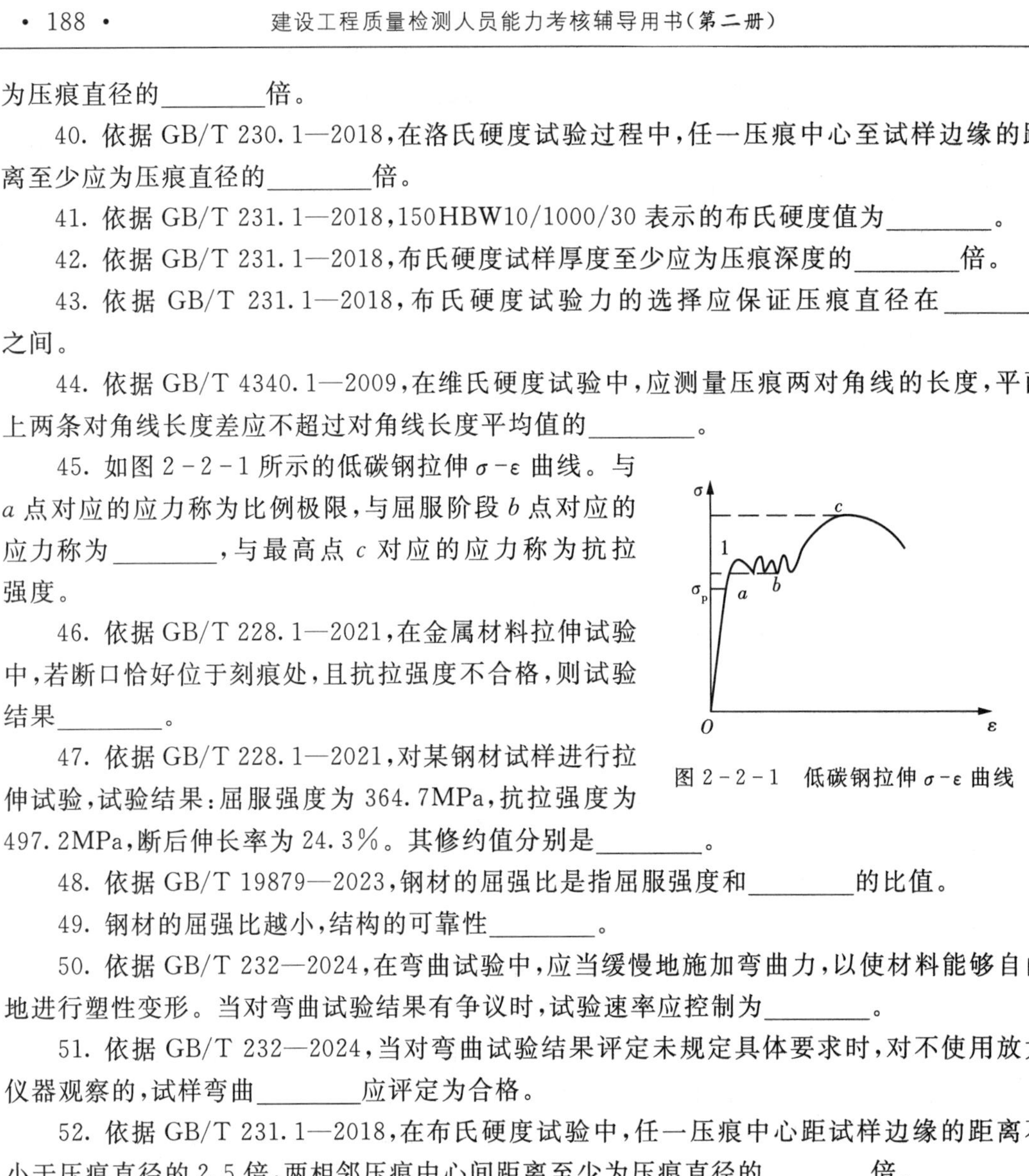

图 2-2-1　低碳钢拉伸 $\sigma-\varepsilon$ 曲线

46. 依据 GB/T 228.1—2021,在金属材料拉伸试验中,若断口恰好位于刻痕处,且抗拉强度不合格,则试验结果________。

47. 依据 GB/T 228.1—2021,对某钢材试样进行拉伸试验,试验结果:屈服强度为 364.7MPa,抗拉强度为 497.2MPa,断后伸长率为 24.3%。其修约值分别是________。

48. 依据 GB/T 19879—2023,钢材的屈强比是指屈服强度和________的比值。

49. 钢材的屈强比越小,结构的可靠性________。

50. 依据 GB/T 232—2024,在弯曲试验中,应当缓慢地施加弯曲力,以使材料能够自由地进行塑性变形。当对弯曲试验结果有争议时,试验速率应控制为________。

51. 依据 GB/T 232—2024,当对弯曲试验结果评定未规定具体要求时,对不使用放大仪器观察的,试样弯曲________应评定为合格。

52. 依据 GB/T 231.1—2018,在布氏硬度试验中,任一压痕中心距试样边缘的距离不小于压痕直径的 2.5 倍,两相邻压痕中心间距离至少为压痕直径的________倍。

53. 依据 GB/T 4340.1—2009,对于钢、铜及铜合金的试样,维氏硬度试验中的任一压痕中心到试样边缘的距离至少应为压痕对角线长度的________倍。

54. 依据 GB/T 4340.1—2009,对于钢、铜及铜合金的试样,维氏硬度试验中的两相邻压痕中心之间的距离至少应为压痕对角线长度的________倍。

55. 依据 GB/T 231.1—2018,在计算平面试样的布氏硬度值时,应将试验结果修约到________。

56. 依据 GB/T 2652—2022,熔化焊接头焊缝金属纵向拉伸试验中的每个试样都应具有圆形横截面,试样的公称直径 d_0 应为 10mm。若无法满足这一要求,直径应尽可能大,且不应小于________。

57. 依据 GB/T 2652—2022,试样应从成品焊接接头或焊接试件中纵向截取,加工完成后的试样平行长度部分应全部由________组成。

58. 依据 GB/T 19879—2023,若钢的牌号为 Q345GJC,其中的“GJ”两个字母的含义是________。

59. 依据 GB/T 19879—2023，Z25、Z35 钢板的 Z 向拉伸试验的取样数量为________。

60. 依据 GB/T 19879—2023，允许供方对热处理交货复验不合格的钢板________后，作为新的一批提交验收。

61. 依据 GB/T 19879—2023，对钢板的检验结果应采用________进行修约。

62. 依据 GB/T 5313—2023，"Z25"表示厚度方向性能钢板的厚度方向性能级别，是指其 3 个试样的断面收缩率________为 25%。

63. 依据 GB/T 5313—2023，对于板厚(t)在________的厚度方向性能钢板，应按规定要求切取样坯，应制作有延伸部分的试样。

64. 依据 GB/T 5313—2023，对于________的厚度方向性能钢板，试样总长度(L_t)应等于产品全厚度(t)。

65. 依据 GB/T 5313—2023，对 Z15 级钢板按批进行钢板厚度方向性能检验时，应按照相关产品标准中________试验的组批规则进行组批。

66. 依据 GB 50205—2020，对于铸钢件的检验，应按________、同一炉浇注、同一热处理方法将铸钢件划分为一个检验批。

67. 依据 GB 50205—2020，厂家在按批浇铸过程中应连体铸出试样坯，经同炉热处理后加工成 2 组试件，其中一组用于________，另一组随铸钢产品进场进行见证复验。

68. 依据 GB 50661—2011，在焊接工艺评定的检验试样制备时，管材对接全截面拉伸试样适用于外径不大于________的圆管对接试件。

69. 依据 GB 50661—2011，在进行焊接接头宏观酸蚀试验时，应取试样的________进行检验。

70. 依据 GB 50661—2011，在对接焊接接头弯曲试验中，弯心直径为________ a(a 为弯曲试样厚度)。

71. 依据 GB 50661—2011，当采用维氏硬度试验方法(HV10)检测焊接接头硬度时，应在焊接接头各区域选择________硬度测点。

72. 依据 GB 50661—2011，焊接接头母材为同钢号时，每个焊接接头试样的抗拉强度不应小于该母材标准中相应规格规定的________。

73. 依据 GB 50661—2011，在焊接工艺评定中，对接接头弯曲试验结果应符合：当试样弯曲至 180°后，各试样任何方向裂纹及其他缺欠单个长度不应大于________。

74. 依据 GB 50661—2011，在焊接工艺评定中，对接接头弯曲试验结果应符合：当试样弯曲至 180°后，各试样任何方向不大于 3mm 的裂纹及其他缺欠的总长不应大于________。

75. 依据 GB 50661—2011，在焊接工艺评定中，对接接头弯曲试验结果应符合：当试样弯曲至 180°后，4 个试样各种缺欠总长不应大于________。

76. 依据 GB 50661—2011，在焊接工艺评定中，焊接接头冲击试验结果应符合：焊缝中心及热影响区粗晶区各 3 个试样的冲击功平均值应分别达到母材标准规定值或设计要求的最低值，允许一个试样低于以上规定值，但不得低于规定值的________。

77. 依据 GB 50661—2011，在焊接工艺评定中，焊接接头宏观酸蚀试验结果应符合：试样的焊缝、热影响区表面均不应有肉眼可见的________缺陷。

78. 依据 GB 50661—2011，在焊接工艺评定中，焊接接头硬度试验结果应符合：Ⅰ类钢材焊缝及母材热影响区维氏硬度值不得超过________。

79. 依据 GB 50661—2011,对于单面焊对接接头试件,冲击试样的取样位置应位于________。

80. 依据 GB/T 228.1—2021,断后伸长率检测结果判定原则:只有当断裂处与最接近标距标记的距离不小于原始标距的 1/3 时方为有效,但断后伸长率________规定值,不管断裂位置处于何处检测结果均为有效。

81. 一般情况下,碳素钢力学性能的必检项目包括屈服强度、抗拉强度、________、冷弯。

82. 依据 GB/T 228.1—2021,对于比例试样,手动测定断后伸长率时,如果原始标距的计算值与原始标记之差小于 10% L_O,可将原始标距的计算值按现行 GB/T 8170 修约至最接近________的倍数。

83. 依据 GB/T 1591—2018,对于公称宽度不小于________的钢板或钢带,拉伸试验取横向试样。

84. 钢材有两种性质完全不同的破坏形式,即塑形破坏和________。

85. 依据 GB/T 2975—2018,采用激光切割法取样坯,当厚度不大于 15mm 时,所留的加工余量为________。

86. 依据 GB 700—2006,对于钢板或钢带,拉伸试验和冷弯试验取________试样。

87. 依据 GB/T 228.1—2021,当拉伸试验夹紧装置装配完成后,应在试样________,设定力值测量系统零点。

88. 依据 GB 50205—2020,当拉索、拉杆、锚具进场时,应按国家现行标准的规定抽取试件,应对其进行屈服强度、抗拉强度、伸长率和________检验。

89. 依据 GB 50205—2020,对拉索、拉杆、锚具及其连接件尺寸允许偏差,应使用钢尺、游标卡尺及________量测。

90. 依据 GB 50205—2020,对拉索、拉杆、锚具进行复验,应以组装数量不超过________套件的锚具和索杆为 1 个检验批。

第二节　钢结构连接及涂装

1. 依据 GB 50205—2020,高强度大六角螺栓和扭剪型螺栓进场时,应按现行标准规定分别抽取试样进行________检验。

2. 依据 GB 50205—2020,对于复验用的高强度大六角螺栓连接副,应从施工现场待安装的螺栓批中随机抽取,每批应抽取 8 套连接副进行复验,8 套连接副扭矩系数的平均值应为________。

3. 依据 GB 50205—2020,在扭剪型高强度螺栓连接副紧固轴力复验中,测试的量值是________。

4. 依据 GB/T 1231—2006,对螺母施加标准规定的保证载荷,并持续________,螺母不应脱扣或断裂。

5. 依据 GB/T 1231—2006,钢结构用高强度螺栓垫片的洛氏硬度应为________。

6. 依据 GB 50205—2020,普通螺栓作为永久性连接螺栓,当设计有要求或对其质量有疑义时,应进行螺栓实物________复验。

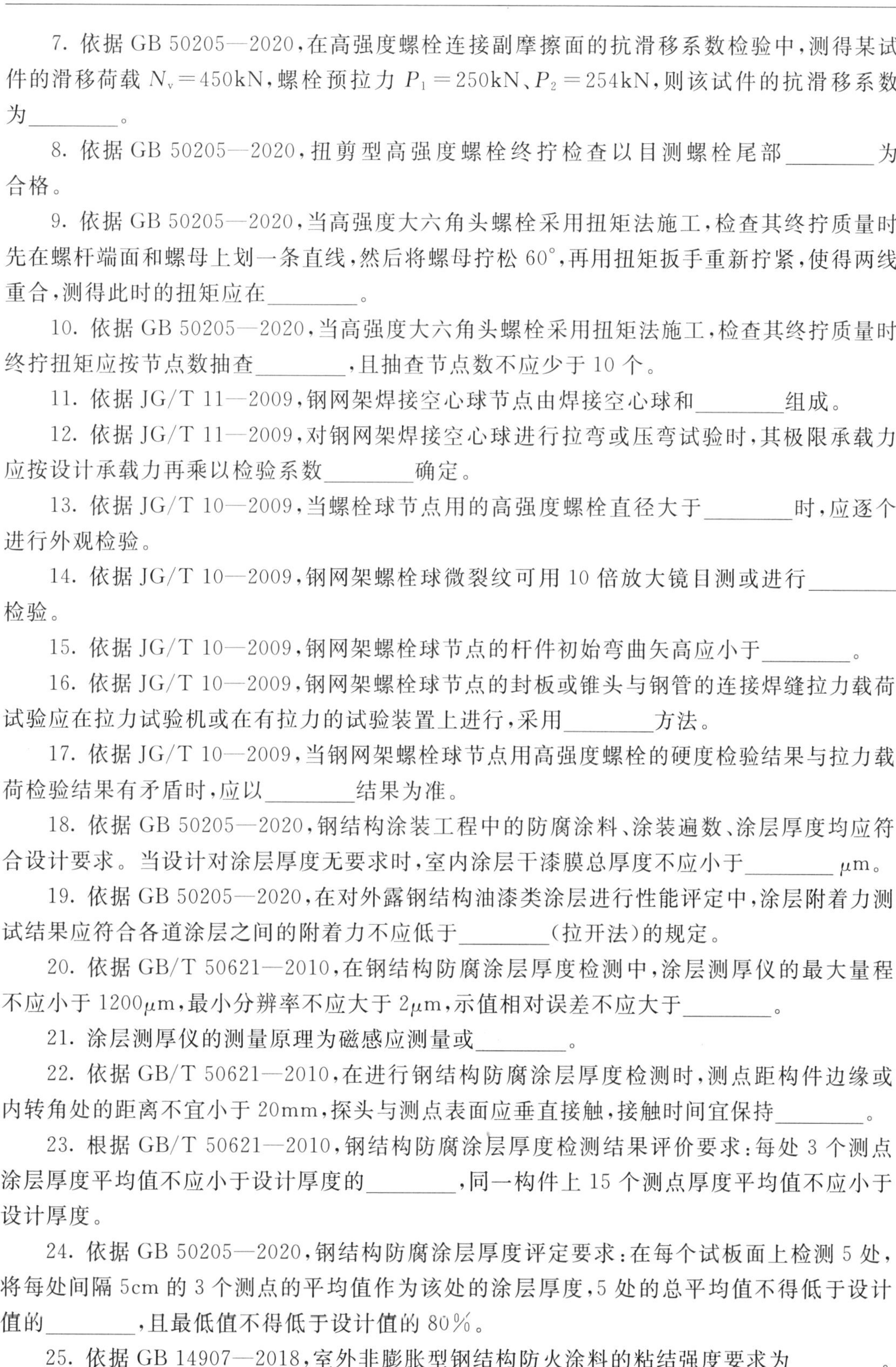

7. 依据 GB 50205—2020，在高强度螺栓连接副摩擦面的抗滑移系数检验中，测得某试件的滑移荷载 $N_v = 450\text{kN}$，螺栓预拉力 $P_1 = 250\text{kN}$、$P_2 = 254\text{kN}$，则该试件的抗滑移系数为________。

8. 依据 GB 50205—2020，扭剪型高强度螺栓终拧检查以目测螺栓尾部________为合格。

9. 依据 GB 50205—2020，当高强度大六角头螺栓采用扭矩法施工，检查其终拧质量时先在螺杆端面和螺母上划一条直线，然后将螺母拧松 60°，再用扭矩扳手重新拧紧，使得两线重合，测得此时的扭矩应在________。

10. 依据 GB 50205—2020，当高强度大六角头螺栓采用扭矩法施工，检查其终拧质量时终拧扭矩应按节点数抽查________，且抽查节点数不应少于 10 个。

11. 依据 JG/T 11—2009，钢网架焊接空心球节点由焊接空心球和________组成。

12. 依据 JG/T 11—2009，对钢网架焊接空心球进行拉弯或压弯试验时，其极限承载力应按设计承载力再乘以检验系数________确定。

13. 依据 JG/T 10—2009，当螺栓球节点用的高强度螺栓直径大于________时，应逐个进行外观检验。

14. 依据 JG/T 10—2009，钢网架螺栓球微裂纹可用 10 倍放大镜目测或进行________检验。

15. 依据 JG/T 10—2009，钢网架螺栓球节点的杆件初始弯曲矢高应小于________。

16. 依据 JG/T 10—2009，钢网架螺栓球节点的封板或锥头与钢管的连接焊缝拉力载荷试验应在拉力试验机或在有拉力的试验装置上进行，采用________方法。

17. 依据 JG/T 10—2009，当钢网架螺栓球节点用高强度螺栓的硬度检验结果与拉力载荷检验结果有矛盾时，应以________结果为准。

18. 依据 GB 50205—2020，钢结构涂装工程中的防腐涂料、涂装遍数、涂层厚度均应符合设计要求。当设计对涂层厚度无要求时，室内涂层干漆膜总厚度不应小于________ μm。

19. 依据 GB 50205—2020，在对外露钢结构油漆类涂层进行性能评定中，涂层附着力测试结果应符合各道涂层之间的附着力不应低于________（拉开法）的规定。

20. 依据 GB/T 50621—2010，在钢结构防腐涂层厚度检测中，涂层测厚仪的最大量程不应小于 1200μm，最小分辨率不应大于 2μm，示值相对误差不应大于________。

21. 涂层测厚仪的测量原理为磁感应测量或________。

22. 依据 GB/T 50621—2010，在进行钢结构防腐涂层厚度检测时，测点距构件边缘或内转角处的距离不宜小于 20mm，探头与测点表面应垂直接触，接触时间宜保持________。

23. 根据 GB/T 50621—2010，钢结构防腐涂层厚度检测结果评价要求：每处 3 个测点涂层厚度平均值不应小于设计厚度的________，同一构件上 15 个测点厚度平均值不应小于设计厚度。

24. 依据 GB 50205—2020，钢结构防腐涂层厚度评定要求：在每个试板面上检测 5 处，将每处间隔 5cm 的 3 个测点的平均值作为该处的涂层厚度，5 处的总平均值不得低于设计值的________，且最低值不得低于设计值的 80%。

25. 依据 GB 14907—2018，室外非膨胀型钢结构防火涂料的粘结强度要求为________。

26. 依据 GB 50205—2020，薄涂型防火涂料涂层表面裂纹宽度不应大于________。

27. 依据 GB/T 50621—2010,防火涂层的厚度可采用探针和卡尺进行检测,检测设备的分辨率不应低于________。

28. 依据 GB/T 50621—2010,在对梁、柱构件的防火涂层厚度进行检测时,应在构件长度内每隔 3m 取一个截面,且每个构件不应少于________截面,按截面形式布置测点。

29. 依据 GB 50205—2020,对全钢框架结构的梁和柱厚涂型防火涂料涂层厚度进行测定时,应在所选择的位置中分别测出________点。

30. 按含碳量分类,45 号钢属于________。

31. 依据 GB/T 4336—2016,在火花放电原子发射光谱法测试中,需使用标准样品绘制校准曲线,其化学性质和________应与分析样品相近。

第三节　钢结构焊接

1. 由于声振动,声场中的介质质点受到的附加压力的强度称之为________。

2. 对上、下底面宽度分别为 A 和 B 的双面焊焊缝进行超声波探伤,工件厚度为 T,探头前沿长度为 l_0,探头折射角 β 选择的理论依据为________(填写公式)。

3. 进行超声波探伤检测时,声束方向尽量与缺陷取向________为宜。

4. 对于垂直线性好的超声波探伤仪器,将荧光屏上的波幅从 80%处降至 20%时,应衰减________ dB。

5. 在超声波检测中,采用绝对灵敏度法测量缺陷指示长度时,测长灵敏度越高,测得的缺陷长度________。

6. 在超声波检测中,探头沿探伤面水平移动时,超声检测系统区分两个相邻缺陷的能力称为________。

7. 超声波探头上标识的“2.5MHz”是指________频率。

8. 对厚焊缝进行斜探头探伤时,一般宜使用________方法标定仪器时基线。

9. 甘油的密度为 1270kg/m^3,纵波声速为 1900m/s,其声阻抗为________。

10. 用 2.5P10×10K2.5 探头检测板厚 T=20mm 钢板对接焊缝,按 1∶1 水平扫描调节,当检测时发现在水平刻度 30mm 处有一缺陷波,则此缺陷的实际埋藏深度为________。

11. 超声场中任一点的声压与该处质点振动速度之比称为________。

12. 对某钢板对接焊缝进行单面双侧横波检测,母材厚度为 24mm,使用 2.5MHz、$K=\tan\beta=2$ 的斜探头,焊缝一侧需清理准备的扫查范围为________ mm。

13. 钢中超声波纵波声速为 5900m/s,若频率为 10MHz 则其波长为________ mm。

14. 在中薄板焊缝斜探头检测中,宜使用________方法标定仪器时基线。

15. 在超声波检测中,当超声波检测仪的垂直线性较好时,仪器示波屏上的波高和声压成________。

16. 用斜探头探测 RB-2 试块上深度 d_1=40mm 和 d_2=80mm 的 ϕ3mm 横孔,分别测得简化水平距离 l_1'=45mm,l_2'=105mm,则该探头 K 值为________。

17. 声强级表示声强 I 与参考声强 I_0 的相对关系,以 dB 为单位,记为 L_I,其表达式为________。

18. 引起超声波衰减的主要原因有波束扩散、晶粒散射和________。

19. 用 IIW 试块测定仪器的水平性线，当 B_1、B_5 分别对准 2.0 和 10.0 时，B_2、B_3、B_4 分别对准 3.98、5.92、7.84，该仪器的水平线性误差为________。

20. 当超声波倾斜入射到界面上时，除产生同种类型的反射波和折射波外，还会产生不同类型的反射波和折射波，这种现象称为________。

21. 依据 GB 50205—2020，对现场安装钢结构二级焊缝进行内部缺陷无损检测，应按照________的焊缝条数计算百分比，且不应少于 3 条焊缝。

22. 依据 GB 50205—2020，采用超声波检测焊缝内部缺陷时，超声波检测设备、工艺要求及________应符合现行国家标准《钢结构焊接规范》(GB 50661)的规定。

23. 依据 GB/ T 11345—2023，对焊缝进行超声波检测时，________温度应为 0～60℃。

24. 依据 GB/T 11345—2023，在进行焊缝超声波探伤时，应移动探头找到最大回波幅度，并记录相对于________的幅度差值。

25. 依据 GB/T 11345—2023，时基线和灵敏度设定时的温度与焊缝检测时的温度之差不应超过________。

26. 依据 GB/T 11345—2023，在焊缝超声波检测中，当不考虑缺陷定性，仅基于不连续的长度和回波幅度评判工件是否验收时，与检测等级和检测技术相应的评定等级适用标准是________。(填写代号)

27. 依据 GB/T 11345—2023，当采用检测等级 B 级，对母材厚度(t)为 40～100mm 的钢板对接、管对接的焊缝进行超声检测时，应选用________种角度的探头对纵向不连续进行扫查。

28. 依据 GB/T 11345—2023，在对某钢圆柱面(半径 d 为 200mm)环向焊缝进行超声波检测时，探头在曲面方向的尺寸 a 为 25mm，则被测面与探头底面之间的间隙 g 为________。

29. 依据 GB/T 11345—2023，选用技术 3 设定参考灵敏度，应以宽度和深度均为________的矩形槽作为基准反射体。该技术仅适用于用折射角不小于 70°的斜探头检测母材厚度(t)为 8～15mm 的焊缝。

30. 依据 GB/T 11345—2023，选用技术 4 设定参考灵敏度，该技术仅适用于用折射角为________的斜探头检测母材厚度(t)不小于 40mm 的焊缝。

31. 依据 GB/T 11345—2023，在钢结构焊缝超声波检测中，至少每 4h 或检测结束时，应核查时基线和灵敏度设定。如发现时基线偏差值大于________，应修正设定，同时在前次核查后检测的全部焊缝应重新检测。

32. 依据 GB/T 29712—2023，采用________等级技术，通过测量回波超过评定等级的探头移动距离确定不连续的长度。

33. 依据 GB/T 29712—2023，对钢结构焊缝进行超声波检测验收时，当回波幅度超过________的两相邻可接受的不连续，应根据各自长度及其间距判断是否组成不连续群。

34. 依据 GB/T 29712—2023，该标准适用于厚度为________的铁素体全熔透焊缝的超声波检测验收。

35. 依据 GB/T 29712—2023，对钢结构焊缝进行超声波检测验收时，在任意的________焊缝长度内，按 2 级验收时，所有超过记录等级的单个可接受的不连续的最大累计长度(l_c)不应大于焊缝长度(l_w)的 20%；按 3 级验收时，所有超过记录等级的单个可接受不连续的最大累计长度(l_c)不应大于焊缝长度(l_w)的30%。

36. 依据JG/T 203—2007,检测网格钢结构焊接接头时宜选横波斜探头,在满足探测灵敏度的前提下,以使用频率为________、短前沿、小晶片的斜探头为主。

37. 依据JG/T 203—2007,钢结构焊缝不允许存在最大反射波幅超过________的裂纹、未熔合等危害性缺陷。

38. 依据JG/T 203—2007,一套CSK-ICj型对比试块由3个试块组成,每种曲率半径的试块可用于检测探伤面曲率半径为________倍的工件。

39. 依据JG/T 203—2007规定,在进行超声波检测结果的质量分级时,最大反射波幅在DAC曲线Ⅱ区的缺陷,其指示长度小于________mm时,按5mm计。

40. 依据JG/T 203—2007,距离-波幅曲线(DAC曲线)由判废线RL、定量线SL和评定线EL组成,SL与RL之间的区域(包括SL)称为Ⅱ区,即________。

41. 依据JG/T 203—2007,在焊缝超声波检测过程中,先进行初始检测,判定缺陷部位,再进一步做规定检测,确定缺陷的实际位置和当量,并对回波幅度在评定线以上________的焊缝中上部非体积性缺陷以及包括根部未焊透、回波幅度在定量线以上危害性小的缺陷,测定指示长度。

42. 依据JG/T 203—2007,圆管相贯节点焊接接头探伤应以________作为探伤面。

43. 依据JG/T 203—2007,当对空心球、圆管焊接接头进行超声波探伤时,应将探头________磨成与探伤面相吻合的曲面,并在磨成曲面后测定前沿距离和折射角,标定时基线扫描比例,绘制距离波幅曲线,调节探测灵敏度。

44. 依据JG/T 203—2007,在对圆管相贯节点超声波探伤和缺陷评定中,当出现最大回波幅度位于Ⅱ区、Ⅲ区的圆管相贯节点全焊透焊缝中上部缺陷时,应根据缺陷的指示长度进行评级。其中,评定为Ⅰ级的允许最大缺陷指示长度不大于$\frac{1}{3}\delta$(δ为壁厚),最小为________的Ⅱ区缺陷。

45. 依据GB 50661—2011,对承受静荷载钢结构焊缝进行超声波检测,适用于板厚为3.5~150mm的检验灵敏度:判废线为$\phi3\times40$,定量线为________,评定线为$\phi3\times40$—14dB。

46. 依据GB 50661—2011,对需疲劳验算钢结构焊缝进行无损检测时,应在外观检查合格后进行,对于Ⅲ类、Ⅳ类钢材及焊接难度等级为C级、D级的焊接工程,应以焊接完成________后的检查结果作为验收依据。

47. 依据GB 50661—2011,采用B级检验,对母材厚度为8mm的承受静荷载结构钢板对接焊缝进行超声检测时,发现一处波高位于Ⅱ区的缺欠,指示长度为9mm,该缺陷应被评为________。

48. 依据GB 50661—2011,采用超声波探伤C级检验时,至少应采用两种角度探头,并在焊缝的单面双侧进行检验,同时应作2个扫查方向和2个探头角度的________检验。

49. 依据GB 50661—2011,对箱形构件隔板电渣焊焊缝进行无损检测,除应符合该标准的第8.2.3条的相关规定外,还应按附录C进行焊缝________、焊缝偏移检测。

50. 依据GB/T 50621—2010,在焊缝超声波检测中,当探伤灵敏度确定时,在扫查横向缺陷时应在不同检验等级所对应的灵敏度基础上提高________。

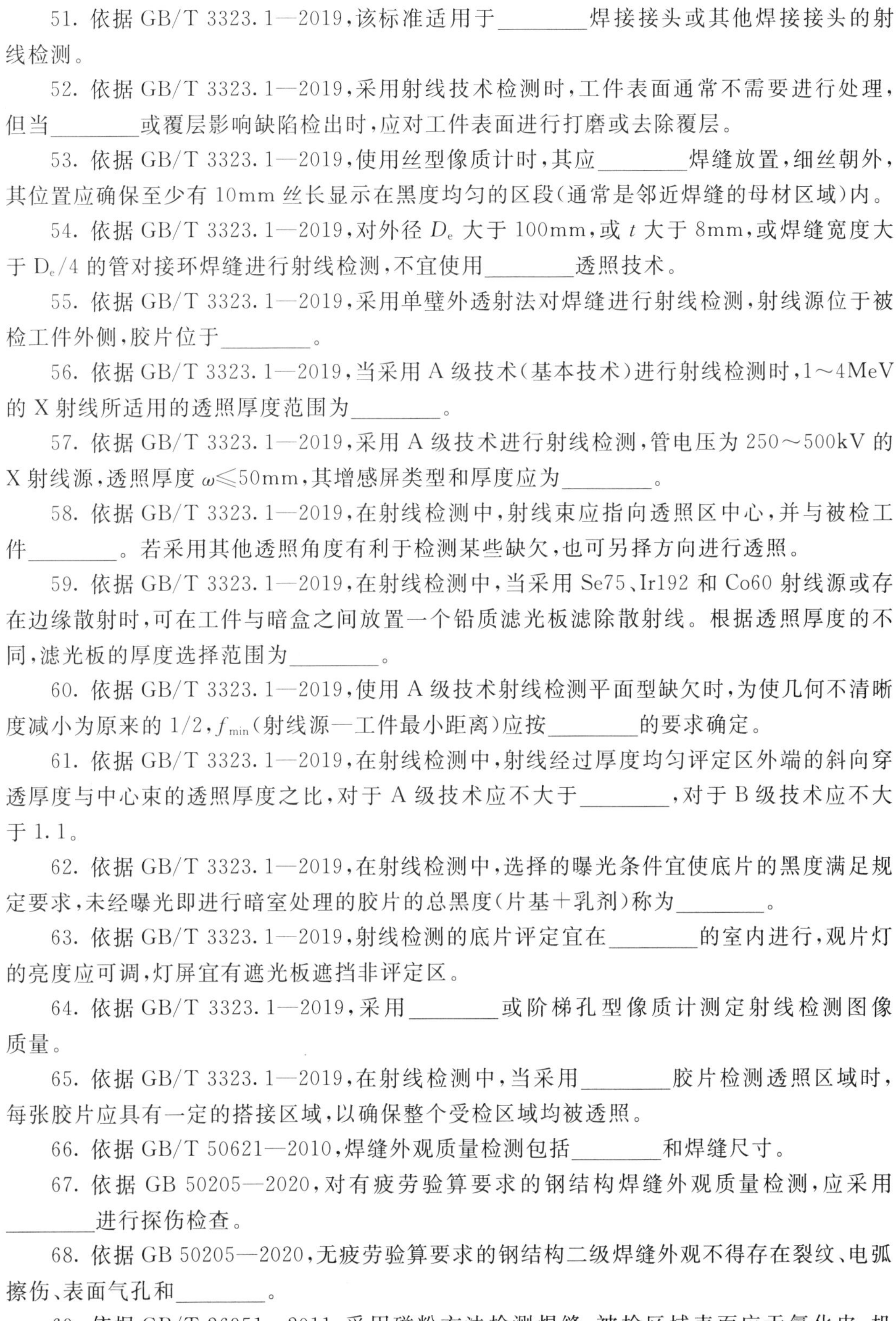

51. 依据 GB/T 3323.1—2019，该标准适用于________焊接接头或其他焊接接头的射线检测。

52. 依据 GB/T 3323.1—2019，采用射线技术检测时，工件表面通常不需要进行处理，但当________或覆层影响缺陷检出时，应对工件表面进行打磨或去除覆层。

53. 依据 GB/T 3323.1—2019，使用丝型像质计时，其应________焊缝放置，细丝朝外，其位置应确保至少有 10mm 丝长显示在黑度均匀的区段(通常是邻近焊缝的母材区域)内。

54. 依据 GB/T 3323.1—2019，对外径 D_e 大于 100mm，或 t 大于 8mm，或焊缝宽度大于 $D_e/4$ 的管对接环焊缝进行射线检测，不宜使用________透照技术。

55. 依据 GB/T 3323.1—2019，采用单壁外透射法对焊缝进行射线检测，射线源位于被检工件外侧，胶片位于________。

56. 依据 GB/T 3323.1—2019，当采用 A 级技术(基本技术)进行射线检测时，1～4MeV 的 X 射线所适用的透照厚度范围为________。

57. 依据 GB/T 3323.1—2019，采用 A 级技术进行射线检测，管电压为 250～500kV 的 X 射线源，透照厚度 $\omega \leqslant 50$mm，其增感屏类型和厚度应为________。

58. 依据 GB/T 3323.1—2019，在射线检测中，射线束应指向透照区中心，并与被检工件________。若采用其他透照角度有利于检测某些缺欠，也可另择方向进行透照。

59. 依据 GB/T 3323.1—2019，在射线检测中，当采用 Se75、Ir192 和 Co60 射线源或存在边缘散射时，可在工件与暗盒之间放置一个铅质滤光板滤除散射线。根据透照厚度的不同，滤光板的厚度选择范围为________。

60. 依据 GB/T 3323.1—2019，使用 A 级技术射线检测平面型缺欠时，为使几何不清晰度减小为原来的 1/2，f_{min}(射线源—工件最小距离)应按________的要求确定。

61. 依据 GB/T 3323.1—2019，在射线检测中，射线经过厚度均匀评定区外端的斜向穿透厚度与中心束的透照厚度之比，对于 A 级技术应不大于________，对于 B 级技术应不大于 1.1。

62. 依据 GB/T 3323.1—2019，在射线检测中，选择的曝光条件宜使底片的黑度满足规定要求，未经曝光即进行暗室处理的胶片的总黑度(片基＋乳剂)称为________。

63. 依据 GB/T 3323.1—2019，射线检测的底片评定宜在________的室内进行，观片灯的亮度应可调，灯屏宜有遮光板遮挡非评定区。

64. 依据 GB/T 3323.1—2019，采用________或阶梯孔型像质计测定射线检测图像质量。

65. 依据 GB/T 3323.1—2019，在射线检测中，当采用________胶片检测透照区域时，每张胶片应具有一定的搭接区域，以确保整个受检区域均被透照。

66. 依据 GB/T 50621—2010，焊缝外观质量检测包括________和焊缝尺寸。

67. 依据 GB 50205—2020，对有疲劳验算要求的钢结构焊缝外观质量检测，应采用________进行探伤检查。

68. 依据 GB 50205—2020，无疲劳验算要求的钢结构二级焊缝外观不得存在裂纹、电弧擦伤、表面气孔和________。

69. 依据 GB/T 26951—2011，采用磁粉方法检测焊缝，被检区域表面应无氧化皮、机油、油脂、焊接飞溅、机加工刀痕、污物、厚实或松散的油漆和任何能影响________的外来杂物。

70. 依据 GB/T 26951—2011,在用磁粉检测焊缝时,为确保检测出所有方位上的缺欠,焊缝应在最大偏差角为________的两个近似互相垂直的方向上进行磁化。

71. 依据 GB/T 26951—2011,在磁粉检测中,磁轭或触头的间距 d 应不小于焊缝及热影响区再加上________的宽度,且在任何情况下,焊缝及热影响区应处于有效区域内。

72. 依据 GB/T 26951—2011,在磁粉检测中,当施加的检测介质为________时,应在工件上保持磁场直至大多数磁悬液从工件表面流走,可防止显示被冲走。

73. 依据 GB/T 26951—2011,在磁粉检测中,适用于在较宽大或平整的被检表面上使用的人工缺欠试件为________。

74. 依据 GB/T 26951—2011,在磁粉检测中,磁化设备特性是影响检测灵敏度的重要因素,在简单的对接焊缝上,磁轭能产生足够的磁场,但对于________,由于间隙或通过工件的磁路过长使得磁通减少,可能导致灵敏度降低。

75. 依据 GB/T 26952—2011,在磁粉检测的缺欠验收中,群显示应按应用标准评定,对于相邻且间距小于其中较小显示主轴尺寸的显示,应作为________评定。

76. 依据 GB/T 26952—2011,在钢结构焊缝磁粉检测中,缺欠显示分为线状显示和________。

77. 依据 GB/T 50621—2010,磁粉检测所用的 A 型灵敏度试片由厚度为 100μm 的软磁材料制成,分 1 号、2 号、3 号三种型号,其中 2 号试片的人工槽深度为________。

78. 依据 GB/T 18851.1—2012,渗透检测方法适用于检测焊缝的________缺陷。

79. 依据 GB/T 18851.1—2012,渗透检测有着各种检测系统,其中产品族是已知的包括渗透剂、去除剂和________的渗透检测材料的一种组合。

80. 依据 GB/T 18851.1—2012,渗透检测的环境及被检表面的温度通常应在________。

81. 依据 GB 50205—2020,T 型接头、十字接头、角接接头等要求焊透的对接和角接组合焊缝,其加强焊脚尺寸 h_k 不应小于 $t/4$ 且________,其允许偏差为 0～4mm。

82. 依据 GB 50205—2020,有疲劳验算要求的钢结构对接与角接组合焊缝焊脚 h_k 尺寸允许偏差为________。

第四节 钢构件位置与尺寸

1. 依据 GB/T 50621—2010,钢结构整体变形检测包含整体垂直度(垂直度)、________。

2. 依据 GB/T 50621—2010,钢构件变形检测包含垂直度(倾斜)、弯曲变形(侧弯)、________。

3. 依据 GB/T 50621—2010,钢结构或构件变形的测量仪器及其精度宜符合现行行业标准《建筑变形测量规范》(JGJ 8—2016)的有关规定,变形测量级别可按________考虑。

4. 依据 GB 50205—2020,对设计要求顶紧的构件或节点、钢柱现场拼接接头接触面间隙进行现场检测,一般采用钢尺及 0.3mm 和________厚的塞尺。

5. 下图 2-2-2 为使用游标卡尺测量尺寸示意图,本次测量读数为________ mm。

6. 用螺旋测微器测量小零件的厚度时，螺旋测微器示数如图 2-2-3 所示，厚度读数为________mm。

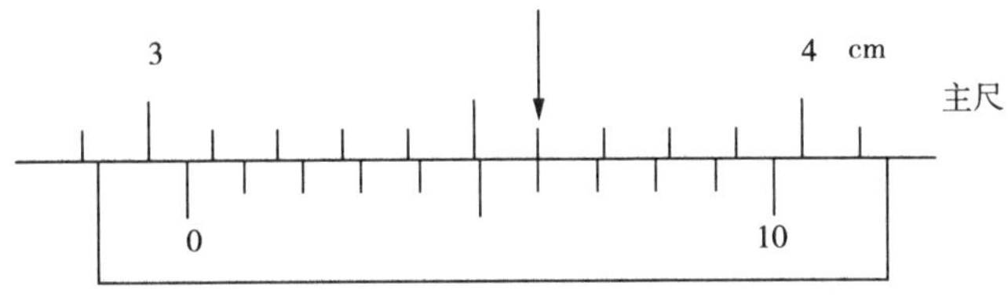

图 2-2-2　使用游标卡尺测量尺寸示意图

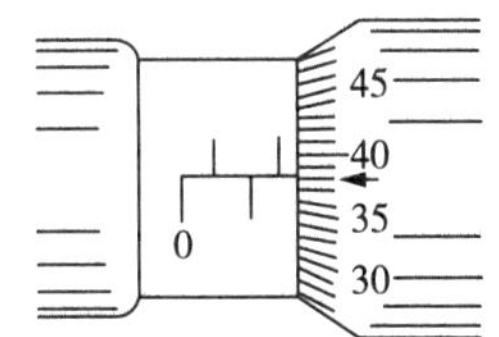

图 2-2-3　螺旋测微器示数

7. 依据 GB 50205—2020，空间结构安装工程中钢网架、网壳结构总拼完成后及屋面工程完成后，应分别测量其挠度值，且所测的挠度值不应超过相应荷载条件下挠度计算值的________倍。

8. 依据 GB/T 50344—2019，钢结构的偏差分为________和构件的安装偏差两类。

9. 依据 GB 50205—2020，设计要求顶紧的构件或节点、钢柱现场拼接接头接触面不应少于________密贴，且边缘最大间隙不应大于 0.8mm。

10. 依据 GB 50205—2020，在对设计要求顶紧的构件或节点、钢柱现场拼接接头接触面进行检查时，应按节点或接头数抽查________，且不少于 3 个。

11. 依据 GB 50205—2020，在对单层、多高层钢结构安装工程质量进行验收时，可按________或空间稳定单元等划分成一个或若干个检验批，也可按楼层或施工段等划分成一个或若干个检验批。地下钢结构可按不同地下层划分检验批。

12. 依据 GB 50205—2020，对钢梯安装工程质量进行验收时，相邻楼梯踏步的高度差不应大于 5mm，且每级踏步高度与设计偏差不应大于________。

13. 依据 GB 50205—2020，在钢梯安装工程质量验收中，相邻楼梯踏步的高度差的检测数量：按楼梯总数抽查________，且不应少于 3 跑。

14. 依据 GB/T 50621—2010，用超声波原理测量钢结构现场的钢材厚度时，应在构件的________个不同部位进行，取其测试值的平均值作为钢材厚度的代表值。

15. 依据 GB/T 50344—2019，结构安装偏差应包括轴线、距离、垂直度、标高、支座轴线、________等。

16. 依据 GB/T 50344—2019，对结构和构件的主体倾斜进行检测时，宜采用________。

17. 依据 GB/T 50344—2019，使用免棱镜全站仪检测结构和构件的主体倾斜时，观测站点宜选在与倾斜方向一致的方向线上距照准目标________目标高度的固定位置。

18. 依据 GB/T 50344—2019，对于钢网架球节点之间杆件的弯曲，可用拉线的方法或________进行检测。

19. 依据 GB/T 50344—2019，在对既有钢网架球节点之间杆件弯曲的检测中，应区分杆件的偏差与________。

20. 依据 GB/T 50344—2019，在对结构和构件的主体倾斜测量时，宜区分施工偏差造成的倾斜、变形造成的倾斜、________等。

21. 依据 GB 50205—2020，在单层、多高层钢结构安装工程中，同一结构层或同一设计标高异型构件标高允许偏差应为________。

22. 依据 GB 50205—2020,在单层、多高层钢结构安装工程中,构件轴线空间位置偏差的检查数量:按同类构件数抽查________,且不应少于 3 件,每件不应少于 3 个坐标点。

23. 依据 GB 50205—2020,在对钢网架、网壳结构支座定位轴线偏差进行检测时,抽检数量:按支座数抽查 10%,且不应少于________处。

24. 依据 GB 50205—2020,在空间结构安装工程的膜结构安装中,连接固定膜单元的耳板、T 型件、天沟等的螺孔、销孔空间位置允许偏差为________。

25. 依据 GB/T 50621—2010,使用超声测厚仪检测钢结构现场钢材的厚度时,其显示最小单位应为________。

26. 依据 GB/T 50621—2010,使用超声测厚仪检测钢结构现场钢管的厚度时,其测量范围下限为________。

27. 依据 GB/T 50621—2010,使用超声测厚仪检测钢结构现场钢材的厚度时,应在同一位置将探头转过________后作二次测量,取两次的平均值作为该部位的代表值。

28. 依据 GB 50205—2020,压型金属板成型后,其基板不应有________。

29. 依据 GB 50205—2020,压型金属板尺寸偏差检查数量:按计件数抽查 5%,且不应少于________件。

30. 依据 GB 50205—2020,压型金属板成型后,应对其基板裂纹进行检查,检验方法:观察并用________倍放大镜检查。

31. 依据 GB 50205—2020,压型金属板长度方向上的搭接长度应满足设计要求,且当采用焊接搭接方式时,压型金属板搭接长度不宜小于________。

32. 依据 GB 50205—2020,在钢结构安装工程中,对于支撑、檩条、墙架、次结构等构件在运输、堆放和吊装等过程中造成的变形及涂层脱落,应进行矫正和修补。检查数量:按构件数抽查 10%,且不应少于________。

33. 依据 GB 50205—2020,主体钢结构整体平面弯曲的允许偏差为________,且不大于 50.0mm。

34. 依据 GB 50205—2020,在钢结构工程中,钢板厚度及其允许偏差应满足其产品标准和设计文件的要求。检查数量:对每批同一品种、规格的钢板抽检________,且不应少于 3 张。

35. 依据 GB 50205—2020,在钢结构工程中,钢板厚度及其允许偏差应满足其产品标准和设计文件的要求。检验方法:用游标卡尺或________量测。

36. 依据 GB 50205—2020,在钢结构工程中,型材和管材截面尺寸、厚度及允许偏差应满足其产品标准的要求。检查数量:对每批同一品种、规格的型材或管材抽检 10%,且不应少于 3 根。每根检测________处。

37. 依据 GB/T 50621—2010,使用超声测厚仪检测钢结构现场钢板的厚度时,其测量范围为________。

38. 依据 GB/T 50621—2010,使用超声测厚仪检测钢结构现场钢材的厚度时,超声测厚仪应随机配有校准用的________。

39. 依据 GB/T 50621—2010,在钢结构工程中,钢材的厚度偏差应以________规定的尺寸为基准进行计算,并应符合相应的产品标准的规定。

40. 依据 GB/T 50621—2010,使用超声测厚仪检测钢结构现场钢管的厚度。当测量小直径管壁或者工件表面较为粗糙时，可选用黏度较大的________作耦合剂。

第五节　钢结构动静载性能试验

1. 依据 GB/T 39794.1—2021，采用静态压力法检测金属屋面抗风掀性能时，要求压力计精度为________。

2. 依据 GB 50205—2020，进行金属屋面系统抗风揭性能检测时，应采用实验室模拟________压力加载法。

3. 依据 GB 50205—2020，金属屋面系统应包括金属屋面板、底板、支座、保温层、檩条、支架和________等。

4. 依据 GB 50205—2020，在金属屋面动态压力抗风揭检测中，动态风荷载检测 1 个周期次数为________次，检测不应小于 1 个周期。

5. 依据 GB 51008—2016，钢结构性能的静力荷载试验可分为使用性能检验、承载力检验和________检验。

6. 依据 GB 51008—2016，在钢结构性能的静力荷载试验中，试验荷载应分级施加，每级荷载不宜超过最大荷载的________。

7. 依据 GB 51008—2016，在钢结构性能的静力荷载试验的变形测试试验中，应考虑________变形的影响。

8. 依据 GB 51008—2016，在钢结构性能的静力荷载试验中，当达到使用性能或承载力检验的最大荷载后，应持续至少________ h，每隔 15min 测取一级荷载和变形值，直至变形值在 15min 内不再明显增加为止；然后，分级卸载，在每一级卸载和全部卸载后测取变形值。

9. 依据 GB 51008—2016，在钢结构性能的静力荷载试验中，采用模型试验时，应对模型实际采用的材料进行________试验。

10. 依据 GB 51008—2016，钢结构使用性能检验试验用于验证结构或构件在规定荷载作用下出现设计允许的________，经过检验且满足要求的结构或构件应能正常使用。

11. 依据 GB 51008—2016，在钢结构使用性能检验试验中，检测的荷载在无明确要求的条件下，应取 1.1 倍实际自重，加 1.15 倍其他恒载，加________倍可变荷载。

12. 依据 GB 51008—2016，钢结构承载力检验试验用于验证结构或构件的________。

13. 依据 GB 51008—2016，在进行钢结构承载力检验试验前，宜先进行________检验试验，且结构检验应满足相应的要求。

14. 依据 GB 51008—2016，钢结构承载力检验的荷载，应采用________和可变荷载适当组合的承载力极限状态设计荷载的 1.2 倍。

15. 依据 GB 51008—2016，进行钢结构破坏性检验试验前，宜先进行________，并应根据检验情况估算被检验结构的实际承载力。

16. 依据 GB 51008—2016，结构构件现场试验宜采用________方式；对大跨度复杂钢结构体系（如钢屋架、桁架、网架等），也可采用集中吊载方式；对小型构件还可根据自平衡原理，设计专门的反力装置，利用千斤顶进行集中加载。当试验荷载与目标使用期内的荷载形式不同时，应按荷载等效原则换算。

17. 依据 GB 51008—2016，结构构件现场试验的均布荷载宜用荷重块，可以采用现场经计量后的袋砂、袋石子、袋水泥或砖块等。荷重块应按区格成垛堆放,垛与垛之间的间隙不宜小于________,以免形成拱作用。

18. 依据 GB 51008—2016,在结构构件现场试验中,构件的挠度可用百分表、位移传感器、水平仪等进行测量。当采用等效集中荷载方式模拟均布荷载进行试验时,________应乘以修正系数;当采用三分点加载时,修正系数取 0.98;当采用其他形式集中加载时,修正系数应经计算确定。

19. 依据 GB 51008—2016,在钢结构构件应力监测中,可根据实际条件选用________或电阻应变仪进行实际应力监测。

20. 依据 GB 51008—2016,基于试验的承载力设计值应由________、考虑结构试件变异性的因子和基于试验的抗力分项系数计算确定。

21. 依据 GB 51008—2016,在基于试验的承载力设计指标确定中,结构特性变异系数通过________不定性变异系数、材料强度不定性变异系数确定。

22. 依据 GB 51008—2016,钢结构动力检测内容应包括动力特性检测和________。

23. 依据 GB 51008—2016,测试结构基本模态时,宜选用________法。在满足测试要求的前提下,也可选用初始位移法、重物撞击法等方法。

24. 依据 GB 51008—2016,测试结构平面内有多个模态,或结构模态密集,或结构特别重要且条件许可时,宜选用环境激励法或________。

25. 依据 GB 51008—2016,测试结构空间模态、扭转模态或结构模态密集,或结构特别重要且条件许可时,宜选用环境激励法、多振源相位控制同步的稳态正弦激振方法或________。

26. 依据 GB 51008—2016,在钢结构动力测试中,对于单点激励法测试结果,可采用________进行校核。

27. 依据 GB 51008—2016,动力检测试验设备一般包括________、振动控制设备、测量和记录仪器、数据处理设备等。

28. 依据 GB 51008—2016,当按通常方法建模计算得到的结构模态和测试结果有差异时,可根据________检测结果,对结构有限元模型进行修正。

29. 依据 GB 51008—2016,在动力测试中,当结构有损伤时,可根据获取的结构动力性能变化,识别结构损伤________。

30. 依据 GB/T 50344—2019,对钢结构或构件的承载力有疑义时,宜进行________模型的荷载试验。

31. 依据 GB/T 50344—2019,实荷检验和荷载试验应选用适用的方法实时监测钢结构杆件的________、位移和变形。

32. 依据 GB/T 50344—2019,建筑结构的检测分为结构工程质量的检测和________的检测。

33. 依据 GB/T 50344—2019,既有钢结构除应进行________评定外,尚应进行抗火灾倒塌、低温冷脆、疲劳破坏、累积损伤、抗震适用性、高耸钢结构抗风适用性、有机涂装层的剩余使用年数等检测和评定。

34. 依据 GB/T 50344—2019,既有结构性能的检测应为________提供真实、可靠、有效的数据和检测结论。

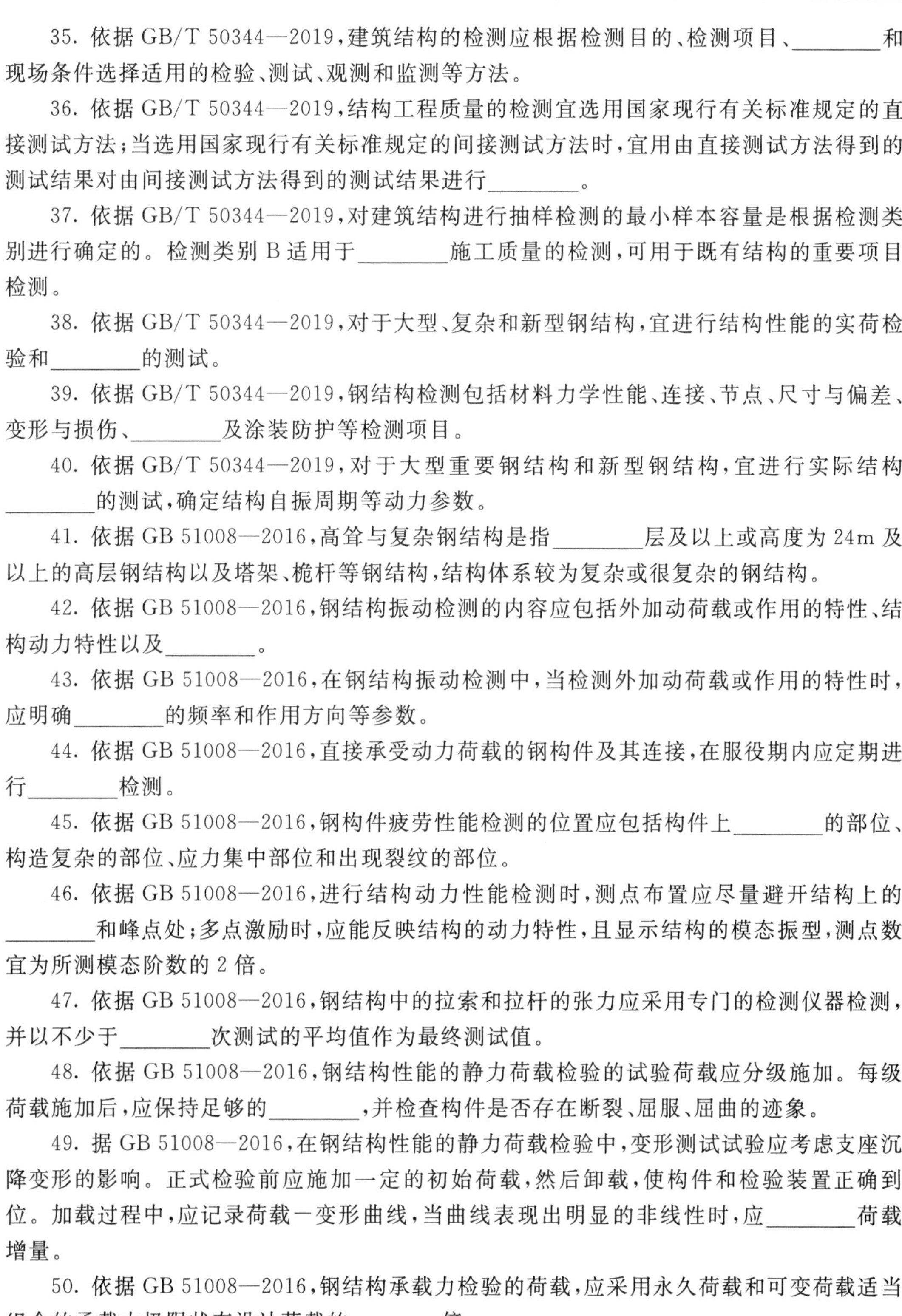

35. 依据 GB/T 50344—2019，建筑结构的检测应根据检测目的、检测项目、________和现场条件选择适用的检验、测试、观测和监测等方法。

36. 依据 GB/T 50344—2019，结构工程质量的检测宜选用国家现行有关标准规定的直接测试方法；当选用国家现行有关标准规定的间接测试方法时，宜用由直接测试方法得到的测试结果对由间接测试方法得到的测试结果进行________。

37. 依据 GB/T 50344—2019，对建筑结构进行抽样检测的最小样本容量是根据检测类别进行确定的。检测类别 B 适用于________施工质量的检测，可用于既有结构的重要项目检测。

38. 依据 GB/T 50344—2019，对于大型、复杂和新型钢结构，宜进行结构性能的实荷检验和________的测试。

39. 依据 GB/T 50344—2019，钢结构检测包括材料力学性能、连接、节点、尺寸与偏差、变形与损伤、________及涂装防护等检测项目。

40. 依据 GB/T 50344—2019，对于大型重要钢结构和新型钢结构，宜进行实际结构________的测试，确定结构自振周期等动力参数。

41. 依据 GB 51008—2016，高耸与复杂钢结构是指________层及以上或高度为 24m 及以上的高层钢结构以及塔架、桅杆等钢结构，结构体系较为复杂或很复杂的钢结构。

42. 依据 GB 51008—2016，钢结构振动检测的内容应包括外加动荷载或作用的特性、结构动力特性以及________。

43. 依据 GB 51008—2016，在钢结构振动检测中，当检测外加动荷载或作用的特性时，应明确________的频率和作用方向等参数。

44. 依据 GB 51008—2016，直接承受动力荷载的钢构件及其连接，在服役期内应定期进行________检测。

45. 依据 GB 51008—2016，钢构件疲劳性能检测的位置应包括构件上________的部位、构造复杂的部位、应力集中部位和出现裂纹的部位。

46. 依据 GB 51008—2016，进行结构动力性能检测时，测点布置应尽量避开结构上的________和峰点处；多点激励时，应能反映结构的动力特性，且显示结构的模态振型，测点数宜为所测模态阶数的 2 倍。

47. 依据 GB 51008—2016，钢结构中的拉索和拉杆的张力应采用专门的检测仪器检测，并以不少于________次测试的平均值作为最终测试值。

48. 依据 GB 51008—2016，钢结构性能的静力荷载检验的试验荷载应分级施加。每级荷载施加后，应保持足够的________，并检查构件是否存在断裂、屈服、屈曲的迹象。

49. 据 GB 51008—2016，在钢结构性能的静力荷载检验中，变形测试试验应考虑支座沉降变形的影响。正式检验前应施加一定的初始荷载，然后卸载，使构件和检验装置正确到位。加载过程中，应记录荷载一变形曲线，当曲线表现出明显的非线性时，应________荷载增量。

50. 依据 GB 51008—2016，钢结构承载力检验的荷载，应采用永久荷载和可变荷载适当组合的承载力极限状态设计荷载的________倍。

51. 依据 GB 51008—2016，钢结构破坏性检验的加载，应先分级加到设计承载力的检验荷载，根据荷载-变形曲线确定随后的加载增量，然后加载到不能继续加载为止，此时的承载力即结构的________。

52. 依据 GB/T 50621—2010，对结构动力性能检测数据进行处理后，应根据需要提供试验结构的自振频率、________和振型以及动力反应最大幅值、时程曲线、频谱曲线等分析结果。

53. 依据 GB/T 50621—2010，在钢结构动力特性检测中，动态信号测试仪应具备低通滤波，低通滤波截止频率应小于采样频率的________，并应防止信号频率混叠。

第三章 单项选择题

第一节 钢材及焊接材料

1. 依据 GB/T 228.1—2021，断后伸长率 $A=\frac{L_u-L_0}{L_1}\times 100\%$ 中的 L_u 是________。(　　)

A. 断裂时试件的长度　　　　B. 断裂后试件的长度

C. 断裂时试验段(标距)的长度　　　　D. 断裂后试验段(标距)的长度

2. 依据 GB/T 228.1—2021，对于没有明显屈服阶段的塑性材料，通常以 $R_{p0.2}$ 表示屈服强度，其定义为________。(　　)

A. 产生 0.2%的塑性应变所对应的应力值

B. 产生 0.2%的应变所对应的应力值

C. 产生 0.2%的塑性延伸率所对应的应力值

D. 产生 0.2%的延伸率所对应的应力值

3. 与常温环境状态相比，在低温环境下碳钢的力学性能有所变化，下列结论正确的是________。(　　)

A. 强度提高，塑性降低　　　　B. 强度降低，塑性提高

C. 强度、塑性都提高　　　　D. 强度、塑性都降低

4. 对材料相同、直径相同、长度不同的试件进行拉伸试验，测得断后伸长率 A、截面收缩率 Z。下列结论正确的是________。(　　)

A. 均不同　　　　B. 均相同

C. A 不同，Z 相同　　　　D. A 相同，Z 不同

5. 低碳钢拉伸试件断口不在标距长度 1/3 的中间区段内时，如果不采用断口移中办法，测得的断后伸长率较实际值________。(　　)

A. 偏大　　　　B. 偏小

C. 不变　　　　D. 可能偏大，也可能偏小

6. 下图 2-3-1 中，(a)和(b)为低碳钢圆截面试样两种破坏断口形式。下列结论正确的是________。(　　)

(a) 破坏断口形式1　　　　(b) 破坏断口形式2

图 2-3-1　低碳钢圆截面试样破坏断口形式

A. (a)为拉伸破坏,(b)为扭转破坏　　B. (a)为扭转破坏,(b)为拉伸破坏

C. (a)和(b)均为拉伸破坏　　D. (a)和(b)均为扭转破坏

7. 对材质相同、直径相同(10mm)、标距分别为 50mm 和 100mm 的 2 个低合金试样进行拉伸试验,测得其下屈服极限分别为 R_{eL1} 和 R_{eL2},伸长率分别是 A_{50} 和 A_{100}。比较 2 个试样的结果,有以下结论:________。(　　)

A. $R_{eL1}<R_{eL2}$、$A_{50}>A_{100}$　　B. $R_{eL1}<R_{eL2}$、$A_{50}=A_{100}$

C. $R_{eL1}=R_{eL2}$、$A_{50}>A_{100}$　　D. $R_{eL1}=R_{eL2}$、$A_{50}<A_{100}$

8. 对同一材料在相同条件下测得的断后伸长率 A_{50} 要比 A_{100} ________。(　　)

A. 大　　B. 小　　C. 相等　　D. 无法判定

9. 图 2-3-2 所示为拉伸试件。拉断后试件的总长度由 L_0 变为 L_1,标距部分长度由 l_0 变为 l_1,试样的断后伸长率为________。(　　)

A. L_1-L_0　　B. l_1-l_0

C. $\frac{L_1-L_0}{L_0}\times100\%$　　D. $\frac{l_1-l_0}{l_0}\times100\%$

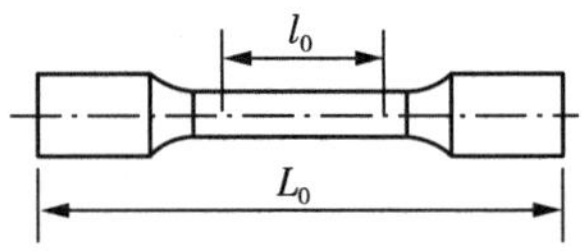

图 2-3-2　拉伸试样

10. 低碳钢试件在拉伸过程中出现颈缩时,真实应力将________。(　　)

A. 增加　　B. 减小　　C. 先增后减　　D. 不变

11. $R_{P0.2}$ 表示的是无明显屈服点的塑性材料产生________对应的应力。(　　)

A. 0.2%的塑性延伸率　　B. 0.2%的残余延伸率

C. 0.2%的总延伸率　　B. 0.2%的弹性伸长率

12. 拉伸金属材料时,弹性模量 E 是在________测定的。(　　)

A. 弹性阶段　　B. 线性弹性阶段　　C. 强化阶段　　D. 局部变形阶段

13. 依据 GB/T 228.1—2021,该标准中提供了________试验速率的控制方法。(　　)

A. 一种　　B. 两种　　C. 三种　　D. 四种

14. 在金属材料的室温拉伸性能测定中,通常用________表达其塑性性能。(　　)

A. 断裂总伸长率　　B. 断后伸长率

C. 最大力总延伸率　　D. 最大力塑形延伸率。

15. 依据 GB 50661—2011,对厚度不小于 14mm 的对接接头试板做弯曲试验时,应采用________。(　　)

A. 面弯　　B. 背弯　　C. 侧弯　　D. 反弯

16. 依据 GB/T 19879—2023,进行 Z 向拉伸试验时,Z15 试板的取样数量为________。(　　)

A. 1 个/批　　B. 3 个/批　　C. 1 个/炉　　D. 2 个/批

17. 依据 GB/T 228.1—2021,在金属材料拉伸试验中,当采用方法 B 的试验速率控制方法时,若仅测定下屈服强度,在试样平行长度的屈服期间应变速率应为________。(　　)

A. 0.00025/s～0.0025/s　　B. 0.25/s～0.025/s

C. 0.025/s～0.0025/s　　D. 0.0025/s～0.005/s

18. 依据 GB/T 700—2006,在型钢和钢棒交货状况检验中,拉伸和冷弯试验应取________。(　　)

A. 纵向试样　B. 横向试样　C. 无规定　D. 圆形试样

19. 依据 GB/T 700—2006，在钢板、钢带交货状况检验中，其拉伸和冷弯试验应取________。（　）

A. 纵向试样　B. 横向试样　C. 无规定　D. 圆形试样

20. 依据 GB/T 700—2006，在钢材交货状况检验中，每批应取________个样品进行拉伸试验。（　）

A. 1　B. 2　C. 3　D. 4

21. 依据 GB/T 1591—2018，在钢材交货状态检验中，如需进行弯曲试验，每批应取________个弯曲试样。（　）

A. 1　B. 2　C. 3　D. 4

22. 依据 GB/T 228.1—2021，拉伸试验机的准确度应为(或优于)________。（　）

A. 1 级　B. 2 级　C. 3 级　D. 无要求

23. 依据 GB/T 2975—2018，在切取角钢拉伸试验样坯时，切取的位置应位于腿部的________处。（　）

A. 1/2　B. 1/3　C. 1/4　D. 任何位置

24. 依据 GB/T 230.1—2018，在洛氏硬度试验中，两相邻压痕中心之间的距离至少为压痕直径的________倍。（　）

A. 1　B. 2　C. 3　D. 4

25. 依据 GB/T 228.1—2021，对于直径不小于 4mm 的机加工圆形截面比例试样，其夹持端和平行长度之间的过渡弧的半径应不小于________。（　）

A. $0.45d_0$　B. $0.60d_0$　C. $0.75d_0$　D. $0.80d_0$

26. 依据 GB/T 231.1—2018，当布氏硬度试验结果值不小于 100 时，应将其修约至________。（　）

A. 1 位小数　B. 2 位小数　C. 3 位小数　D. 整数

27. 依据 GB/T 228.1—2021，拉伸试样的原始标距用符号________表示。（　）

A. L　B. L_0　C. L_u　D. L_c

28. 依据 GB/T 228.1—2021，A_{80mm} 表示矩形截面非比例拉伸试样的原始标距为________ mm 的断后伸长率。（　）

A. $5.65\sqrt{S_0}$　B. $11.3\sqrt{S_0}$　C. 40　D. 80

29. 依据 GB/T 5313—2023，厚度方向性能级别为 Z25 钢板的单个试样断面收缩率最小值是________。（　）

A. 10%　B. 15%　C. 20%　D. 25%

30. 依据 GB/T 5313—2023，对于厚度方向性能为 Z25 的钢板，其单个拉伸试样的断面收缩率应不小于________。（　）

A. 10%　B. 15%　C. 20%　D. 25%

31. 钢材的含碳量越高，其强度、韧性、抗腐蚀的性能分别越________。（　）

A. 高、低、好　B. 低、高、差　C. 高、差、差　D. 高、差、好

32. 钢结构设计中的强度是根据钢材________确定的。（　）

A. 比例极限　B. 弹性极限　C. 屈服强度　D. 抗拉强度

33. 表达钢材塑性性能指标的是________。(　　)

A. 屈服点　　B. 强屈比　　C. 延伸率　　D. 抗拉强度

34. 金属材料拉伸试验的应力-应变曲线上,原点至弹性极限点段表示试样处于________。(　　)

A. 弹性阶段　　B. 屈服阶段　　C. 强化阶段　　D. 收缩阶段

35. 材质相同、直径相同的金属材料拉伸试样有 $L_0=10d_0$ 的长试样和 $L_0=5d_0$ 的短试样,其断后伸长率________。(　　)

A. 相同　　B. 不相同

C. 前者为后者的 2 倍　　D. 后者为前者的 2 倍

36. 依据 GB/T 232—2024,在金属材料弯曲试验中,要求厚度小于 10mm 的矩形截面试样的棱边倒圆半径不得超过________。(　　)

A. 0.5mm　　B. 1mm　　C. 1.5mm　　D. 3mm

37. 依据 GB/T 229—2020,V 型缺口冲击试样的缺口深度为 2mm,应有________夹角。(　　)

A. 30°　　B. 45°　　C. 60°　　D. 75°

38. 依据 GB/T 228.1—2021,对某金属材料圆形横截面试样,分别在其标距范围内的两端及中间 3 处且相互垂直的方向上测量直径,测得每处直径的算术平均值分别为 2.98mm、3.02mm、3.03mm。该试样的横截面积是________ mm^2。(常数 π 取 3.14)(　　)

A. 6.971　　B. 7.112　　C. 7.207　　D. 7.160

39. 钢材的抗拉强度与屈服点之比,反映钢材的________。(　　)

A. 强度储备　　B. 弹性阶段的承载能力

C. 塑性变形能力　　D. 强化阶段的承载能力

40. 衡量钢材塑性性能的指标为________。(　　)

A. 屈服强度　　B. 抗拉强度　　C. 断后伸长率　　D. 冲击韧性

41. 依据 GB/T 228.1—2021,在最大力总延伸率的验证试验中,应使用准确度为(或优于)________的引伸计。(　　)

A. 0.2 级　　B. 0.5 级　　C. 1 级　　D. 2 级

42. 依据 GB/T 228.1—2021,拉伸试验的断后伸长率测定值应修约至________。(　　)

A. 0.1%　　B. 0.5%　　C. 1%　　D. 2%

43. 依据 GB/T 232—2024,在金属材料弯曲试验中,如相关产品标准未对试样宽度作具体规定,当产品宽度________时,弯曲试样宽度为原产品宽度。(　　)

A. 不大于 15mm　　B. 不大于 20mm　　C. 小于 15mm　　D. 小于 20mm

44. 依据 GB/T 229—2020,夏比摆锤冲击试验设备的摆锤锋刃边缘曲率半径应为 2mm 或________ mm 两者之一。(　　)

A. 4　　B. 5　　C. 6　　D. 8

45. 在钢结构设计中,钢材屈服点是构件可以达到的________。(　　)

A. 最大应力　　B. 设计应力　　C. 疲劳应力　　D. 稳定临界应力

46. 钢材有 2 种性质完全不同的破坏形式，即塑性破坏和________破坏。(　　)

A. 硬性　　B. 刚性　　C. 脆性　　D. 延性

47. 钢结构一般不会因偶然超载或局部超载而突然断裂，这是由于钢材具有________。(　　)

A. 良好的塑性　　B. 良好的韧性

C. 均匀的内部组织　　D. 良好的弹性

48. 依据 GB/T 228.1—2021，对厚度为 2mm、宽度为 10mm 的薄钢板，取比例系数 $k=5.65$，仲裁试验平行长度至少为________。(　　)

A. 5mm　　B. 35mm　　C. 45mm　　D. 55mm

49. 依据 GB/T 232—2024，对于直径超过 30mm 但不大于 50mm 的产品，可以将其机加工成横截面内切圆直径不小于________的弯曲试样。(　　)

A. 20mm　　B. 22mm　　C. 25mm　　D. 28mm

50. 表达钢材超过屈服点工作时的可靠性的指标是________。(　　)

A. 比强度　　B. 屈强比　　C. 屈服强度　　D. 条件屈服强度

51. 依据 GB/T 228.1—2021，规定屈服点延伸率测定值应修约至________。(　　)

A. 0.1%　　B. 0.5%　　C. 1%　　D. 5%

52. 依据 GB/T 228.1—2021，金属材料拉伸试样的原始标距应不小于________mm。(　　)

A. 10　　B. 15　　C. 20　　D. 25

53. 依据 GB/T 229—2020，U 型试样缺口深度可以为 2mm 或________ mm。(　　)

A. 3　　B. 4　　C. 5　　D. 8

54. 依据 GB/T 232—2024，当产品宽度大于 20mm、厚度小于 3mm 时，弯曲试样宽度应取值为 ________。(　　)

A. (20±5)mm　　B. (25±5)mm

C. (23±5)mm　　D. (24±5)mm

55. 在弯曲试验中，若________，则表示该材料的弯曲性能越好。(　　)

A. 弯曲角度愈大，弯心直径与试件直径的比值越大

B. 弯曲角度愈小，弯心直径与试件直径的比值越小

C. 弯曲角度愈小，弯心直径与试件直径的比值越大

D. 弯曲角度愈大，弯心直径与试件直径的比值越小

56. 依据 GB/T 228.1—2021，强度性能测定值应修约至________。(　　)

A. 0.1MPa　　B. 1MPa　　C. 0.01MPa　　D. 5MPa

57. 依据 GB/T 228.1—2010，拉伸比例试样的标距和截面积有 $L_0=k\sqrt{S_0}$ 的关系，国际上使用的比例系数(k)为________，除非采用该比例系数时不满足最小标距的要求。(　　)

A. 5　　B. 10　　C. 11.3　　D. 5.65

58. 依据 GB/T 2975—2018，用烧割法取样坯时，所留的加工余量最小不得少于________。(　　)

A. 10.5mm　　B. 11.5mm　　C. 12.5mm　　D. 13.5mm

59. 依据 GB/T 232—2024，当对金属材料的弯曲试验结果有争议时，试验速率应选择

________ mm/s。(　　)

A. (2±0.2)　　B. (1±0.2)　　C. (1±0.5)　　D. (2±0.5)

60. 依据 GB/T 228.1—2021,采用方法 B 的试验速率控制方法对材料弹性模量 E 小于 150GPa 试样进行拉伸试验。当测定上屈服强度时,试验机横梁位移速率尽可能保持恒定,并使相应的应力速率不大于________。(　　)

A. 20MPa/s　　B. 30MPa/s　　C. 40MPa/s　　D. 50MPa/s

61. 依据 GB/T 228.1—2021,采用方法 B 的试验速率控制方法对材料弹性模量 E 大于 150GPa 试样进行拉伸试验。当测定上屈服强度时,试验机横梁位移速率尽可能保持恒定,并使相应的应力速率不小于________。(　　)

A. 2MPa/s　　B. 3MPa/s　　C. 5MPa/s　　D. 6MPa/s

62. 依据 GB/T 228.1—2021,最大力总延伸率测定值应修约至________。(　　)

A. 0.1%　　B. 0.5%　　C. 1%　　D. 2%

63. 断面收缩率不受试样标距长度的影响,因此能更可靠地反映材料的________。(　　)

A. 塑性　　B. 屈服强度　　C. 伸长率　　D. 硬度

64. 依据 GB/T 228.1—2021,测得钢材拉伸试样的断后伸长率 A 为 22.78%,应将其修约为________。(　　)

A. 22.5%　　B. 23%　　C. 23.0%　　D. 22.8%

65. 依据 GB/T 228.1—2021,测得钢材的抗拉强度为 476.5MPa,应将其修约为________。(　　)

A. 475MPa　　B. 476MPa　　C. 477MPa　　D. 480MPa

66. 依据 GB/T 208.1—2021,在断后伸长率测定中,应使用分辨力足够的量具或测量装置测定断后伸长量,并准确到________ mm。(　　)

A. ±0.1　　B. ±0.15　　C. ±0.20　　D. ±0.25

67. 依据 GB/T 228.1—2021,当试样横截面积太小,采用标准比例系数 k 不能符合最小标距的要求时,可优先采用比例系数 k=________或非比例试样。(　　)

A. 5.65　　B. 10　　C. 11.3　　D. 5

68. 依据 GB/T 228.1—2021,断后伸长率是断后标距的________与原始标距之比的百分率。(　　)

A. 残余伸长　　B. 总伸长　　C. 屈服伸长　　D. 弹性伸长

69. 依据 GB/T 228.1—2021,已知低碳钢的直径为 5.21mm,测得的下屈服力为 8.5kN,则该材料的下屈服强度为________。(π 取 3.14)(　　)

A. 400MPa　　B. 398MPa　　C. 398.5MPa　　D. 399MPa

70. 依据 GB/T 228.1—2021,已知低碳钢的直径为 5.02mm,测得的最大力为 10.5kN,则该材料的抗拉强度为________。(π 取 3.14)(　　)

A. 530.8MPa　　B. 530MPa　　C. 531MPa　　D. 535MPa

71. 依据 GB/T 228.1—2021,当拉伸试验机的夹紧装置装配完成后,在________,应设定力测量系统的零点。(　　)

A. 试样两端被夹持之前　　B. 试验加载之前

C. 试样两端被夹持之后　　D. 试验加载之后

72. 依据 GB/T 228.1—2021，对管段试样进行拉伸试验时，夹持段________压扁，仲裁试验时________压扁。(　　)

A. 可，可　　B. 可，不可　　C. 不可，可　　D. 不可，不可

73. 依据 GB/T 228.1—2021，对于厚度为 0.1mm～<3mm 的薄板或薄带试样，其夹持头部一般比平行长度宽，头部与平行长度之间应有过渡半径至少为________的过渡弧连接。(　　)

A. 15mm　　B. 18mm　　C. 20mm　　D. 25mm

74. 依据 GB/T 228.1—2021，对于厚度为 0.1～<3mm 的薄板或薄带不带头拉伸试样，当其宽度不大于 20mm，产品标准亦无规定时，原始标距 L_0应等于________。(　　)

A. 45mm　　B. 50mm　　C. 55mm　　D. 60mm

75. 依据 GB/T 228.1—2021，从厚度为 2mm 的薄钢板产品中截取加工带头拉伸比例试样($k=5.65$)，试样宽度 $b_0=20$，试样的平行长度至少应为________。(　　)

A. 20mm　　B. 30mm　　C. 40mm　　D. 50mm

76. 依据 GB/T 228.1—2021，厚度为 2mm、宽度为 20mm 的钢板拉伸非比例试样，其原始标距应为________。(　　)

A. 50mm　　B. 60mm　　C. 70mm　　D. 80mm

77. 依据 GB/T 228.1—2021，厚度为 2mm、宽度为 20mm 的钢板的带头拉伸非比例试样，其平行长度应为________。(　　)

A. 100mm　　B. 110mm　　C. 120mm　　D. 130mm

78. 依据 GB/T 228.1—2021，厚度为 2mm、宽度为 20mm 的钢板不带头拉伸非比例试样，其平行长度应为 ________。(　　)

A. 110mm　　B. 120mm　　C. 130mm　　D. 140mm

79. 依据 GB/T 228.1—2021，对于直径或厚度小于 4mm 的线材，按非比例试样要求制作拉伸试样，原始标距取 $L_0=100$mm，平行长度至少为________。(　　)

A. 110mm　　B. 120mm　　C. 130mm　　D. 140mm

80. 依据 GB/T 228.1—2021，厚度为 5mm、宽度为 15mm 的钢板拉伸比例试样($k=5.65$)，其原始标距为________。(　　)

A. 20mm　　B. 30mm　　C. 40mm　　D. 50mm

81. 依据 GB/T 228.1—2021，厚度为 5mm、宽度为 20mm 的钢板拉伸非比例试样，其原始标距为 80mm，常规试验试样平行长度至少为________。(　　)

A. 50mm　　B. 80mm　　C. 90mm　　D. 100mm

82. 依据 GB/T 228.1—2021，厚度为 5mm、宽度为 20mm 的钢板拉伸非比例试样，其原始标距为 80mm，仲裁试验试样平行长度至少为________。(　　)

A. 80mm　　B. 90mm　　C. 100mm　　D. 120mm

83. 依据 GB/T 228.1—2021，直径不小于 4mm 的棒材圆截面拉伸比例试样，其原始标距优先采用________。(　　)

A. $11.3\sqrt{S_0}$　　B. $2.5d_0$　　C. $4d_0$　　D. $5d_0$

84. 依据 GB/T 228.1—2021，直径不小于 4mm 的棒材圆截面拉伸比例试样($k=$

5.65),其平行长度至少为________。( )

A. L_0 B. $L_0+0.5d_0$ C. L_0+d_0 D. L_0+2d_0

85. 依据 GB/T 228.1—2021,对于直径不小于 4mm 的棒材圆截面拉伸比例试样($k=5.65$),其仲裁试验试样的平行长度为________。( )

A. L_0 B. $L_0+0.5d_0$ C. L_0+d_0 D. L_0+2d_0

86. 依据 GB/T 228.1—2021,拉伸比例试样的原始标距计算值为 57.6mm,应将其修约至________。( )

A. 55mm B. 57mm C. 58mm D. 60mm

87. 依据 GB/T 228.1—2021,除非另有规定,金属材料室温拉伸试验应在________温度下进行。( )

A. 10~30℃ B. 20~30℃ C. 15~25℃ D. 10~35℃

88. 依据 GB/T 228.1—2021,拉伸试验中的伸长是指试验期间任一时刻________的增量。( )

A. 夹头间距离 B. 试样平行段长度 C. 原始标距 D. 试样长度

89. 依据 GB/T 228.1—2021,拉伸试验中的最大力总延伸率是最大力时的________与引伸计标距之比的百分率。( )

A. 总延伸 B. 塑性延伸 C. 总长度 D. 弹性延伸

90. 依据 GB/T 228.1—2021,符合下屈服强度的判定原则的是________。( )

A. 屈服阶段中第一个谷值力

B. 屈服阶段中若呈现 2 个或 2 个以上的谷值力,舍去第一个谷值力,取其余谷值力中之最小者,将之判为下屈服力;若只呈现一个下降谷值力,将此谷值力判为下屈服力

C. 屈服阶段中若呈现屈服平台,将平台力判为下屈服力;若呈现多个而且后者高于前者的屈服平台,将第 2 个平台力判为下屈服力

D. 屈服阶段中最小的谷值力

91. 依据 GB/T 228.1—2021,符合上屈服强度的判定原则的是________。( )

A. 将发生屈服而力值首次下降前的最大力值判定为上屈服力

B. 将屈服阶段的最大力峰值判定为上屈服力

C. 将屈服阶段的第二大力峰值判定为上屈服力

D. 将屈服阶段的最小力峰值判定为上屈服力

92. 依据 GB/T 2975—2018,从型钢厚度方向截取拉伸试样,当型钢翼缘厚度大于 50mm 时,应以距离翼缘边缘________厚度位置作为圆心截取圆截面试样。( )

A. 1/2 B. 1/3 C. 1/4 D. 1/5

93. 依据 GB/T 2975—2018,从钢板中截取拉伸试样时,应在钢板________宽度处截取横向样坯。( )

A. 1/2 B. 1/3 C. 1/4 D. 1/5

94. 依据 GB/T 2975—2018,用冷剪法从型钢中截取力学性能试验试样的样坯,所留的加工余量与试样的________有关。( )

A. 厚度或直径 B. 宽度 C. 长度 D. 厚度和宽度

95. 依据 GB/T 2975—2018,用冷剪法从型钢中截取力学性能试验试样的样坯。当试

样的厚度或直径不大于 4mm 时，所留的加工余量为________。(　　)

A. 4mm　　B. 10mm　　C. 15mm　　D. 20mm

96. 依据 GB/T 2975—2018，用激光切割法从型钢中截取力学性能试验试样的样坯。当试样厚度或直径不大于 15mm 时，所留的加工余量为________。(　　)

A. 1～2mm　　B. 2～3mm　　C. 1～3mm　　D. 1～4mm

97. 依据 GB/T 2975—2018，用激光切割法从型钢中截取力学性能试验试样的样坯。当试样厚度或直径为 15～25mm 时，所留的加工余量为________。(　　)

A. 1～2mm　　B. 2～3mm　　C. 1～3mm　　D. 1～4mm

98. 依据 GB/T 232—2024，在金属材料弯曲试验中，当产品宽度为 25mm、厚度为 2mm 时，试样宽度为________。(　　)

A. (20±5)mm　　B. (25±5)mm　　C. 30mm　　D. 35mm

99. 依据 GB/T 232—2010，在金属材料弯曲试验中，当产品宽度为 30mm、厚度为 4mm 时，试样宽度为________。(　　)

A. 20～60mm　　B. 20～50mm　　C. 25～50mm　　D. 30～60mm

100. 依据 GB/T 232—2010，金属材料弯曲试验的环境温度一般应为________℃。(　　)

A. 10～28　　B. 8～35　　C. 10～35　　D. 23±5

101. 依据 GB/T 229—2020，在夏比摆锤冲击试验中，试验不在室温进行时，试样从高温或低温装置中移出至打断的时间不大于________。(　　)

A. 5s　　B. 6s　　C. 7s　　D. 8s

102. 依据 GB/T 1591—2018，对于公称宽度不小于________的钢板及钢带，在拉伸试验中取横向试样。(　　)

A. 500mm　　B. 550mm　　C. 600mm　　D. 650mm

103. 样品是否要进行预处理，其决定的根据是________。(　　)

A. 检测的目的和要求　　B. 检测的要求和样品的性状

C. 检测的要求和样品的数量　　D. 待测物的性质和所用分析方法

104. 依据 GB/T 5313—2023，下列关于厚度方向性能试验钢板试样制备表述(t 为钢板厚度)错误的是________。(　　)

A. 对于 15mm≤t≤20mm 的钢材，应有延伸部分

B. 对于 20mm<t≤80mm 的钢材，可选择延伸部分

C. 对于 80mm<t≤400 mm 的钢材，不应有延伸部分

D. 对于 20mm≤t≤80mm 的钢材，不应有延伸部分

105. 用金刚石圆锥体作为压头可以用来测试________。(　　)

A. 布氏硬度　　B. 洛氏硬度　　C. 维氏硬度　　D. 以上都可以

106. 判断金属材料韧性的指标是________。(　　)

A. 强度和塑性　　B. 冲击韧度和塑性

C. 冲击韧度和多冲抗力　　D. 冲击韧度和强度

107. 判断金属材料抗疲劳性能的指标是________。(　　)

A. 强度　　B、塑性　　C. 抗拉强度　　D. 冲击韧性

108. 材料的冲击韧度越大,其韧性________。(　　)

A. 越好;　　B. 越差;　　C. 无影响　　D. 难以确定

109. 依据 GB/T 700—2006,按其质量等级,可将 Q235 碳素结构钢分为________。(　　)

A. A、B、C 三个等级　　B. A、B 两个等级

C. A、B、C、D 四个等级　　D. A、B、C、D、E 五个等级

第二节　钢结构连接及涂装

1. 依据 GB 50205—2020,高强螺栓连接摩擦面的抗滑移系数检验批按分部工程所含高强螺栓用量划分,每________个高强螺栓用量的钢结构为一批。(　　)

A. 2 万　　B. 10 万　　C. 1 万　　D. 5 万

2. 依据 GB/T 3632—2008,钢结构用扭剪型高强螺栓连接副的机械性能出厂检验按批进行,同批钢结构用扭剪型高强螺栓连接副的最大数量为________套。(　　)

A. 1000　　B. 5000　　C. 3000　　D. 6000

3. 依据 GB 50205—2020,扭剪型高强螺栓紧固轴力复验用的螺栓,应在施工现场待安装的螺栓批中随机抽,每批应抽取________套连接副进行复验。(　　)

A. 10 套　　B. 5 套　　C. 12 套　　D. . 8 套

4. 依据 GB/T 1231—2006,钢结构用高强度大六角头螺栓的芯部硬度试验,应在距螺杆末端等于螺纹直径 d 的截面上进行,在该截面距离中心的 1/4 的螺纹直径处,任测________。(　　)

A. 1 点　　B. 2 点　　C. 3 点　　D. 4 点

5. 依据 GB/T 1231—2006,在钢结构用高强度大六角头螺栓连接副扭矩系数试验中,垫圈不得________,否则试验无效。(　　)

A. 转动　　B. 受压　　C. 振动　　D. 变形

6. 依据 GB/T 1231—2006,在螺母保证荷载试验中,应对螺母施加标准规定的保证载荷,并持续 15s,螺母不应脱扣或________。(　　)

A. 屈服　　B. 断裂　　C. 变形　　D. 转动

7. 依据 GB/T 1231—2006,在对钢结构用高强度大六角头螺栓进行实物楔负载试验时,施加的________荷载值应在标准规定的范围内。(　　)

A. 压力　　B. 拉力　　C. 扭矩　　D. 剪力

8. 依据 GB/T 1231—2006,在对钢结构用高强度大六角头螺栓进行实物楔负载试验时,应将螺栓拧在带有内螺纹的专用夹具上至少 6 扣,螺栓头下置一楔垫,楔垫角度 α 为________。(　　)

A. 6°　　B. 8°　　C. 10°　　D. 12°

9. 依据 GB/T 3632—2008,在对钢结构用扭剪型高强螺栓进行连接副紧固轴力试验时,测试的是________。(　　)

A. 螺栓的拉力　　B. 螺栓的压力　　C. 螺栓的扭矩　　D. 螺栓的剪力

10. 依据 GB/T 1231—2006,在钢结构用高强度大六角头螺栓连接副扭矩系数试验中,

需要记录的原始数据有螺栓的尺寸、螺栓的预拉力和________。（　　）

A. 剪力　　B. 螺栓的最大压力　C. 弯矩　　D. 施拧扭矩

11. 依据 GB 50205—2020，在高强螺栓连接摩擦面的抗滑移系数抗滑移试验中，紧固高强螺栓应分初拧、终拧。初拧应达到螺栓预拉力标准值的________左右。（　　）

A. 30%　　B. 50%　　C. 10%　　D. 80%

12. 依据 GB 50205—2020，在高强螺栓连接摩擦面的抗滑移系数抗滑移试验中，应采用二栓拼接拉力试件，每件用________副螺栓。（　　）

A. 1　　B. 2　　C. 3　　D. 4

13. 依据 GB 50205—2020，高强度螺栓连接副应在终拧完成 1h 后、________内进行终拧质量检查。（　　）

A. 4h　　B. 12h　　C. 24h　　D. 48h

14. 依据 GB 50205—2020，采用扭矩法对高强度大六角头螺栓进行施工，在对其进行终拧质量检查时，用________敲击螺母，检查高强度大六角头螺栓是否有漏拧。（　　）

A. 靠尺　　B. 螺丝刀　　C. 扳手　　D. 小锤

15. 依据 GB 50205—2020，高强度螺栓连接副终拧后，螺栓丝扣外露应为________。（　　）

A. 2～3 扣　　B. 1～2 扣　　C. 3～4 扣　　D. 4～5 扣

16. 依据 GB 50205—2020，采用扭矩法，在对其进行终拧质量检查时，终拧扭矩应按节点数抽查________。（　　）

A. 5%，且不应少于 10 个节点　　B. 10%，且不应少于 10 个节点

C. 5%，且不应少于 5 个节点　　D. 10%，且不应少于 5 个节点

17. 依据 GB 50205—2020，采用扭矩法对高强度大六角头螺栓进行施工，在对其进行终拧质量检查时，终拧扭矩应按节点数抽查。对于每个被抽查的节点，应按螺栓数抽查________。（　　）

A. 5%，且不少于 5 个螺栓　　B. 10%，且不少于 2 个螺栓

C. 5%，且不少于 2 个螺栓　　D. 10%，且不少于 5 个螺栓

18. 依据 GB 50205—2020，采用扭矩法对高强度大六角头螺栓进行施工，在对其进行终拧质量检查时，先在螺杆端面和螺母上划一条直线，然后将螺母拧松后，再用扭矩扳手重新拧紧，使得两线重合，测得此时的扭矩应为 0.9～1.1Tch。（　　）

A. 30°　　B. 45°　　C. 90°　　D. 60°

19. 依据 GB 50205—2020，对于扭剪型高强度螺栓连接副，除因构造原因无法使用专用扳手拧掉梅花头者外，螺栓尾部梅花头被拧断为终拧结束。未在终拧中拧掉梅花头的螺栓数不应大于该节点螺栓数的________。（　　）

A. 10%　　B. 5%　　C. 15%　　D. 20%

20. 依据 GB 50205—2020，高强度螺栓连接摩擦面的抗滑移系数检验应以每________个高强螺栓用量的钢结构为一个检验批（　　）

A. 5 万　　B. 3 万　　C. 2 万　　D. 1 万

21. 依据 JG/T 10—2009，螺栓球的微裂纹可用 10 倍放大镜目测或进行________检验。（　　）

A. 超声波探伤　　B. 量规　　C. 游标卡尺　　D. 磁粉探伤

22. 依据 JG/T 10—2009,螺栓球几何参数及形位偏差,可采用________和形位公差测量仪进行检测。(　　)

A. 游标卡尺　　B. 卷尺　　C. 量规　　D. 引伸计

23. 依据 JG/T 10—2009,对于钢网架螺栓球节点中使用的高强度螺栓,可用硬度试验代替抗拉承载力试验;但当对硬度试验有争议时,应对由________和高强度螺栓组成的拉力载荷试件进行单项拉伸试验。(　　)

A. 杆件　　B. 螺栓球　　C. 封板　　D. 锥头

24. 依据 JG/T 10—2009,对于钢网架螺栓球节点中使用的高强度螺栓,当其直径大于________时,应逐个进行外观检验。(　　)

A. 20mm　　B. 30mm　　C. 24mm　　D. 36mm

25. 依据 JG/T 11—2009,钢网架焊接空心球节点由________和焊接空心球组成。(　　)

A. 杆件　　B. 螺栓　　C. 套筒　　D. 紧固螺钉

26. 依据 JG/T 11—2009,焊接空心球标记为 WSR3012,其中的"WSR3012"表示________。(　　)

A. 外径为 300mm、壁厚为 12mm 的焊接空心球

B. 内径为 300mm、壁厚为 12mm 的焊接空心球

C. 外径为 300mm、壁厚为 12mm 的加肋焊接空心球

D. 内径为 300mm、壁厚为 12mm 的加肋焊接空心球

27. 依据 GB 50205—2020,建筑结构安全等级为一级或跨度为________及以上的螺栓球节点钢网架、网壳结构,其连接高强度螺栓应按现行国家标准 GB/T 16939—2016 进行拉力载荷试验。(　　)

A. 45m　　B. 50m　　C. 60m　　D. 65m

28. 依据 GB 50205—2020,对于直径不大于 120mm 的螺栓球,其球圆度加工的允许偏差为________。(　　)

A. 1.5mm　　B. 2.0mm　　C. 2.5mm　　D. 3.5mm

29. 依据 GB 50205—2020,对于直径不大于 300mm 的焊接球,其球圆度加工的允许偏差为________。(　　)

A. 1.5mm　　B. 2.5mm　　C. 3.5mm　　D. 4.0mm

30. 依据 GB 50205—2020,对用于相贯连接的钢管杆件,其管口曲线加工的允许偏差为________。(　　)

A. 2.5mm　　B. 2.0mm　　C. 1.5mm　　D. 1.0mm

31. 依据 GB 50205—2020,在钢结构涂装工程中,当采用涂料防腐时,表面除锈处理后宜在________内进行涂装;采用金属热喷涂防腐时,钢结构表面处理与热喷涂施工的间隔时间:晴天或湿度不大的气候条件下不应超过________,雨天、潮湿、有盐雾的气候条件下不应超过________。(　　)

A. 4h,12h,2h　　B. 4h,12h,4h

C. 2h,12h,4h　　D. 4h,4h,2h

32. 依据 GB/T 50621—2010，在对钢结构防腐涂层厚度进行检测前，应对检测仪器进行校准，校准宜采用________校准。（　　）

A. 零点　　B. 二点　　C. 三点　　D. 五点

33. 依据 GB/T 50621—2010，在对钢结构防腐涂层厚度进行检测时，测点距构件边缘或内转角处的距离不宜小于________，探头与测点表面应垂直接触，接触时间宜保持________。（　　）

A. 15mm，1～2s　　B. 20mm，1～2s

C. 15mm，3s 以上　　D. 20mm，3s 以上

34. 依据 GB 50205—2020，用干漆膜测厚仪对钢结构防腐涂料厚度进行检查时，每个构件应检测________处，每处的数值为________个相距 50mm 测点涂层干漆膜厚度的平均值。漆膜厚度的允许偏差应为________ μm。（　　）

A. 5，3，－25μm　　B. 5，5，－50μm

C. 5、3、－50μm　　D. 5，5，－25μm

35. 依据 GB 50205—2020，在涂层厚度评定中，在每个试板面上检测 5 处，将每处间隔 5cm 的 3 个测点的平均值作为该处涂层厚度，5 处的总平均值不得低于设计值的________，且最低值不得低于设计值的________。（　　）

A. 80％，75％　　B. 85％，80％　　C. 90％，85％　　D. 90％，80％

36. 依据 GB 50205—2020，油性酚醛底漆或防锈漆的最低除锈等级为________，聚氨酯底漆或防锈漆的最低除锈等级为________。（　　）

A. St2，Sa2　　B. St3，$Sa2_{1/2}$　　C. St3，Sa3　　D. Sa3，Sa2

37. 依据 GB 50205—2020，当钢结构处于有腐蚀介质环境、外露或设计有要求时，应进行涂层附着力测试。在检测范围内，当涂层完整程度达到________以上时，涂层附着力可认定为质量合格。（　　）

A. 60％　　B. 65％　　C. 70％　　D. 75％

38. 依据 GB 50205—2020，在涂层性能评定中，对于外露钢结构，油漆类涂层附着力测试结果应符合下列规定：各道涂层之间的附着力不应低于________（拉开法）或不低于________级（划格法）。（　　）

A. 5MPa，1　　B. 10MPa，1　　C. 5MPa，2　　D. 10MPa，2

39. 依据 GB 14907—2018，室内非膨胀型钢结构防火涂料的粘结强度和抗压强度要求分别为________。（　　）

A. 不小于 0.02MPa 和不小于 0.2MPa　　B. 不小于 0.04MPa 和不小于 0.3MPa

C. 不小于 0.04MPa 和不小于 0.5MPa　　D. 不小于 0.04MPa 和不小于 0.4MPa

40. 依据 GB 14907—2018，膨胀型钢结构防火涂料的涂层厚度不应小于________ mm，非膨胀型钢结构防火涂料的涂层厚度不应小于________ mm。（　　）

A. 1.5，20　　B. 2.0，15　　C. 1.5，15　　D. 2.0，20

41. 依据 GB 14907—2018，室内钢结构防火涂料（非膨胀型）耐水性要求：________试验后，涂层应无起层、发泡、脱落现象，且隔热效率衰减量应不大于________％。（　　）

A. 12h，35％　　B. 24h，35％　　C. 12h，40％　　D. 24h，40％

42. 依据 GB 50205—2020，防火涂料涂层厚度测量仪由铁杆和可滑动的圆盘组成，圆盘

始终保持与铁杆垂直,并在其上装有固定装置,圆盘直径应不大于________,以保证完全接触被测试件的表面。( )

A. 10mm B. 20mm C. 30mm D. 40mm

43. 依据 GB 50205—2020,防火涂料的涂层厚度及隔热性能应满足国家现行标准关于耐火极限的要求,且不应小于________。当采用厚涂型防火涂料涂装时,80%及以上涂层面积应满足国家现行标准关于耐火极限的要求,且最薄处厚度不应低于设计要求的________。( )

A. −200μm,85% B. −100μm,85%

C. −200μm、80% D. −100μm、80%

44. 依据 GB 50205—2020,对膨胀型(超薄型、薄涂型)防火涂料,采用涂层厚度测量仪测量其涂层厚度,涂层厚度允许偏差应为________。( )

A. −2.5% B. −5% C. −7.5% D. −10%

45. 依据 GB 50205—2020,在对全钢框架结构的梁和柱的厚涂型防火涂料涂层厚度进行测定时,应在构件长度内每隔________取一截面检测。( )

A. 1m B. 2m C. 3m D. 4m

46. 依据 GB/T 50621—2010,对梁、柱构件的防火涂层厚度进行检测时,在构件长度内每隔________取一个截面检测,且每个构件不应少于________截面。( )

A. 3m,2 个 B. 5m,2 个 C. 3m,5 个 D. 5m,5 个

47. 依据 GB 50205—2020,在对梁和柱的厚涂型防火涂料涂层厚度进行测定时,应在梁、柱的所选择位置处分别测出________个和________个点。分别计算出这些测量结果的平均值,精确到 0.5mm。( )

A. 5,6 B. 6,7 C. 6,8 D. 7,8

48. 关于钢结构中的钢材化学成分的说法正确的是________。( )

A. C 为不可缺少元素,Mn、S、P 均为有害元素

B. C 为不可缺少元素,Mn 为脱氧剂,S、P 为有害元素

C. C、Mn、S、P 均为有害元素

D. C、Mn 为有害元素,S、P 为不可缺少元素

49. 依据 GB/T 700—2006,Q235B 钢中的 C 元素含量应不大于________,经需方同意可不大于________。( )

A. 0.20%,0.22% B. 0.20%,0.24%

C. 0.15%,0.17% D. 0.15%,0.19%

50. 依据 GB/T 4336—2016,用光谱法测定钢中元素含量时,分析样品应足够覆盖火花架激发孔径,通常要求直径大于________ mm,厚度大于________ mm。( )

A. 16,2 B. 20,5 C. 16,5 D. 20,2

第三节 钢结构焊接

1. 一台超声波检测仪器的工作频率是 2.5MHz,在探测钢工件时,纵波波长为________。( )。

A. 1.28mm　B. 2.95mm　C. 2.36mm　D. 1.6mm

2. 在 A 型显示超声扫描中，水平时基线代表________。(　　)

A. 超声回波的幅度大小　B. 声波传播时间

C. 探头移动距离　D. 缺陷尺寸大小

3. 在超声波探伤时，用直探头探测焊缝两侧母材的目的是________。(　　)

A. 探测热影响区裂缝

B. 探测可能影响斜探头探测结果的分层

C. 提高焊缝两侧母材验收标准，以保证焊缝质量

D. 以上都对

4. 在超声波探伤中，采用单探头基本扫查方式。下列________可用于确定缺陷方向。(　　)

A. 转角扫查　B. 环绕扫查　C. 左右扫查　D. 前后扫查

5. 经超声波探伤不合格的焊接接头，应予以返修，返修次数不得超过________(　　)。

A. 1 次　B. 2 次　C. 3 次　D. 以上都对

6. 用斜探头对有余高的焊缝进行超声波斜平行扫查横向缺陷时，应________。(　　)

A. 增大 K 值探头探测　B. 保持灵敏度不变

C. 适当提高灵敏度且增大 K 值探头探测

D. 适当提高灵敏度

7. 依据 JG/T 203—2007，在对焊缝及热影响区用超声波探伤时，探头平行和斜平行扫查焊缝方向的扫查目的是探测________(　　)

A. 横向裂缝　B. 夹渣　C. 纵向缺陷　D. 以上都对

8. 用斜探头对厚焊缝进行超声波探伤时，为提高缺陷定位精度可采取的措施有________。(　　)

A. 校准仪器扫描线性　B. 提高探头声束指向性

C. 提高探头前沿长度和 K 值测定精度　D. 以上都对

9. 超声检测系统能够把距探头不同距离的 2 个邻近缺陷在示波屏上作为 2 个回波区别出来的能力称为________。(　　)

A. 横波分辨力　B. 纵波分辨力　C. 横向分辨力　D. 纵向分辨力

10. 在焊缝超声波探伤中，选择检验等级 B 级，当母材厚度大于________时，应采用双面双侧检测。(　　)

A. 30mm　B. 50mm　C. 80mm　D. 100mm

11. 钢板缺陷的常见分布方向是________。(　　)

A. 平行于或基本平行于钢板表面　B. 垂直于钢板表面

C. 分布方向无倾向性　D. 以上都正确

12. 对超声波探伤仪按纵波调节好扫描速度，并校正"0"点。若厚度为 250mm 的底波 B_1 对准刻度 50，则厚度为 100mm 的底波 B_2 对准刻度________。(　　)

A. 10　B. 20　C. 40　D. 60

13. 在焊缝超声波探伤中，一般不宜选用较高工作频率，是因为频率越高，________。(　　)。

A. 探头及平面型缺陷指向性越强,缺陷方向越不易探出

B. 裂纹表面越不光滑对回波强度影响越大

C. 杂波太多　　D. A、B 都对

14. 在超声波探伤中,对于平行于检测面的缺陷,一般采用________检测。(　　)

A. 横波法　　B. 表面波法　　C. 聚焦法　　D. 纵波法

15. 在超声波探伤中,当声束指向不与平面缺陷垂直时,在一定范围内,缺陷尺寸越大,其反射回波强度越________。(　　)

A. 大　　B. 小　　C. 无影响　　D. 不一定

16. 在焊缝超声波探伤中,当采用一次反射法(一个跨距)横波检测钢板对接焊缝时,通常焊缝一侧的探测面宽度从焊道边缘算起,取为________。(　　)

A. 0.5 倍跨距　　B. 0.75 倍跨距　　C. 1.0 倍跨距　　D. 1.25 倍跨距

17. 在金属材料超声波探伤中,使用最多的频率范围是________。(　　)

A. 10～25MHz　　B. 1～1000kHz　　C. 1～5MHz　　D. 大于 20000MHz

18. 某超声波探头压电晶片的频率常数 N_t＝1500m/s,晶片厚度为 0.3mm,则该探头的工作频率为________。(　　)

A. 2.5kHz　　B. 2.5MHz　　C. 5kHz　　D. 5MHz

19. 在超声波检测中,选用晶片尺寸大的探头的优点是________。(　　)

A. 曲面探伤时可减少耦合损失　　B. 可减少材质衰减损失

C. 辐射声能大且能量集中　　D. 以上都对

20. 用实测折射角为 68.2°的超声波探头探测板厚为 22mm 的对接焊缝,荧光屏上最适当的最大声程测定值是________。(　　)

A. 100mm　　B. 125mm　　C. 150mm　　D. 200mm

21. 在超声波探伤中,应用有人工反射体参考试块的主要目的是________。(　　)

A. 作为探测时的校准基准,并为评价工件中缺陷严重程度提供依据

B. 为探伤人员提供一种确定缺陷实际尺寸的工具

C. 为检出小于某个规定的参考反射体的所有缺陷提供保证

D. 提供一个能精确模拟某一临界尺寸自然缺陷的参考反射体

22. 超声检测仪器水平线性的好坏直接影响________。(　　)

A. 缺陷性质判断　　B. 缺陷大小判断

C. 缺陷的精确定位　　D. 以上都对

23. 介质中质点振动方向和传播方向垂直的波被称为________。(　　)

A. 纵波　　B. 横波　　C. 表面波　　D. 板波

24. 以下试块中,能用于测定超声横波斜探头分辨力的是________。(　　)

A. IIW　　B. IIW2　　C. CSK－IA　　D. CS－1

25. 在厚焊缝单探头超声检测中,垂直焊缝的表面光滑裂纹可能________。(　　)

A. 反射信号很小而导致漏检　　B. 用任何探头探出

C. 用纵波直探头探出　　D. 用横波斜探头探出

26. 在超声波检测中,要在工件中得到纯横波,探头入射角 α 必须________。(　　)

A. 大于第一临界角　　B. 大于第二临界角

C. 小于第二临界角　　D. 在第一、第二临界角之间

27. 用单斜探头进行超声检测时，存在近区有回波幅度波动较快，而探头移动时回波水平位置不变的现象，可能的原因是________。(　　)

A. 来自工件表面的杂波　　B. 工件上近表面缺陷的回波

C. 来自探头的噪声　　D. 耦合剂噪声

28. 在焊缝超声波探伤中，检测出与焊缝表面成不同角度的缺陷，应采取的方法是________。(　　)

A. 提高检测频率　　B. 修磨检测面

C. 用多种角度探头检测　　D. 以上都可以

29. 材料的声速和密度的乘积称为声阻抗，它将影响超声波________。(　　)

A. 在传播时的材质衰减

B. 从一个介质到达另一个介质时在界面上的反射和透射

C. 在传播时的散射

D. 扩散角大小

30. 表示超声波检测仪与探头组合性能的指标有________。(　　)

A. 水平线性、垂直线性、衰减器精度　　B. 垂直极限、水平极限、重复频率

C. 动态范围、频带宽度、检测深度　　D. 灵敏度余量、盲区、远场分辨力

31. 依据 GB/T 11345—2023，在超声波探伤检测中，当使用 2 个或 2 个以上横波斜探头时，探头间的折射角度差应________。(　　)

A. 大于 10°　　B. 不小于 10°　　C. 大于 15°　　D. 不小于 15°

32. 依据 GB/T 11345—2023，该标准规定了母材厚度不小于 8mm 的低超声衰减金属材料熔焊接头手工超声检测技术，该技术可适用于________对其所发现的不连续缺陷进行评定或验收。(　　)

A. 基于不连续的长度和回波幅度的评定

B. 基于采用探头移动技术获得不连续的特性和尺寸的评定

C. A、B 都对

D. 以上都不对

33. 依据 GB/T 11345—2023，当采用横波检测，且所用技术要求超声波从底面反射时，应确保声束与底面法线的夹角为________。(　　)

A. 30°～70°　　B. 30°～75°　　C. 35°～70°　　D. 35°～75°

34. 依据 GB/T 11345—2023，技术 1 和技术 3 对比试块的横孔和矩形槽的长度应大于用________法测得的声束宽度。(　　)

A. －6dB　　B. －12dB　　C. －18dB　　D. －20dB

35. 依据 GB/T 11345—2023，在焊缝超声波检测中，手工扫查路径：应保持声束垂直于焊缝作前后移动，同时探头还应作________左右的转动。(　　)

A. 5°　　B. 10°　　C. 15°　　D. 20°

36. 依据 GB/T 11345—2023，焊缝超声波检测中使用的探头标称频率为________。(　　)

A. 0.5～10MHz　　B. 1～5MHz　　C. 1～10MHz　　D. 2～5MHz

37. 依据 GB/T 29712—2023,在焊缝超声波检测中,当出现回波幅度超过记录等级的两相邻可接受不连续纵向缺欠时,当 2 个不连续缺欠的间距(d_x)小于其中较长不连续纵向缺欠长度数值的________时,不连续群应按单个不连续评定。(　　)

A. 1 倍　　B. 2 倍　　C. 3 倍　　D. 4 倍

38. 依据 GB/T 29712—2023,在焊缝超声波检测中,将所有超过________的单个可接受的不连续缺欠的累计长度,定义为在给定的焊缝长度范围内,单个不连续的长度和线性排列不连续的组合长度总和。(　　)

A. 参考等级　　B. 验收等级　　C. 记录等级　　D. 评定等级

39. 依据 JG/T 203—2007,在焊缝超声波探伤中,应按规定要求制作 DAC 曲线,对于 B 级检测,DAC 曲线的 RL、SL、EL 灵敏度分别为________。(　　)

A. DAC、DAC－10dB、DAC－16dB　　B. DAC－2dB、DAC－8dB、DAC－14dB

C. DAC－2dB、DAC－6dB、DAC－14dB　　D. DAC－4dB、DAC－10dB、DAC－16dB

40. 依据 JG/T 203—2007,在对空心球节点焊缝进行超声波检测中,当发现最大回波幅度位于Ⅱ、Ⅲ区焊缝中上部体积性缺陷时,应根据缺陷长度进行评定,缺陷级别为Ⅱ级的评定条件是________。(δ 为壁厚)(　　)

A. 回波幅度在 DAC 曲线Ⅱ区,指示长度$\leqslant\frac{1}{3}\delta$,最小为 10mm 的危害性小的缺陷

B. 回波幅度在 DAC 曲线Ⅱ区,指示长度$\leqslant\frac{2}{3}\delta$,最小为 10mm 的危害性小的缺陷

C. 回波幅度在 DAC 曲线Ⅱ区,指示长度$\leqslant\frac{1}{3}\delta$,最小为 15mm 的危害性小的缺陷

D. 回波幅度在 DAC 曲线Ⅱ区,指示长度$\leqslant\frac{2}{3}\delta$,最小为 15mm 的危害性小的缺陷

41. 依据 JG/T 203—2007,在相贯管节点焊缝超声波探伤中,使用________对管节点现场标定和校核探测灵敏度与时基线,绘制距离－波幅曲线,测定系统性能等。(　　)

A. CSK－IB 试块　　B. CSK－ICj 试块

C. RBJ－I 试块　　D. CSK－IDj 试块

42. 依据 JG/T 203—2007,对一支管规格为 ϕ159mm×6mm、主管规格为 ϕ400mm×10mm 的圆管相贯接头焊缝进行超声波探伤,仅在其趾部区检测出一处根部缺陷(排除裂纹及未熔合的可能),缺陷回波幅度位于Ⅲ区,缺陷指示长度为 10mm,该焊缝应评为________。(　　)

A. Ⅰ级　　B. Ⅱ级　　C. Ⅲ级　　D. Ⅳ级

43. 依据 JG/T 203—2007,在对圆管相贯节点进行超声波探伤时,应保持波束方向________。(　　)

A. 平行于支管方向　　B. 垂直于主管方向

C. 垂直于焊缝方向　　D. 平行于支管方向

44. 依据 GB 50661—2011,对需疲劳验算钢结构焊缝质量进行超声波检测和缺欠评定,当缺欠指示长度小于 8mm 时,按________计。(　　)

A. 5mm　　B. 8mm　　C. 10mm　　D. 可忽略不计

45. 依据 GB 50661—2011,当钢结构的翼缘板和腹板使用厚度不小于________的非厚

度方向性能钢板时，应在焊接前（或后），对翼缘板的层状撕裂状况进行超声波检测。（　　）

A. 15mm　　B. 20mm　　C. 25mm　　D. 30mm

46. 依据 GB 50661—2011，，采用检测等级 B 级，对某对接焊缝（只承受静载荷）进行超声波检测，其母材厚度为 30mm，检测中发现一反射波幅位于Ⅱ区、指示长度为 12mm 的缺陷，该缺等级欠评定为________。（　　）

A. Ⅰ级　　B. Ⅱ级　　C. Ⅲ级　　D. Ⅳ级

47. 依据 GB 50661—2011，对于承受静荷载的钢结构焊缝，应在外观检查合格后进行无损检测；对于Ⅲ类、Ⅳ类钢材及焊接难度等级为 C 级、D 级的钢材，应以焊接完成________后的检查结果作为验收依据。（　　）

A. 冷却到室温（常温）B. 24h　　C. 36h　　D. 48h

48. 依据 GB 50661—2011，在对需疲劳验算结构的一级、二级对接焊缝进行的超声波探伤检测中，当母材板厚为 10～46mm 时，DAC 曲线的 RL、SL、EL 灵敏度分别为________。（　　）

A. $\phi3\times40-2$dB，$\phi3\times40-10$dB，$\phi3\times40-16$dB

B. $\phi3\times40-4$dB，$\phi3\times40-14$dB，$\phi3\times40-16$dB

C. $\phi3\times40-6$dB，$\phi3\times40-14$dB，$\phi3\times40-20$dB

D. $\phi3\times40$，$\phi3\times40-10$dB，$\phi3\times40-20$dB

49. 依据 JG/T 203—2007，在对 T 型和角接焊接接头进行的超声波探伤中，按腹板厚度选择探头折射角，但当翼缘板厚度不小于 10mm 时，折射角应为________。（　　）

A. 60°～70°　　B. 60°～75°　　C. 45°～60°　　D. 45°～70°

50. 依据 GB 50205—2020，当钢结构焊缝设计质量等级为二级时，应对其进行无损检测，对于工厂制作焊缝，按________抽检________。（　　）

A. 条数，20％　　B. 长度，20％　　C. 条数，30％　　D. 长度，30％

51. 射线检测灵敏度与穿透厚度相关，以下叙述正确的是________。（　　）

A. 随着穿透厚度的增加，绝对分辨力下降，相对灵敏度下降

B. 随着穿透厚度的增加，绝对分辨力下降，相对灵敏度提高

C. 随着穿透厚度的增加，绝对分辨力提高，相对灵敏度提高

D. 随着穿透厚度的增加，绝对分辨力提高，相对灵敏度下降

52. 射线照相中，使用像质计的主要目的是________。（　　）

A. 测量缺陷大小　　B. 测定底片清晰度

C. 评价底片灵敏度　　D. 以上都对

53. 在射线检测中，当施加于 X 射线管两端的管电压不变，管电流增加时，________。（　　）

A. 产生的 X 射线波长不变，强度不变　　B. 产生的 X 射线波长不变，强度增加

C. 产生的 X 射线波长不变，强度减小　　D. 产生的 X 射线波长增加，强度不变

54. 在射线检测中，X 射线管所产生的连续 X 射线的强度与管电压的关系是________。（　　）

A. 强度与管电压成正比　　B. 强度与管电压成反比

C. 强度与管电压平方成正比　　D. 强度与管电压平方成反比

55. 在射线检测中应用最多的 3 种射线是________。(　　)

A. X 射线、γ 射线和 α 射线　　B. α 射线、β 射线和 γ 射线

C. X 射线、γ 射线和 β 射线　　D. X 射线、γ 射线和中子射线

56. 在射线检测中,射线照相难以检出的缺陷是________。(　　)

A. 未焊透和裂纹　　B. 气孔和未熔合

C. 分层和折迭　　D. 夹渣和咬边

57. 在射线检测中,产生 X 射线的一般方法是在高速电子的运动方向上设置一个障碍物,使高速电子在这个障碍物上突然减速,这个障碍物被叫作________。(　　)

A. 阳极　　B. 阴极　　C. 靶　　D. 灯丝

58. 在射线检测中,经常使用铅作为射线屏蔽防护材料,主要原因是________。(　　)

A. 铅较软,易加工

B. 铅致密性好,屏蔽射线效果好

C. 射线与铅作用的四大效应发生概率随着能量的增大而增大,对射线吸收量大

D. 射线衰减系数与物质密度近似成正比,与物质原子序数近似成三次幂的关系,铅密度大、原子序数高,对射线吸收量大

59. 射线检测中,通常所说的 200KVX 射线指________。(　　)

A. 最大能量为 0.2MeV 的"白色"X 射线

B. 平均能量为 0.2MeV 的连续射线

C. 能量为 0.2MeV 的连续射线

D. 有效能量为 0.2MeV 的连续射线

60. 在射线检测中,表示胶片受到一定量 X 射线照射,并表示显影后的底片黑度多少的曲线叫作________。(　　)

A. 曝光曲线　　B. 灵敏度曲线　　C. 特性曲线　　D. 吸收曲线

61. 在射线检测中,底片的黑度范围限制在胶片特性曲线的直线区域内,这是因为在此区域透照出的底片________。(　　)

A. 黑度低　　B. 感光度高　　C. 本底灰雾度低　　D. 对比度高

62. 在射线检测中,使用铅箔增感屏可以缩短曝光时间,提高底片的黑度,其原因是铅箔受 X 射线或 γ 射线照射时________。(　　)

A. 能发出电子从而使胶片感光　　B. 能发出可见光从而使胶片感光

C. 能发出红外线从而使胶片感光　　D. 能发出荧光从而加速胶片感光

63. 对母材厚度为 16mm 的双面焊焊缝进行射线探伤时,在底片上能发现直径为 0.32mm 的钢丝质像质计,其像质计相对灵敏度为________。(　　)

A. 1%　　B. 1.5%　　C. 2%　　D. 2.5%

64. 在焊缝射线检测中,底片上出现宽度不等且有许多断续分枝的锯齿形黑线,该焊缝可能存在________。(　　)

A. 裂纹　　B. 未熔合　　C. 未焊接　　D. 咬边

65. 在射线检测中,显影操作时不断搅动底片的目的是________。(　　)

A. 使未曝光的溴化银粒子脱落

B. 驱除附在底片表面的气孔,使显影均匀,加快显影

C. 使曝过光的溴化银加速溶解

D. 以上全是

66. 在射线检测中，定影液使用一定时间后会失效，其原因可能是________。(　　)

A. 主要起作用的成分已挥发　　B. 主要起作用的成分已沉淀

C. 主要起作用的成分已变质　　D. 定影液里可溶性的银盐浓度太高

67. 关于 T 型接头焊缝射线检测，以下描述错误的是________。(　　)

A. T 型焊缝射线照相时，只能采取腹板侧或翼板侧的倾斜透照

B. 翼板侧透照时，胶片放置于焊缝侧

C. 对单边 V 型坡口和 K 型坡口，进行一次透照即可

D. 对 T 型焊缝倾斜透照确定透照方向时，应重点考虑坡口未熔合等危害性缺陷的检出率

68. 某钢板对接焊接接头为 V 型坡口，焊接方式为手工电弧焊，对其焊缝进行射线检测，判定图 2-3-3 影像中缺陷的性质为________。(　　)

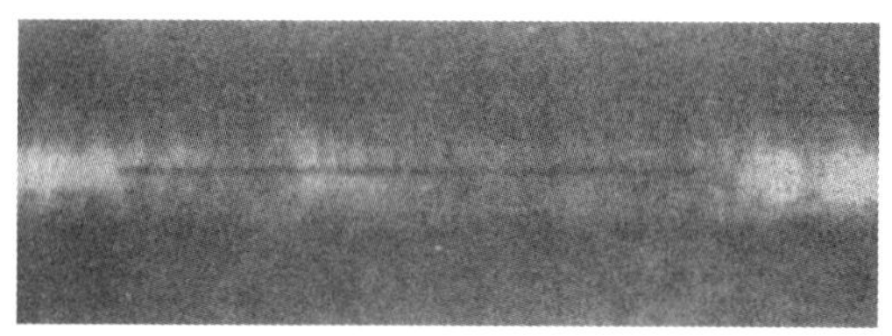

图 2-3-3　焊缝射线检测影像的亮度和对比度改善

A. 未熔合　　B. 未焊透　　C. 夹渣　　D. 纵向裂纹

69. 在焊缝射线检测中，底片上呈现圆形、椭圆形或梨形的黑斑，边界清晰，中间较边缘黑些，密集、单个和链状分布不一，该缺陷一般是________。(　　)

A. 气孔　　B. 夹渣　　C. 未焊透　　D. 未熔合

70. 某低合金钢板对接焊接接头为 X 型坡口，焊接方式为自动焊，对其进行射线检测，判定图 2-3-4 影像中缺陷的性质为________。(　　)

A. 未熔合　　B. 未焊透　　C. 夹渣　　D. 裂纹

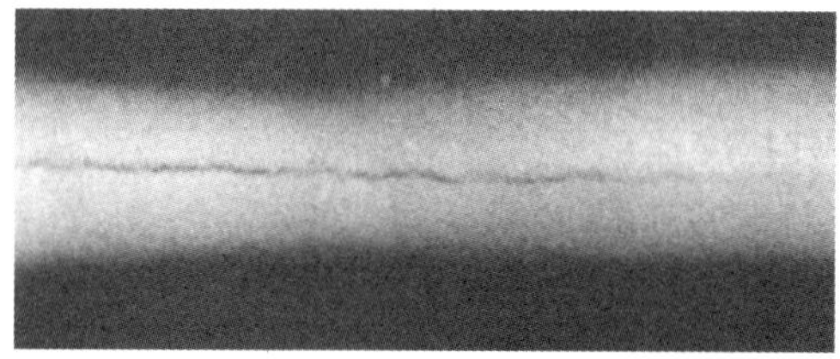

图 2-3-4　焊缝射线检测影像的亮度和对比度改善

71. 依据 GB 50205—2020，对于承受静荷载的一级焊缝和承受动荷载的焊缝进行外观质量检查，抽查数量：每批同类构件抽查________，且不应少于 3 件。(　　)

A. 5%　　B. 10%　　C. 15%　　D. 20%

72. 依据 GB/T 50621—2010，在磁粉检测结果评价中，当存在缺陷磁痕为________时，应直接评定为不合格。(　　)

A. 线型缺陷　　B. 圆型缺陷　　C. 裂纹缺陷　　D. 条形缺陷

73. 依据 GB/T 18851.1—2012，在渗透检测中，施加渗透剂的渗透时间最好为________，渗透时间宜至少与确定灵敏度时所用的时间一样长。(　　)

A. 5min～30min　　B. 10min～30min

C. 5min～60min　　D. 10min～60min

74. 依据 GB/T 18851.3—2008，在渗透检测中，1 型参考试块为一组 4 块。其中，镍-铬镀层厚度为 10μm、20μm 和 30μm 的试块用于确定荧光渗透系统的灵敏度，镀层厚度为________的试块用于确定着色渗透系统的灵敏度。(　　)

A. 10μm 和 30μm　　B. 20μm 和 30μm

C. 20μm 和 30μm　　D. 30μm 和 50μm

75. 依据 GB/T 18851.1—2012，在渗透检测中，施加显像剂应在去除多余渗透剂后尽快进行，显像时间宜在________。(　　)

A. 5～30min　　B. 5～60min　　C. 10～30min　　D. 10～60min

76. 依据 GB/T 26953—2011，在焊缝渗透检测中，符合验收等级 2 级的线状显示长度 l 应________。(　　)

A. ≤2　　B. ≤4　　C. ≤6　　D. ≤8

77. 磁轭对铁素体钢板的吸引力与下列________因素无关。(　　)

A. 铁素体钢板的磁导率　　B. 铁素体钢板的电导率

C. 磁极间距　　D. 磁极与钢板之间的间隙

78. 在磁粉检测中，使用触头磁化时，在工件中产生的磁感应强度最大的部位是________。(　　)

A. 触头的两极　　B. 触头连线的中点

C. 触头外侧较远的区域

D. 工件中产生的磁感应强度变化没有规律，难以确定最大位置

79. 对大型钢结构件的焊缝进行磁粉检测，采用交流磁轭法要比直流磁轭法好，下列理由正确的是________。(　　)

A. 采用交流磁轭法时可以不退磁

B. 采用直流磁轭法时会受板厚影响，采用交流磁轭法则不会

C. 铁芯截面积相等条件下 6 交流磁轭铁芯中的总磁通多

D. 当磁极接触状态差时，交流磁轭法所受影响比直流磁轭法小

80. 在磁粉检测中，配置磁悬液时应保证其浓度合适，如果磁悬液的浓度过大，会________。(　　)

A. 掩盖掉细小缺陷的磁痕　　B. 使背景干扰磁痕显示对比

C. 检测灵敏度更高，没有什么坏处　　D. A、B 都对

81. 在磁粉检测中，使用 A 型标准试片________。(　　)

A. 来估计磁场的大小是否满足灵敏度的要求

B. 需将有槽的一面朝向工件贴于检测面上

C. 仅适用于连续法

D. 以上都是

82. 采用磁轭法磁粉检测时，如果磁极间距变化，下列的________不会发生变化。(　　)

A. 磁感应强度　B. 磁场强度　C. 真空磁导率　D. 磁轭提升力

83. 渗透检测容易检测到________的表面开口缺陷。(　　)

A. 较大深度　B. 较大宽度

C. 较大宽深比　D. 较小宽深比

84. 渗透检测法不能发现的缺陷是________。(　　)

A. 表面分层　B. 内部锻造裂纹　C. 表面裂纹　D. 表面折叠

85. 在渗透检测中，显像剂把渗入缺陷内的渗透剂吸出来，其最主要的物理作用是________(　　)。

A. 润湿作用　B. 吸附作用　C. 毛细作用　D. 上述都是

86. 检查疲劳裂纹时，宜选用的渗透检测方法是________。(　　)

A. 溶剂去除型着色　B. 后乳化型着色

C. 水洗型着色　D. 后乳化型荧光

87. 在渗透检测中，在试样表面使用显像剂的目的是________。(　　)

A. 提高渗透剂的渗透性

B. 吸收残余的乳化液

C. 从不连续性中吸出渗透剂并提供一个相反的背景

D. 帮助表面干燥以利于观察

88. 在渗透检测中，显像剂过厚、过薄、不均匀都会影响检测________。(　　)

A. 操作　B. 缺陷的宽度显示　C. 灵敏度　D. 后清洗

89. 在渗透检测中，试件上的不连续性缺欠应________检查。(　　)

A. 施加显像剂后立即　B. 施加显像剂后的任何时候

C. 正确的显像时间结束后　D. 水洗之后立即

90. 在渗透检测中，下列________情况可能引起伪缺陷显示。(　　)

A. 过分清洗　B. 显像剂施加不当

C. 渗透检测时，工件或渗透剂太冷　D. 工件表面沾有棉绒或污垢

第四节　钢构件位置与尺寸

1. 依据 GB/T 50621—2010，在测量结构或构件垂直度时，仪器宜距被测目标________。(　　)

A. 0.5～1 倍目标高度　B. 1～2 倍目标高度

C. 2～3 倍目标高度　D. 2～3 倍目标高度

2. 依据 GB 50205—2020，在单层、多高层钢结构安装工程中，设计要求顶紧的构件或节点、钢柱现场拼接接头的接触面不应少于________密贴。(　　)

A. 80%　B. 75%　C. 70%　D. 65%

3. 依据 GB 50205—2020，在单层、多高层钢结构安装工程中，设计要求顶紧的构件或节点、钢柱现场拼接接头的接触面边缘最大间隙不应大于________。(　　)

A. 0.3mm　　B. 0.5mm　　C. 0.7mm　　D. 0.8mm

4. 依据 GB 50205—2020，在钢构件组装工程中，应检查钢构件外形尺寸。对于主控项目，应全数检查；对于一般项目，检查数量要求为________。(　　)

A. 全数检查

B. 按钢构件数抽查 10%，且不应少于 3 件

C. 按钢构件数抽查 10%，且不应少于 5 件

D. 按钢构件数抽查 30%，且不应少于 5 件

5. 依据 GB 50205—2020，在单层、多层钢结构安装工程中，对地脚螺栓(锚栓)尺寸偏差的检查数量要求为________。(　　)

A. 全数检查

B. 按基础数抽查 10%，且不应少于 3 件

C. 按基础数抽查 10%，且不应少于 5 件

D. 按基础数抽查 30%，且不应少于 5 件

6. 依据 GB 50205—2020，在单层、多高层钢结构安装工程中，对钢柱安装偏差的检查数量要求：________。(　　)

A. 全数检查

B. 按钢柱数抽查 10%，且不应少于 3 件

C. 按钢柱数抽查 10%，且不应少于 5 件

D. 按钢柱数抽查 30%，且不应少于 5 件

7. 依据 GB/T 50344—2019，在钢构件尺寸的检测中，宜选择对某构件性能影响较大的 3 个部位量测。当设计要求的尺寸相同时，应取在 3 个部位量测值的平均值作为________值。(　　)

A. 代表值　　B. 推定值　　C. 换算值　　D. 理论值

8. 依据 GB/T 50344—2019，钢网架中的杆件不平直度可用拉线的方法或全站仪检测，其不平直度不得超过杆件长度的________。(　　)

A. 1%　　B. 0.1%　　C. 3%　　D. 0.3%

9. 依据 GB/T 50621—2010，在测量钢结构或构件垂直度时，测量仪器应架设在________的方向线上。(　　)

A. 与倾斜方向成平行　　B. 与倾斜方向成夹角小于 30°

C. 与倾斜方向成正交　　D. 与倾斜方向正交(垂直)夹角小于 30°

10. 依据 GB 50205—2020，在钢屋(托)架、钢梁(桁架)安装中，对钢屋(托)架、钢桁架、钢梁、次梁的垂直度检查数量要求为________。(　　)

A. 同类构件全数检查

B. 按同类构件数抽查 10%，且不应少于 10 个

C. 按同类构件数抽查 10%，且不应少于 3 个

D. 按同类构件数抽查 3%，且不应少于 10 个

11. 依据 GB 50205—2020，在钢结构制作及安装中，对钢板、型钢冷矫正的最大弯曲矢高检查数量要求为________。(　　)

A. 同类构件全数检查

B. 按冷矫正的件数抽查 10%，且不应少于 10 个

C. 按冷矫正的件数抽查 10%，且不应少于 3 个

D. 按同类构件数抽查 30%，且不应少于 10 个

12. 依据 GB 50205—2020，在钢屋(托)架、钢梁(桁架)安装中，对钢屋(托)架、钢桁架、钢梁、次梁的侧向弯曲矢高检查数量要求为________。(　　)

A. 同类构件全数检查

B. 按同类构件数抽查 10%，且不应少于 10 个

C. 按同类构件数抽查 10%，且不应少于 3 个

D. 按同类构件数抽查 30%，且不应少于 10 个

13. 依据 GB 50205—2020，在钢屋(托)架、钢梁(桁架)安装中，钢屋(托)架、钢桁架、钢梁、次梁的垂直度允许偏差为________。(　　)

A. $h/500$，且不大于 25.0mm　　B. $h/500$，且不大于 15.0mm

C. $h/250$，且不大于 25.0mm　　D. $h/250$，且不大于 15.0mm

14. 依据 GB/T 50344—2019，当钢结构的构件腹板出现侧弯时，应将其评定为存在________。(　　)

A. 局部稳定问题　　B. 整体稳定问题

C. 局部强度问题　　D. 整体强度问题

15. 依据 JGJ 7—2010，在空间网格结构交工验收时，应检查其各边长度、支座的中心位移和高度偏差。其中，各边长度允许偏差应为边长的________。(　　)

A. 1/1000，且不应大于 40mm　　B. 1/1000，且不应大于 50mm

C. 1/2000，且不应大于 40mm　　D. 1/2000，且不应大于 50mm

16. 依据 JGJ 7—2010，在空间网格结构交工验收时，应检查其各边长度、支座的中心位移和高度偏差。其中，支座中心偏移的允许偏差应为偏移方向空间网格结构边长(或跨度)的________。(　　)

A. 1/1000，且不应大于 30mm　　B. 1/1000，且不应大于 50mm

C. 1/3000，且不应大于 30mm　　D. 1/3000，且不应大于 50mm

17. 依据 JGJ 7—2010，在空间网格结构交工验收时，应检查其各边长度、支座的中心位移和高度偏差。其中，相邻支座高差的允许偏差应为相邻间距的________。(　　)

A. 1/400，且不大于 10mm　　B. 1/400，且不大于 15mm

C. 1/500，且不大于 10mm　　D. 1/500，且不大于 15mm

18. 依据 JGJ 7—2010，在空间网格结构交工验收时，应检查其各边长度、支座的中心位移和高度偏差，对于多点支承的空间网格结构，相邻支座高差的允许偏差应为相邻间距的________。(　　)

A. 1/800，且不应大于 30mm　　B. 1/800，且不应大于 50mm

C. 1/1000，且不应大于 30mm　　D. 1/1000，且不应大于 50mm

19. 依据 GB 50205—2020，在单层、多高层钢结构安装工程中，钢柱柱脚底板中心线相对定位轴线偏移的允许值为________。(　　)

A. 3.0mm　　B. 5.0mm　　C. 10.0mm　　D. 20.0mm

20. 依据 GB 50205—2020，在空间结构安装工程中，钢网架、网壳结构基础上支座底标

高允许偏差为________。(　　)

A. ±3mm　　B. ±5mm　　C. ±10mm　　D. ±15mm

21. 依据 GB 50205—2020,在空间结构安装工程中,应对支承面顶板的位置、顶面标高、顶面水平度及支座锚栓位置偏差进行检查,检查数量要求为按支座数抽查________(　　)。

A. 10%,且不应少于 3 处　　B. 15%,且不应少于 4 处

C. 10%,且不应少于 4 处　　D. 15%,且不应少于 3 处

第五节　钢结构动静载性能试验

1. 依据 GB 50205—2020,对金属屋面系统进行抗风揭性能检测,检测数量要求为每金属屋面系统________组(个)试件。(　　)

A. 1　　B. 2　　C. 3　　D. 5

2. 依据 GB 50205—2020,在静态压力抗风揭性能检测中,屋面系统在 2800Pa 下保持 40s 时被破坏,则抗风揭压力值为________。(　　)

A. 2800Pa　　B. 2500Pa　　C. 3500Pa　　D. 2100Pa

3. 依据 GB 50205—2020,在静态压力抗风揭性能检测中,以每级________逐级递增作为下一压力等级。(　　)

A. 0.5kPa　　B. 0.6kPa　　C. 0.7kPa　　D. 0.8kPa

4. 依据 GB 50205—2020,金属屋面静态压力抗风揭性能检测的压力测量系统最大允许误差应为示值的________,且不大于________ kPa。(　　)

A. ±1%,0.1　　B. ±1%,1　　C. ±2%,0.2　　D. ±2%,2

5. 依据 GB 50205—2020,在静态压力抗风揭性能检测中,应在________对试件进行一次检查。(　　)

A. 每一等级风压卸压后　　B. 每 2 个等级卸压后

C. 无须检查,直至屋面板被掀起　　D. 均不对

6. 依据 GB 50205—2020,在金属屋面静态压力抗风揭性能检测的加压过程中,每个压力等级应保持该压力时间________ s。(　　)

A. 30　　B. 60　　C. 90　　D. 120

7. 依据 GB 50205—2020,金属屋面静态压力抗风揭性能检测装置中的测试平台长度 $L \geqslant$________。(　　)

A. 3660mm　　B. 5490mm　　C. 7320mm　　D. 9150mm

8. 依据 GB 50205—2020,金属屋面静态压力抗风揭检测中的加载速度为________。(　　)

A. 0.70kPa/s　　B. 0.07kPa/s　　C. 0.50kPa/s　　D. 0.10kPa/s

9. 依据 GB 50205—2020,金属屋面静态压力抗风揭性能检测结果的合格判定标准:抗风揭系数 $K \geqslant$________。(　　)

A. 1.0　　B. 1.5　　C. 2.0　　D. 3.0

10. 某体育馆金属屋面系统的风荷载标准值为 1800Pa,对其试件进行静态压力抗风揭性能检测,在升压至 4200Pa 的过程中,当风压达到 4000Pa 时,屋面系统被破坏,则抗风揭压

力值为________，抗风揭系数为________，该检测结果判定为________。(　　)

A. 4000Pa，2.2，合格　　B. 4200Pa，2.3，合格

C. 3500Pa，1.9，合格　　D. 3500Pa，1.9，不合格

11. 依据 GB 50205—2020，金属屋面静态压力抗风揭性能检测中的位移测量系统最大允许测量误差不应大于满量程的________，使用前应经过校准。(　　)

A. 2%　　B. 1%　　C. 0.50%　　D. 0.25%

12. 依据 GB/T 39794.1—2021，在金属屋面抗风掀性能静态压力检测中，对检测场所环境温度要求为________℃。(　　)

A. 25±5　　B. 25±10　　C. 25±15　　D. 20±15

13. 依据 GB/T 39794.1—2021，抗风掀性能静态压力检测中的供风装置应可以产生流量至少为________ m^3/min 的气流。(　　)

A. 15　　B. 16　　C. 17　　D. 18

14. 依据 GB/T 39794.1—2021，金属屋面静态压力抗风掀性能检测中，试件宽度至少应包括________个全幅金属板。(　　)

A. 1　　B. 2　　C. 3　　D. 4

15. 依据 GB/T 39794.1—2021，金属屋面静态压力抗风掀性能检测中的“抗风掀”，是指屋面抵抗风荷载产生________作用力的能力。(　　)

A. 平向　　B. 向上　　C. 向下　　D. 都不对

16. 依据 GB 50205—2020，金属屋面静态压力抗风揭检测测试平台尺寸应为________。(　　)

A. 长度不小于 7.32m，宽度不小于 3.66m，高度不小于 1.20m

B. 长度不小于 7.00m，宽度不小于 3.50m，高度不小于 1.20m

C. 长度不小于 7.32m，宽度不小于 1.20m，高度不小于 3.50m

D. 长度不小于 7.62m，宽度不小于 1.20m，高度不小于 3.66m

17. 依据 GB 50205—2020，金属屋面动态风荷载检测装置的试验箱体应满足________。(　　)

A. 长度不小于 7.0m，宽度不小于 3.5m，应能承受至少 20kPa 的压差

B. 长度不大于 7.0m，宽度不大于 3.5m，应能承受至少 30kPa 的压差

C. 长度大于 7.32m，宽度大于 3.66m，应能承受至少 20kPa 的压差

D. 长度小于 7.32m，宽度小于 3.50m，应能承受至少 30kPa 的压差

18. 依据 GB 50205—2020，在金属屋面动态压力抗风揭检测中，动态风荷载应取风荷载标准值的________倍。(　　)

A. 1.3　　B. 1.4　　C. 1.5　　D. 1.7

第四章 多项选择题

第一节 钢材及焊接材料

1. 依据 GB/T 5313—2023，在厚度方向性能钢板试验的试样制备中，试样分为带延伸部分的试样和不带延伸部分的试样，以下说法正确的是的________。（t 为钢板厚度）（　　）

A. 对于 15mm≤t≤20mm 的钢材，应带延伸部分

B. 对于 20mm<t≤80mm 的钢材，可选择带延伸部分

C. 对于 80mm<t≤400 mm 的钢材，不应带延伸部分

D. 对于 20mm≤t≤80mm 的钢材，不应带延伸部分

2. 依据 GB/T 5313—2023，关于厚度方向性能钢板试验的试样制备，以下说法不正确的是________。（t 为钢板厚度，d_0 为试样直径）（　　）

A. 对于 15mm<t≤25mm 的钢材带延伸部分的试样，d_0＝6mm

B. 对于 25mm<t≤80mm 的钢材带延伸部分的试样，d_0＝10mm

C. 对于 15mm≤t≤40mm 的钢材不带延伸部分的试样，d_0＝10mm

D. 对于 40mm<t≤400mm 的钢材不带延伸部分的试样，d_0＝10mm

3. 依据 GB/T 228.1—2021，直径或厚度小于 4mm 的线材、棒材和型材使用的试样原始标距可以取________。（　　）

A. 50mm　　B. 100mm　　C. 150mm　　D. 200mm

4. 依据 GB/T 228.1—2021，以下符合下屈服点判定原则的是________。（　　）

A. 屈服阶段中第一个谷值力

B. 屈服阶段中如呈现 2 个或 2 个以上的谷值力，舍去第一个谷值力（第一个极小值力），将其余谷值力中之最小者判为下屈服力；如只呈现一个下降谷值力，将此谷值力判为下屈服力

C. 屈服阶段中呈现屈服平台，将平台力判为下屈服力；如呈现多个而且后者高于前者的屈服平台，将第一个平台力判为下屈服力

D. 屈服阶段中最小的谷值力

5. 依据 GB/T 232—2024，在金属材料弯曲试验中，当产品宽度大于 20mm、厚度小于 3mm 时，试样的宽度可以为________。（　　）

A. 15mm　　B. 20mm　　C. 30mm　　D. 50mm

6. 依据 GB/T 229—2020，夏比摆锤冲击 U 型缺口试样的缺口深度可以为________mm。（　　）

A. 2　　B. 3　　C. 4　　D. 5

7. 以下属于钢材力学性能的是________。(　　)

A. 强度　　B. 韧性

C. 刚度　　D. 塑性

8. 依据 GB/T 228.1—2021,拉伸比例试样的比例系数 k 值可以为________。(　　)

A. 2　　B. 5.65　　C. 11.3　　D. 4

9. 依据 GB/T 228.1—2021,抗拉强度修约结果为 850MPa 的试验原始数据可能是________。(　　)

A. 849.8MPa　　B. 850.3MPa　　C. 850.5MPa　　D. 848.8MPa

10. 依据 GB/T 229—2020,夏比摆锤冲击试样的缺口几何形状有________。(　　)

A. V 形　　B. L 形　　C. U 形　　D. C 形

11. 依据 GB/T 228.1—2021,金属材料拉伸试验测定的性能结果数值应按照相关产品标准的要求进行修约,如未规定具体要求,应按________要求修约。(　　)

A. 屈服点延伸率修约至 0.1%　　B. 屈服点延伸率修约至 0.5%

C. 断后伸长率修约至 0.5%　　D. 断后伸长率修约至 1.0%

12. 依据 GB/T 232—2024,以下________不适用于弯曲试验。(　　)

A. 圆钢　　B. 金属管材　　C. 金属焊接接头　　D. 矩形型材

13. 依据 GB/T 229—2020,夏比摆锤冲击试验的摆锤锤刃半径可以为________mm。(　　)

A. 2　　B. 4　　C. 6　　D. 8

14. 依据 GB/T 228.1—2021,拉伸试样的横截面可以为________。(　　)

A. 圆形　　B. 矩形　　C. 多边形　　D. 环形

15. 依据 GB/T 228.1—2021,在拉伸试验中,为了测定金属材料的屈服点延伸率,应使用以下________准确度的引伸计。(　　)

A. 0.2 级　　B. 0.5 级　　C. 1 级　　D. 2 级

16. 依据 GB/T 232—2024,弯曲试验中的弯曲装置包括________。(　　)

A. 支辊式弯曲装置　　B. V 型模具式弯曲装置

C. 虎钳式弯曲装置　　D. 压弯式弯曲装置

17. 依据 GB/T 228.1—2021,对金属管材进行拉伸试验,使用的试样类型包括________。(　　)

A. 纵向弧形试样　　B. 管段试样

C. 机加工的横向矩形截面试样　　D. 加工的纵向圆形截面试样

18. 依据 GB/T 228.1—2021,以下________验证试验,要求使用不劣于 1 级准确度的引伸计。(　　)

A. 屈服强度　　B. 规定塑性延伸强度

C. 规定总延伸强度　　D. 抗拉强度

19. 依据 GB/T 229—2020,在夏比摆锤冲击试验中,如无特殊规定,可以采用厚度为________的小尺寸试样。(　　)

A. 8mm　　B. 7.5mm　　C. 5mm　　D. 2.5mm

20. 依据 GB/T 228.1—2021,在金属材料拉伸试验中,与塑性变形量相关的性能参数有________。(   )

A. A_g　　B. $R_{p0.2}$　　C. R_m　　D. E

21. 碳素钢拉伸试验曲线分为________4 个阶段。(   )

A. 弹性阶段　　B. 屈服阶段　　C. 强化阶段　　D. 颈缩阶段

22. 依据 GB/T 228.1—2021,关于屈服强度的判定说法准确的是________。(   )

A. 屈服前的第 1 个峰值应力为下屈服强度

B. 屈服阶段出现 1 个下降谷值时,此谷值应力为下屈服强度

C. 屈服强度呈现屈服平台时,将平台应力判为下屈服强度

D. 下屈服强度一定低于上屈服强度

23. 依据 GB/T 228.1—2021,关于最大力总延伸率 A_{gt} 与最大力塑性延伸率 A_g,下列说法正确的是________。(   )

A. 修约间隔不一样

B. 单位不一样

C. 前者包含塑性和弹性延伸,后者只包含塑性延伸

D. 都需利用引伸计测量

24. 依据 GB/T 228.1—2021,在金属材料拉伸试验中,测定________可使用 2 级准确度的引伸计。(   )

A. 最大力塑性延伸率　　B. 屈服点延伸率

C. 抗拉强度　　D. 下屈服强度

25. 依据 GB/T 228.1—2021,下列符合上屈服点的判定原则的是 ________。(   )

A. 屈服前的第一个力峰值点

B. 上屈服点一定高于下屈服点

C. 屈服曲线上的力峰值点

D. 屈服曲线上的第二力峰值点

26. 依据 GB/T 228.1—2021,对于直径为 10mm 圆形横截面拉伸比例试样,下列的试样平行长度符合标准要求的有________。(   )

A. 50mm　　B. 65mm　　C. 75mm　　D. 60mm

27. 依据 GB/T 228.1—2021,在金属材料拉伸试验中,断后伸长率修约结果为 17.5% 的试验原始数据可能是 ________。(   )

A. 17.73%　　B. 17.83%　　C. 17.33%　　D. 17.23%

28. 依据 GB/T 228.1—2021,在金属材料拉伸试验中,可不使用引伸计也能测得的性能参数有________。(   )

A. 抗拉强度　　B. 最大力总延伸率

C. 规定塑性延伸强度　　D. 断后伸长率

29. 依据 GB/T 228.1—2021,在金属材料拉伸试验中,当仅需测定具有较大延伸率的性能参数时,可使用下列________准确度的引伸计。(   )

A. 0.5 级　　B. 1 级　　C. 2 级　　D. 3 级

30. 依据 GB/T 228.1—2021,在金属材料拉伸试验中,使用不劣于 2 级准确度的引伸

计，可以测得以下________性能参数。(　　)

A. 屈服点延伸率　　B. 最大力总延伸率

C. 最大力塑性延伸率　　D. 断后总延伸率

31. 依据 GB/T 228.1—2021，拉伸试验机的夹具类型有________。(　　)

A. 楔形夹头　B. 螺纹夹头　C. V 型夹头　D. 套环夹头

32. 依据 GB/T 2975—2018，在钢产品力学性能试验的取样及试样制备中，当用烧割法切取样坯时，从样坯切割线至试样边缘必须留有足够的机加工余量，一般应不小于________。(　　)

A. 钢产品的厚度或直径　　B. 产品的宽度

C. 12.5mm　　D. 产品宽度的一半

33. 依据 GB/T 2975—2018，在从钢产品中抽取力学性能试验样品时，应对抽样产品、试料、样坯和试样作出标记，以保证始终能识别________。(　　)

A. 试样的位置　B. 试样的轴线方向　C. 试样规格　D. 试料尺寸

34. 依据 GB/T 2975—2018，在对钢产品进行力学性能抽样检验时，以下不符合取样基本要求的是________。(　　)

A. 应在钢产品上直接截取试样

B. 试料应具有足够的尺寸，保证机加工出足够的试样进行规定的试验及必要的复验

C. 应对抽样产品、试料、样坯和试样作出标记，以保证始终能识别取样位置及方向

D. 可用烧割法和冷剪法直接切取试样

35. 依据 GB/T 2975—2018，在对钢产品进行力学性能抽样检验时，以下符合取样基本要求的是________。(　　)

A. 应确保可追溯至原产品的位置和方向

B. 试料应具有足够的尺寸，保证机加工出足够的试样进行规定的试验及必要的复验

C. 应对抽样产品、试料、样坯和试样作出标记，以保证始终能识别取样位置及方向

D. 试料和样坯的切取加工应避免产生表面加工硬化及热影响改变材料的力学性能

36. 依据 GB/T 228.1—2021，在从钢产品中抽取拉伸试验样品时，通常情况下，以下的________试样可以使用成品的一部分，可以不经过机加工。(　　)

A. 厚度为 3mm 的板材　　B. 直径为 3mm 的棒材

C. 厚度为 3mm 的型材　　D. 直径为 3mm 的线材

37. 在钢结构工程中，最常用的金属材料硬度试验方法有________。(　　)

A. 布氏硬度 HB　B. 洛氏硬度 HR　C. 维氏硬度 HL　D. 里氏硬度 HV

38. 依据 GB/T 228.1—2021，关于管材拉伸试样，下列说法不正确的是________。(　　)

A. 必须使用全管段试样　　B. 必须使用圆形试样

C. 可以采用纵向弧形试样　　D. 可以采用横向矩形试样

39. 依据 GB/T 228.1—2021，对于直径小于 4mm 的线材，其拉伸试验的试样标距可以为________ mm。(　　)

A. 100　B. 200　C. $5.65\sqrt{S_0}$　D. $11.3\sqrt{S_0}$

40. 依据 GB/T 228.1—2021，在金属材料拉伸试验中，厚度小于 3mm 薄板的非比例试

样的原始标距可为________。(　　)

A. 100 mm　　B. 50mm　　C. 80mm　　D. 200mm

41. 依据 GB/T 2975—2018，关于拉伸试样的制备，下列说法正确的是________。(　　)

A. 制备试样时应避免机加工使钢表面产生硬化及过热而改变其力学性能

B. 型钢的拉伸试样可在型钢的任意位置切割样坯

C. 用冷剪法取样时可不留加工余量

D. 用烧割法切取样坯时，应留有足够的加工余量，一般应不小于钢产品的厚度或直径，但最小不得小于 20mm

42. 依据 GB/T 2975—2018，对于翼缘有斜度的槽钢，可在________部位切取样坯机加工拉伸和冲击试样。(　　)

A. 在翼缘的 1/3 位置处　　B. 在翼缘的 1/2 位置处

C. 在腹板的 1/3 位置处　　D. 在腹板的 1/4 位置处

43. 依据 GB/T 2975—2018，在棒材上切取样坯制作拉伸试样时，可________。(　　)

A. 采取全横截面试样　　B. 采取经机加工的圆形试样

C. 采取经机加工的矩形试样　　D. 在任意位置取样进行机加工

44. 依据 GB/T 2975—2018，在钢板上切取拉伸试验样坯时，可采取________。(　　)

A. 在钢板宽度 1/4 处切取拉伸试验用的全厚度样坯

B. 当钢板厚度大于 30mm 时，在钢板宽度 1/4 处切取拉伸试验用的样坯，样坯的厚度不小于 30mm，并保留一个轧制表面

C. 在钢板厚度的中心位置切取圆形试样的样坯

D. 在钢板厚度的中心位置切取矩形试样的样坯

45. 依据 GB/T 228.1—2021，在金属材料拉伸试验中，应按相关产品标准要求对抗拉强度测定值进行修约，若无规定，根据 GB/T 8170 要求将其修约至________。(　　)

A. $1N/mm^2$　　B. 1MPa　　C. $5N/mm^2$　　D. 5MPa

46. 金属材料拉伸屈服强度的测量方法有________。(　　)

A. 图解法　　B. 指针法　　C. 自动测试系统　　D. 估读法

第二节　钢结构连接及涂装

1. 依据 GB/T 1231—2006，下列符合钢结构用高强度大六角螺母保证荷载试验条件的有________。(　　)

A. 将螺母拧入螺纹芯棒，试验时夹头的移动速度不应超过 3mm/min

B. 对于高强度大六角螺栓，在螺栓头下置一块楔垫，角度

C. 对螺母施加规定的保证荷载，持续 15s

D. 每批应抽取 8 套连接副进行试验

2. 依据 GB/T 1231—2006，下列符合钢结构用高强度大六角螺母硬度试验条件的有________。(　　)

A. 试验在螺母支承面上进行　　B. 在螺母支承面上任测 4 点

C. 取后 3 点硬度的平均值　　　　D. 取 4 点硬度的平均值

3. 依据 GB/T 1231—2006，对钢结构用高强度大六角螺栓连接副进行扭矩系数试验，需要记录的原始数据有________。（　　）

A. 螺栓的尺寸　　B. 螺栓的预拉力　　C. 弯矩　　D. 扭矩

4. 钢结构用高强度大六角螺栓连接副的扭矩系数与________有关。（　　）

A. 螺母与螺栓、垫片间的摩擦系数　　B. 螺母与连接板间的摩擦系数

C. 连接板与垫片间的摩擦系数　　D. 螺栓施工预拉力

5. 依据 GB 50205—2020，采用扭矩法对高强度大六角头螺栓进行施工时，在终拧质量检查中，终拧扭矩应按________抽查。（　　）

A. 节点数的 5%　　B. 节点数的 10%

C. 不应少于 10 个节点　　D. 不应少于 5 个节点

6. 依据 GB 50205—2020，采用扭矩法对高强度大六角头螺栓进行施工时，在终拧质量检查中，先在螺杆端面和螺母上划一条直线，然后将螺母拧松________后，再用扭矩扳手重新拧紧，使得两线________，测得此时的扭矩应为 0.9～1.1Tch。（　　）

A. 30°　　B. 60°　　C. 平行　　D. 重合

7. 依据 GB 50205—2020，在钢结构高强度螺栓连接施工中，连接摩擦面应保持________，不应有飞边、毛刺、焊接飞溅物、焊疤、氧化铁皮、污垢等，除设计要求外摩擦面不应涂漆。（　　）

A. 干燥　　B. 光洁　　C. 垂直　　D. 整洁

8. 依据 GB 50205—2020，在高强度螺栓连接摩擦面的抗滑移系数检验中，使用的仪器设备有________。（　　）

A. 硬度计　　B. 万能试验机　　C. 轴力计　　D. 扭力扳手

9. 依据 GB 50205—2020，在对一件双摩擦面二拼拉力试件进行抗滑移系数检验中，实测螺栓预拉力值为 $P_1=285\text{kN}$、$P_2=290\text{kN}$。若抗滑移系数设计值为 0.50，则滑移荷载 $N_v=$________时方能满足要求。（　　）

A. 575kN　　B. 580kN　　C. 290kN　　D. 300kN

10. 依据 GB/T 3632—2008，在钢结构用扭剪型高强度螺栓连接副的螺母保证荷载试验中，当施加规定的保证载荷，并持续 15s 时，螺母不应________或________。（　　）

A. 屈服　　B. 脱扣　　C. 变形　　D. 断裂

11. 依据 JG/T 10—2009，螺栓球节点是由螺栓球、________和锥头或封板等零部件组成的节点。（　　）

A. 高强度螺栓　　B. 套筒　　C. 紧固螺钉　　D. 钢板

12. 依据 JG/T 10—2009，螺栓球微裂纹可用________进行检验。（　　）

A. 量规　　B. 10 倍放大镜目测

C. 游标卡尺　　D. 磁粉探伤

13. 依据 JG/T 10—2009，螺栓球几何参数及形位偏差采用________进行检测。（　　）

A. 10 倍放大镜　　B. 游标卡尺　　C. 卷尺　　D. 形位公差测量仪

14. 依据 JG/T 11—2009，按球体型式，钢网架焊接空心球分为________。（　　）

A. 横肋焊接空心球　　B. 加肋焊接空心球

C. 十字肋焊接空心球　　　　　　　　D. 不加肋焊接空心球

15. 依据 JG/T 11—2009,下列关于焊接空心球压弯试验的说法中正确的有________。(　　)

A. 承受轴力和弯矩共同作用的试验,可考虑轴向力和弯矩组合的荷载形式,具体可采用偏心轴向力的加载方式

B. 试验所用的钢管规格应按标准选用,适当增加钢管壁厚

C. 试件两端的钢管上应焊接具有足够刚度的加载梁,加载梁长度由试验偏心距决定

D. 在加肋钢球上钢管应焊在加肋方向,焊缝应全熔透

16. 依据 JG/T 11—2009,下列关于钢网架焊接空心球出厂检验的抽样方法描述正确的有________。(　　)

A. 零部件样本应从提交检验批中随机抽取

B. 检验批可以按交货验收的同一种型号产品作为一批,但每批不应少于 150 件

C. 对连续生产的同一型号产品可由制造厂的技术检验部门分批检验,但每批不应多于 3500 件

D. 按每批的数量抽取 5%样本,且不少于 10 件进行检验

17. 依据 JG/T 11—2009,下列关于钢网架焊接空心球型式检验的抽样方法描述正确的有________。(　　)

A. 检验样本应从批量产品中随机抽

B. 破坏性试验的样本不应少于 5 件

C. 型式检验项目为标准中要求的全部项目

D. 当尚未形成批量产品时可不进行型式试验

18. 依据 JG/T 10—2009,关于钢网架螺栓球节点的封板或锥头与钢管的连接焊接拉力载荷试验,下列叙述正确的是________。(　　)

A. 该试验属于标准中规定的主要检验项目

B. 试验可在有拉力的试验装置上进行

C. 应在钢网架工程施工现场随机抽取试件

D. 试件的抗拉强度应符合该构件中的钢管材料的相应标准规定

19. 依据 GB 50205—2020,在钢结构涂装工程中,当采用涂料防腐时,宜在表面除锈处理后________内进行涂装;采用金属热喷涂防腐时,钢结构表面处理与热喷涂施工的间隔时间:晴天或湿度不大的气候条件下不应超过________,雨天、潮湿、有盐雾的气候条件下不应超过________。(　　)

A. 4h　　　　B. 12h　　　　C. 2h　　　　D. 6h

20. 依据 GB 50205—2020,在钢结构防腐涂料涂装前,钢材表面除锈应符合设计要求和国家现行有关标准的规定。处理后的钢材表面不应有________等。(　　)

A. 焊渣　　　　B. 毛刺　　　　C. 光泽　　　　D. 油污

21. 依据 GB/T 9286—2021,在用划格法测试油漆附着力的过程中,用到的工具和仪器有________。(　　)

A. 导向和间隔装置　　　　　　　　B. 探针

C. 切割刀具　　　　　　　　D. 目视放大镜

22. 依据 GB 50205—2020，在涂层性能评定中，用于外露钢结构的油漆类涂层附着力测试结果应符合下列要求：各道涂层之间的附着力不应低于________（拉开法）或不低于________级（划格法）。（　　）

A. 5MPa　　B. 10MPa　　C. 1　　D. 2

23. 依据 GB 50205—2020，在钢结构表面防火涂层厚度检测中，对于膨胀型（超薄型、薄涂型）防火涂料，采用________检测，涂层厚度允许偏差应为________。（　　）

A. 涂层厚度测量仪　B. 测针　　C. －5%　　D. －10%

24. 依据 GB 14907—2018，与室内钢结构防火涂料相比，室外钢结构防火涂料还应有________等理化性能要求。（　　）

A. 耐曝热性　　B. 耐水性　　C. 耐湿热性　　D. 耐碱性

25. 依据 GB 14907—2018，室内钢结构防火涂料（膨胀型）耐水性要求：________试验后，涂层应无起层、发泡、脱落现象，且隔热效率衰减量应不大于________%。（　　）

A. 12h　　B. 24h　　C. 35%　　D. 50%

26. 依据 GB 14907—2018，对钢结构防火涂料，应能采用________、刮涂等方法中的一种或多种方法施工，并能在正常的自然环境条件下干燥固化，涂层干后不应有刺激性气味。（　　）

A. 喷涂　　B. 抹涂　　C. 刷涂　　D. 辊涂

27. 依据 GB/T 4336—2016，在用火花放电原子发射光谱法测定钢材多元素含量的过程中，使用标准样品绘制分析曲线。下列对标准样品叙述正确的是________。（　　）

A. 化学性质和组织结构应与分析样品相同

B. 应涵盖分析元素的含量范围，并保持适当的梯度

C. 分析元素的含量需采用准确可靠的方法定值

D. 可用其对校准曲线的漂移进行整体标准化修正

第三节　钢结构焊接

1. 在钢结构焊缝中，下列________缺陷属于非平面型缺陷（体积型缺陷）。（　　）

A. 未熔合　　B. 疏松　　C. 缩孔　　D. 夹渣

2. 在超声波检测中，影响声耦合的主要因素有________。（　　）

A. 耦合层的厚度　　B. 耦合剂的声阻抗

C. 工件表面形状　　D. 工件表面粗糙度

3. 按检测原理分类，超声波检测常用方法有________。（　　）

A. 折射法　　B. 脉冲反射法　　C. 衍射时差法　　D. 穿透法

4. 超声波探伤是利用超声波在物质中的________等物理特征来发现缺陷的一种检测探伤方法。（　　）

A. 传播　　B. 衰减　　C. 反射　　D. 振动

5. 在超声波探伤中，采用较高的探测频率，可有利于________。（　　）

A. 发现较小的缺陷　　B. 区分开相邻的缺陷

C. 改善声束指向性　　D. 发现相对大的缺陷

6. 为确定缺陷的大小,在焊缝超声波检测中常采用探头移动法。以下关于探头移动法说法正确的是________。(　　)

A. 当缺陷尺寸小于声束截面时使用

B. 当缺陷尺寸或面积大于声束直径或截面时使用

C. 用探头移动法测定缺陷指示长度方法有绝对灵敏度测长法、当量法

D. 用探头移动法测定缺陷指示长度方法有相对灵敏度测长法、端点峰值测长法

7. 按探头型式分类,超声检测常用的探头有________等。(　　)

A. 纵波直探头　　B. 横波斜探头　　C. 纵波斜探头　　D. 球面聚焦探头

8. 以下关于简谐振动的叙述正确的是________。(　　)

A. 在简谐振动中,质点在位移最大处的加速度为零

B. 在简谐振动中,质点在位移最大处的速度为零

C. 在简谐振动中,质点在平衡位置受力为零

D. 任何复杂振动都可视为多个谐振动的合成

9. 在超声波检测中,当探伤面比较粗糙时,宜选用________。(　　)

A. 较低频率探头　　B. 较高频率探头

C. 软保护膜探头　　D. 较黏的耦合剂

10. 在超声波横波检测中,探头的 K 值对________有较大的影响。(　　)

A. 缺陷检出率　　B. 检测灵敏度

C. 声束轴线的方向　　D. 一次波的声程

11. 在焊缝超声检测中,当工件上缺陷与试块反射体具有相似几何特征时,由于声能传输损失存在差异,二者的回波高度往往不同。以下________是声能传输损失来源。(　　)

A. 二者表面粗糙度不同引起的表面耦合损失不同

B. 二者材质差异引起的材质衰减不同

C. 二者底面状况差异引起的底面反射损失不同(二次波检测)

D. 二者曲率差异引起的表面耦合损失不同

12. 按作用来分,超声波检测用试块有________。(　　)

A. 标准试块　　B. 耦合试块　　C. 对比试块　　D. 模拟试块

13. 超声波探伤中,缺陷当量的定量法有________。(　　)

A. 当量试块比较法　　B. 当量计算法

C. 当量 AVG 曲线法　　D. 当量底波高度法

14. 在焊缝超声波检测中,正确调节检测仪器扫描比例是为了________。(　　)

A. 缺陷定位　　B. 判断缺陷波幅

C. 判断结构反射波　　D. 判断缺陷波

E. 判别探头性能

15. 在超声波检测中,探头在工件上扫查的基本原则有________。(　　)

A. 声束轴线尽可能与缺陷垂直

B. 扫查区域必须覆盖全部检测区

C. 扫查速度取决于工作量的大小

D. 必须保证声束有一定量的相互重叠

16. 关于焊缝超声波检测中的交叉式检测，下列表述正确的有________。(　　)

A. 是单探头基本扫查方式

B. 是双探头基本扫查方式

C. 可探测与探伤面的缺陷

D. 可用于探测焊缝中的横向或纵向面状缺陷

17. 在超声波检测中，对焊缝中的裂纹、未熔合等危险缺陷进行定性时可采取的方法有________。(　　)。

A. 改变探头角度　　B. 增加探伤面

C. 结合结构工艺性　　D. 观察动态波形

18. 在超声波检测中，当用工件底面作为探伤灵敏度校正基准时，可以________。(　　)

A. 不考虑探伤面的声能损失补偿　　B. 不考虑材质衰减的补偿

C. 不使用校正试块　　D. 不考虑耦合方式

19. 以下关于超声波探伤中标准试块的用途说法正确的选项有________。(　　)

A. 利用 $R100$ 圆弧面测定斜探头入射点和前沿长度，调整探测范围

B. 校验探伤仪水平线性和垂直线性

C. 利用 $\phi50$mm 横孔的反射波调整探伤灵敏度

D. 利用 $\phi1.5$mm 圆孔估测直探头盲区和斜探头前后扫查声束特性，测定斜探头折射角 β

20. 对于超声波检测，以下关于平底孔试块的主要用途表述正确的是________。(　　)

A. 测试纵波平底孔距离-波幅-当量曲线，即实用 AVG 曲线时，利用各试块的平底孔和大平底测试

B. 调整检测灵敏度，利用大平底或平底孔调节

C. 对缺陷定量，利用试块上的平底孔进行当量比较，多用于 $X<3N$ 以内的缺陷定量

D. 测试仪器的水平线性、垂直线性和动态范围，用大平底或平底孔测试

21. 依据 GB/T 11345—2023，在焊缝超声波检测中，可选用的灵敏度设定技术方法共有 4 种。灵敏度设定技术方法示例如图 2-4-1 所示，请问图 1 代表________，图 2 代表________，图 3 代表________，图 4 代表________。(　　)(按顺序作答)

A. 技术 1　　B. 技术 2　　C. 技术 3　　D. 技术 4

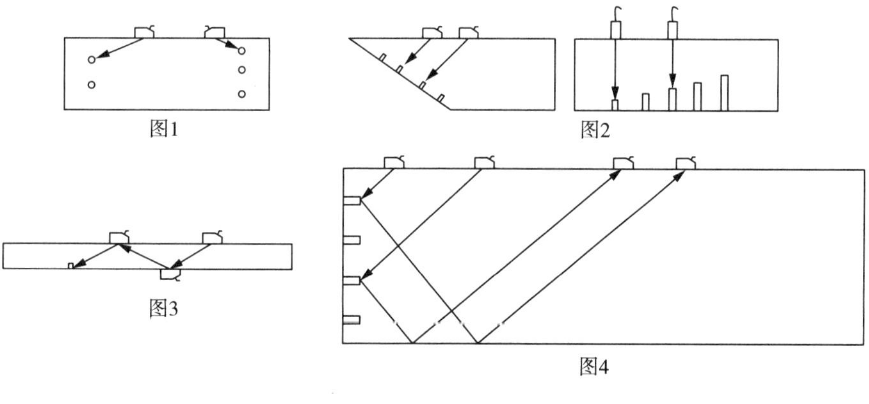

图1　图2　图3　图4

图 2-4-1　灵敏度设定技术方法示例

22. 依据 GB/T 11345—2023,在超声波检测过程中,应对时基线和灵敏度设定进行核查。若发现灵敏度偏差值大于 2dB,应按下列________要求修正。(　　)

A. 若偏离值>2dB~4dB,应在继续检测前修正设定

B. 若灵敏度降低值>4dB,应修正设定,同时在前次核查后检测的全部焊缝应重新检测

C. 若灵敏度降低值>4dB,应修正设定,全部记录指示应重新检测

D. 若灵敏度增加值>4dB,应修正设定,同时在前次核查后检测的全部焊缝应重新检测

23. GB/T 11345—2023,关于该标准的适用要求,下列说法正确的是________(　　)。

A. 主要适用于铁素体类钢、铝合金材料焊接接头的全熔透焊缝

B. 检测时焊缝及其母材温度应在 0~60℃之间

C. 用于母材厚度≥8mm 的低超声衰减金属材料熔化焊焊接接头手工超声检测技术

D. 基于材料声速范围在纵波声速为(5920±50)m/s 和横波声速为(3255±30)m/s 的钢材

24. 依据 JG/T 203—2007,该标准适用于________的超声波探伤及质量评定。(　　)

A. 母材壁厚≥4mm,球径≥120mm、管径≥60mm 焊接空心球及球管焊接接头

B. 母材壁厚≥3.5mm,管径≥48mm 螺栓球节点杆件与锥头或封板焊接接头

C. 支管管径≥89mm、壁厚≥6mm、局部二面角≥30°,支管壁厚外径比在 13%以下的圆管相贯节点碳素结构钢和低合金高强度结构钢焊接接头

D. 铸钢件、奥氏体球管和相贯节点焊接接头以及圆管对接或焊管焊缝

25. 依据 JG/T 203—2007,在钢板超声波探伤检测中,当发现下列________情况时,即判定存在缺陷。(　　)

A. 缺陷一次回波波高不小于满刻度的 50%

B. 当底波波高未达到满刻度,而缺陷一次回波波高与底波波高之比不小于 50%

C. 当底波波高小于满刻度的 50%

D. 当底波波高小于满刻度的 80%

26. 依据 JG/T 203—2007,钢结构超声波探伤中使用的对比试块包括________。(　　)

A. CSK－IB 试块　　　　B. CSK－ICj 试块

C. RBJ－I 试块　　　　D. CSK－IDj 试块。

27. 依据 JG/T 203—2007,关于 T 型和角接接头的单、双面焊组合焊缝根部未焊透指示深度评定等级,下列说法正确的是________。(　　)

A. 双面焊组合焊缝,评定等级Ⅰ级:横波斜探头探伤,未焊透指示深度值 H－2,不大于 25%腹板厚度,且最大值不大于 2mm

B. 双面焊组合焊缝,评定等级Ⅱ级:聚焦直探头探伤,未焊透指示深度值 H－1,不大于 25%腹板厚度,且最大值不大于 3mm

C. 双面焊组合焊缝,评定等级Ⅲ级:横波斜探头探伤,未焊透指示深度值 H－2,不大于 25%腹板厚度,且最大值不大于 4mm

D. 单面焊组合焊缝,评定等级Ⅳ级:未焊透指示深度值 H－1,不大于合同文件规定值

28. 依据 GB/T 29712—2023,任何不连续缺陷的回波幅度虽低于验收等级,但长度(高于评定等级)超过________中任一条件时,应倾向于做进一步检测,使用其他角度的探头和

串列检测(如约定)。(　　)

A. t(当 8mm≤t≤15mm 时)

B. t(当 6mm≤t≤15mm 时)

C. $t/2$ 和 10mm 的较大值(当 t>15mm 时)

D. $t/2$ 和 20mm 的较大值(当 t>15mm 时)

29. 依据 GB 50661—2011,在焊缝超声波检测中,采用 C 级检验等级,当焊缝母材厚度不小于 100mm,窄间隙焊缝母材厚度不小于________时,应增加________检测方法。(　　)

A. 40mm　B. 50mm　C. 串列式扫查　D. 双晶斜探头扫查

30. 依据 GB 50661—2011,可按下列________方法确定检验批。(　　)

A. 工厂制作焊缝:以同一工区(车间)按 300－600 处的焊缝数量组成检验批

B. 工厂制作焊缝:多层框架结构以所有的梁柱构件组成检验批

C. 现场安装焊缝:以区段组成检验批

D. 现场安装焊缝:多层框架结构以每层(节)的焊缝组成检验批

31. 射线探伤的优点有________。(　　)

A. 可检测深层缺陷　B. 适用范围广

C. 可对缺陷准确定性、定位和定量　D. 检测结果可靠

32. 在射线检测中,裂纹检出能力与下列________因素有关。(　　)

A. 裂纹高度　B. 裂纹分叉走向

C. 开口宽度　D. 射线中心束与裂纹延伸方向的角度

33. 对于焊缝射线检测,以下关于底片黑度检查的叙述,正确的是________。(　　)

A. 焊缝和热影响区的黑度均应在标准规定的黑度范围内

B. 测量最大黑度的测量点一般选在中心标记附近的热影响区内

C. 测量最小黑度的测量点一般选在搭接标记附近的焊缝上

D. 对每张底片进行黑度检查时至少测量 4 点,取 4 次测量的平均值作为底片黑度值

34. 对于射线检测,以下关于定影液配制的叙述,正确的有________。(　　)

A. 亚硫酸钠应在加酸之前溶解　B. 硫代硫酸钠应在加酸之后溶解

C. 硫酸铝钾应在加酸之后溶解　D. 酸性剂中除加入醋酸外还应加入硼酸

35. 对于射线检测,以下关于射线照相特点的叙述,正确的是________。(　　)

A. 检测灵敏度受材料晶粒度的影响较大　B. 判定缺陷性质、数量、尺寸比较准确

C. 成本较高,检测速度不快　D. 射线对人体有伤害

36. 在焊缝射线探伤中,为正确识别底片上的表面几何影像,评片人员应________。(　　)

A. 仔细了解试件结构和焊接接头型式

B. 熟悉不同焊接方法和焊接位置的焊缝成形特点

C. 掌握试件和焊缝的表面质量状况

D. 参考母材的射线检测底片

37. 在射线探伤中,要将胶片曝光后生成的潜象变成可见的黑色银像底片,其中必须要在暗室中处理的有________。(　　)

A. 显影　　B. 停显　　C. 定影　　D. 冲洗

38. 下列________因素对底片的清晰度有影响。(　　)

A. 射源的焦点尺寸　　B. 增感屏的类型

C. 底片的黑度　　D. 射线的能量

39. 在射线探伤中,为提高透照底片的清晰度,选择焦距时应考虑________因素。(　　)。

A. 胶片类型　　B. 射源尺寸　　C. 几何不清晰度　　D. 工件厚度

40. 对于射线检测,以下关于底片灵敏度检查的叙述,正确的有________。(　　)。

A. 底片上显示的像质计型号、规格应正确

B. 底片上显示的像质计摆放应符合要求

C. 若能清晰地看到长度不小于 10mm 的像质计钢丝影像,则可认为底片灵敏度达到该钢丝代表的像质指数

D. 要求清晰显示钢丝影像的区域是指焊缝区域,热影响区和母材区域无此要求

41. 依据 GB/T 26951—2011,采用磁粉检测常用接头型式的焊缝,典型磁化技术(方法)有________。(　　)

A. 磁轭的磁化技术　　B. 触头的磁化技术

C. 交叉磁轭的磁化技术　　D. 柔性电缆或线圈的磁化技术

42. 下列关于磁粉检测中磁悬液的叙述错误的有________。(　　)

A. 缺陷检出率与磁悬液浓度无关

B. 用水作悬浮介质时,必须加入表面活性剂

C. 荧光磁粉磁悬液的浓度一般要高于非荧光磁粉磁悬液的浓度

D. 凡是发生沉淀的磁悬液都应舍弃

43. 以下关于磁粉检测标准试块表述正确的是________。(　　)

A. 磁粉检测试块不能用于确定磁化规范

B. 磁粉检测试块不能用于确定有效磁化范围

C. 磁粉检测试块不能用于考察被检工件表面磁场方向

D. 磁粉检测试块不能用于检验设备和磁悬液的综合性能

44. 磁粉探伤检测的操作步骤包括________。(　　)

A. 表面预处理　　B. 确定探伤方法,磁化

C. 观察磁痕　　D. 水洗试件

45. 以下关于磁粉检测时机的叙述正确的有________。(　　)

A. 检测时机应选在机加工前

B. 检测时机应选在容易产生缺陷的各道工序后

C. 检测时机应选在涂漆、电镀等表面处理之前

D. 对有延迟裂纹倾向的材料,应在焊接 24 小时后进行

46. 下列关于荧光磁粉检测的叙述正确的有________。(　　)

A. 必须在暗环境中进行　　B. 必须在紫外灯下观察

C. 只能用于表面呈深色的工件　　D. 背影为暗紫色,磁痕显示为黄绿色

47. 在渗透检测中,显像剂的作用是________。(　　)

A. 通过毛细血管作用将缺陷中的渗透液吸附到工件表面上，形成缺陷显示

B. 将形成的缺陷显示在被检件表面上横向扩展，放大至足以用肉眼观察到

C. 提供与缺陷显示有较大反差的背景，从而达到提高检测灵敏度的目的

D. 降低染料的亮度和对比反差

48. 对于渗透检测，以下有关水洗型荧光渗透剂的说法正确的有________。(　　)

A. 乳化剂含量越低，则越易清洗，但灵敏度越低

B. 乳化剂含量越高，则越易清洗，但灵敏度越低

C. 荧光染料浓度越高，则亮度越大，但价格越贵

D. 有高、低两种不同的灵敏度

49. 关于渗透检测中使用的显像剂，下面叙述正确的是________。(　　)

A. 显像剂一般会发出很强的荧光

B. 显像剂在检测时提供一个与显示相反衬的背景

C. 去除多余渗透剂后，显像剂把保留在不连续性中的渗透剂吸出来

D. 显像剂有干的，也有湿的

50. 关于渗透探伤特点，下面描述正确是________。(　　)

A. 这种方法能精确地测量裂纹或不连续性缺陷的深度

B. 这种方法能在现场检验大型零件

C. 这种方法能发现浅的表现缺陷

D. 使用不同类型的渗透材料可获得较低或较高的灵敏度

第四节　钢构件位置与尺寸

1. 依据 GB/T 50621—2010，钢结构或构件变形的测量可采用________等仪器。(　　)

A. 水准仪　　B. 经纬仪　　C. 激光垂准仪　　D. 全站仪

2. 依据 GB/T 50621—2010，尺寸大于 6m 的钢构件垂直度、侧向弯曲矢高以及钢结构整体垂直度与整体平面弯曲宜采用________检测。(　　)

A. 拉线与吊线方法　　B. 全站仪

C. 精密水准仪　　D. 经纬仪

3. 依据 GB/T 50621—2010 用全站仪检测钢结构变形，遇到________时，应用其他仪器对全站仪的测量结果进行对比判断。(　　)

A. 现场光线不佳　　B. 起灰尘　　C. 有振动时　　D. 阴天

4. 依据 GB/T 50621—2010，在建钢结构或构件变形检测结果评价应符合设计要求和以下________现行国家标准。(　　)

A.《钢结构工程施工质量验收标准》(GB 50205)

B.《钢结构设计规范》(GB 50017)等的有关规定

C.《民用建筑可靠性鉴定标准》(GB 50292)

D.《工业建筑可靠性鉴定标准》(GB 50144)等的有关规定

5. 依据 JGJ 8—2016，水准测量作业中应符合下列________规定。(　　)

A. 应在标尺分划线成像清晰和稳定的条件下进行

B. 不得在日出后或日落前约半小时、太阳中天前后进行

C. 不得在风力大于三级时观测

D. 不得在气温突变时以及标尺分划线的成像跳动而难以照准时进行观测

6. 依据 JGJ 8—2016,水准测量作业前及过程中应进行下列________操作。(　　)

A. 观测前半小时应将数字水准仪置于露天阴影下,使仪器与外界气温趋于一致

B. 观测前,应进行不少于 20 次单次测量的预热

C. 晴天观测时,应使用测伞遮蔽阳光

D. 当长时间受振动影响时,应增加重复测量次数

7. 依据 JGJ 8—2016,以下________方法可用于监测点的位移观测。(　　)

A. 全站仪小角法　　B. 极坐标法　　C. 前方交会法　　D. 自由设站法

8. 依据 GB 50205—2020,关于主体钢结构整体立面偏移允许偏差,下列描述正确的是________。(　　)

A. 单层钢结构主体结构的整体立面偏移允许偏差为 $H/1000$,且不大于 25.0mm

B. 高度为 60m 以下的多高层钢结构主体结构的整体立面偏移允许偏差为 $H/2500+10$,且不大于 30.0mm

C. 高度为 60～100m 的高层钢结构主体结构的整体立面偏移允许偏差为 $H/2500+10$,且不大于 50.0mm

D. 高度大于 100m 的高层钢结构主体结构的整体立面偏移允许偏差为 $H/2500+10$,且不大于 60.0mm

9. 依据 GB/T 50344—2019,钢构件尺寸偏差的检测与计算应符合下列________规定。(　　)

A. 钢构件的尺寸应以设计文件要求值为基准

B. 既有钢构件尺寸偏差允许值的取值应符合现行国家标准《钢结构工程施工质量验收标准》(GB 50205)的规定

C. 结构工程钢构件尺寸偏差允许值应按建造时有关标准的规定确定

D. 构件尺寸偏差按相应产品标准进行检测

10. 依据 GB/T 50621—2010 使用超声测厚仪测量钢板厚度,以下描述正确的是________。(　　)

A. 将探头与被测构件耦合即可测量,接触耦合时间宜保持 1～2s

B. 在同一位置宜将探头转过 90°后作二次测量

C. 当二次检测结果差值不超过 0.2mm 时,取第一次检测结果为该部位的代表值

D. 在测量管材壁厚时,宜使探头中间的隔声层与管子轴线平行

11. 依据 GB/T 50621—2010,下列关于钢板厚度检测的设备、方法描述正确的是________。(　　)

A. 选用及在构件横截面或外侧无法用游标卡尺直接测量厚度时,可采用超声波原理测量钢结构构件的厚度

B. 采用超声波原理测量钢结构构件的厚度时,耦合不良、探头磨损等因素会导致误差

C. 超声测厚仪的测量误差往往比直接用游标卡尺的小

D. 在构件横截面或外侧可用游标卡尺测量的情况下，宜采用游标卡尺测量

12. 依据 GB 50026—2020，变形监测中挠度观测检测方法有________。(　　)

A. 垂线法　　B. 差异沉降法　　C. 位移计法　　D. 挠度计法

13. 依据 GB 50026—2020，在变形监测中，主体倾斜观测方法有________。(　　)

A. 经纬仪投点法　　B. 差异沉降法　　C. 激光准直法　　D. 倾斜仪法

14. 依据 GB 50205—2020，钢屋(托)架、钢桁架、钢梁、次梁的垂直度检测方法有________。(　　)

A. 吊线法现场实测　　B. 拉线法现场实测

C. 水准仪现场实测　　B. 经纬仪现场实测

15. 依据 GB 50205—2020，关于钢屋(托)架、钢桁架、钢梁、次梁的弯曲矢高允许偏差，说法正确的有________。(　　)

A. $l \leqslant 30$m 时，其允许偏差为 $l/1000$，且不大于 10.0mm

B. 30m$<l\leqslant$60m 时，其允许偏差为 $l/1000$，且不大于 30.0mm

C. $l>60$m 时，其允许偏差为 $l/1000$，且不大于 50.0mm

D. 其允许偏差为 $h/250$，且不大于 15.0mm

16. 依据 GB/T 50344—2019，关于使用免棱镜全站仪对结构和构件的主体倾斜情况进行检测的过程，下列描述正确的有________。(　　)

A. 观测点应沿建筑主体竖直线，在顶部和底部上下对应布设

B. 测出每对上、下观测点标志间的垂直位移分量

C. 用矢量相加法求得倾斜量和倾斜方向

D. 对于高层建筑，在每测站宜适当增加沿建筑主体竖直线的观测点，确定倾斜方向

17. 依据 GB/T 50344—2019，钢网架球节点间的杆件出现弯曲时，宜采取下列________的方法分析判定。(　　)

A. 初步判定尚存在稳定性问题

B. 初步判定尚存在强度性问题

C. 在计算分析中应考虑不同荷载组合下杆件的内力

D. 在计算分析中应考虑施工造成的附加内力

18. 依据 GB/T 50344—2019，对构件挠度宜使用免棱镜全站仪进行检测，并应符合下列________规定。(　　)

A. 全站仪测站点应安置在构件 1/4 跨距轴线正下方

B. 宜选取构件 2 个相对端点，跨中为观测点

C. 测量挠度值为跨中高程与相对端点高程平均值的差值

D. 检测时宜消除施工偏差、装饰层、截面尺寸变化造成的影响

19. 依据 GB/T 50344—2019，钢构件尺寸的检测应符合下列________项规定。(　　)

A. 构件的尺寸宜选择对构件性能影响较大的 3 个部位量测

B. 构件的尺寸应按国家有关产品标准的规定进行量测

C. 构件钢材的厚度和钢网架等钢管的壁厚可采用超声测厚仪测定

D. 以抽检构件检测结果平均值作为推定值对检验比进行验收

20. 依据 GB 50205—2020，关于单层、多高层钢结构安装工程钢柱轴线垂直度允许偏差

的说法,正确的是________。(　　)

A. 单层柱允许限值为 $H/1000$,且不大于 25.0mm

B. 单层柱允许限值为 $H/1000$,且不大于 10.0mm

C. 多层柱单节柱允许限值为 $H/1000$,且不大于 10.0mm

D. 多层柱全高不大于 35.0mm

21. 依据 GB 50205—2020,在空间结构安装工程中,关于钢网架、网壳结构安装完成后的允许偏差描述正确的是________。(　　)

A. 纵向、横向长度允许偏差:$\pm L/2000$,且不超过± 40.0mm

B. 支座中心偏移允许偏差:$L/3000$,且不大于 20.0mm

C. 周边支撑网架、网壳相邻支座高差允许偏差:$L_1/400$,且不大于 15.0mm

D. 多点支撑网架、网壳相邻支座高差允许偏差:$L_1/800$,且不大于 30.0mm

22. 依据 GB 50205—2020,在空间结构安装工程的膜结构安装中,关于连接固定膜单元的耳板、T 形件、天沟等的螺孔、销孔空间位置的抽检数量描述正确的是________。(　　)

A. 按同类连接件数抽查 10%　　B. 按同类连接件数抽查不应少于 3 处

C. 按同类连接件数抽查 15%　　D. 按同类连接件数抽查不应少于 5 处

23. 依据 GB/T 50621—2010,在使用超声测厚仪测量钢材厚度前,应对其表面进行处理,以下描述正确的是________。(　　)

A. 使用砂纸打磨　　B. 使用钢丝刷打磨

C. 使用抛光片打磨　　D. 使用手提砂轮打磨

24. 依据 JGJ 8—2016,在建筑基础及上部结构变形观测中,沉降观测应________。(　　)

A. 观测建筑的沉降量、沉降差

B. 观测建筑的沉降速率

C. 根据需要计算基础倾斜

D. 根据需要计算建筑的整体倾斜、绝对弯曲及构件倾斜

25. 依据 JGJ 8—2016,在建筑基础及上部结构变形观测中,水平位移观测的周期应符合下列________规定。(　　)

A. 施工期间,可在建筑每加高 2～3 层观测 1 次

B. 主体结构封顶后,可每 1 月～2 月观测 1 次

C. 使用期间,可在第一年观测 3 次～4 次

D. 使用期间,第二年后每年观测 1 次,直至稳定为止

第五节　钢结构动静载性能试验

1. 依据 GB 50205—2020,金属屋面系统在下列________情况下,应按规定进行抗风揭性能检测。(　　)

A. 建筑结构安全等级为一级的金属屋面

B. 防水等级为Ⅰ级、Ⅱ级的建筑物金属屋面

C. 采用新材料、新板型或新构造的金属屋面

D. 设计文件提出检测要求的金属屋面

2. 依据 GB 50205—2020，在金属屋面静态压力抗风揭性能检测中，检测装置应满足构件设计受力条件及支撑方式的要求，测试平台结构应具有足够的________。(　　)

A. 刚度　　B. 强度　　C. 高度　　D. 整体稳定性能

3. 依据 GB 50205—2020，在金属屋面静态压力抗风揭性能试验中，当出现________情况时，应判定屋面系统被破坏或失效。(　　)

A. 试件不能保持整体完整，板面出现破裂、裂开、裂纹、断裂一级鉴定固定件的脱落

B. 板面撕裂或掀起及板面连接被破坏

C. 固定部位出现脱落、分离或松动

D. 固定件出现断裂、分离或破坏

4. 依据 GB 50205—2020，在下列________情况下，建筑金属屋面应采用动态风载检测。(　　)

A. 设计要求采用动态风载检测

B. 对于基本风压不小于 0.5kN/m^2 的强台风地区

C. 对于基本风压不小于 1.0kN/m^2 的强台风地区

D. 对于基本风压不小于 1.5kN/m^2 的强台风地区

5. 依据 GB 50205—2020，金属屋面系统抗风揭性能检测应满足下列________要求。(　　)

A. 金属屋面中具有代表性的典型部位进行

B. 被检测屋面系统中的材料、构件加工应优于实际工程

C. 被检测屋面系统的安装施工质量应优于实际工程

D. 应满足设计要求并符合相应技术标准的规定

6. 依据 GB 50205—2020，金属屋面静态压力抗风揭性能检测步骤应符合下列________规定。(　　)

A. 从 0 开始，以 0.07kPa/s 加载速度加压到 0.7kPa

B. 加载至规定压力等级并保持该压力 60s，检查试件是否出现破坏或失效；排除空气卸压回到零位，检查试件是否被破坏或失效

C. 重复上述步骤，以每级 0.7kPa 逐级递增作为下一个压力等级，每个压力等级应保持该压力 60s，然后排除空气卸压回到零位，再次检查试件是否被破坏或失效

D. 重复测试程序直到试件被破坏或失效，停止试验并记录当前压力值

7. 依据 GB/T 50344—2019，在结构动力测试中，时域数据处理应符合下列________规定。(　　)

A. 对记录的测试数据进行零点漂移、记录波形和记录长度的检验

B. 可在记录曲线上相对规则的波形段内取有限个周期的平均值，作为被测试结构的自振周期

C. 可按自由衰减曲线求取被测试结构的阻尼比；当采用稳态正弦波激振时，可根据受迫振动测量结果绘制衰减曲线求取结构的阻尼比

D. 应用记录信号幅值除以测试系统的增益，得到被测试结构各测点的幅值，并应按此求得振型

8. 依据 GB/T 50344—2019,在对结构动力测试的数据进行处理后,应根据需要提供被测试结构的________。(　　)

A. 自振频率

B. 阻尼比和振型

C. 动力反应最大幅值

D. 时程曲线、频谱曲线

9. 依据 GB/T 50344—2019,对建筑的振动或晃动的评定宜进行________测试。(　　)

A. 建筑物的自振频率

B. 结构动力特性

C. 振动源情况

D. 振动源发生振动时,对既有建筑动力响应

10. 依据 GB/T 50344—2019,在结构动力测试中,在动力响应的各测点处宜布置________的振动测试传感器。(　　)

A. 2 个水平方向　　B. 1 个水平方向

C. 振动方向　　D. 竖向

11. 依据 GB/T 50344—2019,对于建筑结构的动力特性,可根据结构的特点选择测试方法,对于结构的基本振型测试,宜选用________等方法。(　　)

A. 稳态正弦波激振法　　B. 环境振动法

C. 人工激振法　　D. 初位移法

12. 依据 GB/T 50344—2019,结构性能的静力荷载检验可分为________。(　　)

A. 适用性检验　　B. 抗震性能检验

C. 荷载系数或构件系数检验　　D. 综合系数或可靠指标检验

13. 依据 GB 51008—2016,在钢结构的动力测试中,在下列________情况下必须进行多点激励。(　　)

A. 重频、密频　　B. 结构巨大,需要大的能量激励

C. 测试一阶振型　　D. 激励点为某阶感兴趣模态的节点

14. 依据 GB 51008—2016,在钢结构的动力测试中,当采用频域法对测试数据进行处理时,可根据识别参数要求,选用________。(　　)

A. 单模态识别法　　B. 多模态识别法

C. 时序分析识别法　　D. 频域总体识别法

第一节　钢材及焊接材料

1. 在弹性变形阶段，金属材料的内应力变化与延伸率变化成正比例线性关系。（　）

2. 对于有显著屈服现象的金属材料，在拉伸试验过程中，试样产生塑性变形而力不增加，称为屈服强度。（　）

3. 一般来讲，随着温度升高，强度降低，塑性减小。（　）

4. 依据 GB/T 230.1—2018，在洛氏硬度试验中，采用金刚石圆锥体或淬火钢球压头，将压头压入金属表面后，经规定保持时间后卸除主试验力，以测量压痕的深度来计算络氏硬度。压入深度越深，硬度越大；反之，硬度越小。（　）

5. 依据 GB/T 1172－1999，金属抗拉强度与布氏硬度 HB 之间有一定的关联，这说明布氏硬度越大，其抗拉强度也越大。（　）

6. 弹性模量 E 是一个比例常数，对于某种金属来说，它是一种固有的特性。（　）

7. 使用含碳量高（含碳量为 0.5%～0.7%）的钢，不能提高机件吸收弹性变形能的能力。（　）

8. 脆性材料在断裂前不产生明显的塑性变形，即断裂产生在弹性变形阶段，吸收的能量很小，这种断裂是可预见的。（　）

9. 对于不同金属材料，其冲击功 K 可能相同，而弹性功、塑性功、裂纹扩展功占比可能相差很大，从而表现为韧脆情况差别很大。所以，K 相同的材料其韧性不一定相同。（　）

10. 钢材牌号“Q355B”中的“355”指钢材的极限强度。（　）

11. 在对材料进行拉伸试验时，加荷速度越快，其抗拉强度值越小。（　）

12. 钢材的拉伸性能和冷弯性能均不合格时可取双倍试样复检。（　）

13. 依据 GB/T 228.1—2021，钢材的标距长度对其伸长率无影响。（　）

14. 屈服强度、抗拉强度的比值称为屈强比。屈强比越小，说明结构可靠性越高。（　）

15. 在钢材拉伸试验中，若断口恰好位于刻痕处，则试验结果作废。（　）

16. 钢材拉伸、弯曲试验一般在室温为 0～35℃时进行。（　）

17. 依据 GB/T 2975—2018，抽样产品、试料、样坯、试样应做出标记，以确保可追溯至原产品以及它们在原产品中的位置及方向。（　）

18. 依据 GB/T 230.1—2018,HRA 和 HRC 标尺所用压头为直径为 1.588mm 的钢球。 ( )

19. 硬度计的压头有金刚石压头、硬质合金压头和钢球压头 3 种。 ( )

20. 依据 GB/T 228.1—2021,下屈服点是屈服阶段中的最小应力。 ( )

21. 依据 GB/T 228.1—2021,上屈服点是屈服阶段中的最大应力。 ( )

22. 低碳钢试样拉伸试验过程中有屈服阶段,中碳钢和合金钢都没有屈服阶段。 ( )

23. 弹性极限是材料保持弹性的最大极限值,可以不保持线性。 ( )

24. 依据 GB/T 229—2020,钢材冲击试验一般在室温为 10～35℃时进行。 ( )

25. 一般说来,钢材硬度越高,其强度也越高。 ( )

26. 依据 GB/T 228.1—2021,具有恒定横截面的钢材产品(型材、棒材、线材)可以不经过机加工而进行拉伸试验。 ( )

27. 钢材的拉伸屈服强度是试样达到塑性变形而拉力不增加的应力值。 ( )

28. 依据 GB/T 232—2024,金属管材和金属焊接接头可按本标准规定进行弯曲试验。 ( )

29. 依据 GB/T 228.1—2021,在拉伸力学性能试样的夹持端和平行长度之间,一定要设置过渡弧连接。 ( )

30. 依据 GB/T 228.1—2021,当产品标准未规定具体要求时,拉伸试验的断后伸长率修约至 0.5%。 ( )

31. 依据 GB/T 232—2024,在金属材料弯曲试验中,厚度大于 50mm 矩形弯曲试样的棱边倒圆半径不能超过 3mm。 ( )

32. 依据 GB/T 229—2020,夏比摆锤冲击试样的标准尺寸为 55mm×10mm×10mm。 ( )

33. 依据 GB/T 228.1—2021,钢材拉伸力学性能试样可为机加工试样和不经过机加工试样。 ( )

34. 依据 GB/T 228.1—2021,在拉伸屈服强度的验证试验中,应使用不劣于 1 级准确度的引伸计。 ( )

35. 钢材的下屈服强度一定低于上屈服强度。 ( )

36. 依据 GB/T 2975—2018,制备拉伸试样时应避免影响其力学性能,应通过剪切或冲切加工,对于明显呈现加工硬化的材料,应通过铣和磨削等加工手段。 ( )

37. 依据 GB/T 228.1—2021,影响拉伸断后伸长率的主要因素包括原始标距和断后标距。 ( )

38. 依据 GB/T 228.1—2021,拉伸试样的夹持端应与试验机的夹头相适应,试样的轴线应与力的作用线重合。 ( )

39. 依据 GB/T 228.1—2021,拉力试验机要经过计量标定,其准确度不得低于 1 级。 ( )

40. 依据 GB/T 228.1—2021 和 GB/T 8170—2008,抗拉强度修约结果为 450MPa 的原始数据可能是 450.5MPa。 ( )

41. 依据 GB/T 228.1—2021,在钢材拉伸试验的应力-延伸率曲线上,弹性部分的斜率

代表钢材的弹性模量值。（　）

42. 依据 GB/T 228.1—2021，拉力试验机应在试样两端夹持后进行调零。（　）

43. 依据 GB/T 228.1—2021，在计算圆截面拉伸试样的原始横截面积时，需要至少保留 4 位有效数字或小数点后两位（以 mm^2 为单位），取其较精确者；进行面积计算时 π 至少取 4 位有效数字。（　）

44. 依据 GB/T 228.1—2021，测量试样断后标距时，应将断后两部分紧密地对接在一起，保证两部分轴线位于同一条直线上。（　）

45. 钢结构在连续反复荷载作用下，应力虽低于极限抗拉强度，甚至还低于屈服强度，仍然发生破坏，这种破坏被称为疲劳破坏。其特点是没有明显变形，是一种脆性破坏。

（　）

46. 塑性变形是指不可逆转的永久变形。（　）

47. 依据 GB/T 228.1—2021，一定要在机加工试样的夹持端和平行长度之间设置过渡弧连接。（　）

48. 依据 GB/T 228.1—2021，对于直径或厚度小于 4mm 线材、棒材和型材，其拉伸试样可不经过机加工。（　）

49. 依据 GB/T 228.1—2021，对于直径或厚度大于 4mm 的线材、棒材和型材，其拉伸试样可以不经机加工。（　）

50. 依据 GB/T 228.1—2021，在拉伸断后伸长率的验证试验中，应使用不劣于 1 级准确度的引伸计。（　）

51. 依据 GB/T 228.1—2021，试验机的测力系统应按 GB/T 16825.1—2022 进行校准，其准确度应为 1 级或优于 1 级。（　）

52. 依据 GB/T 228.1—2021，为了确保试样与夹具对中，可以对试样施加不超过规定或预期屈服强度的 5％相应的预拉力。（　）

53. 依据 GB/T 228.1—2021，钢材拉伸试验的原始标距不得小于 25mm。（　）

54. 依据 GB/T 228.1—2021，圆形横截面试样在标记两端及中间 3 处横截面上且互相垂直的 2 个方向上测量直径，以各处 2 个方向上测量的直径的算术平均值计算横截面积，取 3 处测得横截面积的平均值作为试样原始横截面积。（　）

55. 依据 GB/T 228.1—2021，钢材拉伸试验的非比例试样原始标距与横截面积无关。

（　）

56. 依据 GB/T 228.1—2021，对于管段试样，应在试样两端加以塞头，在允许压扁的管段试样两夹持头部处可加扁块塞头后进行试验，仲裁试验中可不加塞头。（　）

57. 如果拉伸试样直径不宜测量，可以根据试样长度、质量及密度通过计算而得。

（　）

58. 依据 GB/T 228.1—2021，对于矩形横截面试样，应在标距的两端及中间 3 处横截面上测量宽度和厚度并计算横截面积，取 3 处测得的横截面积的平均值作为试样的原始横截面积。（　）

59. 依据 GB/T 228.1—2021，名义直径为 10mm 的加工试样尺寸公差为±0.03mm，形状公差为 0.04mm，则表明试样直径应在（10±0.03）mm 范围内，其平行长度内最小直径与最大直径之差不应大于 0.04mm。（　）

60. 依据 GB/T 228.1—2021,圆形截面试样仲裁试验的平行长度不小于 L_0 与 $d_0/2$ 的和。 ( )

61. 依据 GB/T 2975—2018,对于翼缘长度不相等的角钢,应从长翼缘边取力学性能试验试样。 ( )

62. 依据 GB/T 2975—2018,在 12mm 厚钢板上,采用冷剪法切取样坯时可采用的加工余量应为 12mm。 ( )

63. 依据 GB/T 232—2024,弯曲试验中弯曲装置有支辊式弯曲装置、V 型模具式弯曲装置、U 型模具式弯曲装置和虎钳式弯曲装置。 ( )

64. 依据 GB/T 232—2024,厚度大于 50mm 的矩形试样棱边倒圆半径不能超过 3mm。 ( )

65. 依据 GB/T 232—2024,当产品宽度大于 20mm 时,产品的厚度不小于 3mm,试样宽度为(20±5)mm。 ( )

66. 当对试验环境温度有严格要求时,金属拉伸试验和弯曲试验环境温度要求不同。 ( )

67. 弹性模量是与材料有关的比例常数,在相同条件下,同一材料的这个比例常数是恒定的。 ( )

68. 依据 GB/T 19879—2023,Z15 钢材 3 个试样的断面收缩率的检验值不允许小于 15%。 ( )

69. 依据 GB/T 5313—2023,在厚度方向性能试验的取样中,样坏应在沿钢板横向的一端的中部切取 ( )

70. 依据 GB 50661—2011,在焊接接头弯曲试验中,弯心直径要符合母材标准 ( )

71. 依据 GB/T 244—2020,该标准适用于测定外径大于 30mm 的圆截面金属管的全截面弯曲塑性能力。 ( )

72. 依据 GB/T 228.1—2021,对温度要求严格的力学性能试验,其试验温度应为(20±2)℃。 ( )

73. 依据 GB/T 228.1—2021,力学性能试验用试样横截面可以为圆形、矩形、多边形,特殊情况下可以为某些其他形状。 ( )

74. 依据 GB/T 19879—2023,钢板的夏比(V 型缺口)冲击试验结果按一组 3 个试样的算术平均值计算,允许其中一个试样值低于规定值,但不得低于规定值的 70%。如果试验结果不符合上述规定,应从同一张钢板(或同一样坯)上再取 3 个试样进行试验,前后两组 6 个试样的算术平均值不得低于规定值,允许有 2 个试样小于规定值,但其中小于规定值 70%的试样只允许有 1 个。 ( )

75. 断后伸长率 $A=22.5\%$,表示拉伸试验中采用的是比例试样,原始标距为 $5.65\sqrt{S_0}$。 ( )

76. 依据 GB/T 228.1—2021,断后伸长率为断后标距的残余伸长与原始标距之比的百分率。 ( )

第二节　钢结构连接及涂装

1. 依据 GB 50205—2020，高强度大六角螺栓和扭剪型螺栓进场时，应抽取试件且应分别进行楔负载和螺母保载检验。（　　）

2. 依据 GB 50205—2020，高强度螺栓连接抗滑移检验批按分部工程所含高强度螺栓数量划分，每 2 万个高强度螺栓用量的钢结构为一批。（　　）

3. 依据 GB 50205—2020，复验扭剪型高强度螺栓时每批应抽取 4 套。（　　）

4. 依据 GB 50205—2020，进行抗滑移试验时，紧固高强度螺栓应分初拧、终拧。初拧应达到螺栓预拉力标准值的 80%左右。（　　）

5. 依据 GB 50205—2020，一套抗滑移系数试验试件至少用 4 副螺栓。（　　）

6. 依据 GB/T 1231—2006，大六角头高强度螺栓芯部硬度试验在距螺杆末端等于螺纹直径 d 的截面上进行，在该截面距离中心 1/4 的螺纹直径处，任测 4 点。（　　）

7. 依据 GB/T 1231—2006，在大六角头高强度螺栓扭矩系数试验中，需要记录的原始数据有螺栓的尺寸、螺栓的预拉力和弯矩。（　　）

8. 依据 GB 50205—2020，高强度螺栓连接副施工终拧后，螺栓丝扣外露应为 2～3 扣，其中允许有 10%的螺栓丝扣外露 1 扣或 4 扣。（　　）

9. 依据 GB/T 1231—2006，在大六角头高强度螺栓楔负载试验中，需要测试螺栓的最大拉力。（　　）

10. 依据 GB/T 1231—2006，在大六角头高强度螺栓楔负载试验中，应将螺栓拧在带有内螺纹的专用夹具上（至少 6 扣），在螺栓头下置一块楔垫，楔垫角度 α 为 10°。（　　）

11. 依据 GB 50205—2020，对于扭剪型高强度螺栓连接副，除因构造原因无法使用专用扳手拧掉梅花头者外，螺栓尾部梅花头被拧断为终拧结束。未在终拧中拧掉梅花头的螺栓数不应大于该节点螺栓数的 15%。（　　）

12. 依据 GB 50205—2020，对于采用扭矩法施工的高强度大六角头螺栓，在终拧质量检查中，应按节点数抽查终拧扭矩，每个被抽查节点应按螺栓数抽查 10%，且不少于 2 副螺栓。（　　）

13. 依据 JG/T 11—2009，用标记“WSR”表示焊接空心球节点的高强度螺栓。（　　）

14. 依据 JG/T 11—2009，焊接空心球节点由焊接空心球和紧固螺钉组成。（　　）

15. 依据 JG/T 10—2009，对于 M12～M24 的钢网架螺栓球节点用高强度螺栓，其强度等级应为 8.8s。（　　）

16. 依据 JG/T 10—2009，在螺栓球组件性能试验中，当螺栓的硬度检验与拉力载荷检验结果有矛盾时，应以拉力载荷试验结果为准。（　　）

17. 依据 JG/T 10—2009，螺栓球的螺纹尺寸可采用游标卡尺检查。（　　）

18. 依据 JG/T 10—2009，螺栓球微裂纹可用 10 倍放大镜目测或对其进行超声波探伤检验。（　　）

19. 依据 GB 50205—2020，钢结构防腐涂料涂装前表面除锈应符合设计要求和国家现行有关标准的规定。处理后的钢材表面不应有焊渣、焊疤、灰尘、油污等。（　　）

20. 依据 GB 50205—2020,在钢结构涂装工程中,对于金属热喷涂涂层厚度的检查数量要求:每 100m^2 的平整表面上的测量基准面数量不得少于 3 个。（　）

21. 依据 GB/T 50621—2010,检测钢结构防腐涂层厚度时,涂层测厚仪的最大量程不应小于 1200μm,最小分辨率不应大于 2μm,示值相对误差不应大于 3%。（　）

22. 依据 GB 50205—2020,在涂层厚度评定中,每个试板面应检测 3 处,将每处 5 点的平均值作为该处的漆膜厚度。（　）

23. 依据 GB 50205—2020,钢结构普通涂料防腐涂装工程应在钢结构构件组装之前进行。（　）

24. 依据 GB 50205—2020,在钢结构防腐涂装前应对钢材表面进行除锈处理,当无设计要求时,油性酚醛底漆的最低除锈等级为 St3、聚氨酯底漆的最低除锈等级为 $Sa2_{1/2}$。（　）

25. 依据 GB 50205—2020,在涂层性能评定中,油漆类涂层附着力测试结果应符合下列规定:涂层与钢材的附着力不应低于 5MPa(拉开法)或不低于 2 级(划格法)。（　）

26. 依据 GB 50205—2020,在钢结构涂装工程中,对金属热喷涂涂层结合强度的检查数量要求:每 500m^2 检测数量不得少于 1 次,总检测数量不得少于 3 次。（　）

27. 依据 GB 50205—2020,在钢结构防火涂装工程中,对于薄涂型防火涂料涂层,表面裂纹宽度不应大于 1.0mm。（　）

28. 依据 GB/T 4336—2016,当采用火花放电电子发射光谱法测定钢材的化学元素时,分析样品应从样坯高度下端的 1/4 处截取。（　）

29. 依据 GB/T 700—2006,Q235D 级碳素结构钢中的总铝含量应不小于 0.020%。（　）

30. 依据 GB/T 1591—2018,对于热轧状态的 Q355D 级低合金高强度结构钢,当厚度不大于 30mm 时,其碳含量应不大于 0.55%。（　）

第三节　钢结构焊接

1. 超声场具有一定的空间大小和形状,只有缺陷位于超声场内,才有可能被发现。（　）

2. 在超声波检测中,为提高扫查速度并减少杂波的干扰,应将检测灵敏度适当降低。（　）

3. 对焊缝进行横波超声波检测时,如采用直射法,可不考虑结构反射、变型波等干扰回波的影响。（　）

4. 当超声波声束以一定角度入射到不同介质的界面上时,会发生波型转换。（　）

5. 对曲面工件进行超声波探伤时,探伤面曲率半径愈大,耦合效果愈好。（　）

6. 超声波频率越高,近场区的长度也就越大。（　）

7. 由于机械波是由机械振动产生的,因此波动频率等于振动频率。（　）

8. 超声波的频率越高,传播速度越快。（　）

9. 频率相同的纵波,在水中的波长大于在钢中的波长。（　）

10. 在同一固体材料中,传播纵波、横波时声阻抗不一样。（　）

11. 对于焊缝超声波探伤用的斜探头，当楔块底面后部磨损较大时，其 K 值将变小。（　）

12. 材料的声阻抗与温度有关，一般材料的声阻抗随温度升高而降低。（　）

13. 超声波倾斜入射至缺陷时，缺陷反射波高随入射角的增大而增高。（　）

14. 对于超声波检测探头，面积相同、频率相同的圆晶片和方晶片，其超声场的近场长度一样长。（　）

15. 管座角焊缝中危害最大的缺陷是未熔合和裂纹等缺陷，一般应采用超声波横波斜探头和纵波直探头相结合的检测方式。（　）

16. 在超声波检测中，采用当量法确定的缺陷尺寸一般小于缺陷的实际尺寸。（　）

17. "灵敏度"意味着发现小缺陷的能力，因此超声波检测灵敏度越高越好。（　）

18. 工件表面比较粗糙时，为防止超声波检测探头磨损和保护晶片，宜选用硬保护膜。（　）

19. A 型显示超声波检测仪，利用 DGS 曲线板可直观显示缺陷的当量大小和缺陷深度。（　）

20. 焊缝超声波横波检测中，裂纹等危害性缺陷的反射波幅一般很高。（　）

21. 超声波声束指向性不仅与频率有关，还与波型有关。（　）

22. 在超声波检测中，由端角反射率试验结果推断：使用折射角 $\beta_s \geqslant 56°$ 的探头检测单面焊焊缝根部未焊透缺陷时，灵敏度较低，可能造成漏检。（　）

23. 在厚钢板超声波探伤中，若出现缺陷的多次反射波，说明缺陷的尺寸一定较大。（　）

24. 在超声波检测中，频率和晶片尺寸相同时，横波声束指向性比纵波好。（　）

25. 在超声波检测中，用绝对灵敏度法测量缺陷指示长度时，测长灵敏度低，测得的缺陷长度大。（　）

26. 对于超声波检测，串列检测技术适用于检查垂直于检测面的平面缺陷。（　）

27. 在超声波检测中，IIW 试块能用于测定纵波直探头分辨力。（　）

28. 在超声波检测中，采用双探头串列检测技术扫查焊缝时，位于焊缝深度方向任何部位的缺陷，其反射波均出现在荧光屏上同一位置。（　）

29. 在超声波检测中，温度对斜探头折射角有影响。当温度升高时，折射角将变大。（　）

30. 在超声波检测中，对厚焊缝采用串列检测技术扫查时，若焊缝余高磨平，则不存在盲区。（　）

31. 依据 GB/T 11345—2023，采用横波超声波检测焊缝质量。若存在缺欠的母材部位已严重影响声束覆盖整个检测区域，则应考虑更换其他检测方法。（　）

32. 依据 GB/T 11345—2023，对于与检测面垂直的近表面平面型缺欠，采用单一斜角检测技术就可全方位检测。（　）

33. 依据 GB/T 11345—2023，进行灵敏度设定、范围调节和工件检测时可采用不相同耦合剂。（　）

34. 依据 GB/T 11345—2023，晶片直径为 6～12mm（或等效面积的矩形晶片）的超声波

小探头适合短声程检测。 ( )

35. 依据 GB/T 11345—2023,采用技术 2 设定参考灵敏度,是以规定尺寸的平底孔(D_{DSR})作为基准反射体,分别制作纵波和横波距离-增益尺寸曲线(DGS)。 ( )

36. 依据 GB/T 11345—2023,在焊缝超声波检测中,对于长声程检测和(或)被检对象材料具有高衰减系数,可选择较高的检测频率。 ( )

37. 依据 GB/T 11345—2023,纵向不连续缺欠垂直于焊缝走向,横向不连续缺欠平行于焊缝走向。 ( )

38. 依据 GB/T 11345—2023,超声波探伤检测区域是指焊缝和焊缝两侧热影响区宽度范围,如果热影响区宽度范围未知,那么取焊缝两侧母材各 10mm 宽度。 ( )

39. 依据 GB/T 29711—2023,根据超声波检测回波指示特征,焊缝内部不连续分为平面型和非平面型。 ( )

40. 依据 JG/T 203—2007,在焊缝超声波检测中,RBJ - 1 型试块适用于评定焊缝根部未焊透程度。 ( )

41. 依据 JG/T 203—2007,用超声波检测圆管相贯节点焊接接头时,应采用 A 级检验等级。 ( )

42. 依据 GB 50661—2011,在钢结构焊缝质量无损检验抽样中,焊缝处数的计数方法:工厂制作焊缝长度不大于 1000mm 时,每条焊缝应为 1 处;长度大于 1000mm 时,以 1000mm 为基准,每增加 300mm,焊缝数量应增加 1 处;对于现场安装焊缝,每条焊缝应为 1 处。 ( )

43. 依据 GB 50661—2011,关于需疲劳验算结构的焊缝,用射线和超声波 2 种方法检验同一条焊缝,必须达到各自的质量要求时,该焊缝方可被判定为合格。 ( )

44. 射线胶片照相检测特别适合于对铸件、熔化焊焊接接头等工件内的体积型缺陷的检测,对缺陷的定位、定性和定量准确。 ( )

45. 对于射线检测,射线胶片由片基、结合层、感光乳剂层和保护层组成。 ( )

46. 在射线检测中,底片黑度 $D=1$,即意味着透射光强为入射光强的 1/10。 ( )

47. 对于射线检测,用来说明管电压、管电流和穿透厚度关系的曲线称为胶片特性曲线。 ( )

48. 对于射线检测,胶片针对不同曝光量在底片上显示不同黑度差的固有能力称为梯度。 ( )

49. 对于射线检测,像质计是用来检查和定量评价射线底片影像质量的工具。 ( )

50. 在射线检测中,显影不足或过度会影响底片对比度,但不会影响颗粒度。 ( )

51. 对于射线检测,衰减系数 μ 只与射线能量有关,与试件材质无关。 ( )

52. 对于射线检测,底片黑度只影响对比度,不影响清晰度。 ( )

53. 在射线检测中,对某一曝光曲线,应使用同一类型的胶片,但可更换不同的 X 射线机。 ( )

54. 对于射线检测,从射线照相灵敏度角度考虑,在保证穿透力的前提下,应尽量选择能量较低的 X 射线。 ( )

55. 在射线检测中,铅箔增感屏的铅箔厚度越大,其增感效率越高。 ( )

56. 在对不等厚焊缝进行射线检测时，应根据薄壁侧的厚度选用像质计。（　）

57. 在射线检测中，对于 T 型焊缝射线照相，采取腹板侧倾斜透照时将胶片放置于焊缝侧。（　）

58. 在射线检测中，显影时胶片上的 AgBr 被还原成金属 Ag，从而使胶片变黑。（　）

59. 在射线检测中，黑度、对比度、颗粒度是底片的主要质量指标。（　）

60. 射线检测灵敏度与射线的入射方向相关。对于面积型缺陷，入射角必须与面积型缺陷的平面平行才能获得良好的检测效果。（　）

61. 依据 GB/T 26951—2011，用磁粉检测表面缺欠时，磁悬液通常比干粉给出较高的灵敏度。（　）

62. 依据 GB/T 26951—2011，在磁粉检测中，采用交叉磁轭技术，设备的交叉磁轭提升力应至少为 88N。（　）

63. 常见的钢结构焊接外观缺陷有咬边、焊瘤、凹陷、焊接变形、表面气孔、表面裂纹、单面焊的根部未焊透等。（　）

64. 依据 GB/T 18851.1—2012，在渗透检测前，应对工件进行预清洗，确保被检表面无残留物，便于渗透剂渗入任一不连续缺欠内。（　）

65. 依据 GB/T 18851.1—2012，渗透检测的有效性与渗透时间、渗透剂性能、施加时的温度、被检件的材料和缺陷等有关。（　）

66. 依据 GB 50205—2020，当栓钉焊接接头外观质量检验合格后，应进行打弯抽样检查，焊缝和热影响区不得有肉眼可见的裂纹。（　）

67. 渗透检测和磁粉检测都是对表面缺陷的检测方法，并且都是一种把缺陷显示图像扩大，以目视观察手段直观查找缺陷的检测方法。（　）

68. 对焊接坡口进行渗透检测，主要是检测坡口部位是否存在分层和裂纹缺陷。（　）

69. 在磁粉检测中，只要试件中存在缺陷，被磁化后缺陷所在的相应部位就会产生漏磁场。（　）

70. 在磁粉检测中，可以利用交叉磁轭外侧对 T 型接头角焊缝和焊接接头坡口进行磁化，但要用标准试片来判断磁场强度是否合适。（　）

第四节　钢构件位置与尺寸

1. 依据 GB/T 50621—2010，在钢结构或构件变形检测中，当构件各测试点饰面层厚度接近，且不明显影响评定结果时，可不清除饰面层。（　）

2. 依据 GB/T 50621—2010，对变截面构件和有预起拱的结构或构件，可不考虑其初始位置的影响。（　）

3. 依据 GB/T 50621—2010，当测量结构或构件垂直度时，宜将仪器架设在与倾斜方向成正交的方向线上。（　）

4. 依据 GB/T 50621—2010，在钢构件、钢结构安装主体垂直度检测中，应测量钢构件、

钢结构安装主体顶部相对于底部的水平位移与高差,并分别计算垂直度及倾斜方向。（　）

5. 依据 GB/T 50621—2010,在建钢结构或构件变形检测结果应符合设计要求和现行国家标准《工业建筑可靠性鉴定标准》(GB 50144)的有关规定。（　）

6. 依据 JGJ 8—2016,当采用水准测量对建筑物进行沉降观测时,应在观测前半小时将数字水准仪置于露天阴影下,使其与外界气温趋于一致。（　）

7. 依据 GB 50205—2020,在单层、多高层钢结构安装工程中,对主体钢结构整体进行偏离检查时,应全部检查主要立面。对每个所检查的立面,除检查两列角柱外,尚应至少选取一列中间柱进行检查。（　）

8. 依据 GB 50205—2020,对单层、多高层钢结构安装工程的安装偏差检测,应在结构形成空间稳定单元并连接固定且临时支承结构拆除后进行。（　）

9. 依据 GB/T 50621—2010,在对受腐蚀后的构件厚度进行测量时,应先将腐蚀层除净,让其露出金属光泽后再进行测量。（　）

10. 依据 GB/T 50344—2019,钢构件尺寸的检测宜选择对钢构件性能较大的部位进行测量。（　）

11. 依据 GB/T 50621—2010,当采用超声波检测钢材的厚度时,对于小直径管壁或工件表面较粗糙时,可选用黏度较大的甘油。（　）

12. 依据 GB/T 50621—2010,采用超声波检测钢材的厚度时,应在构件的 3 个不同部位进行测量,取 3 处测试值的平均值作为钢材厚度的代表值。（　）

13. 依据 GB 50205—2020,在单层、多高层钢结构安装工程中,檩条两端相对高差与设计标高偏差不应大于 10mm。（　）

14. 依据 GB 50205—2020,在单层、多高层钢结构安装工程中,檩条直线度偏差不应大于$l/200$,且不应大于 10mm。（　）

15. 依据 GB 50205—2020,在单层、多高层钢结构安装工程中,墙面檩条外侧平面上任一点对墙轴线距离与设计偏差不应大于 10mm。（　）

16. 依据 GB 50205—2020,在单层、多高层钢结构安装工程中,对墙面檩条外侧平面任一点对墙轴线距离与设计偏差的检查数量要求:每跨间不应少于 3 点。（　）

17. 依据 GB/T 50621—2010,在对钢网架拼装完成后的挠度检测中,对于跨度大于 24m 的钢网架,应测量下弦中央一点及各向下弦跨度的四分点。（　）

18. 依据 GB/T 50621—2010,用于钢结构或钢构件变形的测量仪器及其精度宜符合现行行业标准《建筑变形测量规范》JGJ 8 的有关规定,变形测量级别可按一级考虑。（　）

19. 依据 GB/T 50621—2010,对于尺寸大于 6m 的钢构件垂直度、侧向弯曲矢高以及钢结构整体垂直度与整体平面弯曲,可用拉线、吊线锤法进行检测。（　）

20. 依据 GB/T 50621—2010,拉线、吊线锤法不适用于尺寸不大于 6m 的钢构件变形测量。（　）

21. 依据 GB/T 50621—2010,在测量尺寸大于 6m 的钢构件的挠度时,观测点应沿构件的轴线或边线布设。（　）

22. 依据 GB/T 50621—2010,在测量尺寸大于 6m 的钢构件的挠度时,可通过比较由全站仪或水准仪测得的两端和跨中的读数,求得构件的跨中挠度。（　）

23. 依据 GB/T 50344—2019，在对既有钢结构的钢网架节点之间的杆件弯曲进行测量时，可不区分杆件的偏差和受力后的弯曲。（　　）

24. 依据 GB/T 50344—2019，当平面屋架的杆件出现平面外的弯曲，节点板出现平面外的位移或变形时，可初步评价平面屋架存在强度的问题。（　　）

25. 依据 GB/T 50621—2010，用全站仪测量钢结构变形，当现场光线不佳、起扬尘、有振动时，应用其他仪器对全站仪的测量结果进行对比判断。（　　）

第五节　钢结构动静载性能试验

1. 依据 GB/T 50621—2010，进行结构动力特性测试作业时，应保证不产生对结构性能有明显影响的损伤，也应避免环境对测试系统的干扰。（　　）

2. 依据 GB 50205—2020，在钢结构安装工程检验批质量验收合格前，应进行压型金属板安装。（　　）

3. 依据 GB 50205—2020，对建筑金属屋面系统均应采用动态风载检测。（　　）

4. 依据 GB 50205—2020，对金属屋面典型部位的风荷载标准值，应采用地区基本风压值进行检测。（　　）

5. 依据 GB 51008—2016，在基于试验的承载力设计值验证试验中，能够确认某个试件的试验存在明显的错误而导致其承载力被严重低估时，可以按要求重新进行新的一组试验。（　　）

6. 依据 GB 51008—2016，对于大型复杂结构，单点激励显得能量不够，且在传递过程中损失较大。若增大激励力，则容易产生局部过大效应，造成非线性现象。（　　）

7. 依据 GB 51008—2016，在钢结构动力性能检测中，若激振点正好选在结构某阶模态的节点上，则该阶模态不能被激发。（　　）

8. 依据 GB 51008—2016，在钢结构动力性能检测中，若激振点正好落在某阶模态的峰点附近，则该阶模态不能被激发。（　　）

9. 依据 GB 51008—2016，在钢结构静力荷载试验中，使用性能检验和承载力检验的对象可以是实际的结构或构件，不可以用缩尺模型。（　　）

10. 依据 GB 51008—2016，在钢结构静力荷载试验中，破坏性检验的对象可以是不再使用的结构或构件，也可以是足尺模型。（　　）

11. 依据 GB 51008—2016，在钢结构静力荷载试验中，当需要通过试验检验结构受弯构件的承载力、刚度性能，或对结构的理论计算模型进行验证时，必须进行破坏性的现场荷载试验。（　　）

12. 依据 GB 51008—2016，在钢结构构件现场静力荷载试验中，当在规定的持荷时间内出现标志性破坏时，应取前一级荷载作为其承载力检验荷载的实测值。（　　）

13. 依据 GB 51008—2016，在钢结构静力荷载试验中，对缩尺模型应注意考虑模型相似性问题，同时对模型与实际结构之间由荷载及作用方式、边界约束条件、几何上的差异所引起的受力性能差异应给予充分考虑。（　　）

第一节　钢材及焊接材料

1. 依据 GB/T 228.1—2021，什么是金属材料的屈服强度、上屈服强度、下屈服强度？

2. 依据 GB/T 228.1—2021，在金属材料拉伸试验中，针对不同检测参数的测定，如何选择引伸计？

3. 依据 GB/T 228.1—2021，请写出金属材料拉伸弹性模量的计算公式，并说明式中各个参数符号的含义。

4. 依据 GB/T 229—2020，简述冲击试验中“KV_2”“KV_8”中的“2”和“8”表示的意义。

5. 依据 GB/T 229—2020，简述冲击试验检测报告中应包含的必要内容。

6. 依据 GB/T 232—2010，金属材料弯曲试验装置有哪几种？其中支辊式弯曲装置的支辊间距如何确定？

7. 依据 GB/T 228.1—2021，简述拉伸试验中试样平行长度的定义。

8. 依据 GB/T 228.1—2021，简述在金属材料拉伸试验中的断后伸长率的最大力总延伸率的定义。

9. 依据 GB/T 232—2024，在钢板弯曲试验中，对弯曲试样有哪些要求？

10. 依据 GB/T 228.1—2021，简述金属材料圆截面拉伸试样断面收缩率的测定过程。

11. 依据 GB/T 228.1—2021，普通碳素钢试样的拉伸试验过程中有哪几个变形阶段？

12. 依据 GB/T 228.1—2021，简述金属材料拉伸试验结果数值的修约规定。

13. 依据 GB/T 228.1—2021,钢管拉伸试样的形状有哪几种?

14. 依据 GB/T 229—2020,简述 V 型缺口、U 型缺口冲击试样的缺口几何尺寸要求。

15. 依据 GB/T 228.1—2021、GB/T 232—2024,对室温拉伸试验与冲击试验的环境温度分别有什么要求?

16. 依据 GB/T 232—2024,简述钢板的弯曲试验过程。

17. 依据 GB/T 231.1—2018,简述布氏硬度试验过程。

18. 依据 GB/T 228.1—2021,在金属材料拉伸试验中,如何设置试验机的试验力零点?

19. 依据 GB/T 1591—2018,低合金高强度结构钢有哪几种常用牌号?

20. 依据 GB/T 1591—2018，Q355B 钢材拉伸试验、弯曲试验、冲击试验的取样数量分别有哪些要求？

21. 依据 GB/T 1591—2018，低合金高强度结构钢的检验和验收如何组批？

22. 简述金属材料热影响区的定义。

23. 依据 GB/T 228.1—2021，在拉伸试验中如何用图解法测定规定塑性延伸强度？

24. 依据 GB/T 228.1—2021，对拉伸试样原始标距的标记有何要求？

25. 依据 GB 50661—2011，在焊接工艺评定检验中，对 Q355B25mm 钢板对接试板有哪些试验规定？

26. 什么是金属材料力学性能？常用的金属材料力学性能有哪些？

27. 依据 GB 50661—2011,在对接焊接接头试板的弯曲试验中,在何种情况下取面弯、背弯、侧弯试样?

第二节 钢结构连接及涂装

1. 依据 GB/T 1231—2006,在高强度大六角螺栓连接副扭矩系数试验,应注意哪些事项?

2. 依据 GB/T 50621—2010,简述高强度大六角螺栓终拧扭矩检测的步骤。

3. 依据 GB 50205—2020,简述在高强度大六角螺栓采用扭矩法施工时,其终拧质量检查检测的基本规定要求。

4. 依据 GB/T 50621—2010,为什么高强度螺栓终拧扭矩施工质量检测需要在 1h 后 48h 内进行终拧扭矩检查?

5. 依据 JG/T 10—2009,在哪些情况下应对钢网架螺栓球节点进行型式检验?

6. 依据 JG/T 10—2009，钢网架螺栓球节点产品出厂时，制造单位应提交哪些技术文件？

7. 依据 JG/T 11—2009，简述钢网架焊接空心球节点检测的抽样方法。

8. 依据 JG/T 11—2009，压弯焊接空心球的试验有哪些规定？

9. 依据 JG/T 11—2009，简述钢网架焊接空心球的极限承载力试验的注意事项。

10. 依据 GB/T 1231—2006，高强度大六角头螺母硬度试验有哪些规定？

11. 依据 GB/T 9286—2021，在划格法涂层附着力试验中用到的仪器有哪些？

12. 依据 GB/T 50621—2010，简述防腐涂层厚度检测的主要检测步骤。

13. 依据 GB 50205—2020,在涂层性能评定中,对于油漆类涂层附着力测试结果有哪些规定?

14. 依据 GB/T 9779—2015,底漆的主要作用有哪些?

15. 依据 GB 50205—2020,涂装工程相关规定适用于钢结构的哪些工程施工质量验收?

16. 依据 GB 50205—2020,钢结构普通防腐涂料涂装工程应在哪些检验批的施工质量验收合格后进行?

17. 依据 GB/T 4336—2016,简述火花放电原子发射光谱法检测金属材料化学成分的工作原理。

18. 为什么说钢中的 S、P 杂质元素在一般情况下总是有害的?

第三节　钢结构焊接

1. 采用横波斜探头对焊缝进行超声波探伤时,探头折射角或 K 值的选择应从哪些方面考虑?

2. 焊缝超声波探伤为何常采用横波探伤？

3. 在焊缝超声波探伤中，如何测定缺陷在焊缝中的位置？

4. 简述耦合剂在超声波探伤中的作用及耦合剂选择的基本要求。

5. 在焊缝超声波检测中，缺陷指示长度的测定可采用相对灵敏度法、绝对灵敏度法和端点峰值法。请简述相对灵敏度法、绝对灵敏度法和端点峰值法的操作方法。

6. 在焊缝超声波探伤中，如何判断缺陷是点状缺陷还是裂纹？

7. 简述超声检测中影响缺陷定位、定量的主要因素。

8. 在超声波检测中，有前后、左右、转角、环绕 4 种基本扫查方式。简述各种扫查方式的作用。

9. 简述超声波探伤仪主要性能指标,并说明它们表达的意义。

10. 什么是超声波探伤所用试块?其主要用途是什么?

11. 什么是超声波探伤灵敏度?常用的调节探伤灵敏度的方法有哪几种?

12. 超声波斜探头的技术指标有哪些?

13. 超声检测中常见的非缺陷回波有哪几种?如何鉴别缺陷回波和非缺陷回波?

14. 依据 GB/T 11345—2023,简述 T 型焊接接头焊缝超声波检测中的主要纵向检测方式,并说明操作要求。

15. 超声波探伤的分辨力与哪些因素有关?

16. 在超声波探伤中,当量尺寸指的是什么?常用的缺陷当量定量法有哪些?

17. 在超声波横波检测中,有哪几种缺陷长度测定方法?说明其应用范围及特点。

18. 对钢板进行超声波探伤时,常用扫查方法有哪些?其分别适用于哪些情况?

19. 在超声波探伤中,调整检测灵敏度的目的是什么?检测灵敏度太高或太低会对检测造成什么影响?

20. 简述焊缝超声波探伤检测的主要步骤。

21. 在超声波检测中,端角反射指的是什么?其有何特点?在检测单面焊根部未焊透缺陷时,横波斜探头 K 值应怎样选择?

22. 在超声波检测中,缺陷定量指的是什么?简述缺陷定量常用方法。

23. 在X射线照相探伤中,选择透照焦距时应考虑哪些因素?

24. 焊缝余高对X射线照相质量有什么影响?

25. 简述射线检测中的X射线管结构和各部分作用。

26. 简述影响X射线照相影像质量的三要素及其意义。

27. 在X射线照相探伤中,为什么说像质计灵敏度不能等于缺陷灵敏度?

28. X射线照相探伤中,在底片黑度、像质计灵敏度符合要求的情况下,哪些缺陷仍会漏检?

29. 对于X射线照相探伤,从提高检测质量的角度,比较各种透照方式的优劣。

30. 在 X 射线照相探伤中，曝光曲线有哪些固定条件和变化参量？

31. 射线防护有哪 3 种基本方法？分别说明其防护原理。

32. 简述影响磁粉检测灵敏度的主要因素。

33. 在磁粉检测中，磁悬液的浓度对缺陷的检出能力有何影响？

34. 简述磁粉探伤检测中的磁场强度、磁通量和磁感应强度的定义。

35. 简述磁粉检测的主要工艺过程。

36. 磁粉检测中所使用的标准试片有哪些用途？

37. 简述磁粉与渗透两种检测方法的各自优点。

38. 渗透检测过程中,对去除多余渗透剂工序有哪些基本要求?应注意什么?

39. 在渗透检测中,为什么干式显像能得到较高的分辨力?

40. 影响渗透检测灵敏度的主要因素有哪些?

第四节　钢构件位置与尺寸

1. 依据 GB/T 50621—2010,简述采用全站仪对一个总拼完成后跨度为 28m 的钢网架结构进行挠度测量的过程。

2. 依据 GB/T 50621—2010,简述使用吊线锤对高度为 5m 的钢柱进行垂直度测量的过程。

3. 依据 GB 50205—2020,简述钢结构主体结构总高度按相对标高控制安装时允许偏差限值的组成部分。

4. 依据 GB 51008—2016，钢构件变形与安装偏差的检测应符合哪些规定？

第五节　钢结构动静载性能试验

1. 依据 GB 51008—2016，简述钢结构性能的静力荷载检验的检验装置和设置应满足的条件。

2. 依据 GB 51008—2016，在使用性能检验试验中，经检验的结构或构件应满足哪些要求？

3. 依据 GB 51008—2016，简述承载力检验结果的鉴定条件。

4. 依据 GB 51008—2016，简述破坏性检验的加载规则。

5. 依据 GB 51008—2016，简述钢结构构件现场荷载试验中加卸载的基本要求。

6. 依据 GB 51008—2016，哪些钢结构宜进行动力检测？

7. 依据 GB 51008—2016,结构动力性能检测数据处理应符合哪些规定?

8. 依据 GB 51008—2016,在哪些情况下应进行钢结构振动检测?

9. 依据 GB/T 50344—2019,在钢结构的原位适用性实荷检验中,当存在哪些问题时应采取卸除检验荷载的措施?

10. 依据 GB/T 50344—2019,在建筑振动测试中,建筑动力响应的测试应获得哪些测试数据?

第七章 综合题

第一节 钢材及焊接材料

1. 有一钢材圆截面拉伸试样，原始直径 $d_0=10.00$mm，原始标距长度 $L_0=50.00$mm，在室温拉伸试验中，当拉力载荷达到 18840N 时，试样产生屈服现象；当拉力载荷达到最大值 36110N 后，试样开始出现缩颈现象，直至被拉断。试样拉断后的标距长度 $L_u=73.00$mm，断裂处的直径 $d_u=6.70$mm，求试样的 R_{eL}、R_m、A 和 Z。

2. 某一碳素结构钢矩形截面标准比例拉伸试样，宽度为 30.0mm，厚度为 8.0mm，在拉伸试验中测得：屈服力值为 100540N，最大拉力荷载为 124400N，拉断后试件标距长度 $L_u=110.00$mm，试计算该试件的屈服强度 R_{eL}、抗拉强度 R_m 和断后伸长率 A。（按照 GB/T 228.1—2021 修约）

3. 矩形截面机加工拉伸试样，截面尺寸为 15.0mm×8.1mm。按 GB/T 228.1—2021 要求，计算试样的平行段长度 L_c 和短试样的原始标距长度 L_0。

4. 某公司送检一批 Q355B 热轧钢板，规格厚度为 25mm，样品代表数量为 50t，实验室在取得样品后进行试验，过程如下：①试验开始之前对样品进行检查，其满足实验要求；②测量样品的尺寸，在样品的平行区域内测量一次，输入尺寸；③将试样夹持好后清零开始拉伸；④由质保书得知该样品弹性模量为 140GPa，将屈服时的速度控制在 26MPa/s；⑤试验结束后测得上屈服强度为 386.2MPa，抗拉强度为 524.8MPa，断后伸长率为 25.6%。请说明以上步骤是否符合标准要求。

5. 一个圆截面拉伸试样的直径为 16.00mm。圆截面拉伸试样拉力-延伸曲线如图 2-7-1所示，求其上屈服强度、下屈服强度和抗拉强度(荷载值估读到整数即可)。并在图形上标出上屈服强度和下屈服强度及抗拉强度所对应的力值。对结果数据按 GB/T 228.1—2021 的要求进行修约。

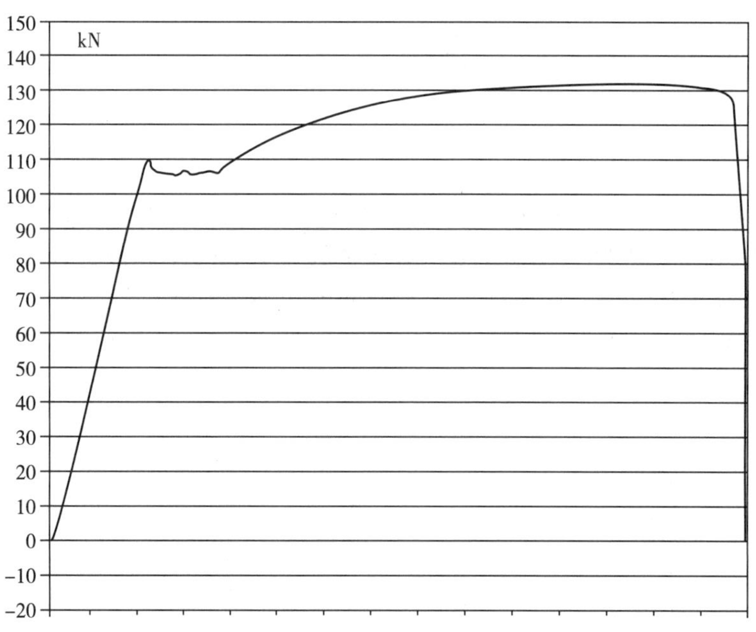

图 2-7-1 圆截面拉伸试样拉力-延伸曲线

6. 对某碳素结构钢 Q235ϕ20 的圆形横截面试样进行拉伸试验，试样原始标距 $L_0=100.00$mm。拉断后的试样如图 2-7-2 所示，断口位置为 O 点，测得 X、Y 之间的距离为 $l_{XY}=41.38$mm，Y、Z_1之间的距离为 $l_{YZ1}=35.76$mm，Y、Z_2之间的距离为 $l_{YZ2}=46.12$mm。请计算该试样的断后伸长率，并判断其是否满足标准要求。

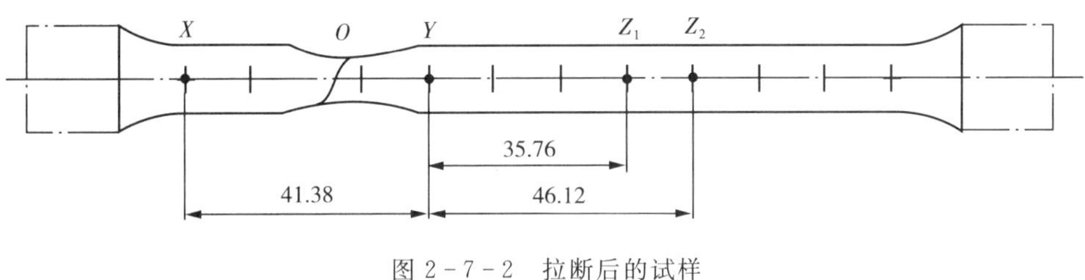

图 2-7-2　拉断后的试样

7. 图 2-7-3 所示为板材对接接头焊接工艺检验试件的取样示意图，依据 GB 50661—2011，描述图中各部位数字所代表的含义。

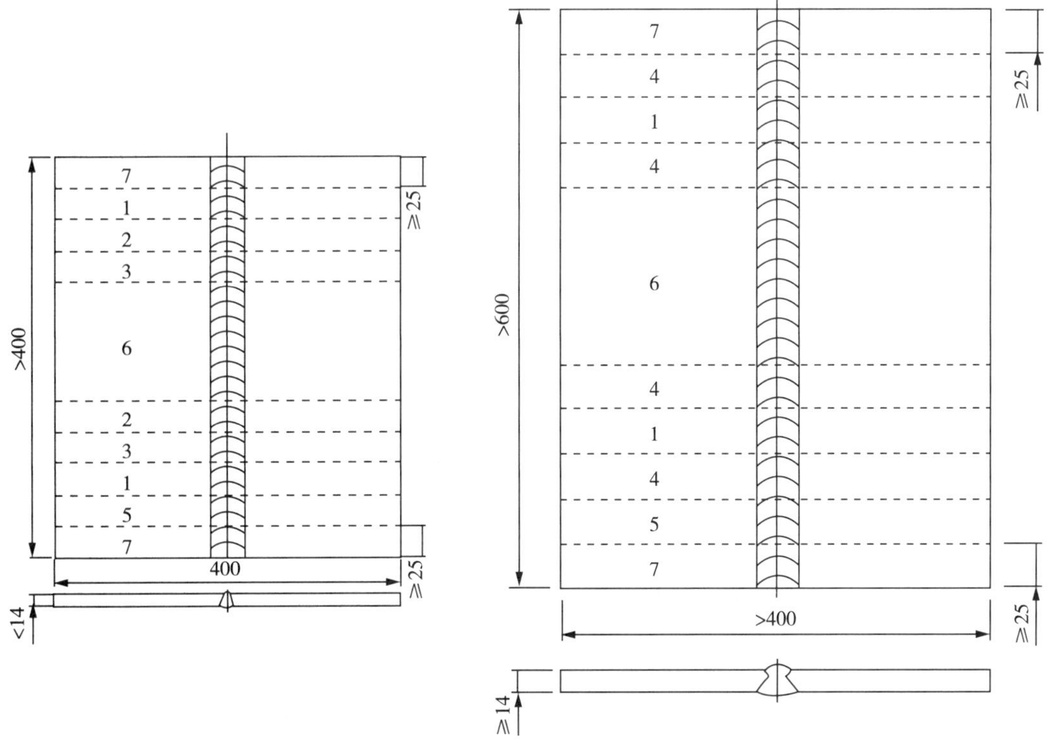

图 2-7-3　板材对接接头焊接工艺检验试件的取样示意图

8. 对一块由 Q355B 20mm 钢板与 Q235B 20mm 钢板加工成的对接试板，进行焊接工艺检验。试验测得抗拉强度为 385MPa、368MPa；冲击试验结果为焊缝中心 26J、35J、24J，热影响区为 68J、72J、49J；4 个侧面弯曲试样的检验情况分别为 1＃试样 2mm，2＃试样 1mm 和 3mm 和 2mm，3＃试样 3mm，4＃试样 1mm。请判断该焊接试件工艺检验结果是否合格。

9. 测定某种钢的力学性能时，已知试棒的直径是 10.00mm，其原始标距长度是直径的 5 倍，$F_m=33.81kN$，$F_{eL}=20.68kN$，断后标距长度是 65.20mm。试求此钢的屈服强度、抗拉强度及断后伸长率是多少？

10. 影响金属材料力学性能测定结果准确度的可能原因有哪些？力学试验中出现什么情况时其试验结果无效？

第二节 钢结构连接及涂装

1. 现有 1 组 3 套高强度螺栓连接副摩擦面抗滑移试件及配套的 1 组 8 副 M22×80－10.9s 钢结构用高强度大六角头螺栓连接副。经试验，高强度大六角螺栓连接试验数据见表 2－7－1 所列。问：

(1)该组螺栓连接副的扭矩系数平均值是多少？标准偏差为多少？是否符合 GB 50205—2020 的规定要求？

(2)该螺栓连接摩擦面的抗滑移系数是多少？是否符合设计要求？

表 2－7－1　高强度大六角螺栓连接试验数据

扭矩系数试验					
试件编号	螺栓预拉力 P/(kN)	施拧扭矩 T/(N·m)	连接副扭矩系数	实测平均值	标准偏差
1	213	553.4			
2	216	541.2			
3	212	561.2			
4	217	532.1			
5	216	567.7			
6	212	548.4			
7	215	556.6			
8	214	549.0			
抗滑移系数试验					
试件编号	滑移一侧预拉力实测值①/kN	滑移一侧预拉力实测值②/kN	滑移荷载/kN	抗滑移系数	设计要求
1	204	208	335		抗滑移系数设计规定值不小于 0.40
2	213	209	374		
3	201	206	345		

2. 在一次工程现场验收检测中，检验员分别测得所选梁和柱的某截面测点的防火涂料涂层厚度，防火涂料涂层厚度检测示意图如图 2－7－4 所示。

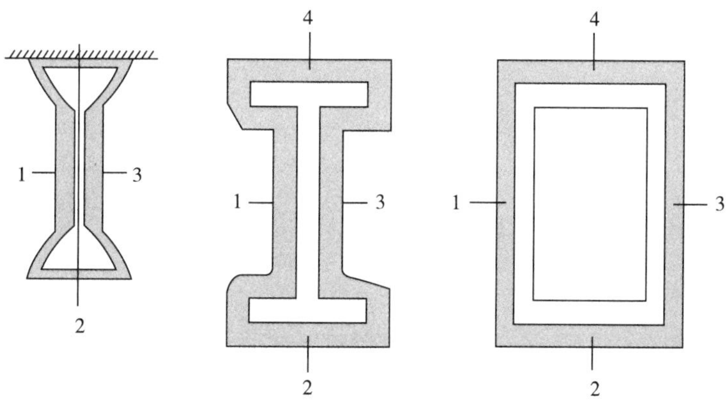

图 2－7－4　防火涂料涂层厚度检测示意图

工字梁测点:1—22.5mm,21.0mm;2—20.5mm,19.5mm;3—21.5mm,21.0mm。

工型柱测点:1—23.5mm,22.5mm;2—21.0mm,22.5mm;3—22.5mm,21.5mm;4—22.5mm,23.5mm。

方形柱测点:1—21.0mm,20.5mm;2—20.5mm,21.0mm;3—22.0mm,20.5mm;4—19.5mm,18.0mm。

已知该工程防火涂层厚度设计要求为20.0mm。请根据GB 50205—2020相关要求,判断该截面的防火涂料涂层厚度能否满足设计要求。

3. 某厂家生产的室外钢结构膨胀型防火涂料,其在粘结强度试验中,经检测机构测得的5次最大拉伸荷载F分别为260N、271N、268N、272N、282N;试验时选择的涂料截面为40mm×40mm。

(1)计算该防火涂料的粘结强度f_b;(写出计算过程和计算方法)

(2)依据《钢结构防火涂料》(GB 14907—2018),判断该涂料的粘结强度是否满足要求。

4. 依据GB 50205—2020,钢结构防腐涂料的涂层厚度抽检数量是多少?简述钢结构防腐涂料的涂层厚度的检测方法。假如某一工程钢结构的防腐总厚度设计值为200μm,现在测出某个构件的试板面测点1的3个数值为160μm、165μm、170μm;测点2的3个数值为175μm、180μm、185μm;测点3的3个数值为200μm、205μm、210μm;测点4的3个数值为210μm、215μm、220μm;测点5的3个数值为190μm、195μm、200μm。请依据GB 50205—2020相关规定,计算该构件的防腐涂层厚度,并判断检测结果能否满足要求。(写出计算过程和计算方法)

5. 叙述高强度螺栓连接摩擦面的抗滑移系数检测的程序。

6. 依据 GB 50205—2020，叙述厚涂型防火涂料涂层厚度测定方法。

第三节　钢结构焊接

1. 已知超声波检测仪示波屏上有 A、B、C 三个波，其中 A 波高为满刻度的 80%，B 波高为满刻度的 40%，C 波高为满刻度的 20%。问：

(1)设 A 波为基准(0dB)，那么 B、C 波高各为多少 dB？

(2)设 B 波为基准(10dB)，那么 A、C 波高各为多少 dB？

(3)设 C 波为基准(−8dB)，那么 A、B 波高各为多少 dB？

2. 使用折射角 $\beta=68.2^\circ$的探头在 CSK－IA 试块上按深度 1∶1 调节扫描线，如所有旋钮不动，现改用折射角 $\beta=45^\circ$的探头，问：

(1)R50、R100 圆弧反射波位置(两探头楔块声程相同)在哪里？

(2)此时深度比例是多少？

3. 采用超声波横波斜探头检测规格为 $\phi360mm\times12mm$ 的钢管纵向焊缝，已知一次声程为 45mm，求探头折射角 β。

4. 有 2 块面积均为 $1m^2$、板厚为 30mm 的 A、B 钢板，为了解钢板内部是否存在质量问题，采用超声法对其进行检测。经检测，A 钢板上存在 2 处指示面积为 $90cm^2$的缺欠、2 处指示面积为 $60cm^2$的缺欠和 3 处指示面积为 $20cm^2$的缺欠，各缺欠间距均大于 100mm。B 钢板存在 2 处指示面积为 $40cm^2$的缺欠，间距为 80mm；存在 8 处指示面积为 $30cm^2$的缺欠，间距为 100mm。试依据 GB/T 2970—2016 中钢板质量等级表，评定 A、B 钢板的质量级别。钢板质量等级见表 2－7－2 所列。

表 2-7-2　钢板质量等级表

级别	不允许存在的单个缺陷的指示长度/mm	不允许存在的单个缺陷的指示面积/cm²	在任一 1m×1m 检测面积内不允许存在的缺陷面积百分比/%	以下单个缺陷指示面积不记/cm²
	不小于	不小于	大于	小于
Ⅰ	80	25	3	9
Ⅱ	100	50	5	15
Ⅲ	120	100	10	25
Ⅳ	150	100	10	25

5. 超声波探伤的 DAC 曲线数据见表 2-7-3 所列(B 级检验,不考虑表面补偿)。

表 2-7-3　超声波探伤的 DAC 曲线数据表

孔深/mm	20	40	60	80
判废线/dB				
定量线/dB	41	37	33	29
评定线/dB				

检测灵敏度按 GB 50661—2011 规定,见表 2-7-4 所列。

表 2-7-4　检测灵敏度

厚度/mm	判废线/dB	定量线/dB	评定线/dB
3.5～150	$\phi3\times40$	$\phi3\times40-6$	$\phi3\times40-14$

(1)根据已知条件把表格填写完整;

(2)检测板厚 T=40mm 的对接焊缝,仪器按深度 1∶1 调节,检测中发现在视屏水平刻度 30 处有一缺欠,其最大波幅在基准波高时的分贝数为 42dB,用 6dB 法测长为 18mm;在视屏水平刻度 45 处发现另一缺欠,其最大波幅在基准波高时的分贝数为 37dB,用 6dB 法测长为 35mm;在视屏水平刻度 58 处发现一点状缺欠,其最大波幅在基准波高时的分贝数为 44dB。求此 3 个缺欠的深度并按 GB 50661—2011 8.2.4 的规定对缺欠评级。[提示:缺欠对应深度处的定量线 SL 分贝值可用内插法公式求得,内插法公式 $y=y_1+\frac{y_2-y_1}{x_2-x_1}(x-x_1)$。]

6. 在焊缝超声波探伤检测中，(1)用 CSK－IA 试块测定斜探头和仪器的分辨力，现测得台阶孔 $\phi 50$、$\phi 44$ 反射波等高时波峰高 $h_1=80\%$，波谷高 $h_2=20\%$，分辨力为多少？(2)使用折射角 β 为 60°的横波斜探头，采用一次反射波法检测板厚 $t=30$mm 的对接接头焊缝(焊缝长度为 250mm)，则检测面修整宽度应为多少毫米？(3)按 GB/T 11345—2023 技术 1 要求，仪器按深度 1∶1 调节扫描速度，对上述焊缝进行探伤检测，检测中在示波屏水平刻度 18、32 和 45 处各出现一个缺欠波，求这 3 个缺欠的位置(深度和水平距离)。(4)已知该焊缝按设计规定，要求进行 2 级验收，探伤检测中发现的上述 3 个缺欠，其中 F_1 波高为 $\phi 3-1$dB，长度为 8mm；F_2 波高为 $\phi 3-3$dB，长度为 10mm；F_3 波高为 $\phi 3-7$dB，长度为 16mm；F_1 缺欠与缺欠 F_2 之间的间距 d_{x1} 为 22mm，缺欠 F_2 与缺欠 F_3 之间的间距 d_{x2} 为 12mm。焊缝缺欠示意图如图 2－7－5 所示。依据 GB/T 29712—2023，缺欠的累加长度为多少？该焊缝是否可以验收？(焊缝质量验收等级示意图如图 2－7－6 所示)

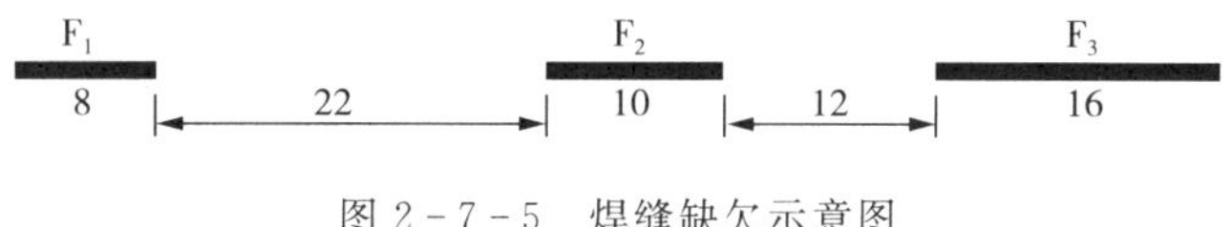

图 2－7－5 焊缝缺欠示意图

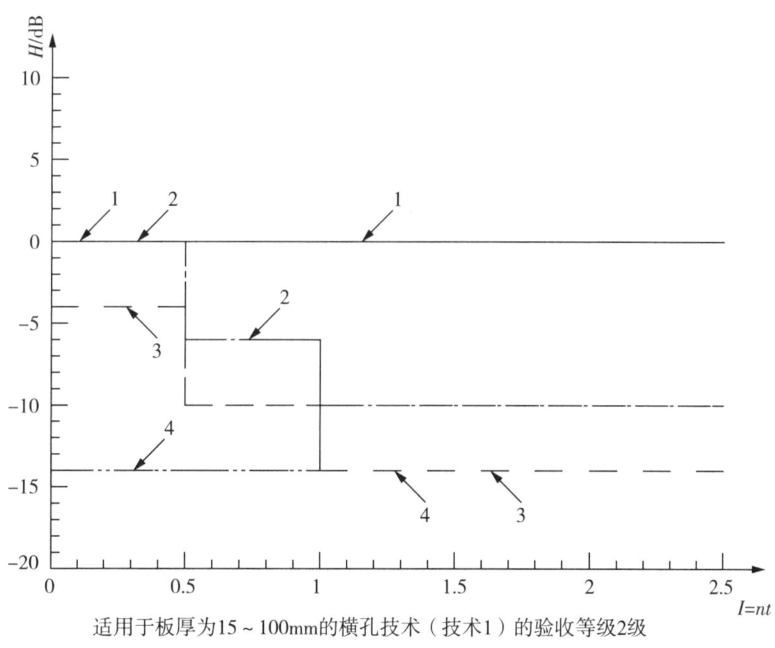

说明：

1—参考等级； H—回波幅度；2—验收等级 2 级； l—显示长度；

3—记录等级； t—板厚；4—评定等级； n—板厚 t 的倍数。

图 2－7－6 焊缝质量验收等级示意图

7.(1)检测人员对所使用的超声波探头进行周期检查,在 CSK-ⅠB 试块上测得 K2 探头的前沿为 11mm。测其 K 值时,当示波器上出现最高反射波后,量得探头前端至试块端部的距离为 81mm。斜探头调校示意图如图 2-7-7 所示。问:

(1)探头的实测 K 值为多少?并判断探头 K 值的变化是由前端磨损造成的,还是由后端磨损造成的?

(2)采用上述斜探头对板厚 $T=32$mm 的对接焊缝进行超声波焊缝探伤,仪器按声程 1∶1调节扫描速度,探伤检测过程中在示波屏水平刻度 77 处出现一个缺欠波。求此缺欠波在对接焊缝中的水平和深度位置。

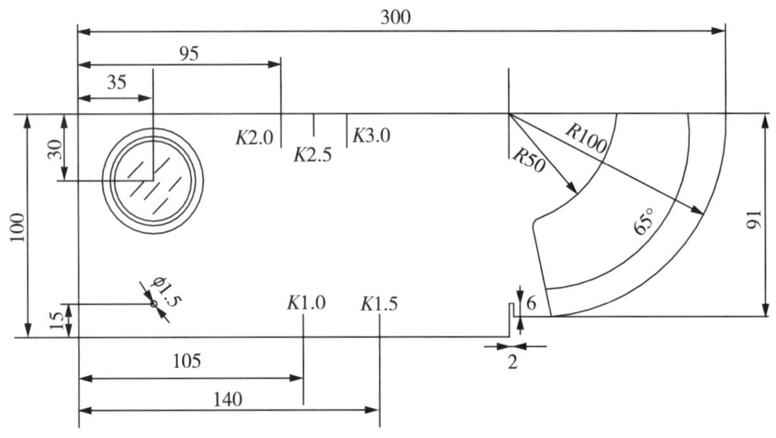

图 2-7-7　斜探头调校示意图

8. 用 $K=1.5(\beta=56.3°)$横波斜探头外圆周向检测 ϕ1080mm×85mm 钢管纵向焊缝。仪器按深度 1∶2 调节扫描速度,检测中在水平刻度 40 处出现一处缺欠波,试确定此缺欠的位置。

9. 采用超声波探伤方法检测厚度 $T=30$mm 的钢板对接接头焊缝,该焊缝为双面焊焊缝,其中上焊缝的宽度 A 为 35mm,下焊缝的宽度 B 为 25mm。试选用折射角 $\beta=68.2°$横波斜探头,前沿距离 $l_0=11$mm 的探头。(1)试问使用该探头能否保证声束扫查到整个焊缝截面?(2)用该探头,仪器设备按深度 2∶1 调节横波扫描速度,在探伤检测中在水平刻度 45 处发现一处缺欠波,求此缺欠深度和水平距离?

10. 用某一 X 射线机透照某一试件，原透照管电压为 180kV，管电流为 5mA，曝光时间为 3min，焦距为 600mm，现透照时管电压不变，而将焦距变为 1000mm，如欲保持底片黑度不变，问如何选择电流和时间？

第四节　钢构件位置与尺寸

1. 依据 JGJ 8—2016 相关要求，计算钢梁挠度 C、D 点的挠度值。测点布置示意图如图 2-7-8 所示，观测数据见表 2-7-5 所列。

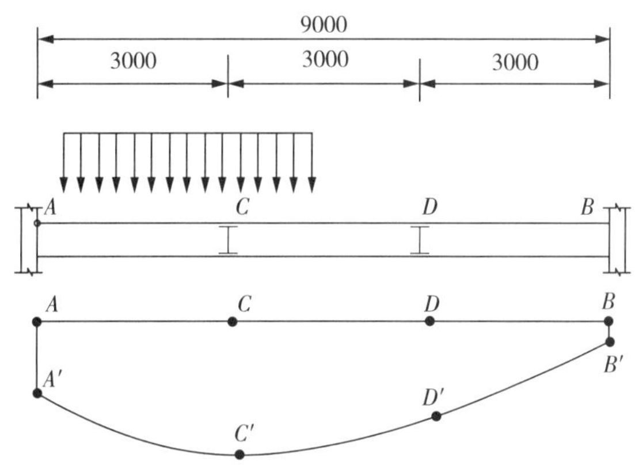

图 2-7-8　测点布置示意图

表 2-7-5　观测数据　单位：mm

测点	A	B	C	D
第 1 次测量标高	11.142	11.162	11.152	11.148
第 2 次测量标高	11.138	11.161	11.132	11.136
变化值	0.004	0.001	0.020	0.012

2. 依据 JGJ 8—2016，对于民用建筑，沉降监测点宜布设在哪些位置？

3. 依据 GB/T 50621—2010,简述钢结构钢材厚度检测过程与步骤。

第五节　钢结构动静载性能试验

1. 依据 GB 51008—2016,结构动力测试设备和测试仪器应符合哪些要求?

2. 依据 GB/T 50344—2019,钢结构的原位适用性实荷检验应符合哪些规定?

3. 依据 GB 51008—2016,对于钢结构的动力测试,可根据测试目的选择哪些方法?

4. 依据 GB 51008—2016,结构动力性能检测测试应符合哪些规定?

5. 依据 GB/T 50344—2019,建筑结构检测应在现场调查和资料调查的基础上编制建筑结构检测方案,且应征求委托方的意见。建筑结构检测方案宜包括哪些主要技术内容?

6. 依据 GB 51008—2016,高耸与复杂钢结构在哪些情况下,应进行检测与可靠性鉴定?

7. 依据 GB 51008—2016，大跨度及空间钢结构整体性检查应包括哪些内容？

8. 依据 GB 51008—2016，厂房钢结构整体性检查应包括哪些内容？

9. 依据 GB 51008—2016，高耸钢结构整体性检查应包括哪些内容？

10. 现采取单点施加初位移法对某钢结构进行自由振动测试。测得该结构的振动衰减时程曲线如图 2-7-9 所示。其中，$t_1=5.199\text{s}$，$A_1=144.223\text{mV}$；$t_6=5.495\text{s}$，$A_6=62.253\text{mV}$。请分析计算该结构系统的一阶自振频率和阻尼比。（注：本系统为小阻尼系统，即 $\zeta\ll 1$）

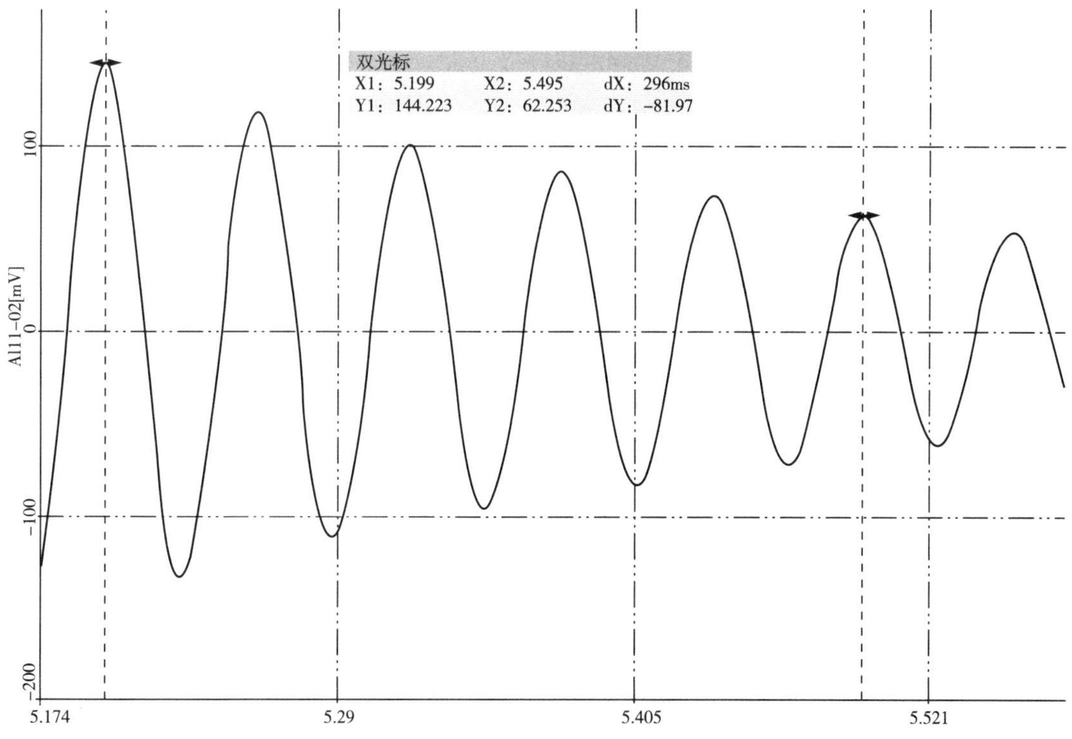

图 2-7-9　振动衰减时程曲线图

第八章 参考答案

第一节 填空题部分

(一)钢材及焊接材料

1. 10～35℃ 2. 原始标距 3. 5.65 4. 等截面 5. 3个 6. 15 7. 1级或优于1级 8. 0.1% 9. 2～20MPa/s 10. 20mm 11. 从管壁机加工的圆形横截面试样 12. $S_0=\pi D_0(D_0-a_0)$ 13. 过渡弧 14. 无缺口试样 15. 10mm×10mm×55mm 16. 2.5mm 17. 45° 18. 1mm 19. 摆锤锤刃 20. (23±5)℃ 21. 网格栅 22. 至少为10mm 23. 5s 24. $40_{0}^{+0.2}$ 25. 无效 26. 0.5J 27. 产品厚度 28. 1mm 29. 150mm 30. 产品标准或合同 31. 12.5mm 32. 非均匀塑性变形阶段 33. 洛氏硬度的试验方法 34. 基于应力速率的试验速率 35. 0.2mm 36. 1～8s 37. 不小于2s且不大于8s 38. 5_{-3}^{+1}s 39. 3 40. 2.5 41. 150 42. 8 43. $0.24D$～$0.6D$ 44. 5% 45. 下屈服强度 46. 作废 47. 365MPa、497MPa、24.5% 48. 抗拉强度 49. 越高 50. (1±0.2)mm/s 51. 外表面无可见裂纹 52. 3 53. 2.5 54. 3 55. 3位有效数字 56. 4mm 57. 焊缝金属 58. 高性能建筑结构用钢 59. 3个/批 60. 重新热处理 61. 修约值比较法 62. 最小平均值 63. 15～20 64. 不大于80mm 65. 拉伸 66. 同一类型构件 67. 出厂检验 68. 76mm 69. 一个面 70. 4 71. 3 72. 下限值 73. 3mm 74. 7mm 75. 24mm 76. 70% 77. 裂纹、未熔合 78. HV280 79. 焊缝正面 80. 不小于 81. 断后伸长率 82. 5mm 83. 600mm 84. 脆性破坏 85. 2～3mm 86. 横向 87. 被夹持之前 88. 尺寸偏差 89. 拉线 90. 50

(二)钢结构连接及涂装

1. 扭矩系数和紧固轴力 2. 0.110～0.150 3. 螺栓的拉力 4. 15s 5. 35HRC～45HRC 6. 最小拉力载荷 7. 0.45 8. 梅花头被拧断 9. 0.9～1.1Tch 10. 10% 11. 杆件 12. 1.6 13. 30mm 14. 磁粉探伤 15. $L/1000$ 16. 拉伸试验 17. 拉力载荷试验 18. 125 19. 5MPa 20. 3% 21. 电涡流测量 22. 1～2s 23. 85% 24. 90% 25. 不小于0.04MPa 26. 0.5 mm 27. 0.5mm 28. 2 29. 6个和8个 30. 中碳钢 31. 组织结构

(三)钢结构焊接

1. 声压　2. $\tan\beta \geqslant \frac{\frac{A}{2}+\frac{B}{2}+l_0}{T}$　3. 垂直　4. 12　5. 越大　6. 横向分辨力　7. 工作　8. 深度定位　9. 2.413×10^6kg/(m^3·s)　10. 12mm　11. 声阻抗　12. 120　13. 0.59　14. 水平定位　15. 正比　16. 1.5　17. $L_I=10\lg\frac{I}{I_0}$　18. 介质吸收　19. 2%　20. 波型转换　21. 同一类型、同一施焊条件　22. 缺陷评定等级　23. 焊缝及其母材　24. 参考等级　25. 15℃　26. GB/T 29712—2023　27. 2　28. 0.39mm　29. 1mm　30. 45°　31. 2%　32. 固定回波幅度　33. 记录等级　34. 8～100mm　35. $l_w=6t$　36. 5MHz　37. 评定线　38. 0.9～1.5　39. 10　40. 长度评定区　41. 危害性大　42. 支管表面　43. 楔块底面　44. 10mm　45. $\phi3\times40-6$dB　46. 48h　47. Ⅲ级　48. 横向缺欠　49. 焊透宽度　50. 6dB　51. 板、管　52. 表面缺欠　53. 垂直于并横跨　54. 双壁双影椭圆　55. 内侧　56. 30mm≤ω≤200mm　57. 铅屏(前后),0.02～0.2mm　58. 垂直　59. 0.5～2mm　60. B级技术　61. 1.2　62. 灰雾度　63. 光线暗淡　64. 丝型像质计　65. 2张以上　66. 外观缺陷　67. 渗透或磁粉　68. 表面夹渣　69. 检测灵敏度　70. 30°　71. 50mm　72. 磁悬液　73. A型灵敏度　74. T型接头　75. 单个的连续显示　76. 非线状显示　77. 30μm　78. 表面开口不连续　79. 显像剂　80. 10～50℃　81. 不大于10mm　82. 0～+2.0mm

(四)钢构件位置与尺寸

1. 整体平面弯曲(平面弯曲)　2. 跨中挠度(挠度)　3. 三级　4. 0.8mm　5. 30.60　6. 1.880　7. 1.15　8. 构件尺寸的偏差　9. 70%　10. 10%　11. 变形缝　12. 3mm　13. 10%　14. 3　15. 支承面中心距离　16. 平距法　17. 1.5～2.0倍　18. 全站仪　19. 受力后的弯曲　20. 装饰层造成的倾斜　21. 5mm　22. 10%　23. 3　24. 10mm　25. 0.1mm　26. $\phi20\times3$　27. 90°　28. 裂纹　29. 10　30. 10　31. 50mm　32. 3个　33. $L/1500$　34. 10%　35. 超声波测厚仪　36. 3　37. 1.2～200mm　38. 标准试块　39. 设计图纸　40. 甘油

(五)钢结构动静载性能试验

1. 0.1kPa　2. 静态和动态　3. 紧固件　4. 5000　5. 破坏性　6. 20%　7. 支座沉降　8. 1　9. 材料性能　10. 弹性变形　11. 1.25　12. 设计承载力　13. 使用性能　14. 永久荷载　15. 设计承载力的检验　16. 均布加载　17. 50mm　18. 挠度实测值　19. 应力磁测仪　20. 承载力试验结果的最小值　21. 几何尺寸　22. 动力响应检测　23. 环境激励　24. 稳态正弦激振方法　25. 初速度法　26. 多点激励法　27. 激振设备　28. 结构动力性能　29. 位置　30. 足尺　31. 应力　32. 既有结构性能　33. 承载能力　34. 结构的评定　35. 建筑结构状况　36. 修正　37. 主控项目　38. 结构动力性能　39. 构造与稳定　40. 动力性能　41. 10　42. 结构振动响应　43. 振动源　44. 疲劳性能　45. 应力幅较大　46. 振型节点　47. 3　48. 静止时间　49. 减小　50. 1.2　51. 实际承载力　52. 阻尼比　53. 40%

第二节　单项选择题部分

(一)钢材及焊接材料

1	D	2	C	3	A	4	C	5	B
6	A	7	C	8	A	9	D	10	A
11	A	12	B	13	B	14	B	15	C
16	B	17	A	18	A	19	B	20	A
21	A	22	A	23	B	24	C	25	C
26	D	27	B	28	D	29	B	30	B
31	C	32	C	33	C	34	A	35	B
36	B	37	B	38	B	39	A	40	C
41	C	42	B	43	B	44	D	45	A
46	C	47	A	48	C	49	C	50	B
51	A	52	B	53	C	54	A	55	D
56	B	57	D	58	C	59	B	60	A
61	D	62	B	63	A	64	C	65	B
66	D	67	C	68	A	69	D	70	C
71	A	72	B	73	C	74	B	75	D
76	D	77	C	78	D	79	B	80	D
81	C	82	D	83	D	84	B	85	D
86	D	87	D	88	C	89	A	90	B
91	A	92	C	93	C	94	A	95	A
96	A	97	B	98	A	99	B	100	C
101	A	102	C	103	D	104	D	105	B
106	B	107	B	108	A	109	C		

(二)钢结构连接及涂装

1	D	2	C	3	D	4	D	5	A
6	B	7	B	8	C	9	A	10	D

11	B	12	D	13	D	14	D	15	A
16	B	17	B	18	D	19	B	20	A
21	D	22	A	23	B	24	B	25	A
26	C	27	C	28	A	29	A	30	D
31	A	32	B	33	B	34	A	35	D
36	B	37	C	38	A	39	B	40	C
41	B	42	C	43	A	44	B	45	C
46	A	47	C	48	B	49	A	50	A

(三)钢结构焊接

1	C	2	B	3	B	4	A	5	B
6	D	7	A	8	D	9	D	10	D
11	A	12	B	13	D	14	D	15	B
16	D	17	C	18	D	19	C	20	C
21	A	22	C	23	B	24	C	25	A
26	D	27	C	28	C	29	B	30	D
31	B	32	C	33	C	34	D	35	B
36	D	37	B	38	C	39	D	40	D
41	B	42	A	43	C	44	A	45	B
46	B	47	B	48	C	49	C	50	B
51	B	52	C	53	B	54	C	55	D
56	C	57	C	58	D	59	A	60	C
61	D	62	A	63	C	64	A	65	B
66	D	67	C	68	B	69	A	70	D
71	C	72	C	73	C	74	D	75	C
76	B	77	B	78	A	79	B	80	D
81	D	82	C	83	D	84	B	85	C
86	D	87	C	88	C	89	C	90	D

(四)钢构件位置与尺寸

1	B	2	C	3	D	4	B	5	B
6	B	7	A	8	B	9	C	10	C
11	C	12	C	13	D	14	A	15	C
16	C	17	B	18	A	19	B	20	A
21	C								

(五)钢结构动静载性能试验

1	C	2	D	3	C	4	A	5	A
6	B	7	C	8	B	9	C	10	D
11	D	12	C	13	C	14	C	15	B
16	A	17	A	18	B				

第三节　多项选择题部分

(一)钢材及焊接材料

1	ABC	2	AC	3	BD	4	BC	5	AB
6	AD	7	ABD	8	BC	9	ABC	10	AC
11	AC	12	BC	13	AD	14	ABCD	15	ABC
16	ABC	17	ABCD	18	ABC	19	BCD	20	AB
21	ABCD	22	BCD	23	CD	24	AC	25	AB
26	BC	27	AC	28	AD	29	ABC	30	BCD
31	AB	32	AC	33	AB	34	AD	35	ABCD
36	BCD	37	AB	38	AB	39	AB	40	BC
41	AD	42	AD	43	AB	44	AB	45	AB
46	ABC								

(二)钢结构连接及涂装

1	AC	2	ABC	3	ABD	4	AD	5	BC

6	BD	7	AD	8	BCD	9	AB	10	BD
11	ABC	12	BD	13	BD	14	BD	15	ABCD
16	ABC	17	AC	18	BD	19	ABC	20	ABD
21	ACD	22	AC	23	AC	24	ACD	25	BC
26	ABCD	27	ABC						

(三)钢结构焊接

1	BCD	2	ABCD	3	BCD	4	ABC	5	ABC
6	BD	7	ABC	8	BCD	9	ACD	10	ABCD
11	ABCD	12	ACD	13	ABC	14	ACD	15	ABD
16	BD	17	ABCD	18	ABC	19	AB	20	ABCD
21	ABCD	22	ABD	23	BCD	24	ABCD	25	ABC
26	BCD	27	ABC	28	AD	29	AC	30	ACD
31	ABCD	32	ABCD	33	ABC	34	ACD	35	BCD
36	ABC	37	ABC	38	ABD	39	BCD	40	ABC
41	ABCD	42	ACD	43	ABC	44	ABC	45	BCD
46	ABD	47	ABC	48	BC	49	BCD	50	BCD

(四)钢构件位置与尺寸

1	ABCD	2	BD	3	ABC	4	AB	5	ABD
6	ABCD	7	ABCD	8	ABC	9	ABCD	10	ABD
11	ABD	12	ABCD	13	ABCD	14	ABD	15	ABC
16	ACD	17	ACD	18	BCD	19	ABC	20	ACD
21	ACD	22	AB	23	ABC	24	ABC	25	ABC

(五)钢结构动静载性能试验

1	ACD	2	ABD	3	ABCD	4	AB	5	ABD
6	ABC	7	ABD	8	ABCD	9	BCD	10	AD
11	BD	12	ACD	13	ABD	14	ABD		

第四节　判断题部分

(一)钢材及焊接材料

1	√	2	×	3	×	4	×	5	√
6	√	7	×	8	×	9	√	10	×
11	×	12	√	13	×	14	√	15	√
16	×	17	√	18	×	19	√	20	×
21	×	22	×	23	×	24	×	25	√
26	√	27	√	28	×	29	×	30	√
31	√	32	√	33	√	34	√	35	√
36	√	37	√	38	√	39	√	40	√
41	√	42	×	43	×	44	√	45	√
46	√	47	√	48	√	49	×	50	×
51	√	52	√	53	×	54	×	55	√
56	×	57	√	58	×	59	√	60	×
61	×	62	×	63	×	64	√	65	×
66	×	67	√	68	×	69	×	70	×
71	×	72	×	73	√	74	√	75	√
76	√								

(二)钢结构连接及涂装

1	×	2	×	3	×	4	×	5	√
6	√	7	×	8	√	9	√	10	√
11	×	12	√	13	×	14	×	15	×
16	√	17	×	18	√	19	√	20	×
21	√	22	×	23	×	24	√	25	×
26	√	27	×	28	×	29	√	30	×

(三)钢结构焊接

1	√	2	×	3	×	4	√	5	√

6	√	7	√	8	×	9	×	10	√
11	×	12	√	13	×	14	√	15	√
16	√	17	×	18	×	19	√	20	√
21	√	22	√	23	√	24	√	25	×
26	√	27	√	28	√	29	√	30	×
31	√	32	×	33	×	34	√	35	√
36	×	37	×	38	√	39	√	40	√
41	√	42	√	43	√	44	√	45	√
46	√	47	×	48	√	49	√	50	×
51	×	52	√	53	×	54	√	55	×
56	×	57	×	58	√	59	√	60	×
61	√	62	√	63	√	64	√	65	√
66	√	67	√	68	√	69	×	70	√

(四)钢构件位置与尺寸

1	√	2	×	3	√	4	√	5	×
6	√	7	√	8	×	9	√	10	√
11	√	12	√	13	×	14	×	15	×
16	√	17	√	18	×	19	×	20	×
21	√	22	√	23	×	24	×	25	√

(五)钢结构动静载性能试验

1	√	2	×	3	×	4	×	5	√
6	√	7	√	8	×	9	×	10	√
11	×	12	×	13	√				

第五节 简答题部分

(一)钢材及焊接材料

1. 屈服强度：当金属材料呈现屈服现象时，在试验期间金属材料产生塑性变形而力不增加时的应力点。

上屈服强度:试样发生屈服而力首次下降前的最大应力。

下屈服强度:试样在屈服期间不计初始瞬时效应的最小应力。

2. 在测定上屈服强度、下屈服强度、屈服点、延伸率、规定塑性延伸强度、规定总延伸强度、规定残余延伸强度以及规定残余延伸强度的验证试验中,应采用 1 级或优于 1 级准确度的引伸计。测定其他具有较大延伸率(延伸大于 5%)的性能时,例如抗拉强度、最大力总延伸率、最大力塑性延伸率、断裂总延伸率以及断后伸长率时,可使用 2 级或优于 2 级准确度的引伸计。

3. $E=\dfrac{\Delta\sigma}{\Delta\varepsilon}=\dfrac{l_0\Delta R}{A\Delta l}$。式中,$\Delta\sigma$ 为应力增量,$\Delta\varepsilon$ 为应变增量,ΔR 为拉力增量,A 为试样截面积,l_0 为引伸计标距,Δl 为变形增量。

4. “2”和“8”分别表示摆锤锤刃边缘曲率半径应为 2mm 和 8mm。

5. (1)标准编号;

(2)试样相关信息(如钢种、炉批号等);

(3)缺口类型及韧带宽度(缺口深度);

(4)与标准试样不同时的试样尺寸;

(5)试验温度;

(6)吸收能量 KV_2(或 KV_8、KU_2、KU_8、KW_2、KW_8);

(7)试样或一组试样的大多数试样是否破断(对材料验收试验不要求);

(8)可能影响试验的异常情况。

6. (1)配有 2 个支辊和 1 个弯曲压头的支辊式弯曲装置、有 1 个 V 型模具和 1 个弯曲压头的 V 型模具式弯曲装置、虎钳式弯曲装置。

(2)支辊式弯曲装置的支辊间距按 $l=(D+3a)\pm\dfrac{a}{2}$计算,公式中 l 是支辊间距,D 为弯曲压头直径,a 为试样厚度或直径。

7. 试样平行长度指试样平行缩减部分的长度;对于未经机加工的试样,试样平行长度指未加工试样夹持部分之间的距离。

8. 断后伸长率是断后标距的残余伸长与原始标距之比的百分率。最大力总延伸率是最大力时刻原始标距的总伸长(弹性伸长加塑性伸长)与原始标距之比的百分率。

9. 当板材厚度不大于 25mm 时,试样厚度应为原板材的厚度;当板材厚度大于 25mm 时,试样厚度可以经机加工减薄至不小于 25mm,并应保留一侧原表面。进行弯曲试验时试样保留的原表面应位于受拉变形一侧。

10. 对于圆形横截面试样,应将试样断裂部分仔细地配接在一起,使其轴线处于同一条直线上,在缩颈最小处相互垂直方向上测量直径,取其算术平均值计算最小横截面积。原始横截面积 S_0 与断后最小横截面积 S_U 之差除以原始横截面积的百分率得到断面收缩率。

11. 变形阶段可以分为 4 个:弹性变形阶段、屈服阶段、均匀塑性变形阶段和非均匀塑性变形阶段。

12. 强度性能值修约至 1MPa;屈服点延伸率修约至 0.1%,其他延伸率和断后伸长率修约至 0.5%；断面收缩率修约至 1%。

13. 钢管拉伸试样的形状试样可分为全壁厚纵向弧形试样、管段试样、全壁厚横向试样，或从管壁机加工而来的圆形横截面试样。

14. V 型缺口夹角应为45°，根部半径为 0.25mm，韧带宽度为 8mm(缺口深度为 2mm)。U 型缺口根部半径为 1mm，韧带宽度为 8 mm 或 5mm(缺口深度为 2mm 或 5mm)。

15. 冲击试验应在(23±5)℃的室温下进行；对于对试验温度有规定的冲击试验，试样温度控制在规定温度±2℃范围内进行冲击试验；拉伸试验应在 10～35℃的室温下进行。对温度要求严格的试验，试验温度应为(23±5)℃。

16. (1)按照标准要求加工样品；

(2)选择合适的弯曲装置(若使用支辊式装置则调整好支棍距离)；

(3)按照(1±0.2)mm/s 的速度加压至要求的角度；

(4)若弯曲试验后不使用放大仪器观察到试样弯曲外表面无可见裂纹，应评定为合格。

17. 对一定直径(D)的合金球施加试验力 F，压入试样表面保持规定时间后，卸掉试验力，测量试样表面压痕的直径 d_0；布氏硬度与试验力除以压痕表面积得到的商成正比。

18. 在试验加载链装配完成后，试样两端被夹持之前，应设定力测量系统的零点。一旦设定了力值零点，在试验期间力值测量系统不应再发生变化。

19. 常用牌号有 Q355、Q390、Q420、Q460 四种。

20. Q355B 钢材拉伸试验的取样数量为 1 个/1 批，弯曲试验的取样数量为 1 个/1 批，冲击试验的取样数量为 3 个/1 批。

21. 每批应由同一牌号、同一炉号、同一规格、同一交货状态的钢材组成，每批重量应不大于 60t，但卷重大于 30t 的钢带和连轧板可按 2 个轧制卷组成一批；对容积大于 100t 转炉冶炼的型钢，每批重量不大于 80t。经供需双方协商，可每炉检验 2 批。

22. 金属材料热影响区是指焊接或热切割过程中，钢筋母材因受热的影响(但未熔化)，金属组织和力学性能发生变化的区域。

23. 试验时，当已超过预期的规定塑性延伸强度后，约将力降至已达到力的 10%；然后再施加力直至超过原已达到的力。为了测定规定塑性延伸强度，过滞后环两端点画一条直线；然后经过横轴上与曲线原点的距离等效于所规定的塑性延伸率的点，作平行于此直线的平行线。平行线与曲线的交截点对应的力即规定塑性延伸强度的力。用此力除以试样原始横截面积得到规定塑性延伸强度。

24. 应用小标记、细划线或细墨线标记原始标距，但不得用引起过早断裂的缺口作标记。对于比例试样，应将原始标距的计算值修约至最接近 5mm 的倍数，中间数值向较大一方修约。原始标距的标记应准确到±1%。如平行长度比原始标距长许多，例如不经机加工的试样，可以标记一系列套叠的原始标距。有时，可以在试样表面画一条平行于试样纵轴的线，并在此线上标记原始标距。

25. (1)超声波探伤检测；

(2)焊接接头拉伸试验 2 个；

(3)侧弯试验 4 个；

(4)冲击试验 6 个(3 个焊缝中心，3 个热影响区)；

(5)依据工程实际情况可选择做宏观酸蚀试验和接头硬度试验。

26. 金属材料力学性能是指材料在各种载荷作用下表现出来的抵抗力。常用的金属材料力学性能有强度、塑性、硬度、冲击韧性、疲劳强度等。

27. 依据 GB 50661—2011 中的对接接头弯曲试验，当试件的厚度小于 14mm 时取面弯、背弯试样，当试件的厚度不小于 14mm 时取侧弯试样。

(二)钢结构连接及涂装

1. (1)连接副的扭矩系数试验在轴力计上进行，每一连接副只能试验一次，不得重复使用；

(2)在组装连接副时，螺母下的垫圈有倒角的一侧应朝向螺母支承面；试验时，垫圈不得发生转动，否则试验无效；

(3)进行连接副扭转系数试验时，应同时记录环境温度；试验所用的机具、仪表及连接副均应放置在该环境内至少 2h 以上。

2. (1)在对高强度螺栓终拧扭矩进行检测前，应清除螺栓及周边涂层；螺栓表面有锈蚀时，应进行除锈处理。

(2)对高强度螺栓终拧扭矩的检测，应经外观检查或小锤敲击检查合格后进行。

(3)检测高强度螺栓终拧扭矩时，先在螺尾端头和螺母相对位置画线，然后将螺母拧松 60°，再用扭矩扳手重新拧紧 60°～62°。此时的扭矩值应作为高强度螺栓终拧扭矩的实测值。

(4)检测时，施加的作用力应位于扭矩扳手手柄尾端，用力应均匀、缓慢；除有专用配套的加长柄或套管外，不得在有尾部加长柄或套管的情况下，测定高强度螺栓终拧扭矩。

3. (1)用小锤敲击螺母对高强度螺栓进行普查，不得漏拧。

(2)终拧扭矩应按节点数抽查 10%，且不应少于 10 个节点；对每个被抽查节点应按螺栓数抽查 10%，且不应少于 2 个螺栓。

(3)检查时先在螺杆端面和螺母上画一条直线，然后将螺母拧松约 60°，再用扭矩扳手重新拧紧，使两线重合，测得此时的扭矩应为 0.9～1.1Tch(Tch 为检查扭矩 N · m)。

(4)若发现有不符合规定的，应再扩大 1 倍检查；若仍有不合格者，则整个节点的高强度螺栓应重新施拧。

(5)扭矩检查宜在螺栓终拧 1h 以后、48h 之前完成，检查用的扭矩扳手，其相对误差应为±3%。

4. 依据 GB/T 50621—2010 条文说明第 8.1.3 条款，在大六角头高强度螺栓试件终拧扭矩试验中，经历不同的时间段后，测量其轴力、扭矩，高强度螺栓轴力、扭矩随时间而变化。高强度螺栓扭矩在 1h 之内变化最大，在 48h 之内已趋于稳定。因此高强度螺栓试件终拧扭矩检验应在终拧 1h 之后、48h 之内完成，这是比较合理的。

5. (1)新产品的试制定型鉴定；

(2)正式生产后，如结构、材料、工艺有较大改变，可能影响产品性能；

(3)正常生产时，定期积累一定产量后，应周期性进行一次检验；

(4)产品停产一年后，恢复生产；

(5)国家质量监督机构提出进行型式检验的要求。

6. (1)各种零部件产品合格证书和试验报告；

(2)设计更改文件、质量控制资料和文件；

(3)所用钢材和其他材料的质量证明或复试报告；

(4)焊缝质量和高强度螺栓质量检验资料;

(5)发运零部件的清单。

7.(1)零部件样本应从提交检验批中随机抽取;

(2)可以将交货验收的同一种型号产品作为一个检验批,但每批不应少于150件;

(3)对连续生产的同一型号产品可由制造厂的技术检验部门分批检验,但每批不应多于3500件;

(4)按每批的数量抽取5%样本,且不少于5件进行检验。

8.(1)在承受轴力和弯矩共同作用的试验中,可考虑轴向力和弯矩组合的荷载;

(2)具体可采用偏心轴向力的加载方式;

(3)试验所用的钢管规格应按标准选用,适当增加钢管壁厚;

(4)在试件两端的钢管上应焊接具有足够刚度的加载梁,加载梁长度由试验偏心距决定;

(5)在加肋钢球上钢管应焊在加肋方向,焊缝应全熔透。

9.(1)焊接空心球的极限承载力一般采用单向拉、压试验;

(2)试验时焊接空心球应随机抽样;

(3)试验所用的钢管规格应按标准选用,适当增加钢管壁厚;

(4)在加肋钢球上钢管应焊在加肋方向,焊缝应全熔透。

10.(1)试验在螺母表面上进行;

(2)任测螺母支承面上4点;

(3)取后支承面上3点硬度平均值。

11.(1)导向和刀刃间隔装置;

(2)透明的压敏胶粘带;

(3)切割刀具;

(4)目视放大镜。

12.(1)确定的检测位置应有代表性,在检测区域内分布宜均匀。检测前应清除测试点表面的防火涂层、灰尘、油污等。

(2)检测前应对仪器进行校准。校准宜采用二点校准,经校准后方可测试。

(3)应使用与被测构件基体金属具有相同性质的标准片对仪器进行校准,也可用待涂覆构件进行校准;检测期间关机再开机后,应对仪器重新校准。

(4)测试时,测点距构件边缘或内转角的距离不宜小于20mm;探头与测点表面应垂直接触,接触时间宜保持1~2s,读取仪器显示的测量值,应对测量值进行打印或记录。

13.(1)涂层与钢试板的附着力不应低于5MPa(拉开法)或不低于1级(划格法);

(2)各道涂层之间的附着力不应低于3MPa(拉开法)或不低于1级(划格法);

(3)用于外露钢结构时,各道涂层之间的附着力不应低于5MPa(拉开法)或不低于1级(划格法)。

14.(1)封闭基层;

(2)加固底材;

(3)增强主涂层与底材附着能力。

15.(1)油漆类防腐项目工程;

(2)金属热喷涂防腐项目工程;

(3)热浸镀锌防腐项目工程;

(4)防火涂料涂装项目工程。

16.(1)钢结构构件组装;

(2)钢结构构件预拼装;

(3)钢结构安装工程。

17. 制备好的块状样品在火花光源的作用下在两电极之间发生放电,在高温和惰性气体环境中产生等离子体。被测元素的原子被激发时,电子在原子内不同能级间跃迁,当由高能级向低能级跃迁时产生特征谱线,测量选定的分析元素和内标元素特征谱线的光谱强度。根据样品中被测元素谱线强度(或强度比)与浓度的关系,通过校准曲线计算被测元素的含量。

18.(1)S、P 会导致钢的热脆和冷脆,并且容易在晶界偏聚,导致合金钢的第 2 类高温回火脆性,高温蠕变时的晶界脆断;

(2)S 与 Fe 能形成 FeS,其熔点为 989℃,在大于 1000℃的热加工温度下 FeS 会熔化,所以易产生热脆;P 与 Fe 能形成 FeP,其性质硬而脆,在冷加工时产生集中应力,易产生裂纹而冷脆。

(三)钢结构焊接

1. 探头折射角或 K 值的选择应从 3 个方面考虑:

(1)使声束能扫查到整个焊缝截面;

(2)使声束中心线尽量与主要危险性缺陷垂直;

(3)保证有足够的检测灵敏度。

2. 焊缝中的气孔、夹渣是立体型缺陷,危害性较小;而裂纹、未焊透、未熔合是平面型缺陷,危害性大。在焊缝检测中由于加强高的影响及焊缝中裂纹、未焊透、未熔合等危险性大的缺陷往往与检测面垂直或成一定的角度,因此一般采用横波检测。

3. 检测发现缺陷波以后,应根据示波屏上缺陷波的位置来确定缺陷在实际焊缝中的位置,缺陷的定位方法分为以下几种。

(1)声程定位法:当仪器按声程 1∶n 调节扫描速度时,来确定缺陷位置的方法。

(2)水平定位法:当仪器按水平 1∶n 调节扫描速度时,来确定缺陷位置的方法。

(3)深度定位法:当仪器按深度 1∶n 调节扫描速度时,来确定缺陷位置的方法。

4. 在探头与工件表面之间施加的一层透声介质,称为耦合剂。

耦合剂的作用在于排除探头与工件表面之间的空气,使超声波能有效地传入工件,达到检测的目的;同时可以起到减少探头与工件间摩擦的作用。基本要求如下:

(1)能润湿工件和探头表面,流动性、黏度和附着力适当,易清洗;

(2)声阻抗高,透声性能好;

(3)来源广,价格便宜;

(4)对工件无腐蚀,对人体无害,对环境无污染;

(5)性能稳定,不易变质,能长期保存。

5.(1)以缺陷最高回波为相对基准,沿缺陷长度方向移动探头,将波高降低一定的分贝值时探头的位置作为缺陷的长度的端点的方法称为相对灵敏度法。降低的分贝值常为 6dB,可分为峰值 6dB 法和端点 6dB 法。

(2)在仪器灵敏度一定的条件下，探头沿缺陷长度方向平行移动，当缺陷波高降到规定高度时，探头所移动的距离就是缺陷的指示长度，这种方法称为绝对灵敏度法。用绝对灵敏度测长法测得的缺陷指示长度与测长灵敏度有关。测长灵敏度越高，缺陷指示长度越大。

(3)端点峰值法是指在测长扫查过程中，如发现缺陷反射波峰值起伏变化并有多个高点时，可以将缺陷两端反射回波极大值之间探头移动的长度确定为缺陷指示长度的方法。该方法只适合测长过程中缺陷反射波有多个高点的情况。

6. 通常情况下，对于点状缺陷，左右扫查和转角扫查时缺陷回波降低很快；另外，当探头环绕扫查时，各方向反射波高大致相同。裂纹的回波高度都比较大，波幅较宽，其具有多峰现象。对于裂纹，将超声波探头平移，观察到反射波以连续形式出现，波幅会有一定的变动；将探头进行转动检测时，波峰出现上下错动的现象。

7. 影响缺陷定位的主要因素：①仪器的影响，主要是仪器水平线性好坏的影响；②探头的影响，包括声束偏离、探头双峰、探头斜楔磨损、探头指向性的影响；③工件的影响，包括工件表面粗糙度、工件材质、工件表面形状、工件边界、工件温度、工件中缺陷情况的影响；④操作人员的影响，包括仪器时基线比例；⑤入射点、折射角、定位方法不当的影响。

影响缺陷定量的主要因素：①仪器的影响，主要是仪器垂直线性精度的影响；②探头性能影响，频率、晶片尺寸、探头折射角的影响；③耦合与衰减的影响；④工件几何形状的影响；⑤缺陷的影响。

8. (1)用左右扫查和前后扫查找到回波的最大值；用左右扫查来确定缺陷沿焊缝方向的长度；用前后扫查来确定缺陷的水平距离或深度，探头前后移动的范围应保证扫查到全部焊接接头截面。

(2)转角扫查为探头定点转动扫查，利用转角扫查可以推断缺陷的延伸方向。

(3)环绕扫查是以缺陷为圆心进行摆动扫查，环绕扫查同样可用于推断缺陷的形状。环绕扫查时，若回波高度几乎不变，则可判断为点状缺陷。

9. 超声波探伤仪主要性能指标有水平线性、垂直线性和动态范围等。

水平线性：也称时基线性或扫描线性，是指探伤仪扫描线上显示的反射波距离与反射体距离成正比的程度。水平线性的好坏以水平线性误差表示。

垂直线性：也称放大线性或幅度线性，是指探伤仪荧光屏上反射波高度与接受信号电压成正比的程度。垂直线性的好坏以垂直线性误差表示。

动态范围：探伤仪荧光屏上反射波高从满幅(垂直刻度 100%)降至消失时(最小可辨认值)仪器衰减器的变化范围。以仪器的衰减器调节量(dB 数)表示。

10. 按一定用途设计制作的具有简单几何形状人工反射体的试样，通常称为试块。试块和仪器、探头一样，是超声波探伤中的重要工具。其主要用途如下：

(1)测试、校验仪器和探头的性能，如放大线性、水平线性、动态范围、灵敏度余量、分辨力、盲区、探头的入射点、K 值等都是利用试块来测试的；

(2)调整扫描速度，利用试块可以调整仪器示波屏上水平刻度值与实际声程之间的比例关系(即扫描速度)，以便对缺陷进行定位；

(3)确定检测灵敏度，在超声探伤前常用试块上某一特定的人工反射体来调整探伤灵敏度；

(4)评判缺陷的大小，利用某些试块绘出的距离-波幅-当量曲线(即实用 AVG)来对缺陷定量，是目前常用的定量方法之一；

(5)测量材料的声速、衰减性能等。

11. 探伤灵敏度是指在确定的探测范围内的最大声程处发现规定大小缺陷的能力，有时也称为起始灵敏度或评定灵敏度。通常以标准反射体的当量尺寸表示。实际探伤中，常将灵敏度适当提高，称为搜索灵敏度或扫查灵敏度。

常用的调节探伤灵敏度的方法有试块调节法和工件底波调节法：

(1)试块调节法包括以试块上人工标准反射体调节和以试块底波调节两种方式；

(2)工件底波调节法包括计算法、AVG 曲线法、底面回波高度法等多种方式。

12. 除了频率、晶片材料、晶片尺寸等影响声场性能的指标外，超声波斜探头还有以下技术指标。

(1)斜探头的入射点和前沿长度。入射点是指其主声束轴线与探测面的交点，入射点至前沿的距离称为前沿长度。测定入射点和前沿长度是为了便于对缺陷定位和测定探头的 K 值。

(2)斜探头 K 值，是指被探工件中横波折射角 β_s 的正切值，即 $K=\tan\beta_s$。

(3)探头主声束偏离，是指探头实际主声束与其理论几何中心轴线的偏离程度，常用偏离角来表示。

13. (1)常见的非缺陷回波有始波、底波、迟到波、61°反射、三角反射，还可能有探头杂波、工件轮廓回波、耦合剂反射波、草状回波及其他一些非缺陷回波。

(2)探伤检测人员应注意用超声波反射、折射和波型转换理论，并计算相应回波的声程来分析判别显示屏上可能出现的各种非缺陷回波；此外还可采用更换探头方式来鉴别探头杂波，用手指沾油触摸法来鉴别轮廓界面回波。

14. 根据 T 型焊接接头结构形式，T 型焊接接头的纵向检测主要有如下 3 种检测方式，可选择其中一种或几种方式组合实施检测。

(1)用斜探头从翼板外侧用直射法进行检测。

(2)用斜探头在腹板一侧用直射法或一次反射法进行检测。

(3)用直探头或双晶直探头在翼板外侧沿焊接接头检测，或者用斜探头(推荐使用折射角 $\beta=45°$ 的探头)在翼板外侧沿焊接接头检测，包括直探头和斜探头两种扫查。

用斜探头在翼板外侧进行检测时，推荐使用折射角 $\beta=45°$ 的探头；用斜探头在腹板一侧进行探测时，探头 K 值根据腹板厚度进行选择。对缺陷进行等级评定时，均以腹板厚度为准。

15. 超声波探伤的分辨力可分为近场分辨力(盲区)、纵向分辨力、横向分辨力。

(1)近场分辨力主要取决于始脉冲占宽和仪器阻塞效应；

(2)纵向分辨力主要取决于脉冲宽度及检测灵敏度；

(3)横向分辨力主要取决于声束扩散角、检测灵敏度、测试方法等。

16. 将工件中自然缺陷的回波与同声程的某种标准反射体的回波进行比较，两者的回波等高时，标准反射体的尺寸就是该自然缺陷的当量尺寸。当量仅表示反射体对声波的反射能力相当，并非尺寸相等。常用的缺陷当量定量法如下：

(1)当量试块比较法，是将工件中的自然缺陷回波与试块上人工缺陷回波作比较对缺陷进行定量的方法；

(2)当量计算法，是利用规则反射体的理论回波声压公式进行计算来确定缺陷当量尺寸的定量方法；

(3)当量AVG曲线法，是利用通用AVG曲线或实用AVG曲线来确定缺陷当量尺寸的方法。

17. 横波检测常用的缺陷长度测定方法有绝对灵敏度测长法、端点峰值法和相对灵敏度测长法。相对灵敏度测长法包括6dB法、端点6dB法等。应用范围和特点如下。

(1)对小于声束横截面的缺陷，宜采用当量法定量，如采用测长法，所得结果一般比缺陷实际尺寸偏大。

(2)对缺陷回波波高包络线只是一个极大值的缺陷，应采用6dB法定量。

(3)对缺陷回波波高包络线有数个极大值的缺陷，可采用端点6dB法或端点峰值法。

(4)对条形气孔、未焊透等缺陷，用6dB法、端点6dB法和端点峰值法测得的结果较为准确；对裂纹、未熔合等细长条状缺陷，用6dB法、端点6dB法和端点峰值法测得的结果往往比实际尺寸偏小，此时可考虑采用绝对灵敏度测长法。

18. 根据钢板的用途和要求不同，采用的主要扫查方法分为全面扫查、边缘扫查、列线扫查和格子扫查等几种。

(1)全面扫查：对钢板作100%的检查，每相邻2次检查应有10%重复扫查面，探头移动方向垂直于压延方向，全面检查用于重要的要求高的钢板检测；

(2)边缘扫查：在钢板边缘的一定范围内作全面扫查；

(3)列线扫查：在钢板上划出等距离的平行列线，探头沿列线扫查，一般列线间距为50mm，并垂直于压延方向；

(4)格子扫查：在钢板上划出100mm×100mm的格子线，探头沿格子线扫查。

19. 调整检测灵敏度的目的在于检测出工件中规定大小的缺陷，并对缺陷进行定量。检测灵敏度太高或太低对检测都不利：灵敏度太高，显示屏上杂波多，干扰对缺陷波的判断；灵敏度太低，则容易引起漏检。

20. (1)检测前的准备：确定检测标准(由检测合同或设计文件规定)；选择超声波探伤仪；选择探头(纵波直探头、横波斜探头)；选择标准试块和对比试块；确定焊缝结构形式和几何参数；确定DAC曲线参数(点数和各线灵敏度)；选择耦合剂；选择检测面。

(2)检测仪器的调节：连接探头和超声探伤仪；测定探头前沿距离和K值；调节时基线范围(扫描速度的调节)；制作DAC曲线；调节检测灵敏度。

(3)检测过程：扫查直探头检测面，检查母材缺陷；斜探头初扫，初定游动波位置；斜探头精扫，找出最高回波，判断是否为缺陷回波；针对缺陷回波，进行定位、定量、定区域、测长；记录缺陷参数(数量、最高回波位置定位、当量、长度和分布)，绘制示意图；按标准要求评定焊缝；撰写检测报告。

21. (1)超声波在工件(或试样)上的由2个互相垂直的平面构成的直角内的反射，称为端角反射。

(2)端角反射中，同类型的反射波和入射波总是互相平行，方向相反。

(3)端角反射中，产生波型转换，不同类型的反射波和入射波互相不平行。

(4)横波入射时，入射角在30°及60°附近，端角反射率最低。

(5)横波入射时，入射角在35°～55°时，端角反射率最高。

(6)超声波检测单面焊根部未焊透缺陷时为取得高的端角反射率,应避免选择 $K \geqslant 1.5$ 的横波探头。

22. 超声波检测中,确定工件中缺陷的大小和数量,称为缺陷定量。缺陷的大小包括缺陷的面积和长度。

缺陷定量方法很多,常用的有当量法、底波高度法和测长法。

23. (1)焦距的选择应满足几何不清晰度的要求;

(2)焦距的选择还应保证在满足透照厚度比 K 的条件下,有足够大的一次透照长度 L_3;

(3)为减少照射场内射线强度不均匀对照相质量的影响,焦距取大一些为好;

(4)由于射线强度与距离平方成反比,焦距的增加必然使曝光时间大大延长,因此焦距也不能过大。

24. 大多数焊缝都保留着焊缝余高。在射线照相时,因焊缝余高的存在,透过母材部分的射线要比透过焊缝部分的射线强得多,而且照射母材部分的 X 射线产生的散射要比照射焊缝部分的 X 射线产生的散射线强得多,来自母材部分的散射线会与透过焊缝部分的 X 射线所产生的散射线叠加在一起,使照相质量降低。散射比与焊缝余高的变化关系:余高宽度越窄,高度越大,散射比越大。

25. X 射线管结构及各部分作用如下。

(1)阴极:灯丝,发射电子。(2)阴极头:灯丝支座,聚焦电子。(3)阳极:靶,遏制电子,发出 X 射线。(4)阳极体:支承靶,传递靶热量。(5)阳极罩:吸收二次电子,减少管壁电荷,提高工作稳定性。(6)管壳:连接两极,保持真空度。

26. 影响 X 射线照相影像质量的三要素:对比度、清晰度、颗粒度。

(1)射线照相对比度定义为底片影像中相邻区域的黑度差;

(2)射线照相清晰度定义为胶片影像中不同梯度区域分界线的宽度,用来定量描述清晰度的是"不清晰度";

(3)射线照相颗粒度定义为对视觉产生影响的底片影像黑度的不均匀程度。

27. 像质计灵敏度是评价射线照相技术高低的一种手段。一般说来,像质计灵敏度越高,发现缺陷的能力越强,但像质计灵敏度和缺陷探测灵敏度不能画等号。后者的情况要复杂得多,后者是缺陷自身几何形状、吸收系数、位置及取向角度的复合函数。虽然人们设计了各种型式的像质计,但到目前为止,还没有一种完美的像质计,能恰当反映出射线照相技术对各种自然缺陷的探测能力。

28. (1)小缺陷。如果小缺陷的影像尺寸小于不清晰度尺寸,影像对比度小于最小可见对比度,便不能识别。因此,对一定的透照条件,存在着一个可检出缺陷临界尺寸,小于临界尺寸的缺陷便不能被检出。例如小气孔、夹渣、微裂纹、白点等。

(2)与照射方向不平行的平面型缺陷。平面型缺陷具有方向性,缺陷平面与射线之间夹角过大,会使对比度降低,甚至会使底片上不产生影像,从而造成漏检。例如坡口及层间未熔合,钢板分层的漏检以及透照工艺不当,θ 角过大造成横向裂纹漏检均属此类情况。

(3)闭合紧密的缺陷。对某些紧闭缺陷,即使透照角度在允许范围内,仍不能产生足够的透照厚度差,从而造成漏检。例如紧闭的裂纹,未熔合,锻件中的折迭等。

29. 从提高像质计灵敏度、减小透照厚度比 K 和横向裂纹检出角 θ 以及保证一次透照长度 L_3 等方面评价,几种透照方法比较如下:单壁透照优于双壁透照,双壁单影优于双壁双影;焊缝单壁透照时,源在内中心法优于源在内偏心法,源在内偏心法优于源在外偏心法。

30. 曝光曲线的固定条件:X射线机、焦距、胶片型号、增感方式、暗室处理条件、基准黑度、试件材质。

曝光曲线的变化参量:穿透厚度、曝光量、管电压。

31. 3种射线防护基本方法:时间防护、距离防护、屏蔽防护。

(1)时间防护原理:在辐射场内的人员所受照射的累积剂量与时间成正比,因此,在照射率不变的情况下,缩短照射时间便可减少所接受的剂量,从而达到防护目的。

(2)距离防护原理:在源辐射强度一定的情况下,剂量率或照射率与离源的距离平方成反比,增大距离便可减少剂量率或照射率,从而达到防护目的。

(3)屏蔽防护原理:射线穿透物质时强度会减弱,在人与辐射源之间设置足够厚的屏蔽物,便可降低辐射水平,从而达到防护目的。

32.(1)磁场大小和方向的选择;(2)磁化方法的选择;(3)磁粉的选择;(4)磁悬液的浓度;(5)设备的性能;(6)工件形状和表面粗糙度;(7)缺陷的性质、形状和埋藏深度;(8)正确的工艺操作;(9)检测人员的素质;(10)照明条件。

33. 磁悬液浓度对显示缺陷的灵敏度影响很大。磁悬液浓度不同,检测灵敏度也不同。浓度太低,影响漏磁场对磁粉的吸附量,磁痕不清晰会使缺陷漏检;浓度太高,会使工件表面滞留很多磁粉,形成过度背影,甚至会掩盖相关显示。

34.(1)磁场具有大小和方向,磁场大小和方向的总称叫磁场强度;

(2)磁通量是磁场中垂直穿过某一截面的磁力线的条数;

(3)将原来不具有磁性的铁磁性材料放入外加磁场内,使之得到磁化。除了原来的外加磁场外,在磁化状态下铁磁性材料自身还产生一个感应磁场,这两个磁场叠加起来的总磁场,称为磁感应强度。

35. 磁粉检测的主要工艺过程包括6个步骤,包括磁粉检测的预处理、磁化工件(选择磁化方法、磁化规范和安排合适的工序)、施加磁粉(根据工件要求选择湿法或干法,根据材料的剩磁和矫顽力选择连续法或剩磁法检验并施加磁粉)、磁痕分析(包括磁痕评定和验收)、退磁和后处理。

36.(1)用于检验磁粉检测设备、磁粉和磁悬液的综合性能(系统灵敏度);

(2)用于检测被检工件表面的磁场方向、有效磁化范围和大致的有效磁场强度;

(3)用于考察所用的检测工艺规程能否检测出已知大小的缺陷;

(4)当无法计算复杂工件的磁化规范时,将小而柔软的试片贴在复杂工件的不同部位处,可大致确定较理想的磁化规范。

37.(1)磁粉检测的优点:①对铁磁性材料检测灵敏度高;②无毒害;③可检查铁磁性材料表面和近表面(不开口)缺陷;④操作简单,效率高。

(2)渗透检测的优点:①检查对象不受材质限制;②不受缺陷方向影响;③不受被检工件几何形状影响;④设备简单。

38.(1)基本要求有两条:一是要把受检试件表面的所有渗透液都去除掉;二是要把缺陷中的渗透液保留住。

(2)应注意的问题有2个:一是要防止过清洗或过乳化;二是为取得较高灵敏度,应使荧光背景(或着色底色)保持在一定的水平上,也不能欠洗。

39. 干式显像与湿式显像相比,干式显像剂只附着在缺陷部位,即使经过一段时间后,缺陷轮廓也不散开仍能显示出清晰的图像。所以使用干式显像剂时,背景上渗透液分开显示出相互接近的缺陷,得到较高的分辨力。相反,湿式显像的缺陷轮廓图形却经不住时间的考验,放置较长时间后,缺陷图像就扩展散开,形状和大小都发生变化,细微的密集缺陷(如弧坑裂纹)就会显示为一团,对缺陷的分辨力较低。

40. 影响渗透检测灵敏度的主要因素:(1)渗透剂性能的影响;(2)乳化剂及乳化效果的影响;(3)显像剂性能的影响;(4)操作方法的影响;(5)缺陷本身性质的影响。

(四)钢构件位置与尺寸

1. (1)测点布置:钢构件挠度观测点应沿构件的轴线或边线布设,每一构件不得少于5点(备注:对跨度为24m以上钢网架结构,测量下弦中央一点及各向下弦跨度的四等分点。)

(2)计算方法:将全站仪或水准仪测得的两端和跨中的读数相比较,可求得构件的跨中挠度。

2. (1)方法选择说明:测量尺寸不大于6m的钢构件变形时,可用拉线、吊线锤的方法。

(2)吊线方法(线锤静止):从构件上端吊一线锤直至构件下端。

(3)读数方法:当线锤处于静止状态后,测量吊锤中心与构件下端之间的距离。该数据为钢柱垂直度。

3. (1)每节柱子长度的制造允许偏差;

(2)每节柱子长度受荷载后的压缩值;

(3)每节柱子接头焊缝的收缩值。

4. (1)构件变形检测的内容应包括构件垂直度、弯曲变形、扭曲变形、跨中挠度;

(2)钢构件的垂直度、侧向弯曲矢高、扭曲变形应根据测点间相对位置差计算。

(五)钢结构动静载性能试验

1. (1)应能模拟结构实际荷载的大小和分布;

(2)应能反映结构或构件的实际工作状态;

(3)加载点和支座处不得出现不正常的偏心;

(4)应能保证构件的变形和破坏不影响检验数据的准确性;

(5)不造成检验设备的损坏和人员伤亡事故。

2. (1)荷载-变形曲线应基本为线性;

(2)卸载后,残余变形不应超过所记录到最大变形值的20%;

(3)当不满足上述要求时,可重新进行检验试验;

(4)第2次检验试验中的荷载-变形曲线基本上呈线性,新的残余变形不得超过第2次检验中所记录到的最大变形的10%。

3. 在检验荷载作用下,结构或构件的任何部分不应出现屈曲破坏或断裂破坏,卸载后,结构或构件的残余变形不应超过总变形量的20%。

4. 破坏性检验的加载规则:应先分级加到设计承载力的检验荷载,根据荷载-变形曲线确定随后的加载增量,然后加载到不能继续加载为止,此时的承载力即结构的实际承载力。

5. (1)试验应采用分级加载方式,每级荷载不应大于最大试验荷载的20%;构件的自重应作为第一级加载的一部分;加载至最大试验荷载后,应分级卸载。

(2)每级加卸载完成后,应持续 15min;在最大试验荷载作用下,应持续 1h 以上。在持续时间内,应观察试验构件的反应;持续时间结束时,应观察并记录各项读数。

(3)当在规定的荷载持续时间内出现标志性破坏(如屈服、失稳、断裂、变形超限等)时,应取本级荷载值与前一级荷载值的平均值作为其承载力检验荷载的实测值;当在规定的荷载持续时间结束后出现上述标志性破坏时,应取本级荷载作为其承载力检验荷载实测值。

6.(1)需要进行抗震、抗风、工作环境或其他激励下动力响应计算的结构;

(2)需要通过动力参数进行损伤识别的结构;

(3)需要确定实际动力性能的大型、复杂、重要和新型钢结构体系;

(4)在某种动外力作用下,某些部分动力响应过大的结构;

(5)其他需要获取结构动力性能参数的结构。

7.(1)处理时域数据时,应对试验数据进行零点漂移、记录波形和记录长度的检验;

(2)处理频域数据时,应进行低通滤波并加窗函数处理;

(3)采用基于 HHT 变换的模态识别方法时,应消除边缘效应;

(4)试验数据处理后,应提供试验结构的自振频率、阻尼比和振型以及动力反应最大幅值、时程曲线、频谱曲线。

8.(1)钢结构整体或局部承受超过设计要求的外加动荷载或作用;

(2)钢结构整体或局部在外部作用下产生了设计未考虑的不利动荷载效应。

9.(1)构件的应变达到或接近屈服应变;(2)构件的位移或变形超出预期的情况;(3)构件出现平面外的变形;(4)构件出现局部失稳的迹象。

10.(1)来自外部振动源的地面振动传至建筑附近时的振动频率和振动幅度等数据;

(2)风和外部爆炸气流在建筑上的作用过程;

(3)建筑动力响应各测点的振动频谱、振动峰值、主振频率等。

第六节　综合题部分

(一)钢材及焊接材料

1. 试件截面积 $S_0=\left(\frac{d_0}{2}\right)^2\times3.14=78.5\text{mm}^2$;

$R_{eL}=\frac{18840\text{N}}{S_0}=240\text{MPa}$,$R_m=\frac{36110\text{N}}{S_0}=460\text{MPa}$;

$A=\frac{L_u-L_0}{L_0}\times100\%=46.0\%$,$S_u=\left(\frac{d_u}{2}\right)^2\times3.14=35.2\text{mm}^2$;

$Z=\frac{S_0-S_u}{S_0}\times100\%=55\%$。

2.(1)计算横截面积 S_0:$S_0=30\times8=240(\text{mm}^2)$。

(2)计算原始标距:$L_0=5.65\sqrt{S_0}=87.5\text{mm}$,取最接近 5 的整数倍为 90mm。

(3)计算屈服强度:$R_{eL}=\frac{100540\text{N}}{S_0}=418.9\text{MPa}$,修约后 $R_{eL}=419\text{MPa}$。

(4)计算抗拉强度:$R_m=\frac{124400N}{S_0}=518.3MPa$,修约后 $R_m=518MPa$。

(5)计算伸长率:$A=\frac{L_u-L_0}{L_0}\times100\%=22.2\%$。

3. $S_0=15.0\times8.1=121.5(mm^2)$;$L_0=5.65\sqrt{S_0}=62\approx60(mm)$;$L_C=L_0+2\sqrt{S_0}=82\approx80(mm)$。

4. 步骤②③④⑤不符合标准要求:②中要测量至少 3 次;③中在夹持之前设置零点;④中若弹性模量小于 150GPa,在屈服时的速度控制为 2~20MPa/s;⑤中 3 个数据未按照标准进行修约,修约后分别为 386MPa,525MPa,25.5%。

5.(1)从图形上可以看出,上屈服荷载为 110kN,下屈服荷载为 106kN,抗拉荷载为 132kN;

(2)直径为 16mm 的圆截面拉伸试样,其原始横截面积为

$$S_0=\left(\frac{d_0}{2}\right)^2\times3.14=201.0mm^2$$

(3)上屈服强度 $R_{eH}=\frac{110\times1000}{201.0}=547.3(MPa)$;

(4)下屈服强度 $R_{eL}=\frac{106\times1000}{201.0}=527.4(MPa)$;

(5)抗拉强度为 $R_m=\frac{132\times1000}{201.0}=656.7(MPa)$;

(6)修约后为 $R_{eH}=547MPa$,$R_{eL}=527MPa$,$R_m=657MPa$。

6. 因断裂位置与最接近的标距标记的距离小于原始标距的 1/3,需采取移位法测定断后伸长率。由图 2-7-2 所示,$N-n=7$,为奇数。依据 GB/T 228.1—2021,按下式计算试样的断后伸长率:

$$A=\frac{l_{XY}+l_{YZ1}+l_{YZ2}-L_0}{L_0}\times100\%=\frac{41.38+35.76+46.12-100}{100}\times100\%=23.26\%$$

修约值为 23.5%,小于 26%,不满足 GB/T 700—2006 的要求。

7.(1)"1"表示拉伸试样;(2)"2"表示背弯试样;(3)"3"表示面弯试样;(4)"4"表示侧弯试样;(5)"5"表示冲击试样;(6)"6"表示备用;(7)"7"表示舍弃。

8. 拉伸试验结果应符合母材标准下限值中的较低者,2 个抗拉强度中有一个小于 370MPa,拉伸结果不合格;冲击试验平均值大于标准值,焊缝中心的数值有 2 个小于标准值,冲击结果不合格;弯曲试样单个缺陷均不大于 3mm,同一个试件上的缺陷不大于 7mm,所有缺陷不大于 24mm,弯曲试样合格。

该焊接试件工艺检验结果不合格。

9.(1)屈服强度 $R_{eL}=\frac{F_{eL}}{S_0}=\frac{20680}{3.14\times5^2}=263.44\approx263(MPa)$;

(2)抗拉强度 $R_m=\frac{F_m}{S_0}=\frac{33810}{3.14\times5^2}=430.70\approx431(MPa)$;

(3)断后伸长率 $A=\frac{L_u-L_0}{L_0}\times100\%=30.5\%$;

10.(1)① 材料的不均匀度,试样的几何形状制备方法和公差、夹持方法、施力的轴向性;

② 试样的尺寸测量,标距的标记;

③ 试验温度和加荷速度,人为的或与拉伸性能测定相连的软件误差;

④ 试验机和辅助测量系统的误差;

(2)当设备发生故障或操作不当而影响试验数据时其试验结果无效。

(二)钢结构连接及涂装

1.(1)根据扭矩系数计算公式 $K=\frac{T}{P \cdot d}$ 可得,8套连接副螺栓的扭矩系数分别为0.118、0.114、0.120、0.111、0.119、0.118、0.118、0.117,扭矩系数平均值是0.117;根据标准偏差公式 $s=\sqrt{\frac{\sum(k_i-\bar{k})^2}{n-1}}$ 可得,该组连接副螺栓的标准偏差为0.0029,故符合GB 50205—2020的规定要求。

(2)根据公式 $\mu=\frac{N_v}{n_i \cdot \sum_{i=1}^{m} P_i}$ 可得:1组3套高强度螺栓连接副摩擦面抗滑移试件的抗滑移系数分别为0.41、0.44、0.42,符合设计要求。

2.(1)经计算得出工字梁测点平均值为21.0mm,工型柱测点平均值为22.4mm,方形柱测点平均值为20.4mm。

(2)根据GB 50205—2020第13.4条要求,对于厚涂型防火涂料涂层的厚度,80%及以上面积应符合有关耐火极限的设计要求,且最薄处厚度不应低于设计要求的85%。

(3)因此最薄处厚度应不小于20.0mm×85%=17.0mm,工字梁、工型柱和方形柱各测点数据都大于17.0mm。

(4)工字梁测点中出现了一个低于20.0mm的值,且面积达标数值占的比例为5/6≈83%>80%。因此按照标准要求,工字梁的防火涂料涂层厚度满足标准要求。

(5)工型柱的面积达标数值占的比例为100%。因此工型柱的防火涂料涂层厚度满足标准要求。

(6)方形柱测点中出现了2个低于20.0mm的值,且面积达标数值占的比例为6/8=75%<80%。

因此按照标准要求,方形柱的防火涂料涂层厚度未满足设计要求。

3.(1)该防火涂料的粘结强度应由公式 $f_b=F/A$ 计算得出,其中 F 为最大拉伸荷载,A 为粘接面积。计算出5次粘接强度,分别为0.16MPa、0.17MPa、0.17MPa、0.17MPa、0.18MPa。根据规范要求剔除一个最大值和最小值,剩余的3个数据的平均值为防火涂料的粘结强度,结果为0.17。

(2)根据《钢结构防火涂料》(GB 14907—2018),室外钢结构膨胀型防火涂料粘结强度应不小于0.15MPa,故该涂料的粘结强度满足规范要求。

4.(1)抽检数量:按照构件数抽查10%,且同类构件不应少于3件。

(2)检测方法:用干漆膜测厚仪检查。对每个构件检测5处,每处的数值为3个相距50mm测点涂层干漆膜厚度的平均值。干漆膜厚度的允许偏差应为$-25\mu m$。

(3)根据GB 50205—2020附录D.0.6关于涂层厚度评定,计算出各测点的平均值为

测点 1,(160+165+170)/3=165(μm);

测点 2,(175+180+185)/3=180(μm);

测点 3,(200+205+210)/3=205(μm);

测点 4,(210+215+220)/3=215(μm);

测点 5,(190+195+200)/3=195(μm);

5 处的总平均值为(165+180+205+215+195)/5=192(μm);

5 处测点的最小值为测点 1 的 165μm。

5 处的总平均值不得低于设计值的 90%,且最低值不得低于设计值的 80%。故构件的防腐涂料的涂层厚度测量结果满足要求。

5.(1)抽样规则:检验批可按分部工程(子分部工程)所含高强度螺栓用量划分,每 5 万个高强度螺栓用量的钢结构为一批,不足 5 万个高强度螺栓用量的钢结构视为一批。选用 2 种及 2 种以上表面处理(含有涂层摩擦面)工艺时,每种处理工艺均需检验抗滑移系数,每批有 1 组 3 套试件。

(2)样品要求:抗滑移系数试验中,应采用双摩擦面的二栓拼接的拉力试件,试件与所代表的钢结构构件应为同一材质、同批制作、采用同一摩擦面处理工艺和具有相同的表面状态(含有涂层),在同一环境条件下存放,并应用同批同一性能等级的高强度螺栓连接副。

(3)试验仪器设备:试验用的试验机误差应在 1%以内,试验用的贴有电阻片的高强度螺栓、压力传感器和电阻应变仪应在试验前用试验机进行标定,其误差应在 2%以内。

(4)试验检测过程如下。

① 紧固高强度螺栓应分初拧、终拧,初拧应达到螺栓预拉力标准值的 50%左右。终拧后,每个螺栓的预拉力值应在 0.95~1.05P(P 为高强度螺栓设计预拉力值)范围内。

② 加荷时,应先加 10%的抗滑移设计荷载值,停 1min 后,再平稳加荷,加荷速度为 3~5kN/s,直拉至滑动破坏,测得滑移荷载 N_v。

③ 根据试验所测得的滑移荷载 N_v 和螺栓预拉力 P 的实测值,按式 $\mu=\dfrac{N_v}{n_i\cdot\sum\limits_{i=1}^{m}P_i}$(其中,$m=2$,$n_i=2$)分别计算每套试件的抗滑移系数 μ,判断试验结果是否符合设计要求。

6.(1)测针与测试应符合下列规定。

① 测针(厚度测量仪)由针杆和可滑动的圆盘组成,圆盘始终保持与针杆垂直,并在其上装有固定装置,圆盘直径不大于 30mm,以保证完全接触被测试件的表面。如果厚度测量仪不易插入测试材料中,也可使用其他适宜的方法测试。

② 测试时,将测厚探针垂直插入防火涂料涂层直至钢基材表面上,记录标尺读数。

(2)测点选定应符合下列规定:

① 对于楼板和防火墙的防火涂层厚度测定,可选两相邻纵轴线、横轴线相交中的面积为一个单元,在其对角线上,每隔 1m 选一点进行测试;

② 对于全钢框架结构的梁和柱的防火涂料涂层厚度测定,在构件长度内每隔 3m 取一截面;

③ 对于桁架结构上弦和下弦,在构件长度内每隔 3m 取一截面检测,对于其他腹杆,每根取一截面检测。

(3)对于楼板和墙面,在所选择的面积中,至少测出 5 个点;对于梁和柱,在所选择的位置中，分别测出 6 个点和 8 个点，并计算出这些测量结果的平均值，精确到 0.5mm。

(三)钢结构焊接

1. (1) $\Delta BA = 20\lg\frac{B}{A} = 20\lg\frac{40}{80} = -20\lg 2 = -6$，B 波为(0−6)dB，即−6dB；

$\Delta CA = 20\lg\frac{C}{A} = 20\lg\frac{20}{80} = -40\lg 2 = -12$，C 波为(0−12)dB，即−12dB；

(2) $\Delta AB = 20\lg\frac{A}{B} = 20\lg\frac{80}{40} = 20\lg 2 = 6$，A 波为(10+6)dB，即 16dB；

$\Delta CB = 20\lg\frac{C}{B} = 20\lg\frac{20}{40} = -20\lg 2 = -6$，C 波为(10−6)dB，即−4dB；

(3) $\Delta AC = 20\lg\frac{A}{C} = 20\lg\frac{80}{20} = 40\lg 2 = 12$，A 波为(−8+12)dB，即 4dB；

$\Delta BC = 20\lg\frac{B}{C} = 20\lg\frac{40}{20} = 20\lg 2 = 6$，C 波为(−8+6)dB，即−2dB。

2. (1)CSK－IA 试块上按深度 1∶1 调节，则 R50mm、R100mm 圆弧反射波 B_1、B_2 对应的深度 d_1、d_2 为

$$d_1 = \frac{50}{\sqrt{1+K^2}} = 50\cos\beta$$

$$d_2 = \frac{100}{\sqrt{1+K^2}} = 100\times\cos\beta$$

使用折射角 $\beta=68.2°$ 的探头调试：$d_1 = 50\times\cos 68.2° = 18.6$(mm)；$d_2 = 2d_1 = 37.2$mm；调节仪器使 B_1、B_2 分别对准水平刻度 18.6、37.2，则深度 1∶1 就调节好了。

改用折射角 $\beta=45°$ 的探头调试：$d_1' = 50\times\cos 45° = 35.4$(mm)；$d_2' = 70.7$mm

由于声程相同，因此对任意折射角 β 的探头，R50、R100 回波位置均不改变，即在水平刻度 18.6、37.2。

(2)扫描比例变为 $\frac{35.4}{18.6} = 1.9$，即深度比例为 1∶1.9。

3. $R = \frac{D}{2} = \frac{360}{2} = 180$(mm)，$r = R - t = 180 - 12 = 168$(mm)，$S = 45$mm，由余弦定理 $r^2 = R^2 + S^2 - 2RS\cos\beta$ 得

$$\cos\beta = \frac{R^2+S^2-r^2}{2RS} = \frac{180^2+45^2-168^2}{2\times180\times45} = 0.383$$

探头折射角 $\beta = \arccos 0.383 = 67.5°$。

4. (1)A 钢板评级如下。

① 按单个缺欠评级：最大单个缺欠面积为 90cm^2，标准规定面积小于 50cm^2 为Ⅱ级，面积小于 100cm^2 为Ⅲ级，故评为Ⅲ级。

② 按 1m^2 内缺欠总面积占的百分比评级：GB/T 2970—2016 标准规定，Ⅱ级中面积小于 15cm^2 的单个缺欠不计，Ⅲ级中面积小于 25cm^2 的单个缺欠不计。这里按Ⅱ级计算缺欠总面积：

$$F_{总} = 90\times2 + 60\times2 + 20\times3 = 360(\text{cm}^2)$$

$F_{总}$ 占 $1m^2$ 的百分比：$\frac{360}{10000}\times100\%=3.6\%<5\%$，评为Ⅱ级。

③ 综合评级：A 钢板评为Ⅲ级。

(2)B 钢板评级如下。

① 单个缺欠评级：2 个 $40cm^2$，缺欠间距为 80mm<100mm，以二者之和作为单个缺欠，则单个缺欠最大面积为 $F_m=40\times2=80(cm^2)$。标准规定面积小于 $50cm^2$ 为Ⅱ级，面积小于 $100cm^2$ 为Ⅲ级，故评为Ⅲ级。

② 据 $1m^2$ 内缺欠总面积占的百分比评级，缺欠总面积为

$$F_{总}=40\times2+30\times8=320(cm^2)$$

$F_{总}$ 占 $1m^2$ 的百分比为 $\frac{320}{10000}\times100\%=3.2\%<5\%$，评为Ⅱ级。

③ 综合评级：B 钢板评为Ⅲ级。

5. (1)超声波探伤的 DAC 曲线数据见表 2-8-1 所列。

表 2-8-1　超声波探伤的 DAC 曲线数据表

孔深/mm	20	40	60	80
判废线/dB	47	43	39	35
定量线/dB	41	37	33	29
评定线/dB	33	29	25	21

(2)缺欠 1：30mm<T，为一次波发现，缺欠距探测面 30mm，在此深度处定量线 SL 值为 39dB，缺欠当量为 $SL+3$dB，在Ⅱ区，指示长度为 18mm，在 $\frac{1}{3}T$ 和 $\frac{2}{3}T$ 之间，综合评定该缺欠为Ⅱ级缺欠；

缺欠 2：$T<45$mm$<2T$，为二次波发现，缺欠距探测面 $2T-45=35$mm，此深度处定量线 SL 值为 36dB，缺欠当量为 $SL+1$dB，在Ⅱ区，指示长度为 35mm$>\frac{3}{4}T$，综合评定该缺欠为Ⅳ级缺欠；

缺欠 3：$T<58$mm$<2T$，为二次波发现，缺欠距探测面 $2T-58=22$mm，此深度处定量线 SL 值为 33dB，缺欠当量为 $SL+11$dB，在Ⅲ区，评定该缺欠为Ⅳ级缺欠。

6. (1)由已知，其分辨率 $X=20\lg\frac{h_1}{h_2}=20\lg\frac{80\%}{20\%}=12(dB)$。

(2)采用一次反射波法(二次波)检测焊缝，检测面修整宽度为 $1.25P$，其中 $P=2Kt$，K 为斜探头折射角的正切值 $\tan\beta$，t 为工件厚度。因此，检测面修整宽度 P 为 $1.25\times2\times\tan60^\circ\times25\approx130(mm)$。

(3)由已知条件可知，$\tau_{f1}=18$mm，小于板厚 30mm，说明缺欠 F_1 是被一次波发现的，故缺欠 F_1 的深度和水平距离分别为

$$H_1=n\times\tau_{f1}=1\times18=18(mm)$$

$$L_1=K\times H_1=\tan60^\circ\times18\approx31.2(mm)$$

又由已知条件可知，30mm<τ_{f2}（=32mm）<60mm，说明缺欠 F_2 是被二次波发现的，故缺欠 F_2 的深度和水平距离分别为

$$H_2 = 2t - n\times\tau_{f2} = 2\times30 - 1\times32 = 28(\text{mm})$$

$$L_2 = K\times n\times\tau_{f2} = \tan 60^\circ\times1\times32 \approx 55.4(\text{mm})$$

同理可知，30mm<τ_{f3}（=45mm）<60mm，说明缺欠 F_3 也是被二次波发现的，故缺欠 F_3 的深度和水平距离分别为

$$H_3 = 2t - n\times\tau_{f3} = 2\times30 - 1\times45 = 15(\text{mm})$$

$$L_3 = K\times n\times\tau_{f3} = \tan 60^\circ\times1\times45 \approx 77.9(\text{mm})$$

（4）依据 GB/T 29712—2023 可知，当 2 个缺欠间距 d_x 小于其中较长显示的 2 倍长度数值时，可记为群显示（单个显示）。

缺欠 F_1 与缺欠 F_2 之间的间距 d_{x1} 为 22mm，大于较长显示（缺欠 F_2）的 2 倍长度数值（10mm×2），故不可作为群显示，应单独记录。

缺欠 F_2 与缺欠 F_3 之间的间距 d_{x2} 为 12mm，小于较长显示（缺欠 F_2）的 2 倍长度数值（16mm×2），故可作为群显示记录。

综上可得：缺欠的累加长度为 $l_{总}$ =8mm+10mm+12mm+16mm=46mm；因累加长度 $l_{总}$ =46mm>20mm（厚度 $t\geqslant$5mm 时，任意的焊缝长度 l_w =100mm，验收等级为 2 级时，累加长度不应大于焊缝长度 l_w 的 20%），故根据要求该焊缝不能按 2 级验收。

7.（1）$K = \dfrac{(81+11-35)}{30} = 1.9$，探头 K 值变小，即探头折射角变小，故是由前端磨损造成的。

（2）探头折射角 $\beta = \arctan K = \arctan 1.9 = 62.2^\circ$，一次波、二次波的声程为

$$x_1 = \frac{T}{\cos 62.2^\circ} = \frac{32}{\cos 62.2^\circ} = 68.6(\text{mm})$$

$$x_2 = 2\times x_1 = 137.2\text{mm}$$

故缺欠波 x_f =77 介于一次波和二次波声程之间，是被二次波发现的。

缺欠波水平位置：$L_1 = x_f\times\sin 62.2^\circ = 77\times\sin 62.2^\circ = 68.1(\text{mm})$。

缺欠波深度位置：$H_1 = 2T - x_f\times\cos 62.2^\circ = 2\times32 - 77\times\cos 62.2^\circ = 28.1(\text{mm})$。

8. 由已知得 $d = n\times\tau_f = 2\times40 = 80(\text{mm})$，$K=1.5$，$l = K\times d = 1.5\times80 = 120(\text{mm})$，$R = \dfrac{1080}{2} = 540(\text{mm})$。

以此代入外圆轴向检测缺欠定位（深度为 H、弧长为 $\widehat{L}$）公式得

$$H = R - \sqrt{(Kd)^2 + (R-d)^2} = 540 - \sqrt{(1.5\times80)^2 + (540-80)^2} = 64.6(\text{mm})$$

$$\widehat{L} = \frac{R\pi\beta}{180} = \frac{R\pi}{180}\times\arctan\frac{Kd}{R-d} = \frac{540\times3.14}{180}\times\arctan\frac{1.5\times80}{540-80} = 137.7(\text{mm})$$

这说明该缺欠至外圆的距离 $H=64.6\text{mm}$，对应的外圆弧长 $\widehat{L}=137.7\text{mm}$。

9. (1)理论探头 K_L 值：$K_L=\tan\beta \geqslant \frac{A+B+2l_0}{2T}=\frac{35+25+2\times 11}{2\times 30}=1.47$。

实际选用探头 K_S 值：$K_S=\tan\beta=\tan 68.2°=2.50$。

因 $K_S>K_L$，故使用该探头能保证声束扫查到整个焊缝截面。

(2)已知：$T=30\text{mm}$，$\tau_f=45\text{mm}$，因 $T<\tau_f<2T$，故可以判定此缺欠是被二次波发现的。所以缺欠在焊缝中的水平距离 l_f 和深度 d_f 为

$$l_f=K_S\times n\times\tau_f=2.5\times 0.5\times 45=56.25(\text{mm})$$

$$d_f=2\times T-n\times\tau_f=2\times 30-0.5\times 45=37.5(\text{mm})$$

10. 已知 $i_1=5\text{mA}$，$t_1=4\text{min}$，$F_1=600\text{mm}$，$F_2=1000\text{mm}$，由公式 $\frac{i_1\times t_1}{F_1^2}=\frac{i_2\times t_2}{F_2^2}$ 得

$$i_2\times t_2=\frac{i_1\times t_1\times F_2^2}{F_1^2}=\frac{5\times 3\times 1000^2}{600^2}=41.7(\text{mA}\cdot\text{min})$$

故第 2 次透照曝光量为 41.7mA · min；可选择管电流 5mA，曝光时间约为 8.34min。

(四)钢构件位置与尺寸

1. 测点布置示意图如图 2-8-1 所示。

$$\Delta S_{AB}=S_B-S_A=0.001-0.004=-0.003$$

$$\Delta S_{AC}=S_C-S_A=0.020-0.004=0.016$$

$$\Delta S_{AD}=S_D-S_A=0.012-0.004=0.008$$

$$f_C=\Delta S_{AC}-\frac{3000}{3000+6000}\Delta S_{AB}=0.016+\frac{1}{3}\times 0.003=0.017$$

$$f_D=\Delta S_{AD}-\frac{6000}{3000+6000}\Delta S_{AB}=0.008+\frac{2}{3}\times 0.003=0.010$$

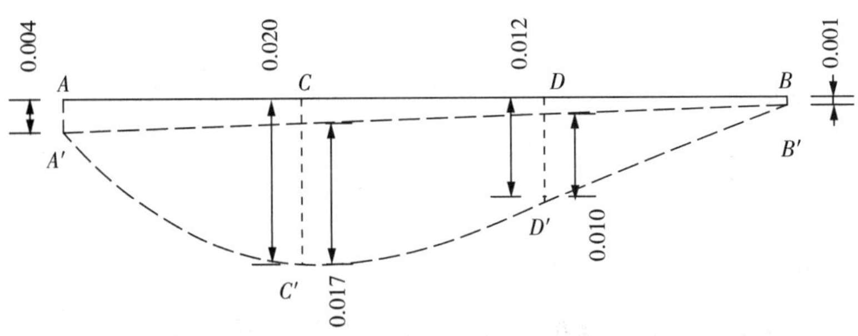

图 2-8-1 测点布置示意图

2. (1)建筑的四角、核心筒四角、大转角处及沿外墙每 10～20m 处或每隔 2～3 根柱基上；

(2)高低层建筑、新旧建筑和纵横墙等交接处的两侧；

(3)建筑裂缝、后浇带两侧、沉降缝两侧、基础埋深相差悬殊处、人工地基与天然地基接壤处、不同结构的分界处及填挖方分界处以及地质条件变化处两侧；

(4)对宽度不小于15m、宽度虽小于15m但地质复杂以及膨胀土、湿陷性土地区的建筑，应在承重内隔墙中部设内墙点，并在室内地面中心及四周设地面点；

(5)邻近堆置重物处、受振动显著影响的部位及基础下的暗浜处；

(6)框架结构及钢结构建筑的每个或部分柱基上或沿纵横轴线上；

(7)筏形基础、箱形基础底板或接近基础的结构部分之四角处及其中部位置；

(8)重型设备基础和动力设备基础的四角、基础形式或埋深改变处；

(9)超高层建筑或大型网架结构的每个大型结构柱监测点数不宜少于2个，且应设置在对称位置。

3.(1)在对钢结构钢材厚度进行检测前，应清除表面油漆层、氧化皮、锈蚀等，并打磨至露出金属光泽。

(2)检测前应预设声速，并应用随机标准块对仪器进行校准，经校准后方可进行测试。

(3)将耦合剂涂于被测处，耦合剂可用机油、化学浆糊等。在测量小直径管壁厚度或工件表面较粗糙时，可选用黏度较大的甘油。

(4)将探头与被测构件耦合即可测量，接触耦合时间宜保持1～2s。在同一位置宜将探头转过90°后作二次测量，取2次的平均值作为该部位的代表值。在测量管材壁厚时，宜使探头中间的隔声层与管子轴线平行。

(5)测厚仪使用完毕后，应擦去探头及仪器上的耦合剂和污垢，保持仪器的清洁。

(五)钢结构动静载性能试验

1.(1)当采用稳态正弦激振的方法进行测试时，宜采用旋转惯性机械起振机，也可采用液压伺服激振器，使用频率范围宜为0.5～30Hz，频率分辨率不应小于0.01Hz；

(2)对加速度仪、速度仪或位移仪，可根据实际需要测试的振动参数和振型阶数进行选取；

(3)仪器的频率范围应包括被测结构的预估最高阶和最低阶频率；

(4)测试仪器的最大可测范围应根据被测结构振动的强烈程度选定；

(5)测试仪器的分辨率应根据被测结构的最小振动幅值选定；

(6)传感器的横向灵敏度应小于0.05；

(7)在进行瞬态过程测试时，测试仪器的可使用频率范围应比稳定测试时大一个数量级；

(8)传感器应具备机械强度高、安装调节方便、体积重量小且便于携带、防水、防电磁干扰等性能；

(9)记录仪器或数据采集分析系统、电平输入及频率范围，应与测试仪器的输出相匹配。

2.(1)检验荷载不应超过结构承受的可变荷载标准值。

(2)检验荷载应分级施加。

(3)每级检验荷载施加后应对检测数据进行分析。

(4)存在下列问题时，应采取卸除检验荷载的措施：

① 构件的应变达到或接近屈服应变；

② 构件的位移或变形超出预期的情况；

③ 构件出现平面外的变形；

④ 构件出现局部失稳的迹象。

3.(1)测试结构基本模态时，宜选用环境激励法；在满足测试要求的前提下，可选用初始位移法、重物撞击法等方法。

(2)测试结构平面内多个模态，或结构模态密集，或结构特别重要且条件许可时，宜选用环境激励法或稳态正弦激振方法。

(3)测试结构空间模态、扭转模态或结构模态密集，或结构特别重要且条件许可时，宜选用环境激励法、多振源相位控制同步的稳态正弦激振方法或初速度法。

(4)评估结构的抗震性能时，可选用随机激振法或人工爆破模拟地震法。

(5)对于单点激励法测试结果，可采用多点激励法进行校核；对于大型复杂结构，宜采用多点激励方法。

4.(1)采用模型试验时，应根据相似理论制作模型，且正确模拟被测结构的边界条件；

(2)布置测点时应尽量避开振型节点和峰点处；多点激励时，应能反映结构的动力特性，且显示结构的模态振型；测点数宜为所测模态阶数的2倍。

(3)结构动力测试作业应保证不产生对结构性能有明显影响的损伤；

(4)进行试验测试时，应避免环境及系统干扰；

(5)采样间隔应满足采样定理的基本要求。

(6)采用环境随机振动激励法试验时，应根据采样率确定测试记录时间长度；测量模态和频率时不应少于5min，测试阻尼时不应少于30min。

(7)当因测试仪器数量不足需多次测试时，每次测试应至少保留一个共同参考点。

5.(1)工程概况或结构概况；(2)检测目的或委托方的检测要求；(3)检测依据；(4)检测项目、选用的检测方法和检测的数量；(5)检测人员和仪器设备；(6)检测工作进度计划；(7)所需要的配合工作；(8)检测中的安全措施和环保措施。

6.(1)拟改变使用功能、使用条件或使用环境；(2)拟进行改造、改建或扩建；(3)达到设计使用年限拟继续使用；(4)因遭受灾害、事故而造成损伤或损坏；(5)存在严重的质量缺陷或出现严重的腐蚀、损伤、变形。

7.(1)结构实物与设计图纸的符合程度；(2)结构体系、支撑系统、主要构件形式、主要节点构造及支座节点布置和构造；(3)结构整体挠曲变形、支座节点变形和移位或沉降；(4)主要构件损伤、主要节点损伤；(5)结构表面涂层质量和腐蚀状况。

8.(1)结构实物与设计图纸的符合程度；

(2)柱脚沉降和移位、厂房柱倾斜；

(3)结构体系、梁柱构件选型与节点构造、构件及节点的缺陷与变形及损伤；

(4)支撑布置、支撑构造和连接、支撑杆件的缺陷与变形及损伤；

(5)吊车梁、制动系统、辅助系统及其连接、吊车梁系统构件的缺陷与变形及损伤。

9.(1)结构实物与设计图纸的符合程度；

(2)结构体系选型、柱肢及主要构件形式、主要节点构造及柱脚构造、基础结构形式；

(3)结构整体侧倾、柱肢变形、柱脚变形、基础沉降、锚栓紧固状态；

(4)主要构件损伤、主要节点损伤；

(5)结构表面涂层质量和腐蚀状况。

10.(1)从振动衰减时程曲线测得 t_1 到 t_6 共 $m(=5)$ 个周期间隔，时间长度为 $mT=0.296\text{s}$，则该结构的振动周期 $T=0.059\text{s}$，一阶自振频率 $f_n=1/T=16.9\text{Hz}$。

(2)在小阻尼状态下，振动系统在初始位移扰动后，其自由衰减振动位移 x 随时间 t 衰减，可解得如下表达式：$x=Ae^{-nt}\sin(\omega_d t+\alpha)$。可推导出振幅的对数减缩率 $\delta=\frac{1}{m}\ln\frac{A_i}{A_{i+m}}=nT_{\text{d}}=2\pi\zeta/\sqrt{1-\zeta^2}\approx2\pi\zeta$（在 $\zeta\ll1$ 情况下）。从振动衰减时程曲线上分别测得间隔 $m(=5)$ 个周期间隔的 2 个振动响应幅值 $A_i=144.223$，$A_{i+m}=62.253$，可计算振幅的对数减缩率 $\delta=0.17$，则阻尼比 $\zeta=\delta/2\pi=0.027$。

第三篇

地基基础

第一章 检测参数及检测方法

依据《建设工程质量检测管理办法》(住房和城乡建设部令第 57 号)、《建设工程质量检测机构资质标准》(住房和城乡建设部建质规〔2023〕1 号)等法律法规、规范性文件及标准规范要求,地基基础检测涉及的常见检测参数、依据标准及主要仪器设备见表 3-1-1 所列。表 3-1-1 中所引用标准规范以最新版本为准。

表 3-1-1 地基基础检测涉及的常见检测参数、依据标准及主要仪器设备

检测项目	检测参数	依据标准	主要仪器设备
必备参数			
地基及复合地基	承载力(静载试验)	《建筑地基检测技术规范》(JGJ 340)	加载设备(千斤顶)、荷载测量仪表(荷重传感器或压力表或压力传感器)、位移测量仪表(位移传感器、百分表或千分表)
		《建筑地基处理技术规范》(JGJ 79)	
		《建筑地基基础设计规范》(GB 50007)	
	承载力(动力触探试验)	《建筑地基检测技术规范》(JGJ 340)	轻型/重型动力触探仪
		《岩土工程勘察规范》(GB 50021)	
桩的承载力	水平承载力(静载试验)	《建筑基桩检测技术规范》(JGJ 106)	加载设备(卧式千斤顶)、荷载测量仪表(荷重传感器或压力表或压力传感器)、位移测量仪表(位移传感器或百分表)
	竖向抗压承载力(静载试验)	《建筑基桩检测技术规范》(JGJ 106)	加载设备(千斤顶)、荷载测量仪表(荷重传感器或压力表或压力传感器)、位移测量仪表(位移传感器或百分表)
		《建设工程基桩承载力静载检测技术规程》(DB34/T 5073)	
	竖向抗压承载力(自平衡)	《建筑基桩自平衡静载试验技术规程》(JGJ/T 403)	加载设备(载荷箱)、荷载测量仪表(压力表或压力传感器)、位移测量仪表(位移传感器)
		《桩承载力自平衡法深层平板载荷测试技术规程》(DB34/T 648)	
	竖向抗压承载力(高应变法)	《建筑基桩检测技术规范》(JGJ 106)	高应变动测仪
	竖向抗拔承载力(抗拔静载试验)	《建筑基桩检测技术规范》(JGJ 106)	加载设备(千斤顶)、荷载测量仪表(荷重传感器或压力表或压力传感器)、位移测量仪表(位移传感器或百分表)

(续表)

检测项目	检测参数	依据标准	主要仪器设备
桩身完整性	桩身完整性(低应变法)	《建筑基桩检测技术规范》(JGJ 106)	低应变动测仪
	桩身完整性(声波透射法)	《建筑基桩检测技术规范》(JGJ 106)	声波检测仪
	桩身完整性(钻芯法)	《建筑基桩检测技术规范》(JGJ 106)	液压高速钻机
锚杆抗拔承载力	锚杆抗拔承载力(拉拔试验)	《锚杆检测与监测技术规程》(JGJ/T 401)	加载设备(千斤顶)、荷载测量仪表(荷重传感器或压力表或压力传感器)、位移测量仪表(位移传感器或百分表)
		《建筑工程抗浮技术标准》(JGJ 476)	
		《岩土锚杆(索)技术规程》(CECS 22)	
		《高压喷射扩大头锚杆技术规程》(JGJ/T 282)	
		《建筑地基基础设计规范》(GB 50007)	
		《建筑基坑支护技术规程》(JGJ 120)	
		《建筑边坡工程技术规范》(GB 50330)	
可选参数			
地基及复合地基	压实系数(环刀法)	《土工试验方法标准》(GB/T 50123)	环刀、天平、击实仪、烘箱
	压实系数(灌砂法)	《土工试验方法标准》(GB/T 50123)	灌砂法密度试验仪、台秤、击实仪、烘箱
	地基土强度	《建筑地基检测技术规范》(JGJ 340)	机械式或电测式十字板剪切仪
		《岩土工程勘察规范》(GB 50021)	
	密实度(动力触探试验)	《建筑地基检测技术规范》(JGJ 340)	重型/超重型动力触探仪
	密实度(标准贯入试验)	《建筑地基检测技术规范》(JGJ 340)	标准贯入仪
	变形模量(原位测试)	《建筑地基检测技术规范》(JGJ 340)	加载设备(千斤顶)、荷载测量仪表(荷重传感器或压力表或压力传感器)、位移测量仪表(位移传感器或百分表)
	增强体强度(钻芯法)	《建筑地基检测技术规范》(JGJ 340)	高精度小型压力机
地下连续墙	墙身完整性(声波透射法)	《地下连续墙检测技术规程》(T/CECS 597)	声波检测仪
	墙身完整性(钻芯法)	《地下连续墙检测技术规程》(T/CECS 597)	液压高速钻机
	墙身混凝土强度(钻芯法)	《地下连续墙检测技术规程》(T/CECS 597)	压力试验机
		《混凝土物理力学性能试验方法标准》(GB/T 50081)	

第二章 填空题

第一节 地基及复合地基

1. 依据 JGJ 340—2015，土（岩）地基载荷试验适用于检测天然土质地基、岩石地基及处理后的人工地基的承压板下应力影响范围内的________和________。

2. 依据 JGJ 340—2015，土（岩）地基载荷试验分为________、________和________。

3. 依据 JGJ 340—2015，深层平板载荷试验适用于确定深层地基土和大直径桩的桩端土的________和________，深层平板载荷试验的试验深度不应小于________。

4. 依据 JGJ 340—2015，工程验收检测时，岩石地基载荷试验最大加载量不应小于设计承载力特征值的________。

5. 依据 JGJ 340—2015，土（岩）地基载荷试验检测数量应符合单位工程检测数量要求：每________ m^2 不应少于 1 点，且总点数不应少于________。

6. 依据 JGJ 340—2015，强夯地基承压板面积不应小于________。

7. 依据 JGJ 340—2015，载荷试验的________应与地基设计标高一致。当设计有要求时，承压板应设置于设计要求的________。

8. 依据 JGJ 340—2015，进行土（岩）地基载荷试验前应采取措施，保持试坑或试井底岩土的________和________不变。

9. 依据 JGJ 340—2015，承压板面积大于 $0.5m^2$ 时，应在其两个方向上对称安置________个位移测量仪表；承压板面积不大于 $0.5m^2$ 时，可对称安置________个位移测量仪表。

10. 依据 JGJ 340—2015，大型平板载荷试验中，当基准梁长度不小于 12m，但其基准桩与承压板、压重平台支墩之间的距离仍不能满足规范规定时，应对基准桩进行________。

11. 依据 JGJ 340—2015，深层平板载荷试验中应采用合适的传力柱和位移传递装置，并应符合规定：传力柱应有________，传力柱宜高出地面________ cm。

12. 依据 JGJ 340—2015，正式试验前宜进行预压。预压荷载宜为________，预压时间宜为________。

13. 依据 JGJ 340—2015，地基土平板载荷试验的分级荷载宜为最大试验荷载的________，岩基载荷试验的分级荷载宜为最大试验荷载的________。

14. 依据 JGJ 340—2015，岩基载荷试验承压板沉降相对稳定标准：每 0.5h 内的沉降量________，并应在________读数中连续出现 2 次。

15. 依据 JGJ 340—2015，浅层平板载荷试验中，承压板下应力主要影响范围为

________倍承压板直径(或边宽)。

16. 依据 JGJ 340—2015,复合地基载荷试验承压板底面下宜铺设________厚的粗砂或中砂垫层,承压板尺寸大时取大值。

17. 依据 JGJ 340—2015,复合地基载荷试验标高处的试坑宽度和长度不应小于________。基准梁及加荷平台支点宜设在试坑以外,且与承压板边之间的净距________。

18. 依据 JGJ 340—2015,复合地基载荷试验中当存在多层软弱地基时,应考虑到________,选择大承压板多桩复合地基试验并结合其他检测方法进行。

19. 依据 JGJ 79—2012,复合地基中 CFG 桩(水泥粉煤灰碎石桩)采用正三角形布桩,桩间距为 1m,单桩复合地基静载试验中应采取面积为________的承压板。

20. 依据 JGJ 79—2012,CFG 桩复合地基载荷试验中,对以粉土为主的地基,按相对变形值确定承载力特征值,应取 $s/b=$________对应的荷载值,且不大于最大加载值的一半。

21. 依据 JGJ 340—2015,复合地基载荷试验中,承压板中心应与增强体的中心(或形心)保持一致,并应与________。

22. 依据 JGJ 340—2015,对水泥搅拌桩按相对变形值确定复合地基承载力特征值,应符合:对于以黏性土、粉土为主的地基,承载力特征值对应的变形值 s_0 为________(b 为承压板的边宽或直径,且满足规范要求)。

23. 依据 JGJ 340—2015,竖向增强体载荷试验的单位工程检测数量不应少于总桩数的________,且________。

24. 依据 JGJ 340—2015,竖向增强体载荷试验加载宜采用油压千斤顶,且千斤顶________、________应在同一条铅垂线上。

25. 依据 JGJ 340—2015,竖向增强体载荷试验的沉降测量宜采用位移传感器或大量程百分表,沉降测定平面宜在________位置,测点应牢固地固定于桩身上。

26. 依据 JGJ 340—2015,试验用千斤顶、油泵、油管在最大试验荷载时的压力不应超过规定工作压力的________。

27. 依据 JGJ 340—2015,竖向增强体中心与基准桩之间的中心距离应________(D 为增强体直径)。

28. 依据 JGJ 340—2015,竖向增强体静载试验基准桩中心与压重平台支墩边之间的距离应________(D 为增强体直径)。

29. 依据 JGJ 340—2015,竖向增强体载荷试验前要求对混凝土桩进行处理,宜在桩顶设置带水平钢筋网片的混凝土桩帽或采用钢护筒桩帽,加固桩头前应将之凿成平面,对混凝土宜________和________。

30. 依据 JGJ 340—2015,竖向增强体载荷试验加、卸载方式应符合下列规定:加载应分级进行,采用逐级等量加载方式;分级荷载宜为最大加载量或预估极限承载力的________,其中第一级可取分级荷载的________。

31. 依据 JGJ 340—2015,竖向增强体载荷试验加、卸载时应使荷载传递________,每级荷载在维持过程中的变化幅度________。

32. 依据 JGJ 340—2015,竖向增强体载荷试验中,当荷载-沉降($Q-s$)曲线上有可判定极限承载力的陡降段,且桩顶总沉降量超过________时,可终止加载。

33. 依据 JGJ 340—2015，确定单位工程的增强体承载力特征值时，试验点的数量________，当其极差不超过平均值的 30% 时，对________可取其平均值作为竖向极限承载力。

34. 依据 JGJ 79—2012，对工程验收时的复合地基承载力特征值，应视建筑物结构、基础形式综合评价，对于桩数________或________，应取最低值。

35. 依据 JGJ 340—2015，轻型、重型和超重型圆锥动力触探的平均击数指标可分别用________、________和________符号表示。

36. 依据 JGJ 340—2015，采用圆锥动力触探试验对处理地基土进行验收检测时，单位工程检测数量不应少于________点，当面积超过________ m^2 时，应每________ m^2 增加一点。

37. 依据 JGJ 340—2015，________及________圆锥动力触探的落锤应采用自动脱钩装置。

38. 依据 GB/T 50123—2019，环刀法试验须进行________次平行测定，其最大允许平行差值应为________，取其算术平均值。

39. 依据 GB/T 50123—2019，环刀法试验中干密度的计算公式（ρ_d 为干密度，ρ 为湿密度，ω 为含水率）为________。

40. 依据 GB/T 50123—2019，在测定含水量过程中，当用各种测试方法测试所得结果不一样时，应以________为准。

41. 依据 GB/T 50123—2019，用灌砂法测定土样密度时，量砂的粒径为________。

42. 依据 GB/T 50123—2019，击实试验中，轻型击实试验的单位体积击实功约为________，重型击实试验的单位体积击实功约为________。

43. 依据 GB/T 50123—2019，击实试验中，至少应制备________个含水率不同的试样。

44. 依据 GB/T 50123—2019，击实试验中，轻型击实试验的锤质量为________，重型击实试验的锤质量为________。

45. 依据 JGJ 340—2015，十字板剪切试验适用于________天然地基及其人工地基的不排水抗剪强度和灵敏度试验。

46. 依据 JGJ 340—2015，利用十字板剪切试验对处理土质量进行验收检测时，单位工程检测数量不应少于________点，检测同一土层的试验有效数据不应少于________个。

47. 依据 JGJ 340—2015，机械式十字板剪切试验操作应符合：扭转剪切速率宜为________°/min，并应在________ min 内测得峰值强度。

48. 依据 JGJ 340—2015，超重型动力触探的落锤质量为________ kg，落距为________ cm。

49. 依据 JGJ 340—2015，采用圆锥动力触探试验对处理地基土质量进行验收检测时，检测同一土层的试验有效数据不应少于________个。

50. 依据 JGJ 340—2015，砂土的密实度采用重型动力触探试验确定，其状态可分为松散、________、________、________。

51. 依据 JGJ 340—2015，采用标准贯入试验对处理地基土质量进行验收检测时，单位工程检测数量不应少于________点；当面积超过 3000m^2 时应每________ m^2 增加 1 点。检测同一土层的试验有效数据不应少于________个。

52. 依据 JGJ 340—2015,标准贯入试验落锤的质量为________,落距为________。

53. 依据 JGJ 340—2015,标准贯入试验孔宜采用________钻进方式,当泥浆护壁不能保持孔壁稳定时,宜下套管护壁,试验深度需在套管底端________ cm 以下。

54. 依据 JGJ 340—2015,通过浅层平板载荷试验确定地基变形模量,其计算公式中 b 代表的是________。

55. 依据 JGJ 340—2015,通过浅层平板载荷试验确定地基变形模量,p 应取________的压力值。

56. 依据 JGJ 340—2015,通过深层平板载荷试验确定地基变形模量的系数 ω 时,可依据________试验结果计算。

57. 依据 JGJ 340—2015,水泥土钻芯法适用于检测水泥土桩的桩长、桩身强度和________,以判定或鉴别桩底持力层岩土性状。

58. 依据 JGJ 340—2015,采用水泥土钻芯法试验判定桩底持力层性状时,应依据________、动力触探或标准贯入试验结果等综合判定。

59. 依据 JGJ 340—2015,取芯时水泥土桩龄期应满足________。

第二节　桩的承载力

1. 依据 JGJ 106—2014,单桩水平静载试验水平推力加载设备宜采用________,其加载能力不得小于________。

2. 依据 JGJ 106—2014,采用单桩水平静载试验时,要求水平力作用点宜与实际工程的________一致,千斤顶和试验桩接触处应安置________,千斤顶作用力应水平通过桩身轴线。

3. 依据 JGJ 106—2014,单桩水平静载试验中应将基准点设置在与作用力方向垂直且与位移方向相反的试桩侧面上,基准点与试桩净距不应小于________桩径。

4. 依据 JGJ 106—2014,单桩水平静载试验中,采用单向多循环加载法完成 1 个加载循环的最短时间为________。

5. 依据 JGJ 106—2014,单桩水平静载试验中,当需考虑长期水平荷载作用的影响时,加载宜采用________法。

6. 依据 JGJ 106—2014,静载试验中,采用工程桩作锚桩提供反力时,要求锚桩数量不宜少于________根。

7. 依据 JGJ 106—2014,静载试验中,当试桩为扩底桩时,试桩与锚桩的中心距不应________扩大端直径。

8. 依据 JGJ 106—2014,若单桩竖向抗压承载力特征值为 1200kN,静载试验中采用锚桩压重联合反力装置,4 根锚桩所能提供的最大反力为 1500kN,则堆载平台提供的反力不得小于________。

9. 依据 JGJ 106—2014,单桩竖向抗压静载试验中加、卸载时应使荷载传递________,每级荷载在维持过程中的变化幅度不得超过分级荷载的________。

10. 依据 JGJ 106—2014,静载试验中采用压重平台反力装置,压重施加于地基的压应力不宜大于地基承载力特征值的________倍，有条件时宜将工程桩作为堆载支点。

11. 依据 JGJ 106—2014，若单桩竖向抗压承载力特征值为 2300kN，静载试验中采用压重平台作反力，平台上需要的规格为 0.5m×1.5m×3.0m 的预制混凝土块不少于________块。(混凝土比重为 2.45t/m^3)

12. 依据 JGJ 106—2014，在单桩竖向抗压静载试验中，若压重平台支墩边距试桩过近，大吨位堆载地面下沉将对桩产生________，特别是将明显影响摩擦型桩的承载力。

13. 依据 JGJ 106—2014，在单桩竖向抗压静载试验中，加载反力装置能提供的反力不得小于最大加载值的________倍。

14. 依据 JGJ 106—2014，单桩竖向抗压静载试验中，对直径或边宽________的桩可对称安置 2 个位移测试仪表。

15. 依据 DB34/T 5073—2017，对混凝土灌注桩和有接头的砼预制桩，单桩竖向抗拔静载试验前宜对其________进行检测。

16. 依据 JGJ 106—2014，静载试验沉降测量中采用的位移传感器或百分表的测量误差不应大于________，分辨率应优于或等于________。

17. 依据 JGJ 106—2014，静载试验基准梁应一端固定，另一端________，其目的是________。

18. 依据 JGJ 106—2014，非嵌岩的长(超长)桩的 $Q-s$ 曲线一般为________型，在桩顶沉降达到 40mm 时，桩端阻力一般不能发挥。

19. 依据 JGJ 106—2014，对于缓变型 $Q-s$ 曲线，宜取 $s=$________对应的荷载值作为单桩竖向抗压极限承载力 Q_u；对直径不小于 800mm 的桩，可取 $s=$________对应的荷载值。

20. 依据 JGJ 106—2014，桩的承载力包含两层含义，即________承载力和________承载力。

21. 依据 JGJ 106—2014，要求静载试验受检桩的桩头混凝土强度等级宜比桩身混凝土提高________级，且不得低于________。

22. 依据 JGJ 106—2014，单桩承载力静载荷试验开始的时间：预制桩在砂土中不得少于________天，在饱和黏性土中不得少于________天。

23. 依据 JGJ 106—2014，单桩竖向抗压静载试验中，测读桩沉降量的间隔时间要求：每级加载后，每第 5、10、15min 时各测读 1 次，以后每隔________ min 读 1 次，累计 1 小时后每隔________ min 读 1 次。

24. 依据 JGJ/T 403—2017，自平衡法静载试验的描述：在桩身中预埋荷载箱，利用________、________及________互相提供反力的试验方法。

25. 依据 JGJ/T 403—2017，工程桩承载力试验完毕后应在荷载箱位置进行________。

26. 依据 JGJ/T 403—2017，自平衡静载试验检测开始时间应符合下列规定：混凝土强度不应低于设计强度的________。

27. 依据 JGJ/T 403—2017，当受检桩为抗压桩，预估极限端阻力小于预估极限侧摩阻力时，应将荷载箱置于________处。

28. 依据 DB34/T 648—2006，对于人工挖孔灌注桩，在荷载箱放置前，应用厚度不大于 50mm 的高强度________将桩底垫平。

29. 依据 JGJ 106—2014,采用高应变法进行承载力检测时,抽检数量不宜少于总桩数的________,且不得少于________根。

30. 依据 JGJ 106—2014,高应变检测中使用的重锤高径(宽)比不得小于________。

31. 依据 JGJ 106—2014,采用高应变法进行承载力检测时,锤的重量与单桩竖向抗压承载力特征值的比值不得小于________。

32. 依据 JGJ 106—2014,采用高应变法检测基桩时,锤击落距不宜大于________ m。

33. 依据 JGJ 106—2014,采用高应变法检测承载力时应实测桩的贯入度,单击贯入度宜为________。

34. 依据 JGJ 106—2014,对于混凝土灌注桩和有接头的砼预制桩,进行单桩竖向抗拔静载试验前宜采用________法进行桩身完整性检测。

35. 依据 JGJ 106—2014,当抗拔承载力受抗裂条件控制时,可按________确定最大加载值。

36. 依据 JGJ 106—2014,对单桩竖向抗拔静载试验反力系统宜采用反力桩提供支座反力,反力桩可采用________。

37. 依据 JGJ 106—2014,单桩竖向抗拔静载试验时的抗拔桩受力状态,应与________的受力状态一致。

38. 依据 JGJ 106—2014,测试桩侧抗拔侧阻力分布时,桩身内传感器测量断面应设置在________的界面处,且与桩顶和桩底之间的距离不宜小于________倍桩径。

39. 依据 JGJ 106—2014,单桩竖向抗拔静载试验中,对于大直径灌注桩,上拔量测量点可设置在钢筋笼内侧的________上。

40. 依据 JGJ 106—2014,单桩竖向抗拔静载试验中,按钢筋抗拉强度控制,钢筋应力达到________时,可终止加载。

41. 依据 JGJ 106—2014,单桩竖向抗拔静载试验中,当采用慢速维持荷载法时,试桩相对稳定的标准要求每小时内的桩顶上拔量不得超过________。

第三节 桩身完整性

1. 依据 JGJ 106—2014,进行低应变检测时,对某一工地确定桩身波速平均值时,应选取同条件下不少于________根Ⅰ类桩的桩身波速参与平均波速的计算。

2. 依据 JGJ 106—2014,采用低应变检测时,要求幅频信号分析的频率范围上限不应小于________ Hz。

3. 依据 JGJ 106—2014,进行低应变检测时,参数设定中时域信号记录的时间段长度应在 $2L/c$ 时刻后延续不少于________。

4. 依据 JGJ 106—2014,对于用低应变法检测的幅频信号,按照桩身完整性分类原则,对Ⅰ类桩的描述是桩底谐振峰排列________,其相邻频差________。

5. 依据 JGJ 106—2014,低应变测试参数设定中的时域信号采样点数不宜少于________点。

6. 依据 JGJ 106—2014,对于成桩质量可靠性较低的钻孔灌注桩,总桩数为 90 根,低应变完整性检测数量至少应为________根。

7. 依据 JGJ 106—2014，进行低应变检测时，在桩顶检测出的反射波与入射波信号极性相反，假定桩弹性波波速和截面面积不变，则表明在相应位置密度可能________。

8. 依据 JGJ 106—2014，低应变法检测中，应选择重量合适的激振力锤和软硬适宜的锤垫，宜采用________获取桩底或桩身下部缺陷反射信号。

9. 依据 JGJ 106—2014，低应变法检测中安装传感器时，耦合剂越薄，黏结越紧密，则安装谐振频率________。

10. 依据 JGJ 106—2014，低应变法的理论基础是一维线弹性杆件模型，考虑波传播时满足一维杆平截面假设成立的前提是瞬态激励脉冲有效高频分量的波长与杆的横向截面尺寸之比不宜________。

11. 依据 JGJ 106—2014，低应变法检测中，如果嵌岩桩存在较厚的沉渣，那么从低应变曲线上一般可见到桩底反射，而且它与入射波________。

12. 依据 JGJ 106—2014，低应变法检测中，桩身完整性综合分析判定采用的是________信号和________信号。

13. 依据 JGJ 106—2014，低应变法检测中，要检测桩身深部缺陷，应选用可产生较丰实的________信号的锤头。

14. 依据 JGJ 106—2014，低应变法检测中，多次反射现象出现一般表明缺陷存在于________。

15. 依据 JGJ 106—2014，低应变法检测中，"波形呈现低频大振幅衰减振动，无桩底反射波"，描述的是________类桩时域信号特征。

16. 依据 JGJ 106—2014，采用低应变法检测混凝土桩桩身完整性时，柱下三桩或三桩以下承台的抽检数不得少于________根。

17. 依据 JGJ 106—2014，采用低应变法，沿桩长方向间隔 2.5m 安置 2 个传感器，2 个传感器的响应时差为 0.618ms，该桩段的波速为________。

18. 依据 JGJ 106—2014，采用低应变法，当信号无畸变且不能依据信号直接分析桩身完整性时，可采用________辅助判断桩身完整性。

19. 依据 JGJ 106—2014，采用低应变法检测桩身完整性，对于时域信号，采样频率越________，则采集的数字信号越接近模拟信号，越有利于对缺陷位置的准确判断。

20. 依据 JGJ 106—2014，采用低应变法，对于地形条件复杂、成桩质量可靠性低的灌注桩工程，抽检数量不应少于总桩数的________且不得少于________根。

21. 依据 JGJ 106—2014，采用低应变法时，受检桩的混凝土强度不应低于设计强度的________，且不应低于________。

22. 依据 JGJ 106—2014，采用低应变法时，对低应变检测的原始波形曲线进行平滑处理，相当于________。

23. 依据 JGJ 106—2014，采用低应变法时，通过叠加平均可提高信噪比，每个检测点记录的有效信号数不宜少于________个。

24. 依据 JGJ 106—2014，采用低应变法检测桩身完整性，在采集信号时，应依据桩径大小和桩心对称布置________个检测点。

25. 依据 JGJ 106—2014，用低应变法时，缺陷位置的频域计算公式为________。

26. 依据 GB 50202—2018，用低应变法检测灌注桩排桩桩身完整性时，检测桩数不宜少于总桩数的________,且不少于________根。采用桩墙合一方式时,检测数量应为总桩数的________。

27. 依据 JGJ 106—2014,声波透射法是指通过实测声波在混凝土介质中传播的________3个主要声学参数的相对变化,对________进行检测的方法。

28. 依据 JGJ 106—2014,声波透射法适用于________的桩身完整性检测,判定桩身缺陷的________。

29. 依据 JGJ 106—2014,用声波透射法检测混凝土灌注桩时,桩径应不小于________mm。

30. 依据 JGJ 106—2014,采用声波透射法,声波发射与接收换能器有效工作段长度________。

31. 依据 JGJ 106—2014,采用声波透射法检测桩身完整性。当在一根灌注桩中埋设2根声测管时,需要测量1个剖面;埋设3根声测管时,需要测量________个剖面;埋设4根声测管时,需要测量________个剖面。

32. 依据 JGJ 106—2014,采用声波透射法,声波发射脉冲应为________脉冲,电压幅值为________。

33. 依据 JGJ 106—2014,声波透射法中,采用斜测时,声波发射与接收声波换能器应始终保持________,且2个换能器中点连线的水平夹角不应大于________°(度)。

34. 依据 JGJ 106—2014,采用声波透射法检测桩身完整性。已知混凝土中声波频率为40kHz,声波传播速度为4800m/s,则声波波长为________cm。

35. 依据 JGJ 106—2014,用声波透射法检测桩身完整性时,发射和接收换能器的水密性应满足________m水深不渗水才能正常工作。

36. 依据 JGJ 106—2014,采用声波透射法检测桩身完整性,对桩身完整性类别应________依次判定。

37. 依据 JGJ 106—2014,用钻芯法检测桩身完整性时,桩径大于1.6m的桩的钻孔数量宜为________个。

38. 依据 JGJ 106—2014,用钻芯法检测桩身完整性时,当钻芯孔为一个时,宜在距桩中心________的位置开孔。

39. 依据 JGJ 106—2014,用钻芯法检测桩身完整性时,取一组3块试件强度值的________,作为该组混凝土芯样试件抗压强度检测值。

40. 依据 JGJ 106—2014,用钻芯法检测桩身完整性时,回次进尺宜控制在________以内。

41. 依据 JGJ 106—2014,采用钻芯法检测桩身完整性。当桩长为10～30m时,每孔截取________芯样;当桩长小于10m时,可截取________芯样;当桩长大于30m时,截取不少于________芯样。

42. 依据 JGJ 106—2014,当选择钻芯法对桩身质量、桩底沉渣、桩端持力层进行验证检测时,受检桩的钻孔数可为________个。

43. 依据 JGJ 106—2014,对建筑基桩用钻芯法检测截取混凝土抗压芯样试件时,上部芯样位置距桩顶设计标高不宜大于________,下部芯样位置距桩底不宜大于________。

44. 依据 JGJ 106—2014,用钻芯法实测的桩长明显小于施工记录桩长,但是桩端按设计要求进入了持力层，桩身混凝土完整、无破碎，该桩应判为________类桩。

45. 依据 JGJ 106—2014，用钻芯法检测混凝土强度时，混凝土芯样试件直径在任何情况下不得小于骨料最大粒径的________。

46. 依据 JGJ 106—2014，用钻芯法检测岩性强度时，当桩端持力层为中风化、微风化岩且岩芯可被制作成试件时，应在接近桩底部位________内截取岩石芯样，遇分层岩性时，宜在各分层岩面上取样。

第四节　锚杆抗拔承载力

1. 依据 GB 50330—2013，当进行锚杆基本试验时，最大试验荷载不应超过杆体标准值的________，普通钢筋不应超过其屈服强度值的________。

2. 依据 GB 50330—2013，对于永久性锚杆，验收试验荷载为锚杆轴向拉力 N_{ak} 的________倍；对于临时性锚杆，为________倍。

3. 依据 GB 50007—2011，进行土层锚杆试验时最大的试验荷载不宜超过锚杆杆体承载力标准值的________。

4. 依据 GB 50007—2011，土层锚杆验收试验的锚杆数量取锚杆总数的________，且不少于________根。

5. 依据 GB 50007—2011，对于同一场地同一岩层中的锚杆，试验数不得少于总锚杆数的________，且不少于________根。

6. 依据 GB 50007—2011，锚杆钻孔时应利用钻孔取出的岩芯，将之加工成标准试件，在天然湿度条件下进行岩石单轴抗压试验，每根试验锚杆的试样数不得少于________个。

7. 依据 JGJ 120—2012，锚杆抗拔试验应在锚固段注浆固结体强度达到________或达到设计强度的________后进行。

8. 依据 JGJ 120—2012，在锚杆抗拔承载力检测验收试验中，基于抗拔承载力检测值测得的弹性位移量应大于杆体自由段长度理论弹性伸长量的________。

9. 依据 CECS 22：2005，对塑性指数大于 17 的土层锚杆、极度风化的泥质岩层中或节理裂隙发育张开且充填有黏性土的岩层中的锚杆，应进行________试验。

第五节　地下连续墙

1. 依据 T/CECS 597-2019，声波透射法适用于已预埋声测管的地下连续墙________检测。

2. 依据 T/CECS 597-2019，当地下连续墙作为________时，每墙段均应进行声波透射法检测。

3. 依据 T/CECS 597-2019，当采用声波透射法检测时，受检混凝土强度不应小于设计强度的________，且不应低于________。

4. 依据 T/CECS 597-2019，用钻芯法检测墙身完整性时，每幅受检墙体不应少于________个孔，且开孔位置距离地下连续墙接头不小于________mm。

5. 依据 T/CECS 597-2019，钻芯法检测设备所用钻头外径________mm。

6. 依据 T/CECS 597-2019，对钻芯法检测结果无法判定时，可采用________进行复核性检测。

7. 依据 T/CECS 597-2019，钻芯结束后，应对________的全貌进行拍照。

8. 依据 T/CECS 597-2019，当墙体混凝土质量评价满足设计要求时，应对钻芯孔从底往上用________回灌封闭。

9. 依据 T/CECS 597-2019，用钻芯法检测混凝土强度时，对每组混凝土芯样应制作________个芯样抗压试件，混凝土芯样试件的加工和测量应符合的现行行业标准名称为________。

第三章 单项选择题

第一节　地基及复合地基

1. 依据 JGJ 340—2015，进行浅层平板载荷试验时，承压板面积不应小于________。(　　)

A. 0.2m^2　　B. 0.25m^2　　C. 0.5m^2　　D. 1.0m^2

2. 依据 JGJ 340—2015，进行浅层平板载荷试验时，试验试坑宽度或直径不应小于承压板宽度或直径的________倍。(　　)

A. 1　　B. 2　　C. 3　　D. 4

3. 依据 JGJ 340—2015，进行工程验收检测时，地基土平板载荷试验最大加载量不应小于设计承载力特征值的________倍。(　　)

A. 1.5　　B. 2　　C. 2.5　　D. 3

4. 依据 JGJ 340—2015，地基土平板载荷试验中，每级加载后，应按第________测读承压板的沉降量，以后每隔半小时测读一次沉降量，当连续 2 小时内每小时的沉降量小于 0.1mm 时，认为已趋稳定，可加下一级荷载。(　　)

A. 5min、15min、30min、45min、60min　　B. 5min、30min、60min

C. 10min、20min、30min、45min、60min　　D. 15min、30min、45min、60min

5. 依据 JGJ 340—2015，土(岩)地基载荷试验的检测数量应符合下列________规定。(　　)

A. 单位工程检测数量为每 500m^2 不应少于 1 点

B. 单位工程检测数量为每 1000m^2 不应少于 1 点

C. 单位工程检测数量为每 500m^2 不应少于 1 点，且总点数不应少于 3 点

D. 单位工程检测数量为每 1000m^2 不应少于 1 点，且总点数不应少于 3 点

6. 依据 JGJ 340—2015，土(岩)地基载荷试验中，深层平板载荷试验的试验深度不应小于________。(　　)

A. 4m　　B. 5m　　C. 6m　　D. 8m

7. 依据 JGJ 340—2015，某单位工程原状土面积为 1000m^2，现建设单位委托检测单位采用浅层平板载荷试验对原状土承载力进行验收检测，检测单位应最少检测________点。(　　)

A. 1　　B. 2　　C. 3　　D. 6

8. 依据 JGJ 340—2015，人工地基检测应在竖向增强体满足龄期要求及地基施工后周

围土体达到休止稳定状态后进行，黏性土地基稳定时间不宜少于________。(　　)

A. 7d　　B. 14d　　C. 28d　　D. 60d

9. 依据 JGJ 340—2015，土(岩)地基载荷试验中，换填垫层和压实地基承压板面积不应少于________。(　　)

A. $0.25m^2$　　B. $0.50m^2$　　C. $0.75m^2$　　D. $1.0m^2$

10. 依据 JGJ 340—2015，土(岩)地基载荷试验中，强夯地基承压板面积不应少于________。(　　)

A. $0.25m^2$　　B. $0.5m^2$　　C. $1.0m^2$　　D. $2.0m^2$

11. 依据 JGJ 340—2015，土(岩)地基载荷试验中，在拟试压表面和承压板之间应用粗砂或中砂层找平，其厚度不应超过________。(　　)

A. 10mm　　B. 20mm　　C. 30mm　　D. 50mm

12. 依据 JGJ 340—2015，土(岩)地基载荷试验中，承压板面积大于 $0.5m^2$ 时，应在其 2 个方向上对称安置________个位移测量仪表。(　　)

A. 2　　B. 4　　C. 6　　D. 8

13. 依据 JGJ 340—2015，复合地基的承载力载荷试验中，基准梁应具有足够的刚度，梁的两端要求________于基准桩上。(　　)

A. 均应固定　　B. 一端固定一端简支

C. 均可简支　　D. 以上均可

14. 确定地基承载力最可靠的方法是________。(　　)

A. 动力触探法　　B. 平板载荷法

C. 静力触探法　　D. 十字板剪切试验

15. 依据 JGJ 340—2015，进行岩石地基载荷试验时，沉降量测读应在加载后立即进行，以后每________读数一次。(　　)

A. 5min　　B. 10min　　C. 15min　　D. 30min

16. 依据 JGJ 79—2012，换填地基的施工质量检验必须分层进行，对________地基可采用室内土工试验进行检测。(　　)

A. 换填　　B. 预压　　C. 挤密　　D. 注浆

17. 依据 JGJ 340—2015，浅层平板载荷试验的累计沉降量已________或累计沉降量________时可终止加载。(　　)

A. 不小于 $0.06b$，不小于 120mm　　B. 不小于 $0.08b$，不小于 120mm

C. 不小于 $0.06b$，不小于 150mm　　D. 不小于 $0.08b$，不小于 150mm

18. 依据 JGJ 340—2015，深层平板载荷试验的累计沉降量与承压板径之比________时，可终止加载。(　　)

A. 不小于 0.02　　B. 不小于 0.04　　C. 不小于 0.05　　D. 不小于 0.01

19. 依据 JGJ 340—2015，地基土平板载荷试验中，单个试验点的地基承载力特征值：当极限荷载小于对应比例界限的荷载值________倍时，取极限荷载的一半。(　　)

A. 2　　B. 2.5　　C. 3　　D. 4

20. 依据 JGJ 340—2015，人工地基检测应在竖向增强体满足龄期要求及地基施工后周围土体达到休止稳定状态后进行，稳定时间对粉土地基来说不宜少于________。(　　)

A. 7d　　B. 14d　　C. 28d　　D. 60d

21. 依据 JGJ 340—2015，人工地基检测应在竖向增强体满足龄期要求及地基施工后周围土体达到休止稳定状态后进行，除黏性土和粉土地基外，其他地基稳定时间不宜少于________。（　　）

A. 7d　　B. 14d　　C. 28d　　D. 60d

22. 依据 JGJ 340—2015，土(岩)地基载荷试验宜采用________刚性承压板。（　　）

A. 矩形　　B. 圆形　　C. 等边三角形　　D. 以上均可

23. 依据 JGJ 340—2015，土(岩)地基的载荷试验中，加载反力装置能提供的反力不得小于最大加载量的________倍。（　　）

A. 1.2　　B. 1.5　　C. 2　　D. 3

24. 依据 JGJ 340—2015，大型平板载荷试验中，当基准梁长度________，但其基准桩与承压板、压重平台支墩之间的距离仍不能满足规范规定时，应对基准桩变形进行监测。（　　）

A. 不小于 10m　　B. 不小于 11m　　C. 不小于 12m　　D. 不小于 13m

25. 依据 JGJ 340—2015，某岩基载荷试验按设计要求最大试验荷载为 3000kPa，其分级加载值宜为________。（　　）

A. 200kPa　　B. 300kPa　　C. 375kPa　　D. 600kPa

26. 依据 JGJ 340—2015，深层平板载荷试验中应采用合适的传力柱和位移传递装置，并应符合规定：传力柱应有足够的刚度，传力柱宜高出地面________。（　　）

A. 30cm　　B. 40cm　　C. 50cm　　D. 60cm

27. 依据 JGJ 340—2015，岩基载荷试验中，每级卸载后应隔________测读一次，测读 3 次后可卸下一级荷载。全部卸载后，当测读 0.5h 回弹量小于 0.01mm 时，即认为稳定，终止试验。（　　）

A. 5min　　B. 10min　　C. 15min　　D. 30min

28. 依据 JGJ 340—2015 进行岩基载荷试验，当极限荷载小于对应比例界限荷载值的________倍时，取极限荷载值的 1/3。（　　）

A. 2　　B. 2.5　　C. 3　　D. 4

29. 依据 JGJ 340—2015，某天然地基为中压缩性土，当按相对变形值确定其承载力特征值时，可按变形取值 s_0 等于________确定，且所取的承载力特征值不应大于最大试验荷载的一半(注：b 为承压板的边宽或直径)。（　　）

A. $0.015b$　　B. $0.012b$　　C. $0.010b$　　D. $0.008b$

30. 依据 JGJ 340—2015，岩基载荷试验中承压板沉降相对稳定标准：每 0.5h 内的沉降量不应超过________，并应在 4 次读数中连续出现 2 次。（　　）

A. 0.01mm　　B. 0.03mm　　C. 0.05mm　　D. 0.1mm

31. 依据 JGJ 340—2015，复合地基载荷试验中承压板底面标高应________设计要求标高。（　　）

A. 高于　　B. 低于　　C. 等于　　D. 以上均可

32. 依据 JGJ 340—2015，复合地基载荷试验用于工程验收检测时，最大加载量不应小于设计承载力特征值的________倍。（　　）

A. 1.5　　B. 2　　C. 2.5　　D. 1.2

33. 依据 JGJ 340—2015,复合地基载荷试验的检测数量:单位工程检测数量不应少于总桩数的________,且不少于 3 点。(　　)

A. 0.2%　　B. 0.5%　　C. 1%　　D. 0.1%

34. 依据 JGJ 340—2015,复合地基载荷试验中,加载方法应采用________。(　　)

A. 慢速维持荷载法　　B. 快速荷载法

C. 循环荷载法　　D. 慢速和快速荷载法均可

35. 依据 JGJ 340—2015,复合地基载荷试验标高处的试坑宽度和长度不应小于承压板尺寸的________倍。(　　)

A. 1.5　　B. 2　　C. 2.5　　D. 3

36. 依据 JGJ 340—2015,复合地基载荷试验中,基准梁及加荷平台支点宜设在试坑以外,且与承压板边之间的净距不应小于________。(　　)

A. 1m　　B. 1.5m　　C. 2m　　D. 3m

37. 依据 JGJ 340—2015,复合地基载荷试验正式开始前宜进行预压,预压荷载宜为最大试验荷载的________,预压时间为 5min。(　　)

A. 5%　　B. 10%　　C. 15%　　D. 20%

38. 依据 JGJ 340—2015,多桩复合地基载荷试验的承压板可用________。(　　)

A. 三角形　　B. 矩形　　C. 圆形　　D. 以上都可以

39. 依据 JGJ 340—2015,复合地基载荷试验中,卸载应分级进行,卸载至零后,应测读承压板残余沉降量,维持时间为 3h,测读时间应为第________。(　　)

A. 30min、60min、180min　　B. 10min、30min、60min、120min、180min

C. 15min、30min、60min、120min、180min　　D. 15min、30min、45min、60min

40. 依据 JGJ 340—2015,复合地基载荷试验中,承压板沉降相对稳定标准:1h 内承载板沉降量不应超过________。(　　)

A. 0.05mm　　B. 0.1mm　　C. 0.15mm　　D. 0.2mm

41. 依据 JGJ 340—2015,复合地基载荷试验中,每加一级前后均应各测读承压板沉降量一次,以后每________测读一次。(　　)

A. 5min　　B. 10min　　C. 15min　　D. 30min

42. 依据 JGJ 340—2015,复合地基载荷试验卸载时,每级荷载维持 1h,应按第________测读承压板沉降量。(　　)

A. 5min、10min、15min、30min、60min　　B. 10min、20min、30min、60min

C. 15min、30min、45min、60min　　D. 30min、60min

43. 依据 JGJ 340—2015,复合地基载荷试验卸载至零后,应测读承压板残余沉降量,维持时间为________。(　　)

A. 1h　　B. 2h　　C. 3h　　D. 4h

44. 依据 JGJ 340—2015,确定单位工程的复合地基承载力特征值时,试验点的数量不应少于 3 点,当极差不超过平均值的________时,可取其平均值为复合地基的承载力特征值。(　　)

A. 10%　　B. 20%　　C. 30%　　D. 40%

45. 依据 JGJ 340—2015，对竖向增强体极限承载力，当 $Q-s$ 曲线呈缓变型，水泥土桩、桩径不小于 800mm 时，取桩顶总沉降量 s 为________所对应的荷载值。(　　)

A. 30～40mm　　B. 40～50mm　　C. 50～60mm　　D. 60～70mm

46. 依据 JGJ 340—2015，竖向增强体载荷试验加卸载方式应符合下列规定：加载应分级进行，采用逐级等量加载方式；分级荷载宜为最大加载量或预估极限承载力的________，其中第一级可取分级荷载的 2 倍。(　　)

A. 1/8　　B. 1/9　　C. 1/10　　D. 1/12

47. 依据 JGJ 340—2015，竖向增强体载荷试验中进行加卸载时，应使荷载传递均匀、连续、无冲击，每级荷载在维持过程中的变化幅度不得超过分级荷载的________。(　　)

A. ±5%　　B. ±10%　　C. ±15%　　D. ±20%

48. 依据 JGJ 340—2015，复合地基载荷试验中，宜采用位移传感器或大量程百分表进行沉降测量。位移测量仪表应安装在承压板上，各位移测量点距承压板边缘的距离应一致，宜为________。(　　)

A. 20mm　　B. 45mm　　C. 55mm　　D. 65mm

49. 依据 JGJ 340—2015，以下有关竖向增强体抗压静载试验中加卸载方式规定正确的是________。(　　)

A. 加载应分级进行，采用逐级等量加载方式

B. 分级荷载宜为最大加载量或预估极限承载力的 1/10～1/12

C. 卸载应分级进行，每级卸载量应与分级荷载相同，逐级等量卸载

D. 每级荷载在维持过程中的变化幅度不得超过分级荷载的±15%

50. 依据 JGJ 340—2015，竖向增强体载荷试验中，试验增强体中心与压重平台支墩边之间的距离________。(注：D 为增强体直径)(　　)

A. 不小于 4D 且大于 2.0m　　B. 不小于 3D 且大于 2.0m

C. 不小于 3D 且不小于 3.0m　　D. 不小于 4D 且不小于 2.0m

51. 依据 JGJ 340—2015，竖向增强体载荷试验中，试验增强体中心与基准桩中心之间的距离________。(注：D 为增强体直径)(　　)

A. 不小于 4D 且大于 2.0m　　B. 不小于 3D 且大于 2.0m

C. 不小于 3D 且不小于 3.0m　　D. 不小于 4D 且不小于 2.0m

52. 依据 JGJ 340—2015，竖向增强体载荷试验用千斤顶、油泵、油管在最大试验荷载时的压力不应超过规定工作压力的________。(　　)

A. 75%　　B. 80%　　C. 85%　　D. 90%

53. 依据 JGJ 340—2015，某体育中心共采用 616 根 CFG 桩处理地基，施工完成后，建设单位委托第三方检测单位对 CFG 桩进行竖向增强体载荷试验，其检测数量最少为________。(　　)

A. 3 根　　B. 4 根　　C. 6 根　　D. 7 根

54. 依据 JGJ 79—2012，在某局部独立基础上布设了 4 根水泥土搅拌桩，工程验收时第三方检测单位进行了 3 根竖向增强体载荷试验，其极限承载力分别为 700kN、800kN、1000kN。其水泥土搅拌桩竖向增强体极限承载力是________。(　　)

A. 700　　B. 750　　C. 833　　D. 没有取值

55. 依据 JGJ 340—2015,竖向增强体载荷试验仪器压力传感器的测量误差________。(　　)

A. 不大于 1%　　B. 不大于 0.1%　　C. 不大于 0.4%　　D. 小于 1%

56. 依据 JGJ 340—2015,竖向增强体载荷试验中,单位工程检测数量不应少于总桩数的________。(　　)

A. 0.5%　　B. 1%

C. 0.5%且不少于 3 根　　D. 1%且不少于 3 根

57. 依据 JGJ 340—2015,竖向增强体载荷试验适用于确定________复合地基竖向增强体的竖向承载力。(　　)

A. 沉管挤密砂石桩　　B. 振冲挤密碎石桩

C. 水泥土搅拌桩　　D. 灰土挤密桩

58. 依据 JGJ 340—2015,竖向增强体载荷试验中,加载反力宜选择压重平台反力装置。压重平台支墩施加于地基的压应力不宜大于地基承载力特征值的________。(　　)

A. 1 倍　　B. 1.2 倍　　C. 1.5 倍　　D. 2 倍

59. 依据 JGJ 340—2015,在以粉土为主的地基上,混凝土桩复合地基承载力特征值对应的变形值 s_0 取________。(　　)

A. 0.006b　　B. 0.008b　　C. 0.010b　　D. 0.012b

60. 依据 JGJ 340—2015,复合地基载荷试验仪器压力表精度应________。(　　)

A. 不大于 0.4 级　　B. 不大于 0.5 级　　C. 小于 0.4 级　　D. 小于 0.5 级

61. 依据 JGJ 340—2015,复合地基载荷试验仪器千斤顶的量程不应大于最大加载量的________,且不应小于最大加载量的 1.2 倍。(　　)

A. 1.5 倍　　B. 2 倍　　C. 2.5 倍　　D. 3 倍

62. 依据 JGJ 340—2015,竖向增强体载荷试验中,位移测量仪表的测量误差________,分辨力应优于或等于 0.01mm。(　　)

A. 小于 1% FS　　B. 不大于 1% FS　　C. 小于 0.1% FS　　D. 不大于 0.1% FS

63. 依据 JGJ 340—2015,某混凝土桩桩径为 500mm,检测单位进行竖向增强体载荷试验前应对其进行加固处理,其浇筑的桩帽高度不小于________。(　　)

A. 0.3m　　B. 0.4m　　C. 0.5m　　D. 0.6m

64. 依据 JGJ 79—2012,强夯置换地基承载力检验中,应在施工结束后间隔________进行。(　　)

A. 7d　　B. 14d　　C. 28d　　D. 以上时间均可以

65. 依据 JGJ 79—2012,某地基加固工程中采用水泥土搅拌桩,桩径为 500mm,桩间距为 1m,正三角形布置,那么搅拌桩的面积置换率为________。(　　)

A. 25.00%　　B. 22.67%　　C. 19.60%　　D. 18.90%

66. 依据 JGJ 340—2015,某水泥土桩桩径为 900mm,桩长为 20m,第三方检测单位对其进行竖向增强体载荷试验。荷载-沉降($Q-s$)曲线上有可判定极限承载力的陡降段,且桩顶总沉降量超过________时可以终止加载。(　　)

A. 40mm　　B. 45mm　　C. 50mm　　D. 55mm

67. 依据 JGJ 340—2015,某水泥土桩桩径为 900mm,桩长为 30m,第三方检测单位对其进行竖向增强体载荷试验。荷载-沉降($Q-s$)曲线呈缓变型,且桩顶总沉降量超过________时可以终止加载。(　　)

A. 50mm　　B. 70mm　　C. 80mm　　D. 90mm

68. 依据 JGJ 79—2012,对工程验收时的竖向增强体承载力特征值应视建筑物结构、基础形式综合评价,对于桩数少于 5 根的独立基础或桩数少于 3 排的条形基础,应取________。(　　)

A. 高值　　B. 低值　　C. 平均值　　D. 中值

69. 依据 JGJ 340—2015,确定单位工程的增强体承载力特征值时,当其极差不超过平均值的 30%时,对非条形及非独立基础可取其________为竖向极限承载力。(　　)

A. 高值　　B. 低值　　C. 平均值　　D. 中值

70. 依据 JGJ 340—2015,某混凝土桩竖向增强体桩径为 500mm,其 $Q-s$ 曲线呈缓变型时,取桩顶总沉降量 s 等于________所对应的荷载值。(　　)

A. 25mm　　B. 40mm　　C. 50mm　　D. 55mm

71. 依据 JGJ 340—2015,重型动力触探的落锤质量为________ kg,落距为________ cm。(　　)

A. 63.5,76　　B. 76,63.5　　C. 120,100　　D. 63.5,100

72. 依据 JGJ 340—2015,圆锥动力触探试验中,当探头直径磨损大于________或锥尖高度磨损大于________时应及时更换探头。(　　)

A. 4mm,5mm　　B. 3mm,6mm　　C. 2mm,5mm　　D. 2mm,6mm

73. 依据 JGJ 340—2015,轻型圆锥动力触探试验应记录每贯入________ cm 的锤击数。(　　)

A. 10　　B. 20　　C. 30　　D. 15

74. 依据 JGJ 340—2015,对轻型动力触探试验,当 $N_{10}>100$ 或贯入 15cm 锤击数超过________时,可停止试验。(　　)

A. 40　　B. 50　　C. 60　　D. 70

75. 依据 JGJ 340—2015,圆锥动力触探测试深度应满足设计要求,且人工地基检测深度应达到加固深度以下________ m。(　　)

A. 0.1　　B. 0.2　　C. 0.3　　D. 0.5

76. 依据 GB/T 50123—2019,对下列________宜用环刀法测其密度。(　　)

A. 细粒土　　B. 粗粒土　　C. 巨粒土　　D. 砾石

77. 依据 GB/T 50123—2019,用环刀法测定压实系数时,环刀取样位置应位于压实层的________。(　　)

A. 上部　　B. 中部　　C. 下部　　D. 任意位置

78. 依据 GB/T 50123—2019,采用环刀法用人工取土器取土前,需擦净环刀,称取环刀质量,准确至________。(　　)

A. 0.01g　　B. 0.1g　　C. 0.2g　　D. 5g

79. 依据 GB/T 50123—2019,用环刀法测定压实系数,环刀取样位置位于压实层的上部时,会使压实系数________。(　　)

A. 偏大　　B. 偏小　　C. 不变　　D. 无法确定

80. 依据 GB/T 50123—2019，下列________参数是根据最大干密度而计算求出的。(　　)

A. 平整度　　B. 压实系数　　C. 弯沉　　D. 厚度

81. 依据 GB/T 50123—2019，对含有少量碎石的黏性土，欲求其天然密度宜采用________。(　　)

A. 环刀法　　B. 灌砂法　　C. 蜡封法　　D. 筛分法

82. 依据 GB/T 50123—2019，在测定含水率过程中，当用各种测试方法所得结果不一样时，应以________为准。(　　)

A. 酒精燃烧法　　B. 烘干法　　C. 碳化钙气压法　　D. 比重瓶法

83. 依据 GB/T 50123—2019，采用下列________可以测得土样密度。(　　)

A. 弯沉　　B. 灌砂法　　C. 浮称法　　D. 虹吸筒法

84. 依据 GB/T 50123—2019，用烘干法测定无机结合料稳定土含水率的试验内容：①打开盛有试样的铝盒盒盖，将其置于烘箱中充分烘干；②称取铝盒和烘干试样质量；③称取铝盒质量；④将盛有试样的铝盒，盖紧盒盖并放置冷却；⑤试样粉碎后放入铝盒，盖上盒盖后称取质量。正确试验步骤为________。(　　)

A. ⑤①②④③　　B. ⑤①④②③　　C. ③⑤①②④　　D. ③⑤①④②

85. 依据 GB/T 50123—2019，用灌砂法试验得出试坑材料湿密度为 1.95 g/cm^3，含水率为 15.5%，该材料室内标准击实试验最大干密度为 1.81 g/cm^3，则该测点压实度约为________。(　　)

A. 92.4%　　B. 93.9%　　C. 93.4%　　D. 91.2%

86. 依据 GB/T 50123—2019，灌砂法适用于________的压实系数现场检测。(　　)

A. 填石路堤　　B. 级配碎石过渡层

C. 细粒土、砂类土和砾类土　　D. 填隙碎石

87. 依据 GB/T 50123—2019，用灌砂法测定土样密度，当试样最大粒径为 40mm 时，试坑的直径尺寸为________mm。(　　)

A. 100　　B. 150　　C. 200　　D. 250

88. 依据 GB/T 50123—2019，用灌砂法测定土样密度，当试样最大粒径为 60mm 时，试坑的深度尺寸为________mm。(　　)

A. 200　　B. 250　　C. 300　　D. 1000

89. 依据 GB/T 50123—2019，用灌砂法测定土样密度，当试样最大粒径为 5mm 时，试坑的直径尺寸为________mm。(　　)

A. 150　　B. 200　　C. 250　　D. 800

90. 依据 GB/T 50123—2019，用灌砂法测定压实度，以下关于量砂的说法中正确的是________。(　　)

A. 使用机制砂

B. 对量砂没有要求

C. 用过的量砂不能重复使用

D. 使用量砂粒径为 0.25～0.50mm 的干燥清洁标准砂

91. 依据 JGJ 340—2015，当需要利用十字板剪切试验测定重塑土的不排水抗剪强度

时，应在峰值强度或稳定值测试完成后，按顺时针方向连续转动________圈。(　　)

A. 6　　B. 5　　C. 4　　D. 2～3

92. 依据 JGJ 340—2015，对每个检测孔的不排水抗剪强度的代表值，应取不同深度的十字板剪切试验结果的________。(　　)

A. 标准值　　B. 平均值　　C. 最大值　　D. 最小值

93. 依据 JGJ 340—2015，十字板剪切试验中，同一检测孔的试验点的深度间距规定宜为________；当需要多个检测点的数据而土层厚度不够时，深度间距可放宽至________。(　　)

A. 1.5～2.0m，1.0m　　B. 1.0～1.5m，0.8m

C. 1.5～2.0m，0.8m　　D. 1.0～2.0m，0.8m

94. 依据 JGJ 340—2015，十字板剪切试验中，十字板插入钻孔底部深度应大于________孔径。(　　)

A. 2 倍　　B. 3 倍　　C. 3～5 倍　　D. 1 倍

95. 依据 JGJ 340—2015，对于正常固结的均质饱和软黏土层，根据十字板剪切试验结果绘制的不排水抗剪强度与深度的关系曲线，应符合下列________规律。(　　)

A. 随深度增加而减小　　B. 随深度增加而增加

C. 不同深度上下一致　　D. 随深度增加无变化规律

96. 依据 JGJ 340—2015，可将十字板剪切试验结果绘制成 c_u-h 曲线，判定软土的固结历史。若 c_u-h 曲线大致呈一条通过原点的直线，可将土判定为________。(　　)

A. 正常固结土　　B. 超固结土　　C. 欠固结土　　D. 软土

97. 依据 JGJ 340—2015，圆锥动力触探试验中，对处理地基土质量进行验收检测时，检测同一土层的试验有效数据不应少于________个。(　　)

A. 3　　B. 5　　C. 6　　D. 10

98. 依据 JGJ 340—2015，圆锥动力触探试验中，锤击贯入应连续进行，保持探杆垂直度，锤击速率宜为________击/min。(　　)

A. 10～20　　B. 20～30　　C. 10～15　　D. 15～30

99. 依据 JGJ 340—2015，圆锥动力触探测试深度应满足设计要求，且复合地基增强体及桩间土的检测深度应超过竖向增强体底部以下________ m。(　　)

A. 0.1　　B. 0.2　　C. 0.3　　D. 0.5

100. 依据 JGJ 340—2015，对于重型动力触探，当连续 3 次的锤击数大于________时，可停止试验或改用钻探、超重型动力触探。(　　)

A. 20　　B. 30　　C. 40　　D. 50

101. 依据 JGJ 340—2015，对于平均粒径大于 50mm 或最大粒径大于 100mm 的碎石土，可用________。(　　)

A. 轻型动力触探　　B. 重型动力触探　　C. 超重型动力触探　　D. 标准贯入试验

102. 依据 JGJ 340—2015，重型或超重型动力触探试验中，应记录每贯入________ cm 的锤击数。(　　)

A. 10　　B. 20　　C. 30　　D. 15

103. 依据 JGJ 340—2015，采用标准贯入试验对处理地基土质量进行验收检测时，同一

土层的试验有效数据不应少于________个。(　　)

A. 5　　B. 6　　C. 8　　D. 10

104. 依据 JGJ 340—2015,进行标准贯入试验时,人工地基的检测深度应达到加固深度以下________m。(　　)

A. 0.3　　B. 0.4　　C. 0.5　　D. 1

105. 依据 JGJ 340—2015,标准贯入试验中,贯入器垂直打入试验土层中________cm应不计击数。(　　)

A. 10　　B. 15　　C. 20　　D. 30

106. 依据 JGJ 340—2015,标准贯入试验中,锤击速率应小于________击/min。(　　)

A. 15　　B. 20　　C. 25　　D. 30

107. 依据 JGJ 340—2015,砂土的标准贯入试验中,实测锤击数平均值为 12,其密实度可评价为________。(　　)

A. 松散　　B. 稍密　　C. 中密　　D. 密实

108. 依据 JGJ 340—2015,标准贯入试验点竖向间距应视工程特点、地层情况、加固目的而确定,宜为________m。(　　)

A. 1.0　　B. 1.5　　C. 1.8　　D. 2.0

109. 依据 JGJ 340—2015,利用浅层平板载荷试验确定地基变形模量,当采用圆形承压板时,刚性承压板的形状系数应取________。(　　)

A. 0.785　　B. 0.886　　C. 0.809　　D. 1.0

110. 依据 JGJ 340—2015,利用深层平板载荷试验确定地基变形模量,其计算公式中 d 代表的是________。(　　)

A. 承压板深度　　B. 承压板厚度

C. 承压板直径　　D. 承压板深度系数

111. 依据 JGJ 340—2015,利用浅层平板载荷试验确定地基变形模量,矩形承压板 l/b 不宜大于________。(　　)

A. 1　　B. 1.5　　C. 2　　D. 2.5

112. 依据 JGJ 340—2015,利用浅层平板载荷试验确定地基变形模量,当采用方形承压板时,刚性承压板的形状系数应取________。(　　)

A. 0.785　　B. 0.886　　C. 0.809　　D. 1.0

113. 依据 JGJ 340—2015,利用深层平板载荷试验确定地基变形模量的系数 ω,该系数与________有关。(　　)

A. 承压板厚度　　B. 静载试验方式　　C. 土的重量　　D. 土的类别

114. 依据 JGJ 340—2015,利用浅层平板载荷试验确定地基变形模量,其计算公式中 s 代表的是________。(　　)

A. 承压板深度　　B. 承压板厚度

C. 承压板沉降量　　D. 承压板深度系数

115. 依据 JGJ 340—2015,水泥土钻芯法试验数量单位工程不应少于________%,且不应少于________根。(　　)

A. 1,3　　B. 0.5,3　　C. 1,5　　D. 0.5,5

116. 依据 JGJ 340—2015，水泥土钻芯法试验中，当桩长不小于 10m 时，对桩身强度抗压芯样试件，按每孔不少于________个截取。(　　)

A. 3　　B. 6　　C. 9　　D. 12

117. 依据 JGJ 340—2015，进行水泥土钻芯法试验时，应确保钻机在钻芯过程中不发生倾斜、移位，钻芯孔垂直度偏差小于________。(　　)

A. 0.5%　　B. 1%　　C. 1.5%　　D. 2%

118. 依据 JGJ 340—2015，水泥土芯样试件抗压强度代表值应取各段水泥土芯样试件抗压强度代表值中的________。(　　)

A. 最大值　　B. 最小值　　C. 平均值　　D. 统计值

119. 依据 JGJ 340—2015，水泥土钻芯法钻进过程中的每回次进尺宜控制在________以内。(　　)

A. 0.5m　　B. 1.0m　　C. 1.5m　　D. 2.0m

120. 依据 JGJ 340—2015，水泥土钻芯法试验中，芯样试件直径不宜小于 70mm，试件的高径比宜为________。(　　)

A. 2∶1　　B. 2∶0.5　　C. 1∶1　　D. 1∶2

第二节　桩的承载力

1. 依据 JGJ 106—2014，当采用单向多循环加载法进行水平载荷试验时，分级荷载不应大于预估水平极限承载力或最大试验荷载的________。(　　)

A. 1/5　　B. 1/8　　C. 1/9　　D. 1/10

2. 依据 JGJ 106—2014，进行单桩水平静载试验时，下述________不能作为终止加载的条件。(　　)

A. 桩身折断．　　B. 桩周土体出现塑性变形

C. 水平位移超过 30mm　　D. 水平位移达到设计要求允许值

3. 依据 JGJ 106—2014，对水平位移敏感的钢筋混凝土预制桩，单桩水平承载力特征值取________。(　　)

A. 单桩水平临界荷载的 75%

B. 桩顶设计标高处水平位移 6mm 对应荷载的 75%

C. 桩顶设计标高处水平位移 10mm 对应荷载的 75%

D. 单桩水平极限承载力的一半

4. 依据 JGJ 106—2014，单桩水平静载试验中，采用单向多循环加载法完成一级荷载的位移观测至少需要________。(　　)

A. 20min　　B. 40min　　C. 30min　　D. 10min

5. 依据 JGJ 106—2014，地基土水平抗力系数的比例系数 m 的单位为________。(　　)

A. kN/m　　B. kN/m^2　　C. kN/m^3　　D. kN/m^4

6. 依据 JGJ 106—2014，钻孔灌注桩的单桩水平静载试验中，当桩径 $D\leqslant 1m$ 时，桩身计算宽度 b_0 应为________。(　　)

A. 0.9(1.5D+0.5)　　B. 0.9(D+1)

C. 1.5D+0.5　　D. D+1

7. 依据 JGJ 106—2014,在软土地区进行的单桩水平静载试验中,当桩身折断或水平位移超过________时,可终止试验。(　　)

A. 10mm　　B. 30mm　　C. 40mm　　D. 50mm

8. 依据 JGJ 106—2014,单桩水平静载试验中,当测量桩顶转角时,应在水平力作用平面以上________ mm 的受检桩两侧对称安装 2 个位移计。(　　)

A. 200　　B. 300　　C. 400　　D. 500

9. 依据 JGJ 106—2014,当桩身不允许开裂或灌注桩的桩身配筋率小于 0.65%时,可以________作为单桩水平承载力特征值。(　　)

A. 水平临界荷载

B. 水平临界荷载的 75%

C. 水平临界荷载除以安全系数 2 得到的值

D. 单桩的水平极限承载力除以安全系数 2 得到的值

10. 依据 JGJ 106—2014,对水平位移不敏感的建筑物桩身配筋率不小于 0.65%的灌注桩,可取设计桩顶标高处水平位移为________所对应荷载的 75%为单桩水平承载力特征值。(　　)

A. 5mm　　B. 6mm　　C. 8mm　　D. 10mm

11. 依据 JGJ 106—2014,单桩竖向抗压静载试验中,要求试桩与基准桩之间的中心距离为________。(　　)

A. 2 倍桩径且大于 2m　　B. 3 倍桩径且大于 3m

C. 4 倍以上桩径且大于 2m　　D. 4 倍或 4 倍以上桩径且大于 2m

12. 依据 JGJ 106—2014,单桩竖向抗压静载试验中,在某级荷载作用下,桩顶沉降量大于前一级荷载作用下沉降量的________倍,且经________小时尚未达到稳定标准,方可终止加载。(　　)

A. 5,18　　B. 2,24　　C. 2,12　　D. 5,40

13. 依据 JGJ 106—2014,单桩竖向抗压静载荷试验中加、卸载时应使荷载传递均匀、连续、无冲击,每级荷载在维持过程中的变化幅度不得超过分级荷载的________。(　　)

A. ±5%　　B. ±10%　　C. ±15%　　D. ±20%

14. 依据 JGJ 106—2014,进行单桩竖向抗压静载试验时,下列________不可作为终止加载的条件。(　　)

A. 某级荷载作用下,桩顶沉降量大于前一级荷载作用下沉降量的 2 倍

B. 已达到设计要求的最大加载量

C. 作为锚桩的工程桩上拔量达到允许值

D. 桩顶累计沉降量超过 80mm

15. 依据 JGJ 94—2008,满足下列________条件时,施工前应采用静载试验确定单桩竖向抗压承载力特征值。(　　)

A. 场地地质条件简单　　B. 桩基设计等级为丙级

C. 本地区采用新桩型或新工艺　　D. 建设方认为重要的工程

16. 通过单桩竖向抗压静载试验检测基桩承载力属于________。(　　)

A. 半直接法　　B. 间接法　　C. 直接法　　D. 拟合法

17. 依据 JGJ 106—2014，在为设计提供依据的竖向抗压静载试验中，应采用________加荷方法。(　　)

A. 快速循环加载法　　B. 慢速循环加载法

C. 快速维持荷载法　　D. 慢速维持荷载法

18. 依据 JGJ 106—2014，对被测桩拟进行承载力检测，其桩顶混凝土强度等级宜比桩身混凝土强度等级提高 1～2 级且不得低于________。(　　)

A. C25　　B. C30　　C. C35　　D. C40

19. 依据 JGJ 106—2014，检测承载力前，基桩在非饱和黏性土里的休止时间至少应达到________天。(　　)

A. 7　　B. 10　　C. 15　　D. 25

20. 依据 JGJ 106—2014，单桩静载试验慢速维持荷载法中，卸载至零后，应测读桩顶残余沉降量，维持时间至少为________。(　　)

A. 1h　　B. 2h　　C. 3h　　D. 5h

21. 依据 JGJ 106—2014，静载试验中，沉降测量所用位移传感器或百分表的分辨率应优于或等于________。(　　)

A. 0.001mm　　B. 0.01mm　　C. 0.1mm　　D. 1mm

22. 依据 JGJ 106—2014，钻孔灌注桩桩长为 38.0m，桩径为 1000mm，$Q-s$ 曲线呈缓变型，可取 $s=$________ mm 对应的荷载值作为单桩竖向抗压极限承载力值。(　　)

A. 40　　B. 50　　C. 60　　D. 100

23. 依据 JGJ 106—2014，静载试验中，沉降测量采用的位移计测量误差不得大于 0.1% FS，其中 FS 表示________。(　　)

A. 显示值　　B. 可读数　　C. 满量程　　D. 1/2 量程

24. 依据 JGJ 106—2014，现有一组 5 根试桩，单桩极限承载力分别为 800kN、900kN、1000kN、1100kN、1200kN，经查明低值承载力的出现是由于施工方法本身质量可靠性较低，但其能够在之后的工程桩施工中加以控制和改进，则单桩竖向抗压极限承载力统计值________。(　　)

A. 去掉最高值后，取后面 4 个值的平均值

B. 去掉最高值和最低值后，取中间 3 个值的平均值

C. 依次去掉高值后取平均值，直至满足极差不超过 30% 条件

D. 可取 5 个值的平均值

25. 依据 JGJ 106—2014，挤土群桩单位工程在同一条件下静载试验中，验收抽检数量不应少于总桩数的________且不少于 3 根。(　　)

A. 1%　　B. 2%　　C. 4%　　D. 3%

26. 依据 JGJ 106—2014，进行桩身内力测试时，采用弦式钢筋计和与之匹配的频率仪进行测量，频率仪的分辨力应优于或等于________。(　　)

A. 0.1Hz　　B. 1Hz　　C. 5Hz　　D. 10Hz

27. 依据 JGJ 106—2014，进行单桩竖向抗压静载时，加载反力装置提供的反力不得小

于最大加载值的________倍。（　　）

A. 1.5　　B. 2　　C. 1.2　　D. 1.4

28. 依据 JGJ 106—2014，采用单桩竖向抗压静载试验进行承载力验收检测，当桩数为 50 根时，同条件下检测数量不应少于________。（　　）

A. 3 根　　B. 2 根　　C. 1 根　　D. 5 根

29. 依据 JGJ 106—2014，快速维持荷载法的每级荷载维持时间不应少于________。（　　）

A. 2h　　B. 1.5h　　C. 1h　　D. 0.5h

30. 依据 JGJ 106—2014，进行单桩竖向抗压静载试验的沉降测定平面宜设置在桩顶以下________的位置，测点应固定在桩身上。（　　）

A. 100mm　　B. 200mm　　C. 10mm　　D. 20mm

31. 依据 JGJ 106—2014，静载试验中使用的荷重传感器、压力传感器或压力表的准确度应优于或等于________级。（　　）

A. 0.5　　B. 1.0　　C. 0.8　　D. 2.0

32. 依据 JGJ 106—2014，静载试验用的压力表、油泵、油管在最大加载时的压力不应超过规定工作压力的________。（　　）

A. 50%　　B. 60%　　C. 70%　　D. 80%

33. 依据 JGJ 106—2014，对于直径或边宽大于 500mm 的桩，量测桩顶沉降的位移测试仪表数量不应少于________个。（　　）

A. 2　　B. 4　　C. 6　　D. 以上均可

34. 依据 JGJ 106—2014，当采用快速维持荷载法进行静载试验时，完全卸载到零后，应测读桩顶残余沉降量，维持时间不得少于________。（　　）

A. 1h　　B. 2h　　C. 3h　　D. 1.5h

35. 依据 JGJ 106—2014，进行静载试验时，需将基准桩打入试坑地面以下的深度，一般不小于________。（　　）

A. 0.5m　　B. 1m　　C. 1.5m　　D. 2m

36. 依据 JGJ 106—2014，若地质条件复杂，施工前采用静载试验确定单桩竖向抗压承载力特征值。在同一条件下试桩数量不应少于________根。（　　）

A. 1　　B. 2　　C. 3　　D. 4

37. 依据 JGJ 106—2014，为设计提供依据的单桩竖向抗压静载试验中，应采用慢速维持荷载法，试验每级沉降稳定标准：每一小时内的桩顶沉降量不得超过 0.1mm，并连续出现________次。（　　）

A. 1　　B. 2　　C. 3　　D. 4

38. 依据 JGJ 106—2014，进行静载试验时，慢速维持荷载法中加载时每级荷载持续时间最少为________。（　　）

A. 1h　　B. 1.5h　　C. 2h　　D. 3h

39. 依据 JGJ 106—2014，进行静载试验时，在某级荷载作用下，桩顶沉降量大于前一级荷载作用下沉降量的 5 倍。但是桩顶沉降能相对稳定且总沉降量为 35mm 时，宜加载至桩顶沉降量超过________。（　　）

A. 0.05D(D 为桩径)　　B. 40mm

C. 50mm　　D. 100mm

40. 依据 JGJ 106—2014，钻孔灌注桩桩长为 35m，直径为 1200mm，$Q-s$ 曲线呈缓变形，可取 $s=$________对应的荷载值作为单桩竖向抗压极限承载力 Q_u。

A. 40mm　　B. 50mm　　C. 60mm　　D. 100mm

41. 依据 JGJ 94—2008，对于端承型钻孔灌注桩，灌注混凝土之前，孔底沉渣厚度的允许值为________。(　　)

A. 10mm　　B. 50mm　　C. 100mm　　D. 150mm

42. 依据 JGJ 106—2014，下列关于单桩竖向抗压静载试验的说法中，________是不正确的。(　　)

A. 分级荷载宜为最大加载量的 1/10

B. 第一级加载量可取为分级荷载的 2 倍

C. 快速维持荷载法中，加载时每级荷载维持时间至少为 90min

D. 慢速维持荷载法中，加载时每级荷载维持时间至少为 120min

43. 依据 JGJ 106—2014，进行单桩竖向抗压静载试验时，加载反力装置不宜采用下列________形式。(　　)

A. 锚桩横梁反力装置　　B. 压重平台反力装置

C. 锚桩压重联合反力装置　　D. 重型压桩机反力装置

44. 依据 JGJ 106—2014，静载试验中，单桩竖向抗压承载力特征值为 1500kN，加载反力装置提供的反力不得小于________kN。(　　)

A. 1800　　B. 3000　　C. 3600　　D. 4000

45. 依据 JGJ 106—2014，静载试验中，试桩、锚桩(或压重平台支墩边)和基准桩之间的中心距离最小不得小于________。(　　)

A. 1.5m　　B. 2m　　C. 2.5m　　D. 3m

46. 依据 JGJ 106—2014，静载试验要求直径或边宽大于________mm 的桩，应在其2 个方向上对称安置________个位移测试仪表；直径或边宽不大于________mm 的桩，可对称安置________个位移测试仪表。(　　)

A. 500,4,500,2　　B. 600,4,600,2

C. 800,4,800,2　　D. 1000,4,1000,2

47. 依据 JGJ 106—2014，检测承载力前受检桩混凝土强度应满足下列________要求。(　　)

A. 混凝土龄期达到 21d

B. 预留同条件养护试块强度达到设计强度

C. 至少达到设计强度的 70%，且不小于 15MPa

D. 预留同条件养护试块强度达到设计强度的 70%

48. 依据 JGJ 106—2014，使用千斤顶时会出现荷载量和油压不呈严格的线性关系的状况，这是由于受到________。(　　)

A. 油压的影响　　B. 活塞摩擦力的影响

C. 温度的影响　　D. 空气的影响

49. 依据 JGJ 106—2014,单桩竖向抗压静载试验中,最大荷载为 13000kN,拟采用 500t 型千斤顶,宜采用________台。(　　)

A. 3　　B. 4　　C. 5　　D. 6

50. 依据 JGJ 106—2014,检测承载力前,基桩在饱和黏性土里的休止时间至少应达到________。(　　)

A. 7d　　B. 10d　　C. 15d　　D. 25d

51. 依据 JGJ 106—2014,对基桩静载荷试验目的的描述不正确的有________。(　　)

A. 验证地基土的最大承载力

B. 为工程提供承载力的设计依据

C. 为检验和评定基桩工程的施工质量提供依据

D. 为基桩施工选择最佳工艺参数

52. 依据 JGJ 106—2014,静载荷试验中,采用 2 台及以上千斤顶加载时,错误的选项为________。(　　)

A. 千斤顶的规格、型号相同

B. 大型号与小型号千斤顶并用,节约成本

C. 千斤顶的合力中心、承压板中心在同一条铅垂线上

D. 采用的千斤顶应并联同步工作

53. 依据 JGJ 106—2014,静载试验前,要求对桩径为 1000mm 的钻孔灌注桩桩头加固,距桩顶________范围内,宜用厚度为 3~5mm 的钢板围裹。(　　)

A. 800mm　　B. 1000mm　　C. 1200mm　　D. 1500mm

54. 依据 JGJ 106—2014,静载试验中,某压力表的量程是 100MPa,其允许误差最大为________ MPa。(　　)

A. 0.2　　B. 0.5　　C. 1.0　　D. 2.0

55. 钢筋混凝土预制桩沉桩后应休止一定时间才可以开始静载荷试验,可能原因是________。(　　)

A. 打桩引起的超静孔隙水压力有待消散

B. 因打桩而被挤实的土体,其强度会随时间下降

C. 桩身混凝土强度会进一步提高

D. 需待周围的桩施工完毕

56. 依据 JGJ 106—2014,为设计提供依据的单桩竖向抗压静载试验中,应采用慢速维持荷载法,试验每级沉降稳定标准:每一小时内的桩顶沉降量不得超过________ mm,并连续出现 2 次。(　　)

A. 0.01　　B. 0.1　　C. 1　　D. 2

57. 依据 JGJ 94—2008,桩顶竖向荷载由桩侧阻力承担 70%,桩端阻力承担 30%,该桩属于________。(　　)

A. 端承桩　　B. 摩擦桩　　C. 摩擦端承桩　　D. 端承摩擦桩

58. 依据 JGJ 106—2014,软土地区某沉管灌注桩的单桩竖向抗压承载力特征值为 1000kN,则静载试验中最大加载量不得小于________。(　　)

A. 1600kN　　B. 1650kN　　C. 1700kN　　D. 2000kN

59. 依据 JGJ 106—2014，对于砂土场地，当无成熟地区经验时，非泥浆护壁钻孔灌注桩的承载力检测前的开始时间不应少于________。(　　)

A. 7d　　B. 10d　　C. 15d　　D. 28d

60. 依据 JGJ/T 403—2017，自平衡静载试验中，应将荷载箱向上、向下的荷载-位移曲线等效转换为相应传统静载试验的________。(　　)

A. $Q-s$ 曲线　　B. $s-\lg t$ 曲线　　C. $s-\lg Q$ 曲线　　D. $Q-\lg s$ 曲线

61. 依据 JGJ/T 403—2017，自平衡静载试验中，最大加载值应满足________。(　　)

A. 勘察单位给出的最大加载估算要求

B. 设计对单桩极限承载力的检测与评价要求

C. 设计对单桩承载力特征值的检测与评价要求

D. 设计对单桩承载力设计值的检测与评价要求

62. 依据 JGJ/T 403—2017，自平衡静载试验中，当采用后注浆施工工艺时，注浆后休止时间不宜少于________。(　　)

A. 10d　　B. 15d　　C. 20d　　D. 25d

63. 依据 JGJ/T 403—2017，自平衡静载试验中，荷载箱的极限输出推力不应小于额定输出推力的________倍。(　　)

A. 1.0　　B. 1.2　　C. 1.5　　D. 2.0

64. 依据 JGJ/T 403—2017，自平衡静载试验中，荷载箱有效面积比为________。(　　)

A. 荷载箱截面与桩身截面面积之比

B. 荷载箱活塞面积与荷载箱截面面积之比

C. 荷载箱截面与桩底截面面积之比

D. 荷载箱上截面与荷载箱下截面面积之比

65. 依据 JGJ 106—2014，采用高应变法进行承载力检测，采用自由落锤作为锤击设备时，应采取________方式。(　　)

A. 短距轻击　　B. 短距重击　　C. 长距轻击　　D. 长距重击

66. 依据 JGJ 106—2014，采用高应变法检测承载力及选取锤击信号时，宜取________的击次。(　　)

A. 最后一击　　B. 锤击能量较大　　C. 平均　　D. 第一击

67. 依据 JGJ 106—2014，采用高应变法检测某 2 根桩的桩身完整性系数 β，其值分别为 0.95、0.80，则此 2 根桩分别应判为________桩。(　　)

A. Ⅰ类、Ⅱ类　　B. Ⅱ类、Ⅱ类　　C. Ⅰ类、Ⅰ类　　D. Ⅱ类、Ⅲ类

68. 依据 JGJ 106—2014，采用高应变法检测承载力。实测曲线拟合法中，桩的力学模型一般为一维杆模型，划分单元时应采用________。(　　)

A. 等时单元　　B. 等长单元　　C. 等质单元　　D. 等体单元

69. 依据 JGJ 106—2014，高应变法检测中采用实测曲线拟合法，对于柴油锤打桩信号，曲线拟合时间段长度在 t_1+2L/c 时刻后延续时间不应小于________。(　　)

A. 10ms　　B. 20ms　　C. 30ms　　D. 50ms

70. 依据 JGJ 106—2014，采用高应变法测桩时，常用桩身完整性系数 β 值判别桩身质

量。这里β的物理意义是________。(   )

A. 传感器安装截面与被测截面的面积比 B. 上部完整截面与被测截面阻抗比

C. 被测截面与上部完整截面的阻抗比 D. 被测截面与桩顶截面的阻抗比

71. 依据 JGJ 106—2014,采用高应变法测桩时,抽检数量不宜少于总桩数的________,且不得少于________根。(   )

A. 1%,3 B. 5%,5 C. 10%,10 D. 30%,3

72. 依据 JGJ 106—2014,预制方桩截面尺寸为 400mm×400mm,桩长为 32m,预估极限承载力为 2000kN;预应力混凝土管桩 ϕ500,桩长为 29m,预估极限承载力为 3000kN。高应变动力试桩时锤重分别不应小于________。(   )

A. 2t、3t B. 2t、4.5t C. 3t、3t D. 3t、4.5t

73. 依据 JGJ 106—2014,采用高应变法测桩时得出的"传递到桩身的锤击能量"是指________。(   )

A. 打桩锤的势能 B. 打桩锤的最大动能

C. 传感器截面处的有效能量 D. 桩锤额定能量

74. 依据 JGJ 106—2014,采用高应变法测桩,当混凝土灌注桩桩长大于________时,应对桩长增加引起的桩-锤匹配能力下降进行补偿。(   )

A. 20m B. 25m C. 30m D. 40m

75. 依据 JGJ 106—2014,单桩竖向抗拔静载试验中,当累计桩顶上拔量超过________mm 时,可终止加载。(   )

A. 40 B. 50 C. 80 D. 100

76. 依据 JGJ 106—2014,单桩竖向抗拔静载试验中,某试桩桩顶上拔量测量加载前位移传感器读数为 2.10mm,加载达到稳定时读数为 10.80mm,卸载后达到稳定时读数为 3.20mm,则其残余上拔量为________。(   )

A. 1.10mm B. 3.20mm C. 5.50mm D. 7.60mm

77. 依据 JGJ 106—2014,某单桩竖向抗拔承载力特征值为 1000kN,进行静载试验时宜采用单台出力________kN 的千斤顶。(   )

A. 0～1000 B. 0～2000 C. 0～3200 D. 0～5000

78. 依据 JGJ 106—2014,单桩竖向抗拔静载试验中,在桩身埋设应变式传感器,目的是确定桩身开裂荷载。若出现下列________情形,则证明桩身开始开裂。(   )

A. 某一测试断面应变突然增大,相邻测试断面应变也随之增大

B. 某一测试断面应变突然增大,相邻测试断面应变可能变小

C. 某一测试断面应变不变,相邻测试断面应变突然增大

D. 某一测试断面应变不变,相邻测试断面应变突然减小

79. 依据 JGJ 106—2014,单桩竖向抗拔静载试验中,采用天然地基提供反力时,施加于地基上的压应力不宜超过地基承载力特征值的________倍,反力梁的支点重心应与支座中心重合。(   )

A. 1.0 B. 1.2 C. 1.5 D. 2.0

80. 依据 JGJ 106—2014,对于设计上有抗拔要求的桩基工程,预计总桩数为 130 根,单桩承载力验收检测时应采用单桩竖向抗拔静载试验。检测数量不少于总桩数的________,

且不应少于________根。(　　)

A. 1%,3　　B. 10%,3　　C. 1%,2　　D. 10%,2

81. 依据 JGJ 106—2014,单桩竖向抗拔静载试验中,试桩沉降相对稳定标准:每一小时的桩顶上拔量不得超过________,并连续出现 2 次。(　　)

A. 0.1mm　　B. 0.2mm　　C. 0.5mm　　D. 1mm

82. 依据 JGJ 106—2014,在某级荷载作用下,桩顶上拔量大于前一级上拔荷载作用下上拔量的________倍时,可终止加载。(　　)

A. 2　　B. 3　　C. 5　　D. 10

83. 依据 JGJ 106—2014,单桩竖向抗拔静载试验中,当工程桩不允许带裂缝工作时,应取桩身开裂的前一级荷载作为单桩竖向抗拔承载力特征值,并与按极限荷载 50%取值确定的承载力特征值相比,取________。(　　)

A. 平均值　　B. 统计值　　C. 高值　　D. 低值

84. 依据 JGJ 106—2014,单桩竖向抗拔静载试验中,反力架的承载力应具有________倍的安全系数。(　　)

A. 0.8　　B. 1.0　　C. 1.2　　D. 1.5

85. 依据 JGJ 106—2014,将单桩竖向抗拔静载试验用于工程桩验收检测时,施加的上拔荷载不得小于单桩竖向抗拔承载力特征值的________倍或使桩顶产生的上拔量达到设计要求的限值。(　　)

A. 1.0　　B. 2.0　　C. 1.2　　D. 1.5

86. 依据 JGJ 106—2014,进行单桩竖向抗拔静载试验时,下述________不能作为终止加载的条件。(　　)

A. 累计桩顶上拔量超过 10mm

B. 桩顶本级上拔量大于前一级荷载作用下的 5 倍

C. 钢筋应力达到钢筋强度设计值

D. 达到设计要求的上拔荷载值

87. 依据 JGJ 106—2014,在单桩竖向抗拔静载试验中,位移传感器的测量误差不得大于________。(　　)

A. 0.1%FS　　B. 0.2%FS　　C. 0.5%FS　　D. 1%FS

88. 依据 JGJ 106—2014,在单桩竖向抗拔静载试验中采用慢速维持荷载法,每级荷载施加后,应分别按第 5、15、30、45、60min 测读桩顶上拔量,以后每隔________测读一次桩顶上拔量。(　　)

A. 15min　　B. 30min　　C. 45min　　D. 60min

89. 依据 JGJ 106—2014,单桩竖向抗拔静载试验中的位移测量设备应符合下列规定________。(　　)

A. 对于直径或边宽大于 500mm 的桩,应在其 2 个方向上对称安置 4 个位移测试仪表

B. 将上拔量测量点设置在受拉钢筋上

C. 将基准梁两端固定在基准桩上

D. 位移计的测量误差不大于 0.2%FS,分辨力优于或等于 0.01mm

第三节 桩身完整性

1. 依据 JGJ 106—2014,进行低应变检测时,按照本地区同类型桩的测试平均值预设桩身波速后的对应桩长明显小于施工记录桩长,按桩身完整性定义中连续性的含义,此类桩应被判为________类桩。( )

A. Ⅰ B. Ⅱ C. Ⅲ D. Ⅳ

2. 依据 JGJ 106—2014,进行低应变法检测,确定某一工地桩身波速平均值时,应选取同条件下不少于________根Ⅰ类桩的桩身波速来计算平均波速。( )

A. 2 B. 3 C. 4 D. 5

3. 依据 JGJ 106—2014,低应变法不适用于判定________。( )

A. 桩身完整性 B. 桩身缺陷的程度

C. 桩身缺陷位置 D. 承载力

4. 依据 JGJ 106—2014,低应变法检测要求受检桩的混凝土强度至少达到________。( )

A. 设计强度的 70%,且不小于 20MPa

B. 设计强度的 70%,且不小于 15MPa

C. 设计强度的 50%,且不小于 20MPa

D. 设计强度的 50%,且不小于 15MPa

5. 依据 JGJ 106—2014,低应变法测试参数设定中的时域信号采样点数不宜少于________。( )

A. 256 点 B. 512 点 C. 1024 点 D. 2048 点

6. 依据 JGJ 106—2014,用低应变法检测实心桩的激振点位置应选择在________。( )

A. 距桩中心 1/3 半径处 B. 桩中心处

C. 距桩中心 1/2 半径处 D. 距桩中心 2/3 半径处

7. 依据 JGJ 106—2014,低应变法中,检测桩身完整性类别为Ⅱ类的时域信号特征为________。( )

A. 波形呈低频大振幅衰减振动,无桩底反射波

B. $2L/c$ 时刻前无缺陷反射波,有桩底反射波

C. $2L/c$ 时刻前出现轻微缺陷反射波,有桩底反射波

D. $2L/c$ 时刻前出现轻微缺陷反射波,无桩底反射波

8. 依据 JGJ 106—2014,采用低应变法检测桩身完整性,某预制桩的桩长为 9m,波速平均值为 4100m/s,则该桩的测试时域信号记录的时间段长度约为________ ms。( )

A. 2.2 B. 4.39 C. 9.39 D. 7.2

9. 依据 JGJ 106—2014,采用低应变法检测桩身完整性,若在桩顶检测出的反射波与入射波信号极性相反,则表明相应位置存在________的状况。( )

A. 阻抗减小 B. 阻抗不变 C. 与阻抗无关 D. 阻抗增加

10. 依据 JGJ 106—2014,依据桩身完整性分类表,下列________桩一定会影响桩身结

构承载性能。(　　)

A. Ⅰ类　　B. Ⅱ类　　C. Ⅲ类　　D. 待定

11. 依据 JGJ 106—2014，下列________桩不能使用低应变法进行桩身完整性检测。(　　)

A. 高压旋喷桩　　B. 人工挖孔桩　　C. 沉管桩　　D. 组合桩

12. 依据 JGJ 106—2014，对于低应变法，欲提高分辨率，应采用高频成分丰富的力波，应选用________材质锤头。(　　)

A. 硬橡胶　　B. 木　　C. 尼龙　　D. 铁

13. 依据 JGJ 106—2014，采用低应变法检测桩身完整性，某工地桩身波速平均值为 4130m/s，现有一试桩，缺陷处反射时间为 $4.5\times10^3\mu s$，缺陷距桩顶的距离为________。(　　)

A. 9.3m　　B. 8.5m　　C. 9.0m　　D. 9.5m

14. 依据 JGJ 106—2014，设计等级为甲级、地质条件复杂、成桩质量可靠性较低的钻孔灌注桩，总桩数为 80 根，低应变完整性检测的抽检数量至少应为________根。(　　)

A. 16　　B. 24　　C. 20　　D. 30

15. 依据 JGJ 106—2014，低应变时域信号在 $2L/c$ 时刻前出现轻微缺陷反射波，有桩底反射波，则此类桩宜被判为________桩。(　　)

A. Ⅰ类　　B. Ⅱ类　　C. Ⅲ类　　D. Ⅰ类或Ⅱ类

16. 依据 JGJ 106—2014，利用低应变法可以判定________。(　　)

A. 桩长　　B. 桩径

C. 桩身强度　　D. 桩身缺陷的程度及位置

17. 依据 JGJ 106—2014，低应变法中力锤和力棒材料多选用尼龙、工程塑料、铁等，力锤和力棒的质量为________。(　　)

A. 0.5～1kg　　B. 0.8～2kg　　C. 0.5～10kg　　D. 1.2～2kg

18. 依据 JGJ 106—2014，低应变法的理论基础以一维线弹性杆件模型为依据。据此下列________的桩型不宜使用低应变法进行桩身完整性检测。(　　)

A. 桩径为 800mm、桩长为 10m　　B. 桩径为 420mm、桩长为 2.5m

C. 桩径为 1000mm、桩长为 4.5m　　D. 桩径为 600mm、桩长为 6m

19. 依据 JGJ 106—2014，桩身浅部缺陷可采用________验证检测。(　　)

A. 开挖　　B. 低应变法　　C. 钻芯法　　D. 高应变法

20. 依据 JGJ 106—2014，某单体工程总桩数为 55 根，承台数为 30 个，该单体工程采用低应变法检测桩身完整性时桩数至少为________。(　　)

A. 11 根　　B. 17 根　　C. 20 根　　D. 30 根

21. 依据 JGJ 106—2014，采用低应变法检测桩身完整性时，下列关于激振点的说法正确的是________。(　　)

A. 对实心桩，激振点应位于距桩心 2/3 半径处

B. 对空心桩，激振点宜选择在桩壁厚 1/3 处

C. 空心桩传感器安装点与激振点平面夹角略小于 90°时，干扰相对较小

D. 激振点与传感器安装点应远离钢筋笼主筋

22. 依据 JGJ 106—2014,采用低应变法检测桩身完整性时,幅频信号分析的频率范围上限不应小于________ Hz。(　　)

A. 800　　B. 1000　　C. 1500　　D. 2000

23. 依据 JGJ 106—2014,用低应变法采集信号时,每个检测点记录的有效信号数不宜少于________。(　　)

A. 1 个　　B. 2 个　　C. 3 个　　D. 4 个

24. 依据 JGJ 106—2014,低应变法不适用于检测________类型的桩。(　　)

A. 薄壁钢管桩　　B. 预制混凝土方桩

C. 预制混凝土管桩　　D. 等截面的混凝土灌注桩

25. 依据 JGJ 106—2014,若幅频信号特征为"桩底谐振峰排列基本等同距,其相邻频差 $\Delta f \approx c/2L$",则此类桩应被判定为________类桩。(　　)

A. Ⅲ　　B. Ⅳ　　C. Ⅰ　　D. Ⅱ

26. 依据 JGJ 106—2014,设定低应变测试参数时,以下说法中________是错误的。(　　)

A. 时域信号记录的时间段长度应在 $2L/c$ 时刻后延续不少于 5ms,幅频信号分析的频率范围上限不应小于 1000Hz

B. 设定桩长应为桩顶测点至桩底的施工桩长,设定桩身截面积应为施工截面积

C. 桩身波速可依据本地区同类型桩的测试值初步设定

D. 采样时间间隔或采样频率应依据桩长、桩身波速和频率分辨率合理选择,时域信号采样点数不宜少于 1024 点。

27. 依据 JGJ 106—2014,低应变法检测中,桩身波速 c 指的是________。(　　)

A. 测点处的波速　　B. 桩全长的平均波速

C. 桩入土深度的平均波速　　D. 测点下桩长平均波速

28. 依据 JGJ 106—2014,采用低应变法检测桩身完整性时,空心桩的激振点和检测点宜位于桩壁厚的________处,激振点和检测点与桩中心连线形成的夹角宜为________。(　　)

A. 1/2,90°　　B. 1/2,45°　　C. 1/3,90°　　D. 1/3,45°

29. 依据 JGJ 106—2014,采用低应变法检测桩身完整性时,"波形呈现低频大振幅衰减振动,无桩底反射波"描述的是________桩的时域信号特征。(　　)

A. Ⅰ类　　B. Ⅱ类　　C. Ⅲ类　　D. Ⅳ类

30. 依据 JGJ 106—2014,采用低应变法检测桩身完整性时,应力波在桩身中的传播速度取决于________。(　　)

A. 桩长　　B. 锤击能量　　C. 桩身材质　　D. 桩径

31. 依据 JGJ 106—2014,某混凝土强度为 C30 的灌注桩桩长为 30m,采用低应变法检测时仪器采样间隔至少应设置为________。(　　)

A. 12μs　　B. 24μs　　C. 36μs　　D. 48μs

32. 依据 JGJ 106—2014,用低应变法检测桩身完整性时,对于浅部缺陷一般要求锤击能力要________,激振频率要________。(　　)

A. 小,低　　B. 小,高　　C. 大,低　　D. 大,高

33. 依据 JGJ 106—2014，采用低应变法检测桩身完整性时，要检测桩身深部缺陷，应选用可产生较丰实________信号的材质锤头。(　　)

A. 高频　　B. 低频　　C. 宽频　　D. 窄频

34. 依据 JGJ 106—2014，采用低应变法检测桩身完整性时，已知桩长为 20m，测得反射波时间为 10ms，则波速为________。(　　)

A. 3000m/s　　B. 3500m/s　　C. 4000m/s　　D. 4500m/s

35. 依据 JGJ 106—2014，采用低应变法检测桩身完整性时，桩身扩径在实测曲线上的表现是________。(　　)

A. 力值越大，速度值越大　　B. 力值越大，速度值减小

C. 力值越小，速度值越小　　D. 力值越小，速度值越大

36. 依据 JGJ 106—2014，声波发射换能器的谐振频率应为________。(　　)

A. 30kHz 或 60kHz　　B. 30～60kHz

C. 30Hz 或 60Hz　　D. 30～60Hz

37. 依据 JGJ 106—2014，声波发射脉冲应为阶跃或矩形脉冲，电压幅值应为________。(　　)

A. 0～200V　　B. 200～1000V　　C. 500～2000V　　D. 1000～2000V

38. 依据 JGJ 106—2014，采用声波透射法检测桩身完整性，对于桩径为 1600mm 的桩，应埋设不少于________根的声测管。(　　)

A. 2　　B. 3　　C. 4　　D. 5

39. 依据 JGJ 106—2014，采用声波透射法检测桩身完整性的过程中，接收换能器接收到的声波是________。(　　)

A. 反射波　　B. 透射波　　C. 散射波　　D. 折射波

40. 依据 JGJ 106—2014，采用声波透射法检测桩身完整性，调试声波检测仪时，测得 $t_0=5\mu s$，已知测点声距为 40cm，仪器显示声时为 105μs，则超声波在混凝土中传播的声速为________。(　　)

A. 3636m/s　　B. 3810m/s　　C. 4000m/s　　D. 3000m/s

41. 依据 JGJ 106—2014，采用声波透射法检测桩身完整性，声波发射与接收换能器应从桩底向上同步提升，声测线间距不应大于________。(　　)

A. 200mm　　B. 250mm　　C. 100mm　　D. 50mm

42. 依据 JGJ 106—2014，采用声波透射法检测桩身完整性。下列声学参数中，最稳定、重复性最好的是________。(　　)

A. 波幅　　B. 波速　　C. 频率　　D. 波形

43. 依据 JGJ 106—2014，采用声波透射法检测桩身完整性，当一根桩中有 6 根声测管时需检测________个剖面。(　　)

A. 10　　B. 12　　C. 15　　D. 18

44. 依据 JGJ 106—2014，采用声波透射法检测桩身完整性时，波长 λ、声速 c 与频率 f 之间的关系是________。(　　)

A. $\lambda=c/f$　　B. $\lambda=f/c$　　C. $c=f/\lambda$　　D. $c=\lambda/f$

45. 依据 JGJ 106—2014，用声波透射法测桩时，需在现场量测声测管的间距，正确的做

法是________。(　　)

A. 在桩顶测量声测管外壁间的净距离

B. 在桩顶测量声测管中心间的距离

C. 将在桩顶测量的声测管中心间的距离减去探头的直径

D. 将在桩顶测量的声测管外壁间的净距离加上声测管的半径

46. 依据 JGJ 106—2014,声测管内径与换能器外径差值以________为宜。(　　)

A. 5mm　　B. 10mm　　C. 5cm　　D. 10cm

47. 依据 JGJ 106—2014,对同一根混凝土桩,用声波透射法测出的声速应________用低应变法测出的声速。(　　)

A. 大于　　B. 小于　　C. 等于　　D. 方法不同,无法比较

48. 依据 JGJ 106—2014,用声波透射法斜测时,声波发射与接收换能器应始终保持固定高差,且两个换能器中点连线的水平夹角不应大于________。(　　)

A. 25°　　B. 30°　　C. 35°　　D. 40°

49. 依据 JGJ 106—2014,声波透射法中,采用扇形扫测时,两个换能器中点连线的水平夹角不应大于________。(　　)

A. 25°　　B. 30°　　C. 35°　　D. 40°

50. 依据 JGJ 106—2014,声波透射法中,检测换能器的外径应小于声测管的内径,有效工作段长度不得大于________。(　　)

A. 10cm　　B. 15cm　　C. 10dm　　D. 15dm

51. 依据 JGJ 106—2014,用声波透射法检测桩身完整性时,“存在声学参数严重异常、波形严重畸变”是________桩的特征。(　　)

A. Ⅱ类或Ⅲ类　　B. Ⅲ类　　C. Ⅲ类或Ⅳ类　　D. Ⅳ类

52. 依据 JGJ 106—2014,采用声波透射法检测桩身完整性时,声波仪的最小采样时间间隔应不大于________。(　　)

A. 0.5ms　　B. 1.0ms　　C. 0.5μs　　D. 1.0μs

53. 依据 JGJ 106—2014,采用声波透射法检测桩身完整性时,声波仪的系统频带宽度应为________。(　　)

A. 1～200Hz　　B. 10～200Hz

C. 1～200kHz　　D. 1～200MHz

54. 依据 JGJ 106—2014,声波检测仪的声波幅值测量相对误差应小于________。(　　)

A. 0.5%　　B. 1%　　C. 5%　　D. 10%

55. 依据 JGJ 106—2014,声波检测仪的系统最大动态范围不得小于________。(　　)

A. 50dB　　B. 100dB　　C. 50kB　　D. 100kB

56. 依据 JGJ 106—2014,声测管应下端封闭、上端加盖、管内无异物,管口应高出混凝土顶面________以上。(　　)

A. 200mm　　B. 100mm　　C. 50mm　　D. 无要求

57. 依据 JGJ 106—2014,采用声波透射法检测桩身完整性时,提升过程中,应校核换能器的深度和高差,确保测试波形的稳定性,提升速度不宜大于________。(　　)

A. 0.25m/s　　B. 0.25dm/m　　C. 0.5m/s　　D. 0.5dm/s

58. 依据 JGJ 106—2014，用声波透射法检测桩身完整性时，$C_V(j)$限定在________区间内，声速异常判断概率统计值的取值落在合理范围内的概率大。(　　)

A. 0.015～0.045　　B. 0.15～0.45　　C. 0.045～0.075　　D. 0.45～0.75

59. 依据 JGJ 106—2014，用声波透射法检测桩身完整性时，波幅临界值判据选择信号首波幅值衰减为对应检测剖面所有信号首波幅值衰减量平均值的________时的波幅分贝数为临界值。(　　)

A. 1/2　　B. 1/3　　C. 1/4　　D. 1/5

60. 依据 GB 50007—2011，对直径________的混凝土嵌岩桩应采用钻孔抽芯法或声波透射法检测，检测数量不得少于总桩数的 10%，且不得少于________根。(　　)

A. 大于 1000mm，5　　B. 大于 800mm，10

C. 不小于 1000mm，5　　D. 不小于 800mm，10

61. 依据 JGJ 106—2014，当采用钻芯法判定或鉴别桩端持力层岩土性状时，钻探深度应满足________要求。(　　)

A. 持力层不小于 1.0m　　B. 设计

C. 持力层不小于 0.5m　　D. 以上说法都不对

62. 依据 JGJ 106—2014，对于端承型大直径灌注桩，当受设备或现场条件限制无法检测单桩竖向抗压承载力时，可采用钻芯法测定桩底沉渣厚度及检验桩端持力层，检测数量不应少于总桩数的________%，且不应少于________根。(　　)

A. 30，20　　B. 20，10　　C. 10，10　　D. 1，3

63. 依据 JGJ 106—2014，用钻芯法检测芯样抗压强度时，测得芯样试件的破坏荷载为 295kN，芯样试件的平均直径为 106mm，折减系数为 0.9，则芯样的抗压强度为________。(　　)

A. 25.0MPa　　B. 30.1MPa　　C. 33.4MPa　　D. 40.0MPa

64. 依据 JGJ 106—2014，对建筑基桩，用钻芯法检测截取混凝土抗压芯样试件。当桩长大于 30m 时，抗压芯样试件组数为________。(　　)

A. 2　　B. 3　　C. 3 以上　　D. 1

65. 依据 JGJ 106—2014，对建筑基桩，用钻芯法检测截取混凝土抗压芯样试件，进行抗压强度试验时，将受检桩中不同深度位置的混凝土芯样试件抗压强度检测值的________作为该受检桩混凝土芯样试件抗压强度检测值。(　　)

A. 平均值　　B. 最小值　　C. 最大值　　D. 绝对值

66. 依据 JGJ 106—2014，建筑基桩钻芯法检测中应使用________钻头钻进。(　　)

A. 金刚石　　B. 合金　　C. 钢粒　　D. 钨钢

67. 依据 JGJ 106—2014，用钻芯法检测桩身完整性时，桩径为 1400mm 的钻孔混凝土灌注桩钻孔数量宜为________个。(　　)

A. 1　　B. 2　　C. 3　　D. 4

68. 依据 JGJ 106—2014，用钻芯法检测桩身完整性。当钻芯孔数量为 2 个时，开孔位置宜在距桩中心________范围内均匀对称布置(D 为桩身直径)。(　　)

A. 0.15～0.20D　　B. 0.20～0.25D

C. 0.15～0.25D　　D. 0.10～0.20D

69. 依据 JGJ 106—2014，钻机设备安装必须周正、稳固，底座必须水平，钻芯过程中不得发生倾斜、移位，钻芯孔垂直度偏差不得大于________。（　　）

A. 0.1%　　B. 0.2%　　C. 0.5%　　D. 1%

70. 依据 JGJ 106—2014，钻芯法的钻进方法是________。（　　）

A. 冲击钻进　　B. 螺旋钻进　　C. 回转钻进　　D. 振动钻进

71. 依据 JGJ 106—2014，下列关于桩身混凝土抗压芯样取样位置的说法中，正确的是________。（　　）

A. 桩顶位置轴力最大，只需在桩顶附近取样

B. 桩底位置受力最小，且可能有沉渣，只应在桩底附近取样

C. 在桩身中部、上部容易取样，只需在中部、上部取样

D. 桩顶、桩底及中部都需要取样

72. 依据 JGJ 106—2014，沿芯样试件高度任一直径与平均直径相差超过________时，试件不得用作抗压强度试验。（　　）

A. 1.0mm　　B. 0.5mm　　C. 1.5mm　　D. 2.0mm

73. 依据 JGJ 106—2014，芯样标记 $2\frac{3}{5}$ 表示________。（　　）

A. 第 2 回次的芯样，第 2 回次共有 5 块芯样，本块芯样为第 3 块

B. 第 3 回次的芯样，第 3 回次共有 5 块芯样，本块芯样为第 2 块

C. 第 5 回次的芯样，第 5 回次共有 3 块芯样，本块芯样为第 2 块

D. 第 5 回次的芯样，第 5 回次共有(2+3)块芯样，本块芯样为第 3 块

74. 依据 JGJ 106—2014，应精确测量用钻芯法钻取的芯样高度，其精度为________。（　　）

A. 0.1mm　　B. 0.2mm　　C. 0.5mm　　D. 1.0mm

75. 依据 JGJ 106—2014，用钻芯法检测桩身混凝土强度________代替国家标准规定的混凝土强度检验评定方法。（　　）

A. 可以　　B. 不可以　　C. 有时候可以　　D. 一般情况下可以

第四节　锚杆抗拔承载力

1. 依据 GB 50007—2011，对于同一场地同一岩层中的锚杆，试验数不得少于总锚杆数的________，且不应少于________根。（　　）

A. 5%，6　　B. 6%，6　　C. 5%，10　　D. 6%，10

2. 依据 GB 50007—2011，下面________情况不是终止岩石锚杆抗拔试验的情况。（　　）

A. 锚杆拔升值持续增长，且在 1h 内未出现稳定的迹象

B. 新增加的上拔力无法施加，或者施加后无法使上拔力保持稳定

C. 锚杆的钢筋已被拔断，或者锚杆锚筋被拔出

D. 达到锚杆的设计荷载值

3. 依据 CECS 22：2005，针对永久性锚杆，蠕变试验最后一级荷载的观测时间为

________。( )

A. 240min B. 360min C. 120min D. 60min

4. 依据 CECS 22：2005，进行锚杆基本试验时，每级加荷等级观测时间内，锚头位移增量小于________时可加下一级荷载，否则应延长观测时间，直至锚头位移增量在________内小于________方可施加下一级荷载。( )

A. 0.1mm，2h，2.0mm B. 1.0mm，2h，2.0mm

C. 1.0mm，1h，2.0mm D. 0.1mm，2h，1.0mm

5. 依据 CECS 22：2005，锚杆验收试验中，对于永久性锚杆的最大试验荷载，应取锚杆轴向拉力设计值的________倍；对于临时性锚杆的最大试验荷载，应取锚杆轴向拉力设计值的________倍。( )

A. 2.0，1.5 B. 1.5，1.2 C. 2.0，1.8 D. 1.8，1.5

6. 依据 CECS 22：2005，在拉力型锚杆的验收试验中，在最大试验荷载下所测得的弹性位移量，应超过该荷载下杆体自由段长度理论弹性伸长值的________，且小于杆体自由段长度与________锚固段长度之和的理论弹性伸长值。( )

A. 80%，1/3 B. 80%，1/2 C. 90%，1/2 D. 90%，1/3

7. 依据 JGJ 120—2012，在最大试验荷载下所测得的拉力型锚杆弹性位移量，应超过该荷载下杆体自由段长度理论弹性伸长值的________。( )

A. 70% B. 80% C. 85% D. 90%

8. 依据 JGJ 120—2012，锚杆的蠕变率不应大于________。( )

A. 2.0mm B. 3.0mm C. 1.0mm D. 4.0mm

9. 依据 GB 50330—2013，锚杆锚固体强度达到设计强度________后方可进行试验。( )

A. 70% B. 15MPa C. 90% D. 20MPa

10. 依据 GB 50330—2013，在锚杆基本试验中，在每级加荷等级观测时间内，测读位移不应少于________次，每级荷载稳定标准为________次百分表读数的累计变位量不超过________；稳定后即可加下一级荷载。( )

A. 3，3，0.1mm B. 3，3，1.0mm C. 6，6，1.0mm D. 5，5，2.0mm

11. 依据 JGJ/T 401—2017，锚杆基本试验中，下列加卸载方法________不符合规范规定。( )

A. 对支护锚杆应采用多循环加卸载法，当有成熟的地区经验时，对钢筋锚杆也可采用单循环加卸载法

B. 对基础锚杆应采用分级维持荷载法，也可采用多循环加卸载法

C. 对土钉宜采用多循环加卸载法

D. 对荷载分散型锚杆应采用多循环加卸载法

12. 依据 JGJ/T 401—2017，关于锚杆基本试验最大试验荷载预估值，下列________不符合规范规定。( )

A. 对拉力型锚杆，应取锚固段注浆体与岩土体之间破坏荷载预估值、杆体与锚固段注浆体之间破坏荷载预估值两者中较小者的 1.0～1.5 倍

B. 对压力型锚杆，应取锚固段注浆体与岩土体之间破坏荷载预估值的 1.0～1.5 倍，且

不宜超过锚固段注浆体局部抗压破坏荷载的 90%

C. 钢绞线锚杆杆体应力不应超过杆体极限强度标准值的 85%

D. 钢筋锚杆杆体应力不应超过杆体屈服强度标准值的 85%

13. 依据 JGJ/T 401—2017,钢绞线锚杆应在试验前对钢绞线进行预紧,整束或各组钢绞线宜共同进行预紧,预紧荷载宜为最大试验荷载的________,荷载施加完成后,持荷________;卸荷并退出全部工具锚夹片。( )

A. 15%,5min　B. 10%,5min　C. 20%,10min　D. 10%,10min

14. 依据 JGJ 476—2019,预应力锚杆基本试验的锚杆极限承载力试验中,要求拉力型锚杆弹性位移不应小于杆体自由段长度理论弹性伸长值的________,且不应大于自由段长度与________锚固段长度之和的杆体理论弹性伸长值。( )

A. 80%,1/2　B. 80%,1/3　C. 90%,1/3　D. 90%,1/2

15. 依据 JGJ/T 401—2017,锚杆基本试验中,关于初始荷载的选取下列________不符合规范规定。( )

A. 对支护型钢筋锚杆,宜取最大试验荷载预估值的 10%

B. 对支护型钢绞线锚杆,宜取最大试验荷载预估值的 30%

C. 对基础锚杆,宜取 0

D. 对支护型钢筋土钉,宜取最大试验荷载预估值的 20%

第五节　地下连续墙

1. 依据 T/CECS 597-2019,当采用声波透射法检测墙体混凝土完整性,________墙体数量达到________时,除进行复测外,尚应采用声波透射法在未检测墙体中进行扩大检测。( )

A. Ⅱ类及Ⅲ类,2 幅或 2 幅以上　B. Ⅲ类及Ⅳ类,2 幅或 2 幅以上

C. Ⅱ类及Ⅲ类,3 幅或 3 幅以上　D. Ⅲ类及Ⅳ类,3 幅或 3 幅以上

2. 依据 T/CECS 597-2019,预埋声测管的墙段总数不应少于受检墙段数量的________倍。( )

A. 1.2　B. 1.3　C. 1.4　D. 1.5

3. 依据 T/CECS 597-2019,发射与接收声波换能器同步提升,相对高差不应大于________。( )

A. 10mm　B. 10cm　C. 20mm　D. 20cm

4. 依据 T/CECS 597-2019,当地下连续墙为直线形结构时,每幅墙段宜等间距埋设________根检测管。( )

A. 2　B. 3　C. 4　D. 5

5. 依据 T/CECS 597-2019,当地下连续墙设计尺寸较大导致相邻 2 根声测管间直线距离超过________时,宜增加声测管数量。( )

A. 1.0m　B. 1.5m　C. 2.0m　D. 2.5m

6. 依据 T/CECS 597-2019,非永久结构受检墙段数不应少于同条件下总墙段数的________,且不得少于________幅墙段。( )

A. 20%,10　　B. 20%,3　　C. 10%,10　　D. 10%,3

7. 依据 T/CECS 597-2019,上部芯样位置距墙顶设计标高不宜大于________墙段宽度或________。(　　)

A. 1 倍,1m　　B. 1 倍,2m　　C. 2 倍,1m　　D. 2 倍,2m

8. 依据 T/CECS 597-2019,混凝土芯样任一段松散时,墙身完整性为________。(　　)

A. Ⅰ类　　B. Ⅱ类　　C. Ⅲ类　　D. Ⅳ类

9. 依据 T/CECS 597-2019,用钻芯法检测地下连续墙时,如果不检测混凝土强度,最小可选用外径为________的钻头。(　　)

A. 61mm　　B. 76mm　　C. 91mm　　D. 101mm

10. 依据 T/CECS 597-2019,孔内成像法中,检测仪器设备所采用的探头成像设备分辨率不应低于________像素。(　　)

A. 1920×1080　　B. 1920×720　　C. 1080×720　　D. 720×576

11. 依据 T/CECS 597-2019,当混凝土出现分层现象时,宜截取分层部位的芯样进行抗压强度试验。当混凝土抗压强度满足设计要求时,可将混凝土判为________。(　　)

A. Ⅰ类　　B. Ⅱ类　　C. Ⅲ类　　D. Ⅳ类

12. 依据 T/CECS 597-2019,若芯样不连续,多呈短柱状或块状,则墙身完整性为________。(　　)

A. Ⅰ类　　B. Ⅱ类　　C. Ⅲ类　　D. Ⅳ类

13. 依据 T/CECS 597-2019,当一组________试件强度值的极差不超过平均值的________时,可取其算术平均值作为该组混凝土芯样试件抗压强度检测值。(　　)

A. 3 块,15%　　B. 3 块,30%　　C. 6 块,15%　　D. 6 块,15%

14. 依据 GB/T 50081-2019,检测混凝土抗压强度时,要求抗压试验仪器示值相对误差应为________。(　　)

A. ±1%　　B. ±1.5%　　C. ±2%　　D. ±2.5%

15. 依据 GB/T 50081-2019,进行立方体抗压强度试验。当混凝土强度等级小于 C60 时,200mm×200mm×200mm 试件与 100mm×100mm×100mm 试件的尺寸换算系数分别为________。(　　)

A. 0.90,1.10　　B. 0.95,1.05　　C. 1.10,0.90　　D. 1.05,0.95

16. 依据 T/CECS 597-2019,钻芯机应采用岩芯钻探的液压高速钻机,钻杆直径宜为________。(　　)

A. 50mm　　B. 60mm　　C. 75mm　　D. 90mm

17. 依据 T/CECS 597-2019,当地下连续墙顶面与钻机塔座之间的距离大于________时,宜安装孔口管。(　　)

A. 1m　　B. 1.5m　　C. 2m　　D. 2.5m

18. 依据 T/CECS 597-2019,在选取芯样试件时,确保芯样试件平均直径不小于表观混凝土粗骨料最大粒径的________。(　　)

A. 50%　　B. 1 倍　　C. 1.5 倍　　D. 2 倍

第四章 多项选择题

第一节　地基及复合地基

1. 依据 JGJ 340—2015，土(岩)地基载荷试验分为________。(　　)

A. 浅层平板载荷试验　　B. 深层平板载荷试验

C. 动力触探试验　　D. 岩基载荷试验

2. 依据 JGJ 340—2015，浅层平板载荷试验适用于确定________的承载力和变形参数。(　　)

A. 完整岩石　　B. 破碎岩石　　C. 极破碎岩石　　D. 浅层地基土

3. 依据 JGJ 340—2015，深层平板载荷试验适用于确定________的承载力和变形参数。(　　)

A. 深层地基土　　B. 大直径桩的桩端土

C. 5.0m 以内的地基土　　D. 嵌岩桩桩端持力层

4. 依据 JGJ 340—2015，典型的平板载荷试验 p-s 曲线可以划分为________阶段。(　　)

A. 压密变形阶段　　B. 局部剪损阶段

C. 整体剪切破坏阶段　　D. 塑性变形阶段

5. 依据 JGJ 340—2015，复合地基载荷试验的检测数量应符合________规定。(　　)

A. 单位工程检测数量不应少于总桩数的 1%

B. 单位工程检测数量不应少于总桩数的 0.5%

C. 单位工程检测数量不应少于 3 点

D. 单位工程复合地基载荷试验可依据所采用的处理方法及地基土层情况，选择单桩、多桩复合地基载荷试验

6. 依据 GB 50007—2011，进行地基土浅层平板载荷试验时应保持试验土层的________。(　　)

A. 原状硬度　　B. 天然塑性　　C. 原状结构　　D. 天然湿度

7. 依据 JGJ 340—2015，关于竖向增强体抗压试验加卸载方式，下列规定正确的有________。(　　)

A. 加载应分级进行，采用逐级等量加载方式

B. 分级荷载宜为最大加载量或预估极限承载力的 1/12～1/8

C. 卸载应分级进行，每级卸载量应与分级荷载相同，逐级等量卸载

D. 每级荷载在维持过程中的变化幅度不得超过分级荷载的±10%

8. 依据 JGJ 340—2015，单桩复合地基载荷试验中，承压板形状可为________，面积为一根桩承担的处理面积。(　　)

A. 圆形　　B. 方形　　C. 三角形　　D. 矩形

9. 依据 JGJ 340—2015，平板载荷试验中，每级加载后，关于记录沉降量的间隔时间，下列描述错误的有________。(　　)

A. 5min、15min、30min、45min、60min，以后每隔 0.5h

B. 10min、10min、10min、15min、15min，以后每隔 0.5h

C. 5min、10min、15min、15min、15min，以后每隔 0.5h

D. 5min、10min、15min、30min、60min，以后每隔 0.5h

10. 依据 JGJ 340—2015，人工地基是指________后的地基。(　　)

A. 提高地基承载力　　B. 改善变形性质

C. 改善渗透性质　　D. 人工处理

11. 依据 JGJ 340—2015，复合地基载荷试验现场检测中，当出现下列________情况时，可终止加载。(　　)

A. 沉降急剧增大，土被挤出或承压板周围出现明显的隆起

B. 承压板的累积沉降量已大于其边长(直径)的 6%

C. 加载至要求的最大试验荷载，且承压板沉降速率达到相对稳定标准

D. 承压板的累积沉降量不小于 100mm

12. 依据 JGJ 340—2015，复合地基承载力特征值的确定应符合下列________规定。(　　)

A. 当压力-沉降曲线上极限荷载能确定，且其值不小于对应比例界限的 2 倍时，可取比例界限荷载

B. 当压力-沉降曲线上极限荷载能确定，且其值小于对应比例界限的 2 倍时，可取极限荷载的一半

C. 当压力-沉降曲线为平缓的光滑曲线时，所取的承载力特征值不应大于最大试验荷载的 1/2

D. 当压力-沉降曲线为平缓的光滑曲线时，所取的承载力特征值不应大于最大试验荷载的 1/3

13. 依据 JGJ 340—2015，复合地基载荷试验检测报告应包括________内容。(　　)

A. 承压板形状及尺寸　　B. 荷载分级方式

C. 单位工程的承载力特征值　　D. 每个试验点的承载力检测值

14. 依据 JGJ 340—2015，复合地基载荷试验适用于________。(　　)

A. 砂石桩　　B. 水泥土搅拌桩

C. 夯实水泥土桩　　D. 水泥粉煤灰碎石桩

15. 依据 JGJ 340—2015，地基土浅层平板载荷试验适用于确定浅部地基土承压板下应力主要影响范围内的________。(　　)

A. 承载力　　B. 固结程度　　C. 变形参数　　D. 内摩擦角

16. 依据 GB 50007—2011，在软弱地基中，下列关于复合地基设计的说法中正确的有________。(　　)

A. 复合地基设计应满足建筑物承载力要求

B. 复合地基设计应满足建筑物的变形要求

C. 复合地基承载力特征值应通过理论计算确定

D. 复合地基承载力可根据增强体荷载试验结果和其周边土的承载力特征值并结合经验确定

17. 依据 JGJ 340—2015,地基载荷试验中,加载反力时宜选择压重平台反力装置。关于压重平台反力装置描述正确的有________。(　　)

A. 加载反力装置能提供的反力不得小于最大加载量的 1.5 倍

B. 应对加载反力装置的主要受力构件进行强度和变形验算

C. 压重应在试验开始后边堆边加载

D. 压重平台支墩施加于地基的压应力不宜大于地基承载力特征值的 1.5 倍

18. 依据 JGJ 340—2015,土(岩)地基载荷试验中,关于承压板、压重平台支墩和基准桩之间的净距,下列说法中正确的有________。其中,b 为承压板边宽或直径,B 为支墩宽度。(　　)

A. 承压板与基准桩大于 b 且大于 2.0m

B. 承压板与压重平台支墩大于 b 和 B 且大于 2.0m

C. 基准桩与压重平台支墩大于 B 且大于 2.0m

D. 基准桩与压重平台支墩大于 $1.5B$ 且不小于 2.0m

19. 依据 JGJ 340—2015,对下列经________方法处理后的地基应进行土(岩)地基载荷试验。(　　)

A. 换填　　B. 预压　　C. 强夯　　D. 注浆

20. 依据 JGJ 340—2015,深层平板载荷试验中,应采用合适的传力柱,并符合________规定。(　　)

A. 传力柱应有足够的刚度

B. 传力柱宜高出地面 100cm

C. 传力柱宜与承压板连接成为整体

D. 传力柱的顶部可采用钢筋等斜拉杆固定

21. 依据 JGJ 340—2015,复合地基载荷试验中,当出现下列________情况时可终止加载。(　　)

A. 沉降急剧增大,土被挤出或承压板周围出现明显的隆起

B. 承压板的累计沉降量已大于其边长(直径)的 6%或不小于 150mm

C. 某级荷载作用下,承压板沉降量大于前一级荷载作用下沉降量的 2 倍,且经 24h 沉降尚未稳定

D. 加载至要求的最大试验荷载,且承压板沉降速率达到相对稳定标准

22. 依据 JGJ 79—2012,复合地基增强体单桩静载荷试验使用加载反力时,可采用下列________作为反力装置。(　　)

A. 打桩机　　B. 现场挖掘机　　C. 锚桩　　D. 配重堆载

23. 依据 GB 50007—2011,浅层平板载荷试验中出现下列________情况时,可取对应的前一级荷载为极限荷载。(　　)

A. 承压板周围的土明显地侧向挤出

B. 沉降 s 急骤增大，荷载-沉降($p-s$)曲线出现陡降段

C. 在某一级荷载下，24h 沉降速率不能达到稳定标准

D. 沉降量与承压板宽度或直径之比大于 0.06

24. 依据 JGJ 340—2015，单位工程的土(岩)地基承载力统计值的确定，应符合下列________规定。(　　)

A. 参加统计的试桩结果，其极差不超过平均值的 30%

B. 参加统计的试桩结果，其极差不超过平均值的 20%

C. 参加统计的试桩，不少于 3 根

D. 参加统计的试桩，应多于 3 根

25. 依据 JGJ 340—2015，确定土(岩)地基承载力时，应绘制________，需要时也可绘制其他辅助分析所需曲线。(　　)

A. $U-\delta$ 曲线　　B. $s-\lg p$ 曲线

C. $p-s$ 曲线　　D. $s-\lg t$ 曲线

26. 依据 JGJ 340—2015，土(岩)静载试验中，当使用多台千斤顶时，应满足________要求。(　　)

A. 千斤顶规格、型号相同

B. 千斤顶的合力中心、承压板中心应在同一条铅垂线上

C. 宜采用油压千斤顶

D. 千斤顶应串联同步工作

27. 依据 JGJ 340—2015，建筑地基检测中，应依据检测对象情况，选择________相结合的多种试验方法综合检测。(　　)

A. 深浅结合　　B. 点面结合

C. 载荷试验　　D. 其他原位测试

28. 依据 GB 50007—2011，地基变形依据特征可分为________。(　　)

A. 沉降量　　B. 沉降差　　C. 倾斜　　D. 局部倾斜

29. 依据 JGJ 340—2015，人工地基检测应在竖向增强体满足龄期要求及地基施工后周围土体达到休止稳定状态后进行，下列描述正确的有________。(　　)

A. 对黏性土地基，休止期不宜少于 25d

B. 对粉土地基，休止期不宜少于 7d

C. 有粘结强度增强体的复合地基承载力检测宜在施工结束 28d 后进行

D. 当设计对龄期有明确要求时，应满足设计要求。

30. 依据 JGJ 340—2015，静载检测中，测量荷重时可采用________测定油压，并应依据千斤顶率定曲线换算荷载。(　　)

A. 与千斤顶油路串联的压力表　　B. 与千斤顶油路并联的压力表

C. 千斤顶上的荷重传感器　　D. 压力传感器

31. 依据 JGJ 340—2015，岩(土)地基载荷试验开始前应进行预压，预压加载量和预压时间分别为________和________。(　　)

A. 最大加载量的 5%　　B. 最大加载量的 10%

C. 5min　　D. 10min

32. 依据 JGJ 340—2015,复合地基卸载至零后,应测读承压板残余沉降量,维持时间为 3h,测读时间应为第________。(　　)

A. 15min　　B. 30min　　C. 60min　　D. 180min

33. 依据 JGJ 340—2015,某竖向增强体正进行加载试验,当前分级荷载为 150kN。下列________荷载是满足变化幅度要求的。(　　)

A. 133kN　　B. 142kN　　C. 162kN　　D. 166kN

34. 依据 JGJ 340—2015,下列关于竖向增强体桩头处理的说法中正确的有________。(　　)

A. 对桩身强度较高的桩,宜在桩顶设置带水平钢筋网片的混凝土桩帽

B. 采用钢护筒桩帽

C. 桩帽高度不宜大于 1 倍桩的直径

D. 桩帽下桩顶标高及地基土标高应与设计标高一致

35. 依据 JGJ 340—2015,圆锥动力触探试验按照试验设备规格可分为________。(　　)

A. 轻型　　B. 中型　　C. 重型　　D. 超重型

36. 依据 JGJ 340—2015,为了测试极软岩的物理力学性质,可选择________圆锥动力触探试验。(　　)

A. 轻型　　B. 中型　　C. 重型　　D. 超重型

37. 依据 JGJ 340—2015,圆锥动力触探测试深度除满足设计要求外,还要符合________规定。(　　)

A. 天然地基检测深度达到主要受力层深度以下

B. 天然地基检测深度不能超过受力层深度

C. 人工地基检测深度应达到加固深度以下 0.5m

D. 复合地基增强体及桩间土的检测深度应超过竖向增强体底部 0.5m

38. 依据 GB/T 50123—2019,采用环刀法测定压实系数,试验报告内容应包括________。(　　)

A. 土的类别　　B. 含水率

C. 干密度和最大干密度　　D. 压实系数

39. 依据 GB/T 50123—2019,关于土的密度测试可用以下方法:________。(　　)

A. 环刀法　　B. 灌砂法　　C. 浮称法　　D. 蜡封法

40. 依据 GB/T 50123—2019,土的含水率的试验方法主要有________。(　　)

A. 烘干法　　B. 酒精燃烧法

C. 液塑限联合测定法　　D. 碳酸钙气压法

41. 依据 GB/T 50123—2019,土的原位密度试验方法有________。(　　)

A. 环刀法　　B. 灌砂法　　C. 蜡封法　　D. 灌水法

42. 依据 GB/T 50123—2019,检测土样密度的灌砂法适用于________。(　　)

A. 细粒土　　B. 沥青砼路面　　C. 砂类土　　D. 砾类土

43. 依据 GB/T 50123—2019,用灌砂法检测土样密度,当试样最大粒径为 60mm 时,试

坑的直径尺寸为________ mm，试坑的深度为________ mm。（　　）

A. 250　　B. 150　　C. 300　　D. 200

44. 依据 GB/T 50123—2019，灌砂法密度试验仪包括________。（　　）

A. 漏斗　　B. 防风筒　　C. 漏斗架　　D. 套环

45. 依据 GB/T 50123—2019，灌砂法所用标准砂为________。（　　）

A. 中砂　　B. 0.25～0.5mm 砂　　C. 0.5～1mm 砂　　D. 细砂

46. 依据 GB/T 50123—2019，击实试验的种类包括________。（　　）

A. 轻型　　B. 重型　　C. 超重型　　D. 超轻型

47. 依据 JGJ 340—2015，关于机械式十字板剪切试验的技术要求，以下________选项是正确的。（　　）

A. 试验过程中，机座应始终处于水平状态

B. 将十字板插至试验深度后，立即进行试验

C. 十字板剪切试验中，测得峰值或稳定值后，继续测读 1min，以便确认峰值或稳定值

D. 重塑土抗剪强度测定应在连续转动 2～3 圈后进行

48. 依据 JGJ 340—2015，关于十字板剪切试验设备的描述，以下________选项是正确的。（　　）

A. 机械式十字板剪切仪扭力测量设备扭矩测量范围为 0～80N·m

B. 电测式十字板剪切仪的扭力传感器检测总误差不应大于 5%FS

C. 电测式十字板记录仪的时漂应小于 0.1%FS/h

D. 电测式十字板剪切仪的现场试验传感器对地绝缘电阻应不小于 200MΩ

49. 依据 GB 50021—2001（2009 年版），下列关于十字板剪切试验成果的应用，说法正确的是________。（　　）

A. 可较好地反映饱和软黏性土不排水抗剪强度随深度的变化情况

B. 可分析确定软黏性土不排水抗剪强度峰值和残余值

C. 可依据试验结果计算灵敏度

D. 所测得的不排水抗剪强度峰值一般较长期强度偏低 30%～40%

50. 依据 JGJ 340—2015，进行圆锥动力触探试验可用于以下________方面。（　　）

A. 评价地基土的岩土性状　　B. 评价地基处理效果

C. 判定地基承载力　　D. 评价置换效果及置换墩着底情况

51. 依据 JGJ 340—2015，可用于评价碎石土的地基土性状及强夯置换效果的检测方法有________。（　　）

A. 轻型动力触探　　B. 重型动力触探

C. 超重型动力触探　　D. 标准贯入试验

52. 依据 JGJ 340—2015，进行圆锥动力触探现场试验时应注意的事项为________。（　　）

A. 地面上触探杆的高度不宜超过 1.5m，以免倾斜和摆动过大

B. 地面上触探杆的高度不宜超过 2.0m，以免倾斜和摆动过大

C. 贯入过程中，应尽量连续贯入，锤击速率宜为 15～30 击/min

D. 贯入过程中，应尽量连续贯入，锤击速率宜为 30～50 击/min

53. 依据 JGJ 340—2015,标准贯入试验适用于判定________天然地基的承载力和变形参数。( )

A. 砂土 B. 粉土 C. 黏性土 D. 碎石土

54. 依据 JGJ 340—2015,标准贯入试验锤击数值可用于________。( )

A. 分析岩土性状,判定地基承载力
B. 判别砂土和粉土的液化情况
C. 评价成桩的可能性、桩身质量
D. 评价碎石土换填垫层的施工质量

55. 依据 JGJ 340—2015,标准贯入试验中所用________应定期标定。( )

A. 穿心锤质量
B. 导向杆相对弯曲度
C. 管靴
D. 钻杆相对弯曲度

56. 依据 JGJ 340—2015,浅层平板载荷试验中确定地基变形模量时,承压板可采用________。( )

A. 圆形承压板 B. 方形承压板 C. 三角形承压板 D. 矩形承压板

57. 依据 JGJ 340—2015,深层平板载荷试验中确定地基变形模量的系数 ω 时,可采用下列________确定。( )

A. 泊松比试验结果计算
B. 现场实测
C. 规范查表选用
D. 曲线拟合

58. 依据 JGJ 340—2015,通过荷载试验得到的 $p-s$ 曲线可以确定以下________指标。( )

A. 变形模量
B. 压缩指数
C. 比例界限荷载值
D. 极限荷载

59. 依据 JGJ 340—2015,水泥土钻芯法试验中,关于截取桩身强度抗压芯样试件,符合要求的是________。( )

A. 桩长小于 10m 时,每孔截取不少于 6 个芯样试件
B. 桩长不小于 10m 时,每孔截取不少于 9 个芯样试件
C. 桩长不大于 30m 时,每孔截取不少于 9 个芯样试件
D. 桩长大于 30m 时,每孔截取不少于 12 个芯样试件

60. 依据 JGJ 340—2015,对于水泥土钻芯法试验,以下说法正确的是________。( )

A. 钻芯孔垂直度偏差小于 1%
B. 对每根受检桩可钻 1 孔,当桩直径或长轴大于 1.2m 时,宜增加钻孔数量
C. 桩底持力层上的钻孔深度应满足设计要求,且不小于 2 倍桩身直径
D. 钻孔取芯的取芯率不宜低于 85%

61. 依据 JGJ 340—2015,水泥土钻芯法试验中,对桩身水泥土芯样的描述包括________。( )

A. 取样编号和取样位置
B. 芯样连续性、完整性、胶结情况
C. 水泥土芯样是否为柱状及芯样破碎的情况
D. 水泥土钻进深度

第二节　桩的承载力

1. 依据 JGJ 106—2014，单桩水平静载试验的目的包括________。（　　）

A. 确定单桩水平临界荷载和极限承载力

B. 推定土抗力参数

C. 判定水平承载力是否满足设计要求

D. 通过桩身内力及变形测试，测定桩身弯矩

2. 依据 JGJ 106—2014，影响单桩水平承载力的因素包括________。（　　）

A. 桩身刚度和强度　　B. 桩侧土质条件

C. 桩顶约束条件　　D. 桩的入土深度

3. 依据 JGJ 106—2014，下列关于单桩水平临界荷载的说法中，________选项是正确的。（　　）

A. 所测单桩水平临界荷载 H_{cr} 为桩身产生开裂前所对应的水平荷载

B. 只有混凝土桩才有临界荷载

C. $H-\sigma_s$ 曲线上第一拐点对应的是水平荷载值

D. $H-Y_0$ 曲线产生明显陡降的前一级水平荷载值是水平临界荷载

4. 依据 JGJ 106—2014，桩身出现水平整合型裂缝或断裂，竖向抗压承载能力可能满足设计要求，但存在________方面的隐患。（　　）

A. 水平承载力不满足要求　　B. 不能支撑上部结构传递的荷载

C. 耐久性　　D. 桩周土受压时宜被破坏

5. 依据 JGJ 106—2014，单桩水平静载试验检测方案一般情况下宜包含________内容。（　　）

A. 工程概况　　B. 检测方法及其依据标准、抽样方案

C. 所需的机械或人工配合　　D. 试验周期

6. 依据 JGJ 106—2014，由静载试验所得的单桩竖向极限承载力可按下列________方法综合分析确定。（　　）

A. 对于陡降型的 $Q-s$ 曲线，取明显陡降段起点所对应的荷载值作为单桩的竖向极限承载力

B. 对于缓变型的 $Q-s$ 曲线，一般可取 $s=40\sim60$mm 对应的荷载值作为单桩的竖向极限承载力

C. 取 $s-\lg t$ 曲线尾部出现明显向下弯曲的前一级荷载值作为单桩的竖向极限承载力

D. 对于缓变型的 $Q-s$ 曲线，一般可取 40mm（桩径小于 800mm 的桩）或桩径不小于 800mm 时取 $s=0.05D$（D 为桩端直径）对应的荷载值作为单桩的竖向极限承载力

7. 依据 DB34/T 5073—2017，对工程桩验收检测，静载试验中可采用快速维持荷载法，但遇到下列________情况时，仍应采用慢速维持荷载法。（　　）

A. 工程位于软土场地且没有成熟地方经验

B. 工程地质条件复杂、基桩施工质量可靠性低

C. 工程采用新桩型或新工艺

D. 建筑物对地基变形有特殊要求

8. 依据 JGJ 106—2014,下列关于单桩竖向抗压静载试验的说法中,正确的有________。(　　)

A. 分级荷载宜为最大加载量的 1/70

B. 第一级加载量可取分级荷载的 2 倍

C. 快速维持荷载法加载时每级荷载维持时间至少为 60min

D. 快速维持荷载法加载时每级荷载维持时间至少为 30min

9. 依据 JGJ 106—2014,静载荷试验中,对于桩头处理部分,下列说法中正确的是________。(　　)

A. 对经过截桩处理的预应力混凝土管桩,可不进行桩头处理

B. 桩头处理混凝土等级宜比桩身混凝土提高 1～2 级,且不应低于 C30

C. 桩头顶面应平整,桩头中轴线与桩身上部的中轴线应重合

D. 应用水平尺找平桩顶

10. 依据 JGJ 106—2014,下列关于桩身内力测试法的说法中正确的是________。(　　)

A. 基桩内力测试适用于桩身断面尺寸基本恒定或已知的桩

B. 传感器测试断面应设置在 2 种不同性质土层的界面处

C. 埋设传感器时,每断面处埋设 1 个传感器即可

D. 内力测试时,可不设置标定断面

11. 依据 JGJ 106—2014,单桩竖向抗压静载荷试验中,常用的反力平台有________。(　　)

A. 锚桩反力平台　　B. 压重反力平台

C. 锚桩压重联合反力平台　　D. 地锚反力平台

12. 依据 JGJ 106—2014,单桩承载力统计值的确定应符合下列________规定。(　　)

A. 参加统计的试桩结果,其极差不超过平均值的 30%

B. 参加统计的试桩结果,其极差不超过平均值的 20%

C. 参加统计的试桩不少于 3 根

D. 参加统计的试桩应多于 3 根

13. 依据 JGJ 106—2014,单桩竖向抗压静载试验加载方法包括下列______。(　　)。

A. 慢速维持荷载法　　B. 快速维持荷载法

C. 等变形速率法　　D. 循环加卸载法

14. 依据 DB34/T 5073—2017,下列关于单桩竖向抗压静载试验的说法中,________是正确的。(　　)

A. 分级荷载宜为最大加载量的 1/10

B. 第一级加载量可取分级荷载的 2 倍

C. 快速维持荷载法中,加载时每级荷载维持时间至少为 60min

D. 快速维持荷载法中,加载时每级荷载维持时间至少为 30min

15. 依据 JGJ 106—2014,单桩竖向抗压静载试验中出现下列________情况时,可终止加载。(　　)

A. 某级荷载作用下，桩顶沉降量大于前一级荷载作用下的沉降量的 2 倍，且桩顶总沉降量超过 40mm

B. 将工程桩作锚桩时，锚桩上拔量达到允许值

C. 达到设计要求的最大加载值且桩顶沉降达到相对稳定标准

D. 某级荷载作用下，桩顶沉降量大于前一级荷载作用下的沉降量的 1 倍，且经过 24h 尚未达到相对稳定标准

16. 依据 JGJ 106—2014，静载试验中使用多台千斤顶时，应满足________要求。(　　)

A. 千斤顶规格、型号相同　　B. 千斤顶合力中心应与桩轴线重合

C. 千斤顶检定有效期应一致　　D. 千斤顶应并联同步工作

17. 依据 JGJ 106—2014，预制方桩作抗拔锚桩使用时，抗拔力强度在进行验算时应包含下列________内容。(　　)

A. 桩侧摩阻力　　B. 抗拔主筋　　C. 桩的接头　　D. 桩身混凝土

18. 依据 JGJ 106—2014，检测承载力前受检桩混凝土强度应满足________要求。(　　)

A. 混凝土龄期达到 28d

B. 预留同条件养护试块强度达到设计强度

C. 至少达到设计强度的 70%，且不小于 15MPa

D. 预留同条件养护试块强度达到设计强度的 70%

19. 依据 JGJ 106—2014，单桩竖向抗压静载试验中导致试桩偏心受力的因素有________。(　　)

A. 制作的桩帽轴心与原桩身轴线严重偏离

B. 支墩下的地基产生不均匀变形

C. 采用多个千斤顶，千斤顶实际合力中心与桩身轴线严重偏离

D. 用于锚桩的钢筋预留量不匹配，锚桩之间承受的荷载不同步

20. 依据 JGJ 106—2014，关于加载反力装置的描述正确的是________。(　　)

A. 压重宜在检测前一次加足

B. 只需对加载反力装置中的主梁构件进行强度和变形验算

C. 压重施加于地基的压力不宜大于地基承载力特征值的 1.2 倍

D. 工程桩作为锚桩时，其数量不宜少于 4 根

21. 依据 JGJ/T 403—2017，自平衡法静载试验中，以下________可为自平衡法静载试验提供反力。(　　)

A. 桩身自重　　B. 桩侧阻力　　C. 桩端阻力　　D. 桩顶配重

22. 依据 JGJ/T 403—2017，关于自平衡法静载试验，下列说法中正确的是________。(　　)

A. 应满足设计要求，不应少于同一条件下桩基分项工程总桩数的 1%，且不应少于 3 根；当总桩数小于 50 根时，检测数量不应少于 2 根

B. 对大直径灌注桩进行自平衡检测前，应先进行承载力检测，后进行声波透射法完整性检测

C. 工程桩承载力检测中应给出受检桩的承载力检测值,并应评价单桩承载力是否满足设计要求

D. 工程桩承载力试验完毕后应在荷载箱位置处进行注浆处理

23. 依据 JGJ/T 403—2017,自平衡法静载试验中,关于荷载箱的埋设位置,下列说法中正确的是________。(　　)

A. 当受检桩为抗压桩,预估极限端阻力小于预估极限侧摩阻力时,应将荷载箱置于桩身平衡点处

B. 当受检桩为抗压桩,预估极限端阻力大于预估极限侧摩阻力时,可将荷载箱置于桩端,并在桩顶采取一定量的配重措施

C. 当受检桩为抗拔桩时,荷载箱应置于桩端;下部提供的反力不够维持加载时,可采取加深桩长或后注浆措施

D. 当需要测试桩的分段承载力时,可布置双层荷载箱,埋设位置应依据检测要求确定

24. 依据 JGJ/T 403—2017,关于自平衡法静载试验,下列说法中正确的是________。(　　)

A. 自平衡法静载试验中应采用慢速维持荷载法

B. 加卸载时,应使荷载传递均匀、连续、无冲击,且每级荷载在维持过程中的变化幅度不得超过分级荷载的±15%

C. 采用双层荷载箱时,宜先进行上荷载箱测试,后进行下荷载箱测试

D. 荷载已达荷载箱加载极限,或荷载箱上段、下段位移已超过荷载箱行程时,即可终止加载

25. 依据 JGJ/T 403—2017,自平衡法静载试验报告中应至少包含下列________曲线。(　　)

A. Q_u-s_u　　B. Q_d-s_d　　C. s_u-lg$t$　　D. s_d-lg$t$

26. 依据 JGJ 106—2014,用高应变法检测基桩承载力,现场采集信号出现________情况时其信号不得作为分析计算的依据。(　　)

A. 力的时程曲线最终未归零　　B. 严重偏心锤击,一侧力信号呈现受拉

C. 传感器安装处混凝土开裂　　D. 桩底反射信号明显

27. 依据 JGJ 106—2014,用高应变法检测时,桩身的完整性评价可采用β法,下列说法中完全正确的是________。(　　)

A. 当 $0.8\leqslant\beta<1.0$ 时其桩为基本完整桩

B. 当 $\beta=0.8$ 时其桩为完整桩

C. 当 $0.6\leqslant\beta<0.8$ 时其桩为严重缺陷桩或断桩

D. 当 $\beta<0.6$ 时其桩为严重缺陷桩或断桩

28. 依据 JGJ 106—2014,高应变法检测中采用实测曲线拟合法时,高应变检测报告应包含________内容。(　　)

A. 计算中实际采用的桩身波速值

B. 实测曲线拟合法所选用的各单元桩土模型参数

C. 拟合曲线

D. 模拟的静荷载沉降曲线

29. 依据 JGJ 106—2014，关于单桩竖向抗拔静载试验，下列说法中正确的是________。(　　)

A. 对为设计提供依据的试验桩，应加载至桩侧岩土阻力达到极限状态或桩身材料达到设计强度

B. 进行工程桩验收检测时，施加的上拔荷载不得小于单桩竖向抗拔承载力特征值的 2.0 倍或使桩顶产生的上拔量达到设计要求的限值

C. 检测时的抗拔桩受力状态，应与设计规定的受力状态一致

D. 预估的最大试验荷载不得大于钢筋的设计强度

30. 依据 JGJ 106—2014，对于单桩竖向抗拔静载试验，下列做法中正确的有________。(　　)

A. 对混凝土灌注桩、有接头的预制桩，在抗拔试验前进行低应变法检测

B. 对为设计提供依据的抗拔灌注桩，施工时进行成孔质量检测

C. 桩身中部、下部出现明显扩径的桩，可作为抗拔试验桩

D. 对有接头的预制桩，复核接头强度

31. 依据 JGJ 106—2014，单桩竖向抗拔静载试验中，终止加载条件是________。(　　)

A. 累计上拔量超过 40mm　　B. 累计上拔量超过 100mm

C. 达到设计要求　　D. 上拔量超过前一级上拔量的 5 倍

32. 依据 JGJ 106—2014，确定单桩竖向抗拔承载力时，应绘制________，需要时也可绘制其他辅助分析曲线。(　　)

A. U-δ 曲线　　B. s-lg$p$ 曲线　　C. δ-lg$t$ 曲线　　D. Q-s 曲线

33. 依据 JGJ 106—2014，单桩竖向抗拔静载试验中，采用慢速维持荷载法，下列说法中正确的是________。(　　)

A. 每级荷载施加后，应分别按第 5min、15min、30min、45min、60min 测读桩顶上拔量，以后每隔 60min 测读一次

B. 当桩顶上拔速率达到相对稳定标准时，可施加下一级荷载

C. 卸载时，每级荷载应维持 1h，分别按第 15min、30min、60min 测读桩顶上拔量后，即可卸下一级荷载

D. 卸载至零后，应测读桩顶残余上拔量，维持时间不得少于 1h

34. 依据 JGJ 106—2014，试桩竖向抗拔极限承载力的确定方法有________。(　　)

A. 对陡升的 U-δ 曲线，取陡升段起始点荷载

B. 取 δ-lg$t$ 曲线尾部明显弯曲的前一级荷载

C. 取 δ-lg$t$ 曲线斜率明显变大(陡)的前一级荷载

D. 对陡升的 U-δ 曲线，取陡升段起始点的前一级荷载

35. 依据 JGJ 106—2014，单桩竖向抗拔静载试验中，下列________不宜用作抗拔试验桩。(　　)

A. 钻孔灌注桩(充盈系数为 1.5)

B. 钻孔灌注桩(下部明显扩径)

C. 钢筋混凝土预制桩(低应变检测为Ⅲ类)

D. 钢筋混凝土预制桩(上、下节接桩处明显有缺陷)

36. 依据 JGJ 106—2014,单桩竖向抗拔静载试验中,反力系统可采用反力桩或地基提供支座反力,下列说法中正确的是________。(　　)

A. 反力架的承载力应具有 1.5 倍的安全系数

B. 反力桩顶面应平整并具有足够的强度

C. 施加于地基上的压应力不宜超过地基承载力特征值的 1.2 倍

D. 反力梁的支点重心应与支座中心重合

第三节　桩身完整性

1. 依据 JGJ 106—2014,低应变法适用于________。(　　)

A. 检测混凝土桩的桩身完整性　　B. 判定桩身缺陷的程度

C. 判定桩身缺陷的位置　　D. 确定桩长

2. 依据 JGJ 106—2014,低应变检测不可以达到下列________目的。(　　)

A. 检测桩身纵向裂缝　　B. 检测某一深部缺陷的方位

C. 检测钢筋笼长度　　D. 检测灌注桩的桩底沉渣厚度

3. 依据 JGJ 106—2014,设定低应变检测参数时,以下规定中________是正确的。(　　)

A. 时域信号记录的时间段长度应在 $2L/c$ 时刻后延续不少于 5ms,幅频信号分析的频率范围上限不应小于 1000Hz

B. 设定桩长应为桩顶测点至桩底的施工桩长,设定桩身截面积应为施工截面积

C. 桩身波速可依据本地区同类型桩的测试值初步设定

D. 采样时间间隔或采样频率应依据桩长、桩身波速和频率分辨率合理选择,时域信号采样点数不宜少于 1024 点

4. 依据 JGJ 106—2014,桩身完整性验收抽样检测时,对于同一工程受检桩,宜选取________。(　　)

A. 对施工质量有疑问的桩　　B. 设计方认为重要的桩

C. 施工工艺不同的桩　　D. 局部地质条件出现异常的桩

5. 依据 JGJ 106—2014,低应变检测报告应包括下列________部分。(　　)

A. 桩身完整性检测的实测信号曲线

B. 桩身波速取值

C. 桩身完整性描述、缺陷的位置及桩身完整性类别

D. 时域信号时段所对应的桩身长度标尺、指数放大的倍数

6. 依据 JGJ 106—2014,进行低应变检测采用稳态激振时,应在每一个设定频率下获得稳定响应信号,并应依据________调整激振力大小。(　　)

A. 强度　　B. 桩径　　C. 桩长　　D. 桩周土约束情况

7. 依据 JGJ 106—2014,进行低应变检测时,对________的基桩,因桩端部分桩身阻抗与持力层阻抗相匹配导致实测信号无桩底反射波时,可根据本场地同条件下有桩底反射波的其他桩实测信号判定桩身完整性类别。(　　)

A. 同一场地　　B. 地质条件相近

C. 桩型和成桩工艺相同　　D. 设计参数相同

8. 依据 JGJ 106—2014，出现下列________情况时，低应变记录应作无效处理。(　　)

A. 激振或接受条件不正确

B. 信号采集器工作不正常

C. 干扰背景妨碍了有效波的识别和影响准确分析

D. 记录桩号和实测桩号混淆不清

9. 依据 JGJ 106—2014，下列________类型的桩可采用反射波法进行低应变完整性检测。(　　)

A. C20 的素混凝土桩　　B. 20m 长的钻孔灌注桩

C. 薄壁钢管桩　　D. C10 的素混凝土桩

10. 依据 JGJ 106—2014，进行低应变检测时，瞬态激振通过改变________，可改变冲击入射波的脉冲宽度及频率成分。(　　)

A. 锤的重量　　B. 锤的形状　　C. 锤头尺寸　　D. 锤头材料

11. 依据 JGJ 106—2014，进行低应变检测时，桩顶处的________应与桩身基本等同。(　　)

A. 材质　　B. 密度　　C. 材料　　D. 截面尺寸

12. 依据 JGJ 106—2014，进行低应变检测时，检测仪器的主要技术性能指标应符合现行《基桩动测仪》(JG/T 3055)的有关规定，且应具有的功能为________。(　　)

A. 信号显示　　B. 信号筛选　　C. 信号储存　　D. 信号处理分析

13. 依据 JGJ 106—2014，下列关于声波透射法检测开始时间的说法，正确的是________。(　　)

A. 受检桩混凝土强度至少达到设计强度的 70%

B. 受检桩混凝土强度应不小于 15MPa

C. 受检桩的休止时间应满足规范要求

D. 预留同条件养护试块强度应达到设计强度

14. 依据 JGJ 106—2014，声波透射法检测中，埋设声测管的作用是________。(　　)

A. 测定实际施工桩长　　B. 发射换能器通道

C. 接收换能器通道　　D. 检测桩底沉渣厚度

15. 依据 JGJ 106—2014，下列关于径向换能器的说法中，________是正确的。(　　)

A. 换能器沿径向振动无指向性　　B. 换能器沿铅垂面振动无指向性

C. 换能器频率越高，穿透能力越差　　D. 有效工作长度不大于 15cm

16. 依据 JGJ 106—2014，用超声波检测到桩内有夹泥时基本物理现象有________。(　　)

A. 声时值变大　　B. 波幅衰减

C. 接收信号频率变化　　D. 接收波形有畸变

17. 依据 JGJ 106—2014，声波透射法检测中，无缺陷混凝土接收波的波形特征是________。(　　)

A. 首波陡峭，振幅大　　B. 包络线呈纺锤形

C. 包络线呈喇叭形　　D. 波形可能有轻微畸变

18. 依据 JGJ 106—2014 用超声法测桩，当发射和接收换能器同步降到某一部位时接收信号突然消失，则原因可能是________。(　　)

A. 有严重缺陷　　B. 仪器故障　　C. 操作失误　　D. 声测管堵塞

19. 依据 JGJ 106—2014，声波透射法检测中，声波在传播过程中振幅随传播距离增大而逐渐减少的现象称为衰减。产生衰减的原因有________。(　　)

A. 吸收　　B. 散射

C. 扩散　　D. 桩侧土阻力引起衰减

20. 依据 JGJ 106—2014，声波透射法检测中，下列________宜选择低频声波。(　　)

A. 测距较大时　　B. 低强度混凝土

C. 超长桩　　D. 早龄期混凝土

21. 依据 JGJ 106—2014，声波透射法检测中，对声测管的要求包括下列________选项。(　　)

A. 水密性良好，不漏浆　　B. 与混凝土黏结良好，不产生剥离缝

C. 管与管之间相互等距　　D. 管内无异物，保证畅通

22. 依据 JGJ 106—2014，声波透射法检测中，为保证波幅的相互可比性，检测时下列________选项不得更改或更换。(　　)

A. 发射电压　　B. 发射换能器　　C. 采样频率　　D. 信号电缆线

23. 依据 JGJ 106—2014，基桩钻芯法在________情况下使用。(　　)

A. 对于端承型大直径混凝土灌注桩，因设备和现场条件限制无法进行承载力检测

B. 对大直径嵌岩灌注桩或设计等级为甲级的大直径灌注桩，声波透射法检测数量达不到规范要求的数量

C. 其他检测方法出现异常或无法判别，进行验证、查找原因

D. 对直径为 600mm 的摩擦桩，确定其承载力

24. 依据 JGJ 106—2014，下列________内容是基桩钻芯法检测报告应包括的内容。(　　)

A. 圆锥动力触探或标准贯入试验结果　　B. 钻芯孔每孔的柱状图

C. 芯样单轴抗压强度试验结果　　D. 芯样彩色照片

25. 依据 JGJ 106—2014，钻芯法检测的主要目的包括以下________方面。(　　)

A. 检测桩身混凝土质量

B. 检测施工记录桩长是否真实

C. 检测桩周土的岩土性状和厚度是否符合设计或规范要求

D. 检测单桩承载力

26. 依据 JGJ 106—2014，当钻芯孔为 2 孔时，有下列________情况的桩可被判为Ⅳ类桩。(　　)

A. 任一孔因混凝土胶结质量差而难以钻进

B. 两孔在同一深度部位的混凝土芯样破碎

C. 任一孔局部混凝土芯样破碎长度大于 20cm

D. 混凝土芯样任一段松散或夹泥

27. 依据 JGJ 106—2014，下列________的钻孔灌注桩适合采用钻芯法进行检测。( )

A. 桩长为 35m、桩径为 800mm　　B. 桩长为 25m、桩径为 900mm

C. 桩长为 20m、桩径为 700mm　　D. 桩长为 40m、桩径为 1500mm

28. 依据 GB 50007—2011，关于岩石饱和单轴抗压强度试验的描述正确的是________。( )

A. 岩样尺寸一般为 ϕ50mm×50mm　　B. 岩样尺寸一般为 ϕ50mm×100mm

C. 岩样数量不应少于 3 个　　D. 岩样数量不应少于 6 个

29. 依据 JGJ 106—2014，成桩质量评价应按单根受检桩进行。采用钻芯法，当出现下列________情况时，应判定该受检桩不满足设计要求。( )

A. 桩身完整性类别为Ⅲ类

B. 混凝土芯样试件抗压强度检测值小于混凝土设计强度等级

C. 桩长、桩底沉渣厚度不满足设计或规范要求

D. 桩底持力层岩土性状(强度)或厚度不满足设计或规范要求

30. 依据 JGJ 106—2014，某工程采用端承型钻孔灌注桩，共 90 根，设计桩径为 1500mm，现因现场条件限制无法进行单桩承载力检测，拟采用钻芯法测定桩底沉渣厚度，并钻取桩端持力层岩石芯样检验桩端持力层，检测数量可以为________。( )

A. 20 根　　B. 10 根　　C. 9 根　　D. 3 根

31. 依据 JGJ 106—2014，采用钻芯法检测混凝土桩时，在抗压强度试验前，应对芯样试件的几何尺寸做________测量。( )

A. 平均直径　　B. 垂直度　　C. 芯样高度　　D. 平整度

32. 依据 JGJ 106—2014，采用钻芯法检测混凝土桩时，关于下列检测开始时间的要求，正确的是________。( )

A. 受检桩的混凝土龄期达到 28d

B. 预留同条件养护试件强度达到设计强度的 70%

C. 预留同条件养护试件强度达到设计强度

D. 预留同条件养护试件强度不小于 15MPa

第四节 锚杆抗拔承载力

1. 依据 GB 50330—2013，在锚杆基本试验中出现下列________情况之一时可视为破坏，应终止加载。( )

A. 锚头位移不收敛，锚固体从岩土层中拔出或锚杆从锚固体中拔出

B. 锚头总位移量超过设计允许值

C. 土层锚杆试验中后一级荷载产生的锚头位移增量超过上一级的 2 倍

D. 加荷千斤顶已达到最大行程

2. 依据 GB 50330—2013，关于锚杆基本试验采用循环加、卸荷法，下列说法错误的是________。( )

A. 每级荷载施加或卸除完毕后，应立即测读变形量

B. 在每级加荷等级观测时间内,测读位移不应少于 2 次

C. 每级荷载稳定标准为 3 次百分表读数的累计变位量不超过 0.01mm

D. 每级卸荷时间内应测读锚头位移 2 次,荷载全部卸除后,再测读 2～3 次

3. 依据 JGJ 120—2012,关于锚杆极限抗拔承载力标准值确定方法描述正确的是________。(　　)

A. 锚杆的极限抗拔承载力,在某级试验荷载下满足终止继续加载情况时,应取终止加载时的前一级荷载值

B. 未出现终止继续加载情况时,应取终止加载时的荷载值

C. 当极限抗拔承载力的极差不超过其平均值的 30%时,参加统计的试验锚杆极限抗拔承载力标准值可取平均值

D. 对于参加统计的试验锚杆,当极差超过平均值的 30%时,取最小值作为锚杆极限抗拔承载力标准值

4. 依据 CECS 22∶2005,锚杆验收试验合格标准是________。(　　)

A. 锚头总位移量很小

B. 在最大试验荷载下所测得的拉力型锚杆弹性位移量,应超过该荷载下杆体自由段长度理论弹性伸长值的 80%,且小于杆体自由段长度与 1/2 锚固段长度之和的理论弹性伸长值

C. 在最后一级荷载作用下 1～10min 锚杆蠕变量不大于 1.0 mm,若超过 1.0mm 则 6～60min 内锚杆蠕变量不大于 2.0mm

D. 达到试验最大荷载值且杆体未发生破坏

5. 依据 GB 50007—2011,下列关于岩石锚杆试验加荷要求描述正确的是________。(　　)

A. 试验采用分级加载方式,荷载分级不得少于 8 级

B. 试验的最大加载量不应少于锚杆设计荷载的 2 倍

C. 每级荷载施加完毕后,应立即测读位移量。以后每间隔 5min 测读一次

D. 连续 4 次测读出的锚杆拔升值均小于 0.1mm 时,认为在该级荷载下的位移已达到稳定状态,可继续施加下一级上拔荷载

6. 依据 GB 50007—2011,岩石锚杆试验中,当出现________情况时,即可终止锚杆的上拔试验。(　　)

A. 锚杆拔升值持续增长,且在 1h 内未出现稳定的迹象

B. 新增加的上拔力无法施加,或者施加后无法使上拔力保持稳定

C. 锚杆的钢筋已被拔断,或者锚杆锚筋被拔出

D. 达到锚杆设计特征值的 1.5 倍

7. 依据 GB 50007—2011,关于土层锚杆验收试验要点描述错误的是________。(　　)

A. 试验最大荷载值按 $0.9A_s f_y$ 确定

B. 试验采用单循环法施加荷载

C. 每级试验荷载达到后,观测 10min,测计锚头位移量

D. 达到试验最大荷载值,测计锚头位移量后卸荷至零

8. 依据 GB 50007—2011,在土层锚杆试验中,试验锚杆应与工程锚杆保持一致的条件

是________。(　　)

A. 地质条件　　B. 锚杆材料　　C. 施工工艺　　D. 施工时间

9. 依据 CECS 22：2005,需进行蠕变试验的锚杆有________。(　　)

A. 塑性指数大于 17 的土层锚杆

B. 极度风化的泥质岩层中的锚杆

C. 节理裂隙发育张开且充填有黏性土的岩层中的锚杆

D. 中风化岩层中的锚杆

10. 依据 CECS 22：2005,关于锚杆验收试验中最大试验荷载描述正确的是________。(　　)

A. 永久性锚杆的最大试验荷载应取锚杆轴向拉力设计值的 1.5 倍

B. 永久性锚杆的最大试验荷载应取锚杆轴向拉力设计值的 1.2 倍

C. 临时性锚杆的最大试验荷载应取锚杆轴向拉力设计值的 1.5 倍

D. 临时性锚杆的最大试验荷载应取锚杆轴向拉力设计值的 1.2 倍

第五节　地下连续墙

1. 依据 T/CECS 597-2019,声测管连接处应光滑过渡,管口高出导墙顶面的距离为________满足要求。(　　)

A. 80mm　　B. 120mm　　C. 180mm　　D. 220mm

2. 依据 T/CECS 597-2019,用声波透射法检测地下连续墙墙体质量,在墙体质量可疑的声测线附近,可________。(　　)

A. 增加声测线　　B. 扇形扫测　　C. 交叉斜测　　D. 采用 CT 影像技术

3. 依据 T/CECS 597-2019,下列关于声测管的说法中,________是正确的。(　　)

A. 声测管应有足够的径向刚度

B. 声测管应有较高的温度系数

C. 声测管下端封闭、上端敞开便于检测换能器的放置

D. 声测管的连接处应光滑过渡

4. 依据 T/CECS 597-2019,钻机及水泵设备的参数满足要求的有________。(　　)

A. 钻机额定最高转速不低于 790r/min　　B. 钻机转速调节范围不低于 5 挡

C. 钻机额定配用压力不低于 1.5MPa　　D. 泵压宜为 1.0～1.5MPa

5. 依据 T/CECS 597-2019,钻芯法现场操作符合规定的有________。(　　)

A. 钻芯孔垂直度偏差不得大于 0.5%

B. 钻至墙体底部时,宜快速钻进,钻取沉渣并测定沉渣厚度

C. 钻取的芯样应按回次顺序放进芯样箱中

D. 钻芯结束后,应用水泥浆回灌封闭钻芯孔

6. 依据 T/CECS 597-2019,关于墙身完整性判定,下列说法中正确的是______。(　　)

A. Ⅰ类混凝土芯样连续、完整、胶结好,骨料分布基本均匀

B. Ⅱ类芯样侧表面较光滑,局部有蜂窝麻面、沟槽或较多气孔

C. Ⅲ类芯样不连续、多呈短柱状或块状

D. Ⅳ类局部混凝土芯样破碎,破碎段长度不大于 10mm

7. 依据 T/CECS 597-2019,属于有效芯样的试件高度的是________。(d 为芯样试件平均直径)(　　)

A. 0.90d　　B. 0.95d　　C. 1.00d　　D. 1.05d

8. 依据 T/CECS 597-2019,关于芯样试件要求说法正确的有________。(　　)

A. 对于平均直径,在相互垂直的 2 个位置上用游标卡尺测量,精确至 0.5mm

B. 对于芯样高度,用钢板尺测量,精确至 1mm

C. 试件端面与轴线的不垂直度超过 1°时,试件不得用于抗压强度试验

D. 试件端面的不平整度在 100mm 长度内超过 0.1mm 时,试件不得用于抗压强度试验

9. 依据 GB/T 50081—2019,关于立方体试件抗压强度加荷速度,下列说法中正确的是________。(　　)

A. 当立方体抗压强度小于 30MPa 时,加荷速度宜取 0.3～0.5MPa/s

B. 当立方体抗压强度为 30MPa 时,加荷速度宜取 0.5～0.8MPa/s

C. 当立方体抗压强度为 50MPa 时,加荷速度宜取 0.5～0.8MPa/s

D. 当立方体抗压强度为 60MPa 时,加荷速度宜取 0.5～0.8MPa/s

第一节　地基及复合地基

1. 依据 GB 50007—2011，测试岩石地基承载力，加载时应采用多循环加载方式，荷载逐级递增直到破坏。（　）

2. 依据 JGJ 340—2015，预压夯实地基的施工质量检验可采用室内土工试验方法进行。（　）

3. 依据 JGJ 340—2015，快速维持荷载法相较于慢速法可大量节约测试时间，而测试结果并无区别。（　）

4. 依据 JGJ 340—2015，某竖向增强体桩头经处理后，其桩帽顶标高应与设计标高一致。（　）

5. 依据 JGJ 340—2015，土（岩）地基载荷试验中，承压板可采用圆形、正方形钢板或钢筋混凝土板。（　）

6. 依据 JGJ 340—2015，桩头经处理后，其桩帽高度不宜小于桩径的 2 倍。（　）

7. 依据 JGJ 79—2012，采用多种地基处理方法的地基处理工程进行验收时，应采用大尺寸承压板进行载荷试验，其安全系数不应小于 1.3。（　）

8. 依据 JGJ 340—2015，复合地基载荷试验中，承压板顶标高应与设计要求标高相一致。（　）

9. 依据 JGJ 340—2015，竖向增强体载荷试验可用于确定由砂石桩、灰土桩等竖向增强体和周边地基土组成的复合地基承载力特征值。（　）

10. 依据 JGJ 340—2015，当竖向增强体截面渐变或多变，且变化幅度较大时，低应变法依然可以准确给出每根受检竖向增强体的完整性情况评价。（　）

11. 依据 JGJ 340—2015，人工地基检测应在竖向增强体满足龄期要求及地基施工后周围土体达到休止稳定状态后进行，对黏性土地基来说，稳定时间不宜少于 14d。（　）

12. 依据 JGJ 340—2015，人工地基检测应在竖向增强体满足龄期要求及地基施工后周围土体达到休止稳定状态后进行，对粉土地基来说，稳定时间不宜少于 14d。（　）

13. 依据 JGJ 340—2015，人工地基检测应在竖向增强体满足龄期要求及地基施工后周围土体达到休止稳定状态后进行，有粘结强度增强体的复合地基承载力检测宜在施工结束 28d 后进行。（　）

14. 依据 JGJ 79—2012，复合地基增强体单桩的桩身垂直度施工允许偏差为±0.5%。（　）

15. 依据 JGJ 340—2015,在承压板直径为 0.8m 的深层平板载荷试验中,可对称安置 2 个位移测量仪表。 ( )

16. 依据 JGJ 340—2015,孔底岩基载荷试验中,采用孔壁基岩提供反力进行试验时,孔壁基岩提供的反力应大于最大试验荷载的 2.0 倍。 ( )

17. 依据 JGJ 340—2015,岩基载荷试验应分级加载,分级荷载宜为最大试验荷载的 1/15。 ( )

18. 依据 JGJ 340—2015,深层平板载荷试验的试井直径宜等于承压板直径。当试井直径需要大于承压板直径时,紧靠承压板周围土的高度不应小于 1.0m。 ( )

19. 依据 JGJ 340—2015,浅层平板载荷试验的试坑宽度或直径不应小于承压板边宽或直径的 2 倍。 ( )

20. 依据 JGJ 340—2015,深层平板载荷试验的累计沉降量与承压板径之比不小于 0.05 时可终止加载。 ( )

21. 依据 JGJ 79—2012,如果桩径一定,桩间距越小,置换率也越小。 ( )

22. 依据 JGJ 340—2015,承压板面积大于 $0.5m^2$ 时,应在其 2 个方向上对称安置 4 个位移测量仪表。 ( )

23. 依据 JGJ 340—2015,深层平板载荷试验的试验深度不应小于 5m。 ( )

24. 依据 JGJ 340—2015,浅层平板载荷试验中,承压板面积不应小于 $0.5m^2$。 ( )

25. 依据 JGJ 340—2015,深层平板载荷试验中,承压板直径不应小于 0.8m。 ( )

26. 依据 JGJ 340—2015,岩基载荷试验中,承压板面积不应小于 $0.25m^2$。 ( )

27. 依据 JGJ 340—2015,岩石地基载荷试验最大加载量不应小于设计承载力特征值的 2 倍。 ( )

28. 依据 JGJ 79—2012,进行现场测试时,复合地基增强体单桩静载荷试验中,荷载大时可利用工程桩作为堆载支点。 ( )

29. 依据 GB 50007—2011,深层平板载荷试验中,紧靠承压板周围外侧的土层高度不低于 1.0m。 ( )

30. 依据 GB 50007—2011,岩石地基载荷试验中,采用钢筋混凝土桩时可不考虑桩身与土之间的直接摩擦力的影响。 ( )

31. 依据 JGJ 79—2012,复合地基载荷试验中,采用相对变形值确定承载力。当采用边长或直径大于 2m 的承压板进行检测,计算沉降量时 b 或 d 应按照实际边长或直径计算。 ( )

32. 依据 GB 50007—2011,现场测试时,如遇到岩石地基载荷试验,首先应进行深宽修正。 ( )

33. 依据 JGJ 340—2015,进行土地基载荷试验时荷重传感器、千斤顶、压力表或压力传感器的量程不应大于最大加载量的 3.0 倍,且不应小于最大加载量的 1.2 倍。 ( )

34. 依据 JGJ 340—2015,平板载荷试验是在施工现场模拟建筑物基础工作条件的原位测试,不可在深井、隧道内测试。 ( )

35. 依据 JGJ 340—2015,圆锥动力触探试验中,地面上触探杆高度不宜超过 2m,并应防止锤击偏心、探杆倾斜和侧向晃动。 ( )

36. 依据 JGJ 340—2015,圆锥动力触探试验中,应依据不同深度的动力触探锤击数,采

用最小值法计算每个检测孔的各土层的动力触探锤击数平均值(代表值)。（　）

37. 依据 JGJ 340—2015,初判地基土承载力特征值时,N_{10}取平均击数,$N_{63.5}$取修正后的平均击数。（　）

38. 依据 GB/T 50123—2019,环刀法适用于测定中粗粒土密度。（　）

39. 依据 GB/T 50123—2019,试样易碎裂,难以切削时,可用蜡封法。（　）

40. 依据 GB/T 50123—2019,用环刀法测压实系数试验中,须进行 2 次平行测定,其最大允许平行差值应为±0.03g/cm^3。（　）

41. 依据 GB/T 50123—2019,用套环的灌砂法测定压实系数时,选定具有代表性的一块面积约为 40cm×40cm 的场地并将地面铲平。（　）

42. 依据 GB/T 50123—2019,用灌砂法测定压实系数时,量砂的粒径为 0.13～0.3mm。

（　）

43. 依据 GB/T 50123—2019,灌砂法不适用于有大孔洞或大孔隙材料的填石路堤等的压实度检测。（　）

44. 依据 GB/T 50123—2019,用灌砂法测定压实系数时,对测得的密度应进行 2 次平行试验,并取平均值。（　）

45. 依据 JGJ 340—2015,在电测式十字板剪切仪十字板探头压入前,宜将探头电缆一次性穿入需用的全部探杆中。（　）

46. 依据 JGJ 340—2015,利用十字板剪切试验结果计算出来的地基承载力特征值,在没有荷载试验作对比的情况下,可作为工程设计和验收的最终依据。（　）

47. 依据 GB 50021—2001(2009 年版),由于电测式十字板直接测定的是施加于板头上的扭矩,因此不需要进行轴杆摩擦的校正。（　）

48. 依据 JGJ 340—2015,碎石土密实度按 N_{120}可分为松散、稍密、中密、密实 4 类。

（　）

49. 依据 JGJ 340—2015,圆锥动力触探试验中,每贯入 1m 宜将探杆转动一圈半;当贯入深度超过 10m 时,每贯入 20cm 宜转动探杆一次。（　）

50. 依据 JGJ 340—2015,利用圆锥动力触探试验初判地基土承载力特征值时,N_{10}取平均击数,$N_{63.5}$取修正后的平均击数。（　）

51. 依据 JGJ 340—2015,标准贯入试验仅适用于砂土、粉土、一般黏性土,不适用于软塑至流塑软土。（　）

52. 依据 JGJ 340—2015,标准贯入试验中,钻杆的相对弯曲应小于 1/100。（　）

53. 依据 JGJ 340—2015,标准贯入试验可用于评价压实地基、挤密地基、强夯地基、注浆地基等的均匀性。（　）

54. 依据 JGJ 340—2015,用浅层平板载荷试验确定地基变形模量时,沉降量越大,变形模量越大。（　）

55. 依据 JGJ 340—2015,用深层平板载荷试验确定的地基变形模量的系数 ω 与试验深度和土类有关。（　）

56. 依据 JGJ 340—2015,用浅层平板载荷试验确定地基变形模量时,采用的载荷板面积越大,变形模量越大。（　）

57. 依据 JGJ 340—2015,地基变形模量越大,说明地基土的压缩性越高。（　）

58. 依据 JGJ 340—2015,水泥土钻芯法试验中,宜采用双管单动钻具,钻杆应顺直,钻杆直径宜为 60mm。 ( )

59. 依据 JGJ 340—2015,桩身水泥土芯样试件抗压强度代表值应按一组三块试件强度值的最小值确定。 ( )

60. 依据 JGJ 340—2015,水泥土钻芯法试验中,受检桩桩身强度应按单桩进行评价,桩身强度标准值应满足设计要求。 ( )

第二节 桩的承载力

1. 依据 JGJ 106—2014,桩的水平荷载试验中,可采用连续加载方式或循环加载方式。 ( )

2. 依据 JGJ 106—2014,单桩水平承载力特征值等于单桩水平极限承载力除以安全系数 2。 ( )

3. 依据 JGJ 106—2014,单桩水平静载试验中,需要对试桩桩身横截面弯曲应变进行测量时,不宜采用维持荷载法。 ( )

4. 依据 JGJ 106—2014,由单桩水平静载试验得到的地基土水平抗力系数的比例系数 m 不是一个常量,而是随地面水平位移及荷载变化而变化的变量。 ( )

5. 依据 JGJ 106—2014,当裂缝控制等级为一级、二级时,单桩水平承载力特征值不应超过水平临界荷载。 ( )

6. 依据 JGJ 106—2014,对单桩竖向抗压静载试验结果存在疑问或争议时,应采用高应变法验证。 ( )

7. 依据 JGJ 106—2014,单桩竖向抗压静载试验中,当荷载沉降($Q-s$)曲线有陡降段出现时即可终止加载。 ( )

8. 依据 JGJ 106—2014,桩的各种缺陷最终都表现为桩的承载力下降。 ( )

9. 依据 JGJ 106—2014,静载试验的加载设备必须要有足够的强度储备。 ( )

10. 同一根钢梁用于锚桩横梁反力装置和用于压重平台反力装置时,允许使用的最大试验荷载是不同的。 ( )

11. 依据 JGJ 106—2014,进行单桩竖向抗压静载试验时,可在桩顶面上设置沉降观测点。 ( )

12. 依据 JGJ 106—2014,基准梁材料一般采用型钢,两端固定,目的是减小温度影响。 ( )

13. 依据 JGJ 106—2014,快速维持荷载法中,单桩竖向抗压极限承载力一般略高于慢速法。 ( )

14. 若试桩桩头在进行静载试验时被压碎,则该桩就是废桩。 ( )

15. 依据 JGJ 106—2014,竖向抗压静载试验中,不宜采用边堆边试验的方式。 ( )

16. 依据 JGJ 106—2014,桩顶总沉降量大于 40mm,且在某级荷载作用下,桩的沉降量为前一级荷载作用下的 5 倍或 $Q-s$ 曲线出现可判定极限承载力的陡降段时,可停止加载。 ( )

17. 依据 JGJ 106—2014,慢速维持荷载法单桩竖向抗压静载试验中,每一小时内的桩

顶沉降量不超过 0.1mm 并连续出现 2 次时，方可施加下一级荷载。　　(　　)

18. 依据 JGJ94—2008，桩侧阻力与桩端阻力是相互独立、互不影响的，桩的承载力是桩侧阻力和桩端阻力的算术叠加值。　　(　　)

19. 依据 JGJ 106—2014，测试桩身内力时，传感器埋设断面距离桩顶和桩底均不宜小于 1 倍桩径。　　(　　)

20. 依据 JGJ 106—2014，若弦式钢筋计的受力为零，则振动频率亦为零。　　(　　)

21. 依据 JGJ 106—2014，按桩顶沉降量确定单桩极限承载力时，尚应考虑上部结构对桩基沉降的具体要求。　　(　　)

22. 静力压桩的终压力值不等于单桩的极限承载力。　　(　　)

23. 依据 JGJ 106—2014，为加快施工速度，对打入式预制桩可在沉桩结束后立即进行静载荷试验。　　(　　)

24. 依据 JGJ 106—2014，对钻孔灌注桩灌注混凝土时加入早强剂，待混凝土达到设计强度等级后，进行静载试验的时间可比规范规定的休止时间提前。　　(　　)

25. 桩是通过桩侧阻力和桩端阻力来承担桩顶竖向荷载的。对单根桩来说，桩侧阻力和桩端阻力的发挥程度与桩土之间的相对位移无关。　　(　　)

26. 非挤土桩由于桩径较大，其桩侧摩阻力常较挤土桩大。　　(　　)

27. 依据 JGJ 94—2008，对于灌注桩的试桩，在成孔后进行混凝土浇筑前，必须进行孔径、孔深、沉渣及垂直度检测。　　(　　)

28. 就荷载测量方式而言，荷重传感器是间接方式，油压表则是直接方式。　　(　　)

29. 依据 JGJ 106—2014，在桩的静载荷试验中，每级荷载的桩顶沉降 $s<1\text{mm/h}$ 时，可加下一级荷载。　　(　　)

30. 依据 JGJ 106—2014，为设计提供依据的静载试验应加载至桩破坏，即试验应进行到判定单桩极限承载力为止。对于以桩身强度控制承载力的端承桩，当设计另有规定时，应遵从其规定。　　(　　)

31. 依据 JGJ/T 403—2017，对于上部桩的自重 W 的取值，尤其是大直径桩对极限承载力的计算有一定影响，故依据受检桩的地质情况，对上部桩的桩身，在地下水位以下部位取浮重度，在地下水位以上部位取自身重度。　　(　　)

32. 依据 JGJ/T 403—2017，为达到优化设计目的，试验桩最大加载值可按根据地质报告计算的单桩极限承载力进行估计，其值可取按地质报告计算的单桩极限承载力的 1.2～1.5 倍。　　(　　)

33. 依据 JGJ/T 403—2017，若自平衡法静载试验结束后总位移较小，可不对荷载箱体进行注浆处理。　　(　　)

34. 依据 JGJ/T 403—2017，宜在荷载箱组装前分别检定荷载箱使用的多个千斤顶，组装后无须检定。　　(　　)

35. 依据 JGJ/T 403—2017，用自平衡法静载试验测出的桩侧摩阻力小于用传统静载试验方法测出的摩阻力。　　(　　)

36. 依据 JGJ 106—2014，进行高应变检测时，对于大直径桩，传感器与桩顶间的距离不宜小于 $0.5D$。　　(　　)

37. 依据 JGJ 106—2014，进行高应变检测时，单桩竖向抗压承载力特征值应按照单桩

竖向抗压承载力检测值的50%取值。（　）

38. 依据JGJ 106—2014,进行高应变检测时,若高应变实测的力和速度信号第一峰起始段不成比例,不得对实测力和速度信号进行调整。（　）

39. 依据JGJ 106—2014,在施工时进行的成孔检测中,若发现为设计提供依据的某抗拔灌注桩桩身中部、下部位有明显扩径,则该桩不宜作为抗拔试验桩。（　）

40. 依据GB 50007—2011,某工程单桩竖向抗拔静载试验中,单桩桩身钢筋采用ϕ25的螺纹钢,试验要求桩身钢筋伸出桩顶长度不宜少于1000mm。（　）

41. 依据JGJ 106—2014,进行单桩竖向抗拔静载试验时,当上拔量或抗裂要求不明确时,试验控制的最大加载值就是钢筋强度的设计值。（　）

42. 依据JGJ 106—2014,进行单桩竖向抗拔静载试验时的抗拔桩受力状态,可以与设计规定的受力状态不一致。（　）

43. 依据JGJ 106—2014,单桩竖向抗拔静载试验中,每一小时内的桩顶上拔量不超过0.1mm,并连续出现2次时,可施加下一级荷载。（　）

44. 依据JGJ 106—2014,单桩竖向抗拔静载试验反力系统中,宜借助反力桩提供支座反力,反力桩不可以采用工程桩。（　）

45. 依据JGJ 106—2014,单桩竖向抗拔静载试验中,上拔量测量点宜设置在桩顶以下小于1倍桩径的桩身上,不得设置在受拉钢筋上。（　）

46. 依据JGJ 106—2014,对陡变型$U-\delta$曲线,取陡升起始点对应的前一级荷载值作为单桩竖向抗拔极限承载力。（　）

第三节　桩身完整性

1. 依据JGJ 106—2014,采用低应变法时,对波速明显偏高的桩,可以判断桩长偏短。（　）

2. 依据JGJ 106—2014,采用低应变法时,波通过桩身缺陷部位时会引起质点运动速度幅值的衰减,扩径桩也同样如此。（　）

3. 依据JGJ 106—2014,低应变法的有效检测长度主要受桩土刚度比大小的制约。（　）

4. 依据JGJ 106—2014,采用低应变法时,桩身无缺陷又有明显桩底反射的桩是合格桩。（　）

5. 依据JGJ 106—2014,采用低应变法时,影响波传播速度的主要因素是桩身材料特性。（　）

6. 依据JGJ 106—2014,采用低应变法时,只要测不到桩底反射就不能将该桩判为I类桩。（　）

7. 依据JGJ 106—2014,采用低应变法时,瞬态激励脉冲的宽度不仅与锤质材料的软硬程度有关,还与锤重有关。（　）

8. 依据JGJ 106—2014,采用低应变法时,在桩顶测到的扩径处二次反射通常为负向。（　）

9. 依据JGJ 106—2014,采用低应变法时,在每个检测点记录的有效信号数量不宜少于

2 个。（　）

10. 依据 JGJ 106—2014，当采用低应变法时，应尽量选用安装谐振频率较高的加速度传感器。（　）

11. 依据 JGJ 106—2014，采用低应变法时，时域信号记录的时间段长度应在 L/c 时刻后延续不少于 5ms。（　）

12. 依据 JGJ 106—2014，采用低应变法时，不同检测点及多次实测时域信号一致性较差时，应认定该桩完整性不合格。（　）

13. 依据 JGJ 106—2014，采用声波透射法时，常依据桩长来选择超声波的发射频率。（　）

14. 依据 JGJ 106—2014，采用声波透射法时，在保证一定的辐射能量的条件下，换能器工作长度越小，测点间距越小，对缺陷纵向尺寸的检测精度就越高。（　）

15. 依据 JGJ 106—2014，采用声波透射法时，增设前置放大器的接收换能器与发射换能器不能互换使用。（　）

16. 依据 JGJ 106—2014，声波发射与接收换能器的指向为沿径向。（　）

17. 依据 JGJ 106—2014，声测法中常规检测一般均为双孔检测。（　）

18. 依据 JGJ 106—2014，采用声波透射法时，为节省钢材，预埋声测管内径可适当减小到 30mm 以下。（　）

19. 依据 JGJ 106—2014，采用声波透射法时，预埋声测管内不能进水，以免检测数据不准确。（　）

20. 依据 JGJ 106—2014，预埋管声波透射法无法测出桩身扩颈。（　）

21. 依据 JGJ 106—2014，采用声波透射法时，混凝土中常用的超声波是一种连续超声波。（　）

22. 依据 JGJ 106—2014，声波透射法可以用来判定缺陷的性质和大小。（　）

23. 依据 JGJ 106—2014，采用钻芯法检测基桩时，对每组混凝土芯样应制作 3 个芯样抗压试件。（　）

24. 依据 JGJ 106—2014，采用钻芯法检测基桩时，芯样试件应在(20±5)℃的清水中浸泡 48h 后进行抗压强度试验。（　）

25. 依据 JGJ 106—2014，采用钻芯法检测基桩时，单个钻芯孔宜选择在桩中心位置。（　）

26. 依据 JGJ 106—2014，采用钻芯法时，受检桩的桩身混凝土强度不应低于设计强度的 70%，且不应低于 15MPa。（　）

27. 依据 JGJ 106—2014，采用钻芯法时，可依据水压大小发现钻进过程中的异常情况，调整钻进速度。（　）

28. 芯样试件含水量对抗压强度有一定影响，含水量越多则抗压强度越高。（　）

29. 依据 JGJ 106—2014，桩端持力层为强风化岩层时，可采用动力触探、标贯试验等方法鉴别，试验宜在距桩底 1m 范围内进行。（　）

30. 检测基桩的钻芯法属于非破损方法。（　）

31. 依据 JGJ 106—2014，用钻芯法评定受检桩混凝土强度时，芯样试件高度与平均直径之比应为 0.95～1.05。（　）

32. 依据 JGJ 106—2014,钻芯法中,混凝土出现分层现象时,宜截取分层部位的芯样进行抗压强度试验。抗压强度满足设计要求的混凝土,可判为Ⅱ类;抗压强度不满足设计要求或不能制作成芯样试件的混凝土,应判为Ⅲ类。（　　）

第四节　锚杆抗拔承载力

1. 依据 GB 50007—2011,在岩石锚杆抗拔试验中,连续 4 次测读出的锚杆拔升值均小于 0.01mm 时,认为在该级荷载下的位移已达到稳定状态,可继续施加下一级上拔荷载。（　　）

2. 依据 CECS 22∶2005,锚杆验收试验中,每级荷载均应稳定 5～10min,并记录位移增量。最后一级试验荷载应维持 10min。若在 1～10min 内锚头位移增量超过 2.0mm,则该级荷载应再维持 50min。（　　）

3. 依据 JGJ 120—2012,锚杆抗拔试验应在锚固段注浆固结体强度达到 15MPa 或达到设计强度的 75%后进行。（　　）

4. 依据 JGJ 120—2012,锚杆基本试验中,当极限抗拔承载力的极差不超过其平均值的 30%时,锚杆极限抗拔承载力标准值可取平均值;当极差超过其平均值的 30%时,宜增加试验锚杆数量,并应依据极差过大的原因,按实际情况重新进行统计后确定锚杆极限抗拔承载力标准值。（　　）

5. 依据 GB 50330—2013,锚杆基本试验中,最大试验荷载不应超过杆体标准值的 1.2 倍,普通钢筋不应超过其屈服值的 90%。（　　）

6. 依据 GB 50330—2013,验收试验锚杆的数量时取每种类型锚杆总数的 5%,自由段位于Ⅰ类、Ⅱ类、Ⅲ类岩石内时取总数的 3%,且均不得少于 5 根。（　　）

7. 依据 JGJ/T 401—2017,基本试验中不得选用工程锚杆,且对全长粘结型锚杆宜设置 0.5～1.0m 的自由段。（　　）

8. 依据 JGJ 476—2019,蠕变试验中最大加荷值不应小于预估破坏荷载的 1.5 倍,宜施加至破坏。（　　）

9. 依据 JGJ 476—2019,关于预应力锚杆验收试验,压力型锚杆弹性位移不应超过杆体自由段长度理论弹性伸长值的±20%。（　　）

第五节　地下连续墙

1. 依据《地下连续墙检测技术规程》(T/CECS 597-2019),采用声波透射法时,换能器谐振频率越高,外径越小,在声测管内升降越顺畅,检测效果越好。（　　）

2. 依据《地下连续墙检测技术规程》(T/CECS 597-2019),采用声波透射法时,选用的探测频率越高,发现的缺陷越大,而且衰减越小。（　　）

3. 依据《地下连续墙检测技术规程》(T/CECS 597-2019),采用声波透射法,当对管距进行修正时,应注明进行管距修正的范围及方法。（　　）

4. 依据《地下连续墙检测技术规程》(T/CECS 597-2019),在地下连续墙混凝土钻芯检测中,应使用单动单管钻具。（　　）

5. 依据《地下连续墙检测技术规程》(T/CECS 597-2019)，钻芯检测报告需包括芯样照片，黑白和彩色均可。（　　）

6. 依据《地下连续墙检测技术规程》(T/CECS 597-2019)，当墙体深度大于 30m 时，需截取的芯样试件不少于 4 组。（　　）

7. 依据《地下连续墙检测技术规程》(T/CECS 597-2019)，地下连续墙混凝土钻芯检测中，每回次钻孔进尺宜控制在 2m 内。（　　）

8. 依据《地下连续墙检测技术规程》(T/CECS 597-2019)，钻取芯样宜采用液压操纵的中速钻机。（　　）

9. 依据《地下连续墙检测技术规程》(T/CECS 597-2019)，对于地下连续墙混凝土实体强度，可在地下连续墙顶部取芯样验证。（　　）

第六章 简答题

第一节 地基及复合地基

1. 依据 GB 50007—2011,浅层平板载荷试验中承载力特征值的确定应符合哪些规定?

2. 依据 JGJ 79—2012,地基处理工程验收检验的抽检位置应符合哪些要求?

3. 依据 JGJ 340—2015,人工地基检测时间应符合哪些规定?

4. 依据 JGJ 340—2015,荷重传感器和油压表两种荷载测量方式的主要区别是什么?采用油压表测量时如何保证测量精度?

5. 依据 JGJ 79—2012,对处理后的地基,当按地基承载力确定基础埋深而需对地基承载力特征值进行修正时,应符合哪些规定?

6. 依据 JGJ 79—2012，夯实地基的竣工验收中，对承载力检验是如何规定的？

7. 依据 JGJ 340—2015，土(岩)地基载荷试验分为浅层平板载荷试验、深层平板载荷试验和岩基载荷试验，分别简述其适用范围。

8. 依据 JGJ 340—2015，浅层平板载荷试验在试坑开挖过程中应符合哪些要求？

9. 依据 JGJ 340—2015，简述土(岩)地基载荷试验中关于预压的要求。

10. 依据 JGJ 340—2015，岩基载荷试验的试验步骤应符合哪些规定？

11. 依据 JGJ 79—2012，应在桩顶和基础之间设置褥垫层，简述褥垫层在复合地基中的作用。

12. 依据 JGJ 79—2012，简述水泥土搅拌桩的施工质量检验方法及要求。

13. 依据 JGJ 79—2012,简述水泥粉煤灰碎石桩复合地基质量检验应符合的规定。

14. 依据 JGJ 79—2012,复合地基承载力特征值 f_{spk} 如何取值确定?

15. 依据 JGJ 340—2015,简述 CFG 桩复合地基的承载力验收检测内容及检测数量方面的规定。

16. 依据 JGJ 340—2015,复合地基载荷试验中加卸载分级及施加方式应符合哪些规定?

17. 依据 JGJ 340—2015,复合地基载荷试验中,慢速维持荷载法的试验步骤有哪些?

18. 依据 JGJ 340—2015,复合地基载荷试验中出现哪些情况时可终止加载?

19. 依据 JGJ 340—2015,竖向增强体载荷试验适用于确定哪些类型复合地基竖向增强体的竖向承载力?(答至少 5 种)

20. 依据 JGJ 340—2015，在竖向增强体载荷试验前应怎样对增强体的桩头进行处理？

21. 依据 JGJ 340—2015，竖向增强体载荷试验中符合哪些条件时可终止加载？

22. 依据 JGJ 340—2015，为什么复合地基静载试验中所用的承压板必须具有足够的刚度？

23. 依据 JGJ 340—2015，影响复合地基载荷试验的主要因素有承压板尺寸和褥垫层厚度。简述褥垫层厚度对试验结果的影响。

24. 某单位工程强夯地基面积为 400m^2，依据设计要求，需进行地基载荷试验。依据 JGJ 340—2015，该单位工程地基载荷试验中，至少需要检测几个点？承压板面积宜不小于多少？

25. 依据 JGJ 340—2015，圆锥动力触探测试深度除应满足设计要求外，尚应符合哪些规定？

26. 依据 JGJ 340—2015,轻型动力触探试验的主要适用范围是什么?

27. 依据 GB/T 50123—2019,土的密度试验方法有哪些?

28. 依据 GB/T 50123—2019,简述用环刀法测定密度试验的主要步骤。

29. 依据 GB/T 50123—2019,原位密度试验方法有哪几种?

30. 依据 GB/T 50123—2019,列举 5 种土工击实试验中需要用到的仪器设备。

31. 依据 JGJ 340—2015,十字板剪切试验中出现哪些情况时,可终止试验?

32. 依据 JGJ 340—2015,十字板剪切试验中,应记录哪些信息?

33. 依据 JGJ 340—2015,圆锥动力触探试验应在平整的场地上进行,简述试验点平面布设应符合的规定。

34. 依据 JGJ 340—2015,超重型动力触探试验的主要适用范围是什么?

35. 依据 JGJ 340—2015,标准贯入试验应在平整的场地上进行,试验点平面布设应符合哪些规定?

36. 依据 JGJ 340—2015,标准贯入试验现场检测应符合哪些规定?

37. 依据 JGJ 340—2015,通过哪些检测可以确定地基变形模量?通过哪些检测可以初步评价或推定地基变形模量?

38. 依据 JGJ 340—2015,通过浅层平板载荷试验确定地基变形模量时,需要哪些参数?

39. 依据 JGJ 340—2015,水泥土钻芯法中,钻至桩底时,为检测桩底虚土厚度,应采取哪些措施?

40. 依据 JGJ 340—2015,为什么水泥土桩的桩身质量评价应按检验批进行?

第二节　桩的承载力

1. 依据 JGJ 106—2014,单桩水平极限承载力的确定方法有哪些?

2. 依据 JGJ 106—2014,单桩水平静载试验中,出现哪些情况时可终止加载?

3. 依据 JGJ 106—2014,验收检测时,宜选择什么样的受检桩?

4. 依据 JGJ 106—2014,简述单桩竖向抗压静载试验的终止加载条件。

5. 依据 JGJ 106—2014,为什么对黏性土场地和砂土场地上的预制桩沉桩后开始静载试验的时间要求不一样?

6. 依据 JGJ 106—2014，为什么不宜采用静力压桩机架作为单桩竖向抗压静载试验加载反力装置？

7. 依据 JGJ 106—2014，进行静载试验前，应对试桩和仪表等做哪些检查？

8. 依据 JGJ 106—2014，静载试验开始前，调查资料收集宜包括哪些内容？

9. 静载试验中，所有试验设备安装完毕之后，应进行一次系统检查。系统检查时一般采用哪些方法？目的是什么？

10. 依据 JGJ 106—2014，测试桩身内力时，传感器的设置位置及数量应符合哪些规定？

11. 依据 JGJ 106—2014，静载试验中基准桩与基准梁的设置应分别满足哪些条件？

12. 依据 JGJ 106—2014，当采用压重平台反力装置时，试桩、压重平台支墩边和基准桩三者之间的中心距应符合哪些规定？

13. 依据 JGJ 106—2014,单桩竖向抗压静载荷试验中加载与卸载应符合哪些规定?

14. 依据 JGJ 106—2014,单桩竖向抗压静载试验慢速维持荷载法试验步骤和要求有哪些?

15. 依据 JGJ/T 403—2017,请用上段桩的极限加载值 Q_{uu}、荷载箱上段桩的自重与附加重量之和 W、受检桩的抗压摩阻力转换系数 γ_1、下段桩的极限加载值 Q_{ud},写出单荷载箱静载试验中单桩竖向承载力极限值 Q_u 的表达式。

16. 依据 JGJ/T 403—2017,简述自平衡法静载试验中关于位移杆(丝)与护套管的要求。

17. 依据 JGJ/T 403—2017,简述分别在 1.2 倍额定压力下以及在额定压力下荷载箱持荷时间及相关要求。

18. 依据 JGJ 106—2014,出现哪些情况后,高应变锤击信号不得作为承载力分析计算的依据?

19. 依据 JGJ 106—2014，高应变检测中出现哪些情况时，应采用静载试验方法进一步验证？

20. 依据 JGJ 106—2014，高应变法的检测目的是什么？

21. 依据 JGJ 106—2014，对单桩竖向抗拔静载试验的开始试验时间有何规定？

22. 依据 JGJ 106—2014，某根桩的竖向抗拔静载试验中，施加第 5 级荷载时，桩顶上拔量和累计上拔量分别为 1.05mm 和 4.00mm；施加第 6 级荷载时，桩顶上拔量和累计上拔量分别为 6.60mm 和 10.60mm。该试桩是否可以终止加载？单桩竖向抗拔极限承载力应取哪一级荷载？

23. 依据 JGJ 106—2014，单桩竖向抗拔静载试验中，对上拔量测量点的设置有何规定？

24. 依据 JGJ 106—2014，单桩竖向抗拔静载试验的终止加载条件有哪些？

25. 依据 JGJ 106—2014，工程桩验收检测中单桩竖向抗拔极限承载力应如何确定？

第三节　桩身完整性

1. 依据 JGJ 106—2014,进行低应变检测时,受检桩应符合哪些规定?

2. 依据 JGJ 106—2014,进行低应变检测时,测量传感器安装和激振操作应符合哪些规定?

3. 依据 JGJ 106—2014,进行低应变检测时,激振点和传感器检测点布置数量和安装位置应符合哪些要求?

4. 依据 JGJ 106—2014 采用低应变法检测桩身完整性,简述Ⅰ类桩、Ⅱ类桩、Ⅲ类桩和Ⅳ类桩的时域信号特征。

5. 依据 JGJ 106—2014 采用低应变法检测桩身完整性,对于嵌岩桩,桩底时域反射信号为单一反射波且锤击脉冲信号同向时,可以采用哪些方法核验桩端嵌岩情况?

6. 依据 JGJ 106—2014,编写检测报告时,除规范要求的基本规定内容外,低应变检测报告尚应包括哪些内容?

7. 依据 JGJ 106—2014，进行低应变检测时，测试参数的设定应符合哪些规定？

8. 依据 JGJ 106—2014 采用低应变法检测桩身完整性，简述Ⅰ类桩、Ⅱ类桩、Ⅲ类桩和Ⅳ类桩的幅频信号特征。

9. 依据 JGJ 106—2014，采用声波透射法检测桩身完整性，声波发射与接收换能器应符合哪些规定？

10. 依据 JGJ 106—2014，出现哪些情况时，不得采用声波透射法对整桩的桩身完整性进行评定？

11. 依据 JGJ 106—2014，声波检测仪应具有哪些功能？

12. 依据 JGJ 106—2014，声测管埋设应符合哪些规定？

13. 依据 JGJ 106—2014，声测管布置及埋设数量应符合哪些规定？

14. 依据 JGJ 106—2014,对声波透射法检测开始时间是如何规定的?为什么?

15. 依据 JGJ 106—2014,用声波透射法检测到可疑的声测线时,可采用哪些检测方式进一步确认?

16. 依据 JGJ 106—2014,声测管内径与换能器外径相差多少为宜?为什么?

17. 依据 JGJ 106—2014,声测管为什么采用钢管而不宜采用 PVC 管?

18. 依据 JGJ 106—2014,声波透射法中,要求声测管中注满清水,请说明原因。如果是泥浆,有何影响?

19. 依据 JGJ 106—2014,钻芯法的检测目的是什么?

20. 依据 JGJ 106—2014,采用钻芯法检测桩身完整性,截取混凝土抗压芯样试件时,芯样位置应符合哪些规定?

21. 依据 JGJ 106—2014，受检桩混凝土芯样试件的抗压强度检测值如何确定？

22. 依据 JGJ 106—2014 采用钻芯法检测桩身完整性，当钻芯孔为 1 个时，宜在什么位置开孔？为什么？

23. 依据 JGJ 106—2014，混凝土芯样试件出现哪些情况时，不得用于抗压强度试验？

24. 依据 JGJ 106—2014，在钻芯法中，当出现哪些情况时，应判定该受检桩不满足设计要求？

第四节　锚杆抗拔承载力

1. 依据 CESE 22：2005，锚杆极限抗拔基本试验中出现哪些情况时，可判定锚杆破坏？

2. 依据 GB 50007—2011，岩石锚杆抗拔试验中，加载分级和测读位移的要求是什么？

3. 依据 GB 50007—2011，岩石锚杆抗拔试验中出现哪些情况时，即可终止锚杆的上拔试验？

4. 依据 JGJ 120—2012,锚杆基本试验的极限抗拔承载力试验中,其锚头位移测读和加、卸载应符合哪些规定?

5. 依据 JGJ 120—2012,锚杆验收试验中,试验的锚杆符合哪些条件时应被评定为合格?

第五节 地下连续墙

1. 依据 T/CECS 597-2019,声波透射法中,墙体剖面完整性类别分类特征是根据哪些因素来划分的?

2. 依据 T/CECS 597-2019,用声波透射法现场检测开始的时间,除应符合规范规定外,尚应进行哪些准备工作?

3. 依据 T/CECS 597-2019,孔内成像技术具有哪些优点?

4. 依据 T/CECS 597-2019,地下连续墙墙体检测中,墙段的抽样部位应按什么原则确定?

5. 依据 T/CECS 597-2019，采用钻芯法检测墙身完整性的主要目的有哪些？

6. 依据 T/CECS 597-2019，墙体质量评价应按单幅受检墙体进行。当出现哪些情况时，应判定该受检墙体不满足设计要求？

7. 依据 T/CECS 597-2019，每幅受检墙体混凝土芯样试件抗压强度值的确定应遵守什么原则？

第七章 综合题

第一节 地基及复合地基

1. 某工程采用CFG桩地基处理,CFG桩直径为400mm,桩长为12m,采用矩形布置,纵向桩间距为1.4m,横向桩间距为1.2m,总桩数为700根。(1)依据JGJ 79—2012,该CFG桩面积置换率为多少?(结果以百分比形式表示,保留小数点后两位)(2)依据JGJ 340—2015,该单位工程竖向增强体载荷试验中检测数量不应少于多少根?

2. 某场地竖向增强体为成片布置,且其布设形状为等边三角形,桩径为500mm,其桩间距为1.0m,复合地基承载力特征值为480kPa。(1)依据JGJ 79—2012,该桩面积置换率为多少?(结果以百分比形式表示,保留小数点后两位)(2)依据JGJ 340—2015,对该场地进行单桩复合地基载荷试验时,最大加载量至少为多少(单位为kN)?(保留小数点后一位)

3. 某单位工程采用CFG桩地基处理,CFG桩直径为500mm,桩长为12m,总桩数为400根,按正方形布置,桩间距为1.6m。(1)依据JGJ 79—2012,该CFG桩面积置换率为多少?(结果以百分比形式表示,保留小数点后两位)(2)依据JGJ 340—2015,该单位工程复合地基载荷试验检测数量不应少于多少点?

4. 已知某工程采用CFG桩复合地基,桩径为500mm,置换率为4.68%,设计要求复合地基承载力特征值为160kPa。依据JGJ 79—2012,单桩复合地基载荷试验的最大试验荷载至少为多少(单位为kN)?(保留小数点后一位)

5. 某项目单位工程场地面积为 1800m²,依据设计要求,需要对该项目土地基进行浅层平板载荷试验,试验荷载特征值为 220kPa。依据 JGJ 340—2015,(1)该单位工程土地基载荷试验检测数量应不少于几点?(2)载荷试验中所用加载反力装置提供的反力不应小于多少(单位为 kN)?(保留整数)

6. 某工程依据设计要求,需对桩底岩石地基进行载荷试验,岩石地基承载力特征值为 1500kPa。依据 JGJ 340—2015,(1)岩基载荷试验采用圆形承压板,请问该承压板的面积应不小于多少(单位为 m²)?(2)若孔底岩基载荷试验依靠孔壁基岩提供反力,则孔壁基岩提供的反力应大于多少(单位为 kN)?(保留小数点后一位)

7. 对某一地基进行浅层平板载荷试验时,共检测 3 个点,设计要求基底范围内地基承载力特征值不小于 180kPa,3 个点的地基承载力特征值实测值分别为 190kPa、164kPa、150kPa。依据 GB 50007—2011,该土层的地基承载力特征值为多少(单位为 kPa)?(保留整数)

8. 某工程 CFG 桩复合地基,桩径为 500mm,CFG 桩按正方形布置,桩间距为 1.4m,设计要求复合地基承载力特征值为 510kPa。依据 JGJ 340—2015,(1)单桩复合地基最大试验荷载为多少?(保留小数点后一位)(2)检测单位现有经过检定的千斤顶(规格为 200T、320T)各一台,2 台千斤顶是否均可用在该项目单桩复合地基载荷试验中,为什么?

9. 某工程验收检测采用平板载荷试验。已知平板载荷试验位于地基土深度 5.8m 处,试井直径与承压板直径相同,设计承载力特征值为 260kPa。依据 JGJ 340—2015,(1)该平板载荷试验中承压板直径不应小于多少?(2)最大试验荷载加载量是多少(单位为 kN)?(保留小数点后一位)

10. 某 CFG 桩复合地基载荷试验测得的平缓光滑的 p-s 曲线如图 3－7－1 所示。该项目应力主要影响范围内地基土以密实粗中砂为主,承压板边长 b 为 1.2m,荷载为 400kPa 时承压板沉降量为 9.60mm,荷载为 500kPa 时承压板沉降量为 12.00mm。依据 JGJ 340—2015,该 CFG 桩复合地基承载力特征值应取为多少?(保留整数)

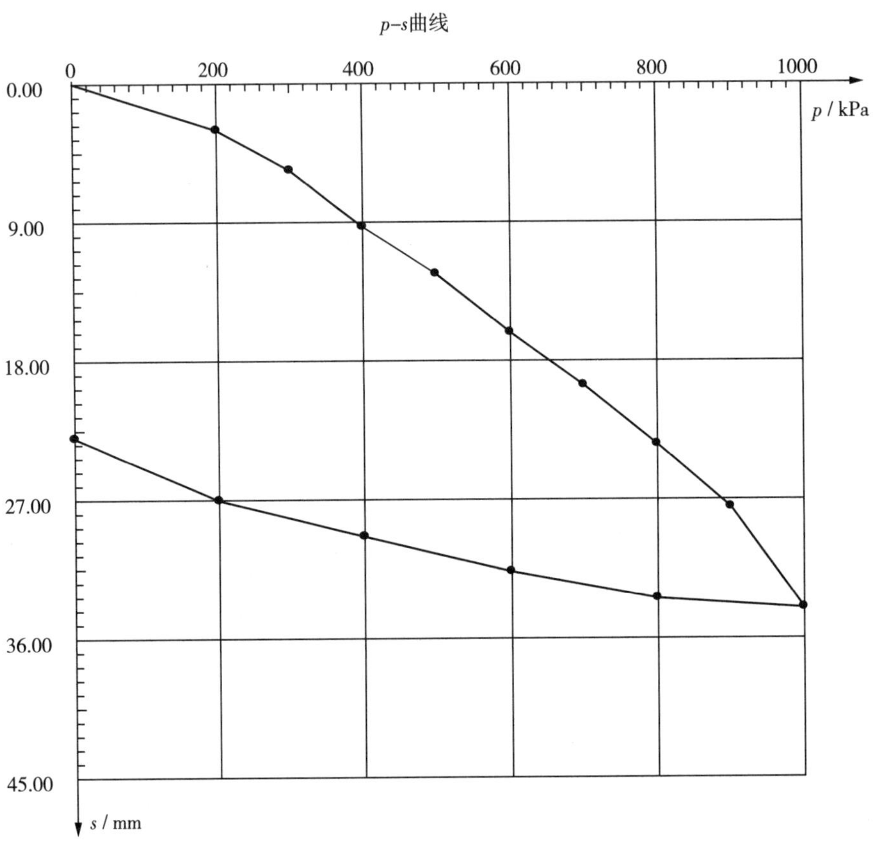

图 3－7－1 某 CFG 桩复合地基载荷试验测得的平缓光滑的 p-s 曲线

11. 某建筑工程,地基土为黏性土,其地基承载力特征值 f_{ak}＝110kPa,拟采用 CFG 桩复合地基提高地基强度,桩间距取 1.4m,按正三角形布桩,设计要求复合地基承载力特征值为 260kPa。采用双支墩压重平台进行单桩复合地基载荷试验,将支墩置于原地基土上,支墩及反力装置刚度均满足要求。依据 JGJ 340—2015 要求,确定单个支墩底面积最小值。(不考虑钢梁自重及支墩重量)

12. 在某 CFG 桩复合地基载荷试验中测得平缓光滑的 $p-s$ 曲线，该项目应力主要影响范围内地基土以黏性土为主，承压板边长 b 为 1.4m，荷载为 500kPa 时承压板沉降量为 11.20mm，荷载为 600kPa 时承压板沉降量为 14.00mm，最大试验荷载为 1000kPa。依据 JGJ 340—2015，该 CFG 桩复合地基承载力特征值应取为多少？（保留整数）

13. 某黏性土地基采用振冲碎石桩进行大面积地基处理，桩径为 1.2m，按正三角形布置，桩中心距为 1.8m。经检测，处理后桩间土承载力特征值为 100kPa，复合地基桩土应力比为 4.0，现场进行了 3 次单桩复合地基荷载试验（编号为 Z1、Z2 和 Z3）。地基荷载试验结果汇总见表 3－7－1 所列。(1)依据 JGJ 79—2012，估算振冲碎石桩复合地基承载力特征值 f_{spk}；(2)若在某局部独立基础下布设 4 根上述振冲碎石桩，试计算振冲碎石桩复合地基承载力特征值。（保留小数点后一位）

表 3－7－1　地基荷载试验结果汇总

压力 p/kPa	沉降 s/mm		
	Z1	Z2	Z3
60	2.0	4.0	5.5
120	5.0	7.5	10.5
180	8.5	12.2	15.5
240	13.0	16.5	18.0
300	18.0	21.5	27.8
360	25.3	28.0	35.2
420	34.8	36.0	45.8
480	46.8	44.5	55.8
540	60.3	55.0	68.0
600	75.8	67.5	84.0

注：①$p-s$ 曲线平缓光滑；②振冲碎石桩可取 $s/d=0.01$ 所对应的压力作为复合地基承载力特征值。

14. 依据 JGJ 340—2015，采用重型圆锥动力触探试验检测某黏性土地基，在孔深12.5m 处进行测试，贯入 30cm 的锤击数为 15，地面以上触探杆长为 1.5m。重型动力触探试验推定地基承载力特征值 f_{ak} 见表 3－7－2 所列，重型触探试验的杆长修正系数 α_1 见表3－7－3所列。初步判定地基土承载力。(保留整数)

表 3－7－2　重型动力触探试验推定地基承载力特征值 f_{ak}　　单位:kPa

$N_{63.5}$ (击数)	2	3	4	5	6	7	8	9	10	11	12	13
一般黏性土	120	150	180	210	240	265	290	320	350	375	400	425
中砂、粗砂土	80	120	160	200	240	280	320	360	400	440	480	520
粉砂、细砂土	—	75	100	125	150	175	200	225	250	—	—	—

表 3－7－3　重型触探试验的杆长修正系数 α_1

杆长/m	$N'_{63.5}$								
	5	10	15	20	25	30	35	40	≥50
≤2	1.00	1.00	1.00	1.00	1.00	1.00	1.00	1.00	1.00
4	0.96	0.95	0.93	0.92	0.90	0.89	0.87	0.86	0.84
6	0.93	0.90	0.88	0.85	0.83	0.81	0.79	0.78	0.75
8	0.90	0.86	0.83	0.80	0.77	0.75	0.73	0.71	0.67
10	0.88	0.83	0.79	0.75	0.72	0.69	0.67	0.64	0.61
12	0.85	0.79	0.75	0.70	0.67	0.64	0.61	0.59	0.55
14	0.82	0.76	0.71	0.66	0.62	0.58	0.56	0.53	0.50
16	0.79	0.73	0.67	0.62	0.57	0.54	0.51	0.48	0.45
18	0.77	0.70	0.63	0.57	0.53	0.49	0.46	0.43	0.40
20	0.75	0.67	0.59	0.53	0.48	0.44	0.41	0.39	0.36

15. 依据 GB/T 50123—2019 及 GB 50007—2011，采用体积为 100.0 cm^3 的环刀取土样，环刀重 150.0g，环刀和土重 360.0g，土的含水率为 19.3%，最大干密度为1.85g/cm^3。该土样的压实系数为多少?(结果以百分比形式表示，保留小数点后一位)

16. 依据 GB/T 50123—2019 及 GB 50007—2011，某压实土层其中一处试验点灌砂法试验结果如下：量砂密度为 1.45 g/cm³，试坑中全部材料质量为 3128.8g，填满试坑的砂的质量为 2414.4g，代表性试样含水率为 17.0%，试坑材料最大干密度为 1.78 g/cm³。该试验点压实系数是多少？（结果以百分比形式表示，保留小数点后一位）

17. 依据 JGJ 340—2015，用电测式十字板剪切试验测试某饱和软黏土，十字板高 $H=100$mm，直径 $D=50$mm，传感器的率定系数 $\eta=15.85$N·cm/mV，原状土被剪切破坏时读数为 50mV，重塑土被剪切破坏时读数为 45mV。求地基土及重塑土的不排水抗剪强度及该土的灵敏度。（当板头尺寸为 50mm×100mm 时，取 $K_c=0.00218\text{cm}^{-3}$）

18. 依据 JGJ 340—2015，对某场地天然地基做动力触探试验时，地下 5.6m 处的碎石土（最大粒径大于 100mm）中超重型动力触探试验 N_{120} 贯入 10cm 的实测数为 15 击，地面以上动力触探杆长为 1.4m。超重型触探试验的杆长修正系数 α_2 见表 3-7-4 所列，碎石土密实度（按 N_{120} 分类）见表 3-7-5 所列。确定该碎石土密实度。

表 3-7-4　超重型触探试验的杆长修正系数 α_2

杆长/m	N'_{120}											
	1	3	5	7	9	10	15	20	25	30	35	40
1	1.00	1.00	1.00	1.00	1.00	1.00	1.00	1.00	1.00	1.00	1.00	1.00
2	0.96	0.92	0.91	0.90	0.90	0.90	0.90	0.89	0.89	0.88	0.88	0.88
3	0.94	0.88	0.86	0.85	0.84	0.84	0.84	0.83	0.82	0.82	0.81	0.81
5	0.92	0.82	0.79	0.78	0.77	0.76	0.76	0.75	0.74	0.73	0.72	0.72
7	0.90	0.78	0.75	0.74	0.73	0.71	0.71	0.70	0.68	0.68	0.67	0.66
9	0.88	0.75	0.72	0.70	0.69	0.67	0.67	0.66	0.64	0.63	0.62	0.62
11	0.87	0.73	0.69	0.67	0.66	0.64	0.64	0.62	0.61	0.60	0.59	0.58
13	0.86	0.71	0.67	0.65	0.64	0.61	0.61	0.60	0.58	0.57	0.56	0.55
15	0.86	0.69	0.65	0.63	0.62	0.59	0.59	0.58	0.56	0.55	0.54	0.53
17	0.85	0.68	0.63	0.61	0.60	0.57	0.57	0.56	0.54	0.53	0.52	0.50
19	0.84	0.66	0.62	0.60	0.58	0.56	0.56	0.54	0.52	0.51	0.50	0.48

表 3-7-5 碎石土密实度(按 N_{120} 分类)

N_{120}	密实度	N_{120}	密实度
$N_{120} \leqslant 3$	松散	$11 < N_{120} \leqslant 14$	密实
$3 < N_{120} \leqslant 6$	稍密	$N_{120} > 14$	很密
$6 < N_{120} \leqslant 11$	中密		

19. 依据 JGJ 340—2015,在某砂土层标准贯入试验中,采用长度为 3m 的触探杆,50 击的实际贯入深度为 25cm。请回答:(1)该土层的标准贯入击数是多少?(2)判断该砂土层密实度。

20. 在粉质黏土层上进行浅层平板载荷试验,其结果汇总见表 3-7-6 所列。已知刚性方形承压板的边长为 0.5m,土的泊松比为 0.40。依据 JGJ 340—2015,确定地基土的变形模量 E_0。

表 3-7-6 浅层平板载荷试验结果汇总

p/kPa	0	50	100	150	200	250	300	350	400	450
s/mm	0	5.30	10.60	15.90	22.50	29.50	36.30	43.53	51.46	62.95

21. 某水泥土搅拌桩桩长为 12m,经钻芯按上、中、下部位截取 3 组芯样,加工和测量后的芯样试件的平均直径和高度均为 90mm。芯样试件抗压强度试验的破坏荷载见表 3-7-7 所列。依据 JGJ 340—2015,请回答下列问题:

(1)分别计算 3 组桩身芯样试件抗压强度代表值;

(2)水泥土芯样试件抗压强度代表值为多少？

表 3-7-7　芯样试件抗压强度试验的破坏荷载

组数	破坏荷载/kN		
1	9.41	9.92	10.30
2	9.86	10.81	11.20
3	9.54	9.98	10.49

第二节　桩的承载力

1. 依据 JGJ 106—2014，某预制方桩的单桩水平静载试验中，试桩高出自然地面约 1.0m，实际工程的桩基承台底面在桩顶下 1.5m。某检测人员把千斤顶直接顶在试桩桩侧表面。为测量桩顶转角，在水平力作用平面以上 10cm 的受检桩两侧对称安装 2 个位移计。为测量桩身弯矩，把各测试断面的测量传感器布置在中性轴上，在地面下 5 倍桩径范围内加密测试断面。加载方法选用单向多循环加载法。请指出上述步骤有误之处。该如何正确实施？

2. 依据 JGJ 106—2014，设计要求单桩竖向承载力特征值为 500kN，同条件下从 3 根试验桩试验中得到的极限承载力分别为 900kN、1000kN 和 1100kN，可否判定满足设计要求？如果得到的极限承载力分别为 800kN、1000kN 和 1200kN，能否判定满足设计要求？

3. 依据 JGJ 106—2014，某单桩竖向抗压静载试验中，采用压重平台反力装置，堆载完成后每层配重 80 块，共 7 层，每个预制混凝土块的规格均为 0.8m×1.0m×1.6m。该反力装置能提供的最大试验荷载约为多少？(已知钢梁平台自重为 350kN，预制混凝土的质量密度为2500 kg/m^3。)

4. 依据 JGJ 106—2014,一台 QF32－20 型 320t 千斤顶,其率定曲线方程为 $y=0.02x+0.45$(其中,x 为加载值,单位为 kN;y 为压力表读数,单位为 MPa),采用这台千斤顶进行单桩竖向抗压静载试验,设计单桩承载力特征值为 1000kN,静载试验中按规范要求进行分级加载。请问第 7 级加载时压力表应读数值为多少?

5. 某工程单桩竖向抗压静载试验中,采用压重平台反力装置,试桩为人工挖孔灌注桩,桩身直径为 800mm,桩长为 15m,桩身混凝土强度等级为 C25,桩端持力层为中风化泥质砂岩,设计承载力特征值为 3000kN。检测人员拟按以下方案实施:桩头直接用水泥砂浆抹平,然后铺设直径为 800mm 的钢板,上面对称放置 2 台 320t 千斤顶;试桩和基准桩之间的中心距离为 1.6m,试桩中心与压重平台支墩边缘之间的距离为 2.0m。依据 JGJ 106—2014,该检测方案有哪些违规之处?该如何正确实施?

6. 查某工程桩单桩竖向抗压静载试验方案,知设计承载力特征值为 1400kN,采用压重平台反力装置,天然地基承载力特征值为 80kPa。为了保证试验安全,对支墩下的地基土进行了置换处理,使地基土承载力提高了 50%,两条支墩长均为 8m,宽均为 1m。依据 JGJ 106—2014,请问:按照该检测方案,能否顺利实施静载试验?并说明理由。

7. 某工程采用灌注桩,桩径为 600mm,桩长为 20m。土层分布:0～8m 为黏土,$q_{sik}=40kPa$;8～19m 为粉土,$q_{sik}=50kPa$;19m 以下为中砂层,$q_{sik}=60kPa$,$q_{pk}=5000kPa$。桩间土地基承载力特征值为 150kPa,静载试验中采用压重平台反力装置。为了保证试验安全,(1)依据 JGJ 94—2008,估算单桩竖向抗压极限承载力;(2)依据 JGJ 106—2014,支座底面积最小要达到多少?(单位为 m^2,计算结果取整数)

8. 某工程采用钻孔灌注桩，桩径为800mm，桩长为20m，单桩竖向抗压承载力特征值为3000kN。为了检测该单桩承载力是否满足要求，某检测工程师制定静载试验方案，采用压重平台反力装置，试验加载拟采用型号、规格相同的320t油压千斤顶。假设单台千斤顶率定曲线方程为 $y=0.027x+0.45$（其中，x 为加载值，单位为kN；y 为压力表读数，单位为MPa），依据JGJ 106—2014，请问该方案需要几台油压千斤顶并联同步工作？若单独测量每台千斤顶油压，则在设计最大加载压力下，单台千斤顶油压理论计算值应为多少？（单位为MPa，结果保留小数点后2位）

9. 某桩基工程设计要求单桩竖向抗压承载力特征值为7000kN，静载试验中利用邻近4根工程桩作为锚桩，锚桩主筋直径为25mm，钢筋抗拉强度设计值为360 N/mm^2。依据JGJ 106—2014，请计算每根锚桩提供上拔力时所需的主筋根数至少为多少根？

10. 某PHC管桩（预应力高强度混凝土管桩），桩径为500mm，壁厚为125mm，桩长为30m，桩身混凝土弹性模量为 3.6×10^7 kPa（视为常量），桩底用钢板封口，对其进行单桩静载试验并进行桩身内力测试。依据实测资料，在极限荷载5000kN作用下，桩侧阻力为80 kPa。则在极限荷载条件下，依据JGJ 106—2014，该PHC管桩桩顶面下10m处的桩身应变为多少？（不考虑桩身自重）

11. 某工程采用钻孔灌注桩，桩径为1000mm，桩长为20m，对某一根基桩进行单桩竖向抗压静载试验。单桩竖向抗压静载试验结果汇总见表3-7-8所列。请依据JGJ 106—2014确定该基桩的单桩竖向抗压承载力特征值（结果取整数）。

表3-7-8　单桩竖向抗压静载试验结果汇总

Q/kN	0	800	1200	1600	2000	2400	2800	3200	3600	4000
s/mm	0	4.09	6.95	10.51	14.87	20.96	30.70	39.53	47.46	56.95

12. 依据 JGJ/T 403—2017 及 JGJ 94—2008,某工程桩设计桩径为 1000mm,桩长为 33m,桩顶以下土层如下:0～4m,填土,$q_{sk}=20$kPa;4～15m,粉质黏土,$q_{sk}=40$kPa;15～30m,黏土,$q_{sk}=80$kPa;30m 以下为中风化砂岩,$q_{sk}=120$kPa,$q_{pk}=5000$kPa。设计单桩承载力特征值为 5000kN。请依据以上条件,(1)叙述荷载箱与钢筋笼的连接措施;(2)为完成本次静载试验,使载荷箱下段桩的极限加载值至少达到 5000kN,请依据经验参数法(忽略大直径桩身尺寸效应及桩身自重),试计算荷载箱埋置的位置,并给出计算过程。($\pi=3.14$,结果保留小数点后一位,单位为 m。)

13. 混凝土灌注桩桩径为 800mm,桩长为 21m。其中,桩头加固,高 1m,混凝土强度等级为 C35,弹性模量为 3.20×10^4MPa,质量密度 $\rho=2.40\times10^3$ kg/m^3;桩头加固段下面 20m 桩身混凝土强度等级为 C25,弹性模量为 2.94×10^4MPa,质量密度 $\rho=2.40\times10^3$ kg/m^3。传感器安装在桩顶下 1.5m 处。现对该桩进行高应变检测,请问输入仪器的弹性波速 c 应取为多大?如果实测应变值为 0.0002,请问测点处的锤击力是多少?(结果取整数)

14. 依据 JGJ 106—2014,某单桩抗拔静载试验中,单桩承载力特征值为 1000kN。采用试桩两侧的地基作反力,钢筋混凝土反力板对称布置在试桩两侧。已知地基承载力特征值为 100kPa,(1)一块反力板宜取多大面积?(2)采用试桩两侧的地基作反力时,应注意哪些问题?

15. 某人防工程中,采用桩径为 800mm 的钻孔灌注桩作抗拔桩,施工前采用单桩竖向抗拔静载试验确定单桩竖向抗拔极限承载力。试桩桩长为 20m,桩顶标高与自然地坪齐平。试桩附近土层参数汇总见表 3-7-9 所列。依据 JGJ 94—2008 和 JGJ 106—2014,请回答下列问题:

(1)从理论上计算单桩竖向抗拔极限承载力标准值;(结果取整数)

(2)设计要求试验最大加载量为 2000kN,桩身主筋 $\phi20$,钢筋抗拉强度设计值为 300MPa,试桩主筋数量至少为多少根?

(3)在试桩抗拔静载试验前应做哪些工作?

表 3-7-9　试桩附近土层参数汇总

层号	土层名称	土层深度/m	q_{sik}/kPa	q_{pk}/kPa	抗拔系数 λ
①	淤泥质粉质黏土	0.0～4.0	24	—	0.7
②	粉质黏土	4.0～11.0	40	—	0.7
③	黏土	11.0～18.0	64	—	0.8
④	粉砂	18.0～24.0	50	1000	0.6

16. 依据 JGJ 106—2014，同一条件下，3 根试桩的单桩水平临界荷载分别为 350kN、400kN、450kN。桩身不允许开裂或灌注桩的桩身配筋率小于 0.65%时，请问单桩水平承载力特征值应取多少？

第三节　桩身完整性

1. 一根直径为 800mm、桩长为 18m 的钻孔灌注桩，低应变检测时在时域曲线中反映的桩底反射时间为 12ms，请计算平均波速和桩身截面力学阻抗（假设质量密度 $\rho=2.40\times10^3\ kg/m^3$，桩身截面面积保持不变）。

2. 某项目采用预应力管桩，桩径为 500mm，施工桩长为 20m。现场采用低应变法检测 10 根桩桩身完整性。其中，7 根桩时域曲线 $2L/c$ 时刻前无缺陷发射波，桩底反射时间为 10ms；1 根桩时域曲线 $2L/c$ 时刻前无缺陷发射波，桩底反射时间为 11ms；1 根桩时域曲线 $2L/c$ 时刻前无缺陷发射波，桩底反射时间为 9.8ms，1 根桩时域曲线在 6ms 处有明显反射波。请计算桩身波速平均值（精确到个位数）。

3. 采用低应变法检测混凝土灌注桩的桩身完整性时，验证后的实际桩长为 21m，速度波第一峰与缺陷反射波时间差为 5ms，与桩底反射波波峰的时间差为 12ms，则缺陷位置位于桩底以上几米处？

4. 某桩基工程中，桩为泥浆护壁钻孔灌注桩，设计桩长为 21.0m，桩径为 600mm，混凝土强度等级为 C25，极限承载力为 2900kN，总桩数为 252 根，均为三桩承台布置。

(1)要求采用低应变法检测桩身完整性，检测比例不低于 30%，请问检测数量不应少于多少根？

(2)仪器显示部分桩波速为 5400m/s 左右，请问波速是否合理？如不合理，排除仪器故障，可能造成波速不合理的原因是什么？(列举 2 条即可)

5. 某工程建筑桩基设计等级为甲级，采用泥浆护壁钻孔灌注桩，桩径为 1000mm，设计总桩数为 86 根。检测单位出具的验收检测方案中，采用静载试验(堆载法)检测承载力，采用低应变法检测完整性，检测数量分别为 3 根和 18 根。请问检测单位出具的验收检测方案是否有误？说明原因并给出正确答案。

6. 某桩基工程，采用预应力管桩，设计桩长为 10m，采用低应变法检测桩身完整性。检测单位提交的检测报告显示：该项目Ⅰ类桩的平均波速为 4000m/s，将低应变检测时域信号采样点数设置为 512 点，时域信号记录的时间段长度为 5ms，幅域信号分析的最大频率为 1500Hz，设定桩长时按照桩顶测点至桩底的施工桩长的 2 倍设置。请问该报告有没有错误？如有，请指出并给出正确内容。

7. 某工程采用嵌岩桩，桩长为 11m，桩径为 800mm。某桩低应变法曲线如图 3－7－2 所示，检测单位判定该桩为Ⅰ类桩。请对这根桩的完整性进行分析，并给出后续建议。（桩身波速 c＝3800m/s）

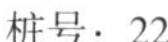

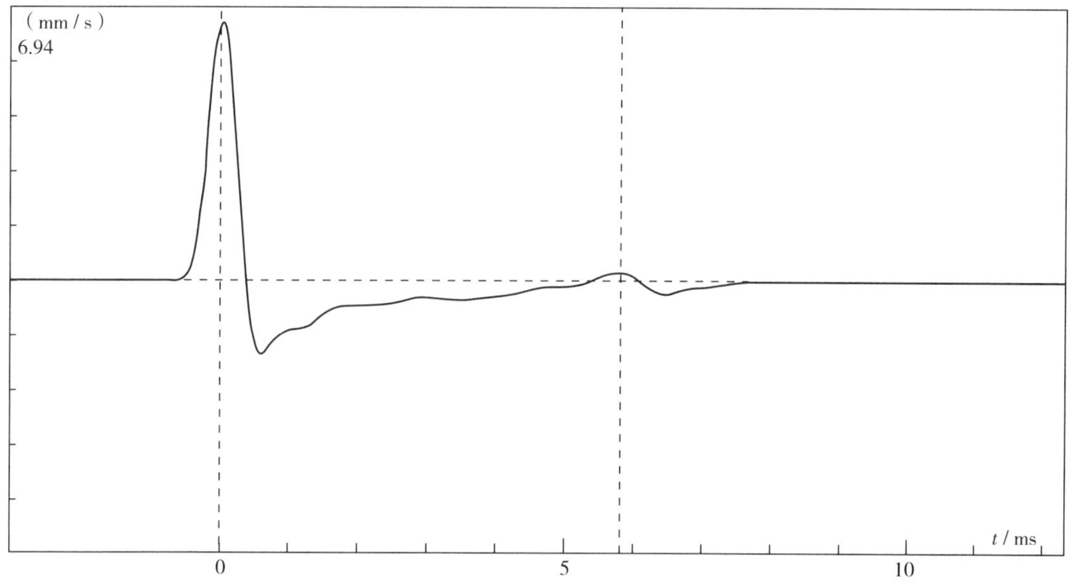

图 3－7－2　某桩低应变法曲线

8. 某桩基工程中，桩为泥浆护壁钻孔灌注桩，设计桩长为 21m，桩径为 600mm，砼强度等级为 C25，设计抗压极限承载力为 2900kN，总桩数为 250 根。其中，利用仪器测到前 3 根桩时域曲线中桩底反射时间分别为 11.67ms、11.05ms 和 11.05ms，2＃桩在 5.26ms 处发现轻微缺陷反射。表 3－7－10 为某单位出具的基桩低应变法检测结果汇总，请指出其中的不妥之处并改正。

表 3－7－10　某单位出具的基桩低应变法检测结果汇总

桩号	桩径/mm	桩长/m	波速/(m/s)	完整性评价	分类
1	600	21.0	3500	桩身完整	一类
2	600	21.0	3800	约 8m 处有轻微缺陷	一类
3	600	21.0	3800	桩身完整	一类
……					
结论	该工程桩承载力、沉渣厚度、完整性均满足设计要求				

9. 某工地采用钻孔灌注桩，桩径为800mm，桩长为10m，现场6根Ⅰ类桩的桩身波速分别为3620m/s、3650m/s、3680m/s、3700m/s、3710m/s、4000m/s。

(1)计算该工地桩身波速平均值。

(2)该工地某桩低应变时域曲线如图3-7-3所示，请判定该桩的完整性。

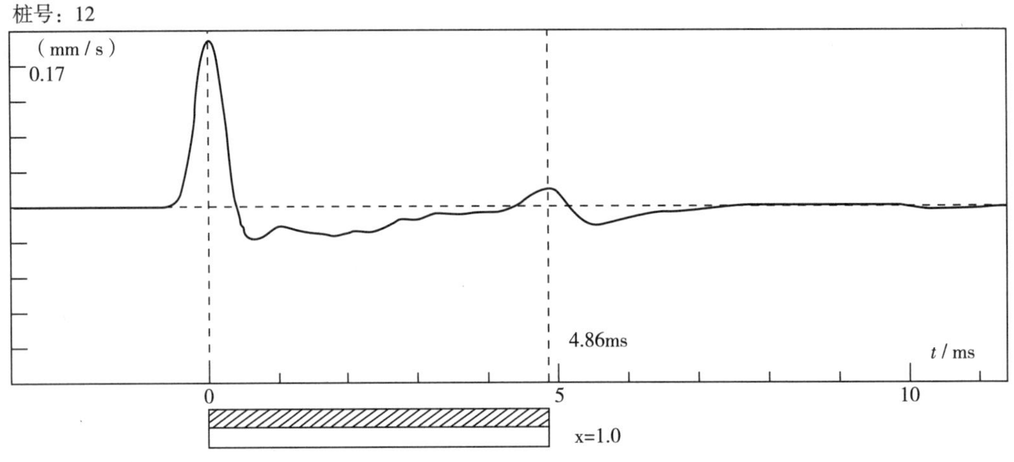

图3-7-3 某桩低应变时域曲线

10. 已知某工程采用预应力空心管桩，地质条件、设计桩型、成桩工艺相同，表3-7-11为基桩低应变法检测结果汇总。

表3-7-11 基桩低应变法检测结果汇总

序号	桩长/m	桩身混凝土强度	桩身完整性类别	波速/(m/s)
1	11	C80	Ⅰ	4235
2	11	C80	Ⅰ	4320
3	11	C80	Ⅱ	4157
4	11	C80	Ⅰ	4256
5	11	C80	Ⅰ	4262
6	11	C80	Ⅰ	4302
7	11	C80	Ⅱ	4189

(1)请回答传感器安装位置及激振点位置。

(2)试计算桩身平均波速。

(3)某桩低应变幅频信号如图3-7-4所示。图中一阶谐频 $f_1=225.4$Hz，二阶谐频 $f_2=422.6$Hz，三阶谐频 $f_3=619.7$Hz，四阶谐频 $f_4=816.9$Hz。请判定该桩的完整性。

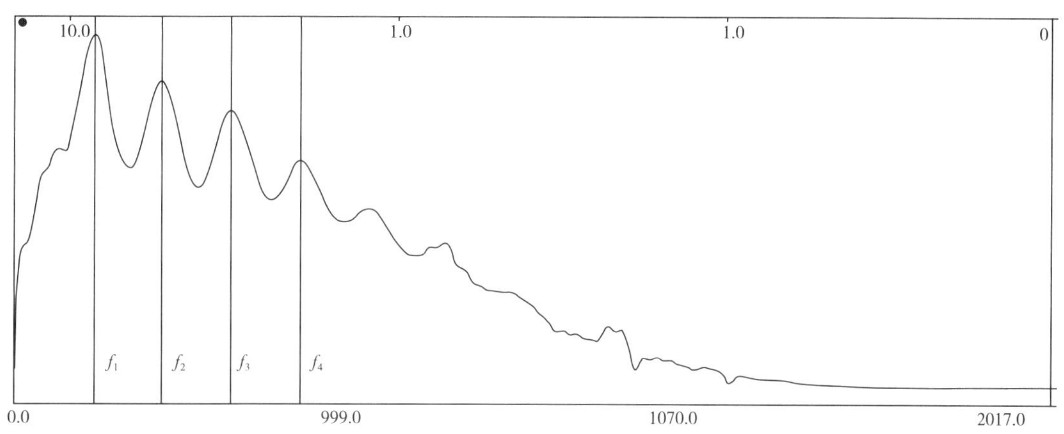

图 3-7-4　某桩低应变幅频信号

11. 已知某工程，采用钻孔灌注桩基础，基础设计等级为甲级。设计参数：$D=800$mm，$L=30$m，桩端进入岩石层，并且嵌固良好，混凝土强度等级为 C30，施工总桩数为 180 根，柱下的承台数量为 50 个，工程桩施工完成后，桩身完整性检测采用反射波法。请回答下列问题：

(1)传感器安装位置及激振点位置；

(2)按照规范 JGJ 106—2014，该工程低应变抽检数量至少为多少根？

(3)检测过程中发现，102＃桩在 9.0m 处有与入射波同相的轻微反射波，有桩底反射。请绘制该桩的时域信号曲线(标注时间)并依据 JGJ 106—2014 规范判断其完整性类别。(本工程桩身 $c=3800$m/s)

12. 依据 JGJ 106—2014，换能器直径 D 为 30mm，将换能器置于水中，在换能器表面净距离 $d_1=500$mm、$d_2=200$mm 时测得仪器声时读数分别为 $t_1=342.8\mu$s、$t_2=140.1\mu$s。请计算仪器系统延迟时间(即仪器零读数)t_0。将上述换能器放入钢管(内径 $\varphi_1=53$mm，外径 $\varphi_2=60$mm)的声测管中进行测桩，请列出算式计算该测试中的声时初读数(水的声速为 1480m/s，钢的声速为 5940m/s)。

13. 依据 JGJ 106—2014,某工地基桩采用声波透射法进行检测。某根桩检测剖面各声测线的波幅值按大小顺序分别为 120、118、115、114、112、110、106、101、100、96、96、88(单位为 dB)。试列出算式判断哪些为异常波幅值。

14. 依据 JGJ 106—2014,采用声波透射法检测某灌注桩桩身完整性。测试前,采用率定法测得仪器系统延迟时间,将声波发射与接收换能器平行悬于清水中测试,记录 2 个测点声时数据:$t_1=0.105\text{ms}$,$l_1=150\text{mm}$;$t_2=0.183\text{ms}$,$l_2=265\text{mm}$。2 根钢制声测管中心间距为 0.9m,管外径为 50mm,壁厚为 2mm,声波探头外径为 28mm。水位以下某一截面平测实测声时为 0.206ms。试计算该截面处桩身混凝土的声速。(注:声波探头位于测管中心,声波在钢材中的传播速度为 5420m/s。)

15. 依据 JGJ 106—2014,将声波发射与接收换能器置于清水中,当声波发射与接收换能器内侧净距离 $d_1=500\text{mm}$,$d_2=200\text{mm}$ 时,仪器测得声时读数分别为 $t_1=342.8\mu\text{s}$,$t_2=140.1\mu\text{s}$。请计算仪器的系统延时 t_0。

16. 依据 JGJ 106—2014,采用声波透射法进行检测时,声测管中心距离为 600mm,管内径为 50mm,管壁厚 3mm,某声测线声时值为 120μs。当采用主频为 25kHz 的声波发射与接收换能器时,其对应声波的波长是多少?

17. 依据 JGJ 106—2014,采用声波透射法进行检测时,声波发射与接收换能器直径 D 为 30mm,仪器系统延迟时间为 4.5μs,声测管及耦合水层声时修正值为 15.5μs。其中,声测管外壁间净距为 570mm,某声测线声时测量值为 140μs。试计算该声测线声速。

18. 依据 JGJ 106—2014，某工地采用声波透射法检测桩身完整性，各测点声速值按大小排列为 4.51、4.50、4.50、4.49、4.48、4.46、4.45、4.44、4.44、4.43、4.41、4.40、4.39、4.37、4.05、4.00、3.95、3.90（单位：km/s），请判断异常测值。（统计数据个数 n 与对应的 λ 值见表 3－7－12 所列）

表 3－7－12　统计数据个数 n 与对应的 λ 值

n	10	11	12	13	14	15	16	17	18	20
λ	1.28	1.33	1.38	1.43	1.47	1.50	1.53	1.56	1.59	1.64

19. 在对某灌注桩的钻芯法检测中，共布置了 3 个钻芯孔。其中，仅 1 个钻芯孔出现局部混凝土芯样破碎，长度约为 8cm；其余 2 个钻芯孔同一深度部位的局部混凝土芯样的外观完整性类别被判定为Ⅱ类。依据 JGJ 106—2014，试判定该桩的完整性类别。为什么？

20. 某钻孔混凝土灌注桩，桩径为 1.2m，桩长为 20m，设计 C30 水下混凝土，钻芯 2 孔，在每孔上、中、下部位分别截取 3 组芯样。芯样试件抗压强度检测结果汇总见表 3－7－13 所列。请依据 JGJ 106—2014，回答下列问题：

（1）该桩混凝土芯样试件的抗压强度检测值是多少？

（2）该工程桩的混凝土抗压强度是否满足设计要求？

表 3－7－13　芯样试件抗压强度检测结果汇总　单位：MPa

序号	第 1 组			第 2 组			第 3 组		
1 号孔	32.3	28.6	30.0	27.1	31.1	28.2	31.4	31.0	29.2
2 号孔	33.6	32.5	31.4	30.0	31.2	29.1	29.8	30.5	34.3

21. 某混凝土灌注桩钻芯法检测中,截取1组混凝土芯样并制成3块抗压试件。在抗压强度试验前对芯样试件测量时发现1块芯样试件的平均直径小于2倍试件内混凝土粗骨料最大粒径,但已不具备重新截取芯样条件。对其余2块芯样试件进行抗压强度试验测得的破坏荷载分别为193kN、232kN,芯样试件的平均直径和高度均为100mm。依据JGJ 106—2014,请计算该组混凝土芯样试件抗压强度值,并说明理由。

22. 采用钻芯法检测某混凝土灌注桩桩身混凝土强度。已知桩长为9.5m,布设钻芯孔2个,各截取了2组芯样。芯样试件抗压强度检测结果汇总见表3-7-14所列。若本地区混凝土芯样抗压强度折算系数为0.9,依据JGJ 106—2014,试求折算后该桩的桩身混凝土抗压强度值。

表3-7-14 芯样试件抗压强度检测结果汇总

钻孔编号	组号	取样深度/m	芯样试件抗压强度/MPa
1	T_1	1.6	30.5
			29.3
			29.6
	T_2	8.2	30.3
			32.6
			31.8
2	T_3	1.6	34.3
			35.0
			33.7
	T_4	8.8	35.2
			34.7
			35.8

23. 混凝土灌注桩钻芯法检测中,有2组6块混凝土芯样试件。混凝土芯样试件尺寸检测结果汇总见表3-7-15所列。依据JGJ 106—2014,请计算这6块混凝土芯样试件尺寸偏差,判断其是否可用于抗压强度试验,并说明理由。

表 3-7-15　混凝土芯样试件尺寸检测结果汇总　　单位:mm

组块		尺寸	
		平均直径	高度
一组	1#	101	100
	2#	94	100
	3#	97	100
二组	1#	96	100
	2#	107	100
	3#	103	100

24. 某人工挖孔桩施工桩长为 24m,设计混凝土强度等级为 C25,桩端持力层为微风化岩。采用钻芯法,钻孔数为 1 个,钻芯检测桩长为 24.2m,在 1m、12m、23m 处截取 3 组混凝土芯样试件和持力层岩芯试件。芯样试件抗压强度检测结果见表 3-7-16 所列。芯样在 20.50～20.58m 局部破碎,其余芯样胶结较好,无松散、夹泥现象,持力层芯样基本完整,桩底无沉渣。依据 JGJ 106—2014,试对该桩的桩身完整性、桩长、桩身混凝土强度、桩底沉渣厚度进行评定。

表 3-7-16　芯样试件抗压强度检测结果　　单位:MPa

1m 处			12m 处			23m 处			持力层
24.8	25.2	26.0	29.0	28.0	28.5	25.1	24.7	25.5	62.0

第四节　锚杆抗拔承载力

1. 某安全等级为一级的基坑工程锚杆,其轴向拉力标准值 $N_k=200$kN。依据 JGJ 120—2012,试按规程进行加卸载分级并在表 3-7-17 中写出锚杆验收试验分级荷载值。

表 3-7-17　锚杆验收试验分级荷载值　　单位:kN

加载							
卸载							

2. 依据 CECS 22：2005，某永久性锚杆轴向拉力设计值为 200kN，验收试验中采用一台 50T 穿心千斤顶，其率定曲线方程为 $y=0.096x+0.3$（x 为加载值，单位为 kN；y 为压力表读数，单位为 MPa）。请问第 5 级加载时压力表读数值应为多少？（结果保留小数点后一位）

第五节　地下连续墙

1. 依据 T/CECS 597-2019，采用声波透射法测定某地下连续墙墙身完整性，用标定法测定仪器系统的延迟时间。已知 3 次测量的换能器间距和测读时间分别为 60mm、90mm、120mm 和 60.1μs、79.9μs、99.9μs。试用线性回归法求延迟时间 t_0。已知水位以下某一截面平测实测声时为 0.222ms，声测管外壁净间距为 0.85m，声测管及耦合水层声时修正值为 12μs，试计算该截面处桩身混凝土的声速。

2. 某地下连续墙，设计采用 C30 水下混凝土，为检测该墙体强度，钻芯 2 孔，每孔按规范规定位置截取 3 组芯样且不同孔同一深度部位各有 1 组芯样。对应各芯样试件强度见表 3-7-18 所列。依据 T/CECS 597-2019，已知该墙体混凝土芯样试件的抗压强度检测值为 29.4MPa，且第 2 组 2 号孔 3 块试件强度值的极差不超过平均值的 30%。请问该受检墙体是否满足设计要求？并说明理由。请完善表 3-7-18 中的"△"数据，并说明理由。

表 3-7-18　对应各芯样试件强度　　单位：MPa

序号	第 1 组			第 2 组			第 3 组		
1 号孔	32.3	28.6	30.0	27.1	31.1	28.2	31.4	31.0	29.2
2 号孔	33.6	32.5	31.4	30.0	△	29.1	29.8	30.5	34.3

第八章 参考答案

第一节 填空题部分

(一)地基及复合地基

1. 承载力,变形参数 2. 浅层平板载荷试验,深层平板载荷试验,岩基载荷试验 3. 承载力,变形参数,5m 4. 3倍 5. 500,3点 6. 2.0m^2 7. 试坑标高,受检土层上 8. 原状结构,天然湿度 9. 4,2 10. 变形监测 11. 足够的刚度,50 12. 最大加载量的5%,5min 13. 1/8~1/12,1/15 14. 不应超过0.03mm,4次 15. 2.0~2.5 16. 100~150mm 17. 承压板尺寸的3倍,不应小于2m 18. 载荷板应力影响范围 19. 0.866m^2 20. 0.01 21. 荷载作用点相重合 22. $0.006b\sim0.008b$ 23. 0.5%,不得少于3根 24. 合力中心,承压板中心 25. 桩顶标高 26. 80% 27. 不小于$3D$且大于2m 28. 不小于$4D$且大于2m 29. 提高强度等级,采用早强剂 30. 1/10,2倍 31. 均匀、连续、无冲击,不得超过分级荷载的±10% 32. 40~50mm 33. 不应少于3点,非条形及非独立基础 34. 少于5根的独立基础,桩数少于3排的条形基础 35. N_{10},$N_{63.5}$,N_{120} 36. 10,3000,500 37. 重型,超重型 38. 2,±0.03 g/cm^3 39. $\rho_d=\dfrac{\rho}{1+0.01\omega}$ 40. 烘干法 41. 0.25~0.50mm 42. 592.2 kJ/m^3,2684.9 kJ/m^3 43. 5 44. 2.5kg,4.5kg 45. 饱和软黏土 46. 10,6 47. 6~12,2 48. 120,100 49. 6 50. 稍密,中密,密实 51. 10,500,6 52. 63.5kg,76cm 53. 回转,75 54. 承压板直径或边长 55. $p-s$曲线线性段 56. 泊松比 57. 均匀性 58. 芯样特征 59. 设计要求

(二)桩的承载力

1. 卧式千斤顶,最大试验加载量的1.2倍 2. 桩基承台底面标高,球形铰支座 3. 1倍 4. 6min 5. 慢速维持荷载 6. 4 7. 小于2倍 8. 1380kN 9. 均匀、连续、无冲击,±10% 10. 1.5 11. 100 12. 负摩阻力 13. 1.2 14. 不大于500mm 15. 桩身完整性 16. 0.1%FS,0.01mm 17. 简支,减少温度变化引起的基准梁挠曲变形 18. 缓变 19. 40mm、0.05D(D为桩端直径) 20. 桩身结构,支撑桩结构的地基岩土 21. 1~2,C30 22. 7,25 23. 15,30 24. 桩身自重,桩侧阻力,桩端阻力 25. 注浆处理 26. 80% 27. 桩身平衡点 28. 细石混凝土 29. 5%,5 30. 1 31. 0.02 32. 2.5 33. 2~6mm 34. 低应变 35. 设计要求 36. 工程桩 37. 设计规定 38. 2种不同性质土层,1 39. 桩顶面混凝土 40. 钢筋强度设计值 41. 0.1mm

(三)桩身完整性

1. 5 2. 2000 3. 5ms 4. 基本等间距,$\Delta f\approx c/2L$ 5. 1024 6. 27 7. 变大

8. 宽脉冲 9. 越高 10. 小于10 11. 同向 12. 时域,幅频 13. 低频 14. 较浅部位 15. IV 16. 1 17. 4045m/s 18. 实测曲线拟合法 19. 高 20. 30%,20 21. 70%,15MPa 22. 低通滤波 23. 3 24. 2~4 25. $L=c/2\Delta f$ 26. 20%,5,100% 27. 声时、频率、波幅,桩身完整性 28. 混凝土灌注桩,位置、范围和程度 29. 600 30. 不得大于150mm 31. 3,6 32. 阶跃或矩形,200~1000V 33. 固定高差,30 34. 12 35. 100 36. 由Ⅳ类向Ⅰ类 37. 3 38. 10~15cm 39. 平均值 40. 1.5m 41. 3组,2组,4组 42. 1 43. 1倍桩径或超过2m,1倍桩径或超过2m 44. IV 45. 2倍 46. 1m

(四)锚杆抗拔承载力

1. 85%(0.85倍),90%(0.9倍) 2. 1.50,1.20 3. 90%(0.9倍) 4. 5%,5 5. 5%,6 6. 3 7. 15MPa,75% 8. 80% 9. 蠕变

(五)地下连续墙

1. 墙体完整性 2. 永久结构 3. 70%,20MPa 4. 1,500 5. 不宜小于91 6. 孔内成像法 7. 芯样和钻探标示牌 8. 水泥浆 9. 3,《建筑基桩检测技术规范》(或JGJ 106—2014)

第二节 单项选择题部分

(一)地基及复合地基

1	B	2	C	3	B	4	C	5	C
6	B	7	C	8	C	9	D	10	D
11	B	12	B	13	B	14	B	15	B
16	B	17	C	18	B	19	A	20	B
21	A	22	B	23	A	24	C	25	A
26	C	27	B	28	C	29	B	30	B
31	C	32	B	33	B	34	A	35	D
36	C	37	A	38	B	39	A	40	B
41	D	42	D	43	C	44	C	45	B
46	C	47	B	48	B	49	A	50	A
51	B	52	B	53	B	54	A	55	A
56	C	57	C	58	C	59	C	60	A
61	D	62	D	63	C	64	C	65	B

66	C	67	D	68	B	69	C	70	B
71	A	72	C	73	C	74	B	75	D
76	A	77	B	78	B	79	A	80	B
81	B	82	B	83	B	84	D	85	C
86	C	87	C	88	C	89	A	90	D
91	A	92	B	93	C	94	C	95	B
96	A	97	C	98	D	99	D	100	D
101	C	102	A	103	B	104	C	105	B
106	D	107	B	108	A	109	A	110	C
111	C	112	B	113	D	114	C	115	B
116	C	117	A	118	B	119	C	120	C

(二)桩的承载力

1	D	2	B	3	B	4	C	5	D
6	A	7	C	8	D	9	B	10	D
11	D	12	B	13	B	14	A	15	C
16	C	17	D	18	B	19	C	20	C
21	B	22	B	23	C	24	C	25	A
26	B	27	C	28	A	29	C	30	B
31	A	32	D	33	B	34	A	35	B
36	C	37	B	38	C	39	B	40	C
41	B	42	C	43	D	44	C	45	B
46	A	47	B	48	B	49	B	50	D
51	A	52	B	53	B	54	B	55	A
56	B	57	D	58	D	59	D	60	A
61	B	62	C	63	B	64	A	65	B
66	B	67	B	68	A	69	C	70	C

71	B	72	C	73	C	74	C	75	D
76	A	77	C	78	B	79	C	80	A
81	A	82	C	83	D	84	C	85	B
86	A	87	A	88	B	89	A		

(三)桩身完整性

1	D	2	D	3	D	4	B	5	C
6	B	7	C	8	C	9	D	10	C
11	D	12	D	13	A	14	B	15	B
16	D	17	C	18	C	19	A	20	D
21	D	22	D	23	C	24	A	25	C
26	A	27	D	28	A	29	D	30	C
31	B	32	B	33	B	34	C	35	B
36	B	27	B	38	B	39	B	40	C
41	C	42	B	43	C	44	A	45	A
46	B	47	A	48	B	49	D	50	B
51	C	52	C	53	C	54	C	55	B
56	B	57	C	58	A	59	A	60	B
61	B	62	C	63	B	64	C	65	B
66	A	67	B	68	C	69	C	70	C
71	D	72	D	73	A	74	D	75	B

(四)锚杆抗拔承载力

1	A	2	D	3	B	4	A	5	B
6	B	7	B	8	A	9	C	10	A
11	C	12	D	13	A	14	B	15	D

(五)地下连续墙

1	B	2	B	3	C	4	D	5	B

6	D	7	A	8	D	9	B	10	A
11	B	12	C	13	B	14	A	15	D
16	A	17	C	18	D				

第三节　多项选择题部分

(一)地基及复合地基

1	ABD	2	BCD	3	AB	4	ABC	5	BCD
6	CD	7	AD	8	AB	9	ACD	10	ABCD
11	ABC	12	ABC	13	ABCD	14	ABCD	15	AC
16	ABD	17	BD	18	AB	19	ABCD	20	ACD
21	ABD	22	CD	23	ABC	24	AC	25	CD
26	ABC	27	ABCD	28	ABCD	29	CD	30	BCD
31	AC	32	BCD	33	BC	34	ABD	35	ACD
36	CD	37	ACD	38	ABCD	39	ABD	40	AB
41	ABD	42	ACD	43	AC	44	ABCD	45	AB
46	AB	47	AC	48	ACD	49	ABC	50	ABCD
51	BC	52	AC	53	ABC	54	ABC	55	ABD
56	ABD	57	AC	58	ACD	59	AB	60	BCD
61	ABCD								

(二)桩的承载力

1	ABCD	2	ABCD	3	ABC	4	AC	5	ABCD
6	ACD	7	ABCD	8	BC	9	BCD	10	AB
11	ABCD	12	AC	13	AB	14	ABC	15	BC
16	ABD	17	ABC	18	AB	19	ABCD	20	AD
21	ABCD	22	ACD	23	ABCD	24	AD	25	ABCD
26	ABC	27	AD	28	ABC	29	ABCD	30	ABD
31	BCD	32	AC	33	BC	34	ABC	35	ABCD

36	BD								

(三)桩身完整性

1	ABC	2	ABCD	3	BCD	4	ABCD	5	ABCD
6	BCD	7	ABC	8	ABCD	9	AB	10	AD
11	ABCD	12	ACD	13	AB	14	BC	15	ACD
16	ABCD	17	AB	18	ABC	19	ABC	20	ABD
21	ABD	22	ABCD	23	ABC	24	BCD	25	AB
26	ABCD	27	BD	28	BD	29	BCD	30	AB
31	ABCD	32	AC						

(四)锚杆抗拔承载力

1	ABC	2	BC	3	ABC	4	BC	5	ABC
6	ABC	7	AD	8	ABC	9	ABC	10	AD

(五)地下连续墙

1	BC	2	ABCD	3	AD	4	AC	5	AC
6	BC	7	BCD	8	ABD	9	ABC		

第四节　判断题部分

(一)地基及复合地基

1	×	2	√	3	×	4	×	5	√
6	×	7	×	8	×	9	×	10	×
11	×	12	√	13	√	14	×	15	√
16	×	17	√	18	×	19	×	20	×
21	×	22	√	23	√	24	×	25	√
26	×	27	×	28	√	29	×	30	×
31	×	32	×	33	√	34	×	35	×

36	×	37	√	38	×	39	×	40	√
41	√	42	×	43	√	44	√	45	√
46	×	47	√	48	×	49	√	50	√
51	√	52	×	53	√	54	×	55	√
56	×	57	×	58	×	59	×	60	×

(二)桩的承载力

1	√	2	×	3	×	4	√	5	√
6	×	7	×	8	×	9	√	10	√
11	×	12	×	13	√	14	×	15	√
16	√	17	√	18	×	19	√	20	×
21	√	22	√	23	×	24	×	25	×
26	×	27	√	28	×	29	×	30	√
31	√	32	√	33	×	34	×	35	√
36	×	37	√	38	√	39	√	40	×
41	√	42	×	43	√	44	×	45	×
46	×								

(三)桩身完整性

1	×	2	√	3	√	4	×	5	√
6	×	7	√	8	×	9	×	10	√
11	×	12	×	13	×	14	√	15	√
16	×	17	√	18	×	19	×	20	√
21	×	22	×	23	√	24	×	25	×
26	×	27	×	28	×	29	√	30	×
31	√	32	×						

(四)锚杆抗拔承载力

1	√	2	×	3	√	4	√	5	×

6	×	7	√	8	√	9	√		

(五)地下连续墙

1	×	2	×	3	√	4	×	5	×
6	√	7	×	8	×	9	√		

第五节　简答题部分

(一)地基及复合地基

1.(1)当 $p-s$ 曲线上有比例界限时,取该比例界限所对应的荷载值;

(2)当极限荷载小于对应比例界限的荷载值的2倍时,取极限荷载值的一半;

(3)当不能按上述二款要求确定时,若压板面积为 $0.25\sim0.50m^2$,可取 $s/b=0.01\sim0.015$ 所对应的荷载,但其值不应大于最大加载量的一半。

2. 抽检位置应按下列要求综合确定:

(1)抽检点宜随机、均匀分布和有代表性;

(2)设计人员认为该部位重要;

(3)该部位局部岩土特性复杂可能影响施工质量;

(4)该部位施工时出现异常情况。

3. 人工地基检测时间应符合下列规定:

(1)黏性土地基稳定时间不宜少于28天,粉土地基稳定时间不宜少于14天,其他地基稳定时间不宜少于7天;

(2)有粘结强度增强体的复合地基承载力检测宜在施工结束28d后进行;

(3)当设计对龄期有明确要求时,应满足设计要求。

4.(1)主要区别是采用荷重传感器测力时不需要考虑千斤顶活塞摩擦对出力的影响,采用油压表测力时需要通过率定换算千斤顶出力。

(2)采用油压表测量时,为保证测量精度,油压表精度等级应优于或等于0.4级,不得使用1.5级压力表作加载控制。

5. 应符合的规定如下:

(1)对于压实系数大于0.95、黏粒含量 $\rho_c\geqslant10\%$ 的粉土,基础埋深的地基承载力修正系数可取1.5;对于干密度大于 $2.1t/m^3$ 的级配砂石,基础埋深的地基承载力修正系数可取2.0;

(2)对于其他处理地基,基础埋深的地基承载力修正系数应取1.0。

6. 强夯处理后的地基竣工验收,应依据静载荷试验、其他原位测试和室内土工试验等方法进行承载力检验。

强夯置换后的地基竣工验收,除应采用单墩静载荷试验进行承载力检验外,尚应采用动力触探等查明置换墩着底情况及密度随深度的变化情况。

7.(1)浅层平板载荷试验适用于确定浅层地基土,破碎、极破碎岩石地基的承载力和变形参数；

(2)深层平板载荷试验适用于确定深层地基土和大直径桩的桩端土的承载力和变形参数,深层平板载荷试验的试验深度不应小于 5m；

(3)岩基载荷试验适用于确定完整、较完整、较破碎岩石地基的承载力和变形参数。

8. (1)浅层平板载荷试验的试坑宽度或直径不应小于承压板边宽或直径的 3 倍。

(2)载荷试验的试坑标高应与地基设计标高一致。当设计有要求时,承压板应设置于设计要求的受检土层上。

(3)保持试坑岩土的原状结构和天然湿度不变。应防止试验基坑开挖后受雨水浸泡或对压板下试验土层的扰动。当试验标高低于地下水位时,应将地下水位降至试验标高以下。

9. 正式试验前宜进行预压。预压荷载宜为最大加载量的 5%,预压时间宜为 5min。预压后卸载至零,测读位移测量仪表的初始读数并应重新调整零位。

10. 应符合的规定如下：

(1)每级加荷后立即测读承压板的沉降量,以后每隔 10min 应测读一次；

(2)承压板沉降相对稳定标准:每 0.5h 内的沉降量不应超过 0.03mm,并应在 4 次读数中连续出现 2 次；

(3)当承压板沉降速率达到相对稳定标准时,应再施加下一级荷载；

(4)每级卸载后,应隔 10min 测读一次,测读 3 次后可卸下一级荷载。全部卸载后,当测读 0.5h 回弹量小于 0.01mm 时,即认为稳定,终止试验。

11. 褥垫层在复合地基中的作用如下：

(1)保证桩、土共同承担荷载；

(2)通过改变褥垫厚度,调整桩垂直荷载的分担；

(3)减少基础底面的应力集中；

(4)调整桩、土水平荷载的分担；

(5)使桩间土承载力充分发挥。

12. 水泥土搅拌桩的施工质量检验方法及要求：

(1)成桩 3d 内,采用轻型动力触探(N_{10})检查上部桩身的均匀性,检验数量为施工总桩数的 1%,且不少于 3 根；

(2)成桩 7d 后,采用浅部开挖桩头方式,检查开挖深度,其值宜超过停浆(灰)面下 0.5m,检查搅拌的均匀性,量测成桩直径,检查数量不少于总桩数的 5%。

13. 应符合的规定如下：

(1)检验施工质量时应检查施工记录、混合料坍落度、桩数、桩位偏差、褥垫层厚度、夯填度和桩体试块抗压强度等；

(2)竣工验收时,水泥粉煤灰碎石桩复合地基承载力检验,应采用复合地基静载荷试验和单桩静载荷试验；

(3)承载力检验宜在施工结束 28d 后进行,其桩身强度应满足试验荷载条件;复合地基静载荷试验和单桩静载荷试验的数量不应少于总桩数的 1%,且每个单体工程的复合地基静载荷试验的试验点数量不应少于 3 点；

(4)采用低应变动力试验检测桩身完整性时,检查数量不低于总桩数的 10%。

14. 复合地基承载力特征值 f_{spk} 取值确定方法如下：

(1)试验点数量不应少于3点,当满足其极差不超过平均值的30%时,可取其平均值为复合地基承载力特征值;

(2)当极差超过平均值的30%时,应分析离差过大的原因,需要时应增加试验数量,并结合工程具体情况确定复合地基承载力特征值;

(3)工程验收时应视建筑物结构、基础形式综合评价,对于桩数少于5根的独立基础或桩数少于3排的条形基础,复合地基承载力特征值应取最低值。

15. 各规定如下。

(1)复合地基载荷试验:单位工程检测数量不应小于总桩数的0.5%,且不应小于3点;单位工程复合地基载荷试验中可依据所采用的处理方法及地层情况,选择多桩复合地基载荷试验或单桩复合地基载荷试验。

(2)竖向增强体载荷试验:单位工程检测数量不应少于总桩数的0.5%,且不应少于3根。

16. 应符合的规定如下:

(1)加载应分级进行,采用逐级等量加载方式,分级荷载宜为最大加载量或预估极限承载力的1/12~1/8,其中第一级荷载可取分级荷载的2倍;

(2)卸载应分级进行,每级卸载量应为分级荷载的2倍,逐级等量卸载;

(3)加卸载时应使荷载传递均匀、连续、无冲击,每级荷载在维持过程中的变化幅度不得超过分级荷载的±10%。

17. 试验步骤如下。

(1)每加一级荷载前后均应各测读承压板沉降量一次,以后每30min测读一次;

(2)承压板沉降相对稳定标准:1h内承压板沉降量不应超过0.1mm;

(3)当承压板沉降速率达到相对稳定标准时,应再施加下一级荷载;

(4)卸载时,每级荷载维持1h,应按第30min、60min测读承压板沉降量;卸载至零后,应测读承压板残余沉降量,维持时间为3h,测读时间应为第30min、60min、180min。

18. 当出现下列情况之一时,可终止加载:

(1)沉降急剧增大,土被挤出或承压板周围出现明显的隆起;

(2)承压板的累计沉降量已大于其边长(直径)的6%或不小于150mm;

(3)加载至要求的最大试验荷载,且承压板沉降速率达到相对稳定标准。

19. 适用于确定水泥土搅拌桩、旋喷桩、夯实水泥土桩、水泥粉煤灰碎石桩、混凝土桩、树根桩、强夯置换墩等复合地基竖向增强体的竖向承载力。

20. 对于水泥粉煤灰碎石桩、混凝土桩等强度较高的桩,宜在桩顶设置带水平钢筋网片的混凝土桩帽或采用钢护筒桩帽,加固桩头前应凿成平面,混凝土宜提高强度等级和采用早强剂。桩帽高度不宜小于一倍桩的直径,桩帽下桩顶标高及地基土标高应与设计标高一致。

21. 符合下列条件之一时,可终止加载:

(1)荷载-沉降($Q-s$)曲线上有可判定极限承载力的陡降段,且桩顶总沉降量超过40~50mm;

(2)某级荷载作用下,桩顶沉降量大于前一级荷载作用下沉降量的2倍,且经24h沉降尚未稳定;

(3)增强体破坏,顶部变形急剧增大;

(4)$Q-s$ 曲线呈缓变型时，桩顶总沉降量大于 70～90mm；当桩长超过 25m 时，可加载至桩顶总沉降量超过 90mm；

(5)加载至要求的最大试验荷载，且承压板沉降速率达到相对稳定标准。

22. 原因如下：

(1)如承压板刚度不够，当荷载加大时，承压板本身的变形会影响到沉降量的测读；

(2)为了检测主要处理土层，当该土层不在基础底面上而需进行多桩复合地基载荷试验，加大承压板尺寸以加大压力影响深度时，刚度不足导致承载板本身变形问题更为明显。

23. 褥垫层厚度主要调节桩土荷载分担比例，褥垫层厚度过小，使桩对基础产生明显的集中应力，桩间土承载能力不能充分发挥，主要荷载由桩承担失去了复合地基的作用；褥垫层厚度过大，当承压板较小时，影响主要加固区的检测效果，造成检测数据失真。

24. 依据 JGJ 340—2015 第 4.1.4 条，单位工程检测数量为每 500m^2 不应少于 1 点，且总点数不应少于 3 点。因此，该单位工程检测点数不应少于 3 点，承压板面积不应少于 2.0m^2。

25. 应符合的规定如下：

(1)天然地基检测深度达到主要受力层深度以下；

(2)人工地基检测深度应达到加固深度以下 0.5m；

(3)复合地基增强体及桩间土的检测深度应超过竖向增强体底部 0.5m。

26. 轻型动力触探试验适用于评价黏性土、粉土、粉砂、细砂地基及人工地基的地基土性状、地基处理效果和判定地基承载力。

27. 土的密度试验方法有环刀法、蜡封法、灌砂法、灌水法。

28. 主要步骤有：

(1)按工程所需取土试样，在环刀内壁上涂一薄层凡士林，刃口向下放在试样上；

(2)用切土刀(或钢丝锯)将土样削成略大于环刀直径的土柱，将环刀垂直下压，边压边削，至土样伸出环刀为止，将两端余土削去修平，取剩余的代表性土样测定含水率；

(3)擦净环刀外壁并称量，精确至 0.1g。

29. 原位密度试验方法有环刀法、灌砂法、灌水法。

30. (1)烘箱；(2)天平(称量为 200g，感量为 0.01g)；(3)台秤(称量为 10kg，感量为 1g)；(4)干燥器；(5)击实仪；(6)铝盒；(7)标准筛(孔径为 5mm、20mm)；(8)喷水设备；(9)碾土设备；(10)盛土器；(11)修土刀和保湿设备。

31. 出现下列情况时可终止试验：

(1)测试深度达到检测要求；

(2)十字板的阻力达到额定荷载值；

(3)电信号陡变或消失；

(4)探杆倾斜度超过 2%。

32. 应记录的信息如下：

(1)十字板探头的编号、十字板常数、率定系数；

(2)初始读数、扭矩的峰值或稳定值；

(3)及时记录贯入过程中发生的各种异常或影响正常贯入的情况。

33. 应符合的规定如下：

(1)测试点应依据工程地质分区或加固处理分区均匀布置,并应具有代表性;

(2)复合地基的增强体施工质量检测中,测试点应布置在增强体的桩体中心附近;桩间土的处理效果检测中,测试点的位置应在增强体间等边三角形或正方形的中心;

(3)评价强夯置换墩着底情况时,测试点位置可选在置换墩中心;

(4)评价地基处理效果时,处理前、后的测试点的布置应考虑前后的一致性。

34. 超重型动力触探试验适用于评价密实碎石土、极软岩和软岩等地基土性状和判定地基承载力,也可用于评价强夯置换效果及置换墩着底情况。

35. 应符合的规定如下:

(1)试验点应依据工程地质分区或加固处理分区均匀布置,并应具有代表性;

(2)复合地基桩间土试验点应布置在桩间等边三角形或正方形的中心;复合地基竖向增强体上可布设试验点;有检测加固土体的强度变化等特殊要求时,可将试验点布置在离桩边不同距离处;

(3)评价地基处理效果和消除液化的处理效果时,处理前、后的试验点布置应考虑位置的一致性。

36. 应符合的规定如下:

(1)贯入器垂直打入试验土层中15cm时应不计击数;

(2)继续贯入,应记录每贯入10cm的锤击数,累计30cm的锤击数即标准贯入击数;

(3)锤击速率应小于30击/min;

(4)当锤击数已达50击,而贯入深度未达到30cm时,宜终止试验,记录锤击数为50击时的实际贯入深度,应按下式换算成相当于贯入30cm的标准贯入试验实测锤击数:

$N=(30\times50)/\Delta S$,其中:N为标准贯入击数,ΔS为锤击数为50击时的贯入度(cm)。

37. (1)通过浅层平板载荷试验、深层平板载荷试验可以确定地基变形模量;

(2)对冲积、洪积卵石土和圆砾土,可依据重型圆锥动力触探试验初步评价或推定地基变形模量。

38. (1)刚性承压板的形状系数;(2)土的泊松比;(3)承压板的直径或边长;(4)$p-s$曲线线性段的压力值;(5)与p对应的沉降量。

39. 钻至桩底时,为检测桩底虚土厚度,应采用减压、慢速钻进方法。若遇钻具突降,应立即停钻,及时测量机上余尺,准确记录孔深及有关情况。

40. 由于水泥土桩通常为大面积复合地基工程,桩数较多,其中的一根或几根桩并不起到决定作用,而是作为一个整体发挥作用,因此水泥土桩的桩身质量评价应按检验批进行。

(二)桩的承载力

1. 单桩水平极限承载力的确定方法有:

(1)取单向多循环加载法中的$H-t-Y_0$曲线产生明显陡降的前一级,或慢速维持荷载法中的$H-Y_0$曲线发生明显陡降的起始点对应的水平荷载值;

(2)取慢速维持荷载法中的$Y_0-\lg t$曲线尾部出现明显弯曲的前一级水平荷载值;

(3)取$H-\Delta Y_0/\Delta H$曲线或$\lg H-\lg Y_0$曲线上第二拐点对应的水平荷载值;

(4)取桩身折断或受拉钢筋屈服时的前一级水平荷载值。

2. 当出现以下情况时,可终止加载:

(1)桩身折断;

(2)水平位移超过 30～40mm，软土中的桩或较大直径桩时可取高值；

(3)水平位移达到设计要求的水平位移允许值。

3. 宜选择：

(1)对施工质量有疑问的桩；

(2)设计方认为重要的桩；

(3)局部地质条件出现异常的桩；

(4)施工工艺不同的桩；

(5)承载力验收检测时部分选择完整性检测中判定的Ⅲ类桩；

(6)除上述规定外，同类型桩宜均匀或随机分布。

4. 当出现下列条件之一时，可终止加载。

(1)在某级荷载作用下，桩顶沉降量大于前一级荷载作用下沉降量的 5 倍；当桩顶沉降相对稳定且总沉降量小于 40mm 时，宜加载至桩顶总沉降量超过 40mm。

(2)在某级荷载作用下，桩顶沉降量大于前一级荷载作用下沉降量的 2 倍，且经 24h 尚未达到相对稳定标准。

(3)已达到设计要求的最大加载量且桩顶沉降达到相对稳定标准。

(4)将工程桩作为锚桩时，锚桩上拔量已达到允许值。

(5)当荷载-沉降曲线呈缓变型时，可加载至桩顶总沉降量为 60～80mm；当桩端阻力尚未充分发挥时，可加载至桩顶累计沉降量超过 80mm。

5. 桩在施工过程中不可避免地扰动桩周土，降低土体强度，使桩的承载力下降。随着休止时间的延长，土体重新固结，土体强度逐渐恢复提高，桩的承载力也逐渐增加。受超静孔隙水压力消散速率的影响，砂土中桩的承载力恢复较快且增幅较小，黏性土中桩的承载力恢复则较慢且幅度很大。

6. 采用静力压桩机架或类似打桩机架作为单桩竖向抗压静载试验加载反力装置进行基桩静载试验，该做法存在下列 2 个问题：

(1)基准桩中心与压重平台支墩边之间的距离违反行业标准《建筑基桩检测技术规范》(JGJ 106—2014)中第 4.2.6 条基准桩中心与锚桩中心(或压重平台支墩边)之间的距离不小于 $4D$ 且大于 2.0m 的要求；

(2)加卸载时荷载的传递达不到规范第 4.3.3 条第 3 款"加、卸载时应使荷载传递均匀、连续、无冲击，且每级荷载在维持过程中的变化幅度不得超过分级荷载的±10%"的要求。

7. 进行静载试验前，应对试桩和仪表做下列检查：

(1)检查试桩桩顶是否水平，桩头部分是否经过加固；

(2)检查油压千斤顶安装是否与试桩中心一致；当采用 2 台及 2 台以上千斤顶加载时，千斤顶型号、规格应相同，千斤顶应并联同步工作，千斤顶的合力中心应与桩轴线重合；

(3)检查压力表指针是否指向零，或将荷重传感器与仪器连接，看仪器读数是否为零；

(4)检查百分表或位移传感器与基准梁安装是否牢稳，百分表或位移传感器是否在试桩 2 个方向上对称安置，百分表或位移传感器测杆是否与位移方向一致；轻击基准梁，看仪器读数是否灵敏。

8. 调查资料收集宜包括：

(1)收集被检测工程的岩土工程勘察资料、桩基设计文件、施工记录，了解施工工艺和施工中出现的异常情况；

(2)委托方的具体要求；

(3)检测项目现场实施的可行性。

9. 在所有设备安装完毕后，应进行一次系统检查。其方法是对试桩施加较小的荷载进行预压，其目的是消除整个量测系统和被检桩本身的非桩身沉降(由安装、桩头处理等人为因素造成的间隙引起)，排除千斤顶和管路中空气，检查管路接头、阀门等是否漏油等。如一切正常，卸载至零，待百分表显示的读数稳定后，记录百分表初始读数，即可进行正式加载。

10. 传感器的设置位置及数量应符合的规定如下。

(1)传感器宜放在 2 种不同性质土层的界面处，以测量桩在不同土层中的分层摩阻力；在地面处(或以上)应设置一个测量断面作为传感器标定断面；传感器埋设断面与桩顶和桩底之间的距离不宜小于 1 倍桩径。

(2)在同一断面处可对称设置 2～4 个传感器，当桩径较大或试验要求较高时取高值。

11. 基准桩的设置应满足的条件：基准桩与试桩、锚桩(或压重平台支墩边)之间的中心距应满足规定，消除附加应力和试桩、锚桩变位影响；基准桩应打入地面以下足够的深度，一般不小于 1m。

基准梁应具有一定的刚度，为减少温度变化引起的挠曲变形，基准梁的一端应固定在基准桩上，另一端应简支于基准桩上。基准梁不得受气温、振动及其他外界因素的影响，当基准梁暴露在阳光下时，应采取遮挡措施。

12. 应符合下列规定：

(1)试桩中心与压重平台支墩边之间的距离不小于 $4D$ 且大于 2.0m；

(2)试桩中心与基准桩中心之间的距离不小于 $4(3)D$ 且大于 2.0m，括号内数值可用于工程桩验收检测时多排桩设计桩中心距小于 $4D$ 的情况；

(3)基准桩中心与压重平台支墩边之间的距离不小于 $4D$ 且大于 2.0m；

(4)软土场地堆载重量较大时，宜增加支墩边与基准桩中心和试桩中心之间的距离，并在试验过程中观测基准桩的竖向位移。

13. 加载与卸载应符合下列规定：

(1)加载应分级进行，采用逐级等量加载方式，分级荷载宜为最大加载量或预估极限承载力的 1/10，其中第一级可取分级荷载的 2 倍；

(2)卸载应分级进行，每级卸载量取加载时分级荷载的 2 倍，逐级等量卸载；

(3)加卸载时应使荷载传递均匀、连续、无冲击，每级荷载在维持过程中的变化幅度不得超过分级荷载的±10％。

14. 试验步骤和要求有：

(1)每级荷载施加后按 5min、15min、30min、45min、60min 测读桩顶沉降量，以后每隔 30mim 测读一次；

(2)试桩沉降相对稳定标准：每 1h 内的桩顶沉降量不超过 0.1mm，并连续出现 2 次(从分级荷载施加后第 30min 开始，按 1.5h 连续 3 次每 30min 的沉降观测值计算)；

(3)当桩顶沉降速率达到相对稳定标准时，再施加下一级荷载；

(4)卸载时，每级荷载维持 1h，按第 15min、30min、60min 测读桩顶沉降量后，即可卸下一级荷载；卸载至零时，应测读桩顶残余沉降量，维持时间为 3h，测读时间为第 15min、

30min，以后每隔 30min 测读一次。

15. $Q_u=\frac{(Q_{uu}-W)}{\gamma_1}+Q_{ud}$

16. 关于位移杆(丝)与护套管的要求：

(1)位移杆应具有一定的刚度，确保将荷载箱处的位移传递到地面；

(2)保护位移杆(丝)的护套管应与荷载箱焊接，连接多节护套管时可采用机械连接或焊接方式，焊缝应满足强度要求，并确保不渗漏水泥浆；

(3)护套管兼作注浆管时，尚应满足注浆管的要求。

17. 荷载箱在 1.2 倍额定压力下持荷时间不应小于 30min，在额定压力下持荷时间不应小于 2h，持荷过程中荷载箱不应出现泄漏、压力减小值大于 5%等异常现象。

18. (1)传感器安装处混凝土开裂或出现严重塑性变形使力曲线最终未归零；

(2)严重锤击偏心，两侧力信号幅值相差超过 1 倍；

(3)四通道测试数据不全。

19. (1)桩身存在缺陷，无法判定桩的竖向承载力；

(2)桩身缺陷对水平承载力有影响；

(3)触变效应的影响，预制桩在多次锤击下承载力下降；

(4)单击贯入度大，桩底同向反射强烈且反射峰较宽，侧阻力波、端阻力波反射弱，波形表现出的桩竖向承载性状明显与勘察报告中的地基条件不符合；

(5)嵌岩桩桩底同向反射强烈，且在时间 $2L/c$ 后无明显端阻力反射。

20. 高应变法的检测目的：

(1)判断单桩竖向抗压承载力是否符合设计要求；

(2)检测桩身缺陷及其位置，判定桩身完整性类别；

(3)分析桩侧和桩端土阻力；

(4)进行打桩过程监控。

21. 对单桩竖向抗拔静载试验开始试验时间的规定：

(1)受检桩的混凝土龄期达到 28d 或预留同条件养护试件强度达到设计强度。

(2)除符合上述休止时间外，当无成熟地区经验时，承载力检测前尚应满足：砂土的休止时间不少于 7d，粉土的休止时间不少于 10d，非饱和黏性土的休止时间不少于 15d，饱和黏性土的休止时间不少于 25d。

22. 可以终止加载，因为第 6 级的桩顶上拔量大于第 5 级的 5 倍；单桩竖向抗拔极限承载力可取第 5 级荷载。

23. 上拔量测量点宜设置在桩顶以下不小于 1 倍桩径的桩身上，不得设置在受拉钢筋上；对于大直径灌注桩，可设置在钢筋笼内侧的桩顶面混凝土上。

24. 单桩竖向抗拔静载试验的终止加载条件：

(1)在某级荷载作用下，桩顶上拔量大于前一级上拔荷载作用下上拔量的 5 倍；

(2)按桩顶上拔量控制，累计桩顶上拔量超过 100mm；

(3)按钢筋抗拉强度控制，钢筋应力达到钢筋强度设计值，或某根钢筋被拉断；

(4)对于工程桩验收检测，达到设计或抗裂要求的最大上拔量或上拔荷载值。

25. 单桩竖向抗拔极限承载力应按下列方法确定：

(1)根据上拔量随荷载变化的特征确定:对陡变型 $U-\delta$ 曲线,应取陡升起始点对应的荷载值;

(2)根据上拔量随时间变化的特征确定:应取 $\delta-\lg t$ 曲线斜率明显变大(陡)或曲线尾部明显弯曲的前一级荷载值;

(3)当在某级荷载下抗拔钢筋断裂时,应取前一级荷载值。

当验收检测的受检桩在最大上拔荷载作用下,未出现上述情况时,单桩竖向抗拔极限承载力应按下列情况对应的荷载值取值:

(1)设计要求最大上拔量控制值对应的荷载;

(2)施加的最大荷载;

(3)钢筋应力达到设计强度值时对应的荷载。

(三)桩身完整性

1. 受检桩应符合的规定如下:

(1)受检桩混凝土强度达到设计强度的70%,且不小于15MPa;

(2)桩头的材质、强度应与桩身相同,桩头的截面尺寸不宜与桩身有明显差异;

(3)桩顶面应平整、密实,并与桩轴线垂直。

2. 测量传感器安装和激振操作应符合的规定如下:

(1)安装测量传感器部位的混凝土应平整;传感器安装时应与桩顶面垂直;用耦合剂粘接时,耦合剂应具有足够的粘结强度;

(2)激振点与测量传感器安装位置应避开钢筋笼的主筋;

(3)激振方向应为沿桩轴线方向;

(4)对于瞬态激振,应通过现场敲击试验,选择合适重量的激振力锤和软硬适宜的锤垫;宜用宽脉冲获取桩底或桩身下部缺陷反射信号,宜用窄脉冲获取桩身上部缺陷发射信号;

(5)对于稳态激振,应在每一个设定频率下获得稳定响应信号,并依据桩径、桩长及桩周土约束情况调整激振力大小。

3. 检测点布置数量和安装位置应符合的要求如下:

(1)依据桩径大小,在桩中心对称布置2~4个安装传感器的检测点;

(2)实心桩的激振点应选择在桩中心,检测点宜在距桩中心2/3半径处;

(3)空心桩的激振点和检测点宜在桩壁厚1/2处,激振点和检测点与桩中心连线形成的夹角宜为90°。

4. 各类桩的时域信号特征如下。

Ⅰ类:$2L/c$ 时刻前无缺陷发射波,有桩底反射波。

Ⅱ类:$2L/c$ 时刻前出现轻微缺陷发射波,有桩底反射波。

Ⅲ类:有明显缺陷反射波,其他特征介于Ⅱ类和Ⅳ类之间。

Ⅳ类:$2L/c$ 时刻前出现严重缺陷反射波或周期反射波,无桩底反射波;或因桩身浅部有严重缺陷,波形呈现低频大振幅衰减振动,无桩底反射波。

5. 可以采用钻芯法、静载试验法、高应变法。

6. 低应变检测报告应包括:

(1)桩身波速取值;

(2)桩身完整性描述、缺陷的位置及桩身完整性类别;

(3)时域信号时段所对应的桩身长度标尺、指数或线性放大的范围及倍数，或幅频信号曲线上的频率范围、桩底或桩身缺陷对应的相邻谐振峰间的频差。

7. 测试参数的设定应符合的规定如下：

(1)时域信号记录的时间段长度应在 $2L/c$ 时刻后延续不少于 5ms，幅频信号分析的频率上限不应小于 2000Hz；

(2)设定桩长应为桩顶测点至桩底的施工桩长，设定桩身截面积应为施工截面积；

(3)桩身波速可依据本地区同类型桩的测试值初步设定；

(4)采样时间间隔或采样频率应依据桩长、桩身波速和频域分辨率合理选择，时域信号采样点数不宜少于 1024 点；

(5)传感器的设定值应按计量检定或校准结果设定。

8. 各类桩的幅频信号特征如下。

Ⅰ类：桩底谐振峰排列基本等间距，其相邻频差 $\Delta f \approx c/2L$。

Ⅱ类：桩底谐振峰排列基本等间距，其相邻频差 $\Delta f \approx c/2L$；轻微缺陷产生的谐振峰与桩底谐振峰之间的频差 $\Delta f' > c/2L$。

Ⅲ类：有明显缺陷反射波，其他特征介于Ⅱ类和Ⅳ类之间。

Ⅳ类：缺陷谐振峰排列基本等间距，相邻频差 $\Delta f' > c/2L$，无桩底谐振峰；或因桩身浅部缺陷只出现第一谐振峰，无桩底谐振峰。

9. 声波发射与接收换能器应符合：

(1)圆柱状径向换能器沿径向振动应无指向性；

(2)外径应小于声测管内径，有效工作长度不得大于 150mm；

(3)谐振频率应为 30～60kHz；

(4)水密性应满足 1MPa 水压下不渗水的要求。

10. 有以下情况：

(1)声测管未沿桩身通长配置；

(2)声测管堵塞导致检测数据不全；

(3)声测管埋设数量不符合规范要求。

11. 声波检测仪应具有的功能：

(1)实时显示和记录接收信号时程曲线及频率测量或频谱分析；

(2)最小采样时间间隔应不大于 0.5μs，系统频带宽度应为 1～200kHz，声波幅值测量相对误差应小于 5%，系统最大动态范围不得小于 100dB；

(3)声波发射脉冲应为阶跃或矩形脉冲，电压幅值应为 200～1000V；

(4)首波实时显示；

(5)自动记录声波发射与接收换能器位置。

12. 声测管埋设应符合的规定如下：

(1)声测管内径大于换能器外径；

(2)声测管有足够的径向刚度，声测管材料的温度系数与混凝土接近；

(3)声测管下端封闭、上端加盖、管内无异物，声测管连接处光顺过渡，管口高出混凝土顶面 100mm 以上；

(4)浇灌混凝土前应将声测管有效固定。

13. 声测管布置及埋设数量应符合的规定如下：

(1)声测管应沿钢筋笼内侧呈对称形状布置，并依次编号；

(2)桩径不大于 800mm 时，不得少于 2 根声测管；

(3)桩径大于 800mm 且不大于 1600mm 时，不得少于 3 根声测管；

(4)桩径大于 1600mm 时，不得少于 4 根声测管；

(5)桩径大于 2500mm 时，宜增加预埋声测管数量。

14. 当采用声波透射法检测时，受检桩混凝土强度不应低于设计强度的 70%，且不应低于 15MPa。

一是声波透射法是一种非破损检测方法，不会因检测而导致桩身混凝土强度降低或破坏；二是在用声波透射法检测桩身完整性时，没有涉及混凝土强度问题，对各种声学参数的判别采用的是相对比较法，混凝土的早期强度和满龄期后的强度有一定的相关性，而因各种原因导致的混凝土内部缺陷一般不会因时间的延长而得到明显改善。因此，按规范规定，需要混凝土硬化并达到一定强度后才可进行检测。

15. 在桩身质量可疑的声测线附近，应采用增加声测线或扇形扫测、交叉斜测、CT 影像技术等方式，进行复测和加密测试，确定缺陷的位置和空间分布范围，排除因声测管耦合不良等非桩身缺陷因素而导致的异常声测线。

16. 声测管内径与换能器外径相差 10mm 为宜。声测管内径与换能器外径相差过大时声耦合误差明显增加；相差过小影响换能器在管中的移动，因此两者差值取 10mm 为宜。

17. 原因如下：声测管管壁太薄或材质较软时，灌注后混凝土的径向压力可能会使声测管产生过大的径向变形，影响换能器正常升降，甚至导致试验无法进行，因此要求声测管有一定的径向刚度；由于钢材的温度系数与混凝土接近，可避免混凝土凝固后与声测管脱开产生空隙。

18. 由于清水中不含泥、砂等杂质和悬浮颗粒，介质均匀，不会导致声波在水中出现散射衰减，从而提高检测精度。如果是泥浆，声波遇到泥浆中的泥、砂等杂质和悬浮颗粒而向不同方向产生散射，导致声波减弱，接收声波能量降低，从而影响检测精度。

19. 钻芯法的检测目的：

(1)检测桩身混凝土质量情况，如桩身混凝土胶结状况，有无气孔、松散或断桩现象等，桩身混凝土强度是否符合设计要求；

(2)检测桩底沉渣厚度是否符合设计或规范的要求；

(3)检测桩端持力层的岩土性状(强度)和厚度是否符合设计或规范要求；

(4)检测施工记录桩长是否真实。

20. 芯样位置应符合的规定如下。

(1)当桩长小于 10m 时，每孔应截取 2 组芯样；当桩长为 10～30m 时，每孔应截取 3 组芯样；当桩长大于 30m 时，每孔应截取不少于 4 组芯样。

(2)上部芯样位置距桩顶设计标高不宜大于 1 倍桩径或超过 2m，下部芯样位置距桩底不宜大于 1 倍桩径或超过 2m，中间芯样宜等间距截取。

(3)能在缺陷位置取样时，应截取一组芯样进行混凝土抗压试验。

(4)如果同一基桩的钻芯孔数大于 1 个，且某一孔在某深度存在缺陷，那么应在其他孔的该深度处，截取 1 组芯样进行混凝土抗压强度试验。

21. 抗压强度检测值确定方法如下：

(1)取1组3块试件强度值的平均值，作为该组混凝土芯样试件抗压强度检测值；

(2)同一受检桩同一深度部位有2组或2组以上混凝土芯样试件抗压强度检测值时，取其平均值作为该桩该深度处混凝土芯样试件抗压强度检测值；

(3)取同一受检桩不同深度位置的混凝土芯样试件抗压强度检测值中的最小值，作为该桩混凝土芯样试件抗压强度检测值。

22. 当钻芯孔为1个时，规定宜在距桩中心10～15cm的位置开孔，主要原因：

(1)导管附近的混凝土质量相对较差，不具有代表性；

(2)方便验证时钻孔位置的布置。

23. 有以下情况：

(1)试件有裂缝或有其他较大缺陷；

(2)试件内含有钢筋；

(3)试件高度小于0.95d或大于1.05d(d为芯样试件平均直径)；

(4)沿试件高度任一直径与平均直径相差达2mm以上；

(5)试件端面的不平整度在100mm长度内超过0.1mm；

(6)试件端面与轴线的不垂直度超过2°；

(7)表观混凝土粗骨料最大粒径大于芯样试件平均直径的50%。

24. 有以下情况：

(1)桩身完整性类别为Ⅳ类；

(2)混凝土芯样试件抗压强度检测值小于混凝土设计强度等级；

(3)桩长、桩底沉渣厚度不满足设计或相关规范要求；

(4)桩端持力层岩土性状(强度)或厚度不满足设计或相关规范要求。

(四)锚杆抗拔承载力

1. 有以下情况：

(1)后一级荷载产生的锚头位移增量达到或超过前一级荷载产生的位移增量的2倍；

(2)锚头位移持续增长；

(3)锚杆杆体被破坏。

2. 加载分级和测读位移的要求如下。

(1)试验采用分级加载方式，荷载分级不得少于8级。试验的最大加载量不应少于锚杆设计荷载的2倍。

(2)每级荷载施加完毕后，应立即测读位移量。以后每间隔5min测读一次。连续4次测读出的锚杆拔升值均小于0.01mm时，认为在该级荷载下的位移已达到稳定状态，可继续施加下一级上拔荷载。

3. 有以下情况：

(1)锚杆拔升值持续增长，且在1h内未出现稳定的迹象；

(2)新增加的上拔力无法施加，或者施加后无法使上拔力保持稳定；

(3)锚杆的钢筋已被拔断，或者锚杆锚筋被拔出。

4. 锚头位移测读和加、卸载应符合的规定如下：

(1)初始荷载下，应测读3次锚头位移基准值，当每间隔5min的读数相同时，方可作为锚头位移基准值；

(2)每级加、卸载稳定后，在观测时间内测读锚头位移不应少于3次；

(3)在每级荷载的观测时间内，当锚头位移增量不大于0.1mm时，可施加下一级荷载；否则应延长观测时间，并应每隔30min测读1次锚头位移，当连续2次出现1h内的锚头位移增量小于0.1mm时，可施加下一级荷载；

(4)加至最大试验荷载后，当未出现规程规定的终止加载情况，且继续加载后满足规程对锚杆杆体应力的要求时，宜继续进行下一循环加载，加、卸载的各分级荷载增量宜取最大试验荷载的10%。

5. 试验的锚杆符合以下条件时应被评定为合格：

(1)在抗拔承载力检测值下，锚杆位移稳定或收敛；

(2)在抗拔承载力检测值下，测得的弹性位移量应大于杆体自由段长度理论弹性伸长量的80%。

(五)地下连续墙

1. 墙体剖面完整性类别分类特征根据以下因素来划分：

(1)缺陷空间几何尺寸的相对大小；

(2)声学参数异常的相对程度；

(3)接收波形畸变的相对程度；

(4)声速与低限值比较。

这几个因素中除声速可与低限值作定量对比外，如Ⅰ、Ⅱ类墙体混凝土声速不低于低限值，Ⅲ类、Ⅳ类墙体局部混凝土声速低于低限值，其他参数均是以相对大小或异常程度来进行定性的比较。

2. 准备工作如下：

(1)声测管埋设应按T/CECS 597—2019附录F的规定执行；

(2)采用率定法确定仪器系统延迟时间；

(3)计算声测管及耦合水层声时修正值；

(4)在桩顶测量各声测管外壁间净距离；

(5)将各声测管内注满清水，检查声测管通畅情况；换能器应能在声测管全程范围内正常升降。

3. 孔内成像技术优点如下：

(1)检测直观，精确检测缺陷位置；

(2)可对多重缺陷进行检测；

(3)可对竖向缺陷进行检测；

(4)可对墙身深度超大(深)的墙体进行检测；

(5)可对墙身钻芯孔进行复核检测。

4. 墙段的抽样部位应按下列原则确定：

(1)对施工质量有疑问的墙段；

(2)采用不同工艺施工的墙段；

(3)地下连续墙墙体转角处；

(4)设计认为重要结构部位的墙段；

(5)随机抽样,基本均匀分布,具有代表性。

5. 主要目的如下:

(1)检测墙身混凝土质量情况,如墙身混凝土胶结状况,有无气孔、松散或断裂情况等,墙体混凝土强度是否符合设计要求;

(2)墙底沉渣是否符合设计或规范的要求;

(3)施工记录的墙体深度是否真实;

(4)持力层的岩土性状是否符合设计或规范要求。

6. 有以下情况:

(1)混凝土芯样试件抗压强度检测值小于混凝土设计强度等级;

(2)墙体深度、墙底沉渣厚度不满足设计要求;

(3)墙地持力层岩土强度或厚度不满足设计要求;

(4)受检墙墙身完整性为Ⅳ类地下连续墙。

7. 遵守原则如下。

(1)当一组3块试件强度值的极差不超过平均值的30%时,可取其算术平均值作为该组混凝土芯样试件抗压强度检测值;当极差超过平均值的30%时,应分析原因,结合施工工艺、地基条件、基础形式等工程具体情况综合确定该组混凝土芯样试件抗压强度检测值;不能明确极差过大的原因时,宜增加取样数量。

(2)同一幅受检墙体同一深度部位有2组或2组以上混凝土芯样试件抗压强度检测值时,取其平均值作为该墙体深度处混凝土芯样试件抗压强度检测值。

(3)墙体混凝土芯样试件抗压强度检测值应取同一幅受检墙体不同深度位置的混凝土芯样试件抗压强度检测值中的最小值。

第六节　综合题部分

(一)地基及复合地基

1. (1)解法一:等效圆直径 $d_e=1.13\times\sqrt{s_1s_2}=1.46\text{m}$,该CFG桩面积置换率 $m=d^2/d_e^2=7.51\%$。

解法二:该CFG桩面积置换率 $m=\dfrac{3.14\times0.4^2}{4\times1.4\times1.2}=7.48\%$。

(2)依据JGJ 340—2015,竖向增强体载荷试验的单位工程检测数量不应少于总桩数的0.5%,且不得少于3根。因此,该单位工程竖向增强体载荷试验检测数量不小于 $700\times0.5\%=3.5$,且不得少于3根,即检测数量不得少于4根。

2. (1)解法一:等效圆直径 $d_e=1.05s=1.05\text{m}$,该CFG桩面积置换率 $m=d^2/d_e^2=22.68\%$。

解法二:该CFG桩面积置换率 $m=\dfrac{3.14\times0.5^2}{1.732\times1.0^2\times2}=22.66\%$。

(2)单桩复合地基承载力极限值:$480\times2=960$(kPa)。承压板面积:$3.14\times1.05\times1.05/4=0.87(\text{m}^2)$。试验最大加载量:$960\times0.87=835.2$(kN)。

3. (1)解法一:$d_e=1.13s=1.81\text{m}$,$m=d^2/d_e^2=7.63\%$。

解法二:该 CFG 桩面积置换率 $m=\frac{3.14\times 0.5^2}{4\times 1.6^2}=7.67\%$。

(2)依据 JGJ 340—2015,单位工程复合地基载荷试验检测数量不应少于总桩数的 0.5%,且不少于 3 点。因此,该单位工程复合地基载荷试验检测数量不应少于 400×0.5%=2,且不得少于 3 点,即检测数量不得少于 3 点。

4. 单根桩承担的处理面积为(3.14×0.5×0.5/4)/0.0468=4.19(m^2),最大试验荷载为 4.19×160×2=1340.8(kN)。

5. (1)依据 JGJ 340—2015,单位工程土地基载荷试验检测数量为每 500m^2 应不少于 1 个点,且总点数不应少于 3 个点。因此,该单位工程土地基载荷试验检测数量不应少于 1800/500=3.6,且不得少于 3 点,故该单位工程土地基载荷试验检测数量应不少于 4 个点;

(2)土(岩)地基浅层平板载荷试验承压板面积不应小于 0.25m^2,加载反力装置能提供的反力不得小于最大加载量的 1.2 倍,因此加载反力装置提供的反力不应小于 0.25×220×2×1.2=132(kN)。

6. (1)岩基载荷试验的承压板直径不应小于 0.3m,因此面积 $S\geqslant 3.14\times 0.3\times 0.3/4=0.07$($m^2$);

(2)最大试验荷载为特征值的 3 倍,孔壁基岩提供的反力应大于最大试验荷载的 1.5 倍。孔壁基岩提供反力 $F\geqslant 3\times 1500\times 0.07\times 1.5=472.5$(kN)。

7. 依据 GB 50007—2011,同一土层参加统计的试验点不应少于 3 个点,各试验实测值的极差不得超过其平均值的 30%,取此平均值作为该土层的地基承载力特征值。

3 个点的地基承载力特征值平均值为(190+164+150)/3=168(kPa),极差为 190-150=40(kPa),40kPa/168kPa=23.8%<30%。因此,该土层的地基承载力特征值可取3 个点平均值 168kPa。

8. (1)单桩复合地基最大试验荷载:1.4×1.4×510×2=1999.2(kN)。

(2)200T 千斤顶不可用在该项目单桩复合地基载荷试验中。依据 JGJ 340—2015 第 4.2.9 条,试验用千斤顶、油泵、油管在最大试验荷载时的压力不应超过规定工作压力的 80%。1999.2kN/2000kN=99.96%>80%,1999.2kN/3200kN=62.48%<80%。因此,200T 千斤顶不可用在该项目单桩复合地基载荷试验中,320T 千斤顶可用在该项目单桩复合地基载荷试验中。

9. (1)试验深度大于 5m,因此采用深层平板载荷试验,承压板直径不应小于 0.8m;

(2)最大试验荷载加载量:3.14×0.8×0.8/4×260×2=261.2(kN)。

10. 依据 JGJ 340—2015,当 $p-s$ 曲线为平缓的光滑曲线时,可按表 5.4.3 对应的变形值确定,且所取的承载力特征值不应大于最大试验荷载的一半。

本题 CFG 桩复合地基应力主要影响范围内地基土以密实粗中砂为主,最大试验荷载的一半为 500kPa,承载力特征值对应的变形值 $s_0=0.008b=1200\times 0.008=9.60$(mm)对应的荷载为 400kPa。

变形值对应的承载力特征值(400kPa)小于最大试验荷载的一半(500kPa),因此该 CFG 桩复合地基承载力特征值应取为 400kPa。

11. 等效圆直径 $d=1.4\times 1.05=1.47$(m);

单桩处理面积 $S=3.14\times 1.47\times 1.47/4=1.696$($m^2$);

复合地基堆载重量 $Q=1.2\times260\times2\times1.696=1058.3(\mathrm{kN})$；

单个支墩底面积最小值 $S=1058.3/(2\times110\times1.5)=3.2(\mathrm{m}^2)$。

12. 依据 JGJ 340—2015，最大试验荷载的一半为 500kPa，以黏性土为主的地基承载力特征值对应的变形值 $S_0=0.01b=1400\times0.01=14.00(\mathrm{mm})$，14.00mm 对应的荷载为 600kPa。因此，该 CFG 桩复合地基承载力特征值应取为 500kPa。

13. (1)依据 JGJ 79—2012 第 7.1.5 条，面积置换率 $m=1.2\times1.2/(1.8\times1.05)^2=0.403$，复合地基承载力特征值 $f_{\mathrm{spk}}=[1+m(n-1)]f_{\mathrm{sk}}=[1+0.403\times(4-1)]\times100\mathrm{kPa}=220.9\mathrm{kPa}$。

(2)承压板直径 $d=1.05\times1.8=1.89\mathrm{m}=1890\mathrm{mm}$，$p-s$ 曲线平缓光滑，取 $s/d=0.01$，$s=0.01\times1890=18.9(\mathrm{mm})$对应荷载值作为单桩复合地基承载力特征值。

Z1：$R_{Z1}=300+(360-300)/(25.3-18)\times(18.9-18)=307.4(\mathrm{kPa})$。

Z2：$R_{Z2}=240+(300-240)/(21.5-16.5)\times(18.9-16.5)=268.8(\mathrm{kPa})$。

Z3：$R_{Z3}=240+(300-240)/(27.8-18)\times(18.9-18)=245.5(\mathrm{kPa})$。

依据 JGJ 79—2012 附录 B 第 B.0.11 条，对于桩数少于 5 根的独立基础或桩数少于 3 排的条形基础，复合地基承载力特征值应取最低值。因此，本题复合地基承载力特征值取最小值 245.5kPa。

14. 实测锤击数 $N'_{63.5}=10\times N_0/\Delta S=10\times15/30=5$，杆长$=12.5+1.5=14(\mathrm{m})$。

查表得 $\alpha_1=0.82$，故 $N_{63.5}=0.82\times5=4.1$。

设地基土承载力为 x，则$(210-180)/(5-4)=(x-180)/(4.1-4)$，得 $x=183\mathrm{kPa}$。故初步判定地基土承载力 $f_{\mathrm{ak}}=183\mathrm{kPa}$。

15. 试样湿密度 $\rho=m/v=(360.0-150.0)/100=2.10(\mathrm{g/cm^3})$；

试样干密度为 $\rho_{\mathrm{d}}=\rho/(1+0.01\omega)=2.10/(1+0.01\times19.3)=1.76(\mathrm{g/cm^3})$。

故该土样的压实系数为试样干密度/最大干密度$=1.76/1.85\times100\%=95.1\%$。

16. 试坑体积为 v=填满试坑的砂的质量/量砂密度$=2414.4/1.45=1665.10(\mathrm{cm^3})$；

试坑材料的湿密度为 $\rho=m/v=3128.8/1665.10=1.88(\mathrm{g/cm^3})$；

试坑材料的干密度为 $\rho_{\mathrm{d}}=\rho/(1+0.01\omega)=1.88/(1+0.01\times17)=1.61(\mathrm{g/cm^3})$。

故压实系数为干密度/试坑材料的最大干密度$=1.61/1.78\times100\%=90.4\%$。

17.
$$C_{\mathrm{u}}=10K_{\mathrm{c}}\eta R_{\mathrm{y}}=10\times0.00218\times15.85\times50=17.3(\mathrm{kPa})$$
$$C'_{\mathrm{u}}=10K_{\mathrm{c}}\eta R'_{\mathrm{y}}=10\times0.00218\times15.85\times45=15.5(\mathrm{kPa})$$
$$S_{\mathrm{t}}=C_{\mathrm{u}}/C'_{\mathrm{u}}=17.3/15.5=1.12$$

18. 杆长$=5.6+1.4=7\mathrm{m}$，查表得 $\alpha_2=0.71$，$N_{120}=0.71\times15=10.65$。因为 $6<10.65<11$，所以该碎石土密实度为中密。

19. (1)依据公式 $N=(30\times50)/\Delta S$，$\Delta S=25\mathrm{cm}$，则该土层的标准贯入击数 $N=60$；

(2)因为 $N=60>30$，所以该砂土的密实度为密实。

20. (1)依据表 3-7-6 中数据可知，$p-s$ 曲线线性段压力值 $p_1=150\mathrm{kPa}$，对应沉降量 $s_1=15.90\mathrm{mm}$；

(2)对于刚性方形承压板，I_0 取 0.886，变形模量 $E_0=I_0(1-\mu^2)\dfrac{pb}{s}=0.886\times(1-$

$0.40^2)\times0.15\times0.5/0.0159=3.51$(MPa)。

21.(1)第1组:3块芯样试件的抗压强度值分别为

$$(4\times9.41\times1000)/(3.14\times90^2)=1.48(\text{MPa})$$

$$(4\times9.92\times1000)/(3.14\times90^2)=1.56(\text{MPa})$$

$$(4\times10.30\times1000)/(3.14\times90^2)=1.62(\text{MPa})$$

桩身芯样试件抗压强度代表值为(1.48+1.56+1.62)/3=1.55(MPa)。

第2组:3块芯样试件的抗压强度值分别为

$$(4\times9.86\times1000)/(3.14\times90^2)=1.55(\text{MPa})$$

$$(4\times10.81\times1000)/(3.14\times90^2)=1.70(\text{MPa})$$

$$(4\times11.20\times1000)/(3.14\times90^2)=1.76(\text{MPa})$$

桩身芯样试件抗压强度代表值为(1.55+1.70+1.76)/3=1.67(MPa)。

第3组:3块芯样试件的抗压强度值分别为

$$(4\times9.54\times1000)/(3.14\times90^2)=1.50(\text{MPa})$$

$$(4\times9.98\times1000)/(3.14\times90^2)=1.57(\text{MPa})$$

$$(4\times10.49\times1000)/(3.14\times90^2)=1.65(\text{MPa})$$

桩身芯样试件抗压强度代表值为(1.50+1.57+1.65)/3=1.57(MPa)。

(2)水泥土芯样试件抗压强度代表值取3组中的最小值1.55MPa。

(二)桩的承载力

1. 错误(1):水平力作用点宜与实际工程的桩基承台底面标高一致。如果水平力作用点高于承台底标高,试验时在相对承台底面处会产生附加弯矩,影响测试结果,也不利于对试验结果根据桩顶的约束予以修正。

错误(2):在千斤顶和试验桩接触处应安置球形支座,千斤顶作用力应水平通过桩身轴线;为防止力作用点受到局部挤压破坏,千斤顶与试桩的接触处宜适当补强。

错误(3):当需要测量桩顶转角时,尚应在水平力作用平面以上50cm的受检桩两侧对称安装2个位移计。

错误(4):测量桩身应力或应变时,各测试断面上的测量传感器应沿受力方向对称布置在远离中性轴的受拉和受压主筋上。

错误(5):在地面下10倍桩径(桩宽)的主要受力部分应加密测试断面,断面间距不宜超过1倍桩径。

错误(6):单向多循环荷载的施加会给内力测试带来不稳定因素,为保证测试质量,宜采用慢速或快速维持荷载法。

2.(1)第1种情况中极限承载力平均值为(900+1000+1100)/3=1000(kN),极差为(1100−900)/1000=20%<30%,满足要求。故特征值为$\frac{1}{2}\times1000=500$(kN),可以判定满足设计要求。

(2)同理，第 2 种情况中极限承载力平均值为(800＋1000＋1200)/3＝1000(kN)，极差为(1200－800)/1000＝40%＞30%，应分析极差过大的原因，结合工程具体情况综合确定，不能明确极差过大的原因时宜增加试桩数量。

3. 压重平台预制块数量为 80×7＝560(块)；

预制块重量为 560×0.8×1.0×1.6×25＝17920(kN)；

钢梁平台自重为 350kN，压重平台能提供的反力为 17920＋350＝18270(kN)；

依据 JGJ 106—2014 第 4.2.2 条，加载反力装置提供的反力不得小于最大加载值的 1.2 倍，故该反力装置能提供的最大试验荷载约为 18270/1.2＝15225(kN)。

4. 静载检测分级荷载宜为 1000×2/10＝200(kN)，第 1 级加载量可取分级荷载的 2 倍，即 400kN，第 7 级荷载为 1000×2－200×2＝1600(kN)，代入千斤顶率定曲线方程 $y=0.02\times1600+0.45=32.45$(MPa)，则第 7 级加载时压力表应读数值为 32.45MPa。

5. (1)试桩桩头未进行加固处理，应对桩头进行加固处理且强度不低于 C30。

(2)千斤顶加载最大时的压力超过规定工作压力的 80%：

6000/0.8＝7500(kN)＞3200×2＝6400(kN)，故 2 台 320t 千斤顶不满足要求，应选用总出力至少为 750t 的千斤顶。

(3)试桩中心与基准桩之间的中心距离不满足要求，其应不小于 $4D$ 且大于 2m，即至少 3.2m。

(4)试桩中心距压重平台支墩边缘距离不满足要求，其应不小于 $4D$ 且大于 2m，即至少 3.2m。

6. 不能。理由如下：

地基处理后承载力为 80×1.5＝120(kPa)，支墩反力面积为 8×1×2＝16(m^2)，提供的反力最大值为 120×16×1.5＝2880(kN)＜1400×2×1.2＝3360(kN)。

7. (1)

$$Q_{uk}=u\sum q_{sik}l_i+q_{pk}A_p$$

$$=3.14\times0.6\times(8\times40+11\times50+1\times60)+3.14\times0.3^2\times5000=3165(\text{kN})$$

(2)为满足试验，反力装置提供的反力至少为 3165×1.2＝3798(kN)。

依据规范要求，施加于地基的压应力不宜大于地基土承载力特征值的 1.5 倍，地基土最大可使用承载力为 150×1.5＝225(kPa)，支座底面积 $S\geqslant3798/225=16.88$(m^2)，故支座底面积取 17m^2。

8. (1)设计最大加载值为 3000×2＝6000(kN)，试验用压力表、油泵、油管在最大加载时压力不应超过规定压力的 80%，故需要 6000/(3200×0.8)＝3(台)。

(2)在设计最大加载压力下，单台千斤顶出力为 6000/3＝2000(kN)，代入千斤顶率定曲线方程，$y=0.027\times2000+0.45=54.45$(MPa)。

9. (1)加载量不应小于 2×7000＝14000(kN)，加载反力装置能提供的反力不小于 1.2×14000＝16800(kN)；

(2)设需要 n 根，$4\times n\times3.14\times25^2/4\times360\times10^{-3}=16800$，解得 $n=23.8$，故取 24 根。

10. (1)10m 以下桩侧阻力 $Q_{sk}=3.14\times0.5\times80\times10=1256$(kN)。

(2)10m 处轴力 $Q=5000-1256=3744$(kN)。

(3)10m 处桩身截面积 $A=3.14\times\frac{0.5^2-0.25^2}{4}=0.147(m^2)$,10m 处桩身应变为 $\frac{3744}{3.6\times10^7\times0.147}=7.07\times10^{-4}$。

11.(1)根据表 3-7-8 中数据,可判别 $Q-s$ 曲线为缓变型曲线;

(2)对于缓变型 $Q-s$ 曲线,桩径 1000mm>800mm,单桩竖向抗压极限承载力应取 $s=0.05D=50mm$ 对应的荷载值;

(3)$Q_u=3600+(50-47.46)\times(4000-3600)/(56.95-47.46)=3707(kN)$;

(4)该基桩的单桩竖向抗压承载力特征值 $R_a=3707/2=1854(kN)$。

12.(1)①上段、下段钢筋笼的主筋与荷载箱上部、下部分别牢固焊接在一起,当荷载箱和下段钢筋笼重量较大时,应分别在荷载箱的顶部和底部主筋焊接位置处设"L"形加强筋。②荷载箱上下应设置喇叭状的导向钢筋。③导向筋的一端与主筋焊接,另一端焊在环形荷载箱板内圆边缘处,导向筋宜采用直径不小于 16mm 的圆钢,其数量和直径同主筋。④导向筋与荷载箱平面的夹角应大于 60°。

(2)单桩承载力特征值为 5000kN,如不计桩身自重,试验控制加载按目标值 $Q_{ud}=Q_{uu}=5000kN$ 进行,桩端阻力约为 $3.14\times0.25\times1\times1\times5000=3925(kN)$,下部桩侧仍需提供侧阻力约为 $5000-3925=1075(kN)$;

设荷载箱在中风化岩中距桩端的长度为 L_1,$3.14\times1\times120\times L_1=1075(kN)$,解得 $L_1=2.9m$,验算上部侧阻力:

$$Q_{uu}=3.14\times1\times[4\times20+11\times40+15\times80+(3-2.9)\times120]=5438.5(kN)>5000kN$$

满足上部桩侧阻力要求。因此,将载荷箱与钢筋笼焊接放置于距桩端 2.9m 处。

13.
$$c=\sqrt{E/\rho}=\sqrt{2.94\times10^{10}/(2.4\times10^3)}=3500(m/s)$$

$$F=A\times E\times e=3.14\times0.4\times0.4\times2.94\times10^4\times1000\times0.0002=2954(kN)$$

14.(1)2 块钢筋混凝土反力板对称布置,施加于地基上的压应力不宜大于地基承载力特征值的 1.5 倍;1 块反力板面积 $A\geqslant1000\times2\times0.5/(100\times1.5)=6.67(m^2)$。

(2)采用试桩两侧的地基作反力时,施加于地基上的压应力不宜大于地基承载力特征值的 1.5 倍,反力梁的支点重心应与支座中心重合。两边支座处的地基强度应相近,且两边支座与地面的接触面积宜相同,避免加载过程中两边沉降不均造成试桩偏心受拉。

15.(1)单桩竖向抗拔极限承载力标准值为 $3.14\times0.8\times(24\times4\times0.7+40\times7\times0.7+64\times7\times0.8+50\times2\times0.6)=1712(kN)$。

(2)试桩主筋数量至少为 $2000/(3.14\times10^2\times300\times0.001)=21.23$,取 22 根。

(3)在试桩抗拔静载试验前应做的工作如下:①收集资料并制定检测方案;②采用低应变法检测桩身完整性;③施工时进行成孔质量检测。

16. 试桩水平临界荷载平均值为 400kN,极差为 100kN,极差不超过平均值的 30%,取平均值 400kN 为水平临界荷载统计值。

桩身不允许开裂或灌注桩的桩身配筋率小于 0.65%时,取水平临界荷载统计值的 75%作为单桩水平承载力特征值。$400\times0.75=300(kN)$。单桩水平承载力特征值应取 300kN。

（三）桩身完整性

1.（1）$c=2L/t$，得 $c=2\times18/0.012=3000(\mathrm{m/s})$；

（2）$Z=EA/c=\rho Ac=2.4\times3.14\times0.4\times0.4\times3000=3.62\times10^3(\mathrm{kN\cdot s/m})$。

2. 6ms 处有明显反射波的不是Ⅰ类桩，不参与统计。

依据 $c=2L/t$，桩底反射时间为 11ms 的管桩 $c=3636\mathrm{m/s}$；桩底反射时间为 9.8ms 的管桩 $c=4082\mathrm{m/s}$；桩底反射时间为 10ms 的管桩 $c=4000\mathrm{m/s}$；9 根桩的平均波速为 $(4000\times7+3636+4082)/9=3969(\mathrm{m/s})$。

依据 $|c_i-c_m|/c_m\leqslant5\%$，剔除 3636m/s，剩余 8 根桩桩身波速平均值为 $(4000\times7+4082)/8=4010(\mathrm{m/s})$。

3. 桩身波速 $c=2L/t=2\times21/0.012=3500(\mathrm{m/s})$；

缺陷距桩顶位置 $X=ct/2=3500\times0.005/2=8.75(\mathrm{m})$；

$21-8.75=12.25(\mathrm{m})$，则缺陷位于桩底以上 12.25m 处。

4.（1）检测数量按 30%抽取时为 $252\times0.3=75.6$（根）。另外，该项目均为三桩承台布置，252 根桩共 84 个承台，进行低应变检测时，每承台抽取数量不少于 1 根，故检测数量应为 84 根。

（2）不合理。混凝土强度等级为 C25 时，波速 5400m/s 明显偏高。

可能造成波速偏高的原因有：

①施工桩长不对（偏短）；②结果分析时设置桩长偏长；③结果分析时桩底反射定位错误等。

5.（1）静载试验方法及数量正确。

（2）采用低应变法检测桩身完整性数量不正确。依据 JGJ 106—2014，“建筑桩基设计等级为甲级，或地基条件复杂、成桩质量可靠性较低的灌注桩工程，检测数量不应少于总桩数的 30%，且不应少于 20 根”，本次抽检数量应为 $86\times0.3=26$（根）。

（3）除了低应变法以外，尚应在低应变检测桩数范围内，按照不少于总数 10%（即 9 根）的要求，采用声波透射法或者钻芯法检测。

6. 该报告有错误。

（1）低应变检测时域信号采样点数设置有误。低应变检测时域信号采样点数不宜少于 1024 点。

（2）时域信号记录的时间段长度有误。根据计算，该工程管桩 $2L/c$ 时刻为 5ms，时域信号记录的时间段长度应在 $2L/c$ 时刻后延续不少于 5ms，故记录的时间段长度应不小于 10ms。

（3）低应变检测时幅域信号分析的最大频率有误。低应变检测时幅域信号分析的频率上限不应小于 2000Hz。

7. 依据公式 $t=2L/c$ 计算得到理论桩底反射时间为 5.8ms，与图中位置基本吻合，可以判断桩身部分无缺陷反射。

同时考虑到桩底时域反射信号为单一反射波且与锤击脉冲信号同向时，依据规范要求应采取钻芯法、静载试验或高应变法核验桩端嵌岩情况。因此，单靠低应变曲线判定该桩为Ⅰ类桩的结论不可靠，应采用其他方法进行验证。

8. 不妥之处有以下几处：（1）1 号桩波速 3500m/s 计算错误，应为 $2000\times21/11.67=$

3599(m/s)。

(2)2 号桩缺陷位置计算错误,应为 3800×5.26/2000=10(m)。

(3)桩身完整性类别表示有误,应分别为Ⅰ类、Ⅱ类和Ⅰ类。

(4)结论有误,低应变法不能用来检测沉渣厚度和承载力,应该删除。

表 3-7-10 应改为表 3-8-1。

表 3-8-1　低应变检测结果表

桩号	桩径/mm	桩长/m	波速/(m/s)	完整性评价	分类
1	600	21.0	3600	完整	Ⅰ
2	600	21.0	3800	约 10m 处轻微缺陷	Ⅱ
3	600	21.0	3800	完整	Ⅰ

9. (1)c_m=(3620+3650+3680+3700+3710)/5=3672(m/s)。

(3672-3620)/3672≤5%,(3710-3672)/3672≤5%,符合要求。

(2)3.672×4.86/2=8.9(m)<10m。

该桩可能桩长不够,或者在 8.9m 左右处存在严重缺陷,应判定为Ⅳ类桩。

10. (1)空心桩的激振点和检测点宜位于桩壁厚的 1/2 处,激振点和检测点与桩中心连线形成的夹角宜为 90°。

(2)c_m=(4235+4320+4256+4262+4302)/5=4275(m/s),(4320-4275)/4275≤5%,(4275-4235)/4275≤5%,符合要求。

(3)$\Delta f=f_2-f_1=f_3-f_2=f_4-f_3$=197.2,$c/2L$=4275/(2×11)=194.3。

桩底谐振峰基本等间距排列,相邻频差 $\Delta f \approx c/2L$,判定该桩完整性为Ⅰ类。

11. (1)激振点在桩中心,检测点宜在距桩中心 2/3 半径处。

(2)180×0.3=54>50,检测数量至少为 54 根。

(3)该桩的时域信号曲线如图 3-8-1 所示。

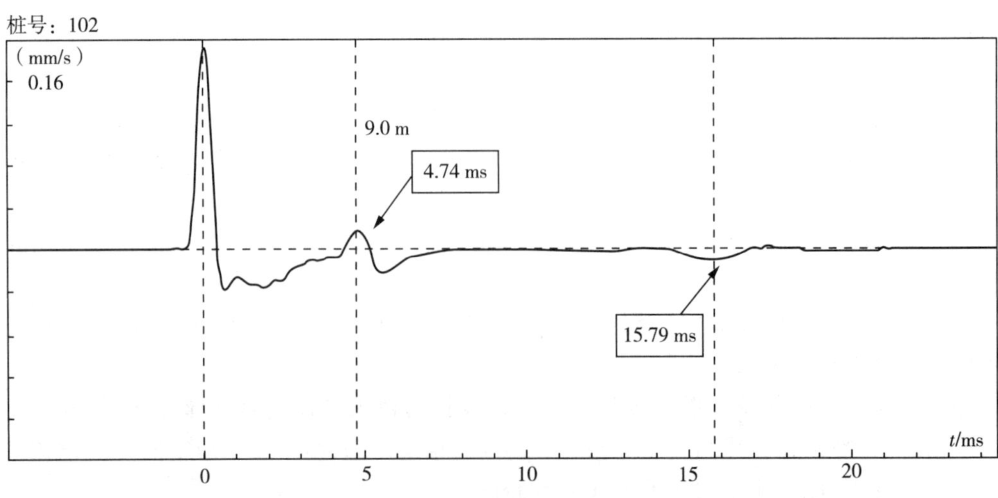

图 3-8-1　该桩的时域信号曲线

$$缺陷时间\ T_1=9\times2\times1000/3800=4.74(ms)$$

$$桩底反射时间\ T=30\times2\times1000/3800=15.79(ms)$$

该桩完整性类别判定为Ⅱ类。

12. 仪器系统延迟时间 $t_0=(500\times140.1-200\times342.8)/(500-200)=5.0(\mu s)$；
声波在耦合介质(水)中的传播时间 $t_w=(53-30)/1480=15.5(\mu s)$；
声波在声测管壁中的传播时间 $t_p=(60-53)/5940=1.2(\mu s)$；
声时初读数 $t=5.0+15.5+1.2=21.7(\mu s)$。

13. 波幅异常判断的临界值：

$$A_m(j)=\frac{1}{n}\sum_{j=1}^{n}A_{pj}(j)$$

$$=\frac{120+118+115+114+112+110+106+101+100+96+96+88}{12}$$

$$=106.3(dB)$$

$$A_c(j)=A_m(j)-6=106.3-6=100.3(dB)$$

波幅 $A_{pj}(j)$ 异常按 $A_{pj}(j)<A_c(j)$ 式判断，故异常波幅值分别为 100dB、96dB、96dB、88dB。

14. 声波在水中的波速 $V_水=(265-150)/(0.183-0.105)=1474.4(m/s)$；
仪器系统延迟时间 $t_0=(0.105-150/1474.4)\times1000=3.26(\mu s)$；
声测管及耦合水层声时修正值 $t'=(46-28)/1474.4+4/5420=12.95(\mu s)$；
修正后的声时值 $t_j=0.206\times1000-12.95-3.26=189.79(\mu s)$；
该截面处桩身混凝土的声速为 $V=(0.9\times1000-50)\times1000/189.79=4478.6(m/s)$。

15. 计算水的声速 $c=(d_1-d_2)/(t_1-t_2)=1.48(mm/\mu s)$，则 $t_0=t_1-d_1/c=4.96\mu s$。

16. 混凝土波速为 $v=(600-50-3\times2)\times1000/120=4533(m/s)$，对应声波的波长 $\lambda=c/f=4533/25000=0.18(m)$。

17. $t_c=t-t_0-t'=140-4.5-15.5=120(\mu s)$，$V=L/t_c=570\times1000/120=4750(m/s)$。

18. 从前往后比较这些数据，会发现 4.37 与 4.05 之间的差值较前面相邻数据之间的差值大得多，现把包含 4.05 在内的前 15 个数据进行整理统计分析。

15 个数据的平均值：$V_m=4.42$。15 个数据的标准差：$S_v=0.111$。

插值 $\lambda=1.5$，异常判断值 $V_0=V_m-\lambda S_v=4.25$。

因 $4.05<4.25$，故 4.05、4.00、3.95、3.90 均为异常测值。

19. 该桩的完整性类别为Ⅱ类。依据 JGJ 106—2014 关于采用钻芯法判定桩身完整性中三孔混凝土芯样特征的规定：任一孔局部混凝土芯样破碎段长度不大于 10cm，且在另两孔同一深度部位的局部混凝土芯样的外观完整性类别判定为Ⅰ类或Ⅱ类。该桩应判为Ⅱ类桩。

20. (1)芯样试件抗压强度检测结果及其平均值见表 3-8-2 所列。

表 3-8-2　芯样试件抗压强度检测结果及其平均值　　单位：MPa

序号	第 1 组	第 2 组	第 3 组
1 号孔	30.3	28.8	30.5
2 号孔	32.5	30.1	31.5
同组平均值	31.4	29.5	31.0

该桩混凝土芯样试件的抗压强度检测值为 29.5MPa。

(2)29.5MPa<30.0MPa，该工程桩的混凝土抗压强度不满足设计要求。

21. 依据规范要求：当截取芯样未能被制作成试件、芯样试件平均直径小于 2 倍试件内混凝土粗骨料最大粒径时，应重新截取芯样试件进行抗压强度试验。条件不具备时，可将另外 2 个强度的平均值作为该组混凝土芯样试件抗压强度值。

2 块芯样试件抗压强度值分别为$(4\times193\times1000)/(3.14\times100^2)=24.6$(MPa)，$(4\times232\times1000)/(3.14\times100^2)=29.6$(MPa)，取二者平均值$(24.6+29.6)/2=27.1$(MPa)。

该组混凝土芯样试件抗压强度值为 27.1MPa。

22. 每组取平均值作为该组检测值：

T_1 组$(30.5+29.3+29.6)/3=29.8$(MPa)；

T_2 组$(30.3+32.6+31.8)/3=31.6$(MPa)；

T_3 组$(34.3+35.0+33.7)/3=34.3$(MPa)；

T_4 组$(35.2+34.7+35.8)/3=35.2$(MPa)；

相同深度处取各组平均值：1.6m 处$(29.8+34.3)/2=32.1$(MPa)；

该桩混凝土芯样试件抗压强度检测值：取不同深度处最小值 31.6(MPa)；

折算后该桩的桩身混凝土抗压强度值为 $31.6/0.9=35.1$(MPa)。

23. 依据 JGJ 106—2014，当混凝土芯样试件高度小于 $0.95d$ 或大于 $1.05d$ 时（d 为芯样试件平均直径），其不得用作抗压强度试验。计算结果如下。

一组：1＃芯样试件高度为 $0.99d$，可用作抗压强度试验；

2＃芯样试件高度为 $1.06d$，不得用作抗压强度试验；

3＃芯样试件高度为 $1.03d$，可用作抗压强度试验。

二组：1＃芯样试件高度为 $1.04d$，可用作抗压强度试验；

2＃芯样试件高度为 $0.93d$，不得用作抗压强度试验；

3＃芯样试件高度为 $0.97d$，可用作抗压强度试验。

24. (1)桩身完整性：受检桩芯样在 20.50～20.58m 局部破碎，破碎长度不大于 10cm，无松散、夹泥现象，该桩应判为Ⅲ类桩。

(2)桩长：采用钻芯法实测桩长为 24.2m，与施工记录桩长吻合。

(3)桩身混凝土强度：

1m 处混凝土芯样试件抗压强度检测值为$(24.8+25.2+26.0)/3=25.3$(MPa)；

12m 处混凝土芯样试件抗压强度检测值为$(29.0+28.0+28.5)/3=28.5$(MPa)；

23m 处混凝土芯样试件抗压强度检测值为$(25.1+24.7+25.5)/3=25.1$(MPa)；

该桩混凝土芯样试件抗压强度检测值取最小值 25.1MPa，满足设计要求。

(4)桩底沉渣厚度：经钻芯法检测，桩底无沉渣，满足设计或相关规范要求。

(四)锚杆抗拔承载力

1. 安全等级为一级时,锚杆验收试验最大试验荷载应为 $1.4N_k=1.4\times200=280$(kN),并且按规程进行加、卸载分级。锚杆验收试验分级荷载值结果见表 3-8-3 所列。

表 3-8-3 锚杆验收试验分级荷载值结果 单位:kN

加载	20	80	120	160	200	240	280
卸载	20	60	100	160	200	240	—

2. 验收试验中应分级加荷,初始荷载宜取锚杆轴向拉力设计值的 10%,分级加荷值宜取锚杆轴向拉力设计值的 50%、75%、1.00 倍、1.20 倍、1.33 倍和 1.50 倍。因此,第 5 级加载时荷载应为 $200\times1.20=240$(kN)。

代入千斤顶率定曲线方程 $y=0.096x+0.3=0.096\times240+0.3=23.3$(MPa)中,故第 5 级加载时压力表读数值应为 23.3MPa。

(五)地下连续墙

1. 〔(79.9－60.1)/30＋(99.9－60.1)/60〕/2＝0.662,仪器系统延迟时间 $t_0=60.1-0.662\times60=20.4(\mu s)$,修正后的声时值 $t_j=0.222\times1000-20.4-12=189.6(\mu s)$,该截面处桩身混凝土的声速为 $V=0.85\times10^6/189.6=4483.1$(m/s)。

2. (1)混凝土芯样试件的抗压强度检测值为 29.4MPa。29.4MPa<30MPa,不满足设计要求。

(2)经验算,其他每组 3 块试件强度值的极差不超过平均值的 30%,故每组检测值见表 3-8-4 所列。

表 3-8-4 每组检测值 单位:MPa

序号	第 1 组检测值	第 2 组检测值	第 3 组检测值
1 号孔	30.3	28.8	30.5
2 号孔	32.5	30.0	31.5
同组平均值	31.4	29.4	31.0

因为抗压强度检测值为 29.4MPa,所以 2 号孔同组平均值为 29.4MPa,便得出 2 号孔第 2 组检测值为 30.0MPa,所以△＝30.9MPa。

第四篇

公共基础知识

第一章 法律法规及规范性文件、标准规范等清单

第一节　工程建设法律法规及规范性文件

《中华人民共和国建筑法》

《建设工程质量管理条例》

《建设工程质量检测管理办法》(住房和城乡建设部令第57号)

《住房和城乡建设部关于落实建设单位工程质量首要责任的通知》(住房和城乡建设部建质规〔2020〕9号)

《建设工程质量检测机构资质标准》(住房和城乡建设部建质规〔2023〕1号)

《房屋建筑和市政基础设施工程质量检测技术管理规范》(GB 50618—2011)

第二节　试验室管理

《检验检测机构资质认定管理办法》(国家质量监督检验检疫总局令第163号)

《检验检测机构监督管理办法》(国家市场监督管理总局令第39号)

《检验检测机构资质认定评审准则》(国家市场监管总局2023年第21号)

《检测和校准实验室能力的通用要求》(GB/T 27025—2019)

《检验检测机构诚信基本要求》(GB/T 31880—2015)

《检验检测实验室技术要求验收规范》(GB/T 37140—2018)

《合格评定　能力验证的通用要求》(GB/T 27043—2012)

第三节　计量基础知识

《中华人民共和国法定计量单位》(国务院1984年2月27日发布)

《中华人民共和国法定计量单位使用方法》(1984年6月9日国家计量局公布)

《数值修约规则与极限数值的表示和判定》(GB/T 8170—2008)

《测量不确定度评定和表示》(GB/T 27418—2017)

第二章 填空题

第一节 工程建设法律法规及规范性文件

1. 依据《建设工程质量检测管理办法》，从事建设工程质量检测活动，应当遵守相关法律、法规和标准，相关人员应当具备相应的建设工程质量检测知识和________。

2. 依据《建设工程质量检测管理办法》，建设单位委托检测机构开展建设工程质量检测活动时，________应当对建设工程质量检测活动实施见证，施工人员应当在见证人员监督下现场取样。见证人员应当制作见证记录，记录取样、制样、标识、封志、送检以及现场检测等情况，并签字确认。

3. 依据《建设工程质量检测机构资质标准》，建设工程质量检测资质包括9个专项资质。检测机构申报建设工程质量检测综合资质时，应具有建筑材料及构配件（或市政工程材料）、主体结构及装饰装修、建筑节能、钢结构、地基基础5个专项资质和________。

4. 依据《建设工程质量检测管理办法》，检测机构接收检测试样时，应当对________、标识、封志等进行符合性检查，确认无误后方可进行检测。

5. 依据《建设工程质量检测管理办法》，检测机构应当建立建设工程________和结果数据、检测影像资料及检测报告记录与留存制度，对检测数据和检测报告的真实性、准确性负责。

6. 依据《建设工程质量检测管理办法》，检测机构在检测过程中发现检测项目涉及结构安全、主要使用功能检测结果不合格时，应当________建设工程所在地县级以上地方人民政府住房和城乡建设主管部门。

7. 依据《建设工程质量检测管理办法》，检测机构应当建立档案管理制度。检测合同、委托单、检测数据原始记录、检测报告按照________，编号应当连续，不得随意抽撤、涂改，应当单独建立检测结果不合格项目台账。

8. 依据《建设工程质量检测管理办法》，检测机构应当建立信息化管理系统，对检测业务受理、检测数据采集、检测信息上传、检测报告出具、检测档案管理等活动进行信息化管理，保证建设工程质量检测活动________。

9. 依据《建设工程质量检测管理办法》，住房和城乡建设主管部门实施监督检查时，有权查阅、________有关检测数据、影像资料、报告、合同以及其他相关资料。

10. 依据《建设工程质量检测管理办法》，检测机构与所检测建设工程相关的建设、施工、监理单位，以及建筑材料、建筑构配件和设备供应单位不得有________或者其他利害关系。

11. 依据《建设工程质量检测管理办法》，任何单位和个人不得明示或者暗示检测机构出具________，不得篡改或者伪造检测报告。

12. 依据《建设工程质量检测管理办法》，县级以上地方人民政府住房和城乡建设主管部门对检测机构的违法违规行为实施行政处罚时，应当自行政处罚告知书送达之日起 20 个工作日内将行政处罚决定告知检测机构的________和违法行为发生地省级人民政府住房和城乡建设主管部门。

13. 依据《建设工程质量检测管理办法》，检测机构未取得相应资质、资质证书已过有效期或者________从事建设工程质量检测活动时，其检测报告无效，由县级以上地方人民政府住房和城乡建设主管部门处 5 万元以上 10 万元以下罚款；造成危害后果的，处 10 万元以上 20 万元以下罚款；构成犯罪的，依法追究刑事责任。

14. 依据《建设工程质量检测管理办法》，检测机构未建立并使用信息化管理系统对检测活动进行管理的，由县级以上地方人民政府住房和城乡建设主管部门责令改正，处________罚款。

15. 依据《建设工程质量检测管理办法》，检测机构应当保持人员、仪器设备、检测场所、质量保证体系等方面符合建设工程质量检测资质标准，应当加强检测人员培训，按照有关规定对仪器设备进行定期检定或者校准，确保________持续满足所开展建设工程质量检测活动的要求。

16. 依据《建设工程质量检测管理办法》，检测机构取得检测机构资质后，不再符合相应资质标准时，资质许可机关应当责令其限期整改并向社会公开。检测机构完成整改后，应当向资质许可机关提出________。

17. 依据《建设工程质量检测管理办法》，检测机构跨省、自治区、直辖市承担检测业务时，应当向________的省、自治区、直辖市人民政府住房和城乡建设主管部门备案；在承担检测业务所在地的人员、仪器设备、检测场所、质量保证体系等应当满足开展相应建设工程质量检测活动的要求。

18. 依据《建设工程质量检测机构资质标准》，取得建设工程质量检测综合资质的检测机构可以承担________中已取得检测参数的检测业务。

19. 依据《建设工程质量检测机构资质标准》，取得建设工程质量检测专项资质的检测机构可承担所取得专项资质范围内已取得________的检测业务。

20. 依据 GB 50618—2011，检测应严格按照经确认的检测方法标准和现场工程实体________进行。

21. 依据 GB 50618—2011，检测机构的收样及检测试件管理人员不得同时从事________，并不得将试件的信息泄露给检测人员。

22. 依据 GB 50618—2011，检测机构自行研制的检测设备应经过检测验收，并委托校准单位进行________的校准，符合要求后方可使用。

23. 依据《中华人民共和国建筑法》，建筑施工企业必须按照工程设计要求、施工技术标准和合同的约定，对建筑材料、________和________进行检验，不合格的不得使用。

24. 依据《中华人民共和国建筑法》，任何单位和个人对建筑工程的质量事故、________都有权向建设行政主管部门或者其他有关部门进行投诉、检举和控告。

25. 依据《建设工程质量管理条例》，施工人员对涉及结构安全的试块、试件及有关材料，应当在________或者________监督下现场取样，并送具有相应资质等级的质量检测单位进行检测。

第二节　试验室管理

1. 依据 GB/T 27025—2019，实验室间比对是指按照预先规定的条件，由 2 个或多个实验室对________的物品进行测量或检测的组织、实施和评价。

2. 依据 GB/T 27025—2019，实验室应公正地实施检测活动，并从________和管理上保证公正性。

3. 依据 GB/T 27025—2019，实验室应对从检测活动中获得或产生的________信息承担管理责任。

4. 按照 GB/T 27025—2019 进行方法验证的人员应经所在机构________。

5. 依据 GB/T 27025—2019，当设备被投入使用或重新投入使用前，实验室应________其符合规定的要求。

6. 依据 GB/T 27025—2019，实验室应制定仪器设备的________，并进行复核和必要的调整，以保持对校准状态的信心。

7. 依据 GB/T 27025—2019，当客户要求的方法不合适或者过期时，实验室应________客户。

8. 依据 GB/T 27025—2019，某项目检测工作开始后合同发生了修改，此时应重新进行________，并将修改的内容通知所有受到影响的人员。

9. 依据 GB/T 27025—2019，原始的观察结果、数据和计算应在________时予以记录，并应按特定任务予以识别。

10. 依据 GB/T 27025—2019，实验室在接到投诉后应收集并验证所有必要的信息，以便确认投诉是否________。

11. 依据《检验检测机构资质认定管理办法》，资质认定证书有效期为________年。

12. 依据《检验检测机构资质认定管理办法》，资质认定标志由 CMA（检验检测机构资质认定标志）图案和________组成。

13. 依据《检验检测机构资质认定管理办法》，当检验检测机构在资质认定证书确定的能力范围内，对社会出具具有证明作用数据、结果时，________在其检验检测报告上标注资质认定标志。

14. 依据《检验检测机构资质认定管理办法》，被撤销资质认定的检验检测机构，________不得再次申请资质认定。

15. 依据《检验检测机构资质认定管理办法》，对于以欺骗、贿赂等不正当手段取得资质认定的，资质认定部门应当依法________资质认定。

16. 依据《检验检测机构监督管理办法》，检测机构及其________应当对其出具的检测报告负责。

17. 依据《检验检测机构监督管理办法》，检验检测机构及其人员应当对其出具的检验检测报告负责，依法承担民事、行政和________法律责任。

18. 依据《检验检测机构监督管理办法》，从事________的人员，不得同时在 2 个以上检验检测机构中从业。

19. 依据《检验检测机构监督管理办法》，送检样品的________和________由委托人负责。

20. 依据《检验检测机构监督管理办法》，检验检测机构应当在检验检测报告中注明分包的检验检测项目及________。

21. 依据《检验检测机构监督管理办法》，检验检测机构应当在其检验检测报告上加盖检验检测机构公章或者________，由________在其技术能力范围内签发。

22. 依据《检验检测机构监督管理办法》，检验检测报告存在文字错误，确需更正时，检验检测机构应当按照标准等规定进行更正，并予以________。

23. 依据《检验检测机构监督管理办法》，检验检测机构应当对检验检测原始记录和报告进行归档留存。保存期限不少于________年。

24. 依据《检验检测机构监督管理办法》，检验检测机构及其人员应当对其在检验检测工作中所知悉的国家秘密、________予以保密。

25. 依据《检验检测机构监督管理办法》，检验检测机构应当向所在地________报告持续符合相应条件和要求、遵守从业规范、开展检验检测活动以及统计数据等信息。

26. 依据《检验检测机构监督管理办法》，县级以上市场监督管理部门应当依据检验检测机构年度监督检查计划，随机________、随机________开展监督检查工作。

27. 依据《检验检测机构资质认定评审准则》，检验检测机构应当是依法成立并能够承担相应法律责任的法人或者________。

28. 依据《检验检测机构资质认定评审准则》，检验检测机构资质认定一般程序的技术评审方式包括现场评审、书面审查和________。

29. 依据《检验检测机构资质认定评审准则》，检验检测方法包括标准方法和非标准方法。使用非标准方法前，应当先对方法进行确认，再________。

30. 依据 GB/T 37140—2018，所有实验废弃物的收集、________、________和处置均应按适用的国家标准要求进行。

31. 依据 GB/T 27043—2012，能力验证提供者管理体系应覆盖其在固定设施内、离开其固定设施的场所和在相关________中进行的工作。

32. 依据 GB/T 27043—2012，能力验证提供者应通过利用质量方针、质量目标、审核结果、数据分析、________、________和管理评审来持续改进管理体系的有效性。

33. 依据 GB/T 31880—2015，检验检测机构是指依法成立，依据相关标准或者技术规范，利用________、________等技术条件和专业技能，对产品或者法律法规规定的特定对象进行检验检测的专业技术组织 。

34. 依据 GB/T 31880—2015，检验检测机构应确保其________人员、________人员、核查人员等接受与诚信相关的培训，确保每位人员的能力满足工作岗位要求。

第三节　计量基础知识

1.《中华人民共和国法定计量单位使用方法》规定，法定计量单位是以国际单位制单位为基础，国际单位制包括________、________和 SI 单位的十进倍数与分数单位三部分。

2. 用 SI 基本单位和具有专门名称的________或(和)SI 辅助单位以代数形式表示的单位称为组合形式的 SI 导出单位。

3. SI 基本单位共有 7 个,其中长度的单位名称为________,单位符号为________。

4. 法定计量单位名称的读法:50km/h 读作"________"。

5. 力矩单位"牛顿米"的符号应写成________。

6. 数字 70.25 按照 0.5 单位进行修约应为________。

7. 数字 12.5000 修约到"个"数位应为________。

8. 数字 833"百"数位按照 0.2 单位进行修约应为________。

9. 极限数值比较的方法有全数值比较法、________。

10. 全数值比较法不经修约处理,用该数值与规定的极限数值作比较,只要超出极限数值规定的范围,都判定为________。

11. 误差通常分为两种,即________和系统误差。

第三章 单项选择题

第一节　工程建设法律法规及规范性文件

1. 依据《建设工程质量检测管理办法》，建设工程质量检测资质有效期为________年。(　　)

A. 2　　B. 3　　C. 5　　D. 6

2. 依据《建设工程质量检测管理办法》，检测机构检测场所、技术人员、仪器设备等事项发生变更影响其符合资质标准的，应当在变更后________个工作日内向资质许可机关提出资质重新核定申请。(　　)

A. 10　　B. 30　　C. 60　　D. 90

3. 依据《建设工程质量检测管理办法》，以欺骗、贿赂等不正当手段取得资质证书的，由资质许可机关予以撤销；由县级以上地方人民政府住房和城乡建设主管部门给予警告或者通报批评，并处5万元以上10万元以下罚款；检测机构________年内不得再次申请资质；构成犯罪的，依法追究刑事责任。(　　)

A. 1　　B. 2　　C. 3　　D. 5

4. 依据《建设工程质量检测管理办法》，检测机构隐瞒有关情况或者提供虚假材料申请资质，资质许可机关不予受理或者不予行政许可，并给予警告；检测机构________年内不得再次申请资质。(　　)

A. 1　　B. 2　　C. 3　　D. 5

5. 依据《建设工程质量检测机构资质标准》，申报综合资质的机构，应为独立法人资格的企业、事业单位，或依法设立的合伙企业，且均具有________年以上质量检测经历。(　　)

A. 5　　B. 10　　C. 15　　D. 20

6. 依据《建设工程质量检测机构资质标准》，机构申报主体结构及装饰装修、钢结构、地基基础、建筑幕墙、道路工程、桥梁及地下工程等6项专项资质，应当具有________年以上质量检测经历。(　　)

A. 1　　B. 3　　C. 5　　D. 10

7. 依据《建设工程质量检测机构资质标准》，申报综合资质的机构应有完善的组织机构和质量管理体系，并满足________要求。(　　)

A. GB/T 27025—2019　　B. RB/T 214—2017

C. ISO 9001:2015　　D. CNAS-CL01:2018

8. 依据 GB 50618—2011,检测机构对现场工程实体进行检测时,应事前编制检测方案,经________批准;鉴定检测、危房检测,以及重大、重要检测项目和为有争议事项提供检测数据的检测方案应取得委托方的同意。(　　)

A. 法定代表人　　B. 项目负责人　　C. 专业负责人　　D. 技术负责人

9. 依据 GB 50618—2011,检测机构应按相关标准、规定和合同约定的要求进行样品留置。有关标准留置时间无明确要求的,留置时间不应少于________ h。(　　)

A. 24　　B. 48　　C. 72　　D. 96

10. 依据《住房和城乡建设部关于落实建设单位工程质量首要责任的通知》,建设单位应严格质量检测管理,按时足额支付检测费用,不得违规减少依法应由建设单位委托的检测项目和________,非建设单位委托的检测机构出具的检测报告不得作为工程质量验收依据。(　　)

A. 检测内容　　B. 参数　　C. 数量　　D. 类别

第二节　试验室管理

1. 依据 GB/T 27025—2019,实验室应通过作出具有法律效力的承诺,对在检测活动中获得或产生的所有________承担管理责任。(　　)

A. 数据　　B. 结果　　C. 秘密　　D. 信息

2. 依据 GB/T 27025—2019,当修改已经发布的检测报告并重新发布全新检测报告时,应________。(　　)

A. 采用原报告编号作为唯一标识　　B. 仅标明对某报告的修改

C. 注明所替代的原报告　　D. 标明修改人

3. 依据 GB/T 27025—2019,当发生不符合工作时,实验室应评价是否需要采取措施,以消除产生不符合工作的原因,评价活动不包含________。(　　)

A. 评审和分析不符合工作　　B. 确定不符合的原因

C. 采取措施控制和纠正不符合工作　　D. 确定是否可能发生类似的不符合

4. 依据《检验检测机构资质认定管理办法》,检验检测机构资质认定程序分为________。除法律、行政法规或者国务院规定必须采用其中一种程序外,检验检测机构可以自主选择资质认定程序。(　　)

A. 一般程序和特殊程序　　B. 一般程序和告知承诺程序

C. 特殊程序和远程评审程序　　D. 远程评审程序和告知承诺程序

5. 依据《检验检测机构资质认定管理办法》,当检测机构不再符合资质认定条件和要求时,不得向社会出具具有________作用的检验检测数据和结果。(　　)

A. 公正　　B. 证实　　C. 证明　　D. 科研和验收

6. 依据《检验检测机构资质认定管理办法》,对于检验检测机构申请资质认定时提供虚假材料或者隐瞒有关情况,资质认定部门应当不予受理或者不予许可,检验检测机构在________内不得再次申请资质认定。(　　)

A. 60 个工作日　　B. 3 个月　　C. 1 年　　D. 3 年

7. 依据《检验检测机构监督管理办法》,检测机构________参加省级及以上市场监管部门组织的能力验证工作。(　　)

A. 应当　　B. 按需　　C. 选择　　D. 拒绝

8. 依据《检验检测机构资质认定评审准则》，检验检测机构租用、借用仪器设备开展检验检测时，应确保有租用、借用合同，且租用、借用期限不少于________。(　　)

A. 1 年　　B. 3 年　　C. 6 个月　　D. 2 年

9. 依据《检验检测机构资质认定评审准则》，首次申请资质认定的检验检测机构，建立和运行管理体系应不少于________。(　　)

A. 3 个月　　B. 6 个月　　C. 1 个月　　D. 12 个月

10. 依据 GB/T 37140—2018，实验室走道应依据实验室具体使用需求以及设备安装维护需求确定走道的宽度和高度。单面布房的走道宽度不宜小于________，双面布房的走道宽度不宜小于________。(　　)

A. 2.0m，2.5m　　B. 1.5m，1.8m　　C. 1.0m，1.5m　　D. 1.2m，1.8m

11. 依据 GB/T 37140—2018，由 1/2 标准单元组成的实验室的门洞口宽度不宜小于________，高度不宜小于 2.1m。由一个及以上标准单元组成的实验室的门洞口宽度不宜小于________，高度不宜小于 2.1m。(　　)

A. 1.0m，1.2m　　B. 1.5m，1.8m　　C. 1.0m，1.5m　　D. 1.2m，1.8m

12. 依据 GB/T 37140—2018，以下________是供暖室内设计宜采用的温度。(　　)

A. 16℃　　B. 22℃　　C. 25℃　　D. 28℃

13. 依据 GB/T 27043—2012，能力验证提供者应有________的准则和程序，以处理不适合统计评价的检测结果。(　　)

A. 规范化　　B. 制度化　　C. 文件化　　D. 标准化

14. 依据 GB/T 31880—2015，检验检测机构应采取有效手段识别和保证________、证书真实性；应有措施保证任何人员不得施加任何压力改变检验检测的实际数据和结果。(　　)

A. 原始记录　　B. 检验检测报告　　C. 文件　　D. 合同

15. 依据 GB/T 31880—2015，检验检测机构应有环境控制________，确保设施和环境条件满足检验检测的要求。(　　)

A. 文件及记录　　B. 程序及文件　　C. 程序及记录　　D. 措施

第三节　计量基础知识

1.《中华人民共和国计量法》规定：国际单位制计量单位和国家选定的其他计量单位，为国家法定计量单位。国家法定计量单位的名称、符号由________公布。(　　)

A. 国务院　　B. 有关部门　　C. 地方政府　　D. 计量部门

2. 在国家法定计量单位中，“质量”的单位名称是________。(　　)

A. 公斤力　　B. 牛顿　　C. 千克(公斤)　　D. 吨

3. 以下全部为国际单位制基本单位的是________。(　　)

A. m、K、kg、s　　B. M、A、MPa、m

C. K、kg、s、M　　D. ℃、K、kg、s

4. 选用 SI 单位的倍数或者分数单位，一般应使量的数值在________内。(　　)

A. 0.1～1000　　B. 0.1～100　　C. 1～1000　　D. 1～10000

5. 按照国际单位制要求的记录形式,用千分之一的分析天平准确称重 0.9g 试样,正确的表述是________。(　　)

A. 0.9g　　B. 0.90g　　C. 0.900g　　D. 0.9000g

6. 下列选项中,关于数字修约规则的叙述不正确的是________。(　　)

A. 四舍六入五考虑

B. 不允许连续修约

C. 修约间隔指修约值的最小数值单位

D. 极限数值也需要按四舍五入法则修约

7. 修约－12.65,修约间隔为 1,下列选项正确的是________。(　　)

A. －13　　B. －14　　C. －12.6　　D. －12

8. 下列数字中有效数字位数最少的是________。(　　)

A. 0.4630　　B. 0.0855　　C. 2.0380　　D. 3380.0

9. 将下列数字修约到个位,其中错误的是________。(　　)

A. $25.5^{-}\rightarrow 25$　　B. $-25.5^{+}\rightarrow -26$　　C. $23.5^{+}\rightarrow 24$　　D. $-27.5^{+}\rightarrow -27$

10. 由合成标准不确定度乘以一定的倍数(一般为 2～3 倍)得到的不确定度为________。(　　)

A. 总不确定度　　B. 扩展不确定度　　C. A 类不确定度　　D. B 类不确定度

11. 一台准确度等级为 2.5 级的电流表,其满量程值为 100A,某次测量中对其输入 50A 的标准电流,其示值为 52A,则此次测量中电流表的相对误差为________。(　　)

A. －0.025　　B. 2%　　C. 2.5%　　D. 4%

12. 在 N 次重复试验中,若随机事件 A 出现的次数为 n,则随机事件 A 出现的概率 P 为________。(　　)

A. n/N　　B. N/nx　　C. $\lim(n/N)$　　D. $(n/X)\times 100\%$

13. 若已知某测量对象的测量结果和该测量对象的标准值,则示值误差可以用________来估计。(　　)

A. 标准值与测量结果之差　　B. 标准值与测量结果之差的绝对值

C. 约定真值与测量结果之差　　D. 测量结果与标准值之差

14. 将总体中的抽样单元按一定顺序排列,在规定范围内随机抽取一个或一组单元,然后按照一定规则确定其他样本单元的抽样叫作________。(　　)

A. 简单随机抽样　　B. 系统抽样　　C. 多阶段抽样　　D. 整群抽样

15. A 和 B 为两个独立事件,A 单独发生的概率是 0.6,B 单独发生的概率是 0.3,则 A 和 B 同时发生的概率是________。(　　)

A. 0.18　　B. 0.3　　C. 0.9　　D. 0.45

16. 以下________是指在规定条件下,对同一或类似被测对象重复测量所得示值或测得值间的一致程度。(　　)

A. 测量准确度　　B. 测量正确度　　C. 测量精密度　　D. 测量不确定度

第四章 多项选择题

第一节　工程建设法律法规及规范性文件

1. 依据《建设工程质量检测管理办法》，检测机构应当建立建设工程________及检测报告记录与留存制度，对检测数据和检测报告的真实性、准确性负责。(　　)

A. 结果数据　　B. 仪器设备　　C. 过程数据　　D. 检测影像资料

2. 依据《建设工程质量检测管理办法》，检测机构应当建立档案管理制度；________按照年度统一编号，编号应当连续，不得随意抽撤、涂改；应当单独建立检测结果不合格项目台账。(　　)

A. 检测报告　　B. 原始记录　　C. 委托单　　D. 检测合同

3. 依据《建设工程质量检测管理办法》，检测机构应当建立信息化管理系统，对检测数据采集、检测信息上传、检测报告出具、________等活动进行信息化管理，保证建设工程质量检测活动全过程可追溯。(　　)

A. 人员培训　　B. 检测业务受理　　C. 检测档案管理　　D. 费用收取

4. 依据《建设工程质量检测管理办法》，检测机构应当保持________等方面符合建设工程质量检测资质标准，应当加强检测人员培训，按照有关规定对仪器设备进行定期检定或者校准，确保检测技术能力持续满足所开展建设工程质量检测活动的要求。(　　)

A. 房屋面积　　B. 质量保证体系　　C. 人员　　D. 仪器设备

5. 依据《建设工程质量检测管理办法》，检测机构有以下________行为的，由县级以上地方人民政府住房和城乡建设主管部门责令改正，并处 1 万元以上 5 万元以下罚款。(　　)

A. 未按照规定办理检测机构资质证书变更手续的

B. 未按照规定进行档案和台账管理的

C. 使用不能满足检测活动要求的检测人员

D. 未按规定在检测报告上签字盖章

6. 依据《建设工程质量检测机构资质标准》，下列关于综合资质检测机构标准的描述中正确的是________。(　　)

A. 具备 9 个专项资质全部必备检测参数

B. 质量负责人应具有工程类专业正高级及以上技术职称，具有 8 年以上质量检测工作经历

C. 技术人员不少于 150 人

D. 具有全部 9 个专项资质

7. 依据《建设工程质量检测机构资质标准》，下列不满足申报道路工程专项资质标准的

选项有________。(　　)

A. 机构按照 RB/T 214—2017 建立了质量管理体系

B. 具备道路工程专项资质全部必备检测参数

C. 机构从事建设工程质量检测工作已有 2 年时间

D. 质量负责人具有工程类专业高级技术职称,具有 4 年质量检测工作经历

8. 依据《建设工程质量检测机构资质标准》,申报钢结构专项资质时,下列选项符合要求的有________。(　　)

A. 机构按照 GB/T 27025—2019 建立并运行了质量管理体系

B. 技术负责人具有工程类专业高级技术职称,具有 7 年质量检测工作经历

C. 有完善的信息化管理系统,质量检测活动全过程可追溯

D. 机构从事建设工程质量检测工作已有 2 年时间

9.《建设工程质量检测机构资质标准》中规定的技术人员包括________。(　　)

A. 出具检测报告的人员　　B. 检测人员

C. 办公室负责管理标准规范的人员　　D. 检测报告审核人员

10. 依据《建设工程质量管理条例》,施工单位必须按照工程设计要求、施工技术标准和合同的约定,对________进行检验,未经检验或者检验不合格的,不得使用。(　　)

A. 商品混凝土　　B. 建筑材料　　C. 设备　　D. 建筑构配件

第二节　试验室管理

1. 依据 GB/T 27025—2019,实验室活动是指________。(　　)

A. 校准　　B. 检测

C. 与后续检测相关的抽样　　D. 与后续校准相关的抽样

2. 依据 GB/T 27025—2019,实验室应当对________进行授权。(　　)

A. 方法验证人员　B. 意见和解释人员　C. 报告批准人员　D. 符合性声明人员

3. 依据 GB/T 27025—2019,对检测结果有效性有不利影响的因素包括________。(　　)

A. 灰尘　　B. 电磁干扰　　C. 声音　　D. 振动

4. 依据 GB/T 27025—2019,当相关规范方法对环境条件有要求时,或环境条件影响检测结果的有效性时,实验室应________环境条件。(　　)

A. 检测　　B. 监测　　C. 记录　　D. 控制

5. 依据 GB/T 27025—2019,实验室应获得正确开展实验室活动所需的并影响结果的设备,包括________。(　　)

A. 测量仪器　　B. 软件　　C. 标准物质　　D. 试剂

6. 依据 GB/T 27025—2019,设备出现下列________情况时,应停止使用。(　　)

A. 设备过载　　B. 处置不当　　C. 给出结果可疑　　D. 显示有缺陷

7. 依据 GB/T 27025—2019,实验室应确保影响实验室活动的外部提供的产品和服务的适宜性,这些产品和服务包括________。(　　)

A. 用于实验室自身的活动　　B. 部分或全部直接提供给客户

C. 测量标准　　D. 能力验证服务

8. 依据 GB/T 27025—2019，实验室应将抽样数据作为检测记录的一部分进行保存，抽样记录应包括________信息。(　　)

A. 抽样方法　　B. 抽样日期　　C. 所用设备　　D. 环境条件

9. 依据 GB/T 27025—2019，当发生检测方法偏离时，实验室应________。(　　)

A. 将偏离形成文件　B. 进行技术判断　　C. 获得授权　　D. 报告最高管理者

10. 依据 GB/T 27025—2019，在制备、处置、运输和保存检测样品的过程中，应注意避免样品发生________。(　　)

A. 变质　　B. 污染　　C. 丢失　　D. 损坏

11. 依据 GB/T 27025—2019，当样品需要在规定的环境条件下存储和进行状态调节时，应________环境条件。(　　)

A. 保持　　B. 监控　　C. 记录　　D. 设定

12. 依据 GB/T 27025—2019，当客户知道被测样品偏离了规定条件仍坚持要求进行检测时，实验室应________。(　　)

A. 向市场监管部门报备　　B. 在报告中作出免责声明

C. 拒绝开展检测活动　　D. 指出偏离可能影响的结果

13. 依据 GB/T 27025—2019，当技术记录发生修改时，实验室应保存原始的以及修改后的数据和文档，包括________。(　　)

A. 修改的日期　　B. 标识修改的内容　C. 负责修改的人员　D. 修改的原因

14. 依据 GB/T 27025—2019，以下属于不符合工作的是________。(　　)

A. 检测过程不满足机构程序文件要求　　B. 检测时间不满足与客户的约定

C. 仪器设备精度不满足标准要求　　D. 检测结果不满足标准要求

15. 依据 GB/T 27025—2019，下列关于实验室信息管理系统的说法中正确的是________。(　　)

A. 应防止未经授权的访问

B. 应被安全保护以防止篡改

C. 投入使用前应进行功能确认

D. 任何变更都应在批准后实施，形成文件并确认

16. 依据 GB/T 27025—2019，管理评审的输入信息包括________。(　　)

A. 外部机构进行的评审　　B. 近期内部审核的结果

C. 客户和人员的反馈　　D. 人员监控和培训

17. 依据《检验检测机构资质认定管理办法》，检验检测机构资质认定工作应当遵循________的原则。(　　)

A. 客观公正　　B. 科学准确　　C. 统一规范　　D. 便利高效

18. 依据《检验检测机构资质认定管理办法》，当发生________时，应向资质认定部门申请办理变更手续。(　　)

A. 检验检测标准发生变更　　B. 报告授权签字人离职

C. 技术负责人发生变更　　D. 质量负责人发生变更

19. 依据《检验检测机构资质认定管理办法》，资质认定证书内容包括________。(　　)

A. 发证机关　　B. 证书编号

C. 检验检测能力范围　　　　　　　　D. 资质认定标志

20. 依据《检验检测机构资质认定管理办法》,检验检测机构禁止行为包括________。( )

A. 出租、出借资质认定证书或者标志

B. 伪造、变造、冒用资质认定证书或者标志

C. 使用已经过期或者被撤销、注销的资质认定证书或者标志

D. 转让资质认定证书或者标志

21. 依据《检验检测机构资质认定管理办法》,检验检测机构有以下________情形时,资质认定部门应当依法办理注销手续。( )

A. 资质认定证书有效期届满,未申请延续或者依法不予延续批准

B. 以欺骗、贿赂等不正当手段取得资质认定

C. 检验检测机构依法终止

D. 检验检测机构申请注销资质认定证书

22. 依据《检验检测机构监督管理办法》,检测机构和人员对其出具的检测报告应依法承担________法律责任。( )

A. 解读　　B. 民事　　C. 行政　　D. 刑事

23. 依据《检验检测机构监督管理办法》,检验检测机构及其人员应当独立于其出具的检验检测报告所涉及的利益相关方,不受任何可能干扰其技术判断的因素影响,保证其出具的检验检测报告________。( )

A. 真实　　B. 客观　　C. 准确　　D. 完整

24. 依据《检验检测机构监督管理办法》,检验检测机构应当按照国家有关强制性规定的________等要求进行检验检测。( )

A. 样品管理　　　　　　　　B. 仪器设备管理与使用

C. 检验检测规程或者方法　　D. 数据传输与保存

25. 依据《检验检测机构监督管理办法》,需要分包检验检测项目时,应当分包给________的检验检测机构。( )

A. 具备相应能力　　B. 具有相应条件　　C. 常年合作　　D. 经客户同意

26. 依据《检验检测机构监督管理办法》,检测机构应通过官方网站或者其他公开方式作出自我声明,声明的内容应包括________。( )

A. 遵守法定要求　　B. 独立公正从业　　C. 履行社会责任　　D. 严守诚实信用

27. 依据《检验检测机构监督管理办法》,省级市场监督管理部门可以结合________对本行政区域内检验检测机构进行分类监管。( )

A. 风险程度　　B. 能力验证结果　　C. 监督检查结果　　D. 投诉举报情况

28. 依据《检验检测机构资质认定评审准则》,以下________可以申请资质认定。( )

A. 机关法人

B. 事业单位法人

C. 企业法人

D. 不具备独立法人资格但取得其所在法人机构授权的检验检测机构

29. 依据《检验检测机构资质认定评审准则》,数据、结果质量控制活动包括内部质量控制活动和外部质量控制活动,其中内部质量控制活动包括________。( )

A. 人员比对　B. 留样再测　C. 盲样考核　D. 能力验证

30. 依据《检验检测机构资质认定评审准则》,检测机构制定的管理体系文件可以包括________。(　　)

A. 政策　B. 制度　C. 计划　D. 作业指导书

31. 依据《检验检测机构资质认定评审准则》,检验检测机构资质认定一般程序的技术评审方式包括________。(　　)

A. 现场评审　B. 书面审查　C. 远程评审　D. 告知承诺

第三节　计量基础知识

1. 以下单位符号的写法正确的有________。(　　)

A. 摄氏度—℃　B. 焦耳—J　C. 牛顿—N　D. 弧度—rad

2. 以下关于计量单位描述正确的有________。(　　)

A. 组合单位的中文名称与其符号表示的顺序一致

B. 书写单位名称时不加任何乘或除的符号或其他符号

C. 计量单位及词头的名称不得在叙述性文字中使用

D. 由 2 个以上单位相乘所构成的组合单位,其中文符号只用一种形式,即用居中圆点代表乘号

3. 极限数值为“≥98.0”,采用全数值比较法,下列测定值中判定为合格的有________。(　　)

A. 98.00　B. 97.88　C. 97.96　D. 98.01

4. 下列关于速度单位“米每秒”的表述中正确的有________。(　　)

A. $m \cdot s^{-1}$　B. 米/秒　C. ms^{-1}　D. m/s

5. 按照修约值比较法,下列选项中不符合盘条直径(10.0±0.1)mm 要求的是________。(　　)

A. 9.97mm　B. 9.84mm　C. 10.10mm　D. 10.15mm

6. 依据 GB/T 8170—2008,以下修约正确的有________。(　　)

A. 1.3555(修约 4 位有效数字):1.356

B. 0.153050(修约 4 位有效数字):0.1530

C. 16.4005(修约 4 位有效数字):16.40

D. 0.326550(修约 4 位有效数字):0.3266

7. 下列关于计量单位的表述中正确的是________。(　　)

A. 体积为 2 千米^2

B. $1nm=10^{-9}m=1m\mu m$

C. 加速度单位“米每二次方秒”的符号为 m/s^2

D. 室内温度为 25 摄氏度

8. 关于测量误差和测量不确定度,以下说法正确的是________。(　　)

A. 测量结果的误差与其测量不确定度在数值上没有确定关系

B. 测量误差可以为负值,而测量不确定度为非负值

C. 测量误差和不确定度均可以用于测量结果的修正

D. 测量误差是个具体的值,而测量不确定度表示一个区间

9. 以下选项中属于B类测量不确定度信息来源的是________。(　　)

A. 仪器厂家提供的技术说明文件

B. 校准证书或其他证书提供的数据

C. 由试验得到的被测量的观测列统计分析的结果

D. 手册给出的参考数据的不确定度

10. m 表示砝码的质量,对其测量得到的最佳估计值为100.02038g。若合成标准不确定度 $u(m)$ 为0.35mg,取包含因子 $k=2$,则以下选项中表示的测量结果正确的是________。(　　)

A. $m=100.02038$g;$U=0.70$mg,$k=2$　　B. $m=(100.02038\pm0.00070)$g,$k=2$

C. $m=100.02038$g;$u(m)=0.35$mg　　D. $m=100.02038$g;$u(m)=0.35$mg,$k=1$

11. 某测量仪器校准证书上显示,$\Delta=1.2$mm,$U=0.2$mm,$k=2$。以下理解正确的是________。(　　)

A. 该仪器示值误差较大概率处于1.0~1.4mm

B. 该仪器示值误差的标准不确定度为0.1mm

C. 该仪器示值误差的包含概率为95%的扩展不确定度为0.2mm

D. 该仪器示值误差的最佳估计值为1.2mm

12. 制定能力验证参加方案应重点考虑实验室可能存在的“管理和技术方面”的风险,包括但不限于________。(　　)

A. 技术人员流动情况　　B. 计量溯源是否得到保证

C. 测量技术的稳定性　　D. 环境设施、仪器设备的变化情况

13. 以下关于量值范围的表示方式,恰当的是________。(　　)

A. 100±1g　　B. 20℃±5℃　　C. (50.0±0.5)N　　D. 50~60%

14. 用游标卡尺对一个标称值为 XQ 的量块进行测量,测得值为 X。下列对测量误差的表示正确的有________。(　　)

A. $X-XQ$　　B. $|X-XQ|$　　C. $(X-XQ)/XQ$　　D. $|X-XQ|/X$

第五章 判断题

第一节 工程建设法律法规及规范性文件

1. 依据《建设工程质量检测管理办法》，对建设工程质量检测活动中的违法违规行为，任何单位和个人有权向建设工程所在地县级以上人民政府住房和城乡建设主管部门投诉、举报。 （ ）

2. 依据《建设工程质量检测管理办法》，检测结果利害关系人对检测结果存在争议时，以建设单位委托检测机构检测结果为准。 （ ）

3. 依据《建设工程质量检测管理办法》，检测机构跨省、自治区、直辖市承担检测业务时，应当向建设工程所在地的省、自治区、直辖市人民政府住房和城乡建设主管部门申报相应的建设工程质量检测专项资质。 （ ）

4. 依据《建设工程质量检测管理办法》，监理单位应当对检测试样的符合性、真实性及代表性负责。检测试样应当具有清晰的、不易脱落的唯一性标识、封志。 （ ）

5. 依据《建设工程质量检测管理办法》，检测机构若在检测过程中发现建设单位存在违反有关法律法规规定的行为，应当及时报告建设工程所在地县级以上地方人民政府住房和城乡建设主管部门。 （ ）

6. 依据 GB 50618—2011，检测机构应配备能满足所开展检测项目要求的检测设备，宜分为 A、B、C 三类进行管理。其中，C 类检测设备首次使用前也应进行校准或检测。（ ）

7. 依据《住房和城乡建设部关于落实建设单位工程质量首要责任的通知》，建设单位是工程质量第一责任人，依法对工程质量承担全面责任。 （ ）

8. 依据《建设工程质量检测机构资质标准》，机构取得综合资质后，可开展全部专项资质的所有检测参数的检测业务。 （ ）

9. 依据《建设工程质量检测机构资质标准》，建设工程质量检测机构资质不分等级。 （ ）

10. 正高级工程师王某具有 10 年质量检测工作经历，符合《建设工程质量检测机构资质标准》中申报综合资质技术负责人的职称、工作年限要求。 （ ）

第二节 试验室管理

1. 依据 GB/T 27025—2019,检测机构最高管理者应对检测活动的公正性负责,不允许商业、财务或其他方面的压力损害公正性。 ( )

2. 依据 GB/T 27025—2019,设施和环境条件应适合实验室活动,不应对结果有效性产生不利影响。 ( )

3. 依据 GB/T 27025—2019,当实验室在永久控制之外的场所或设施中实施实验室活动时,可不用确保满足 GB/T 27025—2019 标准中有关设施和环境条件的要求。 ( )

4. 依据 GB/T 27025—2019,检测机构可以通过编码的方式标识仪器设备的有效期,以便于使用人员识别其校准状态。 ( )

5. 依据 GB/T 27025—2019,外部提供的产品和服务不包括能力验证服务。 ( )

6. 依据 GB/T 27025—2019,要求或标书与合同之间的任何差异均应在实施实验室活动前解决,且每项合同都应被实验室和客户双方接受。 ( )

7. 依据 GB/T 27025—2019,当修改已确认过的方法时,应确定这些修改的影响。当发现影响原有的确认时,应重新进行方法确认。 ( )

8. 依据 GB/T 27025—2019,实验室在任何情况下都不可以用简化方式报告结果。 ( )

9. 依据《检验检测机构资质认定管理办法》,检验检测机构资质认定是一项自愿性的工作,机构可以依据自身的实际需求选择是否申请。 ( )

10. 依据《检验检测机构监督管理办法》,检测机构在检测活动中发现普遍存在的产品质量问题时,应及时向市场监督管理部门报告。 ( )

11. 依据《检验检测机构资质认定管理办法》,符合资质认定条件和要求的检验检测机构,向社会出具具有证明作用的检验检测数据、结果时,可以选择性地在其检验检测报告上标注资质认定标志。 ( )

12. 依据《检验检测机构监督管理办法》,使用未经校准的仪器设备出具的检测报告一定属于虚假报告。 ( )

13. 依据《检验检测机构监督管理办法》,市场监督管理部门可以依法查阅、复制有关检验检测原始记录、报告、发票、账簿及其他相关资料。 ( )

14. 依据《检验检测机构资质认定评审准则》,检验检测机构资质认定是国家对检验检测机构进入检验检测行业的一项行政许可制度。 ( )

15. 依据《检验检测机构资质认定评审准则》,申请检验检测机构资质认定的检测机构,必须是独立法人机构。 ( )

16. 依据《检验检测机构资质认定评审准则》,只有质量手册、程序文件、作业指导书才是应受控的体系文件。 ( )

17. 依据《检验检测机构资质认定评审准则》,只有在使用非标准方法前,才应当对方法进行验证。 ( )

18. 依据《检验检测机构资质认定评审准则》,由于团体标准的适用范围相对较小,因此不具备申请资质认定的条件。 ( )

19. 依据《检验检测机构资质认定评审准则》，检验检测机构在进行数据、结果质量控制时，需要开展内部质量控制活动和外部质量控制活动。其中，盲样考核是外部质量控制活动中的一种。（　　）

20. 依据《检验检测机构资质认定评审准则》，用于测量环境条件的辅助测量设备对检验检测结果的影响微乎其微，因此无须满足计量溯源性的要求。（　　）

21. 依据《检验检测机构资质认定评审准则》，当法定代表人不担任检验检测机构最高管理者时，法定代表人应依法对最高管理者进行授权，确保检验检测机构的正常运作和合法性。（　　）

22. 依据 GB/T 27043—2012，实验室间比对是指按照预先规定的条件，由 2 个实验室对相同的物品进行检测的组织、实施和评价。（　　）

23. 依据 GB/T 37140—2018，产生粉尘物质的实验室宜布置在建筑物的顶层。（　　）

24. 依据 GB/T 37140—2018，产生有毒有害气体的实验室宜布置在建筑物的底层。（　　）

25. 依据 GB/T 31880—2015，检验检测机构承担法律责任的能力可以不与其检验检测活动相适应。（　　）

26. 依据 GB/T 31880—2015，诚信是指个人和(或)组织诚实守信的行为与规范，包括在从业活动中承诺与行为的一致性。（　　）

27. 依据 GB/T 31880—2015，检验检测设备应定期检定或校准，期间核查可以在任何时间开展。（　　）

28. 依据 GB/T 31880—2015，检验检测记录、报告、证书可以随意涂改。（　　）

第三节　计量基础知识

1. 目前国际单位制有 7 个基本单位，即长度、质量、时间、电流、热力学温度、物质的量、发光强度，其单位符号分别为 m、kg、s、a、k、mol、cd。（　　）

2. 对只通过相乘构成的组合单位加词头时，词头通常加在组合单位中的第一个单位之前。（　　）

3. 数值 13.500 修约到个位数的结果为 13。（　　）

4. 0.002250 的有效数字位数为 3 位。（　　）

5. 0.2 单位修约是将拟修约的数字乘以 5，再按照规定修约，所得数值再除以 2。（　　）

6. 标准或有关文件中，若对极限数值无特殊规定时，均应使用全数值比较法。如规定采用修约值比较法，应在标准中加以说明。（　　）

7. 32.4501 修约到一位小数的结果为 32.4。（　　）

8. －15.62 修约到个位数的结果为－16。（　　）

9. 仪器的不确定度与仪器本身有关。因此，不管仪器被应用于什么测量条件，不确定度都不变。（　　）

10. 随机误差可以被消除。（　　）

11. 由重复观测值评定的不确定度分量称为标准确定度的 B 类评定。（　　）

第一节　工程建设法律法规及规范性文件

1. 依据《建设工程质量检测管理办法》，检测人员有哪些行为时，由县级以上地方人民政府住房和城乡建设主管部门责令改正，处3万元以下罚款？

2. 依据GB 50618—2011，检测机构应按标准规范要求配备检测设备，并进行分类管理。①哪几种类型的设备属于A类检测设备？②万能材料试验机、抗渗仪、液塑限测定仪、水准仪、预应力张拉设备、反复弯曲试验机、粘结强度检测仪、水泥流动度仪中哪些属于A类设备？

3. 依据GB 50618—2011，检测报告结论应符合哪些规定？

4. 依据GB 50618—2011，检测资料档案应包含哪些内容？

5. 依据《建设工程质量检测管理办法》，申请综合类资质或者资质增项的检测机构，在申请之日起前一年内有哪些行为时，资质许可机关不予批准其申请？

6. 依据 GB 50618—2011，检测机构宜按规定定期向建设主管部门报告哪些主要技术工作？

第二节　试验室管理

1. 依据 GB/T 27025—2019，实验室应保存对检测活动有影响的设备记录。这些记录应包括哪些内容？（至少列出 5 项）

2. 依据 GB/T 27025—2019，实验室应监控结果的有效性，并对监控进行策划和审查。请问监控方式包括哪些？（至少列出 5 项）

3. 依据 GB/T 27025—2019，请列举检测报告应包括的信息。（至少列出 10 项）

4. 依据 GB/T 27025—2019，简述实验室考虑与检测活动相关的风险和机遇的目的。

5. 依据 GB/T 27025—2019,简述实验室可以通过哪些途径来识别改进机遇?

6. 依据 GB/T 27025—2019,实验室应授权人员从事特定的实验室活动。上述人员具体包括哪些活动中的人员?

7. 依据 GB/T 27025—2019,简述实验室管理体系至少应包括的内容。

8.《检验检测机构监督管理办法》中所称检验检测机构是指什么样的组织?

9. 请依据《检验检测机构资质认定管理办法》,简述检测机构申请资质认定的条件。

10. 小 A 是某检测公司的员工,负责其公司资质认定证书变更维护事宜,请依据《检验检测机构资质认定管理办法》,告知他发生哪些事项时应当向资质认定部门申请办理变更手续。

11. 请依据《检验检测机构监督管理办法》,列举不实检测报告的情形。

12. 请依据《检验检测机构监督管理办法》，列举虚假检测报告的情形。

13. 某检测机构获得了资质认定，但被发现该公司的某授权签字人超范围签发检测报告。依据《检验检测机构监督管理办法》，该机构将被如何处罚？按照《建设工程质量检测管理办法》，应该如何处罚该机构？

14. 依据《〈检验检测机构资质认定评审准则〉条文释义》，授权签字人应具备哪些条件？

15. 依据《检验检测机构监督管理办法》，由县级以上市场监督管理部门责令限期改正，逾期未改正或者改正后仍不符合要求的，处3万元以下罚款的情形有哪些？

16. 依据《检验检测机构监督管理办法》，县级以上市场监督管理部门责令检验检测机构限期改正且处3万元罚款的情形有哪些？

第三节　计量基础知识

1. 0.2单位修约的定义是什么？修约方法是什么？

2.《中华人民共和国法定计量单位》中规定我国的法定计量单位包括哪些？

第七章 参考答案

第一节 填空题部分

(一)工程建设法律法规及规范性文件

1. 专业能力 2. 建设单位或者监理单位 3. 其他2个专项资质 4. 试样状况 5. 过程数据 6. 及时报告 7. 年度统一编号 8. 全过程可追溯 9. 复制 10. 隶属关系 11. 虚假检测报告 12. 资质许可机关 13. 超出资质许可范围 14. 1万元以上5万元以下 15. 检测技术能力 16. 资质重新核定申请 17. 建设工程所在地 18. 全部专项资质 19. 检测参数 20. 检测方案 21. 检测工作 22. 相关参数 23. 建筑构配件,设备 24. 质量缺陷 25. 建设单位,工程监理单位

(二)试验室管理

1. 相同或类似 2. 组织结构 3. 所有 4. 授权 5. 验证 6. 校准方案 7. 通知 8. 合同评审 9. 观察或获得 10. 有效 11. 6 12. 资质认定证书编号 13. 应当 14. 3年内 15. 撤销 16. 人员 17. 刑事 18. 检验检测活动 19. 代表性,真实性 20. 承担分包项目的检验检测机构 21. 检验检测专用章,授权签字人 22. 标注或者说明 23. 6 24. 商业秘密 25. 省级市场监督管理部门 26. 抽取检查对象,选派执法检查人员 27. 其他组织 28. 远程评审 29. 验证 30. 标识,储存 31. 临时设施 32. 纠正措施,预防措施 33. 仪器设备,环境设施 34. 管理,操作

(三)计量基础知识

1. SI单位,SI词头 2. SI导出单位 3. 米,m 4. 五十千米每小时 5. Nm或N·m 6. 70.0 7. 12 8. 840 9. 修约值比较法 10. 不符合要求 11. 随机误差

第二节 单项选择题部分

(一)工程建设法律法规及规范性文件

1	C	2	B	3	C	4	A	5	C
6	B	7	A	8	D	9	C	10	C

(二)试验室管理

1	D	2	C	3	C	4	B	5	C
6	C	7	A	8	A	9	A	10	B
11	A	12	B	13	C	14	B	15	A

(三)计量基础知识

1	A	2	C	3	A	4	A	5	C
6	D	7	A	8	B	9	D	10	B
11	D	12	A	13	D	14	B	15	A
16	C								

第三节　多项选择题部分

(一)工程建设法律法规及规范性文件

1	ACD	2	ABCD	3	BC	4	BCD	5	BD
6	AC	7	CD	8	ABC	9	ABD	10	ABCD

(二)试验室管理

1	ABCD	2	ABCD	3	ABCD	4	BCD	5	ABCD
6	ABCD	7	ABCD	8	ABCD	9	ABC	10	ABCD
11	ABC	12	BD	13	ABC	14	ABC	15	ABCD
16	ABCD	17	ABCD	18	ABC	19	ABCD	20	ABCD
21	ACD	22	BCD	23	ABCD	24	ABCD	25	ABD
26	ABCD	27	ABCD	28	ABCD	29	ABC	30	ABCD
31	ABC								

(三)计量基础知识

1	ABCD	2	ABD	3	AD	4	ABD	5	BD
6	ABCD	7	CD	8	ABD	9	ABD	10	AB
11	ABCD	12	ABCD	13	BC	14	AC		

第四节　判断题部分

(一)工程建设法律法规及规范性文件

1	√	2	×	3	×	4	×	5	√
6	√	7	√	8	×	9	√	10	×

(二)试验室管理

1	×	2	√	3	×	4	√	5	×
6	√	7	√	8	×	9	×	10	√
11	×	12	×	13	√	14	√	15	×
16	×	17	×	18	×	19	×	20	×
21	√	22	×	23	√	24	×	25	×
26	√	27	×	28	×				

(三)计量基础知识

1	×	2	√	3	×	4	×	5	×
6	√	7	×	8	√	9	×	10	×
11	×								

第五节　简答题部分

(一)工程建设法律法规及规范性文件

1.(1)同时受聘于两家或者两家以上检测机构；

(2)违反工程建设强制性标准进行检测；

(3)出具虚假的检测数据；

(4)违反工程建设强制性标准进行结论判定或者出具虚假判定结论。

2. (1)A 类设备包括本单位的标准物质(如果有时)；精密度高或用途重要的检测设备；使用频繁、稳定性差、使用环境恶劣的检测设备。

(2)属于 A 类设备的有万能材料试验机、水准仪、预应力张拉设备、粘结强度检测仪。

3.(1)材料的试验报告结论应按相关材料、质量标准给出明确的判定；

(2)当仅有材料试验方法而无质量标准时，材料的试验报告结论应按设计要求或委托方要求给出明确的判定；

(3)现场工程实体的检测报告结论应依据设计及鉴定委托要求给出明确的判定。

4. 检测资料档案应包含检测委托合同、委托单、检测原始记录、检测报告和检测台账、检测结果不合格项目台账、检测设备档案、检测方案、其他与检测相关的重要文件等。

5. (1)超出资质许可范围从事建设工程质量检测活动；

(2)转包或者违法分包建设工程质量检测业务；

(3)涂改、倒卖、出租、出借或者以其他形式非法转让资质证书；

(4)违反工程建设强制性标准进行检测；

(5)使用不能满足所开展建设工程质量检测活动要求的检测人员或者仪器设备；

(6)出具虚假的检测数据或者检测报告。

6. (1)按检测业务范围进行检测的情况；

(2)遵守检测技术条件(包括实验室技术能力和检测程序等)的情况；

(3)执行检测法规及技术标准的情况；

(4)检测机构的检测活动，包括工作行为、人员资格、检测设备及其状态、设施及环境条件、检测程序、检测数据和检测报告等；

(5)按规定报送统计报表和有关事项。

(二)试验室管理

1. (1)设备的识别，包括软件和固件版本；

(2)制造商名称、型号、序列号或其他唯一性标识；

(3)设备符合规定要求的验证证据；

(4)当前的位置；

(5)校准日期、校准结果、设备调整、验收准则、下次校准的预定日期或校准周期；

(6)标准物质的文件、结果、验收准则、相关日期和有效期；

(7)与设备性能相关的维护计划和已进行的维护；

(8)设备的损坏、故障、改装或维修的详细信息。

2. (1)使用标准物质或质量控制物质；

(2)使用其他已校准能够提供可溯源结果的仪器；

(3)测量和检测设备的功能核查；

(4)适用时，使用核查或工作标准，并制作控制图；

(5)测量设备的期间核查；

(6)使用相同或不同方法重复检测或校准；

(7)留存样品的重复检测或重复校准；

(8)物品不同特性结果之间的相关性；

(9)报告结果的审查；

(10)实验室内比对；

(11)盲样测试。

3. (1)标题(例如“检测报告”或“抽样报告”)；

(2)实验室的名称和地址；

(3)实施实验活动的地点，包括客户设施、实验室固定设施以外的场所、相关的临时或移

动设施;

(4)将报告中所有部分标记为完整报告一部分的唯一性标识,以及表明报告结束的清晰标识;

(5)客户的名称和联络信息;

(6)所用方法的识别;

(7)物品的描述、明确的标识,以及必要时,物品的状态;

(8)检测或校准物品的接收日期,以及对结果的有效性和应用至关重要的抽样日期;

(9)实施实验室活动的日期;

(10)报告的发布日期;

(11)如与结果的有效性或应用相关时,实验室或其他机构所用的抽样计划和抽样方法;

(12)结果仅与被检测、被校准或被抽样物品有关的声明;

(13)结果,适当时,带有测量单位;

(14)对方法的补充、偏离或删减;

(15)报告批准人的识别;

(16)当结果来自外部供应商时所做的清晰标识。

4.(1)确保管理体系能够实现其预期结果;

(2)增强实现实验室目的和目标的机遇;

(3)预防或减少实验室活动中的不利影响和可能的失败;

(4)实现改进。

5. 实验室可通过评审操作程序、实施方针、总体目标、审核结果、纠正措施、管理评审、人员建议、风险评估、数据分析和能力验证结果来识别改进机遇。

6. 实验室应对下列活动中的人员进行授权:

(1)开发、修改、验证和确认方法;

(2)分析结果,包括符合性声明或意见和解释;

(3)报告、审查和批准结果。

7.(1)管理体系文件;

(2)管理体系文件的控制;

(3)记录控制;

(4)应对风险和机遇的措施;

(5)改进;

(6)纠正措施;

(7)内部审核;

(8)管理评审。

8. 本办法所称检验检测机构,是指依法成立,依据相关标准等规定利用仪器设备、环境设施等技术条件和专业技能,对产品或者其他特定对象进行检验检测的专业技术组织。

9.(1)依法成立并能够承担相应法律责任的法人或者其他组织;

(2)具有与其从事检验检测活动相适应的检验检测技术人员和管理人员;

(3)具有固定的工作场所,工作环境满足检验检测要求;

(4)具备从事检验检测活动所必需的检验检测设备设施;

(5)具有并有效运行保证其检验检测活动独立、公正、科学、诚信的管理体系；

(6)符合有关法律法规或者标准、技术规范规定的特殊要求。

10. 有下列情形之一的，检验检测机构应当向资质认定部门申请办理变更手续：

(1)机构名称、地址、法人性质发生变更的；

(2)法定代表人、最高管理者、技术负责人、检验检测报告授权签字人发生变更的；

(3)资质认定检验检测项目取消的；

(4)检验检测标准或者检验检测方法发生变更的；

(5)依法需要办理变更的其他事项。

11. 检测报告存在以下情形之一且数据、结果存在错误或者无法复核的，属于不实检测报告：

(1)样品的采集、标识、分发、流转、制备、保存、处置不符合标准等规定，存在样品污染、混淆、损毁、性状异常改变等情形的；

(2)使用未经检定或者校准的仪器、设备、设施的；

(3)违反国家有关强制性规定的检验检测规程或者方法的；

(4)未按照标准等规定传输、保存原始数据和报告的。

12. (1)未经检验检测的；

(2)伪造、变造原始数据、记录，或者未按照标准等规定采用原始数据、记录的；

(3)减少、遗漏或者变更标准等规定的应当检验检测的项目，或者改变关键检验检测条件的；

(4)调换检验检测样品或者改变其原有状态进行检验检测的；

(5)伪造检验检测机构公章或者检验检测专用章，或者伪造授权签字人签名或者签发时间的。

13. (1)按照《检验检测机构监督管理办法》第二十五条，由县级以上市场监督管理部门责令限期改正；逾期未改正或者改正后仍不符合要求的，处 3 万元以下罚款。

(2)按照《建设工程质量检测管理办法》第四十五条，由县级以上地方人民政府住房和城乡建设主管部门责令改正，处 1 万元以上 5 万元以下罚款。

14. (1)熟悉检验检测机构资质认定相关法律、行政法规的规定，熟悉《检验检测机构资质认定评审准则》及相关技术文件的要求；

(2)具备从事相关专业检验检测的工作经历，熟悉所承担签字领域的检验检测技术、相应标准或者技术规范；

(3)熟悉检验检测报告审核签发程序，具备对检验检测结果做出评价的判断能力；

(4)检验检测机构应正式授权其签发检验检测报告的职责和范围；

(5)检验检测机构授权签字人应具有中级及以上相关专业技术职称或者同等能力。

15. (1)违反《检验检测机构监督管理办法》第八条第一款规定，进行检验检测的；

(2)违反《检验检测机构监督管理办法》第十条规定分包检验检测项目，或者应当注明而未注明的；

(3)违反《检验检测机构监督管理办法》第十一条第一款规定，未在检验检测报告上加盖检验检测机构公章或者检验检测专用章，或者未经授权签字人签发或者授权签字人超出其技术能力范围签发的。

16. 依据《检验检测机构监督管理办法》第二十六条，检验检测机构有下列情形之一的，法律、法规对撤销、吊销、取消检验检测资质或者证书等有行政处罚规定的，依照法律、法规的规定执行；法律、法规未作规定的，由县级以上市场监督管理部门责令限期改正，处3万元罚款：

(1)违反《检验检测机构监督管理办法》第十三条规定，出具不实检验检测报告的；

(2)违反《检验检测机构监督管理办法》第十四条规定，出具虚假检验检测报告的。

(三)计量基础知识

1. 0.2单位修约是指按指定修约间隔对拟修约的数值0.2单位进行的修约。修约方法如下：将拟修约数值X乘以5，按指定修约间隔对$5X$按规定修约，所得数值($5X$修约值)再除以5。

2. (1)国际单位制的基本单位；

(2)国际单位制的辅助单位；

(3)国际单位制中具有专门名称的导出单位；

(4)国家选定的非国际单位制单位；

(5)由以上单位构成的组合形式的单位；

(6)由词头和以上单位构成的十进倍数和分数单位。